● 「おいしそう」だとなぜわかる？

▶ p.188〜198　受容器・神経系

■ 受容器，神経系，ニューロン，シナプス

食べ物が目の前にあるとき，私たちのからだでは，食べ物に反射した光を目が信号として受け取って，その信号が神経を通じて脳に送られることで，「これは食べ物だ」と認識している。おいしそうなにおいも，同じように鼻が受け取った信号が脳まで伝わることで認識している。

● 効率よくたくさん収穫するには？

▶ p.226〜235　個体群

■ 密度効果，環境収容力

たくさんの作物を収穫したかったら，とにかくたくさん植えればいいというわけではない。植物や動物には，うまく成長できるちょうどよい密度というものがあり，農業などでは，その作物の性質に応じた間隔で種をまくなどの工夫がされている。

水田（イネ）

ネギの苗

ダイコン畑

● 自然を守り，食料を確保するためには？

▶ p.248〜253　生態系と人間生活

■ 生態系の保全

私たちは，栽培・飼育されている生物だけでなく，野生の生物を食料にすることも多い。野生の生物をむやみにとりすぎれば，生態系のバランスを崩すことになる。人間生活を続けていくためには，生態系を維持しながら食料を得ていく方法を常に考え続ける必要がある。

遡上するサケ

サケの稚魚

● コロナウイルスとは？

■ コロナウイルスの構造
コロナウイルスは直径約 100 nm の球形で，エンベロープ（外被膜）をもち，表面に多数の突起（スパイク）がある。この形状が王冠に似ていることから，ギリシャ語で王冠を意味する "corona" という名前が付けられている。

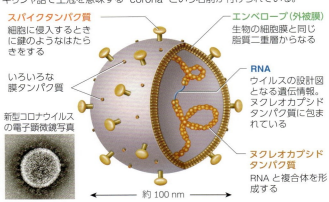

スパイクタンパク質
細胞に侵入するときに鍵のようなはたらきをする

いろいろな膜タンパク質

新型コロナウイルスの電子顕微鏡写真

エンベロープ（外被膜）
生物の細胞膜と同じ脂質二重層からなる

RNA
ウイルスの設計図となる遺伝情報。ヌクレオカプシドタンパク質に包まれている

ヌクレオカプシドタンパク質
RNA と複合体を形成する

約 100 nm

■ コロナウイルスの感染のしくみ
ウイルスは自分だけでは増殖できず，ほかの生きた細胞に侵入し，その細胞の機能と材料を利用して自分のコピーをつくらせる。このとき利用される生物や細胞を宿主といい，ウイルスの種類によって宿主は異なる。

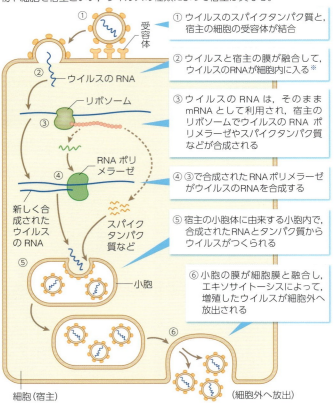

① ウイルスのスパイクタンパク質と，宿主の細胞の受容体が結合

② ウイルスと宿主の膜が融合して，ウイルスのRNAが細胞内に入る※

③ ウイルスの RNA は，そのまま mRNA として利用され，宿主のリボソームでウイルスの RNA ポリメラーゼやスパイクタンパク質などが合成される

④ ③で合成されたRNAポリメラーゼがウイルスのRNAを合成する

⑤ 宿主の小胞体に由来する小胞内で，合成されたRNAとタンパク質からウイルスがつくられる

⑥ 小胞の膜が細胞膜と融合し，エキソサイトーシスによって，増殖したウイルスが細胞外へ放出される

※ウイルス全体がエンドサイトーシスで取りこまれてから，膜が融合する場合もある。

■ コロナウイルスの種類
コロナウイルスの種類は 50 種類以上あり，そのうちヒトに感染するものは 7 種類である。いずれも，別の動物を宿主としていたコロナウイルスが変異して，ヒトにも感染するようになったものと考えられている。

風邪のウイルス(4種)	一般的な風邪の原因の 10～15％を占める。重症化することはほとんどない。
SARSコロナウイルス	2002 年に確認。コウモリからヒトに感染。重症肺炎を引き起こす。SARS：重症急性呼吸器症候群
MERSコロナウイルス	2012 年に確認。ヒトコブラクダからヒトに感染。重症肺炎を引き起こす。MERS：中東呼吸器症候群
新型コロナウイルス	2019 年に確認。コウモリからヒトに感染したと考えられている。重症肺炎を引き起こす場合がある。

新型コロナウイルスの国際的な公式名称は，severe acute respiratory syndrome coronavirus 2(SARS-CoV-2) である。SARS-CoV-2 による疾病を，coronavirus disease 2019(COVID-19) という。

■ 新型コロナウイルス感染症（COVID-19）
ウイルスは鼻や口などから体内に侵入し，鼻やのどの粘膜および肺の内側で増殖する（感染）。免疫細胞が感染を感知すると，ウイルスの増殖を抑えるためにさまざまな反応が起こり，これが症状として現れる（発症）。
COVID-19 の場合，潜伏期間（感染しているが発症していない期間）は 1～14 日で，発症しない人（無症状）もいる。無症状でもウイルスを保持している間は，他者へ感染を広げる可能性がある。

COVID-19 のおもな症状

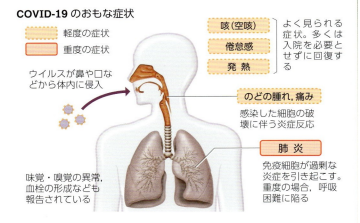

軽度の症状
重度の症状

ウイルスが鼻や口などから体内に侵入

咳（空咳）
倦怠感
発熱
よく見られる症状。多くは入院を必要とせずに回復する

のどの腫れ，痛み
感染した細胞の破壊に伴う炎症反応

肺炎
免疫細胞が過剰な炎症を引き起こす。重度の場合，呼吸困難に陥る

味覚・嗅覚の異常，血栓の形成なども報告されている

□ サイトカインストーム
ウイルスに感染した細胞や，それを感知した免疫細胞は，サイトカイン（▶ p.179）を分泌する。すると，目的部位に免疫細胞が集まり，免疫反応が活発化する。しかし，何らかの原因でサイトカインの産生が過剰になると，免疫細胞が感染細胞だけでなく正常な細胞まで傷害し，臓器や血管に深刻な炎症反応を引き起こす。このような，サイトカインの過剰産生による免疫反応の暴走を**サイトカインストーム**という。これが COVID-19 の重症肺炎を引き起こす要因になっていると考えられている。

● 感染経路と感染を防ぐ対策

■ 新型コロナウイルスのおもな感染経路
新型コロナウイルスの感染経路は，おもに「飛沫感染」と「接触感染」であると考えられている※。

飛沫感染	感染者の咳，くしゃみ，会話などで口から出た飛沫（ウイルスを含む唾液の粒，大きさ5μm以上）を他の人が口や鼻から吸いこむことによって感染する。
接触感染	感染者が飛沫のついた手で触るなどして物にウイルスがつき，それを触った他の人がウイルスの付着した手指で口，鼻，眼の粘膜に触れることで感染する。

※空気感染（飛沫の水分が蒸発して生じる小さなウイルス粒子が空気中を長時間浮遊し，吸引して感染）の可能性も指摘されている。

■ 新型コロナウイルスの感染を防ぐ対策
マスクは飛沫の飛び散りを防ぐ効果がある（飛沫の吸入を防ぐ目的もあるが，効果は低い）。ほかにも，「密集」「密閉」「密接」を避けるために，人との間隔を2m以上空ける，こまめな換気なども対策として挙げられる。

石けんを使用した手洗い，アルコール（エタノール濃度70％以上）による手指の消毒，界面活性剤を含む洗剤や次亜塩素酸ナトリウム水溶液（塩素系漂白剤の主成分）による物品の消毒によって，接触感染を防ぐことができる。

マスクの網目の大きさ

- 一般的な不織布マスクでは約5μm
- くしゃみ・咳の飛沫 直径5μm以上
- コロナウイルスの直径約100nm（＝約0.1μm）
- スギの花粉 直径約30μm

理化学研究所・豊橋技術科学大・神戸大提供，京都工芸繊維大・大阪大・大王製紙協力
スーパーコンピュータを用いて，飛沫の粒子を可視化することによって，マスクによる飛沫の飛散抑制効果が検証されている（▶二次元コードからHPへリンク）

アルコールによるウイルスの不活化

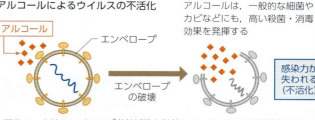

アルコールはエンベロープ（外被膜）を破壊して，ウイルスを不活化する※

アルコールは，一般的な細菌やカビなどにも，高い殺菌・消毒効果を発揮する

※エンベロープをもたないウイルス（ノロウイルスやアデノウイルスなど）には，アルコール消毒は効果がない。

● 各種検査と治療薬・ワクチン

■ 新型コロナウイルスに関する各種検査
（検査にかかる時間や感度については，今後改良される可能性がある）

検査名	有無を調べる対象	検査方法	特徴	
PCR検査	ウイルスの遺伝子（RNA）	鼻やのどの粘液もしくは唾液に含まれるウイルスのRNAをPCR法※で増幅して検出 ※RNAを相補的なDNAに変換して用いる（RT-PCR法，▶p.104）	・少量のウイルスでも検出できる ・感度（感染者が陽性と判定される確率）は7割程度。感染者の3割程度は陰性と誤判定される（偽陰性） ・検査に時間がかかる（2〜6時間）	いま感染しているか（体内にウイルスがいるか）を調べる
抗原検査	ウイルスのタンパク質（抗原）	鼻やのどの粘液もしくは唾液に含まれるウイルスに特有のタンパク質を検査キットや専用の検査機器で検出	・短時間で結果が出る（30分程度） ・ウイルス量が少ないと検出できない ・PCR検査より感度が低い	
抗体検査	感染した人の体内でつくられる抗体	血液中に含まれる，ウイルスに対する抗体（IgG，IgM）を検査キット（▶p.181）などで検出	・短時間で結果が出る（30分程度） ・感染後の日数が短いと検出できない ・抗体があっても，今後感染しないとは限らない	過去に感染したことがあるかを調べる

■ 変異ウイルスの検出
ウイルスが宿主の細胞内で増殖する過程では，ウイルスのRNAの複製ミスにより塩基配列に突然変異（▶p.88）が生じることがあり，スパイクタンパク質の構造などに変化が生じる。新型コロナウイルスは，さまざまな変異ウイルスが発見されており，感染力や重症度に違いがある。変異ウイルスを検出するPCR検査も行われており，変異部位を識別することで従来型か変異型かを判定することができる。

■ 治療薬の候補
治療薬として，既存の薬の中から効果が見込まれるものを選抜し，効果の検証が進められている。新型コロナウイルスに結合する2種類の抗体を混ぜ合わせて投与する「抗体カクテル療法」も行われている。

下表の*印は2021年12月現在で，治療薬としての使用が認められているもの。

候補薬（一部抜粋）	はたらき
ナファモスタット	ウイルスの細胞への侵入を阻止する
レムデシビル*，ファビピラビル（アビガン）	細胞内でのウイルスの増殖を阻害する（RNA合成を阻害する）
デキサメタゾン*，シクレソニド	炎症反応を抑える
バリシチニブ*，トシリズマブ	サイトカインのはたらきを抑える

■ 新型コロナウイルスに対するワクチン
日本では，おもにmRNAワクチンやウイルスベクターワクチン（▶p.185）が使用されている。不活化したウイルスやウイルスの断片を用いる従来型のワクチンもある。

mRNAワクチン

- 抗原となるタンパク質のmRNA
- mRNAを入れた脂質の膜
- 接種
- 翻訳
- 体内でタンパク質が合成される
- 免疫反応を起こし，抗原の情報を記憶

巻頭特集❸ 環境 私たちの生活と環境について考える

● 気候変動への対策－CO₂をどう減らす？

地球温暖化によって、地球規模で気候変動が起こっている。地球温暖化の大きな要因である CO_2 を、私たちはどう減らしていけばよいだろう？

■ **CO₂を出さない「クリーンなエネルギー」**
脱炭素社会の実現に向けて、太陽光発電などの CO_2 を排出しない発電方法や、水素を燃料にして走る車の開発などが進められている。

■ **私たちにできること**
現在私たちが利用している電気は、多くが火力発電によってつくられており、CO_2 の排出を伴っている。私たちが「省エネ」を心がけることも、CO_2 の削減につながる。

■ **国際社会が掲げる目標－パリ協定**
2015年に、世界各国の温室効果ガスの削減目標を示す「パリ協定」（▶p.253）が採択された。この中で、日本は、2030年度の温室効果ガスの排出量を2013年度に比べて26%削減することを目標としている。

対象国	196か国・地域
目的	産業革命前からの気温上昇を2℃未満に抑える。1.5℃未満に抑えることも努力
各国の削減目標	削減目標の策定、報告を義務化。目標は各国が自ら決定し、5年ごとに更新
目標達成の義務	なし
先進国による途上国への資金支援	先進国全体で年間1000億ドルと合意はされたが、協定には金額明記されず

■ **脱炭素社会**
二酸化炭素をはじめとする温室効果ガスの排出量を削減し、植物などによる吸収量とつり合わせることで、温室効果ガスの総排出量を実質的にゼロにすること（カーボンニュートラル）を実現した社会。日本を含む多くの国が、2050年までに脱炭素社会を実現することを目標として掲げている。
日本では、多くの地方自治体が2050年までの脱炭素社会実現を目指す「ゼロカーボンシティ」の表明を行うなど、国・地域・企業などさまざまな単位で脱炭素化に向けた取り組みが進められている。2021年には、こうした状況を踏まえて「地球温暖化対策の推進に関する法律」が改正され、脱炭素化を促進するための制度などが設けられた。

●「持続可能な社会」を目指して

地球環境と人類の共存に向けて、「持続可能な社会」をつくっていくことが目指されている。

■ **「できること」を考えてみよう**
持続可能な社会に向けた取り組みは、さまざまな角度から考えられている。例えば、割りばしの中には、過剰な森林伐採を減らすなどの目的で、木の代わりに成長の速い竹が利用されているものもある。
身近なところから私たちに何ができるか、友達と話し合ってみよう。

竹でつくられた割りばし

■ **持続可能な開発目標（SDGs）**
2015年に開かれた国連サミットで、「持続可能な開発のための2030アジェンダ」が採択され、その中核として「持続可能な開発目標（SDGs：エスディージーズ）」が設定された。持続可能でよりよい世界を目指すための環境・経済・社会についての国際目標で、2030年までに各国が目指す具体的な目標を、17のゴールと169のターゲットに細分化して設定している。

■ **持続可能な社会**
これまでの人間活動は、地球の限りある資源をかつてない速度で消費し続けながら行われてきた。「持続可能な社会」は、現代に生きる私たちだけでなく、その子どもや孫、さらにその先の世代の人々が不自由なく暮らせるように配慮しながら、現代を生きる私たちも満足な暮らしを送れるような、「現代と未来の人々の生活を両立」できるようなしくみを備えた社会のことをいう。

● 外来生物にまつわる問題

人間の活動によってもちこまれた外来生物は、生態系だけでなく、私たちの生活にも影響を及ぼす。その問題は、今この瞬間にも起こっている。

■ 続く水際対策－ヒアリ
特定外来生物（▶p.249）であるヒアリは、2017年に初めて日本で確認され、毒をもつことから報道などでも大きく取り上げられた。現在も輸入されたコンテナなどから発見されており、防除のための取り組みが続けられている。

ヒアリ

■ 日本発の外来生物－クズ
マメ科の植物の一種であるクズは、日本では在来生物で、秋の七草に数えられるなど古くから親しまれている。しかし、アメリカでは園芸用などの目的でもちこまれたクズが爆発的に繁殖し、他の植物を広くおおいつくして枯らしてしまうなど、大きな問題となっている。クズのように、日本では広く見られる生物も、海外では外来生物として問題になることがある。

クズの花

木をおおうクズ（アメリカ）

■ かつてのペットが野生化－ソウシチョウ・ガビチョウ
ソウシチョウやガビチョウは、かつてペットとして広く飼育されてきたが、逃がされて野生化した個体が問題となっており、現在はいずれも特定外来生物に指定されている。ソウシチョウは在来の鳥類との競合が懸念され、ガビチョウは大きな声で鳴くことから、定着地域での騒音被害などが問題となっている。

ソウシチョウ

ガビチョウ

■ 根絶に向けた取り組み－フイリマングース
鹿児島県の奄美大島では、特定外来生物であるフイリマングースの防除事業が進められてきた。2021年現在、奄美大島では約3年間、新たなフイリマングースが捕獲されておらず、根絶された可能性が高くなっている。このように、防除事業によって外来生物を根絶することができた例もあるが、フイリマングースの防除事業は20年以上にわたって続けられている。一度もちこまれた外来生物を根絶するには、膨大な時間と費用がかかってしまう。

● プラスチックごみが与える影響とは？

私たちの生活にとって欠かせないプラスチック。削減に向けた取り組みが活発化しているのは、どんな影響があると考えられているからだろう？

■ 分解されずに残り、生物に被害をもたらす
ポリ袋などのプラスチックごみを生物が誤飲してしまうことや、釣り糸が生物のからだに絡まって身動きが取れずに死んでしまうことなどがある。

■ 大量のプラスチックが海に流出している
世界中で海に流出するプラスチックごみの量は毎年少なくとも800万tにのぼり、さらにそのうち2万～6万tが日本からのものであると推計されている。

釣り糸があしに絡まった海鳥

プラスチックを飲みこんだ魚

📘 マイクロプラスチック
環境中に存在する、直径5mm以下の微細なプラスチックのこと。一般に広く使われるプラスチックは、微生物などに分解・吸収されることがないため、捨てられたプラスチックごみが風化したり紫外線によって分解されたりすることで細かい断片となって環境中に残る。マイクロプラスチックが環境にどのような影響を与えるのかは、現在研究が進められているところである。マイクロプラスチックそのものやマイクロプラスチックが吸着した有害物質が、生物の体内に取りこまれることによる悪影響などが懸念されている。

フォトサイエンス 生物図録

■本書の特徴

①図解が充実していて，複雑なメカニズムもよくわかる。
生物では呼吸・光合成・発生などの複雑なメカニズムが登場します。本書では，これらのメカニズムを見やすい図でわかりやすく表現しました。また，「図だけでは実物のイメージがわからない」「写真だけでは細部がわからない」そういったものには，図を写真と対比させ，構造やメカニズムがつかみやすくなるようにしました。

②生きものの写真が豊富。
生物にはたくさんの生きものも登場します。それらはふつう目にすることが難しく，なかなか実物を見る機会がありません。本書は，教科書や参考書に登場する多くの生きものを豊富な写真でお見せします。

③実験の手順や結果が一目瞭然。
実験のページでは，操作手順や結果を見やすい写真とわかりやすい解説文で紹介しました。顕微鏡の使い方と基本的な実験を序章で8ページにわたって詳しく解説。さらに，おもな実験（探究活動）については，本文中でページを割いて手順を説明しています。背景に色 ■ がついているところが，実験のページです。

④最新の話題を「特集 生物学の最前線」で紹介。
ニュースなどでよく取り上げられている話題やわたしたちの実生活に関わることについて，見開きで特集を組みました。各分野それぞれ興味深い内容ばかりですので，より深く幅広い知識を得ることができます。

実験のページ

「特集 生物学の最前線」のページ

■本書の構成

本書は写真と図を中心としたビジュアルな構成です。次のような構成要素があり，幅広く学べるようになっています。また，項目の横に科目名をアイコンで示しています。「生物基礎」の内容・・・ 生物基礎 基 ，「生物」の内容・・・ 生 物 生

 生物に関連した興味深い話題を取り上げています。

 注意したいことや，覚えておくとよいことを整理しています。

 参照すべきページと参照事項を案内しています。

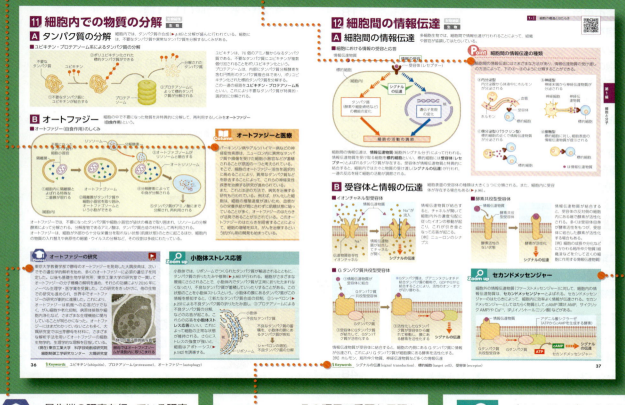

 最先端の研究を行っている研究所や研究室を紹介しています。

Keywords その項目で重要な用語と英語表記を示しています。

 少しレベルの高い内容や，細かい知識にふれています。

デジタルコンテンツ

▶ マークがついているものは，学習事項に関連する 映像・アニメーション・Web サイト などを見ることができます。左記および各ページ右上の QRコード または下記の URL からアクセスできます。

https://cds.chart.co.jp/books/ssion18axj

※学校や公共の場所では，先生の指示やマナーを守ってスマートフォンなどをご利用ください。
※ Web ページへのアクセスにはネットワーク接続が必要となります。ネットワーク接続に際し発生する通信料はお客様のご負担となります。
＊ QR コードは株式会社デンソーウェーブの登録商標です。

CONTENTS
目　　次

■序章 生物実験の基本
1 顕微鏡の種類と構造 ... 10
2 探究活動の基本操作(1) ... 12
3 探究活動の基本操作(2) ... 14
4 探究活動の基本操作(3) ... 16

■第1編 細胞と分子
第Ⅰ章 細胞の構造とはたらき
1 生命の単位－細胞 基生 ... 18
2 細胞を構成する物質 基生 ... 20
3 タンパク質 基生 ... 22
4 細胞の構造とはたらき 基生 ... 24
5 細胞の微細構造(1) 基生 ... 26
6 細胞の微細構造(2) 基生 ... 28
7 細胞膜を介した物質輸送 基生 ... 30
8 細胞内での物質輸送 基生 ... 32
9 細胞への物質の出入り 基生 ... 34
10 原形質分離の観察 基生 ... 35
11 細胞内での物質の分解 基生 ... 36
12 細胞間の情報伝達 基生 ... 37
特集1 見えた！歩くタンパク質 ... 38
第Ⅱ章 細胞と個体の成り立ち
13 単細胞生物から多細胞生物へ 基生 ... 40
14 動物個体の成り立ち 基生 ... 42
15 植物個体の成り立ち 基生 ... 44

■第2編 代謝
第Ⅰ章 代謝と酵素のはたらき
1 代謝とエネルギー 基生 ... 46
2 酵素とそのはたらき(1) 基生 ... 48
3 酵素とそのはたらき(2) 基生 ... 50
4 酵素とそのはたらき(3) 基生 ... 52
第Ⅱ章 呼吸
5 呼吸のしくみ(1) 基生 ... 54
6 呼吸のしくみ(2) 基生 ... 56
7 発酵 基生 ... 58
第Ⅲ章 光合成
8 葉緑体と光合成色素 基生 ... 60
9 光合成の研究の歴史 基生 ... 62
10 光合成のしくみ(1) 基生 ... 64
11 光合成のしくみ(2) 基生 ... 66
12 植物の生活と光 基生 ... 68
13 細菌の炭素同化 基生 ... 70
14 植物の窒素同化 基生 ... 71
特集2 微生物－地球の未来を拓く偉大な生物－ ... 72

■第3編 遺伝情報の発現
第Ⅰ章 DNAの構造と複製
1 DNA 基生 ... 74
2 「DNA＝遺伝子の本体」の研究の歴史 基生 ... 76
3 DNAの複製(1) 基生 ... 78
4 DNAの複製(2) 基生 ... 80
5 細胞周期の観察 基生 ... 81
6 細胞分裂と遺伝情報の分配 基生 ... 82
第Ⅱ章 遺伝情報の発現
7 タンパク質の合成(1) 基生 ... 84
8 タンパク質の合成(2) 基生 ... 86
9 遺伝情報の変化と形質(1) 基生 ... 88
10 遺伝情報の変化と形質(2) 基生 ... 90
11 遺伝子発現の調節(1) 基生 ... 92
12 遺伝子発現の調節(2) 基生 ... 94
13 遺伝子発現の調節(3) 基生 ... 96
14 遺伝子発現と細胞の分化(1) 基生 ... 97
15 遺伝子発現と細胞の分化(2) 基生 ... 98
16 唾腺染色体の観察 基生 ... 99
第Ⅲ章 遺伝子研究とその応用
17 遺伝子導入(1) 基生 ... 100
18 遺伝子導入(2) 基生 ... 102
19 遺伝子組換え実験 基生 ... 103
20 遺伝情報の解析－DNAの増幅 基生 ... 104
21 遺伝情報の解析－DNAの分離 基生 ... 105
22 遺伝情報の解析－塩基配列の解析 基生 ... 106
23 遺伝子研究に用いられる技術 基生 ... 108
24 遺伝子発現の解析 基生 ... 109
25 遺伝子研究とヒト 基生 ... 110
特集3 ゲノム編集で品種づくりが変わる ... 112

■第4編 生殖・遺伝・発生
第Ⅰ章 生殖と遺伝
1 生殖－遺伝子の受け渡し 基生 ... 114
2 減数分裂(1) 基生 ... 116
3 減数分裂(2) 基生 ... 118
4 遺伝の基礎 基生 ... 120
5 いろいろな遺伝 基生 ... 122
6 独立と連鎖 基生 ... 124
7 性と遺伝 基生 ... 126
8 ヒトの遺伝 基生 ... 128
第Ⅱ章 発生
9 動物の配偶子形成と受精 基生 ... 130
10 卵の種類と卵割の様式 基生 ... 132

11 ウニとカエルの発生の観察 基生 133
12 ウニの発生 基生 134
13 カエルの発生 基生 136
14 胚葉の分化と器官の形成 基生 138
15 カエルの発生と遺伝子発現 基生 140
16 発生のしくみ 基生 142
17 発生のしくみの研究の歴史 基生 144
18 形態形成とその調節 基生 146
19 動物の再生 基生 148
20 ニワトリの発生 基生 149
21 ヒトの発生 基生 150
22 幹細胞と細胞分化 基生 152
23 生殖技術の発展と応用 基生 154

特集4 iPS細胞と新規医療技術開発 156

第5編 体内環境の維持
第I章 体内環境の維持
1 体内における情報伝達 基生 158
2 自律神経系による調節 基生 159
3 ホルモンによる調節(1) 基生 160
4 ホルモンによる調節(2) 基生 162
5 ホルモンによる調節(3) 基生 164
6 体内環境としての体液(1) 基生 165
7 体内環境としての体液(2) 基生 166
8 体内環境としての体液(3) 基生 168
9 体液の恒常性(1) 基生 169
10 体液の恒常性(2) 基生 170
11 呼吸器と消化器 基生 172
12 栄養分の吸収と同化 基生 173

第II章 免疫
13 免疫の概要 基生 174
14 自然免疫 基生 176
15 適応免疫(1) 基生 178
16 適応免疫(2) 基生 180
17 自己と非自己の認識 基生 182
18 免疫と病気(1) 基生 183
19 免疫と病気(2) 基生 184

特集5 人類を脅かすウイルス感染症 186

第6編 生物の環境応答
第I章 動物の反応と行動
1 刺激の受容と感覚 基生 188
2 視覚器(1) 基生 189
3 視覚器(2) 基生 190
4 聴覚器・平衡受容器 基生 191
5 その他の受容器 基生 192
6 ニューロンとその興奮(1) 基生 193

7 ニューロンとその興奮(2) 基生 194
8 神経系の構造とはたらき(1) 基生 196
9 神経系の構造とはたらき(2) 基生 198
10 筋肉の構造と収縮(1) 基生 199
11 筋肉の構造と収縮(2) 基生 200
12 いろいろな効果器 基生 201
13 動物の行動－生得的行動(1) 基生 202
14 動物の行動－生得的行動(2) 基生 204
15 動物の行動－学習と記憶 基生 206

特集6 昆虫で紐解く感覚と脳と行動のしくみ 208

第II章 植物の環境応答
16 植物の生活と環境応答 基生 210
17 発芽の調節 基生 212
18 成長の調節(1) 基生 213
19 成長の調節(2) 基生 214
20 植物ホルモンの探究 生 215
21 植物の器官分化と組織 基生 216
22 花芽形成の調節(1) 基生 217
23 花芽形成の調節(2) 基生 218
24 環境の変化に対する応答 基生 220
25 植物の配偶子形成と受精 基生 222
26 胚や種子の形成と果実の成熟 基生 224
27 組織培養と細胞融合 225

第7編 生態と環境
第I章 個体群と生物群集
1 個体群とその変動 基生 226
2 個体群内の相互作用(1) 基生 228
3 個体群内の相互作用(2) 基生 230
4 異種個体群間の相互作用(1) 基生 231
5 異種個体群間の相互作用(2) 基生 232
6 植生の多様性 基生 234

第II章 生物群集の遷移と分布
7 植生の遷移 基生 236
8 バイオームの種類と分布 基生 238
9 植生の水平分布と垂直分布 基生 240

第III章 生態系と生物多様性
10 生態系の構造 基生 242
11 生態系と生物多様性 基生 244
12 生態系の物質生産 基生 245
13 物質の循環とエネルギーの流れ 基生 246
14 生態系のバランス 基生 247
15 生態系と人間生活(1) 基生 248
16 生態系と人間生活(2) 基生 250
17 生態系と人間生活(3) 基生 252

特集7 外来生物の影響とその現状 254

■第8編 生物の進化と系統

第Ⅰ章　生命の起源と進化

1 生命の起源 基生 256
2 細胞の進化 基生 258
3 生物の変遷(1) 基生 259
4 生物の変遷(2) 基生 260
5 生物の変遷(3) 基生 262
6 ヒトの出現 基生 264
7 進化の証拠 基生 265
特集8　人類の起源と拡散 266
8 進化のしくみ(1) 基生 268
9 進化のしくみ(2) 基生 270
10 進化のしくみ(3) 基生 272

第Ⅱ章　生物の多様性と系統

11 生物の系統と分類法 基生 274
12 分子情報に基づいた生物の系統 基生 276
13 細菌とアーキア 基生 278
14 真核生物－原生生物 基生 279
15 真核生物－植物 基生 280
16 真核生物－菌類 基生 282
17 真核生物－動物(1) 基生 283
18 真核生物－動物(2) 基生 284
19 生物の系統樹 基生 286

巻末資料

1 生物学の世界 288
2 生物学の歴史 289
3 生物の種類と比較 292
4 生物学習のための化学 294

索引 297

Zoom up

永久プレパラート	12	
ウイルス	19	
哺乳類のインスリン	22	
シャペロン	23	
細胞分画法	26	
原核細胞の細胞骨格	29	
いろいろな膜タンパク質	30	
小腸上皮細胞のグルコース輸送	31	
細菌の鞭毛モーター	33	
小胞体ストレス応答	36	
セカンドメッセンジャー	37	
細胞群体と群体	40	
細胞性粘菌の生活環	41	
ヒトの皮膚と血管の構造	42	
花の構造(被子植物)	44	
ATPのエネルギーの貯蔵	47	
酵素の親和性と K_m 値	49	
補酵素の構造	53	
回転する酵素－ATP合成酵素	56	
バイオリアクター	59	
光阻害	64	
ルビスコと光呼吸	65	
光合成・呼吸と温度	69	
DNAのねじれを解消する酵素	80	
細胞周期の制御	82	
原核細胞の細胞周期	83	
分裂装置	83	
シグナルペプチド	86	
フェニルケトン尿症の原因	90	
発現量を増やす遺伝子重複	94	
クロマチンの凝縮	95	
ハウスキーピング遺伝子	97	
さまざまなPCR法	104	
クローニングベクター	106	
遺伝子ライブラリ	107	
遺伝子研究の最先端	107	

微生物集団のゲノムをまとめて調べる		
－メタゲノム解析	109	
ジャンクDNA	110	
胞子生殖	115	
染色体の接着にはたらくコヒーシン	117	
マウスの体色を決めるアグーチ遺伝子	122	
ニワトリのとさかの形の遺伝	123	
ヒトの色覚と遺伝子	129	
始原生殖細胞	130	
多精受精の防止	131	
卵黄の蓄積	132	
胞胚から原腸胚へ	135	
灰色三日月環	137	
センチュウの細胞系譜	138	
神経堤細胞－第4の胚葉	139	
プログラムされた細胞死の経路	142	
脊椎動物のホメオティック突然変異体	147	
核移植ES細胞	153	
インスリンが作用するしくみ	162	
糖尿病によって引き起こされる症状	163	
二酸化炭素の運搬	167	
血液がつくられる場所－骨髄	168	
糖尿病で尿に糖が排出される理由	171	
非必須アミノ酸の生合成経路	173	
腸管のリンパ組織	175	
NK細胞のはたらき	175	
補体による防御	177	
キラーT細胞による攻撃のしくみ	178	
免疫細胞と情報伝達物質	179	
抗体のクラススイッチと親和性成熟	181	
免疫寛容とクローン選択	181	
インフルエンザウイルス	183	
即時型／遅延型アレルギー	184	
DNAやRNAを利用したワクチン	185	
動物種による受容できる光の波長の違い	189	
嗅覚のしくみ	192	

いろいろな動物の神経系	196	
記憶と海馬	197	
反射の連動	198	
鞭毛と繊毛の構造	201	
生得的行動は遺伝する	202	
ボボリンクの磁気受容による定位	203	
生物時計と概日リズム	205	
短期記憶と長期記憶	206	
特定の時期に成立する学習	207	
細胞壁と物質の移動	211	
フィトクロムによる光環境の識別	212	
植物の成長と光形態形成	214	
植物ホルモンと細胞内の伝達経路	215	
分裂組織を維持するしくみ	216	
花の形成	219	
気孔の開閉メカニズム	220	
ファイトアレキシン	221	
自家不和合性	222	
花粉管誘引のしくみ	223	
個体群内の相互作用と個体の分布	229	
捕食者と被食者の理論的モデル	231	
ニッチの分割と共存	233	
土壌の構造	234	
先駆植物と極相樹種	237	
生態ピラミッドの逆転	243	
物質生産を決める要因	245	
絶滅危惧種	248	
RNAワールドからDNAワールドへ	257	
視物質の進化	269	
分子系統樹の作製	276	
生物と無生物のはざま		
－ウイルスとプリオン	278	
酵母	282	
地衣類	282	
いろいろな動物たち	285	

Column

染色せずに観察する方法	15	レトロウイルス	108	温度受容体の発見	192
細胞の発見と細胞説	19	下村脩とGFPの発見	108	神経伝達物質がかかわる病気	195
アクアポリン(水チャネル)	31	虹色に輝く蛍光タンパク質	108	「光で脳を知る」オプトジェネティクス	197
オートファジーと医療	36	がんと遺伝子	111	コオロギの音波走性と行動の遺伝的要因	202
ホタルの発光とATP	47	メンデルと遺伝の法則	120		
チマーゼの発見とウレアーゼの結晶化	49	性決定と環境	126	昆虫の学習能力	207
酵素と補酵素の性質	53	ニワトリの伴性遺伝	127	光周性と緯度の関係	217
バイオエタノール	59	お酒に強い人,弱い人	129	二次代謝産物とアレロパシー	218
呼吸と光合成の共通性	64	原腸胚の模型をつくる	136	モデル植物としてのシロイヌナズナ	219
植物のソースとシンク	67	有羊膜類のワンルームマンション	149	ヘルパーになることの利益	229
明反応と暗反応	69	一卵性双生児と二卵性双生児	151	社会性昆虫のような哺乳類	230
深海底の化学合成細菌	70	山中ファクターはどのように見つかったか？	153	生態的ギルド	233
DNAを抽出する	76			キーストーン種の存在による行動の変化	247
岡崎夫妻の功績	79	ヤマメがニジマスを産む	155		
真核生物と原核生物の複製の違い	80	脳死とは	158	里山・干潟の保全	248
ニーレンバーグ	87	ホルモンの発見	161	生態系サービス	248
鎌状赤血球貧血症とマラリア	88	排卵周期と基礎体温の変化	164	自然発生説とその否定	257
生物と放射線	89	血液検査で調べる血しょうの成分	165	恐竜の絶滅	262
染色体突然変異	91	人工ペースメーカー	166	進化説に対する反論	268
オペロン説	92	ウミガメの涙	171	進化説の歴史	268
グルコース効果	93	免疫系の進化	178	古生代の共進化	271
RNA干渉の発見と応用	95	抗原抗体反応を「見る」	180	生物の種の数	274
細胞の分化とエピジェネティック制御	97	抗体検査	181	生物の名前	275
細菌の免疫システム―CRISPR-Cas9	101	がん免疫療法	184	遺伝子の水平伝播	277
遺伝子導入と青いバラ	102	子宮頸がんワクチンの開発	185	多細胞生物への進化	279
PCR法による新型コロナウイルスの検出	104	うま味	192	植物の祖先	280

Point

なぜ対物ミクロメーターに直接試料をのせて検鏡してはいけないのか？	14	自律神経のまとめ	159	
生重量と乾燥重量	20	内分泌腺と外分泌腺	160	
タンパク質の変性	23	フィードバック	161	
動物細胞と植物細胞の違い	24	シナプス可塑性	195	
真核細胞の構造(動物細胞・植物細胞)	25	興奮伝導速度の測定	200	
生体膜	27	発芽とフィトクロム	212	
互いに関連してはたらく細胞小器官・構造体	27	植物の限界暗期	217	
外液と細胞への水の出入り	34	重複受精	222	
細胞間の情報伝達の種類	37	個体数の推定－標識再捕法	226	
個体の成り立ち	41	生存曲線と対数目盛り	227	
何が限定要因か？	69	相互作用(種間関係)のまとめ	232	
DNAポリメラーゼのはたらき	80	植生の分類	234	
塩基配列変化の影響	88	遷移のしくみ	237	
転写調節に出てくる用語	92	かく乱の規模と生物多様性	247	
大腸菌の転写調節	93	キーストーン種とアンブレラ種	247	
基本転写因子	94	アリー効果と絶滅	248	
無性生殖と有性生殖の違い	115	生物多様性条約	249	
体細胞分裂と減数分裂の比較	116	パリ協定	253	
遺伝学習のための用語	120	化学進化と生命の誕生	256	
細胞の分化を引き起こす要因	140	生きている化石	259	
カエルの発生と遺伝子発現	141	中立進化	272	
体節構造の形成にはたらく遺伝子	147	細菌とアーキアの違い	278	
鳥類と哺乳類の胚膜の比較	151	生活環で使う用語	280	
ヒト幹細胞の比較	153	胞子体と配偶体の比較	281	

Pioneer

細胞膜の研究	31
オートファジーの研究	36
ATP合成酵素の活性調節機構	65
機能性食品の作用メカニズムの解明	109
免疫学研究の最先端	177
ジベレリンの作用機構を解析	214
野生動物研究の重要性	248

9

1 顕微鏡の種類と構造

A 光学顕微鏡

■ 研究用光学顕微鏡

■ 光学顕微鏡の原理

光学顕微鏡は、対物レンズで拡大した実像(a)をつくり、この実像を再び接眼レンズで拡大してできる虚像(b)を見るしくみになっている。このような光学顕微鏡では、像は上下左右が逆に見える(試料と同じ向きに見えるようにした顕微鏡もある)。

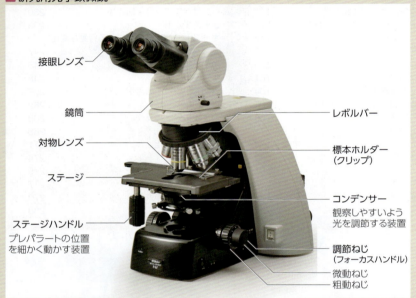

B 電子顕微鏡

電子線を利用した電子顕微鏡は、光学顕微鏡より高い分解能をもつ。電子顕微鏡には、透過型電子顕微鏡と走査型電子顕微鏡がある。

■ 透過型電子顕微鏡(TEM)

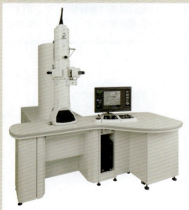
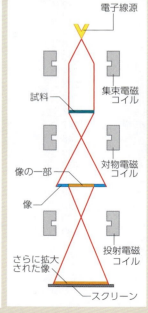

・薄い切片にした試料を透過した電子線を電磁コイルで屈折させて、拡大像を得る。
・スクリーン上に得られる像は白黒の平面的な像である。
・おもに細胞などの内部構造を調べるのに利用される。

■ 走査型電子顕微鏡(SEM)

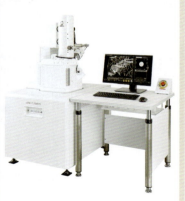
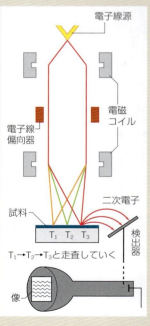

・試料の表面に電子線を照射し、試料表面から発生する二次電子線を検出器で検出して、拡大像を得る。
・モニタ上に得られる像は白黒の立体的な像である。
・おもに細胞などの表面構造を調べるのに利用される。

Keywords　光学顕微鏡(light microscope), 電子顕微鏡(electron microscope)

序 | 生物実験の基本

C 光学顕微鏡と電子顕微鏡の観察像

電子顕微鏡の観察像は白黒であるが，コンピューターを使い着色したものもある。

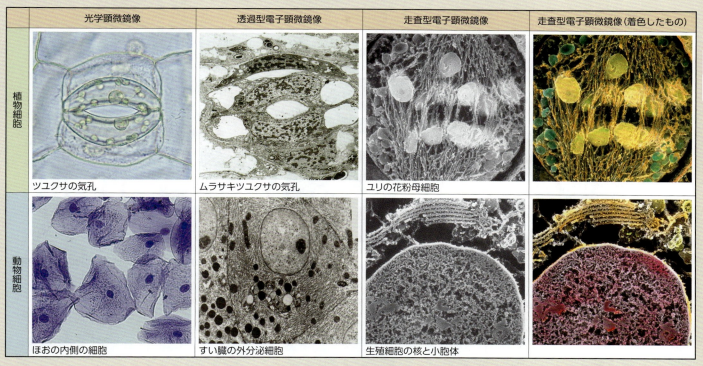

	光学顕微鏡像	透過型電子顕微鏡像	走査型電子顕微鏡像	走査型電子顕微鏡像（着色したもの）
植物細胞	ツユクサの気孔	ムラサキツユクサの気孔	ユリの花粉母細胞	
動物細胞	ほおの内側の細胞	すい臓の外分泌細胞	生殖細胞の核と小胞体	

D いろいろな顕微鏡と装置

試料をいろいろな面から観察できるような光学顕微鏡と付属装置が開発されている。

■ 位相差顕微鏡

ミドリムシ

細胞分裂・細胞質流動・アメーバ運動・繊毛運動の観察に使用。

■ 偏光顕微鏡

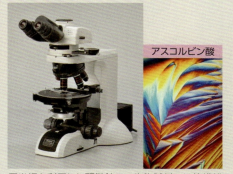

アスコルビン酸

偏光板を利用した顕微鏡で，生物試料では筋繊維や歯の微細構造の観察などに使用。

■ 蛍光顕微鏡

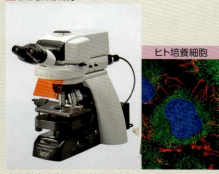

ヒト培養細胞

自ら蛍光を発する試料や蛍光色素で染色した試料に励起光を照射し，試料の発する蛍光を観察する。

■ 培養顕微鏡

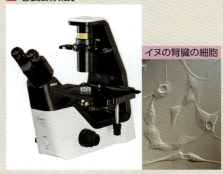

イヌの腎臓の細胞

培養容器に入った細胞などの観察に使う。

■ マイクロマニピュレーター

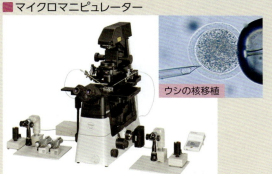

ウシの核移植

顕微受精やDNA注入などに利用する付属装置。

■ 実体顕微鏡

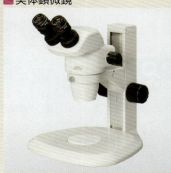

生試料を正立像で立体的に観察できる。

2 探究活動の基本操作(1)

A 光学顕微鏡
高等学校で生物実験に使う光学顕微鏡には,鏡筒上下型とステージ上下型がある。

■鏡筒上下型
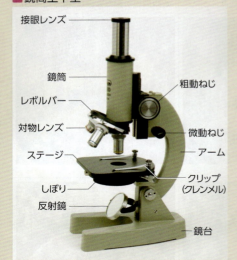

■ステージ上下型
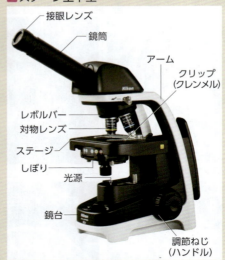

■接眼レンズ

■対物レンズ

倍率＝接眼レンズの倍率×対物レンズの倍率

B プレパラートのつくり方
カバーガラスは薄くて割れやすいのでけがのないように注意する。

■タマネギの表皮のプレパラートのつくり方

①タマネギのりん葉の内側の表皮にかみそりで5mm角程度の切れ目を入れる。

②切れ目を入れた表皮をピンセットではぎとり,スライドガラスの上にのせる。

③水,または染色液(酢酸オルセインなど)を1～2滴落とす。

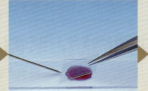
④気泡が入らないように注意して,カバーガラスをかける。

⑤カバーガラスからはみ出た余分の水,または染色液を,ろ紙で吸い取る。

■スンプ法(木工用接着剤を使った簡易スンプ法)
凹凸のある試料の表面を顕微鏡で観察する場合に,表面構造の型をとって観察する方法。葉の気孔や,頭髪の表面などの観察に用いる。木工用接着剤のほかに,液体ばんそうこうなどでもよい。

①葉の裏面の一部に木工用接着剤を薄く塗り,乾燥させる。

②葉を折り曲げ,乾燥した接着剤をピンセットでゆっくりはがす。

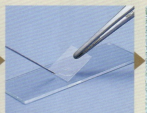
③スライドガラスにのせ,カバーガラスをかけて検鏡する。

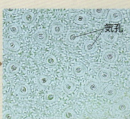
④観察結果

Zoom up 永久プレパラート
長期間保存できるように作成されたプレパラートを**永久プレパラート**という。作成方法の一例を以下に示す。

Keywords プレパラート (preparation)

序　生物実験の基本

C 光学顕微鏡の使い方

持ち方／置き方

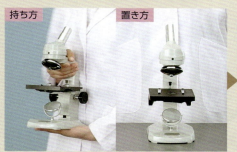

一方の手でアームを持ち，もう一方の手を鏡台の下にそえて水平にして運ぶ。観察する場合には，直射日光の当たらない，明るい水平な場所に置く。

レンズの取りつけ

接眼レンズ／対物レンズ

接眼レンズと対物レンズを取りつける※。鏡筒内にゴミが落ちないように，接眼レンズを先に取りつける。低倍率の対物レンズをセットする。

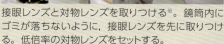

※レンズを取りつけたまま保管している場合もある。

反射鏡の調節

しぼりを開く。視野が均一な明るさになるように反射鏡を調節する。光源装置付の顕微鏡の場合は，調光機能を用いて適当な明るさにする。

プレパラートを置く

プレパラートをステージの上に置き，試料が対物レンズの真下になるよう調整し，クリップでとめる。

ピントを合わせる①

横から見ながら調節ねじを回して，対物レンズとプレパラートを近づける。

ピントを合わせる②

接眼レンズをのぞきながら，対物レンズをプレパラートからゆっくり遠ざけ，ピントを合わせる。

観察位置の調節

像が動く方向／プレパラートを動かす方向

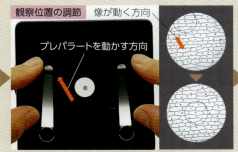

観察しやすい像をさがし，視野の中央に移動させる。像を動かしたい方向とは反対の方向にプレパラートを動かす（上下左右が逆に見える顕微鏡の場合）。

高倍率でのピント合わせ

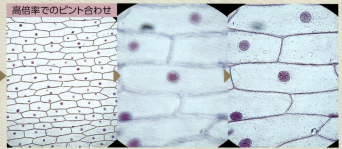

レボルバーを回転させ，高倍率の対物レンズにかえる。微動ねじでピントを微調整する。しぼりを調節して鮮明な像が得られるようにする。光源装置付の顕微鏡の場合は光量を調節する。

よくないプレパラート

ゴミが入っている

気泡が入っている

D スケッチの方法

右利きの場合，左眼で顕微鏡をのぞいたまま，右眼でスケッチ用紙を見ながらスケッチする。

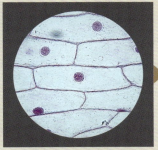

スケッチの例

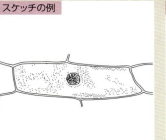

全体の輪郭を確認して図の大きさを決め，輪郭線を一続きの実線でかく。色の濃淡は点の密度でつける。図で表せないところは説明を入れる。

よくないスケッチの例

× 輪郭があいまい。黒く塗りつぶさない

× 倍率が低すぎて細胞内の構造が観察できていない

13

3 探究活動の基本操作(2)

A ミクロメーターの使い方
顕微鏡下での試料の大きさの測定には、ミクロメーターを用いる。

■ミクロメーターの準備

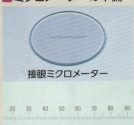
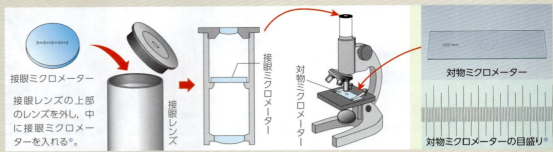

接眼ミクロメーター

接眼ミクロメーターの目盛り

接眼ミクロメーター：接眼レンズの上部のレンズを外し、中に接眼ミクロメーターを入れる※。

接眼レンズ / 接眼ミクロメーター / 対物ミクロメーター

対物ミクロメーター

対物ミクロメーターの目盛り※

※接眼ミクロメーターを取りつける位置は、接眼レンズの種類により異なることがある。

※1目盛り＝10μm

■接眼ミクロメーターの1目盛りが示す長さの測定

150倍　接眼ミクロメーターの目盛り / 対物ミクロメーターの目盛り

①目的の倍率に合わせ、対物ミクロメーターの目盛りにピントを合わせる。

②両方のミクロメーターの目盛りが平行に重なるように調節し、目盛りが一致する2点をさがす。

③両目盛りが一致した2点間のそれぞれの目盛りの数を読み取り、以下の式より接眼ミクロメーターの1目盛りの長さを求める。

$$\text{接眼ミクロメーターの1目盛りが示す長さ} = \frac{\text{対物ミクロメーターの目盛りの数} \times 10\,\mu m}{\text{接眼ミクロメーターの目盛りの数}}$$

AB間の対物ミクロメーターの目盛りの数＝10
AB間の接眼ミクロメーターの目盛りの数＝10

$$\frac{10\,\text{目盛り} \times 10\,\mu m}{10\,\text{目盛り}} = 10\,\mu m \qquad 1\,\text{目盛り}\,10\,\mu m$$

60倍　C　D

CD間の対物ミクロメーターの目盛りの数＝25
CD間の接眼ミクロメーターの目盛りの数＝10

$$\frac{25\,\text{目盛り} \times 10\,\mu m}{10\,\text{目盛り}} = 25\,\mu m \qquad 1\,\text{目盛り}\,25\,\mu m$$

600倍　E　F

EF間の対物ミクロメーターの目盛りの数＝5
EF間の接眼ミクロメーターの目盛りの数＝20

$$\frac{5\,\text{目盛り} \times 10\,\mu m}{20\,\text{目盛り}} = 2.5\,\mu m \qquad 1\,\text{目盛り}\,2.5\,\mu m$$

■試料の大きさの測定
タマネギのりん片葉各部の表皮細胞の大きさを測定する。

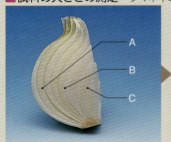
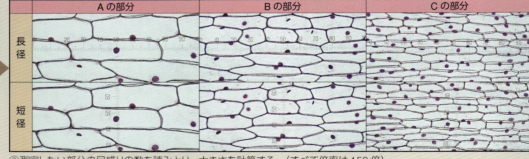

Aの部分 / Bの部分 / Cの部分
長径 / 短径

①A, B, Cの部分のりん片葉の内側の表皮のプレパラートを作成する。

②測定したい部分の目盛りの数を読みとり、大きさを計算する。（すべて倍率は150倍）

③グラフにまとめる。

細胞の径(μm)　長径 A B C / 短径 A B C
内側 ← 切片の部位 → 外側

Point なぜ対物ミクロメーターに直接試料をのせて検鏡してはいけないのか？

対物ミクロメーターに試料をのせてプレパラートをつくった場合、右の写真のように試料か目盛りのどちらか一方にしかピントが合わないため、正確な大きさを測定することはできない。また、測りたい場所に目盛りを移動させることができない。そのため、接眼ミクロメーター1目盛りの長さを求める必要がある。

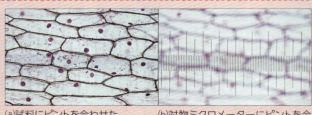

(a)試料にピントを合わせた　(b)対物ミクロメーターにピントを合わせた

Keywords　ミクロメーター（micrometer）

B 染色

試料の特定の場所や細部を観察しやすいように色素で着色することを**染色**という。

■顕微鏡観察に使われるいろいろな染色液

試薬	染色部位	色
酢酸カーミン	DNA(核)	赤
酢酸オルセイン	DNA(核)	赤
メチレンブルー	DNA(核)	青
	ペクチン(細胞壁)	青
ヤヌスグリーン	ミトコンドリア	青緑

試薬	染色部位	色
メチルグリーン	DNA	緑青
ピロニン	RNA	赤桃
スダンⅢ	脂肪	黄～赤
	コルク質	赤
サフラニン	木化した細胞壁	赤

■タマネギ(草本)のりん片葉の表皮細胞をいろいろな染色液で染色

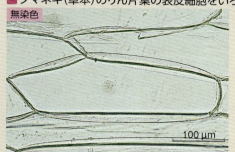
無染色

酢酸カーミンで染色

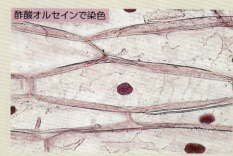
酢酸オルセインで染色

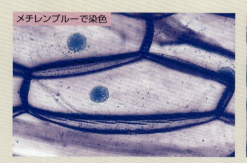
メチレンブルーで染色

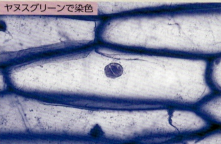
ヤヌスグリーンで染色

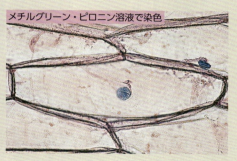
メチルグリーン・ピロニン溶液で染色

■ムクゲ(木本)の茎をいろいろな染色液で染色

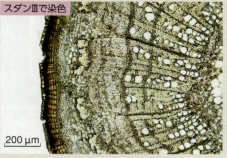
スダンⅢで染色

サフラニンで染色

サフラニン・メチレンブルー二重染色

Column 染色せずに観察する方法

通常の光学顕微鏡では、透明な部分は染色しないと観察できない。しかし、位相差顕微鏡、微分干渉顕微鏡、暗視野顕微鏡では染色しなくても透明な部分が観察できる。

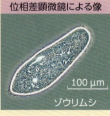
位相差顕微鏡による像 ゾウリムシ

透明な試料の各部の屈折率の微小な違いを明暗のコントラストに変えることにより、観察できるようにしたもの。

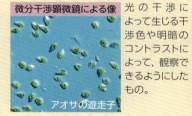
微分干渉顕微鏡による像 アオサの遊走子

光の干渉によって生じる干渉色や明暗のコントラストによって、観察できるようにしたもの。

暗視野顕微鏡による像 ミジンコのなかま

試料に斜めから光を照射し、試料によって散乱した光を観察できるようにしたもの。

染色(staining),試料(sample)

4 探究活動の基本操作(3)

A 生物実験でよく使われる検出反応
特定の検出反応によって目的の物質や生成物を検出することができる。

■タンパク質の検出
①キサントプロテイン反応

タンパク質の水溶液に濃硝酸を加えて加熱すると、黄色の沈殿を生じる。冷却後、アンモニア水を加えると橙色になる。

②ビウレット反応　　　③ニンヒドリン反応

水酸化ナトリウム水溶液と硫酸銅(Ⅱ)水溶液を加えると赤紫色になる。

ニンヒドリン溶液を加えて加熱すると青紫色になる。

■デンプンの検出(ヨウ素デンプン反応)

ヨウ素溶液を加えると青紫色を示す。

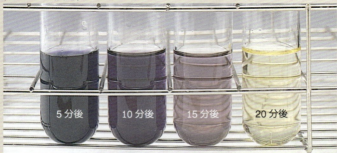

デンプン水溶液にアミラーゼを加えて35℃に保ち、デンプンを分解すると、時間の経過に伴い、青、紫、赤褐色と変化し、最後には呈色しなくなる。

ジャガイモの切断面にヨウ素溶液をたらすと、青紫色に変化する。→デンプンが存在する。

■還元糖の検出(フェーリング反応)

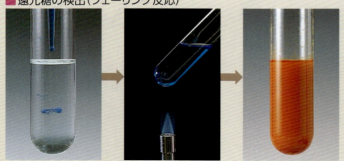

グルコース水溶液にフェーリング液を加えて加熱すると、フェーリング液は還元され、酸化銅(Ⅰ)Cu_2Oの赤色沈殿が生じる。

■エタノールの検出(ヨードホルム反応)

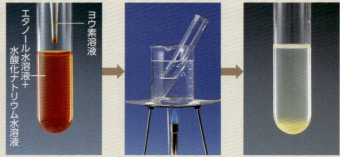

エタノール水溶液に水酸化ナトリウム水溶液とヨウ素溶液を加えて加熱すると、特有のにおいをもったヨードホルムCHI_3の黄色沈殿が生じる。

■酸素の検出(インジゴカーミンによる検出)

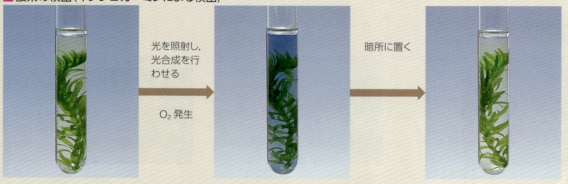

インジゴカーミン(青色)は、還元されると淡黄色に変化し、酸化されると青色にもどる。
オオカナダモの光合成により、O_2が発生すると液は青色となり、暗所で呼吸によりO_2が消費されると青色は脱色される。

Keywords　タンパク質(protein)、デンプン(starch)、酸素(oxygen)、ヨウ素(iodine)

B pHの測定
pHを測定するためにさまざまな方法がある。

■ pH試験紙

■ 万能pH試験紙

■ 簡易pHメーター

■ pHメーター

■ pH指示薬

メチルオレンジ

pH2　pH3　pH4　pH5　pH6

ブロモチモールブルー（BTB）

pH5　pH6　pH7　pH8　pH9

フェノールフタレイン

pH7　pH8　pH9　pH10　pH11

C 器具の使い方

■ 電子てんびんの各部の名称とゼロ点調整

電源　表示パネル　ゼロ点調整スイッチ

水平調節ネジで調節　水平でないとき　水平なとき

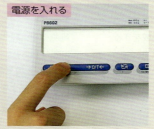
電源を入れる

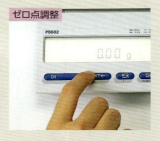
ゼロ点調整

■ 一定量の試薬をはかり取る

試薬を入れる容器をのせて、ゼロ点調整を行う。

目的の質量まで試薬を入れる。

■ 液面と目盛り

目盛りを読むときは、湾曲した液面の底に目の高さをそろえ、液面の底の値を読む。

■ 駒込ピペットの持ち方
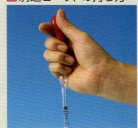
親指と人差し指でゴムの部分を押さえ、それ以外の指でピペットを包むように握る。

■ マイクロピペットの使い方

①調節ダイヤルを回してはかりとる液量を設定する。

②チップを取りつける。ピペットとの間にすき間が残らないよう軽く押しつける。

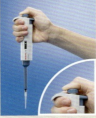
③プッシュボタンを第1ストップまで押しこむ。

④はかりとる液中でプッシュボタンをゆっくりはなし、液を吸いとる。

⑤プッシュボタンを第2ストップまで押しこんで液をはき出す。

⑥イジェクターボタンを押してチップを外す。

1 生命の単位－細胞 生物基礎／生物

A いろいろな細胞

細胞には，DNA が明瞭な核膜で包まれた**真核細胞**と，DNA が核膜で包まれていない**原核細胞**がある。いずれの細胞も細胞膜で包まれている。

■ 植物のからだをつくる細胞（真核細胞）

ツバキのさく状組織の細胞　50 μm
細胞壁と多数の葉緑体をもち，光合成をする。

タマネギの表皮細胞　150 μm
細胞壁をもつが，葉緑体をもたない。

■ 動物のからだをつくる細胞（真核細胞）

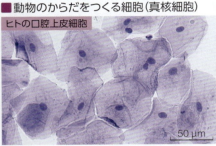

ヒトの口腔上皮細胞　50 μm
細胞壁も葉緑体ももたない。

ニューロン（神経細胞）　200 μm
細胞壁も葉緑体ももたない。多数の突起をもつ。

■ 核をもたない細胞（原核細胞）

ネンジュモ（シアノバクテリア）　40 μm
細胞壁をもち，葉緑体をもたないが光合成をする。

大腸菌　1 μm
細胞壁をもつが，葉緑体をもたず光合成もしない。

B いろいろな細胞とその大きさ

長さの単位　1 m = 1000 mm，1 mm = 1000 μm（マイクロメートル），1 μm = 1000 nm（ナノメートル）

分解能	電子顕微鏡 0.1〜0.2nm				約0.2μm 光学顕微鏡			約0.1mm ヒトの肉眼
長さの単位	0.1nm (1 Å)	1nm	10nm	100nm	可視光 1μm	10μm	100μm	1mm
	10^{-10} m	10^{-9} m	10^{-8} m	10^{-7} m	10^{-6} m	10^{-5} m	10^{-4} m	10^{-3} m

細胞（○）や構造体など：
- 水素原子 0.1 nm
- 単糖類・アミノ酸の分子
- DNA分子（太さ）2 nm
- ヘモグロビン分子 6 nm
- 細胞膜（厚さ）5〜10 nm
- リボソーム 20 nm
- 日本脳炎ウイルス 40〜50 nm
- コロナウイルス 100 nm
- T₂ファージ 200 nm
- 天然痘ウイルス 300 nm
- ブドウ球菌 1 μm
- 大腸菌 1.5×3 μm
- ミトコンドリア 0.5×2 μm
- 葉緑体 2×5 μm
- ヒトの赤血球 7〜8 μm
- 酵母 5〜10 μm
- ヒトの肝臓の細胞 20 μm
- スギの花粉 30〜40 μm
- ヒトの精子 2.5×60 μm
- ヒトの卵 140 μm
- ゾウリムシ 200〜300 μm
- マツの仮道管 50 μm×1 mm

※1 Å（オングストローム）= 10^{-10} m = 0.1 nm

Keywords　生命の単位 (unit of life)，細胞 (cell)，真核細胞 (eukaryotic cell)，原核細胞 (prokaryotic cell)，分解能 (resolving power)，可視光 (visible light)

Column 細胞の発見と細胞説

■フック（1665年，イギリス）
自作の顕微鏡でコルクの切片を観察し，それが多数の小室でできていることを発見した。彼はその小室を**細胞（cell）**とよんだ。（著書『ミクログラフィア』）

フックの顕微鏡

■レーウェンフック（1674年ころ，オランダ）
直径1mm程度の球形のレンズ1個を用いる単レンズ式の顕微鏡（拡大鏡）を自作し，身のまわりのいろいろなものを観察して，原生動物や細菌などの微生物を発見した。

レーウェンフックの顕微鏡とスケッチ

■ブラウン（1831年，イギリス）
ランの葉の表皮を観察して，どの細胞にも球形で不透明な構造があることを発見して，これを**核**とよんだ。

コチョウランの表皮細胞の核

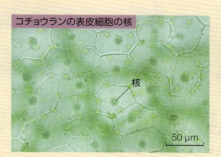

■シュライデン（1838年，ドイツ）
植物に関する研究から，「植物体の構造と機能の単位は細胞である」とする**細胞説**を提唱した（著書『植物発生論』）。

シュライデンが描いた細胞のスケッチ

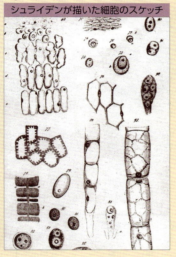

■シュワン（1839年，ドイツ）
動物に関する研究から，「動物体の構造と機能の単位は細胞である」とする**細胞説**を提唱した（著書『動物および植物の構造と成長の一致に関する顕微鏡的研究』）。シュワンは，消化に関する研究も行い，胃液中のタンパク質分解酵素を発見して，それにペプシンと名づけた（1836年）。

■フィルヒョー（1858年，ドイツ）
シュライデンやシュワンは，細胞内や細胞外に細胞のもとになるものが生じて，それから細胞が形成されると考えていた。フィルヒョーは，その後の顕微鏡の改良とそれによる細胞分裂の観察・研究の結果から，「すべての細胞は細胞から」と唱えて，分裂が細胞増殖の普遍的方法であることを示した。

近接した2点を2点として見分けられる最小の間隔を**分解能**という。

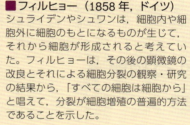

Zoom up ウイルス

1935年，アメリカのスタンリーは，タバコモザイクウイルス（TMV）の結晶化に成功し，それがタンパク質と核酸からなることを明らかにした。ところが，この物質のようなTMVの結晶をタバコの葉にすりこむと，TMVは生物のようにたちまち増殖して，多数のウイルスをつくった。ウイルスは自分自身で増殖することはできず，宿主に寄生して増殖する。また，代謝系（▶p.46）ももたない。生物のようにふるまうが生物にはない特徴をもつウイルスは，生物と無生物の中間的な存在であると考えられている。

TMVの電顕像と構造（右図）

酵母（yeast），細胞説（cell theory），卵黄（yolk；卵白（egg white）），ウイルス（virus）

2 細胞を構成する物質 [生物基礎][生物]

A 細胞を構成する元素 [基][生]

生物のからだはいろいろな物質からできている。それらはいくつかの元素からできているが、それは特別なものでなく、地球上に広く見られるものである。

Point 生重量と乾燥重量

生重量…生きている状態とかわらない状態で測った質量
乾燥重量…完全に水分を除いた状態で測った質量
生体の大部分は水（H₂O）であるため、生重量と水を除いた乾燥重量とでは元素の割合が異なることになる。

B 細胞の化学組成 [基][生]

細胞は、大きくは、タンパク質、脂質、炭水化物、核酸などの有機物と、水をはじめとする無機物とからできている。

■動物の細胞の化学組成

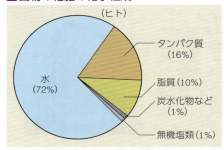

動物の細胞を構成する物質の中で、最も多いのは水で、次いでタンパク質・脂質の順になる。

■植物の細胞の化学組成

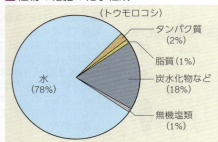

植物の細胞では、最も多いのは水で、次いで細胞壁の成分などになる炭水化物が多い。

■細菌の細胞の化学組成

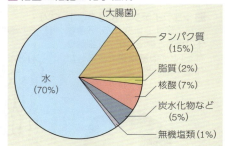

細菌でも、最も多いのは水で、次いでタンパク質が多い。

C 細胞を構成する物質 [基][生]

	物質名	構成する元素	分子量	特徴とはたらきなど
	水	H, O	18	溶媒としていろいろな物質を溶かし、物質の運搬や、化学反応の場としてはたらく。また、比熱が大きく、体温の急激な変化を防ぐ
有機物	タンパク質	C, H, O, N, S	$10^3 \sim 10^6$	多数の**アミノ酸**がペプチド結合によって鎖状につながった高分子化合物。原形質の主成分であり、酵素・ホルモン・抗体などの成分にもなる
	核酸	C, H, O, N, P	$10^4 \sim 10^{10}$	塩基と糖（五炭糖）にリン酸が結合したヌクレオチドが鎖状に多数結合した高分子化合物。**DNA**と**RNA**があり、DNAは遺伝子の本体である。RNAはタンパク質合成にはたらく
	炭水化物	C, H, O	$10^2 \sim 10^5$	グルコース（ブドウ糖）などの**単糖類**と、それらが多数結合した**多糖類**などに分けられる。主としてエネルギー源になる。セルロースは細胞壁の主成分になる
	脂質	C, H, O, (P)	$10^2 \sim 10^3$	水に溶けず有機溶媒に溶ける物質。脂肪はグリセリンと脂肪酸とからなり、エネルギー源となる。リン酸化合物を含むリン脂質は細胞膜などの成分となる
	無機塩類	P（リン）Na（ナトリウム）K（カリウム）Cl（塩素）Mg（マグネシウム）Ca（カルシウム）Fe（鉄）など	$\sim 10^2$	多くは水に溶けてイオンとして存在し、細胞の浸透圧（▶p.34）やはたらきを調節したり、生体物質の構成成分となる P…骨や歯の成分 Na…pHや浸透圧の調節、活動電位の発生（▶p.194） K…膜電位の発生 Cl…浸透圧の調節 Mg…クロロフィルの成分 Ca…骨や歯の成分、筋収縮・血液凝固に関係 Fe…ヘモグロビンの成分

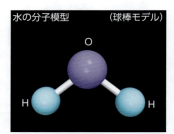

水の分子模型 （球棒モデル）

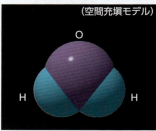

（空間充塡モデル）

分子模型 分子の立体的な構造を示す分子模型には、いくつかのタイプがある。
①球棒モデル 原子を球で、その結合を棒で示したモデル。
②空間充塡モデル 原子の大きさを反映した球で示したモデル。

🔑 Keywords 元素(element)，水(water)，有機物(organic matter)，無機塩類(inorganic salts)，タンパク質(protein)，核酸(nucleic acid)

D 細胞を構成する有機物の構造 基生

細胞を構成する有機物には，炭水化物，脂質，タンパク質，核酸などがある。

■ 炭水化物

① 単糖類　炭水化物の最小の構成単位となる。

	六炭糖 $C_6H_{12}O_6$		五炭糖	
グルコース(ブドウ糖)	フルクトース(果糖)	ガラクトース	リボース $C_5H_{10}O_5$	デオキシリボース $C_5H_{10}O_4$
エネルギー源	糖類で最も甘い		RNAやATPの構成成分	DNAの構成成分

② 二糖類　単糖類が2分子結合したもの。$C_{12}H_{22}O_{11}$

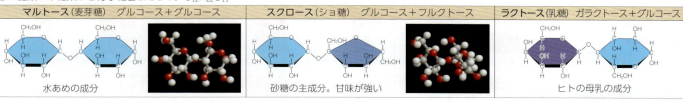

マルトース(麦芽糖)　グルコース＋グルコース	スクロース(ショ糖)　グルコース＋フルクトース	ラクトース(乳糖)　ガラクトース＋グルコース
水あめの成分	砂糖の主成分。甘味が強い	ヒトの母乳の成分

③ 多糖類　単糖類が多数結合した高分子化合物。$(C_6H_{10}O_5)_n$

デンプン	グリコーゲン	セルロース
アミロース（直鎖状）／アミロペクチン（枝分かれがある）　おもに植物に含まれるエネルギー貯蔵物質	（枝分かれが多く，直鎖部分が短い）おもに動物に含まれるエネルギー貯蔵物質	細胞壁の主成分

■ 脂質

① 脂肪　1分子のグリセリンと3分子の脂肪酸が結合
② リン脂質　脂肪酸の1個がリン酸化合物と置換
③ 糖脂質　脂肪酸の1個が糖に置換

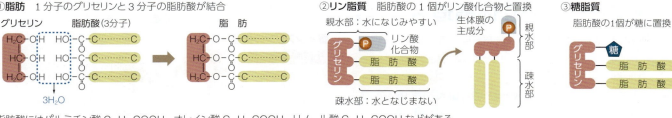

脂肪酸にはパルミチン酸 $C_{15}H_{31}COOH$，オレイン酸 $C_{17}H_{33}COOH$，リノール酸 $C_{17}H_{31}COOH$ などがある。

■ タンパク質

① アミノ酸　側鎖(R)の違いによって20種類のアミノ酸がある(▶p.22)。

② タンパク質　多数のアミノ酸がつながった鎖状の化合物。結合するアミノ酸の数と種類と配列順序によって種類が異なり，それぞれ特有の立体構造をもっている(▶p.23)。

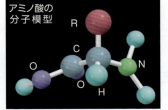
アミノ酸の分子模型

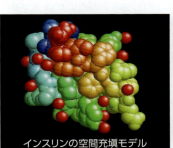
インスリンの空間充填モデル

インスリンのリボンモデル

■ 核酸

① DNA(デオキシリボ核酸)
塩基と糖(デオキシリボース)とリン酸からなるヌクレオチドが多数結合した鎖状の化合物。塩基は，A(アデニン)，T(チミン)，G(グアニン)，C(シトシン)の4種類(▶p.74)。

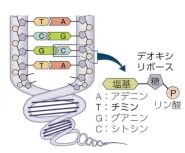

デオキシリボース
A：アデニン
T：チミン
G：グアニン
C：シトシン

② RNA(リボ核酸)
塩基と糖(リボース)とリン酸からなるヌクレオチドが多数結合した鎖状の化合物。塩基は，A，G，CとU(ウラシル)の4種類。

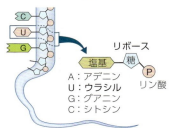

リボース
A：アデニン
U：ウラシル
G：グアニン
C：シトシン

※インスリンはすい臓から分泌されるホルモン(▶p.160)

炭水化物(carbohydrate)，脂質(lipid)，糖(sugar, saccharide)，デンプン(starch)，脂肪(fat)，脂肪酸(fatty acid)

3 タンパク質 （生物基礎／生物）

A タンパク質を構成するアミノ酸

アミノ酸はアミノ基とカルボキシ基をもつ比較的小さな分子で、多数の種類があるが、生体のタンパク質を構成するアミノ酸は20種類である。

■アミノ酸の基本構造

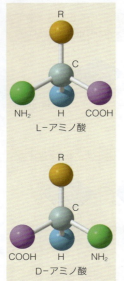

L-アミノ酸

D-アミノ酸

グリシンを除くすべてのアミノ酸には2種類の光学異性体があるが、生体を構成するタンパク質のアミノ酸は、すべてL型のアミノ酸に限られている。

■生体に含まれるアミノ酸

グリシン (Gly)	アラニン (Ala)	*バリン (Val)	*ロイシン (Leu)	*イソロイシン (Ile)	セリン (Ser)	プロリン (Pro)
*トレオニン (Thr)	アスパラギン酸 (Asp)	アスパラギン (Asn)	グルタミン酸 (Glu)	グルタミン (Gln)	*ヒスチジン (His)	*リシン (Lys)
システイン (Cys)	アルギニン (Arg)	*メチオニン (Met)	*フェニルアラニン (Phe)	チロシン (Tyr)	*トリプトファン (Trp)	

は左図のRにあたる原子団（側鎖）を表す。 *はヒトの必須アミノ酸

B タンパク質の立体構造

タンパク質は、多数のアミノ酸がペプチド結合でつながった**ポリペプチド**からなる分子である。タンパク質はその種類ごとに特有の**立体構造**をしている。

■一次構造
タンパク質におけるアミノ酸の配列順序を一次構造という。

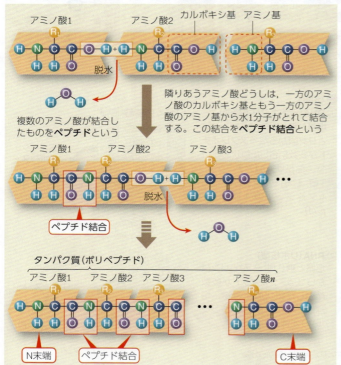

■インスリンの構造

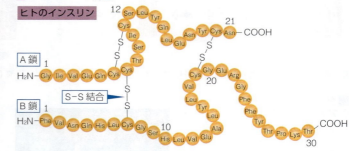

ヒトのインスリン

Zoom up 哺乳類のインスリン

ヒトとブタ・ウシ・ヒツジのインスリンのアミノ酸配列を調べると、A鎖の8、9、10番目とB鎖の30番目のアミノ酸配列が種によって異なるだけで、その他は共通していることがわかる。

	A鎖 1	…	8	9	10	21	B鎖 1	…	30
ヒト	Gly		Thr	Ser	Ile	Asn	Phe		Thr
ブタ	Gly		Thr	Ser	Ile	Asn	Phe		Ala
ウシ	Gly		Ala	Ser	Val	Asn	Phe		Ala
ヒツジ	Gly		Ala	Gly	Val	Asn	Phe		Ala

Keywords アミノ酸(amino acid)、ペプチド結合(peptide bond)、ポリペプチド(polypeptide)、一次構造(primary structure)、二次構造(secondary structure)

1-I 細胞の構造とはたらき

■二次構造

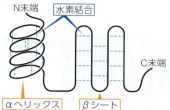

ポリペプチド鎖がゆるやかな水素結合などによって部分的につくる，らせん構造やシート状構造を二次構造という。

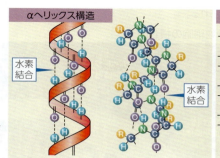

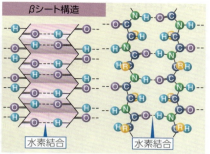

水素結合 ポリペプチド鎖の C=O と H-N との間に見られるゆるやかな結合を**水素結合**という。水素結合は，二次構造などの立体構造の決定に重要である。

■三次構造　部分的な二次構造をとったポリペプチド鎖はさらに複雑に折れ曲がり，**S-S 結合**（ジスルフィド結合）やイオン結合によってつながり合い，それぞれ特有の立体構造をとる。

■四次構造　タンパク質が複数のサブユニット（三次構造をもつポリペプチド鎖）からなるとき，その全体の立体構造を四次構造という。

S-S 結合 硫黄（S）を含むシステインどうしが，たがいの SH 基から H を失ってできる硫黄どうしの結合。

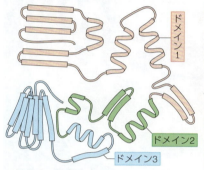

1 本のポリペプチド鎖からなるタンパク質でも，いくつかのはたらきの異なる部分からできていることが多い。このような部分的なまとまりを**ドメイン**という。

ミオグロビンは筋肉中の酸素貯蔵にはたらくタンパク質

ヘモグロビンは赤血球中の酸素運搬にはたらくタンパク質で，α・βの2種類のポリペプチドが2つずつ，合計4つのサブユニットから構成される

C いろいろなタンパク質

■タンパク質の種類とはたらき

分類	はたらき	具体例と機能
構造タンパク質	細胞や個体の構造に関与する	ケラチン　皮膚や爪・羽毛などの強度を高める コラーゲン　骨や軟骨・腱・血管の強度と弾性を高める ヒストン　DNA と結合し，染色体を構成する
酵素タンパク質	生体内の代謝を触媒する	アミラーゼ・ペプシンなど　食物中の栄養分の消化を行う カタラーゼなど　生命現象に伴う化学反応を促進する
貯蔵タンパク質	アミノ酸などを貯蔵し供給する	卵アルブミン　胚発生の栄養分 カゼイン　母乳中のタンパク質
輸送タンパク質	生体内で物質の輸送を行う	ヘモグロビン　血液中で酸素を運搬する イオンチャネルなど　細胞膜にうめこまれて，細胞内外の物質輸送に関与する
収縮タンパク質とモータータンパク質	運動や構造の変化を起こす	アクチン・ミオシン　筋収縮を行う ダイニン・キネシン　繊毛や鞭毛の運動，細胞小器官の移動などに関与する
ホルモンタンパク質	生体の各種活動を調節する	インスリン　血糖濃度を低下させる グルカゴン　血糖濃度を上昇させる
受容体タンパク質	情報を受容し伝達する	ホルモンレセプター　ホルモンを受容し，細胞のはたらきを調節する
防御タンパク質	生体防御にはたらく	免疫グロブリン　抗体として異物である抗原と結合する

Point タンパク質の変性

タンパク質のさまざまなはたらきは，その立体構造によって決まる。熱や酸・アルカリ，重金属などによってタンパク質の S-S 結合や水素結合が切れ，立体構造が変化することで本来の性質が変化することを，タンパク質の**変性**という。また，タンパク質の変性によって酵素などがそのはたらき（活性）を失うことを**失活**という（▶ p.49）。

Zoom up シャペロン

ポリペプチドが折りたたまれ，タンパク質特有の立体構造が形成されることを**フォールディング**という。このとき，正しく折りたたまれるように補助するタンパク質があり，このようなタンパク質を**シャペロン**という。シャペロンは，誤って折りたたまれたポリペプチド鎖を正しく折りたたんだり，古くなったタンパク質の分解の補助などにもはたらく。

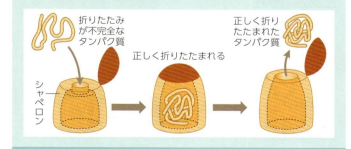

αヘリックス（α-helix），水素結合（hydrogen bond），三次構造（tertiary structure），四次構造（quaternary structure），シャペロン（chaperone）

4 細胞の構造とはたらき 生物基礎 生物

A 真核細胞の構造
基生 細胞の形や大きさはさまざまであるが、どの細胞も基本的な構造は同じで、大きくは核と細胞質に分けられる。

■動物細胞の電子顕微鏡像

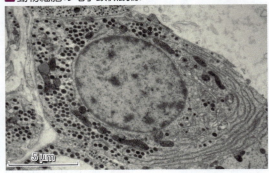

■動物細胞の模式図

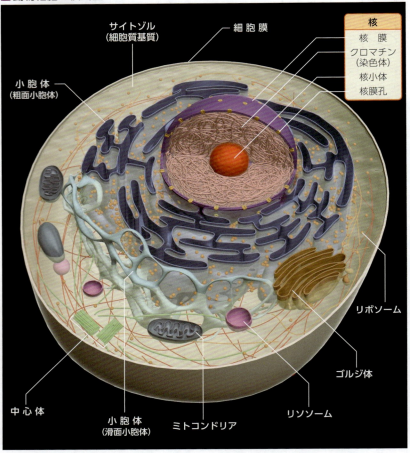

■細胞の基本構造
① 核 ふつう1個の細胞に1個含まれる。染色体と1～数個の核小体、そしてそれらを包む核膜からなる。
② 細胞質 細胞の核以外の部分。細胞質の最外層は細胞膜。
③ 細胞小器官 細胞内の核をはじめとするミトコンドリアやゴルジ体などの構造体。

Point 動物細胞と植物細胞の違い

	動物細胞	植物細胞
中心体	＋	種子植物では－
葉緑体	－	＋
細胞壁	－	＋
発達した液胞	－※	＋

（＋は「存在する」, －は「存在しない」を示す）
※液胞はあるが、植物細胞ほどには発達しない。

B 核のはたらき
基生 単細胞生物を用いた次のような実験から、核は細胞のはたらきや形質を支配していることがわかる。

■アメーバの実験

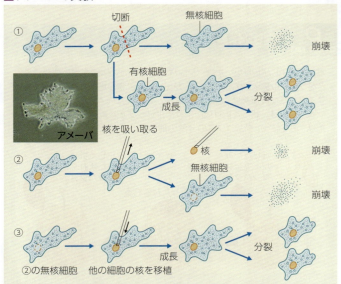

■カサノリのつぎ木実験

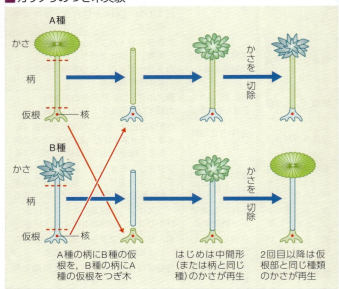

Keywords 核(nucleus), 核膜(nuclear envelope), 細胞質(cytoplasm), 染色体(chromosome), 核小体(nucleolus), 細胞膜(cell membrane)

1-I 細胞の構造とはたらき

■ 植物細胞の模式図

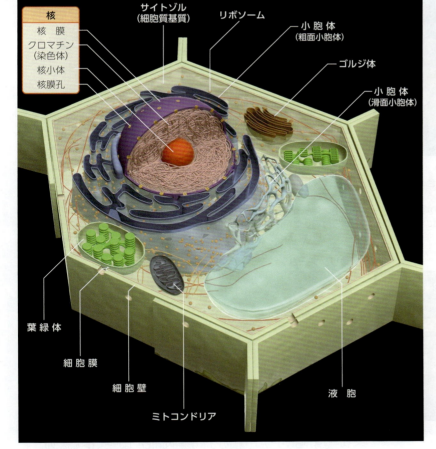

■ 植物細胞の電子顕微鏡像

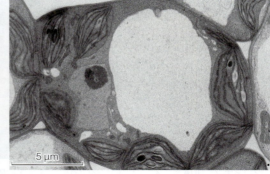

5 μm

Point 真核細胞の構造（動物細胞・植物細胞）

- 核
  - 染色体…遺伝子の本体（DNA）を含む
  - 核膜・核小体
- 細胞質
  - 細胞膜…半透性の膜
  - ミトコンドリア…呼吸の場
  - サイトゾル…解糖など化学反応の場
  - リボソーム・小胞体…タンパク質の合成と輸送
  - ○リソソーム
  - □中心体・ゴルジ体
  - ●葉緑体…光合成の場
  - ■液胞…内部の液を細胞液という
  - ■細胞含有物…デンプン粒など
  - ●細胞壁…全透性

□動物細胞で発達　■植物細胞で発達　○動物細胞のみ　●植物細胞のみ

核と細胞質をあわせて**原形質**とよび，原形質流動，原形質分離などの用語に用いられている。

C 真核細胞と原核細胞 [基][生]

■ **真核細胞** 核膜をもち，はっきりとした核が見られる。真核細胞からなる生物を**真核生物**という。真核生物は原核生物から進化したものと考えられている。

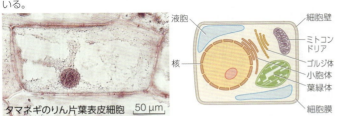

タマネギのりん片葉表皮細胞　50 μm

■ **原核細胞** 大腸菌やシアノバクテリアなど細菌の細胞。核膜がなく，はっきりとした核をもたない。また，ミトコンドリアや葉緑体などの細胞小器官も見られない。原核細胞からなる生物を**原核生物**という。

大腸菌　1 μm

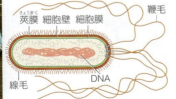

■ 真核細胞と原核細胞の比較　（+は「存在する」，-は「存在しない」を示す）

細胞	真核細胞			原核細胞	
構造体	ゾウリムシ（原生動物）	クロレラ（緑藻類）	アオカビ（菌類）	大腸菌（細菌）	ユレモ※（細菌）
細胞壁	-	+	+	+	+
細胞膜	+	+	+	+	+
DNA	+	+	+	+	+
核（核膜）	+	+	+	-	-
ミトコンドリア	+	+	+	-	-
葉緑体	-	+	-	-	+
ゴルジ体	+	+	+	-	-

※ユレモはシアノバクテリアの一種である。

Jump 共生説 ▶ p.258

原核生物が細胞内に共生することによって，真核生物のミトコンドリアや葉緑体などの細胞小器官ができたとする説。

細胞小器官（organelle），サイトゾル（cytosol），細胞壁（cell wall），真核生物（eukaryote），原核生物（prokaryote）

5 細胞の微細構造（1）

A 真核細胞の微細構造
電子顕微鏡の発達などによって，細胞や細胞小器官の微細な構造が明らかになってきた。電子顕微鏡では色の識別ができないため，コンピュータを使い着色している写真もある。

■核　ふつう1個の細胞に1個含まれる。

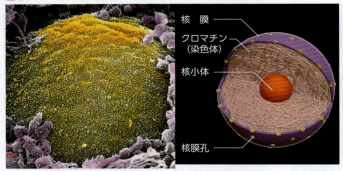

① **クロマチン** DNAとヒストンというタンパク質からなる複合体。**染色体**とよばれることもある。細胞分裂時には，凝縮して太いひも状の染色体になる（▶p.75）。カーミンやオルセインなどの塩基性色素で赤色に染まる。
② **核小体** 1個の核に1～数個見られる。rRNA（▶p.85）合成の場。
③ **核膜** 二重の膜からなり，多数の小孔（**核膜孔**）がある。物質の出入りの調節などを行う。

■リボソームと小胞体

① **リボソーム** 20 nmぐらいのだるま形の粒子で，タンパク質とrRNA（リボソームRNA）とからなる。**タンパク質合成**の場（▶p.84）。小胞体に付着しているものと，サイトゾル中に遊離しているものがある。
② **小胞体** 細胞質中に広がるへん平な膜構造で，物質の輸送路。リボソームの付着した**粗面小胞体**と，付着していない**滑面小胞体**がある。リボソームで合成されたタンパク質は，粗面小胞体の中を通って運ばれる（▶p.32）。

■ゴルジ体

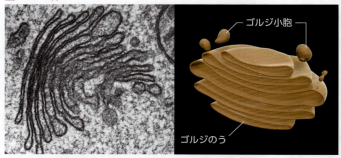

1枚の膜からなるへん平な袋が重なった構造。分泌細胞に多く見られ，小胞体から受け取ったタンパク質を加工し，細胞外へ分泌する（▶p.32）。

■リソソーム

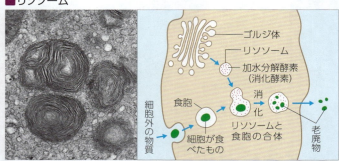

小さな球状の袋で，各種の**加水分解酵素**を含む。細胞内で不要になった物質や細胞外から取りこんだ物質の分解（**細胞内消化**）にはたらく（▶p.32, 36）。

Zoom up 細胞分画法

細胞小器官のはたらきや性質を調べるため，細胞をすりつぶして遠心分離機にかけ，細胞小器官を分け取る方法を**細胞分画法**といい，分画遠心法や密度勾配遠心法などがある。

分画遠心法は，低温下で，スクロース溶液などの等張の溶液中で行う。低温下で行うのは，低温にすることで細胞内に含まれる酵素のはたらきを抑え，細胞内の物質が変化してしまわないようにするためである。また，等張の溶液にするのは，水などの低張液中だと細胞小器官の中に水が入って膨張し，膜が破裂してしまうためである。さらに，緩衝液を加える場合があるが，これは液胞が壊れて出てくる有機酸などによってpH（▶p.296）が変化して細胞小器官に影響を与えないようにするためである。

■分画遠心法

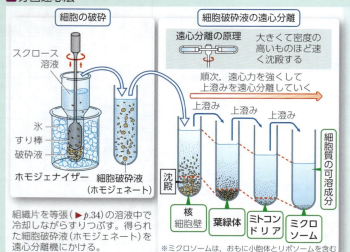

■密度勾配遠心法

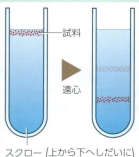

スクロースなどの密度の異なる溶液を層状に重ねた上に試料をおいて遠心分離を行うと，それぞれの密度に見合う位置に分離する。密度の似たものをさらに精密に分離することができる。

Keywords　核膜孔(nuclear pore)，リボソーム(ribosome)，小胞体(endoplasmic reticulum)，ゴルジ体(Golgi body)，リソソーム(lysosome)

■ ミトコンドリア

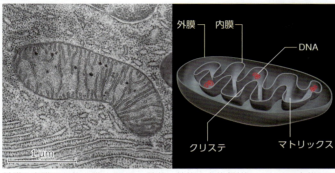

外膜と内膜の2枚の膜からなる，棒状・粒状の小体（形状はきわめて多様である）。呼吸によって発生するエネルギーで ATP を合成する（▶p.54）。内膜は内側に突き出て**クリステ**とよばれる構造をつくる。また，独自の DNA をもつ。

■ 中心体

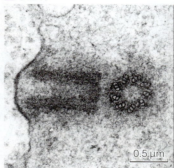

1 対の直交する**中心小体**（微小管の集まり）からなり，細胞分裂時に紡錘体形成の中心になる。動物細胞ではふつうに見られるが，植物細胞では，コケ植物やシダ植物の精子をつくる細胞など一部にしか見られない。

■ 色素体
植物細胞に特有の構造体で，**葉緑体・有色体・白色体**などに分けられる。

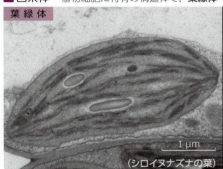
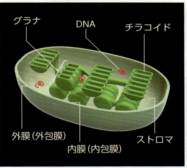
（シロイヌナズナの葉）

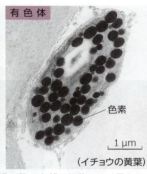
（イチョウの黄葉）

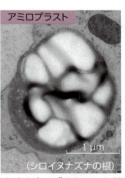
（シロイヌナズナの根）

①**葉緑体** 2 枚の膜で包まれ，内部の**チラコイド**とよばれるへん平な膜構造に**クロロフィル**などの光合成色素を含む（▶p.60）。チラコイドが密に重なった部分を**グラナ**といい，チラコイド以外の液状部分を**ストロマ**という。**DNA** をもつ。
②**有色体** 花弁などの細胞に見られ，黄色や橙色の色素（カロテノイド）を含む。

③**白色体** 根や茎の内部の細胞によく見られる。色素を含まず白色で，内部の膜状構造は未発達である。
④**アミロプラスト** 白色の小体で，デンプンの合成・貯蔵を行う。根冠の細胞内では重力の感知にはたらく（▶p.213）。

■ 細胞壁

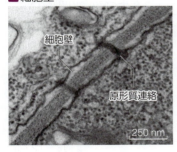

細胞膜の外側にある構造で，細胞の保護と支持に役立っている。植物細胞の細胞壁は**セルロース**に**ペクチン**などが組み合わさってできている。植物細胞の細胞壁には小さな穴が開いており，隣接する細胞の細胞質がつながっている（原形質連絡▶p.29）。

■ 液胞

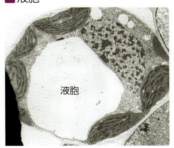

成長した植物細胞で発達。1 枚の**液胞膜**でできており，中には**細胞液**をたくわえている。細胞液には無機塩類，有機酸，糖類，タンパク質，アミノ酸のほかに，**アントシアン**とよばれる色素や酵素を含む。

Point 生体膜

細胞膜や核膜，ミトコンドリアの内膜や外膜，ゴルジ体の膜，小胞体の膜など，細胞や細胞小器官を構成する厚さ 5 ～ 10 nm の膜を**生体膜**といい，基本構造はすべて同じである。
生体膜は，**リン脂質**（▶p.21）と**タンパク質**が組み合わさってできている。リン脂質分子には疎水性の部分と親水性の部分があり，親水部を外側に，疎水部を内側に向けて並ぶことによって生体膜の基本構造となる脂質二重層を形成する（▶p.30）。

Point 互いに関連してはたらく細胞小器官・構造体

真核細胞には，さまざまな細胞小器官や構造体が存在する。これらの細胞小器官や構造体は互いに関連してはたらくことで，細胞の活動が維持されている。
・遺伝情報からタンパク質をつくる（▶p.84）…核，リボソーム
・タンパク質を運ぶ（▶p.32）…小胞体，ゴルジ体，リソソーム
・エネルギーを供給する（▶p.54, 60）…ミトコンドリア，葉緑体
・形をつくる（▶p.28）…細胞骨格，中心体
・仕切る・通す（▶p.30）…細胞膜

ミトコンドリア (mitochondrion)，中心体 (centrosome)，葉緑体 (chloroplast)，液胞 (vacuole)，細胞分画 (cell fractionation)，生体膜 (biomembrane)，

6 細胞の微細構造（2）

A 真核細胞の細胞骨格

細胞質内に存在する繊維状の構造で，細胞の運動や，細胞の形・細胞内の構造を支えるのにはたらく。

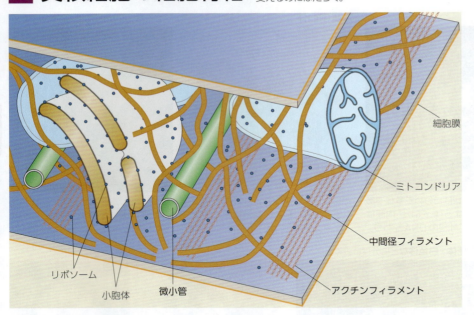

光学顕微鏡で観察すると，透明なサイトゾル（細胞質基質）の部分には，特別な構造はないように見える。しかし，電子顕微鏡などの発達に伴って，実際には，多数の微細な繊維状の構造が細胞内に張り巡らされていることがわかってきた。
このような構造を**細胞骨格**といい，細胞骨格は，細胞の形を保つとともに，細胞内のいろいろな膜系の変形や移動，細胞小器官の配置や移動にはたらいている。また，細胞骨格は細胞分裂，筋収縮，鞭毛運動，繊毛運動などに重要な役割を果たしている。
細胞骨格をつくっている繊維は，**アクチンフィラメント**（ミクロフィラメント），**微小管**，**中間径フィラメント**とよばれる3種類に大別される。

■アクチンフィラメント
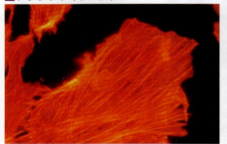

■微小管
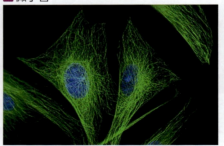

■中間径フィラメント
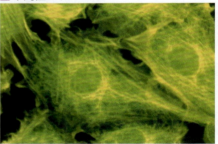

直径7 nm。細胞骨格の3つのフィラメントの中で最も細い。細胞全体に分散しているが，ほとんどは左図のように細胞膜の直下に集中して，細胞の形を保つ。2本のアクチン鎖がよりあわさった構造で，細胞分裂のときにも重要な役割をはたす。また，ミオシンと共同して骨格筋をつくったり，細胞質流動を引き起こす。

直径約25 nm。3つのフィラメントの中で最も太い。2種類のチューブリン分子が交互に並んだプロトフィラメントが13本集まって円筒状の構造をしている。動物細胞では一端は中心体に付着している。細胞分裂のとき紡錘糸として紡錘体を形成する。また，中心小体や鞭毛・繊毛を形成する。細胞小器官などを運ぶレールの役割もする。

直径約8～12 nm。アクチンフィラメントと微小管の中間の太さであり，アクチンフィラメント同様，張力に抵抗して細胞の形態を保つ。上皮細胞の細胞間結合にはたらく構造（▶ p.29）から細胞内に張り巡らされたもの（ケラチン）や，核膜の真下でラミナとよばれる網目状構造を形成するものなどがある。

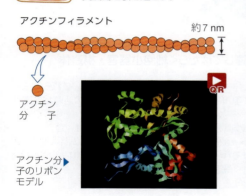

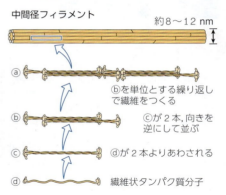

Keywords　細胞骨格(cytoskeleton)，アクチンフィラメント(actin filament)，微小管(microtubule)，中間径フィラメント(intermediate filament)

1-I 細胞の構造とはたらき

■細胞分裂と微小管

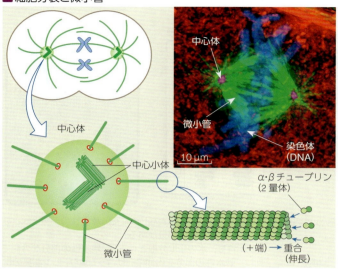

動物細胞の分裂では、中心体を起点として紡錘糸(微小管)が伸長し、紡錘体が形成される。このとき、微小管の−(マイナス)端は中心体に束ねられているが、＋(プラス)端ではチューブリンの重合が盛んに行われる。

原核細胞の細胞骨格 (Zoom up)

近年、細胞内微細構造の観察方法が発達し、原核細胞にも細胞骨格が存在することがわかった。また、真核細胞の細胞骨格をつくるタンパク質と似たものが原核細胞でも発見されている。
原核細胞の細胞骨格をつくる物質には、FtsZ、MreB、クレセンチンなどのタンパク質が知られている。

① **FtsZ** 真核細胞の微小管を形成するチューブリンと似た構造をもつ。細胞分裂のとき、細胞中央にリングを形成し、細胞をしぼりこむようにして二分する(図1)。
② **MreB** 真核細胞のアクチンフィラメントと似た構造で、細胞膜の直下にらせん状に配置されている。大腸菌などの細菌の円筒状の形を維持するのにはたらく。物質輸送のルートとしてもはたらく(図2)。
③ **クレセンチン** 真核細胞の中間径フィラメントと似た構造で、細菌の円筒形を折り曲げたりして、三日月形など細菌に特徴的な形態をつくるのに関係している。

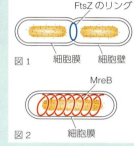

B 細胞間結合

多細胞生物の細胞は、**細胞間結合**とよばれる結合を形成している。細胞間結合は、密着結合、固定結合、連絡結合に大別できる。

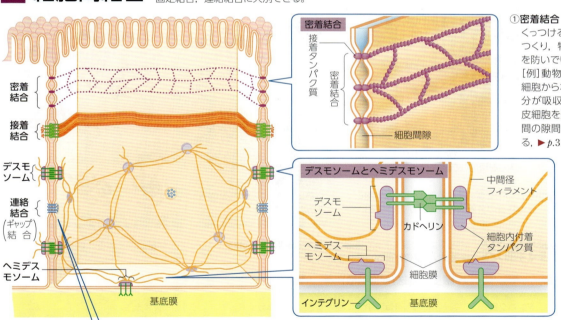

① **密着結合** 細胞膜を隙間なくピッタリとくっつける結合で、シート状の細胞層をつくり、物質が細胞間の隙間を通るのを防いでいる。
[例]動物の消化管内壁の上皮(一層の細胞からなるシート状)。消化管で栄養分が吸収されるとき、密着結合した上皮細胞を通って毛細血管中に入る(細胞間の隙間を通ることがないようにしている、▶p.31)。

② **固定結合** 接着結合と、デスモソームやヘミデスモソームによる結合。**カドヘリン**などの接着タンパク質が結合に重要な役割をはたしている。
デスモソームやヘミデスモソームには、細胞骨格の1つである中間径フィラメントが結合する細胞内付着タンパク質(円板状)がある。

③ **連絡結合** 2つの細胞の細胞質をつなぐ結合で、化学物質や電気的な信号を直接隣りの細胞に伝える。
[例]動物細胞ではギャップ結合、植物細胞では原形質連絡という。
[動物細胞のギャップ結合]6個の膜貫通タンパク質の集合がつくる**コネクソン**という構造からなる。細胞が傷害を受けたりするとギャップ結合の通路は閉じられ、傷害を受けた細胞からほかの細胞にその傷害が広がるのを防ぐ。
[植物細胞の原形質連絡]植物細胞では細胞膜の外側が細胞壁で囲まれているため、細胞壁の穴を通して細胞質の連絡が行われている。これを**原形質連絡**という。

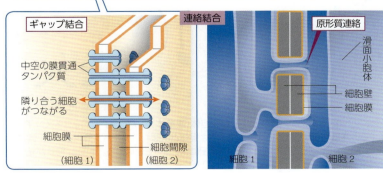

細胞間結合(cell junction)、カドヘリン(cadherin)、原形質連絡(plasmodesm)

7 細胞膜を介した物質輸送 生物基礎 生物

A 細胞膜

リン脂質の二重層の中にタンパク質がモザイク状に含まれていて，これらの分子は比較的自由に動くことができると考えられている（流動モザイクモデル）。

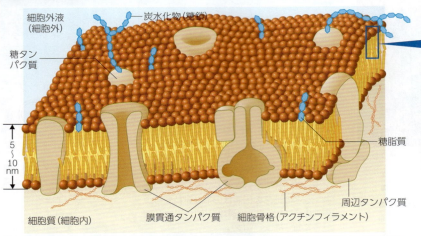

■ リン脂質と生体膜

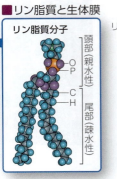
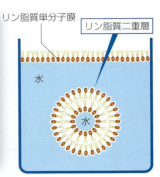

リン脂質分子には，水となじみにくい疎水性の部分と水となじみやすい親水性の部分がある。

リン脂質は，水の中に分散させると，親水性の部分を外側に向け，疎水性の部分を内側に向け合って並び，リン脂質の二重層で囲まれた小胞を形成しやすい。

膜タンパク質には，①物質輸送や，②細胞の結合（▶p.29）にはたらくもののほか，③酵素（▶p.48）や，④受容体などとしてはたらくものがある。また，炭水化物（糖鎖）の結合した糖タンパク質には，その細胞に固有の標識としてはたらくものがある。

■ 細胞膜とサイトゾル（細胞質基質）

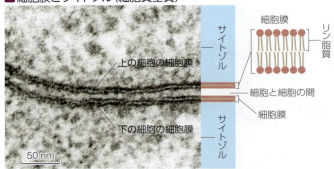

①**細胞膜** リン脂質とタンパク質が組み合わさってできた 5〜10 nm の 1 枚の膜。細胞の内外をしきり，物質の出入りを調節している。上の写真は，2つの細胞が接している部分の写真。
②**サイトゾル（細胞質基質）** 細胞小器官の間を埋めている液状部分。呼吸における**解糖系**（▶p.54）をはじめ，各種物質の分解や合成などが行われている。

🔍 Zoom up　いろいろな膜タンパク質

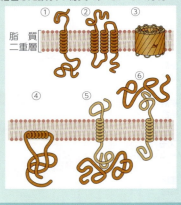

タンパク質は多数のアミノ酸が結合した鎖状の物質で，それぞれ特有の立体構造をもつ（▶p.23）。
細胞膜に組みこまれたタンパク質のうち，細胞膜を貫通しているタンパク質では，貫通部分に，1本のαヘリックス（右図①）か，複数のαヘリックス（②）か，βシートが筒状（③）になった構造をもつものが多い。また，αヘリックスが脂質二重層の一方の層に入りこむことで膜と結合しているもの（④）や，膜を貫通するタンパク質に結合しているもの（⑤や⑥）などもある。

B 細胞膜と物質輸送

細胞膜は，物質によって透過性が異なる**選択的透過性**をもち，これには細胞膜にある**輸送タンパク質**が関係している。

■ 拡散（単純拡散）

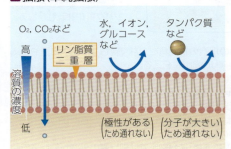

■ 受動輸送（促進拡散）

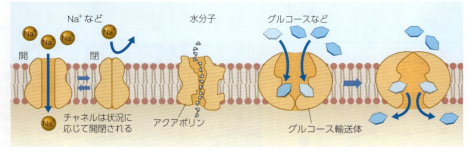

① O_2 や CO_2 などの疎水性（無極性）分子は，脂質二重層を透過するが，イオンやグルコースなどの親水性（極性）分子やタンパク質などの大きな分子は脂質二重層を透過できない。

② **チャネル** Na^+ や K^+ などは，タンパク質でできた**チャネル**を通って，**濃度勾配**にしたがった**受動輸送**で細胞膜を透過する。水分子を透過させる**アクアポリン（水チャネル）**もある。

③ **担体（運搬体タンパク質）** グルコース分子などは担体とよばれるタンパク質によって，濃度勾配にしたがって運ばれる。担体は物質が結合すると構造が変化する。

Keywords　流動モザイクモデル（fluid mosaic model），リン脂質（phospholipid），脂質二重層（lipid bilayer），選択的透過性（selective permeability）

1-I 細胞の構造とはたらき

■ 能動輸送

ポンプ

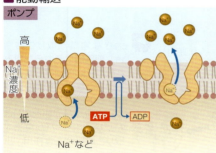

④ **ポンプ** Na$^+$やK$^+$などは，ATPのエネルギーを利用する能動輸送によって，濃度勾配に逆らって運ばれる。
[例] ナトリウムポンプ

共役輸送体

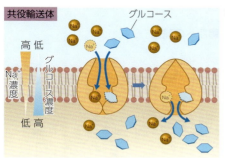

⑤ **共役輸送体** グルコースなどの濃度勾配に逆らった能動輸送では，濃度勾配にしたがったNa$^+$やH$^+$の輸送に伴って生じるエネルギーが利用される（共役輸送）。このような能動輸送を二次性能動輸送という。
[例] 小腸上皮細胞

■ ナトリウムポンプのしくみ

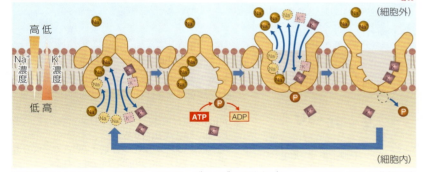

細胞膜にはナトリウム-カリウムATPアーゼとよばれる酵素があって，これはATPの分解で生じるエネルギーを使って，Na$^+$を細胞外に排出し，K$^+$を細胞内に取りこむ。

🔍 Zoom up 小腸上皮細胞のグルコース輸送

動物の消化管内では，デンプンはグルコースに分解される。小腸上皮細胞の細胞膜では，次の①と②の輸送によって，グルコースが効率よく吸収され，小腸の毛細血管に運ばれる。

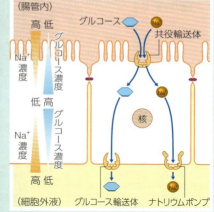

① **小腸上皮細胞の腸管側（吸収側）** 濃度勾配にしたがってNa$^+$が細胞外から細胞内へ受動輸送され，そのとき生じるエネルギーを利用してグルコースの能動輸送（共役輸送）が行われる。

② **腸管の反対側（細胞外液に放出する側）** グルコース輸送体によってグルコースが細胞外へ受動輸送され，毛細血管に入る。

⬆Jump プロトンポンプ ▶p.65

葉緑体では，クロロフィルなどで吸収した光エネルギーを使って，水素イオン（H$^+$，プロトン）をストロマからチラコイドの内側へ能動輸送しており，生じたH$^+$の濃度勾配を使ってATPが合成される。ミトコンドリアでも，電子伝達系においてプロトンポンプがはたらいている（▶p.55）。

⬆Jump ニューロンの興奮 ▶p.194

ニューロンは，刺激を受けると興奮する。このとき，細胞の刺激を受けた部位では，細胞膜内外で電位の変化が起こる。これは，イオンチャネルの開閉によるナトリウムイオンとカリウムイオンの出入りによるものである。

📖 Column アクアポリン（水チャネル）

細胞は多量の水を含むが，リン脂質二重層はあまり水を通さないので，水がどのようにして細胞に出入りするかは，長い間謎であった。しかし1992年になって，細胞膜には水を選択的に通すタンパク質のチャネル（**アクアポリン**）があることがアメリカのピーター アグレによって発見された。アグレはこの発見により，2003年にノーベル化学賞を受賞した。アクアポリン分子は脂質二重層を貫通しており，中央の小さな穴を水分子が1列に並んで通る。腎臓の集合管の上皮細胞では，細胞膜に多くのアクアポリンが分布し，アクアポリンの数を変化させることで水の再吸収を調節している（▶p.32）。

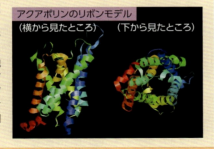

アクアポリンのリボンモデル（横から見たところ）（下から見たところ）

🎓 Pioneer 細胞膜の研究

細胞を取り囲む細胞膜は，物質や情報の関所となっている。細胞膜は脂質分子と膜タンパク質などからなる。情報伝達や物質の透過にはこの膜タンパク質が関係している。東京工業大学の村上研究室では，X線結晶構造解析の手法を使って膜タンパク質の立体構造を調べ，その機能を本質的に理解しようとする研究が行われている。2002年には，多剤排出トランスポーターとよばれる膜輸送体の結晶構造の解析に世界で初めて成功した（右図）。このタンパク質は，細胞から薬剤を排出して，薬剤に対する耐性化を引き起こすもので，細菌からヒトに至るまで，細胞レベルでの最も基本的な生体防御機構の一つとなっているものである。

東京工業大学　生命理工学院
生命理工学系　村上研究室

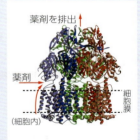

多剤排出トランスポーターのリボンモデル

拡散（diffusion），受動輸送（passive transport），能動輸送（active transport），共役輸送（coupled transport）

8 細胞内での物質輸送　生物基礎 生物

A 小胞輸送
脂質二重層や，膜にはめ込まれた輸送タンパク質を通過できない大きな分子は，生体膜によって包まれた小胞を形成することで，細胞内外を出入りしている。

■小胞による物質の出入り

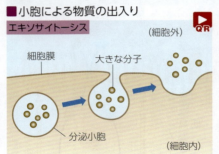

エキソサイトーシス　ホルモンや消化酵素などのような大きな分子は，細胞膜を通過できない。このような大きな分子を細胞外に分泌する場合，それらを含む分泌小胞が細胞膜と接着・融合することによって，細胞外に放出する。このような小胞と細胞膜の融合による分泌を**エキソサイトーシス**という。

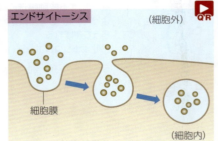

エンドサイトーシス　大きな物質を取りこむ場合，細胞膜はそれらを包みこむ形で細胞内に取りこむ。このような物質の取りこみを**エンドサイトーシス**という。白血球が異物を取りこんだり，アメーバが食物を取りこむ場合を**食作用**，小さな粒子や液体を取りこむ場合を**飲作用**という。

■小胞輸送のしくみ

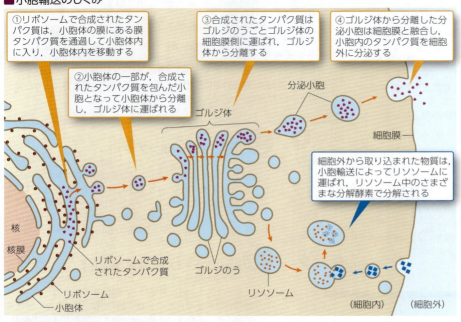

①リボソームで合成されたタンパク質は，小胞体の膜にある膜タンパク質を通過して小胞体内に入り，小胞体内を移動する
②小胞体の一部が，合成されたタンパク質を包んだ小胞となって小胞体から分離し，ゴルジ体に運ばれる
③合成されたタンパク質はゴルジのうごとゴルジ体の細胞膜側に運ばれ，ゴルジ体から分離する
④ゴルジ体から分離した分泌小胞は細胞膜と融合し，小胞内のタンパク質を細胞外に分泌する

細胞外から取り込まれた物質は，小胞輸送によってリソソームに運ばれ，リソソーム中のさまざまな分解酵素で分解される

■膜への輸送

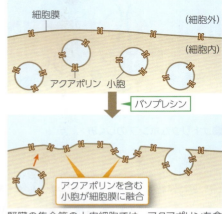

腎臓の集合管の上皮細胞では，アクアポリンを含む小胞が準備されている。上皮細胞が水の再吸収を促進するホルモンであるバソプレシン（▶p.163）を受け取ると，アクアポリンを含む小胞は細胞膜に移動して融合する。細胞膜上のアクアポリンが増えることで，水の透過性が上昇し，水の再吸収が促進される。

B モータータンパク質
細胞の内部の小胞の移動や細胞の運動は，ATPなどのエネルギーで細胞骨格上を移動する**モータータンパク質**のはたらきによるものである。

■ミオシン

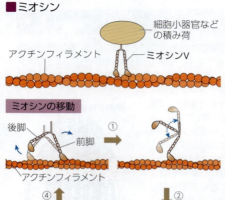

ミオシンVは，細胞小器官や小胞，mRNAなどの「積み荷」をのせて運ぶモータータンパク質の1つで，細胞骨格の1つであるアクチンフィラメント上を移動する。
ミオシンIIは，アクチンとともに筋肉を構成する（▶p.199）。

①後脚がアクチンフィラメントから離れると，前脚が前に倒れる。
②後脚が回転運動をする。
③後脚がアクチンフィラメントに着いて前脚になる。
④後脚がアクチンフィラメントから離れる。

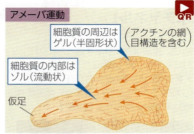

アメーバ運動では，細胞の移動方向の反対側（後端）付近にあるアクチンフィラメントの網目構造のゲル（半固形状）部分で，アクチンとミオシンの相互作用が起こり，細胞内部のゾル（流動状）をしぼるようにして仮足の方向に送りこむことで前進する。

細胞内に平行に並んだアクチンフィラメントの上を細胞質が周回する。このときミオシンは細胞質の流動層（ゾル）の部分を細胞小器官と結合しながら，アクチンとの相互作用で移動する。これによって細胞質流動（原形質流動）が起こる。

Keywords　エキソサイトーシス(exocytosis)，エンドサイトーシス(endocytosis)，モータータンパク質(motor protein)

1-I 細胞の構造とはたらき

■ キネシンとダイニン

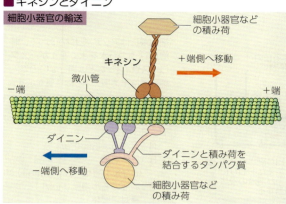

細胞小器官の輸送

キネシンとダイニンは，微小管上を移動して，ミトコンドリアやゴルジ体などの細胞小器官，分泌果粒を運ぶ。また，細胞分裂のときの紡錘体の形成，染色体を分離させ両極に運ぶはたらきもしている。ダイニンは微小管上を−端（中心体のある方向）へ，キネシンは＋端（中心体のない方向）へ移動し，細胞小器官などをそれぞれ逆方向に輸送する。

魚類のうろこにある色素胞の色素果粒の拡散と凝集

色素果粒凝集（明るい体色） ← ダイニンによる輸送 ／ キネシンによる輸送 → 色素果粒拡散（暗い体色）

色素果粒がダイニンによって微小管の−端方向へ移動し，色素果粒が色素胞の中心に凝集することで体色が明るくなる。

色素果粒がキネシンによって微小管の＋端方向へ移動し，色素果粒が色素胞全体に広がることで体色が暗くなる。

Zoom up 細菌の鞭毛モーター

大腸菌などの細菌の鞭毛は，プロペラのように回転することで細菌に運動を与える。この鞭毛の回転運動は，さまざまなタンパク質が組み合わされてできている分子モーターのはたらきによるものである。
細菌の鞭毛の基部には図のようなモーターがあって，水素イオン（H⁺）が通過することで回転運動が起こる。水素イオンの濃度勾配を利用して回転のためのエネルギーを得ているのは，ATP合成酵素のしくみ（▶ p.56）とよく似ている。
細菌の鞭毛は，真核生物とは異なりフラジェリンというタンパク質からできている。細菌の鞭毛には，真核生物の鞭毛のような9＋2構造（▶ p.201）は見られない。

細胞と分子

C 探究 植物細胞の細胞質流動 〔基生〕

オオカナダモの葉などの細胞では，葉緑体などの細胞小器官や色素果粒などが一定方向にゆっくりと流動しているのが見られる。これを**細胞質流動**（原形質流動）という。

■ 細胞質流動の観察

①顕微鏡の接眼レンズに，あらかじめ1目盛りの長さを求めておいた接眼ミクロメーターを入れる。
②オオカナダモの若い葉を1枚とり，水で封じてプレパラートをつくる。

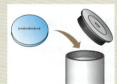

水を1滴落としてカバーガラスをかける

③②を検鏡すると右上の写真のように見える。
④一定方向に動いている葉緑体を探し，10秒間で，葉緑体が接眼ミクロメーターの何目盛りを移動したかを測定する。
⑤葉緑体の流動速度を計算する。

■ オオカナダモの葉の細胞の細胞質流動

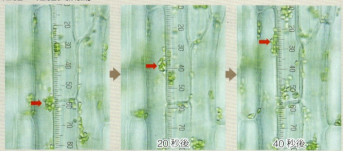

20秒後　40秒後

■ ムラサキツユクサのおしべの毛の細胞の細胞質流動

おしべ

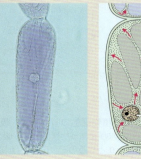

液胞／核

うろこ(scale)，鞭毛(flagellum)，細胞質流動(plasma streaming)

9 細胞への物質の出入り 生物基礎/生物

A 膜の透過性と浸透

溶液のどの成分も通す膜を**全透膜**，ある成分は通すが，ある成分は通さない膜を**半透膜**という。

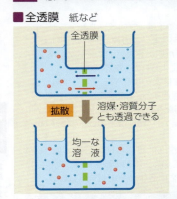

■全透膜 紙など　■半透膜 セロハンなど　■浸透圧

細胞膜にはアクアポリンがあって，細胞膜はふつう水をよく通すが，スクロースやイオンなどは通さないので，細胞膜は半透膜のような性質を示す。

（ファントホッフの式）
$$\Pi = RCT$$
Π：溶液の浸透圧(Pa)
R：気体定数
　　$(8.3 \times 10^3 \mathrm{Pa \cdot L/(K \cdot mol)})$
C：溶液のモル濃度(mol/L)
T：絶対温度(K)

B 動物細胞と浸透

細胞膜は半透性をもち，いろいろな濃度の溶液に細胞を浸すと，外液との浸透圧の差によって水の出入りが起こる。

■ヒトの赤血球と浸透

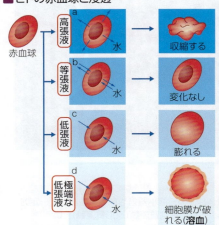

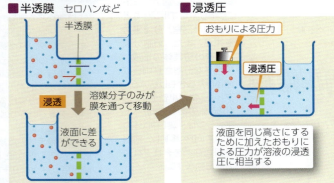

■**生理食塩水**　動物の細胞と等張な食塩水。ヒト(哺乳類)では 0.9%，カエルでは 0.65%。食塩と各種の塩類を加えて体液の成分に近づけた溶液を**生理的塩類溶液**(リンガー液など)という。

生理的塩類溶液の組成(g/L)

	恒温動物	カエル	メダカ
NaCl	9.0	6.5	7.5
KCl	0.42	0.14	0.2
CaCl$_2$	0.24	0.12	0.2
NaHCO$_3$	0.2	0.1～0.2	0.02

Point 外液と細胞への水の出入り
①高張液　細胞から水が出ていく溶液
②低張液　細胞に水が入ってくる溶液
③等張液　見かけ上水の出入りがない溶液

ナメクジに塩をかけると収縮する

C 植物細胞と浸透

植物細胞の細胞膜の外側には，全透性で丈夫な細胞壁がある。高張液中では**原形質分離**が起こり，低張液中では膨圧が生じて，**緊張状態**となる。

■細胞の体積と浸透圧・膨圧の変化

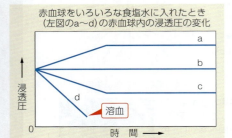

原形質分離した植物細胞を，蒸留水に入れた場合の細胞の体積と浸透圧・膨圧の変化

膨圧が生じると，細胞の吸水力はその分だけ小さくなる
吸水力＝浸透圧－膨圧

浸透圧＝膨圧となるため，吸水力＝0となる

吸水によって細胞が膨れ，細胞質が細胞壁を押す**膨圧**が生じる

※1.013×10^5 Pa (パスカル) = 1013 hPa (ヘクトパスカル) = 760 mmHg = 1気圧

■**原形質分離**
高張液中では細胞から水が出ていき，細胞膜で囲まれた部分が収縮する。
原形質分離が起こるか起こらないかの状態を**限界原形質分離**という。

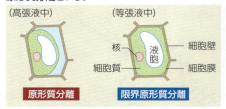
（高張液中）原形質分離　（等張液中）限界原形質分離

■**原形質復帰**

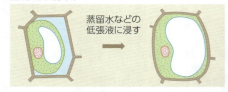
蒸留水などの低張液に浸す

低張液中で吸水中の植物細胞の吸水力は　**吸水力＝(細胞内の浸透圧－外液の浸透圧)－膨圧**　で表され，平衡に達して吸水が止まった状態では，吸水力＝0 となる。上図のように，細胞を蒸留水に入れた場合，**外液の浸透圧＝0** となるので，この場合の吸水力は　**吸水力＝細胞内の浸透圧－膨圧**　で表される。

Keywords　半透性(semipermeability)，浸透圧(osmotic pressure)，膨圧(turgor pressure)，吸水力(suction force)，原形質分離(plasmolysis)

10 原形質分離の観察 〔生物基礎／生物〕

A 探究 ユキノシタの葉の原形質分離 〔基／生〕

ユキノシタの葉の赤い裏面表皮は、液胞中にアントシアンを含んでおり、原形質分離の観察に適している。

■観察の手順

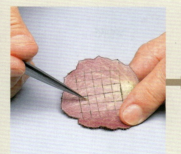

①ユキノシタの葉の赤い裏面表皮は、表皮細胞が一層に並んでいてはぎ取りやすく、液胞中には赤色の色素（アントシアン）が含まれている。

②裏面の表皮にかみそりの刃で5 mm四方の切れこみを入れ、葉を軽く折り曲げるようにして、ピンセットではぎ取る。

③はぎ取った表皮を、32、16、8、4 %の各濃度のスクロース溶液および蒸留水に15分程度浸しておく。

④スクロース溶液に浸した切片をスライドガラスに取り、浸していたスクロース溶液をたらしてカバーガラスで封じ、すばやく検鏡する。

■観察の結果

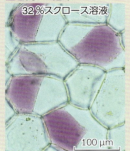
32 %スクロース溶液
100 µm

16 %スクロース溶液

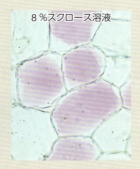
8 %スクロース溶液

4 %スクロース溶液

蒸留水

■原形質復帰の実験
原形質分離の状態にある細胞を蒸留水など低張液に浸すと、自然の状態にもどる。

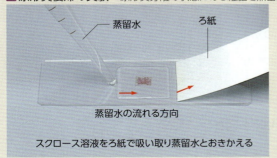
蒸留水　ろ紙
蒸留水の流れる方向
スクロース溶液をろ紙で吸い取り蒸留水とおきかえる

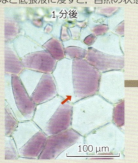
1分後

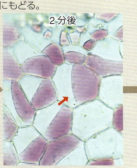
2分後

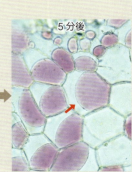
5分後
100 µm

B 探究 いろいろな細胞の原形質分離 〔基／生〕

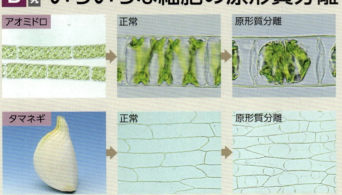

アオミドロ　正常　原形質分離
タマネギ　正常　原形質分離

ムラサキツユクサ

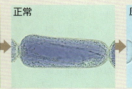
正常

原形質分離

オオカナダモ

正常

原形質分離

Keywords　原形質復帰 (deplasmolysis)

1-I 細胞の構造とはたらき

細胞と分子

35

11 細胞内での物質の分解 [生物基礎] [生物]

A タンパク質の分解

細胞内では，タンパク質の合成（▶p.85）と分解が盛んに行われている。細胞には，不要なタンパク質や異常なタンパク質を分解するしくみがある。

■ユビキチン・プロテアソーム系によるタンパク質の分解

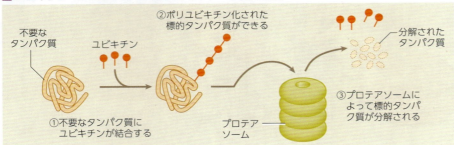

ユビキチンは，76個のアミノ酸からなるタンパク質である。不要なタンパク質にユビキチンが複数個付加されることをポリユビキチン化という。プロテアソームは，内部にタンパク質分解酵素を含む円筒形のタンパク質複合体であり，ポリユビキチン化された標的タンパク質を分解する。この一連の経路を**ユビキチン・プロテアソーム系**といい，これにより不要なタンパク質が特異的・選択的に分解される。

B オートファジー

細胞の中で不要になった物質を非特異的に分解して，再利用するしくみを**オートファジー（自食作用）**という。

■オートファジー（自食作用）のしくみ

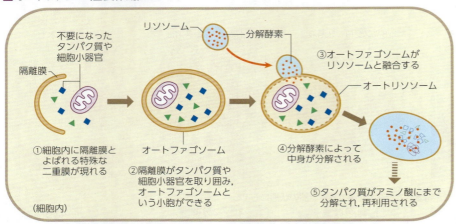

オートファジーでは，不要になったタンパク質や細胞小器官が袋状の構造で取り囲まれ，リソソームの分解酵素によって分解される。分解産物であるアミノ酸は，タンパク質合成の材料として再利用される。
オートファジーは，細胞が外部から十分な栄養分を取れない状態（飢餓状態）のときに起こるほか，細胞内の物質の入れ替えや病原性の細菌・ウイルスの分解など，その役割は多岐にわたっている。

Column オートファジーと医療

パーキンソン病やアルツハイマー病などの神経変性疾患は，ニューロン内に異常なタンパク質や損傷を受けた細胞小器官などが蓄積されることが原因の一つと考えられている。そこで，細胞のオートファジー活性を選択的に高めることにより，異常なタンパク質などを除去することによって，これらの神経変性疾患を治療する研究が進められている。
また，これとは逆の方法で，病気を治療する研究も行われている。例えば，がん化した細胞は，細胞の増殖速度が速いため，血管からの栄養供給が間に合わずに飢餓状態に陥っていることが多く，オートファジーのはたらきが活発であることが示されている。このオートファジーのはたらきを阻害することによって，細胞の増殖を抑え，がんを治療するという抗がん剤の開発も始まっている。

オートファジーの研究

東京大学教養学部で酵母のオートファジーを発見した大隅良典は，次いでその遺伝学的解析を始め，多くのオートファジーに必須の遺伝子を同定した。以後も基礎生物学研究所，東京工業大学の研究室で一貫してオートファジーの分子機構の解明を進め，それらの功績により2016年にノーベル生理学・医学賞を受賞した。この研究をきっかけに，他の生物での研究も進められ，世界中でオートファジーの研究が劇的に進展した。これにより，オートファジーは飢餓への応答だけでなく，がん細胞や老化抑制，病原体排除や細胞内浄化など，さまざまな生理機能に関与していることが明らかになった。オートファジーにはまだわかっていないことも多く，大隅研究室では出芽酵母を材料に，さまざまな解析手法を用いてオートファジーの細胞生物学的，生理学的理解を目指している。

（現在）東京工業大学　科学技術創成研究院
　　　　細胞制御工学研究センター　大隅研究室

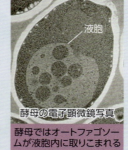

酵母の電子顕微鏡写真

酵母ではオートファゴソームが液胞内に取りこまれる

Zoom up 小胞体ストレス応答

小胞体では，リボソームでつくられたタンパク質が輸送されるとともに，タンパク質の折りたたみや修飾（▶p.86）が行われる。細胞がさまざまな環境にさらされることで，小胞体内でタンパク質が正常に折りたたまれなくなったり，不良なタンパク質が蓄積していったりすることがある。この状態のことを小胞体ストレスという。小胞体の膜にあるタンパク質がこの情報を感知すると，①新たなタンパク質合成の抑制，②シャペロン（▶p.23）による不良タンパク質の折りたたみ直し，③プロテアソームによる不良タンパク質の分解，などの応答が起こる。これらの応答を**小胞体ストレス応答**といい，これによって細胞の正常な状態が維持される。さらにストレスの強度が強いと，細胞はアポトーシス（▶p.142）を誘導する。

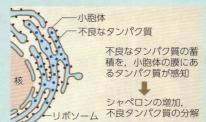

Keywords　ユビキチン（ubiquitin），プロテアソーム（proteasome），オートファジー（autophagy）

12 細胞間の情報伝達　生物基礎 生物

A 細胞間の情報伝達

多細胞生物では、細胞間で情報伝達が行われることによって、組織や器官が協調してはたらいている。

■細胞における情報の受容と応答

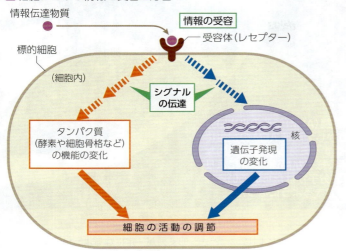

細胞間の情報伝達は、**情報伝達物質**（細胞外シグナル分子）によって行われる。情報伝達物質を受け取る細胞を**標的細胞**といい、標的細胞には**受容体**（レセプター）とよばれるタンパク質が存在する。受容体が情報伝達物質と特異的に結合すると、細胞内では次々と物質の受け渡し（**シグナルの伝達**）が行われ、一連の反応を経て細胞の活動が調節される。

Point 細胞間の情報伝達の種類

細胞間の情報伝達にはさまざまな方法があり、情報伝達物質の受け渡しの方法によって、下のⓐ〜ⓓのように分類することができる。

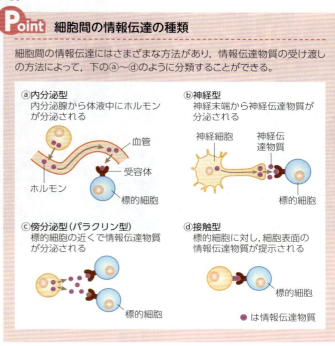

ⓐ 内分泌型：内分泌腺から体液中にホルモンが分泌される
ⓑ 神経型：神経末端から神経伝達物質が分泌される
ⓒ 傍分泌型（パラクリン型）：標的細胞の近くで情報伝達物質が分泌される
ⓓ 接触型：標的細胞に対し、細胞表面の情報伝達物質が提示される

●は情報伝達物質

B 受容体と情報の伝達

細胞表面の受容体の種類は大きく3つに分類される。また、細胞内に受容体が存在する場合もある（▶p.96）。

■イオンチャネル型受容体

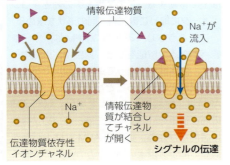

情報伝達物質が結合すると、チャネルが開いて細胞内外の濃度勾配に従ったイオンの移動が起こり、これが引き金となって応答が起こる。
［例］ニューロンのシナプス

■酵素共役型受容体

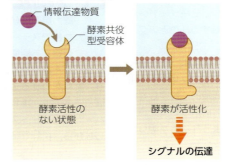

情報伝達物質が結合すると、受容体の反対側の細胞内にある端で酵素が活性化される。多くは受容体自身が酵素活性をもつが、受容体に結合した酵素が活性化する場合もある。
［例］細胞の成長や分化などにかかわる局所仲介物質（組織液などを介して近くの細胞に作用する情報伝達物質）

■Gタンパク質共役型受容体

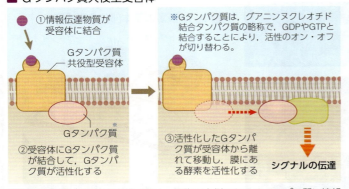

①情報伝達物質が受容体に結合
②受容体にGタンパク質が結合して、Gタンパク質が活性化する
③活性化したGタンパク質が受容体から離れて移動し、膜にある酵素を活性化する

※Gタンパク質は、グアニンヌクレオチド結合タンパク質の略称で、GDPやGTPと結合することにより、活性のオン・オフが切り替わる。

情報伝達物質が受容体に結合すると、細胞の内側にあるGタンパク質に情報が伝達され、これによりGタンパク質が細胞膜にある酵素を活性化する。
［例］ホルモン、局所仲介物質、神経伝達物質など多くの情報伝達

Zoom up セカンドメッセンジャー

細胞外の情報伝達物質（ファーストメッセンジャー）に対して、細胞内の情報伝達物質は、**セカンドメッセンジャー**とよばれる。セカンドメッセンジャーのはたらきによって、細胞内に効率よく情報が伝達される。セカンドメッセンジャーとしてはたらく物質として、cAMP（環状AMP、サイクリックAMP）やCa^{2+}、IP_3（イノシトール三リン酸）などがある。

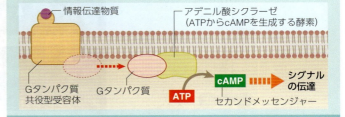

Keywords　シグナルの伝達（signal transduction）、標的細胞（target cell）、受容体（receptor）

特集 生物学の最前線

1 見えた！歩くタンパク質

[写真] 高速AFM装置の操作風景

金沢大学　ナノ生命科学研究所　特任教授
安藤　敏夫（あんどう　としお）

タンパク質は生命に必須な分子機械である。電子顕微鏡や原子間力顕微鏡（AFM）でその小さい分子を見ることができるが，静止したものしか見ることはできない。しかし，高速AFMの誕生によりこの限界が破られた。アクチンと相互作用し，力を発生して運動するミオシンは代表的なモータータンパク質の仲間であるが，ミオシン分子がアクチン上を歩く様子が高速AFMにより動画撮影され，その歩くしくみが解明された。このように，タンパク質分子がはたらいている様子を高速AFMで直接見ることにより，そのはたらくしくみを深く理解できるようになった。

ミオシン

　ミオシンは最初，筋肉の主要なタンパク質として発見されたが，現在ではあらゆる真核細胞に存在し，35種類あることが知られている。5番目に見つかったミオシンVは2量体で，モータードメイン，ネックドメイン，尾部，カーゴ（荷物）結合ドメインからなる。ミオシンVはアクチンフィラメントの一端から＋端に向かって動き，細胞内でカーゴを目的地に運搬する機能をもつ。モータードメインは，ATPを結合して分解する部位とアクチンに結合する部位をもっている。

　これまで，ミオシンVが動くようすを直接観察することはできず，ミオシンV分子を蛍光標識して蛍光顕微鏡で間接的に観察していた。アクチンフィラメントに沿って蛍光輝点が動くようすから，次のようなことが明らかになっていた。

- ミオシンVは，36nmの歩幅で，全く同じ2本の足（モータードメインとネックドメインの両方を合わせた部分）を前足と後ろ足に交互に切り替えながらアクチンフィラメント上を連続的に歩く。
- ATPを1分子分解するごとに1歩進む。

　このようなミオシンVの動きは，高速原子間力顕微鏡によって可視化された。

高速原子間力顕微鏡（高速AFM）

　原子間力顕微鏡（AFM）は，探針とよばれるとがった針でステージにのせた試料の表面を触って観察する顕微鏡である。探針は，カンチレバーとよばれるレバーの先端についており，試料をのせるステージは，スキャナとよばれる機械についている。上下にカンチレバーを振動させ，スキャナを前後左右に動かしながら，探針で試料の表面を叩くが，このとき，叩く力が一定になるようにスキャナを上下に動かす。探針が試料を叩くとカンチレバーの振幅が減るが，このときのカンチレバーの振動を2つのダイオードでとらえ，振幅が一定に保たれるようにステージのついたスキャナが動くことで，探針が試料を叩く力が一定に保たれる。つまり，試料が盛り上がっているところではスキャナは下に移動し，試料がくぼんでいるところではスキャナは上に移動する。このスキャナの動きをコンピュータに取りこみ試料表面の形状を求める。

　このようなしくみをもつAFMは，原子を観察できる分解能をもち，真空中，大気中に加え，生体試料にとって通常の環境である水中で試料を観察することができる。しかし，AFMは，試料の1点1点を叩いて試料全体の高さ情報を計測する手法であるため，観察に時間がかかる。通常のAFMでは1画像を撮るのに1分以上の時間がかかるため，動く分子は観察できない。

■ ミオシンVの分子形態の模式図（左）と蛍光顕微鏡観察による移動のようす（右）

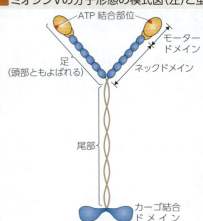
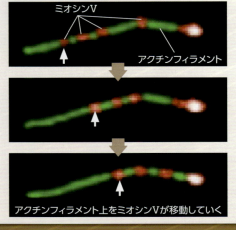

アクチンフィラメント上をミオシンVが移動していく

■ AFM装置の基本部分の模式図

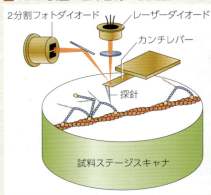

■ 歩くミオシンVの観察

アクチンフィラメントの上を歩くミオシンVを高速AFMで観察するために、アクチンフィラメントを基板に固定し、尾部の一部を切断したミオシンVの溶液をその基板にのせて観察を行った。すると、アクチンフィラメントに沿って一方向に運動するミオシンV分子が撮影された（下図ⓐ）。運動速度はATP濃度に依存するが、さまざまなATP濃度において観察された運動速度は、蛍光顕微鏡観察で求められていた速度とほぼ同じで、探針との接触によってミオシンVの運動機能が全く影響されないことが確認された。

この撮影で、ミオシンが一方向に運動するようすは観察されたものの、1歩前進する途中のようすは速すぎて観察できなかった。そこで、より詳細な観察を行うため、基板に緩やかな障害物となる分子をまいたところ、運動速度が遅くなって1歩前進する過程が明瞭に観察された（下図ⓑ）。そして、さまざまな条件におけるミオシンV分子の観察から、ミオシンVが一方向に運動するしくみが解明された。

自然な傾きでアクチンに結合した後ろ足にATPが結合すると、後ろ足のモータードメインがアクチンから解離する。すると、前足はネックを無理に曲げた姿勢から自然な傾きになるように自動的に前方に回転し、その回転により、ネックの接合部でつながっている後ろ足が前方にひっぱられ、前足を越して前方のアクチンに結合し、1歩前進する。この間ATPはADPとなっているが、この新しい前足に結合したADPは解離しないため、この前足はアクチンに結合したままになる。後ろ足からはADPが解離してATPが結合するので、後ろ足はアクチンから解離する。これこそが、2本足を交互に動かすしくみである。また、前足が無理な姿勢でアクチンに結合することが前方への回転を起こす駆動力になっており、「ATPの分解で供給されるエネルギーが前進運動の駆動力の源である」というこれまでの常識が破られた。

■ 明らかになったミオシンVが歩くしくみ

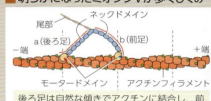

後ろ足は自然な傾きでアクチンに結合し、前足は不自然にたわんで結合し張力を発生する

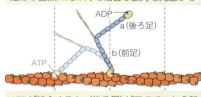

ATPが結合するとa（後ろ足）がアクチンから離れる。アクチンから離れたa（後ろ足）は前方に回転するb（前足）にひっぱられる。aのATPが分解され、ADPとリン酸になる

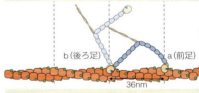

aが前足となってアクチンに結合する。この後、b（後ろ足）からADPが外れ、ATPが新たに結合するとb（後ろ足）がアクチンから離れる。ADPは後ろ足からのみ外れるので、必ず後ろ足が前へ歩を進め、一方向に歩くことになる

■ 歩くミオシンVをとらえた高速AFM像

ⓐ ミオシンVの動き

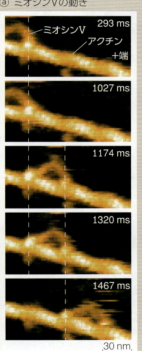

ⓑ 障害物をまいて撮影されたミオシンVの動き

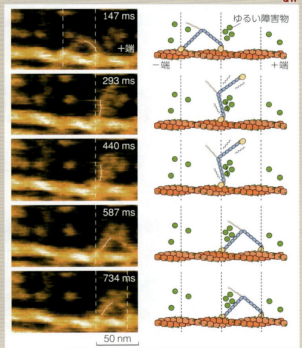

→そこで、AFMを改良した高速AFMが開発された。AFMに含まれる要素（カンチレバーやスキャナ、回路など）の動きをすべて高速化したものが高速AFMである。また、スキャナを高速で移動したときに生ずる振動を抑える技術や、探針が試料に触る力を極めて弱くする技術も導入されている。タンパク質のはたらきに影響を与えずに、1画像を従来の1000倍以上の速さで撮ることができ、動く分子の観察が可能となった。さらに10倍速い高速AFMの開発も現在進められている。

今後のタンパク質分子機械の研究

これまでは分子のふるまいを直接見ることは不可能であったため、モータータンパク質が動作するしくみを理解するのに多くの実験と時間を必要とした。しかし、高速AFMの誕生により、動作中の分子の動的なふるまいを直接見ることが可能になり、迅速な理解が可能になった。現在では、モータータンパク質だけでなく、多くの種類のタンパク質についても高速AFM観察が行われ、はたらくしくみの詳細な理解が進んでいる。

キーワード
高速原子間力顕微鏡、ミオシン、アクチン、モータータンパク質

安藤敏夫（あんどう としお）
金沢大学
ナノ生命科学研究所 特任教授
東京都出身。趣味は音楽、園芸。研究の理念は
「独創性（ものまねはしない）」

13 単細胞生物から多細胞生物へ

生物基礎 / 生物

A 単細胞生物
からだがただ1つの細胞からなる生物を**単細胞生物**という。

■原核生物

細菌

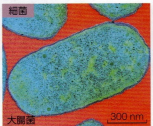
大腸菌　300 nm　結核菌　コレラ菌　1 μm

シアノバクテリア

ミクロキスティス　ユレモ

■真核単細胞生物－単細胞の藻類

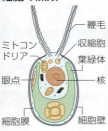
クラミドモナス
鞭毛／ミトコンドリア／眼点／細胞膜／収縮胞／葉緑体／核／細胞壁

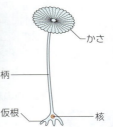
カサノリ
かさ／柄／仮根／核

■真核単細胞生物－単細胞の菌類

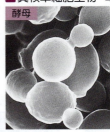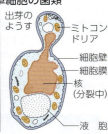
酵母
出芽のようす／ミトコンドリア／細胞壁／細胞膜／核（分裂中）／液胞

■真核単細胞生物－原生動物

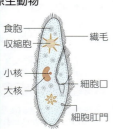
ゾウリムシ　100 μm
食胞／収縮胞／小核／大核／繊毛／細胞口／細胞肛門

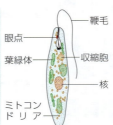
ミドリムシ
鞭毛／眼点／葉緑体／核／ミトコンドリア／収縮胞

細胞小器官	はたらき
細胞口	食物の取り入れ
食胞	食物の消化
収縮胞	水の排出，浸透圧の調節
鞭毛・繊毛	運動
眼点	光（またはその方向）の受容に関与
細胞肛門	不消化物の排出

B 細胞群体
単細胞生物が集まって1つの個体のような集合体をつくっているものを**細胞群体（定数群体）**という。単細胞生物と多細胞生物の中間的な生物と考えられる。

クラミドモナス属
細胞数1個（単細胞生物）

テトラバエナ属
細胞数 4 個

ゴニウム属
細胞数 8 または 16 個

ユードリナ属
細胞数 16 または 32 個

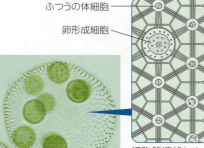
ふつうの体細胞／卵形成細胞

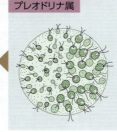
ボルボックス属
細胞数 500 個以上
細胞質連絡によって細胞は互いに連絡し合っている。細胞には一部，分化と分業が見られる

プレオドリナ属
娘群体
細胞数 64 または 128 個
小さな細胞と大きな細胞に分かれている

Zoom up　細胞群体と群体

単細胞生物が集まって1つの個体のような集合体となっているものを**細胞群体（定数群体）**という。また，分裂や出芽などで増殖して生じた多数の単細胞または多細胞の個体が集まっているものを**群体**という。なかには多細胞生物が共通のからだや組織として互いに連絡している生物集団もあり，このようなものだけを指して群体とよぶこともある。
群体の例　サンゴ，カツオノエボシなど

ハナヤサイサンゴ

Keywords 単細胞生物(unicellular organism)，眼点(eye spot)，藻類(algae)，原生動物(protozoan(s))，菌類(fungi)，細胞群体(cell colony)

C 多細胞生物

からだが多数の細胞からなる生物を**多細胞生物**という。多細胞生物の細胞は，それぞれ特定のはたらきをするように分化し，互いに協調して個体の生命活動を維持している。

■ 多細胞生物の成り立ち

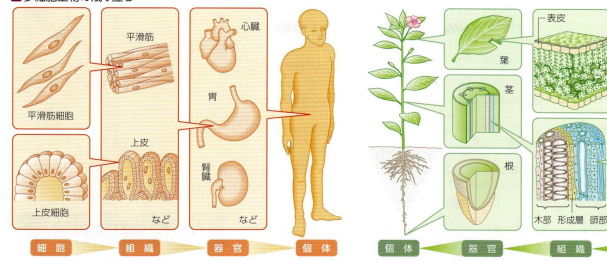

発達した多細胞生物では，同じような形やはたらきをもった細胞が集まって**組織**を形成し，いくつかの組織が集まって**器官**をつくっている。このような組織や器官が集まって生物（**個体**）のからだができている。

注）動物では，器官の数が多く，はたらきのよく似た器官をまとめて**器官系**とよぶ（▶ p.43）。また，植物では，いくつかの組織をまとめたものを**組織系**という（▶ p.44）。

Point 個体の成り立ち

細 胞 → 組 織 → 器 官 →（器官系）→ 個 体（動物）

細 胞 → 組 織 →（組織系）→ 器 官 → 個 体（植物）

Zoom up 細胞性粘菌の生活環

キイロタマホコリカビ（細胞性粘菌類，▶ p.279）の生活環では，単細胞の時期と多細胞の時期が交互に出現する。

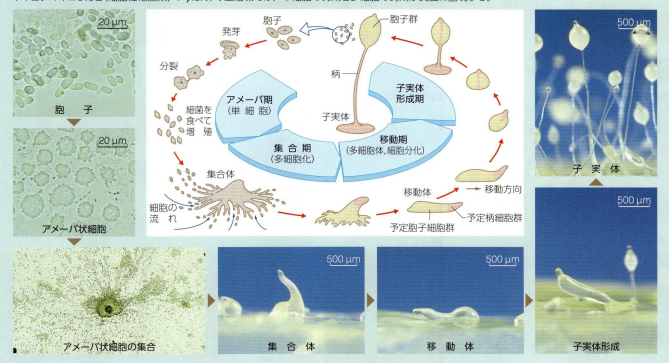

多細胞生物（multicellular organism），組織（tissue），器官（organ）

14 動物個体の成り立ち　生物基礎 生物

A 動物の組織
刺胞動物以上の動物の組織は，上皮組織・結合組織・筋組織・神経組織の4つに大別される。

組織	構造	はたらきなど
上皮組織	体表面・体腔の内壁・消化管や血管の内面をおおう。細胞は密着して一層または多層の層をつくる	内部の保護・刺激の受容・物質の吸収や分泌など
結合組織	組織や器官の間を満たす。細胞は密着せずに散在し，その間を埋める細胞間物質が多い	組織間の結合やからだの支持など
筋組織（筋肉組織）	収縮性のタンパク質を含む筋細胞（筋繊維）からなる	からだや胃・腸などの内臓の運動
神経組織	多数の突起をもったニューロン（神経細胞）と，そのはたらきを助けるグリア細胞からなる	刺激による興奮を中枢に伝え，中枢からの命令を全身に伝える

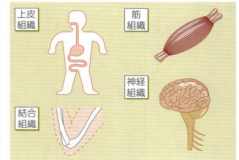

B 上皮組織
構造から単層上皮・多層上皮・繊毛上皮などに分けられ，はたらきから分泌上皮・感覚上皮・吸収上皮などに分けられる。

■保護上皮（単層上皮）

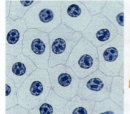
（カエルの腸間膜）

■分泌上皮（腺上皮）

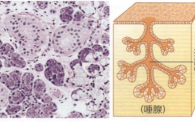
（唾腺）

ヒトの皮膚と血管の構造

ヒトの皮膚の構造
ヒトの皮膚 ＝ 表　皮 ＋ 真　皮
　　　　　（上皮組織）（結合組織）

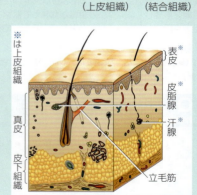

■感覚上皮

 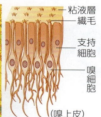
粘液層／繊毛／支持細胞／嗅細胞
（嗅上皮）

■吸収上皮

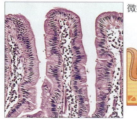 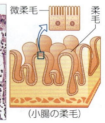
微柔毛／柔毛
（小腸の柔毛）

ヒトの血管の構造

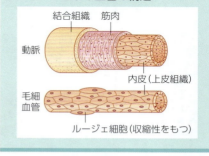
結合組織／筋肉／動脈／内皮（上皮組織）／毛細血管／ルージェ細胞（収縮性をもつ）

C 結合組織
細胞間物質が多いのが特徴で，細胞間物質の性質をもとに分類される。

■繊維性結合組織

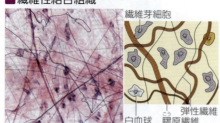
繊維芽細胞／弾性繊維／膠原繊維／白血球

■脂肪組織

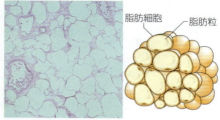 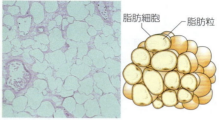
脂肪細胞／脂肪粒

■軟骨組織

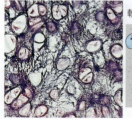 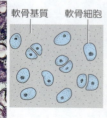
軟骨基質／軟骨細胞

■骨組織

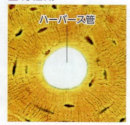 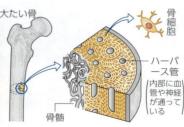
ハバース管／大たい骨／骨細胞／ハバース管（内部に血管や神経が通っている）／骨髄

■血液

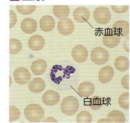
赤血球／白血球

Keywords　上皮組織(epithelial tissue)，結合組織(connective tissue)，脂肪細胞(fat cell)，軟骨(cartilage)，骨(bone)

1-II 細胞と個体の成り立ち

D 筋組織
意識によって収縮させることができる**随意筋**と，意識によって収縮させることができない**不随意筋**に分けられ，形態から次の3つに大別される（▶p.199）。

■ 横紋筋（骨格筋）

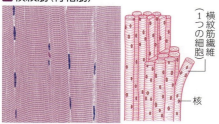

随意筋。細胞は長大で多核。横じま（横紋）が見られる。敏速に収縮するが，疲労しやすい。

■ 横紋筋（心筋）

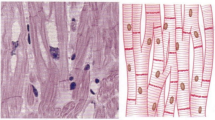

不随意筋。細胞は単核で枝分かれがあり，横紋が見られる。敏速に収縮し，疲労しにくい。

■ 平滑筋（内臓筋）

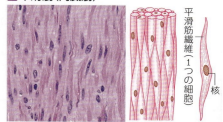

不随意筋。細胞は紡錘形で単核。横紋は見られない。ゆるやかに収縮し，疲労しにくい。

E 神経組織
ニューロンとグリア細胞からなる。ニューロンは神経細胞ともよばれる。

■ ニューロン（神経細胞）（▶p.193）

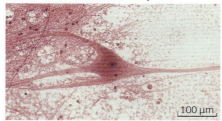
100 μm

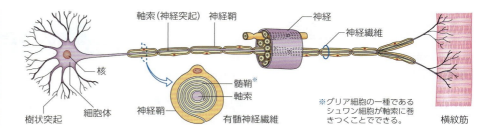

※グリア細胞の一種であるシュワン細胞が軸索に巻きつくことでできる。

F ヒトの器官系
動物には多数の器官があり，共同して一定のはたらきをする器官をまとめて**器官系**という。

■ 呼吸系と消化系

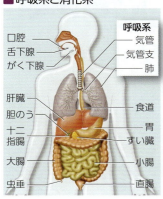

■ 血管系と排出系

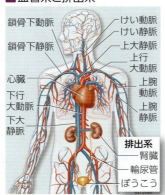

■ 骨格系と筋肉系

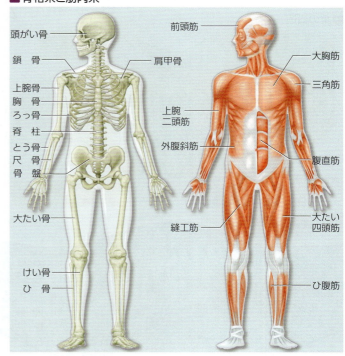

■ 神経系と内分泌系

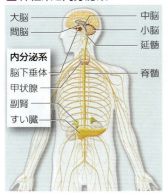

■ リンパ系

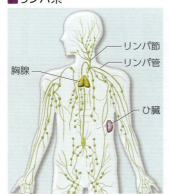

■ その他の器官系

① **生殖系** 生殖腺（卵巣・精巣）・輸卵管・輸精管・子宮・胎盤
② **感覚系** 眼・耳・鼻・舌

筋肉（muscle），随意筋（voluntary muscle），不随意筋（involuntary muscle），神経組織（nervous tissue）

15 植物個体の成り立ち 生物基礎／生物

A 植物の組織

分裂組織と分化した組織に大別され，後者の分化した組織は，おもにそのはたらきから3つの組織系（表皮系，維管束系，基本組織系）にまとめられる。

組織		はたらきなど	組織系
分裂組織	頂端分裂組織（茎頂分裂組織・根端分裂組織）	細胞分裂を盛んに行い，根と茎の伸長成長をもたらす	
	形成層（双子葉類の根や茎）	細胞分裂を盛んに行い，根と茎の肥大成長をもたらす	
分化した組織	表皮組織（表皮細胞・孔辺細胞・根毛）	からだの外表面をおおい，内部を保護する	表皮系
	木部 道管[※]・仮道管[※] 木部繊維[※]・木部柔組織	死細胞の外壁からなる。根で吸収した水・無機養分の通路 木部を保護する	維管束系
	師部 師管 伴細胞・師部繊維[※]・師部柔組織	師板で仕切られた生細胞からなる。同化産物の通路 師管のはたらきを助ける。師部を保護する	
	柔組織 同化組織（さく状組織・海綿状組織） 貯蔵組織（根・茎の皮層や髄）	植物体の生命活動の中心。細胞壁のうすい大形の細胞からなる デンプンなどの栄養分を蓄える	基本組織系
	機械組織 厚壁組織[※] 厚角組織	細胞壁の全面が厚くなった細胞からなる。植物体を支える 細胞壁の角が厚く，植物体を支える。若い茎などに見られる	

[※]死細胞からなる

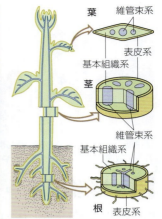

B 茎頂と葉の構造

■ 茎頂の構造

スギナの茎頂／茎頂分裂組織

茎頂分裂組織（茎の成長点）／葉／芽

茎頂分裂組織は，茎の先端部にある分裂組織で，茎や葉，花などに分化する。

■ 葉の構造

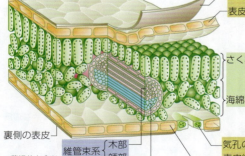
クチクラ／表皮細胞｝表皮系
さく状組織[※]／海綿状組織[※]｝基本組織系
裏側の表皮／維管束系｛木部／師部｝　気孔の孔辺細胞[※]／表皮細胞｝表皮系
[※]葉緑体を含む

葉の横断面（ツバキ）
表皮（表側）／さく状組織／海綿状組織／木部／形成層[※]／師部／表皮（裏側）　200μm
[※]植物によっては，葉に形成層をもたないものもある。

Zoom up 花の構造（被子植物）

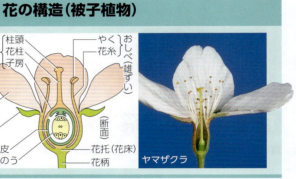
めしべ（雌ずい）｛柱頭／花柱／子房｝　おしべ（雄ずい）｛やく／花糸｝　花弁（花びら）／がく片／胚珠｛珠皮／胚のう｝／花托（花床）／花柄／断面　ヤマザクラ

気孔（ムラサキツユクサ）　50μm

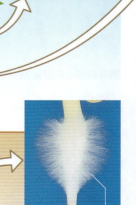
根毛

Keywords 葉(leaf)，茎(stem)，維管束(fibrovascular bundle)，形成層(cambium)，根毛(root hair)

1-Ⅱ 細胞と個体の成り立ち

C 茎の構造
双子葉類(子葉が2枚)と単子葉類(子葉が1枚)では，維管束の配列に違いが見られる。

■茎の構造(双子葉類)
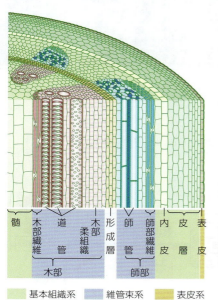

■双子葉類と単子葉類の比較
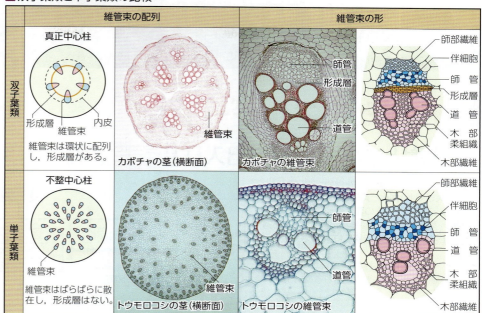

■道管・仮道管・師管
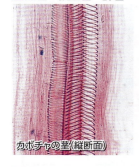
カボチャの茎(縦断面)

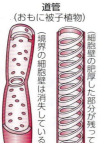
道管(おもに被子植物)
(境界の細胞壁は消失している)
(細胞壁の肥厚した部分が残っている)

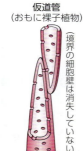
仮道管(おもに裸子植物)
(境界の細胞壁は消失していない)

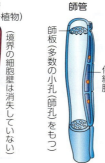
師管
師板(多数の小孔(師孔)をもつ)
伴細胞

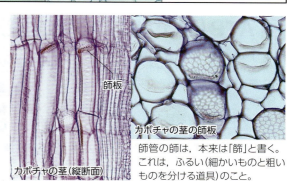
カボチャの茎(縦断面)
カボチャの茎の師板

師管の師は，本来は「篩」と書く。これは，ふるい(細かいものと粗いものを分ける道具)のこと。

D 根の構造

■根の構造
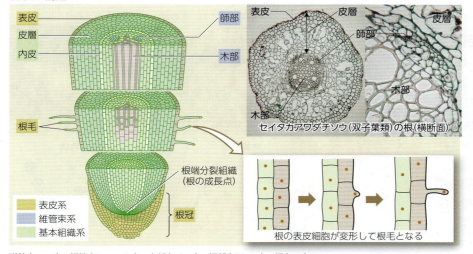
根の表皮細胞が変形して根毛となる

■根から茎への移行(双子葉類)
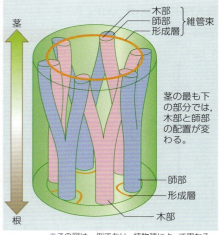
茎の最も下の部分では，木部と師部の配置が変わる。
※この図は一例であり，植物種によって異なる。

道管(vessel)，師管(sieve tube)，木部(xylem)，師部(phloem)，根(root)

第2編

1 代謝とエネルギー　生物基礎 生物

A 代謝とエネルギーの出入り　基生

生体内では，非常に多くの化学反応が進行しており，それに伴ってエネルギーの変化や出入りが起こっている。

■**代謝**　生体内での物質の化学的な変化を**代謝**という。大きくは，**同化**と**異化**の2つに分けられる。代謝に伴ってエネルギーの変化や移動が起こる。
① **同化**　単純な物質から複雑な物質を合成する過程。エネルギーを必要とする（エネルギー吸収反応）。
② **異化**　複雑な物質（有機物）を単純な物質に分解する過程。エネルギーが放出される（エネルギー放出反応）。

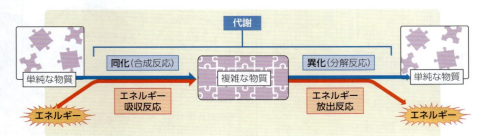

B ATP（アデノシン三リン酸）　基生

すべての生物において，細胞内での代謝におけるエネルギーのやりとりは，ATPを仲立ちとして行われており，ATPは生体内における「エネルギーの通貨」といわれる。

■**ATPの構造**　ATPは，塩基（アデニン）に糖（リボース）と3分子のリン酸が結合した化合物（ヌクレオチドの一種）である。

■**高エネルギーリン酸結合**
ATPのリン酸どうしの結合が切れると，多量のエネルギーが放出される。ATP1mol（ATP分子6.0×10^{23}個，約507g）当たり，ADPに分解されると約31kJ，AMPにまで分解されると約46kJが放出される。

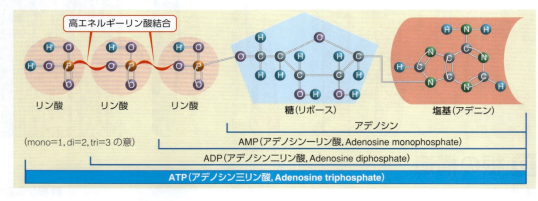

■**ATPのはたらき**　ATPの高エネルギーリン酸結合が切れてADPとリン酸になるときにエネルギーが取り出され，それがいろいろな生命活動に利用される。

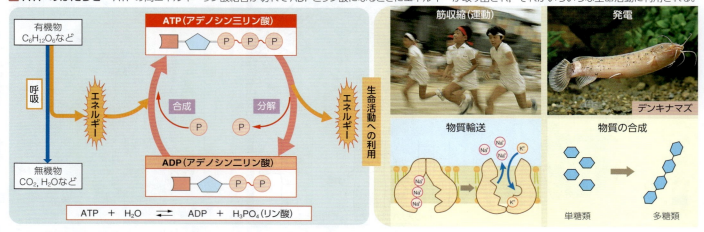

Keywords　代謝（metabolism），同化（anabolism），異化（catabolism），ATP（アデノシン三リン酸）（adenosine triphosphate）

C 生物とエネルギー

生物がさまざまな生命活動を行うためには、エネルギーが必要である。生物は光合成や呼吸を行うことによって、生命活動に必要なエネルギーを獲得している。

■細胞内におけるATPの獲得とエネルギーの流れ

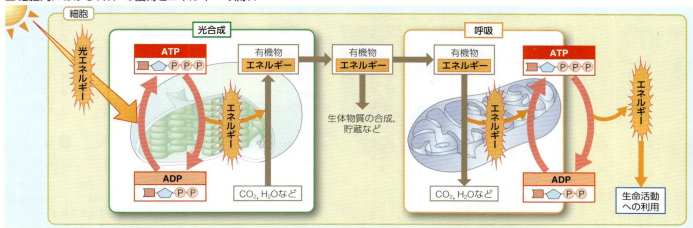

細胞では、光合成(▶p.64)によって、太陽の光エネルギーを利用してATPを合成し、そのエネルギーを用いて有機物を合成している。また、呼吸(▶p.54)によって有機物を分解し、そのときに取り出されるエネルギーを利用してATPを合成している(ただし、すべての反応が1つの細胞内で行われるわけではない)。

■独立栄養生物と従属栄養生物

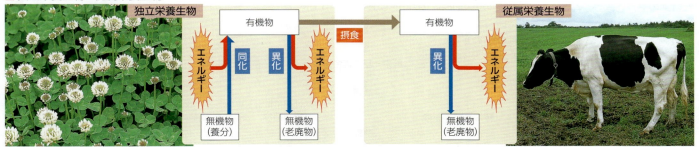

植物など、外界から取り入れた無機物だけを用いて有機物を合成することができる(体外から有機物を取りこむ必要がない)生物を**独立栄養生物**という。

動物や菌類など、無機物だけから有機物を合成することができず、植物または他の動物などの有機物を栄養分として取り入れる生物を**従属栄養生物**という。

Column ホタルの発光とATP

ホタルやウミホタルは、まとめてルシフェリンとよばれる有機物をルシフェラーゼとよばれる酵素によって酸素で酸化する際のエネルギーを用いて発光する。

$$\text{ルシフェリン} + O_2 \xrightarrow{\text{ルシフェラーゼ}} (\text{生成物}) + \text{光エネルギー}$$

多くの発光する生物は同じようなしくみで光を出すが、生物の種類によって、何がルシフェリンとしてはたらき、何がルシフェラーゼとしてはたらくかは異なり、また他の物質を反応に必要とする場合もある。ホタルの場合は、反応に先立ってルシフェリンを活性化するためにATPを必要とするので、発光の有無によってATPの存在を検出するのに使うことができる。例えば、光合成の反応において水素イオンの濃度勾配によりATPが合成される(▶p.65)ことは、1966年にヤーゲンドルフによって証明されたが、このことは、光合成にかかわるチラコイド膜のpHの状態を変化させたときに合成されるATPを、加えておいたホタルの乾燥粉末からの発光により検出することで明らかにされた。

Zoom up ATPのエネルギーの貯蔵

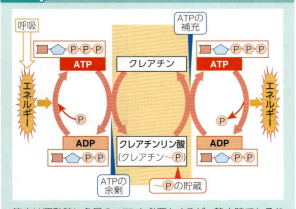

筋肉は運動時に多量のATPを必要とするが、静止時でもそれほど多く含まれていない。静止時のATPに余裕があるときには、ATPからリン酸(〜Ⓟ)がクレアチンに移されて**クレアチンリン酸**の形で貯蔵される。運動開始時にはATPの消費で生じたADPに、クレアチンリン酸から〜Ⓟが移されてATPが速やかに再合成される(▶p.200)。

ADP(アデノシン二リン酸)(adenosine diphosphate)、独立栄養(autotrophism)、従属栄養(heterotrophism)

2 酵素とそのはたらき(1) 生物基礎 生物

A 酵素のはたらきと活性化エネルギー 基生

化学反応を促進するが自身は変化しない物質を**触媒**という。生体内の化学反応は，**酵素**によって促進されている。

■ 酵素による化学反応の促進

■ 酵素のはたらきと活性化エネルギー

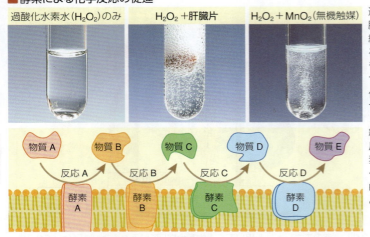

過酸化水素水に肝臓片を加えると，細胞に含まれている酵素であるカタラーゼが触媒としてはたらき，過酸化水素が分解されて酸素が発生する。

細胞では，一連の反応に関係する酵素が反応系をつくっており，連鎖的に反応が進むことが多い。

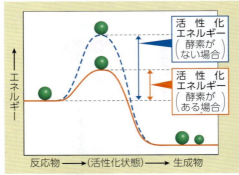

化学反応が進行するためには，物質はエネルギーの高い状態（活性化状態）になる必要がある。この状態になるために必要なエネルギーを**活性化エネルギー**という。酵素は，この活性化エネルギーを小さくする。

B 酵素の立体構造と基質特異性 基生

酵素反応は，酵素の活性部位に基質が結合して**酵素－基質複合体**をつくることによって起こる。

■ 酵素の基質特異性　酵素はそれぞれ特定の決まった物質（基質）にしかはたらかない。

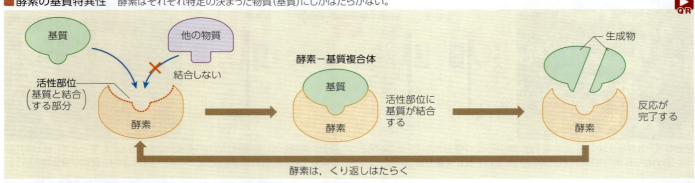

C 細胞のはたらきと酵素 基生

酵素は細胞内で合成され，細胞内の細胞小器官や細胞膜，サイトゾルなどではたらくものと，細胞外に分泌されてはたらくものとがある。

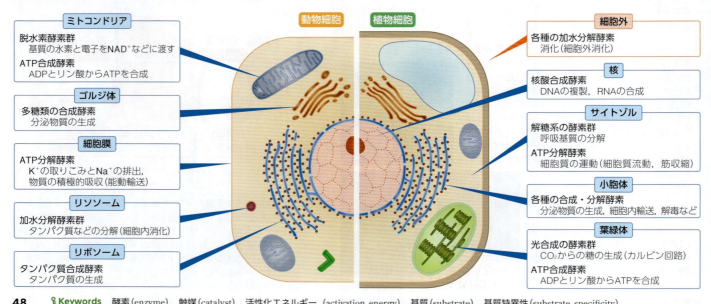

Keywords　酵素(enzyme)，触媒(catalyst)，活性化エネルギー (activation energy)，基質(substrate)，基質特異性(substrate specificity)

D 酵素のはたらきと外的条件

■ 温度

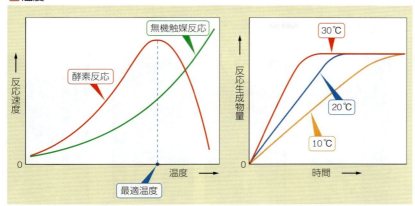

化学反応は一般的に温度が高いほど反応速度が大きくなるが，酵素には，最もよくはたらく**最適温度**がある（ふつうは 35〜40℃）。酵素は，60〜70℃以上の高い温度では，酵素本体のタンパク質が**変性**するので，ほとんどの酵素ははたらきを失う（**失活**）。

■ pH

酵素の反応は pH（▶ p.296）の影響を受ける。酵素には最もよくはたらく**最適 pH** があり，最適 pH はそれぞれ酵素によって異なる。

■ 基質濃度

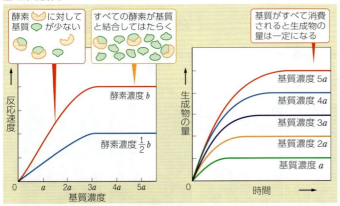

基質濃度が低いとき，反応速度は基質濃度に比例して増加するが，一定以上の濃度では，反応速度は一定になる。

■ 酵素濃度

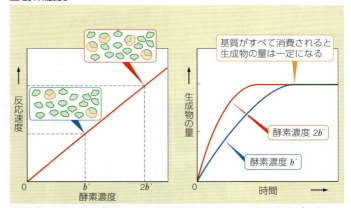

基質が十分にある場合，反応速度は酵素濃度に比例し，酵素濃度が 2 倍になると反応速度も 2 倍になる。

Zoom up 酵素の親和性と K_m 値

横軸に基質濃度，縦軸に反応速度をとると，次のようなグラフが得られる。反応速度は基質濃度の増加に伴って上昇し，やがて最大値（V_{max}）となる。V_{max} は酵素が基質で飽和したときの速度である。また，反応速度が $\frac{V_{max}}{2}$ となるときの基質濃度を K_m 値（ミカエリス定数）という。

K_m 値は，酵素と基質の組み合わせにより一定の値となるが，K_m 値が小さいほど，酵素の基質に対する親和性が高いことになる。

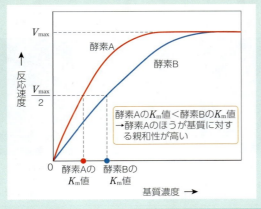

Column チマーゼの発見とウレアーゼの結晶化

1897 年，それまでパスツールらによって，アルコール発酵（▶ p.58）は生きた酵母のはたらきによると考えられていたが，ブフナー（ドイツ）はすりつぶした酵母のしぼり汁で発酵が起こることを発見し，アルコール発酵が酵母の細胞の中の成分によることを明らかにした。ブフナーはそれが単独の成分によるものであると考えて，それをチマーゼとよんだ。しかし，現在では発酵のはたらきは，数多くの酵素によって進むことが明らかになっている。

1926 年，サムナー（アメリカ）は，ナタマメに含まれる酵素ウレアーゼ（尿素の分解にはたらく酵素）の結晶化に成功し，酵素の本体がタンパク質であることを明らかにした。

ナタマメ

酵素－基質複合体(enzyme-substrate complex)，活性部位(active site)，生成物(product)，変性(タンパク質の)(denaturation)，失活(inactivation)

3 酵素とそのはたらき(2) 生物基礎 生物

A 探究 酵素のはたらき 基生
肝臓片には酸化マンガン(Ⅳ)（二酸化マンガン，MnO_2）と同じ触媒作用をする物質が含まれている。

過酸化水素水

過酸化水素は水素と酸素の化合物（H_2O_2）である。3％の水溶液はオキシドールとよばれ，傷の消毒に使われる。

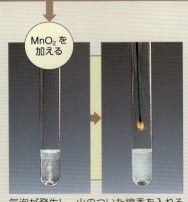

- 肝臓片を加える：気泡が発生し，火のついた線香を入れるとはげしく燃える。→ 酸素が発生
- 煮沸した肝臓片を加える：何の反応も起こらない。
- MnO_2を加える：気泡が発生し，火のついた線香を入れるとはげしく燃える。→ 酸素が発生
- 石英を加える：何の反応も起こらない。

B 探究 酵素の性質 基生
無機触媒(MnO_2)は高温ほど反応しやすくpHの影響も受けないが，酵素（カタラーゼ）は35〜40℃ぐらいが最適温度で，pHの影響も受ける。

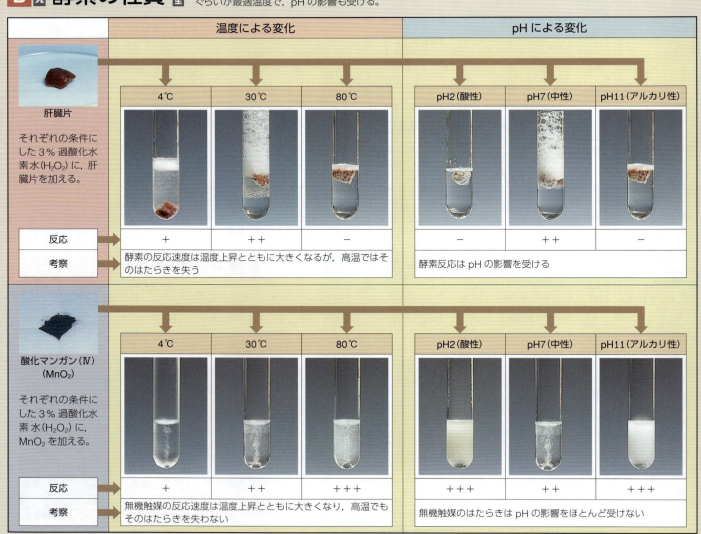

C 酵素の種類とはたらき

酵素には非常に多くの種類がある。酵素は、それがはたらく反応の型や基質によって分類・命名されている。

酵素の種類		酵素名	はたらき
加水分解酵素	炭水化物分解酵素	アミラーゼ	デンプン → デキストリン → マルトース
		マルターゼ	マルトース → グルコース
		スクラーゼ	スクロース → グルコース + フルクトース
		ラクターゼ	ラクトース → グルコース + ガラクトース
		セルラーゼ	セルロースを分解
		ペクチナーゼ	ペクチンを分解
	タンパク質分解酵素	ペプシン	タンパク質 → ポリペプチド
		トリプシン	タンパク質 → ポリペプチド
		キモトリプシン	タンパク質 → ポリペプチド
		ペプチダーゼ	ポリペプチド → アミノ酸
	脂肪分解酵素	リパーゼ	脂肪 → 脂肪酸 + モノグリセリド
	尿素分解酵素	ウレアーゼ	尿素(CO(NH$_2$)$_2$) → アンモニア + 二酸化炭素
	ATP分解酵素	ATPアーゼ	ATP → ADP + リン酸
	核酸分解酵素	DNAアーゼ	DNA → ヌクレオチド
		RNAアーゼ	RNA → ヌクレオチド
酸化還元酵素	酸化酵素	オキシダーゼ	基質に酸素を結合させる
	脱水素酵素	デヒドロゲナーゼ	基質(有機物)の水素と電子をNAD$^+$、FADなどに渡す
	過酸化水素分解酵素	カタラーゼ	過酸化水素(H$_2$O$_2$) → 水 + 酸素
脱離酵素(リアーゼ)	脱炭酸酵素	デカルボキシラーゼ	有機酸のカルボキシ基からCO$_2$を取り出す
	炭酸脱水酵素	カーボニックアンヒドラーゼ	炭酸(H$_2$CO$_3$) → 水 + 二酸化炭素
転移酵素	アミノ基転移酵素	トランスアミナーゼ	アミノ酸からアミノ基をとって他の物質に移す
合成酵素(リガーゼ)	アセチルCoA合成酵素		酢酸 + CoA + ATP → アセチルCoA + ADP +リン酸
	DNA連結酵素	DNAリガーゼ	DNAをつなぐ
	RNA連結酵素	RNAリガーゼ	RNAをつなぐ

① **加水分解酵素** ある物質に水が加わる形で起こる分解反応を触媒。

② **酸化還元酵素** ある物質の酸化反応や還元反応を触媒。

③ **脱離酵素** ある物質から特定の基(原子団)を取り出す。

 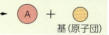

④ **転移酵素** ある物質から別の物質へ特定の基(原子団)を移動させる。

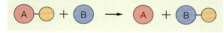

⑤ **合成酵素** ATPのエネルギーを使って2つの分子の結合をつくる。

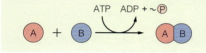

⑥ **異性化酵素** 酵素は、上記の5つに異性化酵素を加えた6つに大別されるが、異性化酵素(分子内反応を触媒する酵素)は高校では扱わない。

■栄養分の消化と酵素

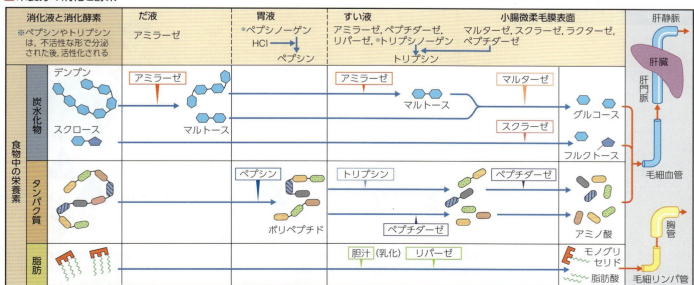

Keywords アミラーゼ(amylase), ペプシン(pepsin), カタラーゼ(catalase), DNAリガーゼ(DNA ligase)

4 酵素とそのはたらき(3) 生物基礎 生物

A 酵素反応の阻害
酵素反応は，基質以外の物質が酵素に結合することで阻害されることがある。酵素反応の阻害には，競争的阻害と非競争的阻害がある。

■酵素と基質の結合（阻害物質なし）

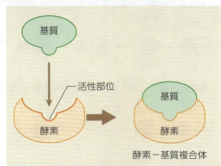

基質は，酵素の活性部位に結合する。

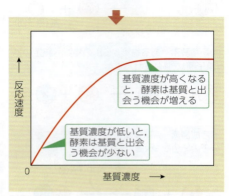

基質濃度が高くなると，酵素が基質と出会う機会が増え，反応速度は大きくなる。

■競争的阻害

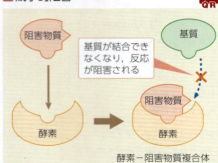

基質と立体構造がよく似た物質（阻害物質）が，酵素の活性部位に結合することによって，基質と酵素の結合を妨げて，酵素活性を低下させる。

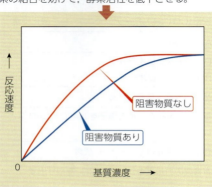

基質濃度を高くすると，阻害物質に対して基質の割合が大きくなるため，基質が活性部位と結合しやすくなる。そのため，阻害物質の影響は小さくなる。

■非競争的阻害

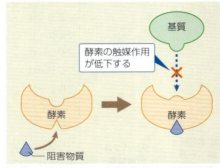

基質とは構造が異なる物質が，酵素の活性部位とは異なる部位に結合することによって，酵素の立体構造を変化させ，酵素の触媒作用を低下させる。

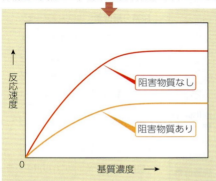

基質濃度を高くしても，酵素が阻害を受ける確率は変化しない。これは，阻害物質が基質と活性部位を取りあうことなく，一定の割合で酵素と結合するためである。

B 酵素反応の調節
生体内では，適切な場所で適切な化学反応が進行するように調節が行われている。その一つが，酵素活性の調節によるものである。

■アロステリック酵素

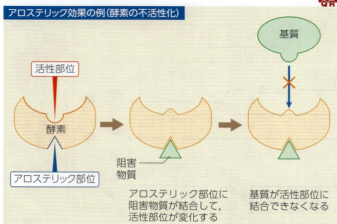

アロステリック酵素の酵素活性の調節は，活性部位以外の場所（アロステリック部位）に特定の物質が結合することで行われる（**アロステリック効果**）。特定の分子がアロステリック部位に結合することで，酵素の立体構造を，活性状態，あるいは不活性状態で安定化させる。

■フィードバック調節

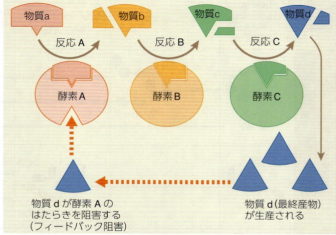

一連の酵素反応系において，最終産物（物質d）が初めの段階の酵素Aに作用して，酵素Aによる反応を抑制する。このような最終産物が初めの段階にもどって反応全体の進行を調節するしくみを**フィードバック調節**という。

Keywords 競争的阻害（competitive inhibition），非競争的阻害（noncompetitive inhibition），アロステリック酵素（allosteric enzyme）

C 酵素とともにはたらく物質

酵素の中には，低分子の有機物や金属などが結合しなければ活性をもたないものがある。このような低分子の有機物や金属などを**補助因子**という。

■ 補助因子　補酵素の多くはビタミンとして知られている。

補助因子		関係する酵素
低分子の有機化合物（補酵素）	TPP（チアミン二リン酸） ピリドキサルリン酸 NAD^+，$NADP^+$ CoA	脱炭酸酵素 アミノ基転移酵素 脱水素酵素 アシル基転移酵素
補欠分子族	FAD	脱水素酵素
金属	Fe（鉄） Mg（マグネシウム） Zn（亜鉛） Cu（銅）	カタラーゼ ATPアーゼ，ピルビン酸キナーゼ ペプチダーゼ，炭酸脱水酵素 チロシナーゼ

■ 酵素と補助因子

酵素が反応を触媒するのに補助因子を必要とする場合，そのような酵素活性に必要な部分を失ったタンパク質のみの酵素を**アポ酵素**という。一方，酵素と補助因子の複合体を**ホロ酵素**という。

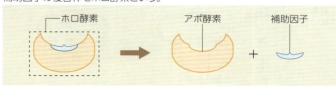

補助因子のうち，補酵素は酵素本体から比較的離れやすく，透析によって分離できる。一方，補欠分子族は酵素タンパク質との結合が強く，容易に分離できない。

■ NAD^+／NADHのはたらき

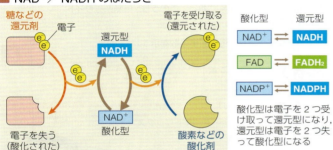

酸化型は電子を2つ受け取って還元型になり，還元型は電子を2つ失って酸化型になる

呼吸の反応では，酸化還元反応に伴う電子の出入りが起こる。NAD^+は他の物質（糖など）から電子を受け取り，還元される際に水素イオンを結合して，還元型のNADHとなる。NADHは他の物質（酸素など）に電子を渡して還元し，自身は酸化型のNAD^+にもどる。呼吸の反応ではFADと$FADH_2$も同様のはたらきをしており，光合成の反応では$NADP^+$とNADPHがはたらいている。

Zoom up 補酵素の構造

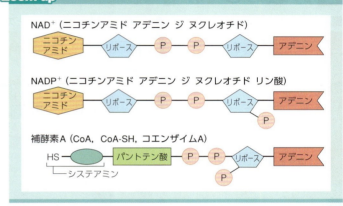

Jump 呼吸におけるNAD^+／NADHの役割 ▶p.55

呼吸の反応において，基質からNAD^+に渡された電子は，電子伝達系へと運ばれる。電子伝達系では，その電子がタンパク質複合体の間を受け渡しされるときのエネルギーを用いて，ATPが合成される。

■ 酸化還元反応を触媒する酵素

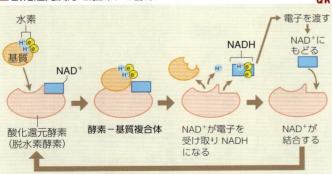

酸化還元酵素のはたらきによって，基質からNAD^+に電子と水素が渡される。基質から2個の水素イオン（H^+）と2個の電子（e^-）が外される（基質は酸化される）。NAD^+は1個の水素イオン（H^+）と2個の電子を受け取り，NADHとなる（NAD^+は還元される）。残りのH^+は，溶液中に放出される。
酸化還元反応では，H^+が電子とともに移動する場合が多く，そのような反応を触媒する酸化還元酵素は脱水素酵素ともよばれる。

Column 酵素と補酵素の性質

酵母のしぼり汁を透析すると，アルコール発酵にはたらく酵素を小さい分子から分離することができる。分離されたそれぞれをグルコース溶液に加えても酵素作用を示さないが，再び混合すると酵素としてはたらく。このような作用を示す小分子は，酵素を助けるものとして補酵素と名づけられた。

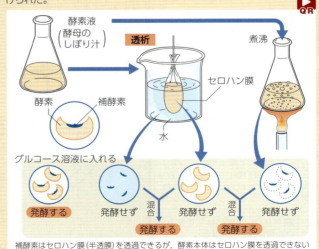

補酵素はセロハン膜（半透膜）を透過できるが，酵素本体はセロハン膜を透過できない

アロステリック効果（allosteric effect），フィードバック調節（feedback regulation），NAD^+（nicotinamide adenine dinucleotide）

5 呼吸のしくみ(1) 生物基礎 生物

A 呼吸

酸素のある条件下で，グルコースなどの有機物(呼吸基質)を分解してエネルギーを取り出すはたらきが**呼吸**(**細胞呼吸**)である。呼吸の反応には**ミトコンドリア**がかかわっている。

■呼吸の概要

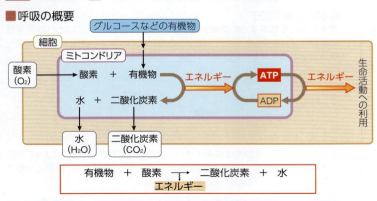

■ミトコンドリア

呼吸の場となる**ミトコンドリア**には，呼吸にはたらくさまざまな酵素が含まれている。

呼吸では，細胞内で酸素を用いて有機物を分解し，このとき取り出されたエネルギーを用いてATPを合成する。有機物は最終的に，二酸化炭素と水に分解される。

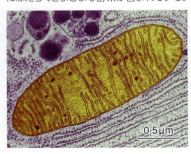

0.5μm

B 呼吸のしくみ

呼吸の過程は，**解糖系・クエン酸回路・電子伝達系**の3つに大別される。このうち，解糖系は**サイトゾル**で，クエン酸回路と電子伝達系はミトコンドリアで行われる。

■呼吸のしくみ(解糖系・クエン酸回路・電子伝達系)
C_3, C_6 などの数字は，1分子中に含まれる炭素原子の数を示す。

解糖系(サイトゾル)
1分子のグルコースが2分子のピルビン酸に分解される過程。基質が酸化され，2分子のNADH(▶p.53)と，差し引き2分子のATPが生成される。

$C_6H_{12}O_6 + 2NAD^+$
$\longrightarrow 2C_3H_4O_3 + 2NADH + 2H^+$
$\quad\quad +2ATP$

酸素を必要としない反応である。

クエン酸回路(ミトコンドリア(マトリックス))
ピルビン酸がアセチルCoAを経て，回路状の反応経路で分解される過程。
6分子のCO_2, 8分子のNADH, 2分子の$FADH_2$が生成される。また，2分子のATPが生成される。

$2C_3H_4O_3 + 6H_2O + 8NAD^+ + 2FAD$
$\longrightarrow 6CO_2 + 8NADH + 8H^+$
$\quad\quad +2FADH_2 \quad +2ATP$

酸素を消費しないが，酸素がないと反応は停止する。

電子伝達系(ミトコンドリア(内膜))
解糖系とクエン酸回路で生じたNADHやFADH₂からの電子がタンパク質複合体に次々と受け渡され，最終的に酸素と結合して水になる過程。その間に放出されるエネルギーとATP合成酵素のはたらきによって，約28分子のATPが生成される。

$10NADH + 10H^+ + 2FADH_2 + 6O_2$
$\longrightarrow 10NAD^+ + 2FAD + 12H_2O$
$\quad\quad +約28ATP$

酸素がないと反応は停止する(クエン酸回路も停止する)。

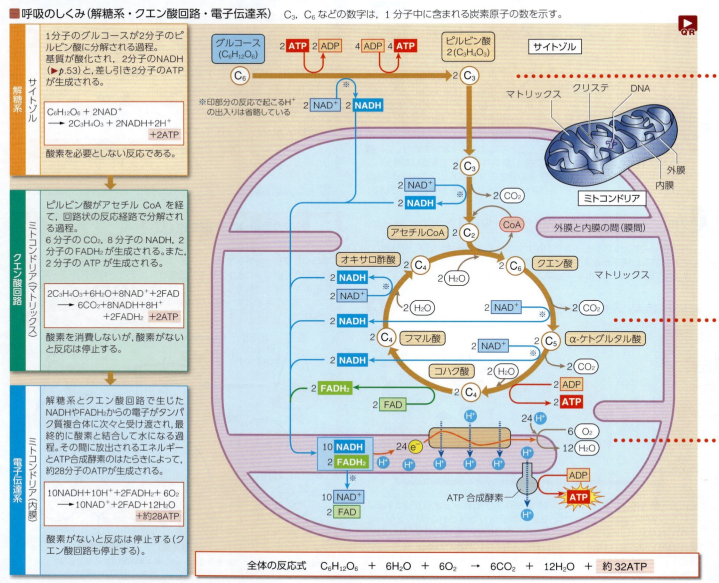

全体の反応式　$C_6H_{12}O_6 + 6H_2O + 6O_2 \longrightarrow 6CO_2 + 12H_2O + 約32ATP$

Keywords　呼吸(respiration)，解糖系(glycolysis system)，クエン酸回路(citric acid cycle)，電子伝達系(electron transport system)

2-Ⅱ 呼吸

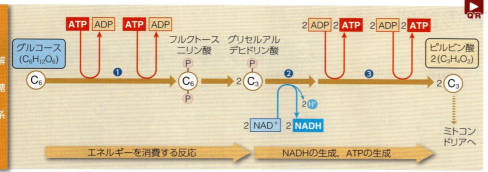

解糖系

エネルギーを消費する反応 ／ NADHの生成，ATPの生成

1. 1分子のグルコースはフルクトース二リン酸を経て，2分子のグリセルアルデヒドリン酸に分解される。この過程はエネルギーを消費する反応で，2分子のATPが使われる。
2. 酸化還元酵素のはたらきにより，2分子のNADHが生成される。
3. グリセルアルデヒドリン酸は，最終的にピルビン酸まで分解される。その過程で4分子のATPが生成される（**基質レベルのリン酸化**）。したがって，解糖系では差し引き2分子のATPが生成される。

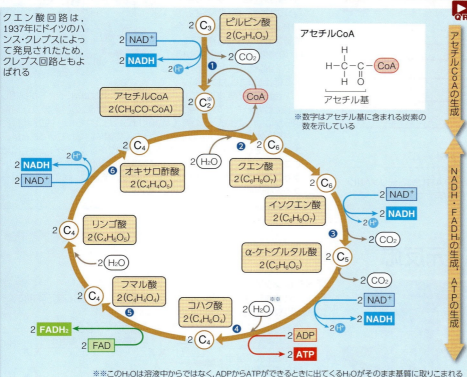

クエン酸回路は，1937年にドイツのハンス・クレブスによって発見されたため，クレブス回路ともよばれる

※数字はアセチル基に含まれる炭素の数を示している

※※このH₂Oは溶液中からではなく，ADPからATPができるときに出てくるH₂Oがそのまま基質に取りこまれる

クエン酸回路

アセチルCoAの生成 ／ NADH・FADH₂の生成，ATPの生成

1. ミトコンドリアに入った2分子のピルビン酸は，コエンザイムA(CoA)と結合して，アセチルCoAとなる。その過程で，2分子のNADHが生成され，脱炭酸反応によって2分子のCO_2が放出される。
2. アセチルCoAは，オキサロ酢酸と結合して，クエン酸となる。
3. クエン酸はイソクエン酸を経て，α-ケトグルタル酸となる。この過程で，2分子のNADHが生成され，2分子のCO_2が放出される。
4. α-ケトグルタル酸はコハク酸となる。この過程で，2分子のNADHが生成され，2分子のCO_2が放出される。基質レベルのリン酸化によって，2分子のATPが生成される。
5. コハク酸はフマル酸となる。この過程で，2分子のFADH₂が生成される。
6. フマル酸はリンゴ酸を経て，オキサロ酢酸にもどる。この過程で，2分子のNADHが生成される。したがって，クエン酸回路全体では，6分子のCO_2が放出され，8分子のNADH，2分子のFADH₂，2分子のATPがそれぞれ生成される。

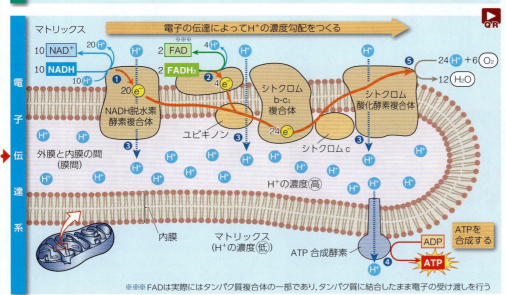

電子の伝達によってH⁺の濃度勾配をつくる

※※※FADは実際にはタンパク質複合体の一部であり，タンパク質に結合したまま電子の受け渡しを行う

電子伝達系

1. NADHがミトコンドリア内膜に埋めこまれたNADH脱水素酵素複合体に電子(e⁻)を渡して，NAD⁺とH⁺にもどる。
2. FADH₂は電子伝達系の途中のタンパク質複合体に電子を渡して，FADとH⁺にもどる。
3. NADH脱水素酵素複合体などを電子が通過するときに放出されるエネルギーによって，H⁺がマトリックス側から外膜と内膜の間（膜間）へとくみ出される。
4. 膜間のH⁺濃度が高くなり，マトリックス側とのH⁺濃度差が大きくなると，H⁺は濃度勾配にしたがって，ATP合成酵素を通って膜間からマトリックス側に流れこむ。このとき，ATP合成酵素はADPとリン酸からATPを合成する（**酸化的リン酸化**）。
5. シトクロム酸化酵素複合体のはたらきによって，酸素が電子を受け取り，さらに水素が結合して水(H_2O)となる。

アセチルCoA(acetyl coenzyme A)，基質レベルのリン酸化(substrate-level phosphorylation)，酸化的リン酸化(oxidative phosphorylation)

6 呼吸のしくみ(2) 生物基礎 生物

A 呼吸におけるATPの合成

呼吸では，酵素反応によって段階的に有機物が分解され，その過程でATPやNADHが生成される。

■呼吸と燃焼の比較

有機物(グルコース)に蓄えられていたエネルギーが，燃焼では光や熱として一度に放出されるのに対して，呼吸ではATPとして段階的に取り出される。

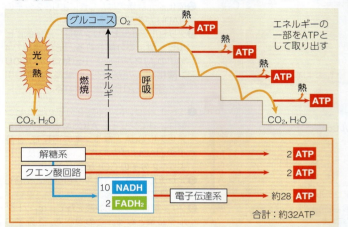

Zoom up 回転する酵素－ATP合成酵素

ATP合成酵素は，膜を隔てたH^+の濃度勾配を利用して，ADPとリン酸からATPを合成する酵素である。この酵素では，H^+が膜に埋まった部分(❶)を通過すると，心棒の部分(❷)が回転し，球状の部分(❸)の中で心棒が回ることでATPが合成される。ATP合成酵素は，ATPを分解して，H^+の濃度勾配をつくるというATP合成とは逆のはたらきもする(回転方向も逆になる)。

ATP合成酵素が回転しているという説は，アメリカのボイヤーが提唱した(回転触媒説)。その後，イギリスのウォーカーがこの酵素の立体構造を明らかにしたことで，この考えが裏付けられた。さらに，1997年に日本の吉田・木下ら(▶p.65)の手法によって，実際に回転していることが証明された。その手法とは，ATP合成酵素にアクチンフィラメントを目印としてつけ，そこにATPを加えると，酵素の回転がアクチンフィラメントの回転として観察されたというものである。そして，同年にボイヤーとウォーカーは，ノーベル化学賞を受賞した。

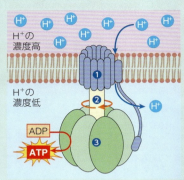

Jump 光合成におけるATPの合成 ▶p.64〜65

光合成においてもATP合成が行われる。光合成のATP合成(光リン酸化)にも，呼吸と同じような電子伝達系やATP合成酵素がはたらいている。

B 探究 酵素による酸化還元反応

①納豆1人分に水100mLを加えてよくかき混ぜ，ガーゼでろ過する。

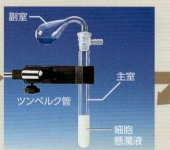

②主室に①の細胞懸濁液を，副室に10%コハク酸ナトリウム溶液と0.01%メチレンブルー溶液を入れる。

■メチレンブルーの性質

次のような性質をもつメチレンブルーを指示薬として，酸化還元酵素によって基質が酸化されていることを確かめる。

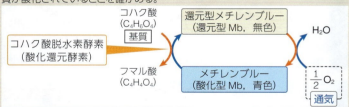

メチレンブルーはふつうは青色(酸化型Mb)であるが，還元されると無色(還元型Mb)になる。また，還元型Mbは，酸素があると酸化されてもとの酸化型Mb(青色)にもどる。

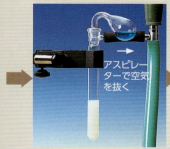

③アスピレーターにつないで十分に排気した後，副室を回して管を密閉する。

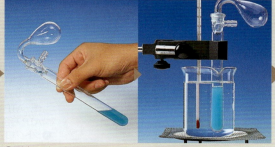

④副室の液と主室の液を混合し，主室を35℃に保温する。メチレンブルーの青色が脱色するまでの時間を測定する。

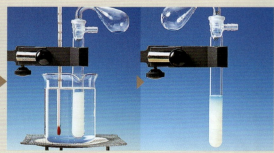

⑤メチレンブルーの色が完全に脱色した後，副室を回して管内に空気を入れると，液は再び青色になる。

Keywords　ATP合成酵素(ATP synthase)，酸化還元反応(oxidation-reduction reaction)，酸化還元酵素(oxidoreductase)

C 脂肪とタンパク質の分解経路

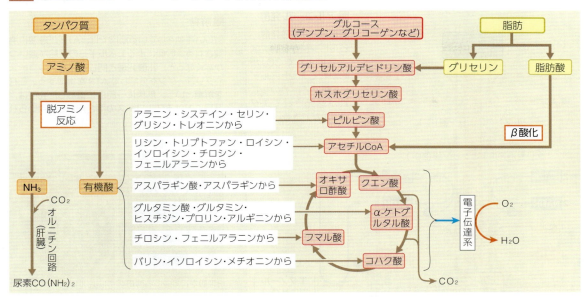

卵（タンパク質を多く含む）

ごはん（デンプンを多く含む）

落花生の豆（脂肪を多く含む）

■脱アミノ反応

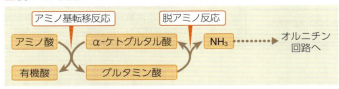

アミノ酸からアミノ基を取り外してアンモニア（NH_3）が遊離する反応。ヒトでは肝臓で行われる。アミノ酸はこの反応を経て、ピルビン酸やそのほかの有機酸となり、クエン酸回路などに入って分解される。アンモニアは、ヒトでは肝臓で毒性の低い尿素に変えられる（▶p.169）。

■β酸化

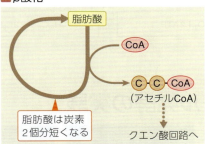

脂肪酸の端から炭素2個を含む部分が切り取られ、これがコエンザイムAと結合してアセチルCoAとなる過程。これがくり返されて、脂肪酸はアセチルCoAとしてクエン酸回路に入って分解される。

D 呼吸商

呼吸において、消費された酸素（O_2）の体積に対する放出された二酸化炭素（CO_2）の体積の割合を**呼吸商**という。

■呼吸商

$$呼吸商 = \frac{放出されたCO_2の体積}{吸収されたO_2の体積}$$

■呼吸商の測定

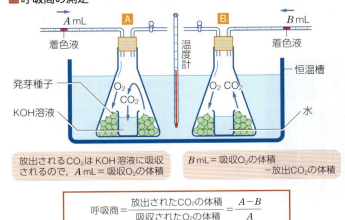

放出されるCO_2はKOH溶液に吸収されるので、A mL＝吸収O_2の体積

B mL＝吸収O_2の体積－放出CO_2の体積

$$呼吸商 = \frac{放出されたCO_2の体積}{吸収されたO_2の体積} = \frac{A-B}{A}$$

■呼吸基質と呼吸商

呼吸基質	反応式	呼吸商
炭水化物	$C_6H_{12}O_6 + 6H_2O + 6O_2 \rightarrow 6CO_2 + 12H_2O$	6/6 ＝ 1.0
タンパク質	$2C_6H_{13}O_2N + 15O_2 \rightarrow 12CO_2 + 10H_2O + 2NH_3$ （ロイシン）	12/15 ＝ 0.8
脂質	$2C_{57}H_{110}O_6 + 163O_2 \rightarrow 114CO_2 + 110H_2O$ （トリステアリン）	114/163 ≒ 0.7

■種子の発芽と呼吸商

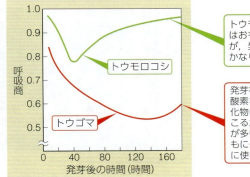

トウモロコシの呼吸基質はおもに炭水化物であるが、発芽初期には脂肪もかなり使われる

発芽初期のトウゴマでは酸素を用いて脂肪を炭水化物に変換する反応が起こるため、酸素の吸収量が多い。やがて脂肪とともにその炭水化物も呼吸に使われる

ピルビン酸（pyruvic acid），発芽（germination），呼吸基質（respiratory substrate），呼吸商（respiratory quotient）

7 発酵 生物基礎 生物

A 発酵

酸素のない条件下で有機物が分解され，ATPが生成される過程を**発酵**という。発酵では，電子伝達系がはたらかないため，NADHはピルビン酸などによって酸化されてNAD⁺にもどり，再利用される。

■乳酸発酵
乳酸菌の行う発酵。グルコースの分解で生じたピルビン酸が還元されて，乳酸ができる。

■アルコール発酵
酵母などが行う発酵。ピルビン酸から脱炭酸反応によってCO_2が除かれてアセトアルデヒドができ，その後これが還元されてエタノールができる。

■解糖
激しい運動をしている筋肉では，ATPが急激に消費される。呼吸によるエネルギーの供給が追いつかなくなると，乳酸発酵と同じ過程でグルコースやグリコーゲンを分解してATPを生成する。これを**解糖**という。筋肉に一時的に蓄積した乳酸は，肝臓におけるグルコースの再合成などに用いられる。

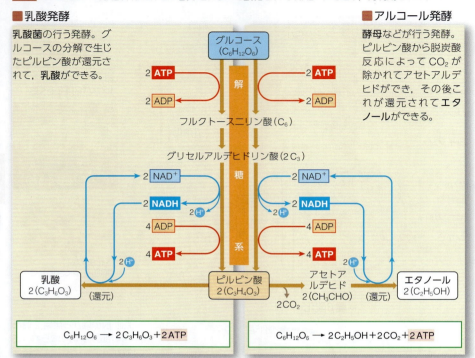

$C_6H_{12}O_6 \rightarrow 2C_3H_6O_3 + 2ATP$

$C_6H_{12}O_6 \rightarrow 2C_2H_5OH + 2CO_2 + 2ATP$

■パスツール効果

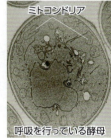
呼吸を行っている酵母

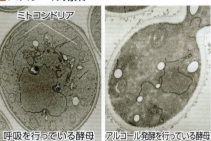
アルコール発酵を行っている酵母

酵母は，酸素のない状態ではアルコール発酵のみを行うが，酸素の存在下では，グルコース1分子当たりのATP生成量が多い呼吸を行う場合がある。この現象をパスツール効果という。呼吸を行っている酵母ではミトコンドリアが発達している。

B 探究 アルコール発酵の実験

①グルコース溶液に乾燥酵母を加えてよくかき混ぜ，発酵液とする。

②発酵液をキューネ発酵管に入れる。気泡が入らないように注意する。

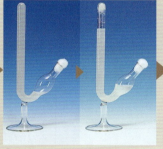
③綿栓をし，発酵管を40℃に保温する。気体が十分たまったら，発酵液のにおいを調べる。

④発酵液に水酸化ナトリウム溶液を加え，管口の部分を親指で押さえて発酵管をよく振ると，指が吸いつけられる。（CO_2がNaOHに溶けて管内が減圧状態になるため）

⑤発酵液をろ過し，不純物を取り除く。

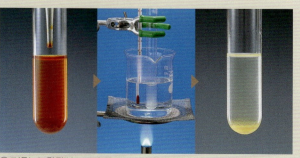
⑥ろ過した発酵液に，水酸化ナトリウム溶液とヨウ素溶液を加えて加熱すると，特有のにおいをもった黄色沈殿（ヨードホルム）が生じる。

■考察
④によって，二酸化炭素の発生が確認できる。
アルコール発酵の反応式
$$C_6H_{12}O_6 \rightarrow 2C_2H_5OH + 2CO_2$$
⑥によって，エタノールの生成が確認できる（ヨードホルム反応）。

Keywords　発酵(fermentation)，乳酸発酵(lactic fermentation)，アルコール発酵(alcoholic fermentation)

C 発酵の利用と腐敗

■いろいろな発酵

発酵によって炭水化物などの有機物が分解され，人間にとって有用な物質ができる場合がある。発酵は，古くからアルコール飲料をはじめとするいろいろな食品の製造に利用されている。

種類	微生物名	反応式	利用の例
アルコール発酵	酵母	$C_6H_{12}O_6 \rightarrow 2C_2H_5OH + 2CO_2$ (エタノール)	酒類・ビール・ワイン・パンの製造
乳酸発酵	乳酸菌	$C_6H_{12}O_6 \rightarrow 2C_3H_6O_3$ (乳酸)	ヨーグルト・漬物やチーズの一部の製造
酪酸発酵	酪酸菌	$C_6H_{12}O_6 \rightarrow C_4H_8O_2 + 2CO_2 + 2H_2$ (酪酸)	チーズ・香料・ワニスの製造

※**酢酸発酵** 酢酸菌が酸素を消費してエタノールを酸化し，酢酸を生成する反応。酸素を必要とするため，アルコール発酵や乳酸発酵と区別して，酸化発酵ともよばれる。
C_2H_5OH (エタノール) $+ O_2 \rightarrow CH_3COOH$ (酢酸) $+ H_2O$

■腐敗

おもにタンパク質などの有機窒素化合物が微生物によって分解され，悪臭を伴う有害な物質ができる場合を特に**腐敗**という。
腐敗には，アオカビやクモノスカビなどのカビ類も関係する。

種類	微生物名	反応	特徴
腐敗	枯草菌 大腸菌 ボツリヌス菌 蛍光菌 など	タンパク質 → アンモニア スカトール(糞臭) インドール(糞臭) アミン類(ヒスタミンなど) 硫化物	有害物質を生じて食中毒の原因になることもある。分解者として生態系での物質循環に貢献する

■発酵にはたらく微生物と発酵を利用した食品

酵母 → ビール
乳酸菌 → ヨーグルト
酢酸菌 → 食酢

Column バイオエタノール

サトウキビやトウモロコシなどの生物資源(**バイオマス**)を原料にして，微生物による発酵によってつくられたエタノールを**バイオエタノール**という。バイオエタノールは，現在，自動車の燃料などとして使用されている。
バイオエタノールの燃焼によって排出される二酸化炭素は，植物の光合成によって大気中から吸収した二酸化炭素に由来するため，環境全体としての二酸化炭素の量は変わらないと考えられている。したがって，バイオエタノールの利用が進めば，石油などの化石燃料の消費に伴う二酸化炭素排出を削減できると考えられている。
しかし，現在実用化されているバイオエタノールの原料は，多くの場合，食料でもあるため，食料不足や穀物の価格高騰などの問題が起こる懸念もある。最近では，このような問題に対応するべく，木材やわらを原料とした製造技術の開発など，さまざまな研究が進められている。

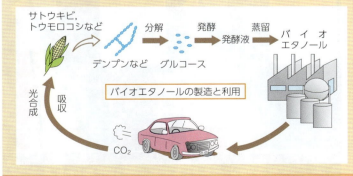

バイオエタノールの製造と利用

Zoom up バイオリアクター

バイオリアクターとは，酵素や微生物のはたらきを利用して物質の合成・分解などを行う反応装置のことである。この装置では酵素や微生物をビーズ状に固定して，特定の化学反応を連続的に行わせることで，生成物を大量に得ることができる。
例えば，アルコール発酵のバイオリアクターでは，酵母をビーズ状に固定化し，糖化液を流しこむとアルコールが得られる。また，酵母とアルコールの分離も容易にできる。
このような技術は，酵母だけでなく，いろいろな酵素でも用いられており，清涼飲料水などの甘味料(果糖ブドウ糖液糖)の生産にも利用されている。また，物質の生産だけでなく，特定の物質の検出にも利用されてきている。

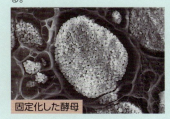

固定化した酵母

バイオリアクター

腐敗(putrefaction)，バイオエタノール(bioethanol)，バイオリアクター (bioreactor)

8 葉緑体と光合成色素

A 葉緑体

■葉緑体の構造
葉緑体の形は、ふつうは凸レンズ状であるが、種によって帯状や粒状・星形などのものもある。内部にはチラコイドとよばれる袋状の膜構造があり、それが多数層状に重なった部分をグラナという。
葉緑体は、独自のDNAをもち、分裂によって増える。

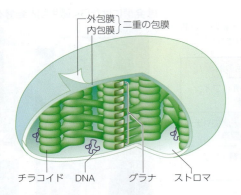

■葉緑体の構造と植物の進化
進化に伴ってチラコイドは多重化し、しだいにグラナ構造をつくるようになった。

B 光合成色素

①**クロロフィルa** すべての植物、藻類、シアノバクテリアにみられ、光合成のおもな色素としてはたらく。
②クロロフィルa以外のクロロフィルは、クロロフィルaとはやや異なる波長(色)の光を吸収して、そのエネルギーを反応中心のクロロフィルaに渡す。植物では、クロロフィル$a:b ≒ 3:1$の割合で存在する。
③カロテンやキサントフィルには、強すぎる光から葉緑体を守るはたらきがある(▶p.64)。
④紅色硫黄細菌などの光合成細菌は、クロロフィルaによく似た構造のバクテリオクロロフィルをもつ。

■クロロフィルaの分子構造

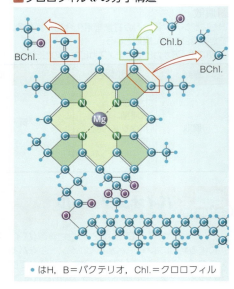

●はH、B=バクテリオ、Chl.=クロロフィル

○はその生物がその光合成色素をもつことを示す
（◉はその中でも主要で特徴となる色素）

色素	化学的性質	光合成色素		色	光合成細菌	シアノバクテリア	紅藻類	ケイ藻類	褐藻類	緑藻類	コケ・シダ	種子植物
クロロフィル	Mgを中心金属とする環状構造に、長い炭化水素鎖が結合した脂溶性物質	クロロフィルa		青緑		◉	◉	◉	◉	◉	◉	◉
		クロロフィルb		黄緑						◉	◉	◉
		クロロフィルc		黄				◉	◉			
		バクテリオクロロフィル		青	◉							
カロテノイド	鎖状の長い不飽和炭化水素で、脂溶性	カロテン	β-カロテン	橙黄	○	○	○	○	○	◉	◉	
		キサントフィル	ルテイン	黄			○			◉	◉	
			フコキサンチン	褐				◉	◉			
フィコビリン	中心金属をもたない。水溶性	フィコシアニン		青	◉	○						
		フィコエリトリン		紅	○	◉						

C 光の吸収とスペクトル

■エンゲルマンの実験(1882年)
アオミドロに光が当たると帯状の葉緑体で酸素が発生し、好気性細菌が葉緑体の部分に集まる。また、緑藻類のシオグサに自然光の連続スペクトルを当てると、赤色光と青色光が当たっている部分に好気性細菌が多く集まる。

光合成が葉緑体で行われること、光合成には特定の波長の光が有効であることを発見した。

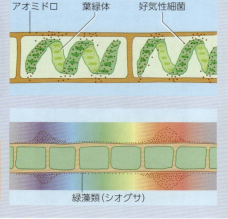

■白色光とクロロフィルによる光の吸収

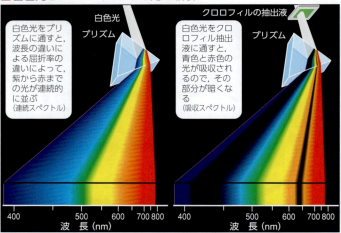

Keywords 葉緑体(chloroplast)、チラコイド(thylakoid)、ストロマ(stroma)、光合成色素(photosynthetic pigment)、クロロフィル(chlorophyll)

D 探究 光合成色素の分離

ペーパークロマトグラフィー用のろ紙を用いて，緑葉中の光合成色素を分離する。

■ペーパークロマトグラフィーによる実験の手順

①ホウレンソウなどの緑葉を乳鉢に入れ，抽出液（メタノール：アセトン＝3：1）を加えてすりつぶす。

②ガラス毛細管で色素抽出液をろ紙の原点にくり返しつける。

③展開液（石油ベンジン：石油エーテル：アセトン＝4：1：1）を入れた試験管にろ紙を入れて展開させる。

※原点が展開液につからないように注意する

④ろ紙を取り出し，展開液の先端（前線）に鉛筆で印をつけた後，各色素の輪郭を鉛筆でなぞる。

■実験の結果（ペーパークロマトグラフィー）とRf値

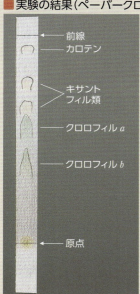

Rf値は，ろ紙・展開液・温度などの条件が同じなら，色素の種類によって一定になる。

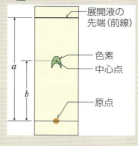

$$Rf = \frac{b}{a}$$

[Rf値の例]

色素		色	Rf値
カロテン		橙黄	0.9〜1.0
キサントフィル類	ルテイン	黄	0.7〜0.8
	ビオラキサンチン	黄	0.6〜0.7
クロロフィル a		青緑	0.5〜0.6
クロロフィル b		黄緑	0.4〜0.5

■薄層クロマトグラフィー（TLC）による分離（シロツメクサ）

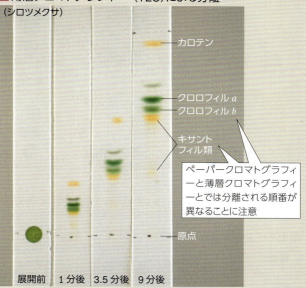

ペーパークロマトグラフィーと薄層クロマトグラフィーとでは分離される順番が異なることに注意

■光合成色素の吸収スペクトル

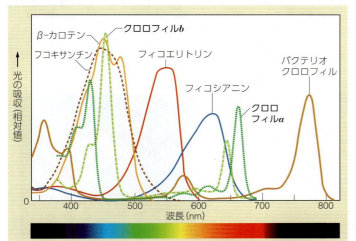

■光合成の作用スペクトル

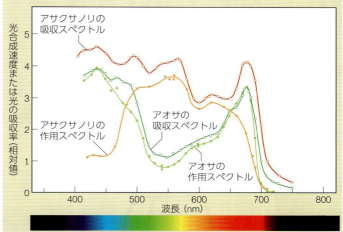

ペーパークロマトグラフィー（paper chromatography），吸収スペクトル（absorption spectrum），作用スペクトル（action spectrum）

9 光合成の研究の歴史

A 光合成の発見

■アリストテレスの時代（紀元前4世紀ころ）

アリストテレスは，多くの動物について詳細な観察や分類を行い，生物学の創始者・動物学の祖といわれる。

当時，植物は土を食べて生きている（必要な栄養分を土から得ている）と考えられていた。

■プリーストリーの実験（1772年）

ガラス鐘内のろうそくはやがて消えるが，植物をしばらく入れておくと，ろうそくは再び燃えるようになった。

植物がろうそくの燃焼に必要な気体（酸素）を発生することを発見。

■セネビエの実験（1788年）

植物に光を当てたとき，二酸化炭素があると酸素を発生するが，二酸化炭素がないと酸素を発生しなかった。

植物は，二酸化炭素のあるところで光が当たると光合成を行い，酸素を発生する。

■ヘルモントの実験（1648年）

水だけを与えてヤナギを5年間育てた。ヤナギの重量は，約74.5kg増えたが土の重量は約57gしか減らなかった。

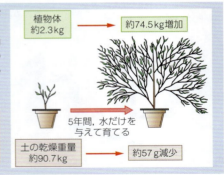

ヤナギの成長は，土中の栄養分ではなく，与えた水に由来すると考えた。

■インゲンホウスの実験（1779年）

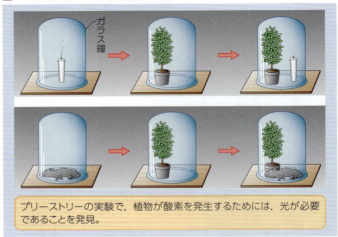

プリーストリーの実験で，植物が酸素を発生するためには，光が必要であることを発見。

■ソシュールの実験（1804年）

植物を入れた密閉容器内の気体の変化を調べたところ，二酸化炭素が減少し，酸素が増加した。また，植物体の炭素量が増加した。

光合成によって，空気中の二酸化炭素が取りこまれる。

■ザックスの実験（1864年）

葉の一部をおおって光合成を行わせ，その葉をヨウ素溶液に入れると，ヨウ素デンプン反応によって，光が当たっていたところではデンプンができているが，光が当たっていなかったところではデンプンができていないことがわかった。

植物は光合成によってデンプンをつくっている。

Keywords 光合成（photosynthesis），二酸化炭素（carbon dioxide）

B 光合成のしくみの研究

■ ブラックマンの研究(1905年)

光合成速度と、①光の強さ、②温度、③CO_2濃度との関係を調べた実験結果から、光合成は次のような2つの過程からなると考えた(▶p.69)。

	光	温度	CO_2濃度
明反応	必要とする	影響を受けない	影響を受けない
暗反応	必要としない	影響を受ける	影響を受ける

■ ヒルの実験(1939年)

葉をすりつぶした液にシュウ酸鉄(Ⅲ)を加えて光を照射するとO_2が放出された。このとき、シュウ酸鉄(Ⅲ)(Fe^{3+}、黄褐色)は電子を受け取って(還元されて)、シュウ酸鉄(Ⅱ)(Fe^{2+}、淡緑色)になった(ヒル反応)。

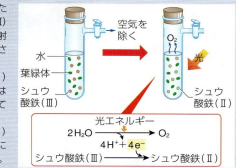

光合成では、まず水の分解による酸素の発生が起こると考えた。

■ ベンソンの実験(1949年)

A→Bでは光合成(CO_2の吸収)は起こらないが、B→Cでは光合成(CO_2の吸収)が起こる。

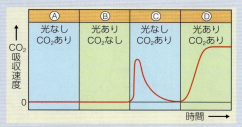

光合成では、光エネルギーを使ってある反応(明反応)が起こり、その後、その生成物を使ってCO_2の固定が行われることを示した。

■ カルビンの実験(1957年)

^{14}C(炭素の放射性同位体)からなる$^{14}CO_2$を与えて光合成を行わせ、一定時間後にその一部を取り出して、^{14}Cがどのような物質に取りこまれているかを二次元ペーパークロマトグラフィーを用いて調べた。

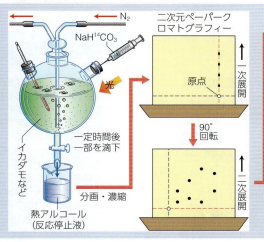

■ エマーソンとアーノルドの実験(1932年)

暗黒中で一定間隔ごとに瞬間的な閃光を与える実験を行った。
低温では暗黒時間が短いと暗反応が遅れるので、光合成量が落ちるが、暗黒時間がある長さ以上になると暗反応が追いつくので、光合成量が落ちなくなる。

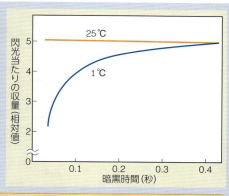

光合成には、光がなくても進む反応(暗反応)と、光を必要とする反応(明反応)があることを証明。

■ ルーベンの実験(1941年)

酸素の同位体^{18}Oからなる水$H_2^{18}O$と$C^{18}O_2$を用いて、クロレラに光合成を行わせた。

光合成で発生する酸素は水に由来することを証明。

注)ルーベンの実験は再現性に問題があって、最近は扱われなくなりつつある。

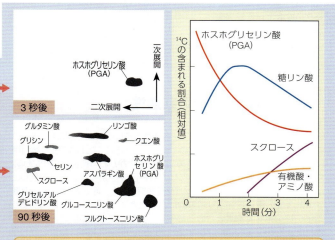

$^{14}CO_2$が取りこまれて最初にできるのはホスホグリセリン酸(PGA)で、^{14}Cはその後いろいろな化合物に移っていく。このようにして、カルビン回路(カルビン・ベンソン回路)を明らかにした。

ホスホグリセリン酸(phosphoglycerate)

10 光合成のしくみ(1) 生物基礎 生物

A 光合成
植物は，太陽の光エネルギーを用い，大気中の二酸化炭素と，根から吸収した水から有機物を合成している。このはたらきが**光合成**である。

■光合成の概要

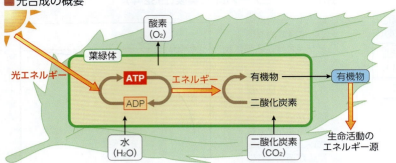

光合成では，まず光エネルギーを利用してATPが合成される。次に，そのATPを利用して，外界から取り入れた二酸化炭素からデンプンなどの有機物が合成※される。

※二酸化炭素を取りこみ，有機物を合成するはたらきを**炭素同化**(炭酸同化)という。

■光合成の場－葉緑体
光合成の場となる**葉緑体**には，光合成に関するさまざまな酵素が含まれている。

B 光合成のしくみ
光合成の過程は，葉緑体(▶p.60)の**チラコイド**で行われる反応と**ストロマ**で行われる反応に大きく分けられる。

■光合成のしくみ

チラコイドでの反応
① チラコイド膜にあるクロロフィルが光エネルギーを受け取り，電子を放出する(**光化学反応**)。
② 水が水素イオンと酸素に分解される際に生じた電子は電子伝達系を経て，$NADP^+$に受け取られる。

$12H_2O + 12NADP^+$
$\rightarrow 6O_2 + 12NADPH + 12H^+$

③ 電子が受け渡しされる過程で放出されたエネルギーによってATPが合成される(**光リン酸化**)。

ストロマでの反応
④ ATPとNADPHを用いて，取り入れたCO₂を還元し，有機物ができる(**カルビン回路**)。

$6CO_2 + 12NADPH + 12H^+$
$\rightarrow C_6H_{12}O_6 + 6H_2O + 12NADP^+$

全体の反応式
$6CO_2 + 12H_2O$
$\rightarrow C_6H_{12}O_6 + 6H_2O + 6O_2$

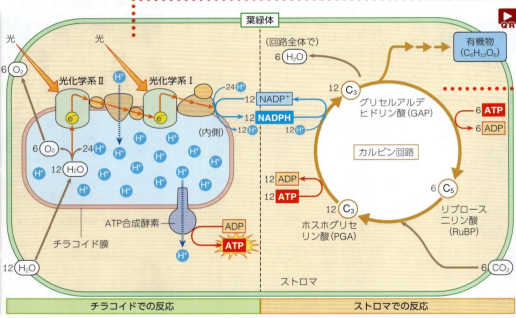

Column 呼吸と光合成の共通性

呼吸と光合成の電子伝達でATPが合成されるしくみは互いによく似ている。どちらにおいても，電子が流れる際に，膜を隔てたH^+濃度差を利用してATPを合成する。それぞれの電子伝達にかかわる複合体の中には非常によく似た構造をもつものもあり，ATP合成酵素の構造もほぼ同じといってよい。共通にはたらくタンパク質を調べると，呼吸の電子伝達のほうが光合成の電子伝達より起源的に古いと考えられる。一方で，呼吸の電子伝達の最後に必要とされる酸素は，光合成によって地球上にもたらされた。これらのことは，互いに矛盾するように思えるが，酸素のかわりに無機イオンなどを使う電子伝達による呼吸がまず進化し，そこから光合成の電子伝達が進化して，そののちに呼吸の電子伝達で酸素が利用されるように進化したと考えればつじつまが合うだろう。

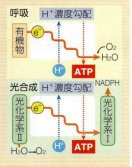

Zoom up 光阻害

光合成にとって重要な光も，強すぎると光化学系に損傷を起こしてかえって光合成速度を低下させることがある。これを**光阻害**という。光阻害から葉緑体を守る機構として，以下のものがある。
①カロテノイドの一種であるβ-カロテンは過剰に生成された電子によって生じる活性酸素を除去する。
②カロテノイドの一種であるキサントフィルの一部は，クロロフィルが吸収した過剰な光エネルギーを，無害な熱に変える。

Keywords 光化学系Ⅰ (photosystem I)，光化学系Ⅱ (photosystem II)，電子伝達系 (electron transport system)，光リン酸化 (photophosphorylation)

2-Ⅲ 光合成

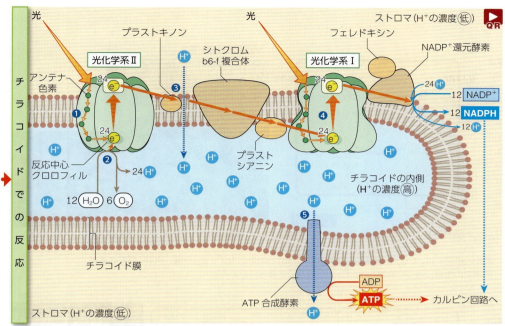

チラコイドでの反応

❶ チラコイド膜には，クロロフィルなどの光合成色素がタンパク質といっしょになった色素タンパク質複合体がある。その中の反応中心クロロフィルに，吸収した光エネルギーが集められる。

❷ 光化学系Ⅱの反応中心から電子(e^-)が電子受容体に渡される。e^-を失った光化学系Ⅱの反応中心クロロフィルは，水からe^-を引き抜いて還元された状態にもどり，水は酸素と水素イオンに分解される。

❸ 光化学系Ⅱから出たe^-は，複数の電子伝達物質によって光化学系Ⅰへと受け渡される。このときに生じるエネルギーによってH^+がストロマ側からチラコイドの内側に輸送される。

❹ 光化学系Ⅰの反応中心からe^-が電子受容体に渡される。電子を失って酸化状態になった反応中心は，光化学系Ⅱから電子伝達物質を経てやってきたe^-によって還元された状態にもどる。光化学系Ⅰの受容体は$NADP^+$にe^-を渡して$NADPH$へと還元する。

❺ H^+が濃度勾配に従ってチラコイド膜にあるATP合成酵素を通ってストロマ側にもどる。このときATPが合成される。このような光エネルギーに依存するATP合成を**光リン酸化**という。

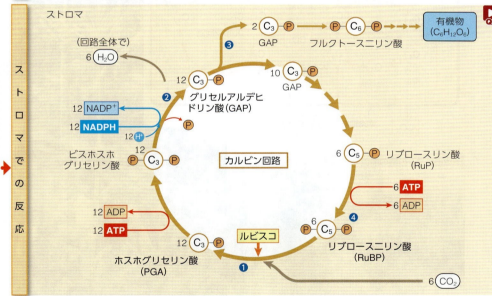

ストロマでの反応

❶ 気孔から取り入れられた二酸化炭素は，ルビスコという酵素のはたらきによって，リブロース二リン酸(RuBP，C_5化合物)と結合して，2つに分解され，2分子のホスホグリセリン酸(PGA，C_3化合物)となる。

❷ PGAはATPのエネルギーによって，ビスホスホグリセリン酸となり，さらにNADPHによって還元されて，グリセルアルデヒドリン酸(GAP)となる。

❸ グリセルアルデヒドリン酸の一部は有機物の合成に利用される。

❹ 残りのGAPは，ATPのエネルギーを使って，再びRuBPにもどる。

Zoom up ルビスコと光呼吸

カルビン回路において，RuBPに二酸化炭素をくっつけるはたらきをする酵素が**ルビスコ**(リブロース二リン酸カルボキシラーゼ/オキシゲナーゼ，Rubisco)である。ルビスコは，RuBPと酸素をくっつける反応も触媒する。RuBPと酸素がくっつくと，PGAとホスホグリコール酸が生じる。PGAはカルビン回路に入るが，ホスホグリコール酸は，カルビン回路に入れない。そのため，ホスホグリコール酸をPGAに変換して再利用するが，この過程でATPが消費され，二酸化炭素が発生する。このことから，この反応は**光呼吸**とよばれる。

Pioneer ATP合成酵素の活性調節機構

東京工業大学・科学技術創成研究院・化学生命科学研究所の久堀徹研究室では，ATP合成酵素の活性調節機構を研究している。1997年に同大学資源化学研究所(当時)の吉田賢右教授と慶應大学・木下一彦教授らの共同研究によりATP合成酵素が回転してはたらくことが明らかにされ，久堀研究室はこの回転の調節の分子機構を長年研究してきた。
植物のATP合成酵素など光合成ではたらく多くの酵素は，昼間，酵素分子がもっている制御スイッチのS-S結合が還元されて活性化し，夜間は逆に酸化されて不活性化する(右図)。この活性化にはたらく還元経路は古くから知られていたが，不活性化のための酸化の分子機構のほうは，このシステムが発見されて40年間不明のままだった。久堀研究室は2018年にこの酸化を行う分子システムを明らかにした。

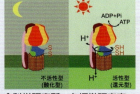

東京工業大学 科学技術創成研究院 化学生命科学研究所　久堀徹研究室

カルビン回路(カルビン・ベンソン回路)(Calvin cycle)，光阻害(photoinhibition)，RuBP(ribulose bisphosphate)，光呼吸(photorespiration)

11 光合成のしくみ(2) 生物基礎 生物

A C₃植物の光合成

■ C₃植物
外界から取り入れた CO_2 が固定されてできる最初の有機物がホスホグリセリン酸（PGA，C_3 化合物）である場合，この植物を C_3 植物という。

■ C₃植物の光合成
C_3 植物の場合，気温が高く，乾燥した条件下では，気孔を閉じるため，葉肉細胞内の CO_2 濃度は下がり，光合成で生じた O_2 によって O_2 濃度が上がる。O_2 濃度が上がると，カルビン回路で CO_2 を PGA に固定する酵素（ルビスコ）のはたらきが阻害される※ため，光合成の効率が低下する。そのため，C_3 植物は高温・乾燥下では生育しにくくなる。

※この阻害反応は光が当たっているときに起こり，O_2 が消費され CO_2 が発生する。これを**光呼吸**といい，通常の呼吸と違って ATP は生成されない（▶p.65）。

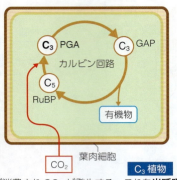

B C₄植物の光合成

多くの植物では，CO_2 を取りこんで最初に C_3 化合物（ホスホグリセリン酸，PGA）ができるが，熱帯での生育に適した植物では，C_4 化合物ができるものがある。

■ C₄植物
トウモロコシ・サトウキビ・ススキ・アワなど 1000 種以上がみつかっている。カルビン回路のほかに，CO_2 を効率よく固定する C_4 ジカルボン酸回路をもっている。

■ C₄植物の光合成
C_4 植物の場合，気孔から取りこんだ CO_2 を C_3 化合物（ホスホエノールピルビン酸）と結合させて，C_4 化合物のオキサロ酢酸とした後，C_4 化合物のリンゴ酸に変換する。リンゴ酸は維管束鞘細胞に運ばれて，CO_2 を放出してピルビン酸になる。ピルビン酸は ATP のエネルギーを利用してリン酸化されてホスホエノールピルビン酸にもどる。このようにして放出された CO_2 によって維管束鞘細胞の葉緑体では CO_2 濃度が上がるため，光合成が効率よく進められ，気孔を閉じることの多い高温・乾燥地域でも光合成速度を高く保つことができる。

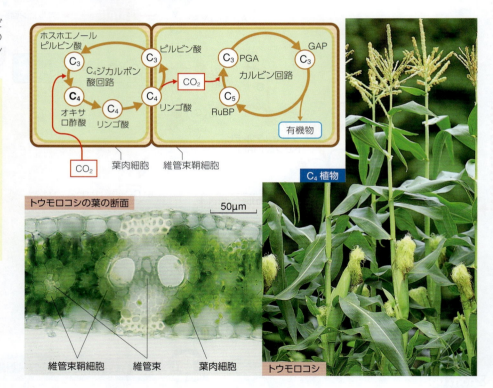

■ 光合成の特性の比較

	C₃植物	C₄植物
最適温度	低い	高い
強光下での光合成速度	小さい	大きい
耐乾性	低い	高い
分布	広く世界に分布	熱帯・亜熱帯の草原に多い

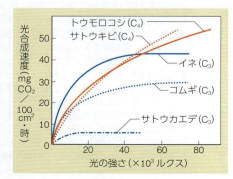
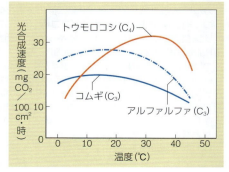

Keywords C₃植物（C₃ plant），C₄植物（C₄ plant），維管束（fibrovascular bundle），葉肉細胞（mesophyll cell）

C CAM植物
乾燥地に適応したベンケイソウ科やサボテン科の植物は，夜間に気孔を開いてCO_2を吸収する。

■ CAM植物（ベンケイソウ型有機酸代謝植物）

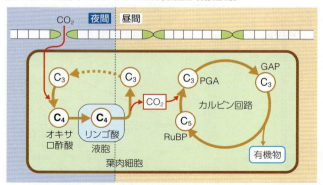

乾燥地に適したベンケイソウ科やサボテン科の植物では，水分の蒸発を防ぐために昼間は気孔を開かず，夜間に気孔を開いてC_4植物と似た経路でCO_2を固定し，リンゴ酸の形で液胞に蓄えるものがある。

■ CAM植物の二酸化炭素の固定

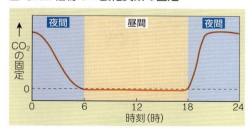

CAM植物は昼間は気孔を閉じ，夜間に気孔を開いてCO_2を固定する。

オオベンケイソウ

パイナップル

サボテンのなかま

D 同化産物の移動
光合成で生じた有機物は葉緑体から細胞質に運ばれ，スクロースとなって師管を通って植物体の各部に運ばれる。

■ 同化産物の移動

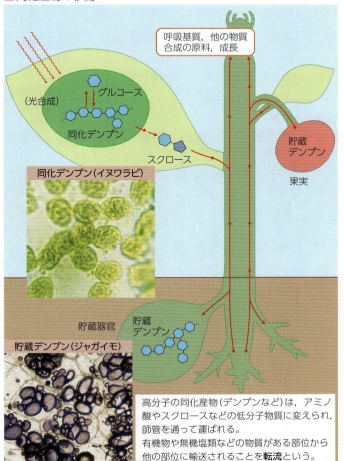

高分子の同化産物（デンプンなど）は，アミノ酸やスクロースなどの低分子物質に変えられ，師管を通って運ばれる。
有機物や無機塩類などの物質がある部位から他の部位に輸送されることを**転流**という。

■ 植物の生育に必要な元素

	元素	はたらき	欠乏症
必要十元素	C H O N	炭水化物・脂肪・タンパク質の成分。CとOは気孔から入る	
	N	タンパク質・核酸などの成分	成長停止，黄変，落葉
	Mg	クロロフィルの成分，酵素の補助因子	光合成阻害，黄変
	Ca	細胞壁の成分	細胞分裂異常，奇形葉
	K	イオンバランスの維持	古い葉の黄変
	S	アミノ酸（シスチン・システインなど）の成分	若い葉から黄変
	P	核酸・リン脂質・ATPなどの成分	成長不良
	Fe	光化学系I・シトクロムなどの成分	黄変
微量元素	Mn（マンガン），Cu（銅），Zn（亜鉛），B（ホウ素），Mo（モリブデン）など		

農地では，育った植物を収穫物として持ちさってしまうので，自然の林や草原でみられる物質の循環（▶p.246）が妨げられる。したがって，農地では特に不足しやすいN（窒素）・P（リン）・K（カリウム）を肥料として与える必要がある。

Column 植物のソースとシンク

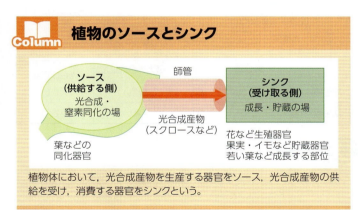

植物体において，光合成産物を生産する器官をソース，光合成産物の供給を受け，消費する器官をシンクという。

CAM植物（CAM plant），転流（translocation）

12 植物の生活と光 〈生物基礎／生物〉

A 植物と光

■ 光合成での気体の出入り

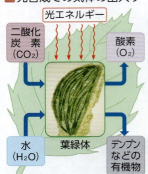

光合成では，二酸化炭素を吸収して，酸素を放出する。

■ 測定装置

光合成速度は，緑葉から単位時間当たりに放出される酸素(O_2)量または吸収される二酸化炭素(CO_2)量によって測定することができる。

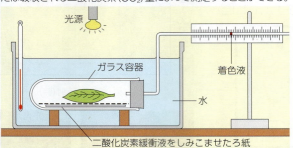

二酸化炭素緩衝液（炭酸カルシウムと炭酸カリウムの混合液）は，容器内のCO_2濃度を一定に保つ。水槽の水は，温度を一定に保つ。

■ 呼吸と見かけの光合成

光の強さが一定以上であれば，光合成によるO_2放出量は，時間とともに増加する。グラフの傾きが見かけの光合成速度を表している。

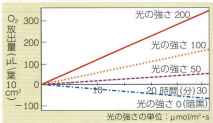

植物は，光合成と同時に呼吸(▶p.54)も行っている。光の強さが0のグラフは，呼吸によるO_2吸収量を表しており，傾きは呼吸速度を表す。

■ 光合成速度と呼吸速度

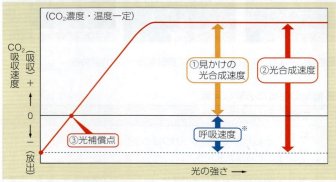

※呼吸速度は光の強さが増加するにつれて減少することが知られているが，この図では，呼吸速度は一定であるものとして示している。

① **見かけの光合成速度** 光合成と同時に呼吸も行われているので，放出されるO_2量や吸収されるCO_2量で測定される光合成速度は，見かけの光合成速度である。

② **光合成速度** 見かけの光合成速度に呼吸速度を加えたもの。真の光合成速度といわれることもある。

　　光合成速度 ＝ 見かけの光合成速度 ＋ 呼吸速度

③ **光補償点** 光合成によるCO_2吸収速度と呼吸によるCO_2放出速度が同じになる光の強さ。見かけの光合成速度は0になる。

暗黒状態	光補償点以下	光補償点	光補償点以上
CO_2 放出	CO_2 放出	CO_2 出入りなし	CO_2 吸収
光合成速度＝0（呼吸のみ）	光合成速度<呼吸速度	光合成速度＝呼吸速度	光合成速度>呼吸速度

■ 陽生植物と陰生植物

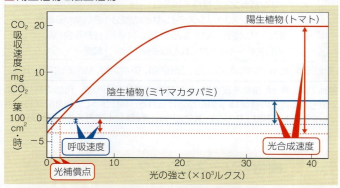

	呼吸速度	光補償点	最大光合成速度	強光下での光合成速度
陽生植物（陽葉）	大きい	高い	高い	大きい
陰生植物（陰葉）	小さい	低い	低い	小さい

■ 陽葉と陰葉

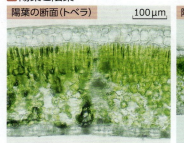
陽葉の断面（トベラ） 100μm

陰葉の断面（トベラ） 100μm

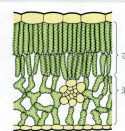
陽葉　陰葉（さく状組織・海綿状組織）

シイ・カシ・ブナなどの樹木では，1本の木でも日当たりのよいところの葉と日当たりのよくないところの葉とで，形や構造に違いが見られることがある。前者の葉を**陽葉**，後者の葉を**陰葉**といい，陽葉は，一般に小形であるが，さく状組織の発達した肉厚の葉になる。

陽葉と陰葉の光合成の特徴は，陽生植物と陰生植物の特徴と一致する。

Jump 陽樹と陰樹 ▶p.236

強い光のもとでよく成長する樹木を**陽樹**という。また，幼木のときには耐陰性が高く，成木になると強い光のもとでよく成長する樹木を**陰樹**という。

Keywords　光補償点(light compensation point)，陽生植物(sun plant)，陰生植物(shade plant)

B 光合成速度と外的条件

光合成速度は，光の強さ，温度，二酸化炭素濃度などの環境要因の影響を受け，変化する。

■ 光の強さ

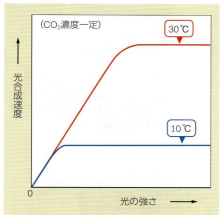

光合成速度は，光が弱いときは光の強さとともに増加する。

■ 温度

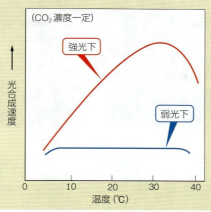

光合成速度は，強光下では温度とともに増加するが弱光下では温度の影響をほとんど受けない。

■ 二酸化炭素(CO_2)濃度

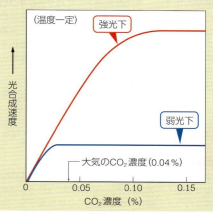

大気程度の CO_2 濃度における光合成速度は，強光下では CO_2 濃度に依存して変化するが，弱光下ではほぼ変化しない。

■ 光合成速度の限定要因

光合成速度は，光の強さや温度・CO_2 濃度などの植物を取り巻く外的な要因の影響を受ける。光合成速度は，これらの要因のうち，最も不足しているものによって決まる。このような要因を**限定要因**という。

長さの異なる板で容器をつくると，水は最も短い板の高さまでしか入れることができない。この場合，最短の板の長さが限定要因となっている。

Point 何が限定要因か？

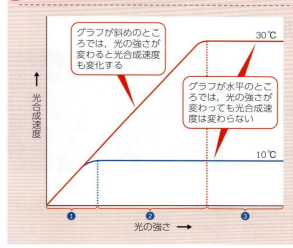

❶ 10℃でも 30℃でも，グラフは斜めで，光合成速度は光の強さの影響を受ける（光の強さが限定要因）。

❷ 30℃では，グラフは斜めで光の強さが限定要因である。しかし，10℃では，グラフは水平になり，光合成速度は光の強さの影響を受けない（温度が限定要因）。

❸ 10℃でも 30℃でもグラフは水平になり，光の強さの影響を受けない（光の強さは限定要因ではない）。

Zoom up 光合成・呼吸と温度

右図のグラフ①は見かけの光合成速度と温度との関係を，②は呼吸速度と温度との関係を調べた結果で，一般に呼吸速度は温度とともに増加する。
これから，①＋②のグラフを描くと，③のようになり，これは，(真の)光合成速度と温度との関係を示している。

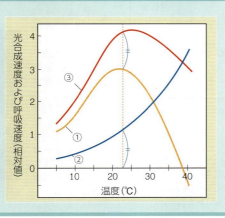

Column 明反応と暗反応

ブラックマンは光合成と外的条件の関係を調べ，光合成を次のように明反応と暗反応の2つの過程に分けた。

第1段階(明反応)…光の強さの影響を受ける反応
　　　　　　　　　　→光化学反応
第2段階(暗反応)…CO_2 濃度や温度の影響を受ける反応
　　　　　　　　　　→酵素化学反応

光が弱く，CO_2 濃度や温度が十分な場合→明反応の能力＜暗反応の能力
　→明反応(光の強さ)が限定要因となる。
光が強く，CO_2 濃度や温度が不十分な場合→明反応の能力＞暗反応の能力
　→暗反応(CO_2 濃度や温度)が限定要因となる。

しかし，光合成の詳しいしくみ(▶p.64～65)がわかると，単純に明反応と暗反応に分かれるわけではないことが明らかとなったので，この用語は使われなくなってきている。

環境要因(environmental factor)，限定要因(limiting factor)

13 細菌の炭素同化 〔生物基礎／生物〕

A 細菌の光合成

原核生物である細菌は葉緑体をもたないが、中には光合成色素をもち、光合成を行うものがいる。このような細菌を**光合成細菌**という。

■酸素非発生型の光合成細菌

細菌の中には、光合成色素として**バクテリオクロロフィル**をもち、光エネルギーを利用して光合成を行うものがある。これらの細菌は、二酸化炭素の還元に必要な電子は水(H_2O)ではなく、**硫化水素**(H_2S)などから得ている。したがって、酸素の発生は見られない。

[例] 紅色硫黄細菌、緑色硫黄細菌、紅色非硫黄細菌

$$6CO_2 + 12H_2S \xrightarrow{\text{光エネルギー}} C_6H_{12}O_6 + 6H_2O + 12S$$

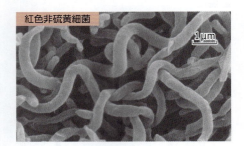
紅色非硫黄細菌 1μm

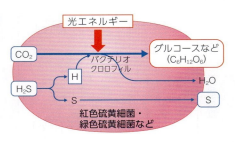
紅色硫黄細菌・緑色硫黄細菌など

■酸素発生型の光合成細菌

ネンジュモなどのシアノバクテリアは、クロロフィル a をもち、光化学系Ⅰと光化学系Ⅱを使って光合成を行う。二酸化炭素の還元に必要な電子は、水の分解によって得るため、酸素が発生する※。

$$6CO_2 + 12H_2O \xrightarrow{\text{光エネルギー}} C_6H_{12}O_6 + 6H_2O + 6O_2$$

※シアノバクテリアは、酸素を発生するなど植物とよく似た光合成を行うため、光合成細菌に含めないという考え方もある。

ネンジュモ 50μm

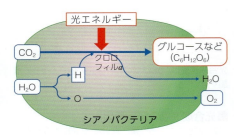
シアノバクテリア

B 細菌の化学合成

■化学合成細菌

細菌の中には、おもに無機物を酸化したときに発生する化学エネルギーを用いて ATP を合成し、そのエネルギーを使って炭水化物などを合成するものがある。このような細菌を**化学合成細菌**という。また、化学物質を同化などのエネルギー源とすることを**化学合成**という。

化学合成細菌の中には、土壌中や深海底で太陽光に依存しない生態系の生産者として生態系を支えているものもある。

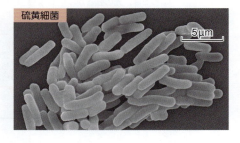
硫黄細菌 5μm

化学合成細菌

細菌		酸化反応		生息場所
硝化菌	亜硝酸菌	$2NH_4^+ + 3O_2 \rightarrow 2NO_2^- + 4H^+ + 2H_2O$ (アンモニウムイオン→亜硝酸イオン)	+ 化学エネルギー	土壌中
	硝酸菌	$2NO_2^- + O_2 \rightarrow 2NO_3^-$ (亜硝酸イオン→硝酸イオン)	+ 化学エネルギー	土壌中
硫黄細菌		$2H_2S + O_2 \rightarrow 2S + 2H_2O$ (硫化水素→硫黄)	+ 化学エネルギー	含硫黄水中
		$2S + 3O_2 + 2H_2O \rightarrow 2H_2SO_4$ (硫黄→硫酸)	+ 化学エネルギー	
鉄細菌		$4FeSO_4 + O_2 + 2H_2SO_4 \rightarrow 2Fe_2(SO_4)_3 + 2H_2O$ (硫酸鉄(Ⅱ)→硫酸鉄(Ⅲ))	+ 化学エネルギー	含鉄水中
水素細菌		$2H_2 + O_2 \rightarrow 2H_2O$ (水素)	+ 化学エネルギー	土壌中

→ カルビン回路などで CO_2 から有機物を合成

Column 深海底の化学合成細菌

光の届かない深海底には、生物は生存しないと考えられてきたが、海嶺付近の深海底にある熱水噴出孔の周辺で、シロウリガイやチューブワーム(ハオリムシ)などからなる生物群集がみつかっている。これらの生物は、体内に硫黄細菌(化学合成細菌)を共生させており、硫黄細菌が化学合成でつくった有機物を利用して生活している。したがって、チューブワームには口も消化管も見られない。

チューブワーム

Jump 硝化菌のはたらき ▶ p.71, 246

亜硝酸菌と硝酸菌は、土壌中のアンモニウムイオンを亜硝酸イオンや硝酸イオンに変える。このはたらきを**硝化作用**といい、多くの植物は土壌中の硝酸イオンを取り入れて窒素同化に利用している(▶p.71)。また、硝化菌のこのはたらきは、自然界での窒素の循環に重要なはたらきをしている(▶p.246)。

Keywords 光合成細菌(photosynthetic bacteria)、バクテリオクロロフィル(bacteriochlorophyll)、化学合成(chemosynthesis)

14 植物の窒素同化 生物基礎 生物

A 窒素同化のしくみ

多くの植物は，NO_3^- や NH_4^+ などの無機窒素化合物を取りこみ，タンパク質や ATP などの有機窒素化合物を合成している。これを**窒素同化**という。

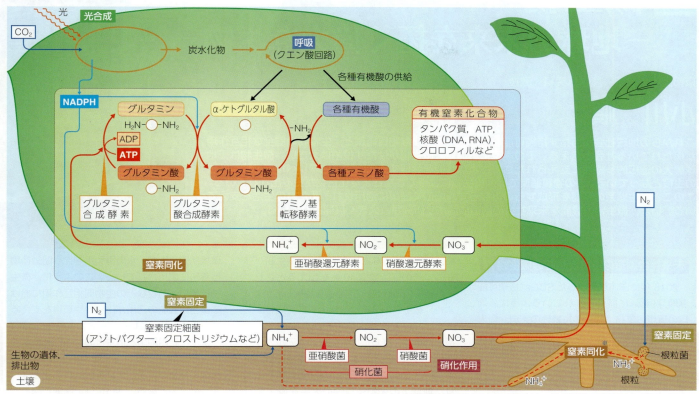

※ NH_4^+ が植物体に取りこまれる場合は，根の細胞で窒素同化が行われる。

B 窒素固定

細菌やシアノバクテリアの一部には，空気中の窒素を直接取り入れて NH_4^+ をつくり，アミノ酸などの合成に利用するものがある。このはたらきを**窒素固定**という。

■窒素固定生物

	生物名	生活場所など
好気性細菌	アゾトバクター	土壌中・水中に広く生息
	根粒菌（リゾビウム）	マメ科植物の根に根粒をつくって共生
	放線菌（フランキア）	ハンノキなどの根に根粒※をつくって共生
嫌気性細菌	クロストリジウム	酸素の少ない酸性土壌中に生息
	紅色硫黄細菌 緑色硫黄細菌	光合成細菌（▶ p.70）。酸素の少ない土壌中・水中に生息
シアノバクテリア（好気性）	アナベナ ネンジュモ	水中・湿地に生息。アナベナにはソテツの根やアカウキクサの葉に共生するものもある

アゾトバクター 2μm

※根粒をつくる放線菌は広義には根粒菌に含められることもある。

■マメ科植物と根粒菌
ダイズやゲンゲの根には根粒があり，根粒菌が窒素固定を行うので，窒素分の少ないやせた土地でも生育できる。

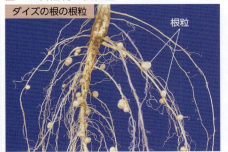
ダイズの根の根粒 根粒

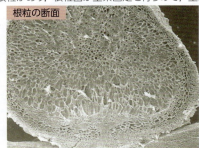
根粒の断面

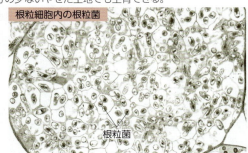
根粒細胞内の根粒菌 根粒菌

Keywords 窒素同化(nitrogen assimilation)，硝化菌(nitrifying bacteria)，窒素固定(nitrogen fixation)，窒素固定細菌(nitrogen fixation bacteria)

特集 生物学の最前線

[写真] 左上：油糧微生物（*Mortierella alpina*）
右上：プロバイオティクス乳酸菌（*Lactobacillus brevis*）
下：アゾ色素分解菌（*Shewanella sp.*）

2 微生物
－地球の未来を拓く偉大な生物－

京都大学大学院　農学研究科　教授

小川　順
（おがわ　じゅん）

これからの地球社会が目指す持続可能な社会は，健やかな物質循環と，生物間の健全な相互作用が保たれている社会と言える。その実現において，微生物がはたす役割は大きい。微生物は，地球最大の遺伝的多様性に支えられたさまざまな機能を発揮することで，地球レベルでの物質循環の主役となっている。この物質循環では，微生物によってさまざまな化合物が生み出されている。このことが生態系の基盤を形成するのみならず，幅広く産業に活用され，私たちの生活を支えている。いま，微生物の機能を未来社会の創造に活かす研究が，大きく展開されている。

未来社会創造の主役としての微生物

2015年に国連が発表したSDGs（持続可能な開発目標）に盛りこまれているように，地球の環境の維持，社会の持続性の実現，個人の健康の増進が，未来社会の創造における大きな課題となっている。そのいずれの課題においても，微生物が解決の中核を担っている。例えば，二酸化炭素削減において，二酸化炭素の固定を担う植物の健全な生育には，微生物による有機物中の窒素の無機化が欠かせない。また，微生物による物質生産は，資源循環や省エネルギー実現の鍵となる。内閣府は2019年以来毎年バイオ戦略を発表し，微生物機能の利用など，バイオテクノロジーによる新たな産業創出の重要性を発信している。ヒトの健康においても微生物は重要な役割を担う。近年では，ヒトを"常在微生物を含めた超生命体"として捉え，ヒトに付随する生態系の機能維持が健康の要であるとの概念が確立されつつある。このように，微生物の機能は，多面的に未来社会の創造を支援する。

多様な微生物の世界

微生物は意外性と多様性に満ちている。カビやキノコも微生物で，肉眼で見えるのは細胞1個1個が集合したものである。オニナラタケというキノコの1個体の大きさは，約10km^{2}と東京ドーム約200個分の広がりを有し，地球最大の生物といわれる。生息数についてもあなどることはできず，土壌1g中に約1億と，日本の人口に匹敵する数の細菌が存在する。我々自身のからだを見ても，皮膚，口内，腸内などにさまざまな微生物が存在し，その細胞数は40兆を超えるとされ，ヒト自身の細胞数約37兆個を凌駕している。また，微生物の分布は酸素の有無を問わず，100℃を超える熱水噴出孔から氷点下の北極・南極域，さらには，強酸，強アルカリ，高塩分など極限環境とよばれる環境にも広がる。最近では，分子系統（▶*p.276*)の解析により，地球上の生物多様性の大半を微生物が担っていることが明らかにされてきている。

生物間相互作用を介した微生物のはたらき

根圏，水環境，腸管内など，さまざまな環境での生物間相互作用における微生物の役割が解明され，農業，工業などに広く展開されている（図1）。植物の生育は，微生物が駆動する窒素循環に大きく依存する。有機物中の窒素の無機化（硝化）を実現する土壌の微生物の生態系を水耕栽培系に構築することで，有機物を肥料としうる水耕栽培技術が開発されている。この技術は，宇宙での農業をも視野に入れた人工土壌の開発へと展開されている（図2）。また，硝化と脱窒を組み合わせた水環境制御技術が，水の再利用を伴う閉鎖循環型養殖に応用されている。このように，微生物と植物・動物などの生物間相互作用における微生物機能の活用が，食料や環境を支える技術の核となっている。

また，腸内細菌と宿主との関連性を紐解く研究が展開されている。腸内細菌叢（腸内の細菌の集まり）のバランスが崩れることは，病気の一因となる。さらには，腸脳相関と言われるように，精神状態にも影響を与える。したがって，健康状態にある腸内細菌叢を維持することが重要となる。

生物間で発現する微生物機能の多くは，単離培養できない微生物群に担われており，これまでその科学的解明は困難であった。近年のゲノミクス，プロテオミクス，メタボロミクスなどの網羅的解析技術（オミクス技術）の発達，バイオ技術と情報技術との融合が，環境中での微生物機能の解明を加速させた。

微生物は食を介して我々の健康を支える

伝統的な発酵醸造の科学が，食を介して現代人の健康を支えている。例えば，体脂肪率

■ 循環型社会における微生物機能（図1）

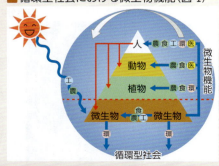

■ 人工土壌を用いる作物栽培（図2）

70％という驚異的なカビの発見を契機に，機能性食品素材として注目を集めるアラキドン酸，EPA，DHAなどの発酵生産技術が開発された。また，乳酸菌や腸内細菌における食事成分の代謝解析を通して，腸内環境改善などに役立つ機能性食品素材が開発されている。これらはプロバイオティクスやプレバイオティクスとよばれるもので，プロバイオティクスは「腸内常在菌のバランスを変えることにより宿主に保健効果を示す生きた微生物」であり，ヨーグルトのような発酵食品として供給される。プレバイオティクスは，「常在する有用腸内細菌を増殖させるかあるいは有害な細菌の増殖を抑制する食品成分」であり，食物繊維やオリゴ糖にその活性が認められている。最近では，食事成分由来の腸内細菌代謝物に健康維持機能が見出されており，ヒトの体内でさまざまな生理活性を発揮している。これらの代謝物はポストバイオティクスとよばれ，抽出された食事成分に単一の微生物を作用させる手法で生産され，機能性食品素材や医薬品素材として開発が進められている。

産業に広く活用される微生物

微生物の物質変換機能とそれにより生じる化合物が，さまざまな産業に活用されている（図3）。物質変換機能は代謝と言い換えることもできる。代謝により生じる化合物としては，食卓を彩る発酵食品などの一次代謝産物，抗生物質などの二次代謝産物，物質変換能力を合成化合物に適用して生産される医薬品・化成品などの非天然化合物が産業に利用されている。

1．物質循環機能の利用

微生物の物質変換機能を活用する代表例が，排水処理である。酸素が多い条件下では，有機物は微生物により二酸化炭素や硝酸へと酸化され，酸素が少ない条件下では，メタンや窒素ガスへと還元される。これらを交互に繰り返すことにより，排水中の有機物を除去している。近年，微生物の物質分解機能が，難分解性有害物質（分解が難しい有害物質）で汚染された自然環境の修復に活用されている。この技術は，バイオレメディエーションとよばれ，低コストで処理が行えるため，処理対象の面積が広大な場合に優位となる。ダイオキシンや，テトラクロロエチレンなどの有害物質の処理が検討されている。

2．代謝機能の利用－発酵生産

生合成代謝を人為的に制御することで，発酵生産の多様化が進んでいる。最初に実用化された代謝制御発酵がアミノ酸発酵である。日本の協和発酵工業株式会社のグループによるグルタミン酸発酵菌の発見（1955年）がその始まりである。現在，「味の素」などで有名な調味料用途のグルタミン酸の世界生産量は年間200万tを超えている。この高生産は，生合成を制限する代謝調節の解除や，酵素反応の調節機構の制御などを駆使した発酵生産菌の育種により実現された。この技術は，調味料，抗ウイルス薬原料としての核酸関連化合物の発酵生産技術を経て，生産に多量のエネルギーや還元力を要求する油脂発酵技術へと発展している。油脂発酵は，石油資源に由来する燃料や化学工業原料をバイオマス由来に転換しうる技術として注目を集めている（図4）。近年，代謝経路を人工的に設計構築する合成生物学と言われる分野が開拓され，非天然物の発酵生産も可能となってきている。

3．酵素機能の利用－酵素法

代謝を構成する酵素反応を活用する物質生産技術を酵素法と言う。酵素のもつ選択性を活用し，医薬品中間体などの精密合成へ応用されている。酵素法は汎用化成品生産にも応用されており，アクリロニトリルを原料とした水和酵素（ニトリルヒドラターゼ）によるアクリルアミドの生産が有名である。アクリルアミドは合成樹脂などの原料として利用されている。近年，酵素反応のバリエーションを増やすべく，補酵素やATPを要求する酵素の開発が行われている。補酵素・ATPを供給する代謝との共役により，酸化還元酵素や転移酵素などの活用が可能となってきている。

4．代謝産物の利用

微生物の代謝産物には，薬理活性を示す化合物が存在する。これらは生理活性物質とよばれ，広く医療に活用されている。この代表例が，2015年ノーベル生理学・医学賞を受賞した大村智博士のイベルメクチンの開発である。大村博士は，微生物の代謝産物を広く探索し，*Streptomyces avermitilis*という放線菌が生産するエバーメクチンに，線虫や昆虫類への殺虫活性を認めた。メルク・アンド・カンパニー社との共同研究により，エバーメクチンを改良したイベルメクチンが開発され，寄生虫により失明に至るアフリカの風土病オンコセルカ症に対する特効薬となった。

微生物に無限の可能性を求めて

微生物によるものづくりは，常温・常圧で運用できるため，化学工業プロセスより環境調和型であり，低炭素社会の構築に貢献しうる。また，化石資源からバイオマスへの原料転換においても，生物素材に親和性の高い微生物の代謝が有効である。よりよい未来社会を創造するには，地球全体を大きな一つの生態系として捉え，その絶妙な平衡状態をよい形で継承することが求められる。さまざまな生物の間を取りもつ微生物の機能が活躍する局面はますます拡張される。それに対応するには，微生物の多様性にユニークな機能を探索することが欠かせない。自然界からさまざまな微生物が収集され，健康，食料生産，環境保全，バイオマスへの原料転換，有用物質の生産などに役立つ機能が開発されることを期待したい。

■ 微生物の機能と産業とのかかわり（図3）

■ 油脂発酵に用いられる油糧糸状菌（図4）

Mortierella alpina 1S-4株

キーワード
微生物，生態系，環境，食料，健康，ものづくり，代謝，発酵，酵素

小川　順（おがわ　じゅん）
京都大学大学院
農学研究科　教授
滋賀県生まれ徳島県育ち。
趣味はクラシック音楽鑑賞，美食探訪。
研究の理念は「探・観・拓」

第3編

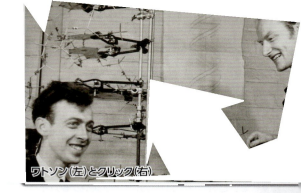
ワトソン(左)とクリック(右)

1 DNA 生物基礎 / 生物

すべての生物は，遺伝情報を担う物質として，**DNA**(デオキシリボ核酸)をもっている。

A 核酸の構造 基/生
核酸は**ヌクレオチド**が多数結合した高分子化合物であり，ヌクレオチドはリン酸・糖・塩基からできている。

■核酸の基本構造－ヌクレオチド

核酸には，**DNA**(デオキシリボ核酸, **d**eoxyribo**n**ucleic **a**cid)と，**RNA**(リボ核酸, **r**ibo**n**ucleic **a**cid)の2種類がある。

■ DNAとRNAのヌクレオチド

	リン酸	糖(五炭糖)	塩基(プリン塩基)	塩基(ピリミジン塩基)	ヌクレオチド鎖
DNA	$HO-\overset{OH}{\underset{O}{P}}-OH$	デオキシリボース $C_5H_{10}O_4$	A アデニン / G グアニン	T チミン / C シトシン	A-T, T-A, G-C, C-G, A-T
RNA	$HO-\overset{OH}{\underset{O}{P}}-OH$	リボース $C_5H_{10}O_5$	A アデニン / G グアニン	U ウラシル / C シトシン	A, U, G, C

B DNAの構造 基/生
化学的な成分の研究(シャルガフ)やX線回折(ウィルキンス，フランクリン)の結果などから，1953年にワトソンとクリックがDNAの立体構造モデルを提唱した。

DNAのX線回折像

■ DNAの二重らせん構造

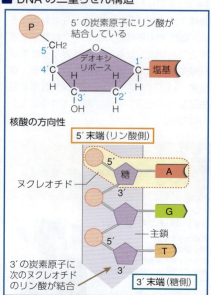

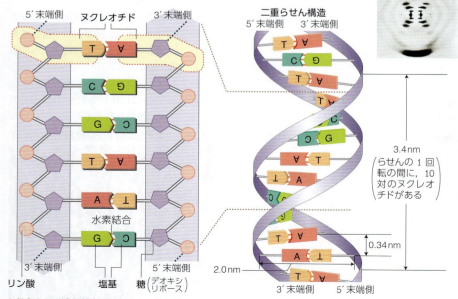

DNAの4つの塩基の並び方(**塩基配列**)が，親から子へと伝えられる**遺伝情報**である。

Keywords　遺伝情報(genetic information)，核酸(nucleic acid)，DNA(deoxyribonucleic acid)，RNA(ribonucleic acid)，ヌクレオチド(nucleotide)

3-I DNAの構造と複製

■シャルガフの規則
シャルガフはDNA分子中の塩基の含有量を調べ、アデニン(A)とチミン(T)、グアニン(G)とシトシン(C)の量(数の割合,%)が等しいことを発見した(1949年)。

生物名	A	T	G	C	A/T	G/C
天然痘ウイルス	29.5	29.9	20.6	20.3	0.99	1.01
大腸菌	26.1	23.9	24.9	25.1	1.09	0.99
バッタの精子	29.3	29.3	20.5	20.7	1.00	0.99
ヒトの精子	31.0	31.5	19.1	18.4	0.98	1.04
ニワトリの赤血球	28.8	29.2	20.5	21.5	0.99	0.95
ウシの肝臓	28.8	29.0	21.2	21.1	0.99	1.00
ヒトの肝臓	30.3	30.3	19.5	19.9	1.00	0.98

■塩基の相補的結合
DNAの塩基どうしの結合による対を**塩基対**といい、アデニン(A)とチミン(T)、グアニン(G)とシトシン(C)が向かい合って、**水素結合**という弱い結合で**相補的**につながりあっている(**塩基の相補性**)。

AとTは水素結合する部分を2つずつもっているが、GとCは3つずつもっている。そのため、AはTと、CはGと水素結合したときに安定した構造になる。

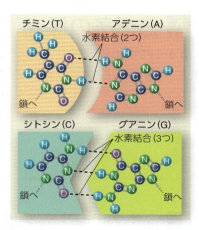

C 染色体

■DNAと染色体
真核細胞では、DNAは**ヒストン**とよばれる球状のタンパク質に巻きついて**ヌクレオソーム**を形成している。このようなDNAとタンパク質との複合体を**クロマチン**(染色質)とよび、ヌクレオソームはその基本単位である。通常、ヌクレオソームは折りたたまれてクロマチンをつくっている。

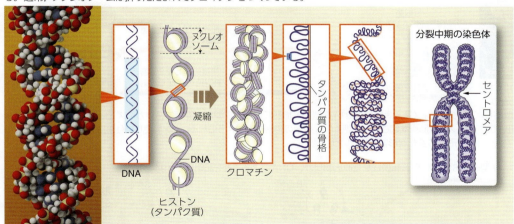

■相同染色体
一般に体細胞では、形と大きさの等しい染色体が2本ずつある。このような対になる染色体を**相同染色体**という。

分裂中期の染色体

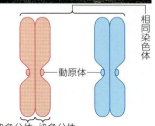

細胞分裂に際しては、分裂に先立ってクロマチンがほどかれ、もとと全く同じ塩基配列をもつDNAが合成(複製)される(▶p.78)。複製されてできたDNAはくっついたままそれぞれがクロマチンを再形成し、さらに凝縮して何重にも折りたたまれて、太く短い染色体になる。したがって、この染色体は複製されてできた2本のDNAによって構成されており、2本のDNAは、特定の塩基配列を含むセントロメアとよばれる領域(動原体ができる部分)でくっついている。

■いろいろな生物の体細胞の染色体数

生物名	染色体数
タマネギ	16
サトウダイコン	18
トウモロコシ	20
イネ	24
ダイズ	40
サツマイモ	90
キイロショウジョウバエ	8
アフリカツメガエル	36
ヒト	46
チンパンジー	48
カイコガ	56
ニワトリ	78

■核型
その生物の染色体の数や形態を示したものを**核型**という。

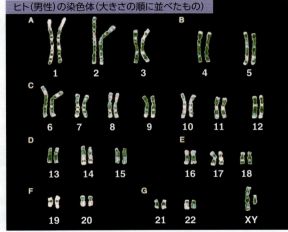

ヒト(男性)の染色体(大きさの順に並べたもの)

22対の染色体以外に、男性では大きさの違う2本の性染色体(▶p.126)がある。

いろいろな生物の核型

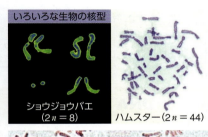

ショウジョウバエ (2n=8)　ハムスター(2n=44)

イナゴ(雄, 2n=23※)

※XO型のため雄の性染色体は1本しかない(▶p.126)。

二重らせん構造(double helix structure), 相補性(complementarity), ヒストン(histone), クロマチン(chromatin), 相同染色体(homologous chromosome(s))

2 「DNA ＝遺伝子の本体」の研究の歴史 生物基礎 生物

A 遺伝子の探究

メンデルの遺伝の法則（▶p.120）の再発見の後，メンデルのいうエレメント（遺伝する因子）が何であるのかの探究が始まった。

■遺伝子研究の過程

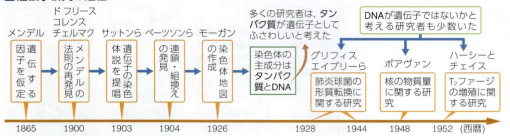

■核1個当たりのDNA量

	ニワトリ	ウ シ
肝 臓	2.66	7.05
すい臓	2.61	7.15
胸 腺	2.55	7.26
赤血球	2.49	—
精 子	1.26	3.42

精子（生殖細胞）では体細胞に比べてDNA量が半減している（単位は 10^{-9} mg）。

B 肺炎球菌の形質転換

グリフィスとエイブリーらによる肺炎球菌（以前は肺炎双球菌とよばれていた）を用いた実験で，DNAが遺伝子の本体であることが強く示唆された。

■肺炎球菌

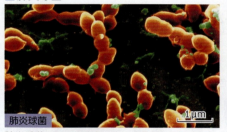

肺炎球菌

肺炎球菌には，さやをもち，なめらかなコロニーをつくるS型菌（病原性あり）と，さやをもたず，表面にでこぼこの多いコロニーをつくるR型菌（非病原性）がある。なお，1つの細胞が増殖してできた細胞の集団をコロニー（集落）という。

■グリフィスの実験

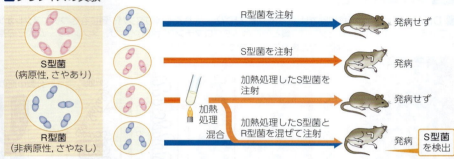

グリフィスは，病原性のないR型菌と加熱殺菌したS型菌を混ぜてハツカネズミに注射すると，ハツカネズミは肺炎を起こし，R型菌がS型菌の形質をもつようになることを発見した（1928年）。このような遺伝形質の変化を**形質転換**という。

■エイブリーらの実験
エイブリーらは，R型菌をS型菌に形質転換させた原因物質が，DNAであることを証明した（1944年）。

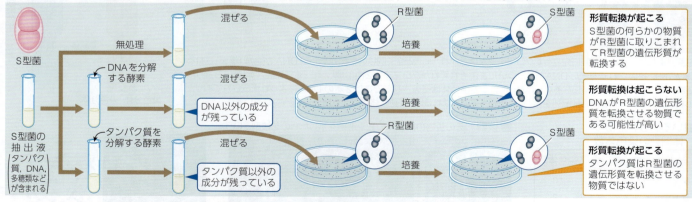

Column DNAを抽出する

DNAは遺伝子の本体であり，すべての生物はDNAをもっている。ニワトリの肝臓や魚の精巣，ブロッコリーやタマネギなどを材料に，次のような操作でDNAを抽出することができる。
① 材料を乳鉢内で乳棒を用いてすりつぶし，細胞を破砕する。
② [材料がニワトリの肝臓や魚の精巣の場合]トリプシン（タンパク質分解酵素）を入れ，タンパク質を分解する。
③ 中性洗剤を少量加えた食塩水を加え，DNAとタンパク質を分離しやすくする。
④ 100℃で湯せんした後，ろ過し，タンパク質を取り除く。
⑤ ろ液に冷却したエタノールを加え，DNAを沈殿させる。
⑥ 糸状に現れるDNAをガラス棒で巻き取る。

ブロッコリーのDNA

Keywords 形質転換（transformation）

3-I DNAの構造と複製

C バクテリオファージの増殖
バクテリオファージの増殖の研究から，遺伝子の本体がDNAであることが証明された。

■**ウイルスとバクテリオファージ** 細菌よりもはるかに小形で，宿主細胞内でのみ増殖する感染性の構造体を**ウイルス**という。ウイルスのうち，細菌を宿主とするものを，**バクテリオファージ**（または**ファージ**）という。

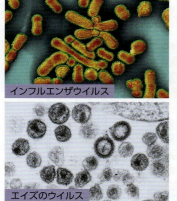
インフルエンザウイルス
エイズのウイルス

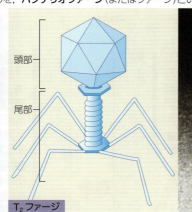
頭部
尾部
T₂ファージ

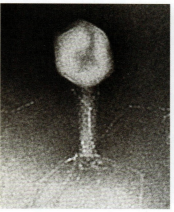

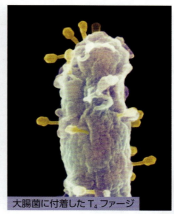
大腸菌に付着したT₄ファージ

■**バクテリオファージの増殖過程** バクテリオファージは細菌に感染して，自身のDNAを菌体内で増やすことにより増殖する。

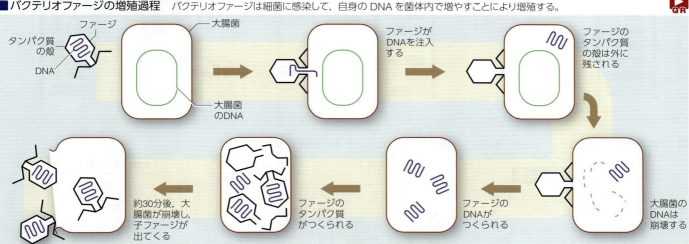

■**ハーシーとチェイスの実験** ハーシーとチェイスは，大腸菌に寄生して増殖するT₂ファージの外殻（タンパク質でできている）と頭部に収納されているDNAをそれぞれ硫黄とリンの放射性同位体 ^{35}S と ^{32}P で標識し，ファージの増殖に伴うタンパク質とDNAのゆくえを追跡した（1952年）。

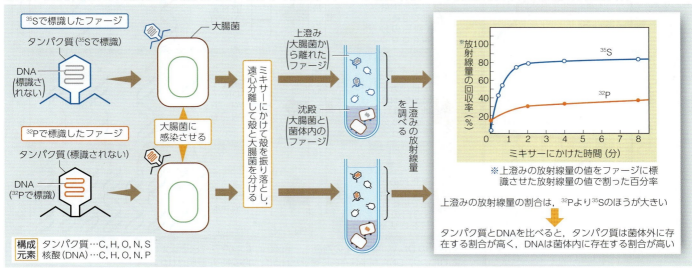

※上澄みの放射線量の値をファージに標識させた放射線量の値で割った百分率

上澄みの放射線量の割合は，^{32}Pより^{35}Sのほうが大きい

タンパク質とDNAを比べると，タンパク質は菌体外に存在する割合が高く，DNAは菌体内に存在する割合が高い

構成元素 タンパク質…C, H, O, N, S
核酸(DNA)…C, H, O, N, P

ウイルス(virus)，バクテリオファージ(bacteriophage)，放射性同位体(radioactive isotope(=RI))

77

3 DNAの複製(1) 生物基礎 生物

A 半保存的複製
基生 DNAは，もとと同じものが正確に複製されて，等しく分配される。
DNAの複製では，もとの2本の鎖がほどけ，それぞれを鋳型として新しいDNAがつくられる。

■ **半保存的複製** DNAは二重らせん構造がほどけたのち，もとのヌクレオチド鎖(鋳型鎖)の塩基に相補的な塩基が運ばれてきて，塩基どうしが水素結合によって結合する。その後，隣接したヌクレオチドの間で共有結合がつくられ，新しいヌクレオチド鎖が伸長していく。

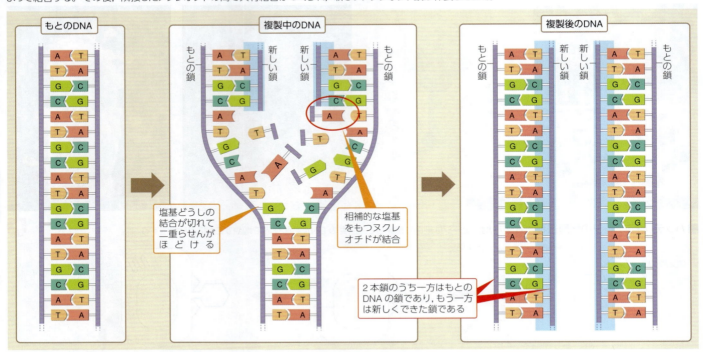

■ **DNA複製の仮説** 複製のしくみが明らかになる前，DNAの複製には3つの説が考えられた。

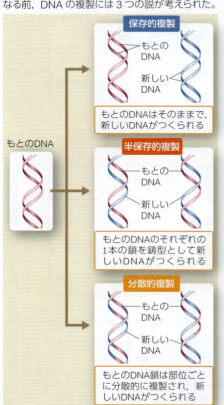

■ **メセルソンとスタールの実験(1958年)**

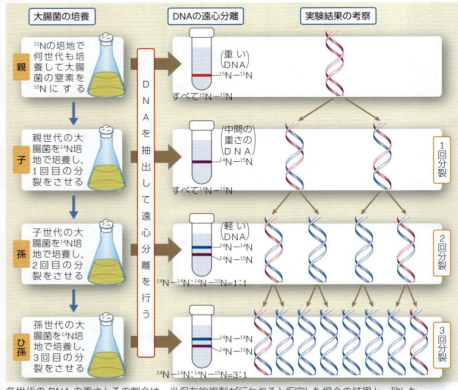

各世代のDNAの重さとその割合は，半保存的複製が行われると仮定した場合の結果と一致した。これにより，DNAが半保存的に複製されることが実験的に証明された。

Keywords 複製(replication)，半保存的複製(semiconservative replication)，DNAポリメラーゼ(DNA polymerase)

3-I DNA の構造と複製

B DNA 複製の詳しいしくみ

基生 DNA の複製には方向性があり、5′末端から 3′末端の方向にだけ複製が進む。3′末端から 5′末端方向の複製には**岡崎フラグメント**が関与する。

■ DNA の複製のしくみ

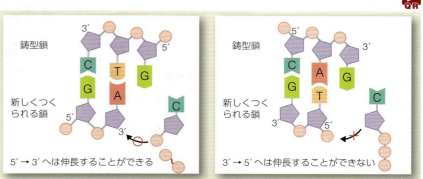

鋳型鎖が 3′→5′ の場合、新しい鎖（**リーディング鎖**）は 5′ から 3′ 方向へ連続的に複製される

鋳型鎖が 5′→3′ の場合、新しい鎖（**ラギング鎖**）は断続的に 5′ から 3′ 方向への複製を繰り返して、全体的には 3′ から 5′ 方向に伸長する

① 相補的な短い RNA（プライマー）がつくられる
② RNA のプライマーを起点に 5′ から 3′ 方向へ伸長する
③ DNA リガーゼによって先につくられた新しい DNA 鎖と結合する

プライマーは最終的に DNA におきかえられる

※リーディング (leading, 先行)
　ラギング (lagging, 遅延)

Jump 5′末端と3′末端 ▶ p.74

ヌクレオチド鎖の一方の端はリン酸で、他方の端は糖である。核酸には方向性があり、リン酸側は 5′末端、糖側は 3′末端とよばれる。
ヌクレオチドがつながってヌクレオチド鎖をつくるとき、ヌクレオチド鎖は 5′→3′ の方向に伸長する。

デオキシリボース

■ DNA の複製にはたらくタンパク質

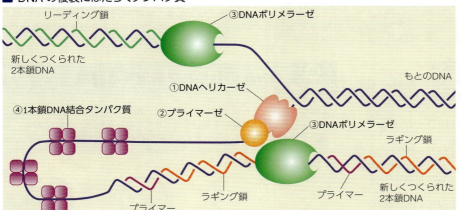

① **DNA ヘリカーゼ** もとの DNA の二重らせんをほどいて、1 本鎖の状態にする。
② **プライマーゼ** 岡崎フラグメントをつくる起点になるプライマー（RNA 断片）を合成する。DNA ヘリカーゼとプライマーゼは複合体を形成している。
③ **DNA ポリメラーゼ** 鋳型鎖にそって新しい DNA 鎖を合成する。ラギング鎖ではプライマーを分解して DNA におきかえるはたらきをもつ DNA ポリメラーゼもはたらく。
④ **1 本鎖 DNA 結合タンパク質** ほどけた 1 本鎖 DNA の状態を安定させる。

Column 岡崎夫妻の功績

1950 年代後半、DNA 複製には大きな謎があった。DNA ポリメラーゼが 5′→3′ の方向にしかヌクレオチド鎖を伸長しないことは知られていたが、DNA 複製を観察すると、Y 字型に 2 本鎖がほどけ、同一方向に複製が進むように見えたのである。この謎に取り組んだのが岡崎令治・恒子夫妻であった。彼らは、3′→5′ に伸長するように見える鎖は、逆向きに不連続な複製を繰り返し、それをつなぎながら複製するという仮説を立てた。まず、彼らは 1000〜2000 塩基対の短い DNA 鎖を発見し、それらが DNA リガーゼでつながれて長い DNA 鎖がつくられることを示した。その後、RNA プライマーの実体を解明する研究の途上、令治は亡くなるが、恒子がやり遂げ、不連続複製モデルが認められるようになった。岡崎の名は、彼らが発見した短いDNA 鎖の名称「**岡崎フラグメント**」として今日まで残っている。

岡崎フラグメント (Okazaki fragment)、プライマー (primer)、リーディング鎖 (leading strand)、ラギング鎖 (lagging strand)

4 DNAの複製(2) 生物基礎 生物

A DNA複製の進行

DNAの複製では、一定の割合でミスが生じる。DNAポリメラーゼは、複製中に誤って結合したヌクレオチドを取り除き、正しいヌクレオチドをつなぎ直している。

■複製の誤りと修復

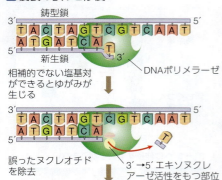

相補的でない塩基対ができるとゆがみが生じる

↓

誤ったヌクレオチドを除去

↓

正しいヌクレオチドが結合

複製時、鋳型鎖と相補的でない塩基をもつヌクレオチドが結合すると、DNAポリメラーゼの別の触媒部位にある「3′→5′エキソヌクレアーゼ活性」がはたらいてこれを取り除く。

Column 真核生物と原核生物の複製の違い （約37℃の条件の場合）

	大腸菌（原核生物）	ヒト（真核生物）	
複製起点の数	1か所	1000～10000か所	一定時間内で複製が完了する過剰な数だけ存在
複製起点の位置	特定の塩基配列をもつ領域	クロマチンの構造に基づく	20～80か所で同時に複製を開始
複製速度	約850ヌクレオチド/秒	60～90ヌクレオチド/秒	約200ヌクレオチド間隔で反復的にヌクレオソームを形成しているため、複製に時間がかかる
複製にかかる時間	約40分間	約8時間	
岡崎フラグメントの大きさ	1000～2000ヌクレオチド	100～200ヌクレオチド	

Point DNAポリメラーゼのはたらき

① 5′→3′の方向にのみはたらく。
② はたらくときにはプライマーが必要である。
③ 複製の誤りを見つけて修復する機能をもつ。

Jump 複製後のミスの修復 ▶p.89

複製過程で見のがされたミスは、さらに別の機構で修復されることで、より正確な複製が実現する。

B DNA末端の複製

線状のDNAをもつ真核生物の場合、複製されたDNAはもとのDNAと完全に同じではない。新生鎖の5′末端（鋳型鎖の3′末端）は複製されず、2本鎖にならない。

■真核生物のDNA末端の複製

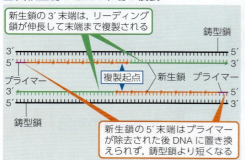

新生鎖の3′末端は、リーディング鎖が伸長して末端まで複製される

新生鎖の5′末端はプライマーが除去された後DNAに置き換えられず、鋳型鎖より短くなる

■テロメア

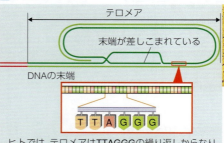

ヒトでは、テロメアはTTAGGGの繰り返しからなり、細胞分裂ごとにこの繰り返しの数が減る

ループ構造をとることで、分解や、他のDNAのテロメアとの結合が妨げられていると考えられている。

真核生物のDNA末端には**テロメア**とよばれる構造がある。細胞分裂の回数には限界があり、テロメアの長さが関係していると考えられている。また、このことが個体の老化や寿命に関係していると考えられている。

■テロメラーゼ（テロメアを伸長させる酵素）のはたらき

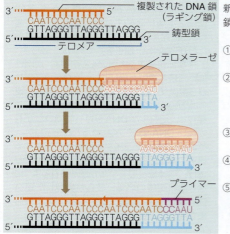

新生鎖の5′末端は、鋳型鎖よりも短くなる。

①テロメラーゼが結合
②テロメラーゼがもつテロメアに相補的な配列を鋳型として鋳型鎖が伸長
③テロメラーゼが移動
④鋳型鎖が伸長
⑤テロメラーゼがはずれ、伸長した鋳型鎖をもとに新生鎖が伸長

Zoom up DNAのねじれを解消する酵素

DNAは二重らせん構造をしているため、複製の際、ほどいて新生鎖を合成し、鋳型鎖と新生鎖で再び二重らせんとなる過程で"ねじれ"が生じる。このねじれを解消する酵素として**トポイソメラーゼ**がある。

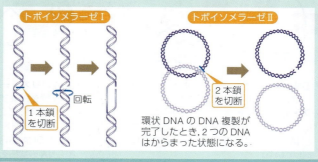

トポイソメラーゼⅠ：1本鎖を切断→回転
トポイソメラーゼⅡ：2本鎖を切断

環状DNAのDNA複製が完了したとき、2つのDNAはからまった状態になる。

Keywords テロメア(telomere), テロメラーゼ(telomerase)

5 細胞周期の観察 生物基礎/生物

A 探究 タマネギの根端を使った実験
タマネギの根端を用いて，押しつぶし法によって体細胞分裂の過程を観察する。

■観察の手順

①タマネギの底部を水につけて発根させる。

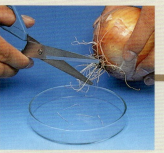
②根の先端部2～3cmほどのところをはさみで切り取る。

③根端部を，5～10℃の45%酢酸またはカルノア液に5～10分間浸して固定する。

④固定した根端を3%塩酸を入れた管びんや試験管に入れ，60℃の湯に1分程度浸して解離しやすくする。

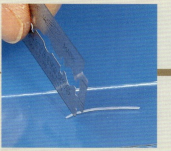
⑤根端をスライドガラスにのせ，先端部の1～3mmを切り取り，他は捨てる。

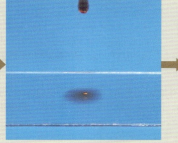
⑥酢酸オルセイン液か酢酸カーミン液を1滴落とし，4～5分おいて染色する。

⑦カバーガラスをかけてその上にろ紙をおき，親指の腹で上から静かに押しつぶす。

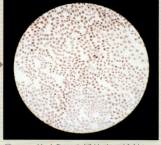
⑧100倍ぐらいの低倍率で検鏡し，分裂像が多く見られる部分をさがして，その後，高倍率で検鏡する。

■実験の結果
右の写真のような像が見られる。
① 間期（母細胞）　核の中に核小体が白っぽく見える。
② 前期　染色体が凝縮して太いひも状になる。
③ 中期　染色体が赤道面に並ぶ。
④ 後期　染色体が両極へ移動。
⑤ 終期　染色体が分散して娘核ができる。
⑥ 間期（娘細胞）大きさは母細胞の約半分。

■各期の時間の推定
右のような写真から前期・中期・後期・終期・間期の時間を推定することができる。
各期の時間は，視野内で観察される細胞数に比例していると考えられるので，各期の細胞数を全細胞数で割ってその割合を求め，タマネギの根端細胞の細胞周期の時間をかけると，各期の時間が求められる。

タマネギの根端細胞の細胞周期の時間を25時間として，各期の時間を求めてみよう。

観察結果の一例

時期	観察細胞数	観察細胞数／全細胞数（%）	各期の時間
間期	234	78%	19.5 時間
前期	36	12%	3 時間
中期	15	5%	1.25 時間

時期	観察細胞数	観察細胞数／全細胞数（%）	各期の時間
後期	6	2%	0.5 時間
終期	9	3%	0.75 時間
全体	300	100%	25 時間

6 細胞分裂と遺伝情報の分配

A 細胞周期

分裂によってできる娘細胞は，分化するか再び分裂を行う。分裂を繰り返す場合，分裂が終了してから次の分裂が終了するまでを**細胞周期**という。大きくは，**分裂期（M期）**と**間期**の2つに分けられる。

■細胞周期

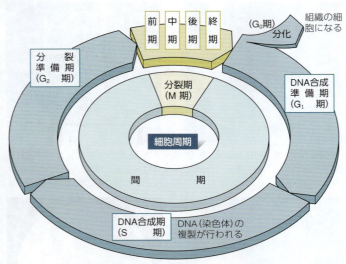

Mはmitosis（分裂）から，Gはgap（間）から，Sはsynthesis（合成）からとったものである

■細胞周期の長さ（単位は時間）

細胞の種類	G_1期	S期	G_2期	M期
ヒトの結腸上皮細胞	15.0	20.0	3.0	1.0
マウスの小腸上皮細胞	9.0	7.5	1.5	1.0
キンギョの腸上皮細胞	5.0	9.0	1.0	2.0
タマネギの根端細胞	10.0	7.0	3.0	5.0
ムラサキツユクサの根端細胞	1.0〜4.0	10.5	2.5〜3.0	3.0

Zoom up 細胞周期の制御

細胞周期の進行は，①DNAの複製を始めるかどうかを決定する（G_1チェックポイント），②DNAの複製が完了する前に分裂期が始まらないようにする（G_2チェックポイント），③分裂期ですべての染色体が赤道面に並ぶまで後期が始まらないようにする（M期チェックポイント），などのチェックポイントで制御されている。これらのチェックポイントでOKが出れば次の段階に進むことができるが，何か問題があるとその段階で細胞周期が停止し，異常な細胞分裂を起こさないように制御している。

C 体細胞分裂の過程

からだをつくっている細胞（体細胞）の分裂では，1個の**母細胞**から母細胞と同じ遺伝情報（同じ染色体数）をもつ2個の**娘細胞**ができる。体細胞分裂の過程は，**核分裂**と**細胞質分裂**の2つの過程からなり，核分裂の

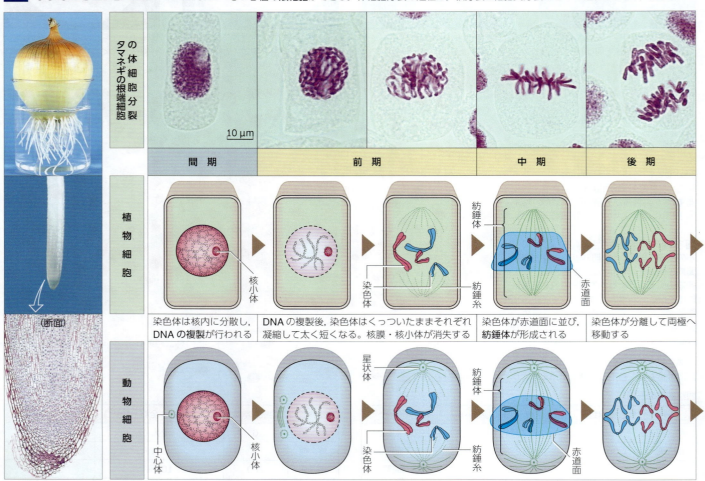

Keywords 細胞周期（cell cycle），体細胞分裂（somatic division），複製（replication），紡錘体（mitotic spindle）

3-I　DNAの構造と複製

B　DNAの複製と遺伝情報の分配

■ **体細胞分裂とDNA量の変化**　DNAは間期のDNA合成期（S期）にもとと同じものが複製（▶ p.78）されて量が2倍になる。これが，分裂期の後期に分かれて2つの娘細胞に分配される。娘細胞は母細胞とまったく同じDNAの遺伝情報をもつことになる。

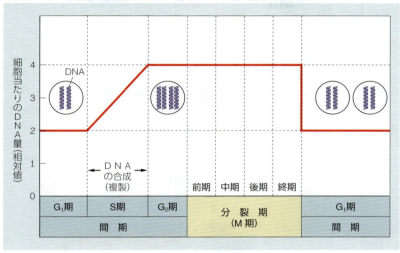

原核細胞の細胞周期

原核細胞の多くは1つの環状DNAをもつ。DNAは折りたたまれて核様体を形成している。環境条件が整うと，それをシグナルとして細胞分裂を開始する。

大腸菌の分裂

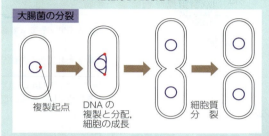

原核細胞の中には，ゲノムのDNAとは別に，独立して複製するプラスミドとよばれる小さな環状DNAをもつものがある。プラスミドは細胞内に分散して存在するが，細胞分裂の際には均等に分配される。

→ 過程は染色体の形や動きによって，前期・中期・後期・終期の4つの時期に分けられる。

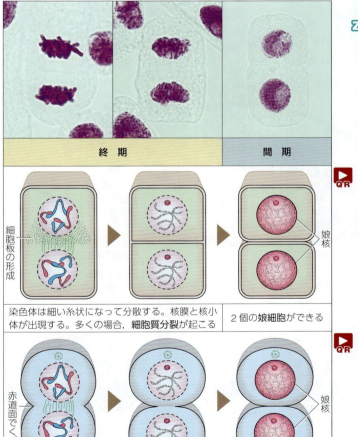

分裂装置

動物の細胞と藻類やコケ・シダ植物の一部の細胞には，2個の**中心小体**とそのまわりの透明な部分とからなる**中心体**があり，2つの中心小体は互いに直交するように位置している。中心体は間期に複製され，分裂期の前期には**星状体**を形成し，両極に移動して多数の微小管を伸ばし，中期には**紡錘体**を形成する。このとき，両極から伸びてきた微小管（紡錘糸）の一部は染色体の動原体に付着

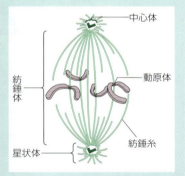

する。後期には，各染色体は紡錘糸に引かれるように両極に移動するが，そのしくみは次のように考えられている。

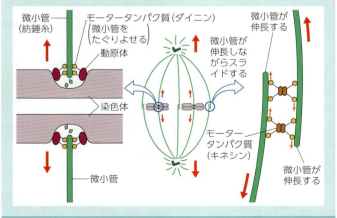

前期(prophase)，中期(metaphase)，後期(anaphase)，終期(telophase)，間期(interphase)，動原体(kinetochore)

7 タンパク質の合成(1) 生物基礎 生物

A DNAと遺伝情報
基生

親から子に伝えられる遺伝情報は、DNAの塩基配列という形で細胞内に保持されており、それはタンパク質のアミノ酸配列の情報である。

■トリプレット説

塩基の数	指定できるアミノ酸の数	
1個	A T G C	4種類
2個	AA AT AG AC TA TT TG TC …	16種類
3個	AAA ATA AGA ACA TAA GA ACA … TTA TTT TTG TTC TAT TGT TCT …	64種類

タンパク質に含まれるアミノ酸は20種類あるが、DNAの塩基は4種類しかない。アミノ酸を4種類の塩基で指定するためには、3個の塩基の配列(トリプレット)が必要である。

■遺伝情報の流れ

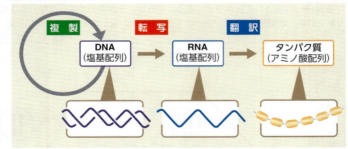

DNAの遺伝情報(塩基配列)はRNAに写し取られ、RNAの情報(塩基配列)をもとにアミノ酸がつながれてタンパク質が合成される。これはすべての生物に共通するもので、クリックは、生物学のセントラルドグマ(中心教義)とよんだ。

C 転写と翻訳
基生

DNAの遺伝情報をもとに酵素などのタンパク質がつくられることを遺伝子が**発現**するといい、その過程は**転写**と**翻訳**の2つの段階に分けられる。真核生物では、転写は核内で、翻訳は細胞質中で起こる。

■真核生物のタンパク質合成の過程

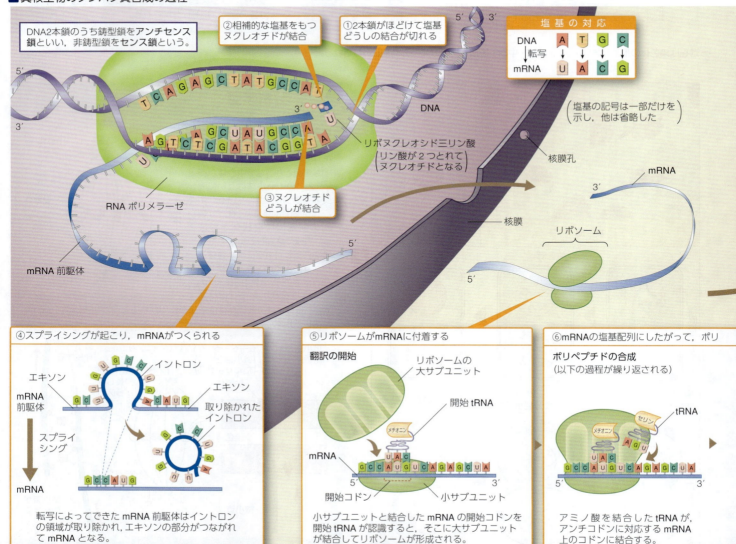

Keywords　セントラルドグマ(central dogma)、mRNA(messenger RNA)、tRNA(transfer RNA)、rRNA(ribosomal RNA)

3-Ⅱ 遺伝情報の発現

B RNAの種類とはたらき

DNAの遺伝情報にもとづくタンパク質の合成では、もう1つの核酸であるRNAが重要なはたらきをする。RNAには次の3つがある。

■ mRNA（伝令RNA）

タンパク質の情報をもつRNA。連続する塩基3つの配列（**コドン**という）で1個のアミノ酸を指定する。

■ tRNA（転移RNA）

特定のアミノ酸を結合し，リボソームまで運ぶRNA。結合するアミノ酸に応じた特定の塩基配列（**アンチコドン**）をもち，この部分でmRNAのコドンと結合する。

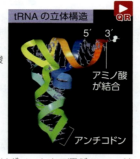

■ rRNA（リボソームRNA）
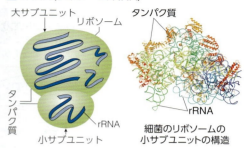

タンパク質合成の場であるリボソームを構成するRNA。真核生物の場合，大サブユニットには3種類のrRNA，小サブユニットには1種類のrRNAが含まれる。

ペプチドが合成される

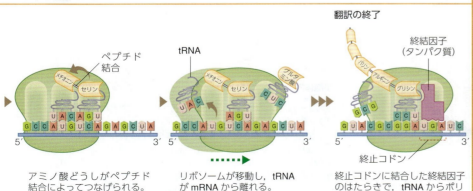

| アミノ酸どうしがペプチド結合によってつなげられる。 | リボソームが移動し，tRNAがmRNAから離れる。 | 終止コドンに結合した終結因子のはたらきで，tRNAからポリペプチドが解離する。 |

■ 細菌（原核生物）のタンパク質合成の過程

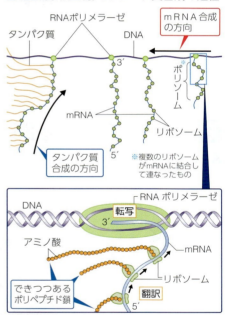

大腸菌などの原核生物では，核膜がないため，DNAの遺伝情報がRNAポリメラーゼのはたらきでmRNAに転写されると直ちにタンパク質の合成が行われる。

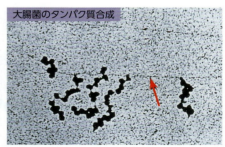

写真の中には2本のDNAが確認される。そのうち矢印で示しているもので転写が起こっている。

コドン（codon），アンチコドン（anticodon），発現（expression），転写（transcription），翻訳（translation）

8 タンパク質の合成(2)

A 真核生物の mRNA 合成

■スプライシング

真核生物では，DNA の塩基配列にタンパク質のアミノ酸配列を指示する領域（**エキソン**）とアミノ酸配列に関与しない領域（**イントロン**）があり，DNA の塩基配列にもとづいてつくられた RNA は，核外に出るまでにイントロンの部分が取り除かれ（**スプライシング**という），mRNA が完成する。

■選択的スプライシング

スプライシングの際に，どのエキソンが残されるかによってできあがる mRNA の情報は違ったものになり，できあがるタンパク質も違ったものになる可能性がある。このような**選択的スプライシング**によって，1 つの遺伝子領域から複数種類のタンパク質をつくることが可能である。

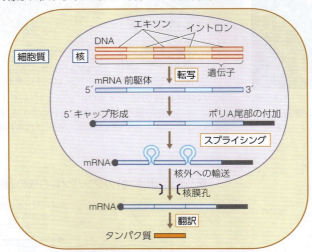

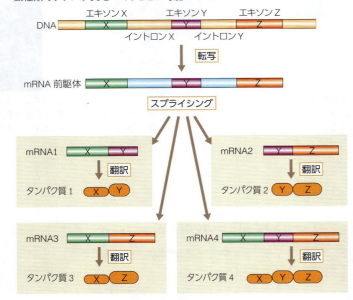

スプライシングのほかに，5′末端にメチル化した GTP（グアノシン三リン酸）がつく 5′キャップ形成や，3′末端に多数のアデニン（A）ヌクレオチドがつながるポリ A 尾部（mRNA の分解抑制などにはたらく）の付加などの修飾も行われる。

B タンパク質の修飾

合成されたポリペプチドは，その後，複数の断片に切断されたり，リン酸が結合したり，糖や脂質が付加されたりする。このような修飾によって，タンパク質の機能が多様化する。

■インスリンの合成過程（ヒト）

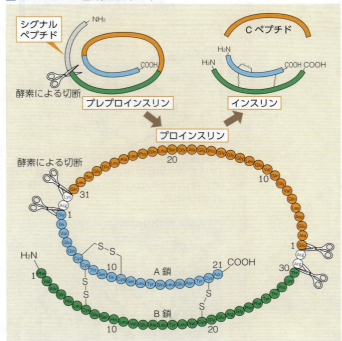

リボソームで合成されたポリペプチドはプレプロインスリンとよばれる。これは，小胞体でシグナルペプチドが切断されてプロインスリンとなり，ゴルジ体で C ペプチドの部分が切断されて，2 本のポリペプチドからなるインスリンができる。

🔍 Zoom up　シグナルペプチド

多くのタンパク質は，細胞質からそれぞれ特定の部分（細胞小器官や細胞外）に輸送されてはたらく。このようなタンパク質では，リボソームで合成されたポリペプチドに輸送先を指定するアミノ酸配列が含まれており，このような配列を**シグナルペプチド**（シグナル配列）という。
小胞体に輸送されるタンパク質は，次のようにして合成される。

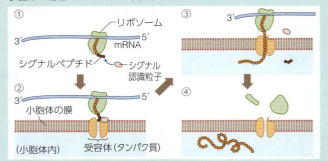

①リボソームでシグナルペプチドが合成される。シグナル認識粒子がシグナルペプチドを認識する。
②シグナルペプチドは小胞体上の受容体（タンパク質）に結合する。
　※このようにして多数のリボソームが結合した小胞体が粗面小胞体である。
③小胞体と結合したリボソームで翻訳が進行する。ポリペプチドは伸長するとともに小胞体の中に入る。
④翻訳が終了するとリボソームがはずれる。

Keywords　スプライシング(splicing)，エキソン(exon)，イントロン(intron)，選択的スプライシング(alternative splicing)

C 遺伝暗号の解読

アメリカのオチョアによってRNAが人工的に合成されるようになり(1955年)，ニーレンバーグらはそれを用いて，遺伝暗号の解読を進めた。

■ **ニーレンバーグの実験** ニーレンバーグは人工的に合成したmRNAを使い，試験管内でのタンパク質合成を試みた(1961年)。

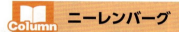

Column ニーレンバーグ

ニーレンバーグは，その後，同様の実験を行い，AAAはリシンを指定し，CCCはプロリンを指定することなどを明らかにした。彼は遺伝暗号の解読に関する研究によって，コラナとともに，1968年のノーベル生理学・医学賞を受賞した。

実験の結果，UUUU……の塩基配列のmRNAから，フェニルアラニンだけのポリペプチドが合成された。ゆえに，mRNAのUUUという3個の塩基が指定するアミノ酸はフェニルアラニンである(mRNAのUUUはフェニルアラニンを指定する遺伝暗号である)と考えられる。

■ **コラナの実験** コラナは，人工的に合成したmRNAを用いて，遺伝暗号の解読をさらに進めた(1963年)。

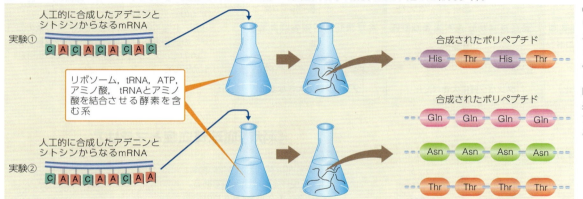

①・②の実験で共通しているトリプレットはACAであり，共通するアミノ酸はトレオニンである。このことから，mRNAのACAはトレオニンを指定する遺伝暗号であり，さらに①の結果から，CACはヒスチジンを指定する遺伝暗号であることがわかる。

D mRNAの遺伝暗号表

ニーレンバーグやコラナなどの研究の結果，1960年代中にすべての遺伝暗号(コドン)とアミノ酸の対応関係が明らかになった。

1番目の塩基	2番目の塩基 U	2番目の塩基 C	2番目の塩基 A	2番目の塩基 G	3番目の塩基
U	UUU UUC フェニルアラニン(Phe) UUA UUG ロイシン(Leu)	UCU UCC UCA UCG セリン(Ser)	UAU UAC チロシン(Tyr) UAA UAG 終止コドン	UGU UGC システイン(Cys) UGA 終止コドン UGG トリプトファン(Trp)	U C A G
C	CUU CUC CUA CUG ロイシン(Leu)	CCU CCC CCA CCG プロリン(Pro)	CAU CAC ヒスチジン(His) CAA CAG グルタミン(Gln)	CGU CGC CGA CGG アルギニン(Arg)	U C A G
A	AUU AUC イソロイシン(Ile) AUA 開始コドン AUG メチオニン(Met)	ACU ACC ACA ACG トレオニン(Thr)	AAU AAC アスパラギン(Asn) AAA AAG リシン(Lys)	AGU AGC セリン(Ser) AGA AGG アルギニン(Arg)	U C A G
G	GUU GUC GUA GUG バリン(Val)	GCU GCC GCA GCG アラニン(Ala)	GAU GAC アスパラギン酸(Asp) GAA GAG グルタミン酸(Glu)	GGU GGC GGA GGG グリシン(Gly)	U C A G

開始コドン mRNAのAUGは，メチオニンを指定するが，読み始め側の最初にくるAUGはタンパク質合成の開始を指定する。タンパク質合成は常にメチオニンから始まるが，最初のメチオニンはタンパク質合成終了後に切り離される。

終止コドン mRNAのUAA，UAG，UGAは対応するアミノ酸がなく，タンパク質合成の終了を指定する。この3つのコドンにはtRNAのかわりに終結因子とよばれるタンパク質が結合する(▶p.85)。

この表はmRNAの3つの塩基に対応するもので，DNAの3つの塩基に対応するものではない。

[表の読み方] mRNAのコドンがCAGとすると，表の1番目の塩基のCの行，2番目の塩基のAの列の交さするわくの中の4番目の塩基のGの欄を見て，mRNAのCAGはグルタミンを指定することがわかる。

遺伝暗号(genetic code)，開始コドン(initiation codon)，終止コドン(termination codon)

9 遺伝情報の変化と形質（1） 生物基礎 生物

A 突然変異
同種の個体間に見られる形質の違いを**変異**といい，遺伝情報をもつDNAの塩基配列が変化することや，それによって形質が変化することを**突然変異**という。

■塩基配列のいろいろな変化と形質

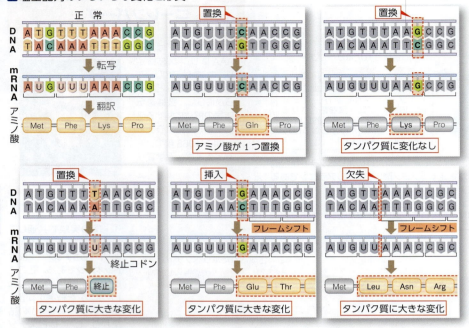

Jump 中立的な突然変異 ▶p.272

コドンの3番目の塩基は，置換されても同じアミノ酸を指定する場合が多い（▶p.87）。また，アミノ酸が1個変わっても，タンパク質のはたらきに変化が見られない場合もある。一般に突然変異には，このような，その生物の生存にとって有利でも不利でもない中立的なものが多い。

Point 塩基配列変化の影響

1塩基の置換でも，途中のコドンが終止コドンに変わると，タンパク質合成がそこで終了するので，正常なタンパク質ができない。
また，1塩基の挿入や欠失では，その後のコドンの読みわくがずれる**フレームシフト**が起こるので，アミノ酸配列が大きく変わる可能性が高い。

■鎌状赤血球貧血症

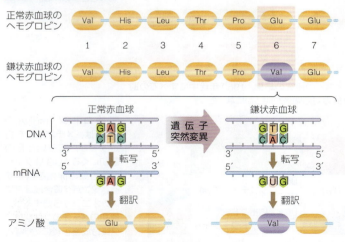

鎌状赤血球貧血症は，ヘモグロビンのβ鎖（▶p.23）のアミノ酸配列が正常のものと1つだけ異なるために起こる遺伝病で，DNAの塩基配列（遺伝暗号）が1か所だけ変わったことによって生じる。

Column 鎌状赤血球貧血症とマラリア

鎌状赤血球貧血症は突然変異によって生じた遺伝性疾患である。この遺伝子をホモ（▶p.120）にもつ人は低酸素濃度のときに赤血球が鎌状となり，酸素運搬能力が低下して重度の貧血となり，多くは子孫を残す前に死ぬ。しかし，この遺伝子をヘテロにもつ人はほとんど症状が現れず，また，マラリアにかかりにくい性質をもっているので生き残る。そのため，この遺伝子は集団から除かれずに子孫へ受け継がれている。

鎌状赤血球

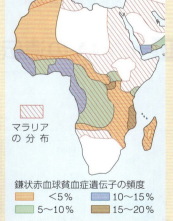
マラリアの分布

鎌状赤血球貧血症遺伝子の頻度
<5%　10〜15%
5〜10%　15〜20%

■アルビノ（白化個体）
突然変異でメラニン色素の合成ができない。

リス

アオダイショウ

■枝変わり
茎頂分裂組織の細胞（体細胞）での突然変異によって，特定の枝の形質が変化すること。リチャードデリシャスとスターキングデリシャスはデリシャスの枝変わりによってつくられた。

リチャードデリシャス

デリシャス

スターキングデリシャス

Keywords　変異(variation)，突然変異(mutation)，鎌状赤血球貧血症(sickle-cell anemia)，マラリア(malaria)

B トランスポゾン

ゲノム上の位置を移動することのできる DNA 領域があり，これを**トランスポゾン**という。メンデルが研究に用いたエンドウのしわの形質はトランスポゾンの挿入によって生じたものである。

■動く遺伝子－トランスポゾン

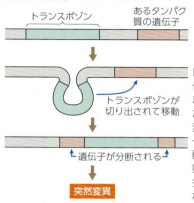

トランスポゾンが他の遺伝子の間に入りこんでしまうと，その遺伝子のはたらきが失われて深刻な変異を起こす場合がある。一方で，意味のある塩基配列をもち，それらが移動することで，ゲノムの多様性を広げることにつながっている場合もある。

■トランスポゾンによる形質変化

アントシアニン合成にかかわる遺伝子にトランスポゾンが挿入して花弁が白くなる

挿入していたトランスポゾンが抜けた部分は着色している

トランスポゾンが抜けた部分では野生型の葉になっている

葉の幅を決める遺伝子にトランスポゾンが挿入して細長い柳葉になっている

アサガオにはさまざまな突然変異が見られ，トランスポゾンによって誘発されたものが多いと考えられている。

C DNA の修復

複製時のミスをはじめ，熱や放射線，環境物質などさまざまな要因で DNA は損傷し，塩基配列が変化する。塩基配列の偶発的変化は，その約 99.9% が修復されている。

■複製ミスの修復

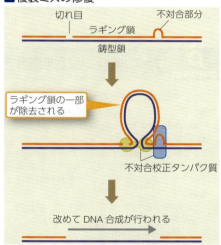

誤った塩基対が形成された不対合部分に不対合校正タンパク質が結合し，不対合部分を含む新生鎖の一部が除かれた後，再び新生鎖が合成される。不対合校正タンパク質は合成されたばかりのラギング鎖に見られる切れ目を手がかりに新生鎖を識別していると考えられている。

■DNA 損傷の修復

塩基除去修復

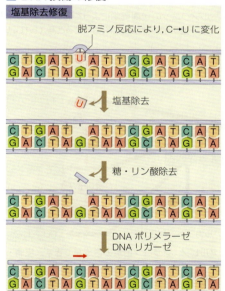

C → U の脱アミノ反応は，1 細胞当たり 1 日に約 100 個の割合で自然に起こっている。

ヌクレオチド除去修復

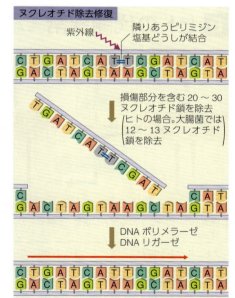

TT，TC，CT などのピリミジン塩基（▶p.74）が並ぶ配列があると，このような損傷が起こりうる。

Column 生物と放射線

アメリカのマラーは，キイロショウジョウバエにX線（放射線の一種）を照射すると，自然状態よりも高い確率で突然変異が起こることを発見した（1927年）。当時は，まだ遺伝子の本体が何であるかもわかっていなかったが，現在では，放射線が突然変異を起こすしくみや，放射線に対する防御のしくみも明らかになっている。

放射線を受けると，細胞内の水分子が分解されて**活性酸素**を生じる。活性酸素は反応性の高い酸素で，DNA の鎖を切断することで，正常なタンパク質の合成を阻害したり，細胞分裂に異常を起こしたりする。特に後者では，DNA の正確な分配ができなくなることで，がんや遺伝病の原因になることもある。

一方で，放射線は自然界にも存在しており，生物には放射線の影響に対しても防御機構が備わっている。ヌクレオチド鎖の切断など DNA の損傷については，細胞分裂の際に DNA をチェックし，問題があれば増殖をとめて異常を修復するしくみがある（▶p.82）。修復できないほど損傷が大きい場合は，細胞自身が死ぬ（アポトーシス▶p.142）。さらには，異常を抱えた細胞を見つけて処理する免疫機能もある。損傷を受けやすい皮膚のような上皮組織では，頻繁に新しい細胞をつくり，古い細胞と入れ替えている。このような機構によって，ある程度までの放射線には耐えることができる。

トランスポゾン(transposon)，修復(repair)，放射線(radiation)

10 遺伝情報の変化と形質(2) 生物基礎 生物

A アカパンカビの栄養要求株

ビードルとテイタムは，アカパンカビを用いた実験から，1つの遺伝子が1つの酵素の合成を支配することで形質を支配しているという**一遺伝子一酵素説**を提唱した(1945年)。※

■ **アルギニン要求株の培養実験** アカパンカビ(▶p.282)には，最少培地(野生株の生育に必要な最小限の栄養分しか含まない培地)では生育できないが，最少培地にアルギニンを加えた培地で生育するアルギニン要求株があり，これには次のような3つのタイプがある。

① はアルギニンを与えれば生育する株
② はアルギニンかシトルリンを与えれば生育する株
③ はアルギニンかシトルリンかオルニチンを与えれば生育する株

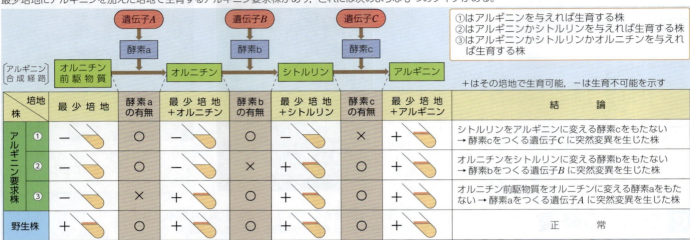

※現在では，1つの遺伝子が複数のタンパク質をつくる場合があることが明らかになっている。

B ヒトの代謝異常

ヒトのフェニルアラニンの代謝異常によって起こる病気があり，それは，かつて一遺伝子一酵素説で説明できると考えられていた。

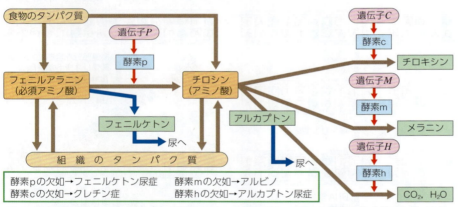

酵素pの欠如→フェニルケトン尿症　　酵素mの欠如→アルビノ
酵素cの欠如→クレチン症　　　　　　酵素hの欠如→アルカプトン尿症

フェニルケトン尿症 フェニルケトンが尿中で検出される。フェニルアラニン摂取量を減らさないと，精神発達の遅滞などが起こる。
クレチン症 チロキシン(甲状腺ホルモン)が生成されず，心身の発達遅滞や代謝異常などが起こる。
アルビノ メラニン色素の合成ができず，皮膚・毛・眼の虹彩などが黒くならない。
アルカプトン尿症 アルカプトンの分解ができずそのまま尿中に排出される。アルカプトンは空気に触れると黒くなるので黒尿症ともいわれる。

Zoom up フェニルケトン尿症の原因

フェニルアラニンをチロシンに代謝するのは，フェニルアラニン水酸化酵素(PAH, Phenylalanine hydroxylase)という酵素である。
ヒトでは，*PAH*遺伝子の突然変異が200種類以上報告されており，どのような突然変異かによってフェニルケトン尿症の症状の重さも異なる。
1つのアミノ酸が置換しているもの，終止コドンが生じて酵素が合成されないもの，イントロン部分の一塩基置換によりスプライシングに異常が生じるものなどが知られている。

C キイロショウジョウバエの眼色

キイロショウジョウバエの眼の色の形質の中にも，トリプトファン代謝に関係する酵素の異常の有無で説明できるものがある。

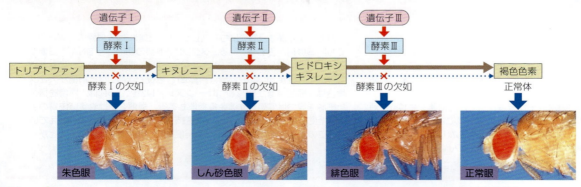

キイロショウジョウバエの複眼には，赤色色素と褐色色素が含まれ，野生型の個体は赤褐色の眼をしている。
このうち，褐色色素の合成過程の化学反応を触媒する酵素を正常に合成できない突然変異が知られており，それらの個体は朱色，しん砂色，緋色の眼となる。

Keywords アカパンカビ(red bread mould)，一遺伝子一酵素説(one gene-one enzyme hypothesis)，最少培地(minimal medium)

3-Ⅱ 遺伝情報の発現

Column 染色体突然変異

変異には，染色体の数や構造の変化によって起こるものがあり，これを**染色体突然変異**ということがある。

■ 染色体の構造上の変化（A, a などは遺伝子を表す）

|正常| 正常な染色体 |転座| 染色体の一部が切れて他の染色体とつながったもの |逆位| 染色体の一部が逆向きにつながったもの |

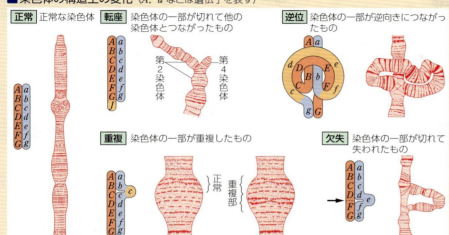

|重複| 染色体の一部が重複したもの |欠失| 染色体の一部が切れて失われたもの |

■ キイロショウジョウバエにおける重複
X染色体における重複によって棒眼となる。

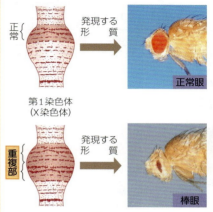

■ 染色体の数の変化（異数性）
染色体が1～数本増減した異数体になる。

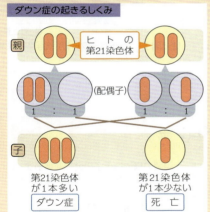

ダウン症の起きるしくみ／ダウン症の男子の染色体

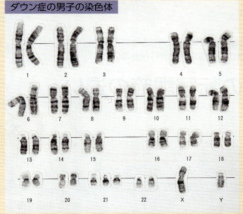

■ 染色体の数の変化（倍数性）
染色体数が3倍，4倍，5倍…などの倍数体になる。

植物名	染色体数（2n）	倍数体
リュウノウギク	18	二倍体
ハマギク	18	二倍体
シマカンギク	36	四倍体
ノジギク	54	六倍体
シオギク	72	八倍体
コハマギク	90	十倍体

シマカンギク

リュウノウギク

ダウン症は1866年にイギリスのラングドン ダウンによって発見された。第21染色体を3つもつ異数体（2n＋1＝47）。多くの場合，減数分裂における第21染色体の不分離が原因となって起こる。

■ 種なしスイカの作出

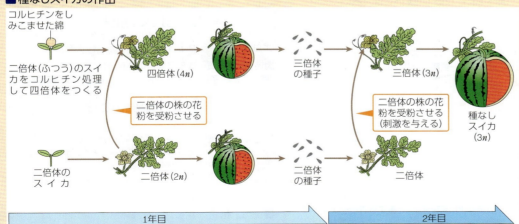

二倍体のふつうのスイカの芽ばえの茎頂分裂組織を染色体数の倍加を誘発するコルヒチンで処理して四倍体のスイカの苗をつくり，これにふつうのスイカの花粉を受粉させて三倍体の種子をつくる。この種子から苗をつくり，これにふつうのスイカの花粉を受粉させると，三倍体植物では，減数分裂が正常に行われないため種子はできないが，受粉の刺激で子房壁が膨らみ，種なしスイカになる。
優良な種なしスイカを組織培養で増やす方法もある。

転座（translocation），逆位（inversion），異数性（heteroploidy），倍数体（polyploid），二倍体（diploid），三倍体（triploid），四倍体（tetraploid）

91

11 遺伝子発現の調節(1) 生物基礎 生物

A 転写調節のしくみ
遺伝子の発現はおもに転写段階で調節される。転写の調節には，負の調節と正の調節があり，その基本的なしくみは，原核生物と真核生物で共通である。

■遺伝子の構造

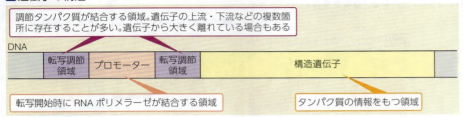

ある遺伝子(構造遺伝子)に注目すると，その上流には，RNAポリメラーゼが結合するプロモーターがあり，近辺には調節タンパク質が結合する転写調節領域がある。

■負の調節

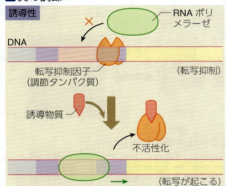
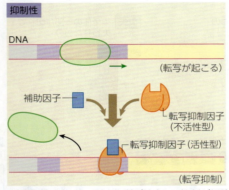

■正の調節

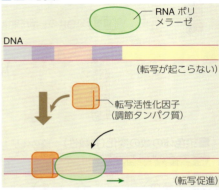

転写抑制因子(リプレッサー)が転写調節領域に結合して転写を抑制する。別の物質が結合して抑制が解除される場合(誘導性)と，別の物質が結合して抑制が開始される場合(抑制性)がある。

転写活性化因子(アクチベーター)が転写調節領域に結合して転写を促進する。

B 原核生物と真核生物の転写調節の違い

■原核生物の転写調節

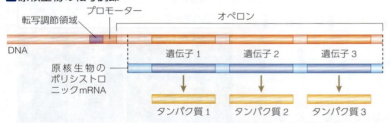

一連の化学反応にはたらく複数の酵素の遺伝子が隣りあって存在する場合がある。これらは1つのプロモーターのもとで転写調節を受け，1本のmRNA(ポリシストロニックmRNA)として転写される。原核生物に見られるこのような転写単位を**オペロン**という。ただし，原核生物の遺伝子もその多くは単独で存在する。

■真核生物の転写調節

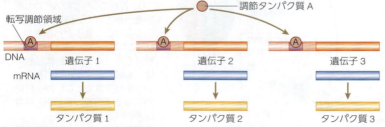

関連する構造遺伝子はばらばらに存在していることが多い。複数の遺伝子が同じ転写調節領域をもち，同じ調節タンパク質による調節を受けることで，関連する遺伝子の発現を同時に調節している。遺伝子の前後には複数の転写調節領域があり，多くの調節タンパク質が関与して複雑に調節されている。

Column オペロン説

ジャコブとモノーは，大腸菌の構造遺伝子の発現を調節するしくみについて，「ある生命活動に関連する複数の構造遺伝子が，1つの転写調節領域(オペレーター)とセットになってオペロンを形成することで，同時に転写調節される」と考え，遺伝子発現調節のモデルとしてラクトースオペロンについてオペロン説を提唱した(1961年)。

Point 転写調節に出てくる用語

プロモーター	RNAポリメラーゼが結合するDNAの領域
調節タンパク質 (転写調節因子)	遺伝子発現の調節にはたらくタンパク質。転写を抑制するはたらきをもつ**転写抑制因子**(リプレッサー)や，転写を促進するはたらきをもつ**転写活性化因子**(アクチベーター)がある
転写調節領域	調節タンパク質が結合する領域。リプレッサーが結合するとき，とくに**オペレーター**という場合がある
調節遺伝子	他の遺伝子の発現を調節する調節タンパク質の遺伝子
構造遺伝子	調節タンパク質による調節を受けて発現する，酵素などのタンパク質の遺伝子

Keywords 転写調節(transcriptional regulation)，プロモーター(promoter)，オペロン(operon)

3-Ⅱ 遺伝情報の発現

C 原核生物の負の転写調節
原核生物では，負の転写調節が行われていることが多い。ラクトースオペロンとトリプトファンオペロンは，大腸菌の代表的なオペロンである。

■ 大腸菌のラクトースオペロン（誘導性の転写）

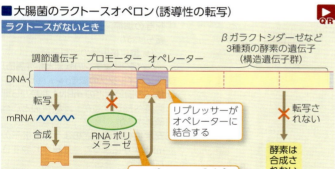

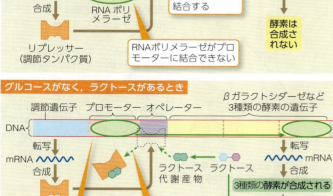

■ 大腸菌のトリプトファンオペロン（抑制性の転写）

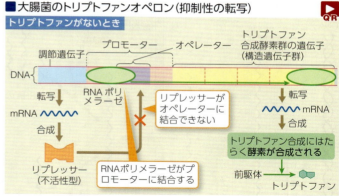

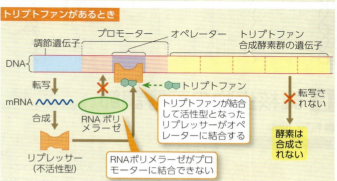

D 原核生物の正の転写調節
アラビノースオペロンではたらく調節タンパク質は，アラビノースがないときは転写を抑制しているが，アラビノースが結合すると，転写を促進して正の調節を行う。

■ 大腸菌のアラビノースオペロン

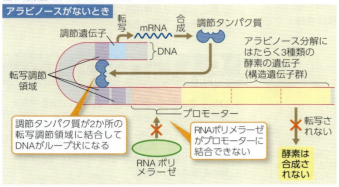

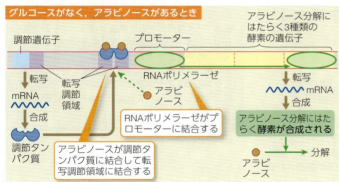

Column グルコース効果

パスツールは，ぶどう酒の発酵について研究していたとき，酵母はグルコースがあればまずグルコースを利用し，フルクトースやスクロースなど他の糖があってもそれらの利用を抑制することを発見した。このような現象は，生物に普遍的に見られ，**グルコース効果**とよばれている。
大腸菌がラクトースやアラビノースを利用する場合でも，グルコースがあるとグルコースの利用が優先されることが知られている。これは，グルコース以外の糖を細胞内に取りこむ透過酵素（ラクトースの場合はβガラクトシドパーミアーゼ）の合成が抑制されるためであることが明らかになっている。

Point 大腸菌の転写調節

ラクトースオペロン（負の転写調節，誘導性）
…ラクトースがあるとき，リプレッサーにラクトース代謝産物が結合し，転写の抑制が解除される。

トリプトファンオペロン（負の転写調節，抑制性）
…トリプトファンがあるとき，リプレッサーにトリプトファンが結合し，転写が抑制される。

アラビノースオペロン（正の転写調節，誘導性）
…アラビノースがあるとき，調節タンパク質にアラビノースが結合し，転写が促進される。

調節遺伝子（regulator gene），構造遺伝子（structural gene），リプレッサー（repressor），オペレーター（operator）

12 遺伝子発現の調節(2)

A 真核生物の遺伝子発現調節

原核生物と異なり，真核生物では，タンパク質合成までの各段階でさまざまな調節が行われている。

■遺伝子発現調節の全体像

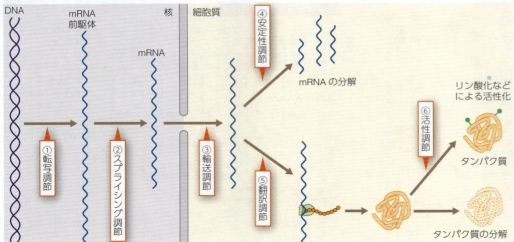

①**転写の調節** 遺伝子をいつどれだけ転写するか
（▶ **B** 真核生物の転写調節，**C** クロマチンの状態と転写調節）

②**スプライシングの調節**（▶ p.86）

③**輸送の調節** どの mRNA を核から細胞質へ輸送するか，細胞質のどこへ輸送するか

④**安定性の調節** どのような遺伝子の mRNA かによって，分解されやすさが異なる

⑤**翻訳の調節** どの mRNA を翻訳するか（▶ **D** RNA による翻訳の調節）

⑥**活性調節** 合成されたタンパク質の活性化や分解

※ある種のタンパク質は，リン酸が付加すると立体構造が変化し，酵素の活性部位や他のタンパク質との結合部位が露出して活性化する。

B 真核生物の転写調節

遺伝子発現の調節において，転写開始の調節は最も重要である。真核生物における転写調節は，原核生物よりも複雑で多様である。

■転写の調節

転写複合体の形成

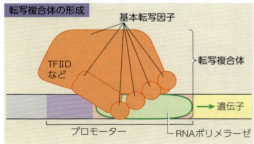

原核生物では，RNA ポリメラーゼがプロモーターに直接結合するが，真核生物の RNA ポリメラーゼは，**基本転写因子**がないと DNA に結合できない。
多くの遺伝子では，最初に TFⅡD などの基本転写因子がプロモーターにある特定の塩基配列（TATA ボックスとよばれる塩基配列）を認識して結合する。そこに，他の基本転写因子や RNA ポリメラーゼが結合して**転写複合体**を形成し，転写が開始する。

Point 基本転写因子

基本転写因子は，真核生物における遺伝子の転写に必須のタンパク質であり，複数のタンパク質から構成されている。また，基本転写因子はどの遺伝子でも共通である。一方で，調節タンパク質は，遺伝子によって異なっている。
基本転写因子や調節タンパク質などによるタンパク質どうしの相互作用は，真核生物の転写調節において非常に重要である。

発現量の調節

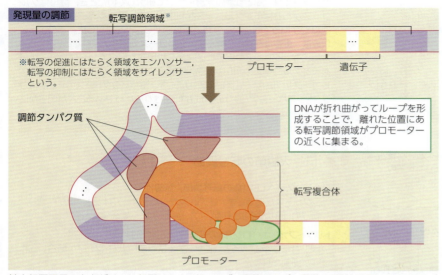

※転写の促進にはたらく領域をエンハンサー，転写の抑制にはたらく領域をサイレンサーという。

DNAが折れ曲がってループを形成することで，離れた位置にある転写調節領域がプロモーターの近くに集まる。

基本転写因子の存在だけでは転写はあまり起こらず，**調節タンパク質（転写調節因子）**のはたらきが必要である。真核生物では，遺伝子の前後に複数の**転写調節領域**がある。ここに転写の促進・抑制にはたらく数十もの調節タンパク質が複雑に関与することで，遺伝子の発現量が厳密に調節されている。

Zoom up 発現量を増やす遺伝子重複

遺伝子重複とは，ゲノム内に遺伝子のコピーが増えることである。その遺伝子が突然変異によって機能を失っても，コピー（重複遺伝子）で補うことができるので，重複遺伝子に起こった突然変異は，世代を経て蓄積される傾向にあり，進化の原動力になる（▶ p.269）。
一方，遺伝子重複は発現量を増やすことに一役買っている場合もある。例えば，タンパク質合成にはたらくリボソームを構成するリボソーム RNA（rRNA）は，多量に必要とされる分子で，全 RNA 量の 80% を占める RNA である。ゲノム中には rRNA の遺伝子が 100 個以上連なって存在することが知られており，遺伝子数を増やすことで一度にたくさんの rRNA を合成できるようにしていると考えられる。

Keywords　基本転写因子(general transcription factor)，転写複合体(transcription complex)，転写調節領域(transcriptional regulatory region)

C クロマチンの状態と転写調節

転写の調節には、染色体のクロマチンの状態も重要である。

■クロマチンの状態と転写

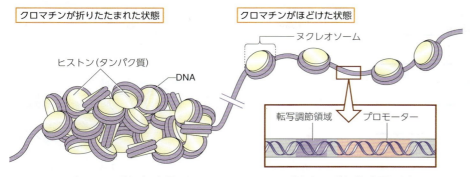

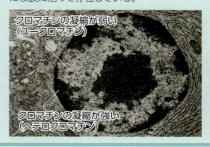

Zoom up クロマチンの凝縮

クロマチンの凝縮が弱い部分を**ユークロマチン**といい、遺伝子が活発に転写されている。一方、クロマチンが強く凝縮している部分を**ヘテロクロマチン**といい、遺伝子がほとんど転写されておらず、遺伝子の発現が抑えられている(▶p.96)。ヘテロクロマチンは、おもに核膜に沿って存在している。

真核生物のDNAは、核内でクロマチンを形成している(▶p.75)。クロマチンが折りたたまれた状態では、DNAに基本転写因子やRNAポリメラーゼなどが結合できない。一方、クロマチンがほどけた状態になると、DNAに基本転写因子やRNAポリメラーゼなどが結合できるようになる。
クロマチンの凝縮には、ヒストンのメチル化やアセチル化が関係している(▶p.96)。

D RNAによる翻訳の調節

RNAには、tRNAやrRNA以外にも、翻訳されない短いRNAがある。この短いRNAは、翻訳の調節にかかわっている。

■RNA干渉(RNAi)のしくみ

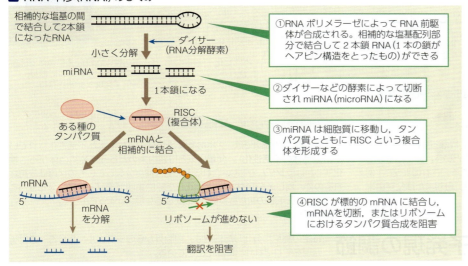

細胞内で2本鎖RNAが、相補的な塩基配列をもつmRNAを分解したり、翻訳を阻害したりする現象を**RNA干渉**(RNA interference, RNAi)という。
真核生物では、2本鎖RNAがダイサーによって分解されて生じたmiRNA(micro RNA)が1本鎖になり、mRNAと相補的に結合することで、翻訳を抑制している。miRNAは、ヒトゲノムでは約1500種類以上が知られており、タンパク質を合成する遺伝子の3分の1以上を調節していると考えられている。
また、外来の2本鎖RNA(ウイルスなどに含まれるものや人工的に合成して投与したもの)が、miRNAと同様にダイサーによって小さい断片に切断されたものをsiRNA(small intereferingRNA)といい、基本的にはmiRNAと同様のしくみで利用される。

Column RNA干渉の発見と応用

RNA干渉は、1998年にファイアーとメローによって、センチュウを用いた研究で発見された。センチュウの筋遺伝子のmRNAと相補的に結合するRNAを合成し、センチュウに注入すると、そのセンチュウは筋遺伝子を欠損した変異型のような行動を示した。このような、RNAによって遺伝子の発現がほぼ完全に抑制されるという現象が発見され、「RNA干渉」と名づけられた。その後の研究で、多くの生物のさまざまな遺伝子でもあてはまることが明らかになり、ファイアーとメローは2006年にノーベル生理学・医学賞を受賞した。
また、遺伝情報にもとづいて合成されるタンパク質の中には、病気の直接の原因になるものや、病気を発症するプロセスに関与するものもある。これまでの薬は、このタンパク質などをターゲットとするものだったが、RNA干渉の技術を用いることで、病気に関与するタンパク質の合成に必要なmRNAを分解することによって、病気を抑制できることが知られている。

ファイアー(アメリカ)

メロー(アメリカ)

調節タンパク質(regulatory protein), 遺伝子重複(gene duplication), RNA干渉(RNA interference)

13 遺伝子発現の調節(3)

A エピジェネティック制御

DNA の塩基配列が変化することなく、DNA やヒストンの修飾によって、特定の遺伝子領域の転写が制御されるしくみがある。これを**エピジェネティック制御**という。

■ DNA のメチル化

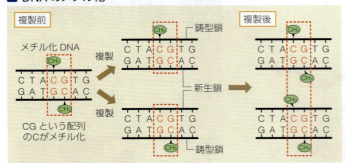

DNA 中の特定の塩基の炭素原子にメチル基(CH_3-)が付加されると、DNA に転写調節因子などが結合できなくなるなどして、転写が抑制される。
メチル化される塩基はシトシン(C)であることが多い。鋳型鎖の CG 配列のメチル基を目印に新生鎖の CG 配列の C もメチル化される。これによって、DNA のメチル化は複製後も維持される。

■ ヒストンの修飾

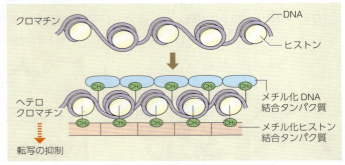

ヒストンが化学的な修飾を受けることで、クロマチンの構造が変化する。ヒストンのメチル化によって、クロマチンは凝縮し(ヘテロクロマチン化)、転写因子が結合しにくくなり、転写が抑制される。逆に、ヒストンのアセチル化によって、クロマチンの凝縮がほどかれ(ユークロマチン化)、転写が開始される。

■ ゲノムの刷込み(ゲノムインプリンティング)

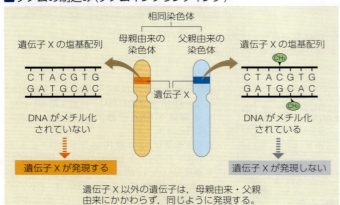

ある特定の遺伝子では、母親由来か父親由来かによって異なる調節を受ける。この現象を**ゲノムの刷込み(ゲノムインプリンティング)**という。卵と精子の形成過程で DNA がメチル化されることなどによって起こる。これによって、例えば、一方の対立遺伝子の発現がほぼ完全に抑制され、母親または父親由来のどちらか一方の遺伝子のみが発現する。

■ X 染色体の不活性化

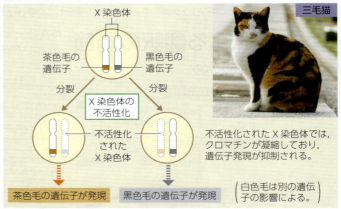

哺乳類の雌の体細胞では、2 本ある X 染色体のうち 1 本が不活性化されている(**X染色体の不活性化**)。父親由来と母親由来のどちらの X 染色体が不活性化するかはランダムであり、これらの細胞は何度分裂してもその状態は維持されるので、同じ X 染色体が不活性化した細胞集団がモザイク状に分布することになる。三毛猫のまだら模様は、このような現象によって生じる。

B ホルモンによる遺伝子発現の調節

特定の細胞に分化した細胞は、細胞外からのシグナルに応じて、遺伝子発現をそれぞれ独自に変化させている。

■ 脂溶性ホルモンによる遺伝子発現の調節

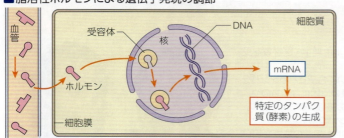

脊椎動物の生殖腺ホルモンや糖質コルチコイドのようなステロイドホルモン(▶ p.160)やチロキシンなどの脂溶性ホルモンは、細胞膜を透過して標的細胞の細胞内(細胞質または核内)にある受容体と結合する。これが、調節タンパク質として遺伝子発現を調節する。

■ 水溶性ホルモンによる遺伝子の調節

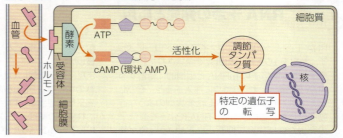

ペプチドホルモンやアドレナリンなどは水溶性ホルモンであり、細胞膜を透過できない。水溶性ホルモンは細胞膜表面の受容体と結合し、その結果つくられる cAMP(▶ p.37)が調節タンパク質を活性化することで転写を調節する。細胞内の酵素を活性化して他の反応を促進する場合もある。

Keywords エピジェネティック制御(epigenetic control)、DNA のメチル化(methylation of DNA)

14 遺伝子発現と細胞の分化(1) 生物基礎 生物

3-Ⅱ 遺伝情報の発現

A 細胞の分化と遺伝子発現
基生 体細胞分裂によって生じた細胞が，骨や筋肉など特定の形やはたらきをもつ細胞に変化することを，細胞の**分化**という

■ 細胞の分化と遺伝子発現

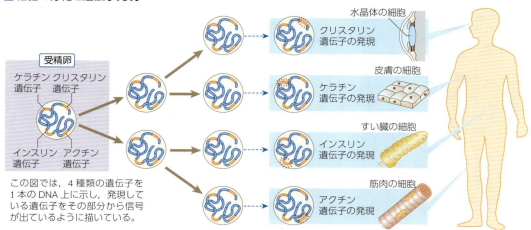

個体を形成する細胞はすべて同じ遺伝子(DNAの塩基配列)をもつが，すべての遺伝子が常にはたらいているわけではない。組織や器官によって，はたらく遺伝子が異なっている。
図のように，ヒトのからだを構成するすべての細胞は，クリスタリン，ケラチン，インスリン，アクチンの遺伝子をもっているが，クリスタリンの遺伝子は水晶体の細胞でのみ，インスリンの遺伝子はすい臓の細胞でのみ発現している。

■ 調節遺伝子と細胞の分化

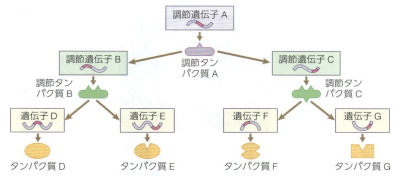

ある調節遺伝子によってつくられた調節タンパク質が，さらに別の調節遺伝子の発現を促す場合がある。このしくみが連続的に起こり，細胞がそれぞれ特有の形やはたらきをもつようになる。

Zoom up ハウスキーピング遺伝子

ATPの合成や分解，糖・脂質・アミノ酸の代謝，核酸やタンパク質の合成などの細胞の基本的なはたらきに関する酵素は，生命維持に不可欠であり，これらをつくる遺伝子は，からだ中のどの細胞でも発現している。このような遺伝子を**ハウスキーピング遺伝子**という。
一方，多細胞生物のからだを構成する細胞が多様なのは，それぞれの細胞の特徴に応じた遺伝子が特異的に発現しているためである。
ハウスキーピング遺伝子のように，細胞の生存のために常に遺伝子が発現していることを**構成的発現**，細胞の種類や発生段階，細胞の状況に応じて発現の状態が変化する場合，これを**調節的発現**という。

Column 細胞の分化とエピジェネティック制御

ヒトのからだを構成する細胞は，約270種類もの細胞からできている。からだは受精卵，つまり1つの細胞が分裂・増殖を繰り返して，その細胞が皮膚や神経といった特定のはたらきをもつ細胞へと分化することでつくられる。からだを構成するすべての細胞が，同じDNAの塩基配列をもつにもかかわらず，異なる機能や形態をもつ細胞になることができるのは，発生や分化の過程において，DNAやヒストンへの化学的な修飾(メチル化やアセチル化)により，細胞ごとに，それぞれ異なる遺伝子の発現が促進されたり抑制されたりするためである。このような化学的な修飾(細胞の「記憶」)は，その後，細胞が分裂を繰り返しても引き継がれる。このように，細胞の遺伝子発現を制御し，その記憶を継承するしくみがエピジェネティック制御である。
1942年に，イギリスのウォディントンは，「エピジェネティクス」(「エピ(上や後)を意味する接頭語」＋ジェネティクス(遺伝学)」)という用語をつくり，その概念を山頂からボールが上から下へと転がり落ちていくイメージに例えて表現した(右図)。山頂が最も未分化な状態(受精卵)で，細胞は分岐した谷間を転げ落ちるように一方向に分化して，もとにはもどらないという概念である。
2003年のヒトゲノム解明後，各細胞ごとのDNAやヒストンに付与された化学的な修飾(エピゲノム)を解読する研究が進められている。また，がんなどの疾患細胞を含めたさまざまな細胞のエピゲノム解読も進められている。

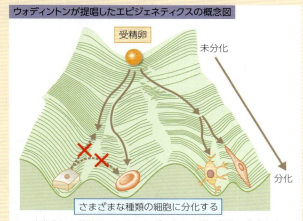

ウォディントンが提唱したエピジェネティクスの概念図

一度分化した細胞は，もとにもどったり，別の細胞に分化したりすることはない。

Keywords 分化(differentiation)

15 遺伝子発現と細胞の分化(2) 生物基礎 生物

A 発生と遺伝子
発生の過程で、細胞はさまざまな形態と機能をもつように分化していく。しかし、細胞の形やはたらきが変化しても、核の中の遺伝情報は変わらない。

■ カエルの核移植実験 (▶ p.145)

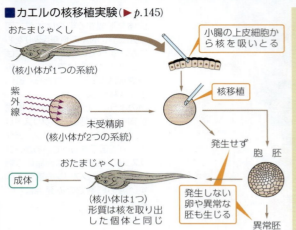
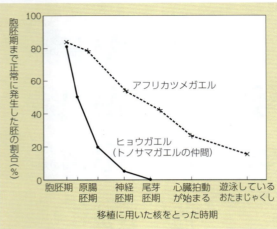

この実験(ガードン, 1962)から、分化した細胞の核も、基本的に受精卵の核と同じ遺伝情報をもつ(=同じ能力をもつ)ことと、発生が進むにつれて核の機能も変化していくため、初期発生に必要な遺伝情報を発現できない核が多くなっていくことがわかる。

B 発生に伴う遺伝子発現の変化 基生
ショウジョウバエやユスリカの幼虫の唾腺染色体に見られる**パフ**を観察すると、時期や状況によって転写が活性化している部位が変化することがわかる。

■ パフ

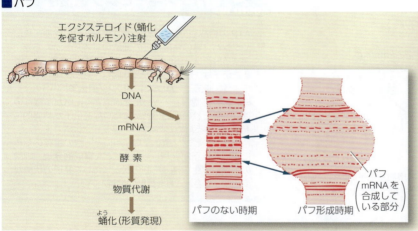
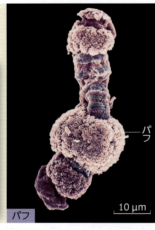

ハエやカの仲間の幼虫にエクジステロイドを注射すると蛹化のための遺伝子が活性化されて代謝を調節し、蛹化を起こす。このとき、唾腺などの細胞の巨大染色体では、染色体の一部がほどけて外にはみ出したパフとよばれる膨らみを観察することができる。この部分では、mRNA の合成(転写)が行われている。

■ 変態に伴うパフの変化

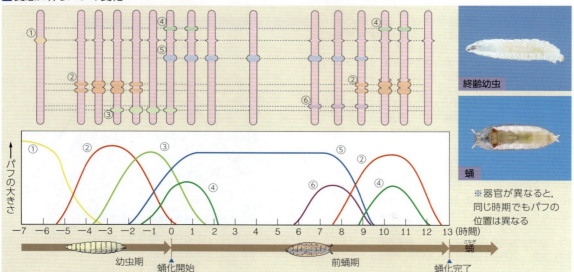

左図はキイロショウジョウバエの唾腺染色体のうち第Ⅲ染色体のパフの位置が、発生に伴って変化するようす、および発生の過程で現れる各パフの大きさと持続時間を示したものである。特定の位置のパフは、脱皮・変態の直前など特定の時期や発生段階に限って現れる。このように、発生段階に伴い異なる遺伝子が活性化することによって分化が進行し、からだの構造ができあがっていくと考えられている。

※器官が異なると、同じ時期でもパフの位置は異なる

Keywords 核移植(nuclear transplantation), パフ(puff)

16 唾腺染色体の観察 生物基礎 生物

3-Ⅱ 遺伝情報の発現

A 探究 ユスリカの幼虫の唾腺染色体の観察 基生

■ユスリカ

ユスリカの成虫

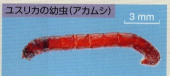
ユスリカの幼虫（アカムシ） 3 mm

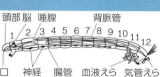

ユスリカ科の幼虫のうち，赤色を呈するものをアカムシという。釣具店やペットショップで市販されるアカムシは，オオユスリカ（$2n=6$）やアカムシユスリカ（$2n=6$）で，汚れた水のたまった側溝などで採取できるアカムシは，セスジユスリカ（$2n=8$）である。

■唾腺染色体

唾腺染色体は，ユスリカやキイロショウジョウバエなどの双翅類の幼虫の，唾腺にある細胞中に見られる。

①複製を繰り返した染色体が分離せず束状になっており，ふつうの体細胞の染色体より100〜150倍の大きさになっている。

②染色体ごとに特有の多数のしま模様が見られ，ところどころにパフ（▶p.98）とよばれる膨らんだ部分が観察できる。

③相同染色体が対合した状態になっているため，その本数は，体細胞の半分である。

■観察方法

①柄付き針でアカムシの頭部を押さえ，ピンセットで3〜5節目をつかんで内臓を引き抜く。

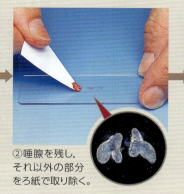
②唾腺を残し，それ以外の部分をろ紙で取り除く。

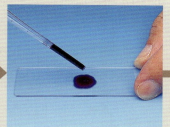
③酢酸オルセイン液を1滴落とし，5〜10分おいて染色する。

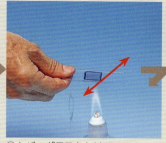
④カバーガラスをかけて，アルコールランプの炎に軽くかざす。

⑤プレパラートを2つに折ったろ紙にはさみ，親指の腹で上から静かに押しつぶす。

⑥100〜150倍程度の低倍率で唾腺細胞をさがし，600倍程度の高倍率に変えて観察する。

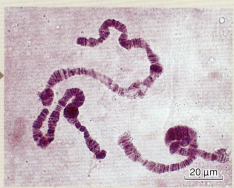
⑦唾腺染色体は，分裂期でないのに太く凝集している。染色体が膨らんでしま模様がわかりにくくなっている部分はパフ（▶p.98）とよばれ，その部分の遺伝子が活性化している。

20 μm

B 探究 いろいろな唾腺染色体 基生

■キイロショウジョウバエ

キイロショウジョウバエの成虫
キイロショウジョウバエの幼虫
1 mm

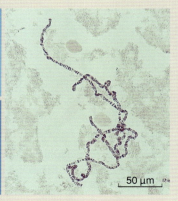
50 μm

■セスジユスリカ

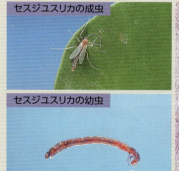
セスジユスリカの成虫
セスジユスリカの幼虫
5 mm

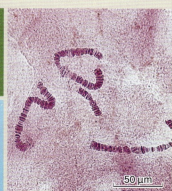
50 μm

17 遺伝子導入(1) 生物基礎 生物

A 遺伝子組換え

遺伝子の運び屋（ベクター）を用い，特定の遺伝子を生物の細胞に導入し，従来の生殖ではありえない，他の生物の遺伝子をもつ生物をつくり出すことが可能になった。

■大腸菌によるヒトインスリンの生産

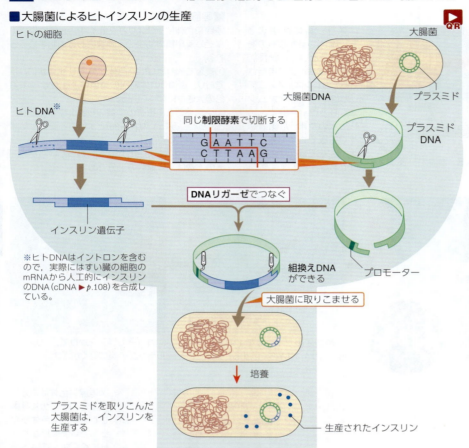

■インスリンを生産する大腸菌

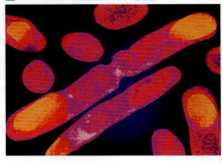

■大腸菌のプラスミド

■制限酵素

BamHI	···G GATCC··· / ···CCTAG G···
EcoRI	···G AATTC··· / ···CTTAA G···
PstI	···CTGCA G··· / ···G ACGTC···

— 切断部位

制限酵素にはさまざまな種類があり，種類によって切断する部位の塩基配列や切断の仕方は異なる。

制限酵素 特定の塩基配列の部分でDNAを切断する酵素。細胞内に侵入するウイルスのDNAなどを特異的に切断して，細胞を守るはたらきがある。

プラスミド 原核生物の細胞内にある自律的に複製できる小さな環状のDNAで，切り出した有用遺伝子を細胞内に導入するベクターとしてよく利用される。

DNAリガーゼ DNAどうしをつなぎ合わせる酵素。複製における岡崎フラグメントの結合や，DNAの修復に使われる。大腸菌から発見された。

■ベクターの種類

ベクター	導入細胞	性質
プラスミド	細菌	もともと細菌間で移動するDNAであり，細菌への遺伝子導入で最もよく用いられる
ウイルス	真核細胞・細菌	プラスミドよりも大きいDNA断片を運べるので，導入したい遺伝子のサイズが大きいときに用いられる
アグロバクテリウム	植物	植物に感染する細菌で，この細菌がもつプラスミドに導入したい遺伝子を組みこむ
人工染色体	真核細胞	宿主染色体とは独立に存在できる必要最小限の染色体として開発された。大きいDNA断片の運搬が可能で，制限酵素の切断部位やマーカー遺伝子も組みこむことができる

■プラスミドの構造の例

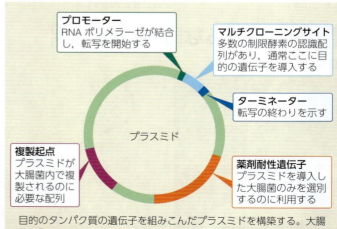

- **プロモーター** RNAポリメラーゼが結合し，転写を開始する
- **マルチクローニングサイト** 多数の制限酵素の認識配列があり，通常ここに目的の遺伝子を導入する
- **ターミネーター** 転写の終わりを示す
- **複製起点** プラスミドが大腸菌内で複製されるのに必要な配列
- **薬剤耐性遺伝子** プラスミドを導入した大腸菌のみを選別するのに利用する

目的のタンパク質の遺伝子を組みこんだプラスミドを構築する。大腸菌に取りこませることで形質転換を行い，大腸菌の体内で目的の遺伝子を発現させる。

Keywords 遺伝子組換え(gene recombination)，制限酵素(restriction enzyme)，DNAリガーゼ(DNA ligase)，組換えDNA(recombinant DNA)

B 組換え体の選別（スクリーニング）

■マーカー遺伝子（選択マーカー）

遺伝子が実際に導入される確率は低いため，遺伝子が導入された細胞を選別する必要がある。そのために用いられるのが**マーカー遺伝子**である。

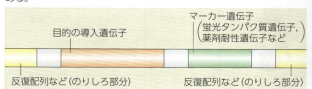

アンピシリン耐性遺伝子をマーカー遺伝子として用いた場合，ふつうの培地ではすべての大腸菌が生育するが，アンピシリン添加培地では，導入したい遺伝子を取りこんだ大腸菌のみが生育してコロニーを形成する。

■青白選択（ブルー・ホワイトセレクション）
ベクターを用いて遺伝子を導入し，目的の遺伝子が導入された細胞を色によって識別する方法。

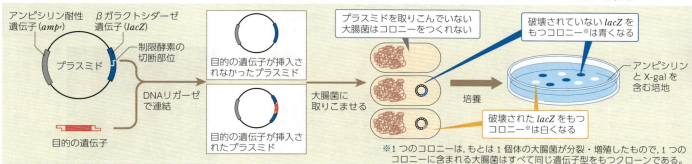

①プラスミドにはあらかじめ2つの遺伝子（amp^r：アンピシリン耐性遺伝子，$lacZ$：本来ラクトースを分解する遺伝子だが，ラクトースの類縁体であるX-galも分解する。X-galが分解されることで青色の化合物が形成される）が含まれている。$lacZ$の内部には，②で用いる制限酵素の切断部位がある。
②目的の遺伝子とプラスミドを同じ制限酵素で切断する。これらを混合し，DNAリガーゼで連結する（ライゲーション）。
③②を$lacZ$に変異をもつ大腸菌と混合し，大腸菌にプラスミドを取りこませる。
④大腸菌を，アンピシリンとX-galを含む培地で培養する。すると，プラスミドを取りこんだ大腸菌（amp^rをもつ）のみが増殖できる。また，目的の遺伝子が導入された細胞は$lacZ$が破壊されているため白いコロニー，目的の遺伝子が導入されていない細胞は$lacZ$がはたらくため青いコロニーとなる。

C ゲノム編集
DNAの塩基配列の特定の部分を認識して切断する酵素を用い，遺伝子を導入・破壊・置換する技術。

■CRISPR-Cas9システムによるゲノム編集

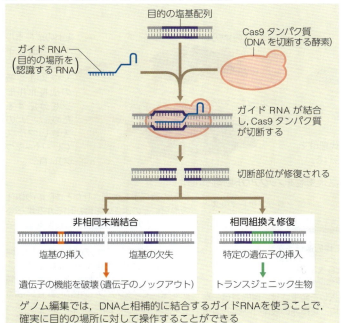

ゲノム編集では，DNAと相補的に結合するガイドRNAを使うことで，確実に目的の場所に対して操作することができる

■食品の遺伝子操作と規制

	品種改良	ゲノム編集		遺伝子組換え
方法	人工交配など	遺伝子を破壊する	外来の遺伝子を導入する	外来の遺伝子を導入する
精度	低い	高い	高い	低い
規制	規制対象外	届け出制	遺伝子組換え食品の規制対象	遺伝子組換え食品の規制対象

※最終的に他の生物の核酸（DNAやRNA）が残っていなければ規制の対象にならない。

Column 細菌の免疫システム－CRISPR-Cas9

ゲノム編集に用いられるCRISPR-Cas9は，細菌（バクテリア）やアーキア（古細菌）がもつ免疫システムを利用したものである。細菌の体内にバクテリオファージなどのウイルスが進入すると，細菌はファージがもつDNAを分解し，その一部を自身の染色体内に取りこむ。そして，再び感染を受けたときに，保存したDNAからCRISPR RNAを合成し，Cas9タンパク質によって，侵入したDNAを切断する。このようなシステムによって，細菌は体内に侵入したファージなどを排除している。

ベクター（vector），プラスミド（plasmid），ゲノム編集（genome editing），クローン（clone），コロニー（colony）

18 遺伝子導入(2) 生物基礎 生物

A トランスジェニック植物

本来もっていない外来の遺伝子を導入された生物を**トランスジェニック生物**という。植物ではアグロバクテリウムを用いて導入されることが多い。

■アグロバクテリウムによる遺伝子導入

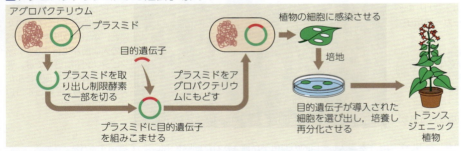

■遺伝子組換え植物の例

形質	植物例
除草剤耐性	ダイズ, ナタネ, トウモロコシ
害虫抵抗性	ジャガイモ, ワタ, アズキ
日もち性向上	トマト, カーネーション
ウイルス病耐性	イネ, トマト, メロン
アレルギーの原因物質の低減	イネ
花の色変わり	カーネーション, トレニア
タンパク質含有量少ない	イネ

植物に腫瘍をつくるアグロバクテリウムとよばれる細菌は,植物細胞に感染して,細菌のもつプラスミドの一部を植物細胞の染色体に組みこむ。プラスミドに導入したい目的遺伝子を挿入し,植物細胞に感染させて培養し,再分化させると,目的遺伝子が導入された植物体(トランスジェニック植物)が得られる。

Column 遺伝子導入と青いバラ

バラはもともと青色色素をつくる酵素をもたないため,長年,バラの育種家は青いバラをつくることができなかった。そこで,遺伝子導入技術を用いてパンジーのもつ青色色素をつくる酵素をバラに導入することで青色色素をもつバラがつくられた。しかし,遺伝子導入だけでは,バラがもともともっている赤色色素と青色色素が混ざった色のバラとなった。そこでRNAi(▶p.95)によってバラの色素合成にかかわる酵素のはたらきを抑えることによって,より青いバラを得ることができるようになった。

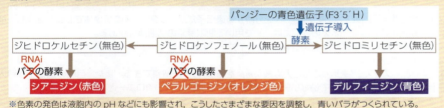

※色素の発色は液胞内のpHなどにも影響され,こうしたさまざまな要因を調整し,青いバラがつくられている。

害虫防除をせずに栽培した場合,非遺伝子組換えトウモロコシはアワノメイガの食害を受ける。

害虫抵抗性の遺伝子組換えトウモロコシは,アワノメイガの幼虫に対して抵抗性を示すため,食害を受けずにすむ。

B トランスジェニック動物

動物の遺伝子導入では,受精卵やES細胞に直接注入したり,ウイルスをベクターとして導入したりすることが多い。

■マイクロインジェクション法による遺伝子導入

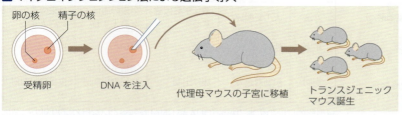

ヒトの成長ホルモンの遺伝子を組みこんだマウスは多量の成長ホルモンを分泌するため,からだの大きいマウス(スーパーマウス)に育つ。

受精卵に目的の遺伝子を含むDNAを微量注入して染色体に組みこませる。これを代理母マウスの子宮に移植してそのまま発生させると,目的遺伝子が導入されたマウスが得られる。

■ノックアウト動物

特定の遺伝子(標的遺伝子)を欠損させてはたらかないようにした動物を**ノックアウト動物**という。

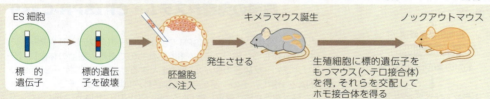

ES細胞(▶p.152)から標的遺伝子を欠損した細胞をつくり,この細胞を胚盤胞に注入して発生させ,標的遺伝子を欠損した細胞が混ざったキメラマウス(▶p.155)をつくる。このキメラマウスの子孫に,受精卵の段階から標的遺伝子の欠損したノックアウトマウスが生じる。

特定の遺伝子を欠損させたときにその個体の形質にどのような影響が出るかを調べることで,その特定の遺伝子の役割を調べる研究が進められている。

近年,ノックアウト動物の作製にもゲノム編集技術(▶p.101)が用いられるようになり,ES細胞が得られない動物でも効率よく簡便な操作でノックアウト個体が得られるようになっている。

Keywords トランスジェニック生物(transgenic organisms), アグロバクテリウム(agrobacterium)

3-Ⅲ 遺伝子研究とその応用

19 遺伝子組換え実験 _{生物基礎 / 生物}

A 探究 大腸菌の形質転換実験

緑色蛍光タンパク質(GFP)の遺伝子が組みこまれたプラスミドとβガラクトシダーゼ(lacZ)の遺伝子が組みこまれたプラスミドを大腸菌に導入して形質転換させてみよう。

■ LB 寒天培地の作製

LB 寒天培地(LB)，アンピシリン(抗生物質)を含む LB 寒天培地(LB/amp)，アンピシリンと IPTG および X-gal※を含む LB 寒天培地(LB/amp・X-gal・IPTG)の3種類を作製する。

※ X-gal は lacZ によって分解されると青くなる。

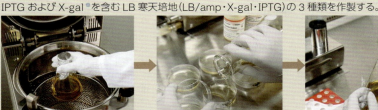

① LB 粉末，寒天などの材料に精製水を加え，オートクレーブで加熱・加圧滅菌する。

② ①の溶液をゆっくりゆらしてよく混合し，プレートに分けて注ぐ。

③ アンピシリンや IPTG などは，①の溶液が 60℃未満に低下してから加える。

■ プラスミド 2種類を混合して使用する。

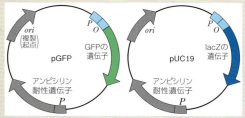

アンピシリン耐性遺伝子をもつため，これらのプラスミドを取りこんだ大腸菌は LB/amp 培地で生育できる。GFP, lacZ は，ラクトースオペロンのプロモーター (P) とオペレーター (O) につながっており，誘導物質である IPTG によって発現が誘導される。

■ 形質転換実験

「遺伝子組換え生物等規制法」およびこの法に基づく省令に則って行うこと。詳しくは文部科学省のホームページなどで確認できる。

① 大腸菌を培養している LB 培地からループを用いてコロニーを 1 つかき取る。

② 形質転換溶液を入れたマイクロチューブに①の大腸菌を加え，よく混合する。

③ ②に 2 種類のプラスミドを含むプラスミド溶液を加えてよく混合した後，氷上に 10 分間静置する。

③でプラスミド溶液を加えない試料も用意し，対照実験も含めて，次のような試料と培地の組み合わせで実験を行う。

プラスミド溶液	使用培地
なし	LB
なし	LB/amp
あり	LB/amp
あり	LB/amp・X-gal・IPTG

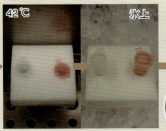
④ ③を 42℃の恒温槽に 1 分間浸した後，すばやく氷上にもどす(ヒートショック)。

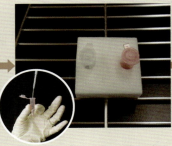
⑤ 2 分後，④に SOC 培地※を加えて混合し，37℃で 10 分間静置する。
※ SOC 培地は，ヒートショックによってダメージを受けた大腸菌を回復させ，形質転換効率を上げる。

⑥ ⑤をよく混合し，植菌する。適量を培地に滴下しコンラージ棒で広げる。

⑦ 培地にふたをして逆さまにし，37℃で 1 日静置して培養する。

■ 実験結果

スクリーニング

一面に多数の白いコロニー ／ コロニーなし ／ 白いコロニー

プラスミドなし, LB 培地 ／ プラスミドなし, LB/amp 培地 ／ プラスミドあり, LB/amp 培地

プラスミドが大腸菌に導入される割合はきわめて低いため，導入できた大腸菌だけを選び出す必要がある。プラスミドを取りこんだ大腸菌は LB/amp 培地でも生育できるが，取りこんでいない大腸菌は生育できない。これを利用して遺伝子導入した大腸菌だけを選択する(スクリーニング)。

遺伝子発現の誘導
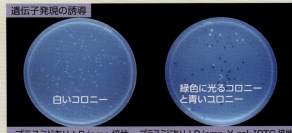

白いコロニー ／ 緑色に光るコロニーと青いコロニー

プラスミドあり, LB/amp 培地 ／ プラスミドあり, LB/amp・X-gal・IPTG 培地

LB/amp 培地では，プラスミドを取りこんだ大腸菌は生育するが，GFP や lacZ は発現しない。IPTG を含む LB/amp・X-gal・IPTG 培地では，pGFP を取りこんだ大腸菌は GFP の発現が誘導されて紫外線照射により緑色蛍光を発し，同様に，pUC19 を取りこんだ大腸菌は lacZ の発現が誘導されてコロニーが青くなる※。

Keywords 寒天培地(agar medium)　　　※通常，いずれか一方のプラスミドしか取りこまれない。　103

20 遺伝情報の解析 − DNA の増幅

生物基礎 / 生物

A PCR 法

遺伝子を使ったバイオテクノロジーには，同じ塩基配列の DNA が大量に必要となる。アメリカのマリスらは，PCR（ポリメラーゼ連鎖反応）法によって特定の部位の DNA の大量複製を可能にした（1983 年）。

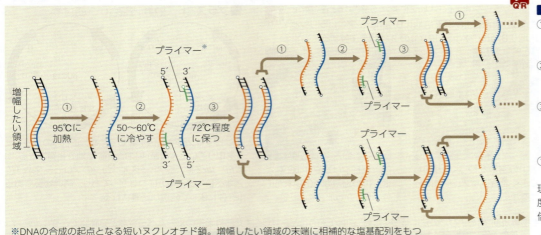

※DNA の合成の起点となる短いヌクレオチド鎖。増幅したい領域の末端に相補的な塩基配列をもつ。

■ PCR 法の手順

①高温処理によって，DNA の塩基どうしの水素結合を切り 1 本鎖にする。
②温度を下げて，DNA 合成開始に必要な特定の塩基配列のプライマーを 1 本鎖 DNA に付着させる。
③比較的高温の状態ではたらく DNA ポリメラーゼを利用して，プライマー部を開始点とする DNA の複製を行う。
①・②・③をくり返す。

現在ではこの方法により，3 時間程度で，特定の部位の DNA を数百億倍に増やすことができる。

Zoom up さまざまな PCR 法

■ RT-PCR (reverse transcription PCR) 法

試料の RNA から逆転写酵素（▶p.108）を用いて cDNA を合成したのち，PCR 法により DNA を増幅させる。一般的には mRNA を用い，発現している遺伝子を検出するために使われる。異なる組織由来の cDNA の RT-PCR により，各組織間での遺伝子発現の比較ができる。

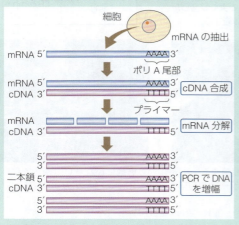

真核生物の mRNA の 3´末端には，A（アデニン）が連続したポリ A 尾部が付加される。cDNA の作成には，このポリ A 尾部に相補的なオリゴ dT プライマーなどが利用される。

■ リアルタイム PCR 法

蛍光物質を用いて微量の PCR 産物を検出することにより，増幅する DNA 量をモニタリングし，もとになった DNA の濃度を調べる。濃度がわからない DNA 試料を用いて PCR 反応を行い，一定の増幅量（蛍光強度）に達するまでのサイクル数を測定する。さまざまな濃度に希釈した既知量の DNA サンプルの PCR 反応の結果と比較することで，試料の濃度が推定できる。
DNA 増幅によって蛍光を発するしくみにはさまざまなものがあるが，タックマンプローブ法では，蛍光分子と消光分子が結合したタックマンプローブを用いる。DNA 合成が進行すると，DNA ポリメラーゼがタックマンプローブを分解し，蛍光分子と消光分子が離れることによって蛍光が発せられるようになる。

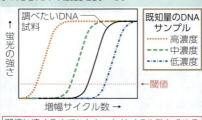

閾値に達するまでにかかったサイクル数を求める

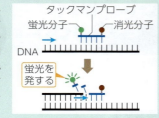

Column PCR 法による新型コロナウイルスの検出

新型コロナウイルスは，遺伝物質として RNA をもつウイルスである（▶p.186）。PCR 法による新型コロナウイルスの検出は，逆転写反応が必要な RT-PCR であり，リアルタイム PCR と組み合わせることによって検査時間の短縮が図られている。

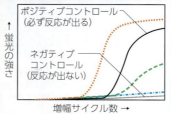

ウイルスの数に比例して RNA から逆転写されてできる DNA も多く，PCR による増幅が早い

Keywords PCR（ポリメラーゼ連鎖反応）(polymerase chain reaction)，プライマー (primer)

21 遺伝情報の解析－DNAの分離

生物基礎／生物　3-Ⅲ 遺伝子研究とその応用

A 電気泳動法

電気泳動法では，いろいろな長さをもつ DNA 断片を，その塩基対(bp)の数によって分けることができる。DNA の塩基対数や塩基配列などさまざまな解析に利用されている。

■電気泳動法の原理

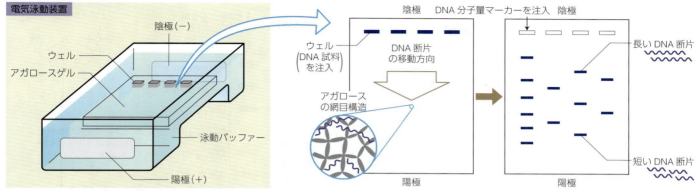

DNA は負(−)の電荷をもつため，電気泳動装置で電圧を加えると陽極(+)へ向かって移動する。

アガロースゲルは小さな網目構造をしているため，長い DNA 断片はゲル中を移動しにくい。その結果，短い DNA 断片ほど速く移動するため，DNA 断片をその長さによって分けることができる。

B 探究 電気泳動実験

大腸菌を宿主とするバクテリオファージ(λファージ)の DNA を，制限酵素を用いて断片化し，電気泳動を行って，できた DNA 断片の塩基対数を推定する。

■実験の手順

制限酵素処理

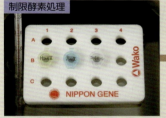

①Hind Ⅲ や Pvu Ⅱ などの制限酵素溶液に λ DNA 溶液を加えて混合し，37 ℃で 15 分間反応させる。

②ウェルが上向き，陰極側になるように，アガロースゲルを電気泳動装置にセットする。

③ゲルが完全に浸るように緩衝液(泳動バッファー)を入れる。

④DNA 試料にローディングバッファーを加えて混合する。

⑤DNA 試料と DNA 分子量マーカーをそれぞれ別のウェルに注入する。

⑥電圧を設定して電気泳動を行う。ローディングバッファーに含まれる色素がゲルの 7～8 割移動したところで電源を切る。

⑦ゲルを DNA 染色液で染色する。

⑧ゲルを脱色する。

■実験結果

① DNA 分子量マーカー
② λ DNA（制限酵素なし）
③ λ DNA + Hind Ⅲ
④ λ DNA + Pvu Ⅱ

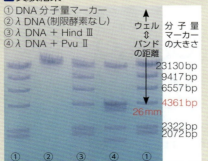

ウェル⇔バンドの距離

分子量マーカーの大きさ
23130 bp
9417 bp
6557 bp
4361 bp　26 mm
2322 bp
2072 bp

① ② ③ ④ ①

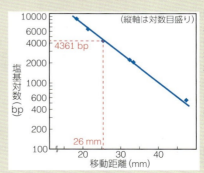

DNA 分子量マーカーのバンドと比較して，各 DNA 断片の塩基対数を推定する。移動距離を横軸，塩基対数を縦軸（対数目盛り）にして DNA 分子量マーカーの結果をグラフ化し，このグラフをもとに，求めたい DNA 断片の移動距離から塩基対数を求める。

Keywords　電気泳動法(electrophoresis)，塩基対(base pair)

遺伝情報の発現

22 遺伝情報の解析 — 塩基配列の解析

生物基礎 / 生物

A DNAの塩基配列の決定

DNAの塩基配列は、複製停止を引き起こす特殊なヌクレオチドを少量混合してDNAを複製させ、それを電気泳動することで調べられる（サンガー法）。

■サンガー法（ジデオキシ法）

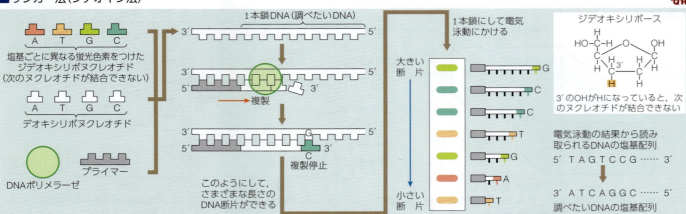

① ジデオキシリボースという五炭糖を含んだ、A、G、C、Tのいずれかをもった4種類のジデオキシリボヌクレオチドに、それぞれ違った色を発する蛍光色素を結合させる。
② ①を少量混ぜた溶液中でDNAを複製させると、ジデオキシリボヌクレオチドが結合したところでDNA合成が停止する。
③ ②で得られたさまざまな長さのDNA断片を電気泳動で分離し、レーザー光を照射すると、検出される蛍光の色の順で塩基の配列がわかる。
注）上図は、サンガー法の一つである「ダイターミネーター法」を示しており、サンガー法にはいくつかの変法がある。

■ゲノムの塩基配列解析

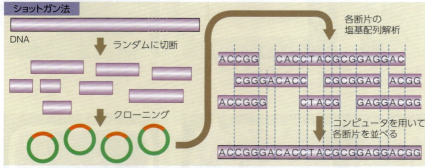

サンガー法で塩基配列が決定できるのは約1000塩基対である。ある生物の全ゲノムのように長いDNA（ヒトの染色体1本で平均約1.2億塩基対）の塩基配列を決定するためには、DNAを短く断片化し、各断片の塩基配列を決定しなければならない。ショットガン法では、DNAをランダムに切断して各断片の塩基配列が決まったら、重なりあった部分の塩基配列を手がかりに、コンピュータを使って各断片を並べて、全体を決定する。

■ゲノムプロジェクト

ある生物の塩基配列をすべて明らかにしようというプロジェクトがゲノムプロジェクトであり、4000種以上の生物のゲノムの解読が完了している。ヒトゲノムとの比較解析も行われている。

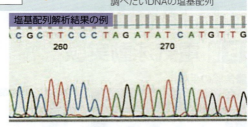

生物	ゲノムサイズ（塩基対）	推定遺伝子数
ヒト	30億	20500
ハツカネズミ	26億	22000
イネ	4億3000万	42000
ショウジョウバエ	1億6500万	14000
シロイヌナズナ	1億2000万	27000
センチュウ	1億	20100
パン酵母	1200万	6300
大腸菌	460万	4400

B クローニング

特定の遺伝子を含むDNA断片のコピーを大量につくって増やすことを**クローニング**という。PCR法（▶p.104）もクローニングの1つの手法である。

■大腸菌を利用したクローニングの方法

プラスミド（あるいはウイルス）に目的のDNA断片を組みこんで大腸菌に取りこませ、そのプラスミドを増やすことで、目的のDNA断片も増やす。

Zoom up クローニングベクター

クローニングに用いられるプラスミドやウイルスを**クローニングベクター**という。クローニングベクターは、DNA断片を組みこみやすく、宿主細胞で維持・増幅されやすい性質がある。遺伝子組換えに用いられるベクターは、**発現ベクター**とよばれ、発現に必要なプロモーターなどももつ。

Keywords 塩基配列（base sequence）、ゲノム（genome）、クローニング（cloning）

3-Ⅲ 遺伝子研究とその応用

C DNA型鑑定

DNAには，同じ塩基配列がいくつもくり返される領域がある。そのくり返しの回数はヒトによって異なる。このようなDNAのくり返しの特徴を調べることで，個人の識別や血縁関係を調べることができる。

■ DNA型鑑定の原理

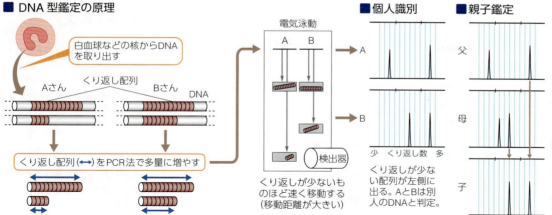

くり返し配列をPCR法で増やしたDNA断片を電気泳動すると，くり返し回数が少ないものほど速く移動する。これをコンピュータで検出してモニタに表示すると，両親から受け取ったくり返し配列を示すピークが2つ現れる。同一人物のDNAなら必ず2つのピークが一致し，異なれば別人と判定される。

親子鑑定では，両親と子どもが1つずつ同じピークをもつかどうかを調べ，一致しなければ親子でないと判定される。ただし，突然変異が起こっていて一致しない場合もある。

■ 農作物の品種鑑定

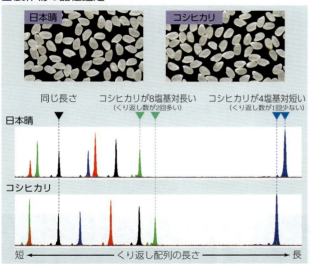

4塩基の反復単位をもつマイクロサテライト（▶p.110）マーカーを用いて調べると，品種によってこの4塩基の反復単位のくり返し数のパターンに違いがあることがわかる。

Zoom up 遺伝子研究の最先端

■ある転写調節因子Aの機能を探る研究の一例

①転写調節因子Aの遺伝子を過剰発現するようにしたトランスジェニックマウス（▶p.102トランスジェニック動物）を作製する。
②過剰発現させた組織を取り出し，そのmRNAを抽出する。
③mRNAからcDNAを作製し，DNAマイクロアレイ解析（▶p.109）を行う。ふつうのマウスの同じ組織と比較してどのような遺伝子の発現が増えたり減ったりしているかを調べる。
④増減がみられた遺伝子などについて，インターネットで公開されている遺伝子情報を調べ，コンピュータを用いて解析する。その情報をもとに転写調節因子Aがどのような機能にかかわっているかを推定し，仮説を立てる。
⑤④の裏付けとなる実証実験を行う。

Zoom up 遺伝子ライブラリ

特定の生物のDNAや特定の組織のmRNAから得たcDNAを適当なサイズに断片化し，それを集めたものを**ライブラリ**という。1本のDNAにはたくさんの遺伝子が存在していてそのままでは大きくて扱いづらいため，ライブラリが作製される。目的の遺伝子を，ライブラリでさがし取り出すことができる。

DNAからつくられたライブラリを**ゲノムDNAライブラリ**といい，特定の組織などからmRNAを抽出し，逆転写したcDNAからつくられたライブラリを**cDNAライブラリ**という。両者は目的によって使い分けられている。

ゲノムDNAライブラリには，その生物のもつ全DNAが等量ずつ含まれている。また，DNAをランダムに断片化しているため遺伝子が途中で切断されているものがある。

一方，cDNAライブラリには，発現している遺伝子のみが含まれる。cDNAでは遺伝子はつながっており，イントロンも含まれない。さらに，多く発現している遺伝子とほとんど発現していない遺伝子で，ライブラリ中に含まれる量が異なっている。

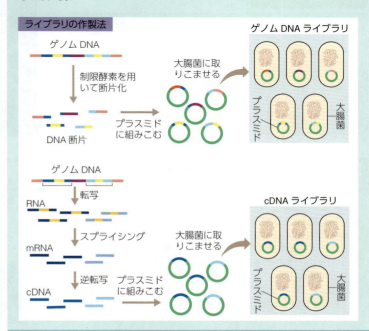

ゲノムDNAライブラリ（genomic DNA library）

23 遺伝子研究に用いられる技術　生物基礎 生物

A 逆転写酵素と cDNA

逆転写酵素は，遺伝子研究において mRNA から cDNA を作製するのに用いられている。DNA は RNA より安定な物質で扱いやすい。

■ cDNA の作製

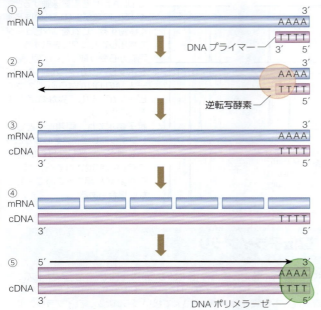

① 真核生物の mRNA には 3′ 末端にアデニン（A）が並ぶポリ A 尾部がある（▶p.86）。そこで，ポリ A 尾部に相補的な配列（TT…T）をもつ DNA プライマーを結合させる。

② RNA から DNA を転写する**逆転写酵素**を作用させる。

③ mRNA に相補的な **cDNA**（complementary DNA, 相補的 DNA）が合成される。

④ mRNA を分解する。

⑤ DNA ポリメラーゼを作用させて 2 本鎖にする。

Column レトロウイルス

エイズ（▶p.183）の原因となる HIV（ヒト免疫不全ウイルス）は，遺伝情報を担う物質として DNA ではなく RNA をもつ。逆転写酵素をもっており，宿主細胞に感染すると，RNA を DNA に逆転写して宿主細胞の DNA に組みこむ。組みこまれたウイルスの遺伝情報は宿主細胞の中で再び RNA に転写され，翻訳される。このような，逆転写を行うウイルスを**レトロウイルス**（retro-：逆の）という。レトロウイルスは，宿主細胞に遺伝子を組みこむことができるため，ベクターとしても用いられる（レトロウイルスベクター）。

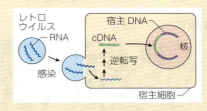

B GFP の利用

GFP（緑色蛍光タンパク質）は，目的の遺伝子がどこで発現しているのかを調べたり，遺伝子導入において，導入に成功した細胞を選別したりする（▶p.101）のに用いられる。

■ GFP を用いた解析

GFP（緑色蛍光タンパク質）は，遺伝子発現の解析に頻繁に利用されている。
《優れている点》
① 単一遺伝子でアミノ酸配列が指定されている。
② 紫外線を当てると単体で光る。
③ 異種細胞での発現方法が開発されている。

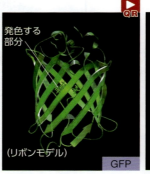
（リボンモデル）GFP

アクチンの遺伝子に GFP 遺伝子をつなげて導入したマウス

Column 下村脩と GFP の発見

2008 年，下村脩は，GFP を発見した功績でノーベル化学賞を受賞した。彼は，1962 年にオワンクラゲの発光物質イクオリンの研究中に「副産物」として GFP を発見した。多くの蛍光タンパク質が，タンパク質と蛍光物質が結合した 2 分子構成であるのに対し，GFP はその内部の連続した 3 つのアミノ酸が発色団を形成し，単独で蛍光発色できる。
このことが，GFP 遺伝子をあらゆるところに組みこむことを可能にし，その後の分子生物学や基礎医学の発展をもたらし，GFP をライフサイエンスに不可欠な道具とした。

Column 虹色に輝く蛍光タンパク質

GFP の有用性が明らかになってのち，GFP に改変を加え，青い蛍光を発するものや黄色い蛍光を発するものがつくられたほか，サンゴなど他の生物に由来するものなどさまざまな蛍光タンパク質がつくられた。これらを用い，複数の分子を区別して同時に追跡することも可能になった。

Keywords　逆転写酵素（reverse transcriptase），レトロウイルス（retrovirus），緑色蛍光タンパク質（green fluorescent protein＝GFP）

24 遺伝子発現の解析 [生物基礎][生物]

A DNAマイクロアレイ

一度に数千〜数万種類の遺伝子発現を調べる方法として，**DNAマイクロアレイ**（DNAチップ）が用いられる。

■ DNAマイクロアレイ
それぞれの組織や細胞でどの遺伝子が発現しているかを一度に調べることができる。

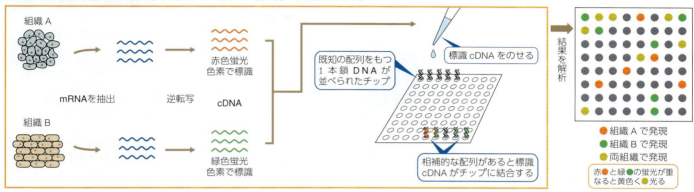

DNAマイクロアレイを用いた解析により，次のような研究が容易に行えるようになった。
- ある組織の細胞と全身の細胞の遺伝子発現を比較することで，その組織で特異的に発現している遺伝子の特定につなげる。
- 正常細胞とがん細胞の遺伝子発現を比較することで，がんの原因遺伝子の特定につなげる。
- 薬の候補物質を投与した個体の組織と投与しない個体の組織の遺伝子発現を比較することで，その候補物質を投与したことによる影響を調べられる。

 機能性食品の作用メカニズムの解明

機能性食品とは，健康の維持や回復によい影響を与えるはたらき（機能）をもつ食品のことで，例えば，腸の健康を保つ機能をもつ乳酸菌の入ったヨーグルトなど多数のものがあげられる。

このような機能性食品の作用メカニズムの解明を目的として，約15社の食品企業の共同支援（総称：食品産業コンソーシアム）による寄付講座が東京大学に開設されている。DNAマイクロアレイという新技術を用いて機能性食品投与前後の遺伝子発現変動の解析をするなどの手法で，摂取した食品に対するからだの応答が調べられている。このような方法はニュートリゲノミクスとよばれ，近年，たいへん注目されている。

東京大学大学院農学生命科学研究科　応用生命化学専攻　「食品機能学」寄付講座

B RNAシーケンシング解析

組織や細胞で発現するmRNAの配列をすべて読み取ることで，遺伝子の転写量を見積もる方法である。高速シーケンサーの登場によって遺伝子解析に用いられるようになった。

■ RNAシーケンシング解析の原理

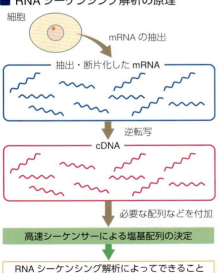

RNAシーケンシング解析によってできること
- がんなどの病気の原因遺伝子の調査
- 特定の遺伝子の発現量の定量化
- 遺伝子発現ネットワークの解析
- 細胞集団を示すマーカーの探索

塩基配列のような生物がもつ膨大な情報を分析する学問分野を**バイオインフォマティクス**という

■ データ解析（既知の塩基配列を用いた解析の例）

同じ細胞における遺伝子ごとの発現量の比較	異なる組織における同じ遺伝子の発現量の比較
遺伝子A, 遺伝子B, 遺伝子C, 遺伝子D	遺伝子Bの発現量：組織A, 組織B, 組織C, 組織D
遺伝子Aの発現量 > 遺伝子B, C, Dの発現量	組織Cにおける発現量 > 組織A, B, Dにおける発現量

 微生物集団のゲノムをまとめて調べる－メタゲノム解析

例えばヒトの消化管内に生息する腸内細菌について，細菌の集団からまとめてDNAを抽出して塩基配列を決定し，既存のゲノム情報と比較するなどして，腸内細菌の集団全体の遺伝情報を得るという方法がある。この手法は**メタゲノム解析**とよばれる手法で，メタゲノムは，メタ（超える）とゲノムからつくられた造語である。

高速シーケンサーで得た遺伝情報をコンピュータを使ったゲノム情報の解析（**バイオインフォマティクス**）により解析する。ヒトの腸内細菌の構成，遺伝子の組成，環境との間にある相互作用など，腸内の環境を反映して生息する細菌の全体像をとらえ，ヒトの健康や病気とのかかわりを探る研究が進展している。

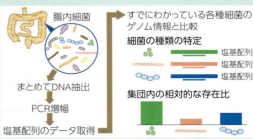

Keywords DNAマイクロアレイ解析 (DNA microarray analysis)，標識 (label)，RNAシーケンシング解析 (RNA sequencing analysis)

25 遺伝子研究とヒト　生物基礎 生物

A ヒトゲノム
基生　ヒトゲノム計画が完了し，さまざまなことが明らかになった。遺伝子の解析により，どのような遺伝子がゲノム上のどの位置に存在しているのかが明らかになってきている（▶後見返し）。

■ゲノム

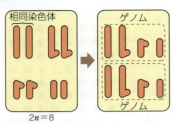

ゲノムとは，「遺伝子 gene」とラテン語の ome（＝全体）あるいは「染色体 chromosome」を合わせた言葉である。ふつう，配偶子に含まれる染色体の遺伝情報全体が 1 つのゲノムである。

■ヒトゲノムの内訳

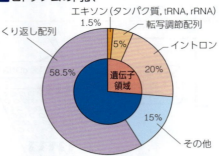

タンパク質を指定している配列は，全体で約 30 億塩基対あるうちの 1.5％に満たない。非遺伝子領域の大部分はくり返し配列が占めている。

Zoom up　ジャンク DNA

真核生物のゲノムには非遺伝子領域が多く存在し，ヒトゲノムでは 7 割をこえている。以前は，これらの領域についてその有用性が不明で，「がらくた」という意味でジャンク DNA とよばれていた。しかし，近年，遺伝子の発現調節にかかわっている領域など，ジャンク DNA とよばれた中に，細胞にとって重要なはたらきをしている部分があることが明らかになってきている。
なお，ジャンク DNA の割合は生物によって異なる。例えばトラフグのゲノムサイズはヒトの 7 分の 1 以下であるが，その大部分は遺伝子としてコードされており，遺伝子数はほぼヒトと同数で，ジャンク DNA は少ないと考えられている。

■遺伝的多型
同種個体間に見られる DNA の塩基配列の違いのうち，集団内で 1％以上の頻度で見られるものを**多型**（遺伝的多型）という（1％未満の場合は，突然変異という）。

一塩基多型（SNP）
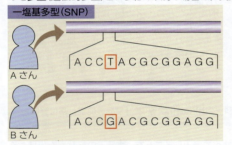

1 塩基の置換によって生じた多型である。アミノ酸配列が変化したり，転写調節領域の塩基配列が変化すると，遺伝子の機能に影響を生じる可能性もある。

アルデヒド脱水素酵素の SNP
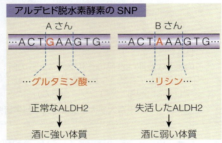

アルコールに対する強さ（▶ p.129）の遺伝的な要因は，おもにアルデヒド脱水素酵素（ALDH2）の SNP によることが知られている。

マイクロサテライト多型
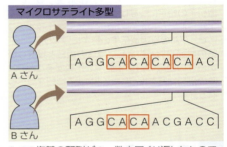

2～5 塩基の配列が 2～数十回くり返したもので，くり返し回数に多型が見られる。科学捜査では，安定している 4 または 5 塩基のくり返し配列を利用し，個人の DNA 型の特定を行う（▶ p.107）。

■ABO 式血液型と遺伝的多型
ヒトの ABO 式血液型は，赤血球表面に結合している糖鎖の構造の違いによって分類されている。これらの違いは第 9 染色体に存在する，*A*, *B*, *O* の 3 つの対立遺伝子によって生じる。*A* 対立遺伝子があると A 型糖鎖，*B* 対立遺伝子があると B 型糖鎖ができ，*O* 対立遺伝子しかもたない場合には H 型糖鎖となる。

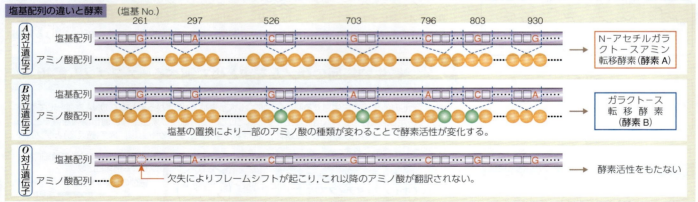

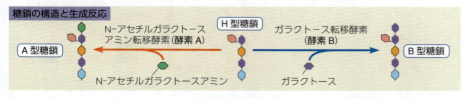

Keywords　ゲノム（genome），ヒトゲノム（human genome），一塩基多型（SNP）（single-nucleotide polymorphism）

B 遺伝情報と医療

遺伝子の異常で起こる病気を，正常な遺伝子を導入することで治療できる場合がある。また，個人のSNPを含む遺伝情報を調べることで，個人に応じた医療を行うことができるようになる。

■遺伝子治療

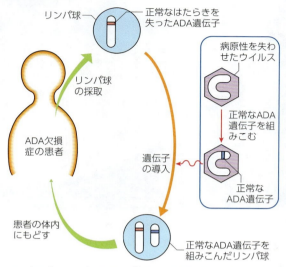

ADA（アデノシンデアミナーゼ）をつくる遺伝子の異常は，重度の免疫不全を起こす。病原性を失わせたウイルス（ベクター）に正常なADA遺伝子を組みこみ，これをADA欠損症患者のリンパ球に感染させて，遺伝子を導入する。このリンパ球を培養して患者にもどすと，ADAの合成が可能になる。

■テーラーメイド医療
遺伝情報に基づいて，一人一人の個人差に応じて行われる医療をテーラーメイド医療（オーダーメイド医療）という。

投薬治療の個別化

エクステンシブメタボライザー
薬を代謝する酵素の活性が高い人。すぐに代謝してしまうため，多量の服薬が必要

プアメタボライザー
薬を代謝する酵素の活性が低い人。少量の服薬でよく。多量に服薬すると悪影響をもたらす場合もある

現在 最初は少量を投与。きかなければ量を増やす

テーラーメイド医療 遺伝情報を調べ，酵素活性の高い遺伝子をもつ人には多く投与。低い遺伝子をもつ人には少なく投与。最初から適量を投与

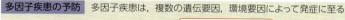

副作用の現れ方も個人により異なるので，使用する薬の種類も遺伝情報に基づいて決めることができるようになると考えられている。

多因子疾患の予防
多因子疾患は，複数の遺伝要因，環境要因によって発症に至る

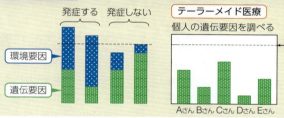

遺伝情報を調べ，あらかじめ発症の遺伝要因をどのくらいもっているかがわかれば，環境要因を抑えることで発症を予防することができる。

医療者は，どのように生活環境を整えて予防すればよいかを個人に応じて示すことができる。

Column がんと遺伝子

日本における4大死因は，「悪性新生物」「心疾患」「肺炎」「脳血管疾患」である。1位の「悪性新生物」とはつまり「がん」のことで，がんは日本人にとってたいへん身近な病気である。

がんは，おもに①がん原遺伝子に突然変異が起こってがん遺伝子が生じ，さらに，②がん抑制遺伝子に突然変異が起こってそのはたらきが失われることによって生じる。

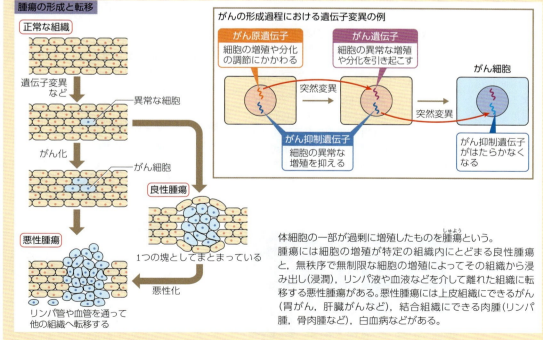

体細胞の一部が過剰に増殖したものを腫瘍という。腫瘍には細胞の増殖が特定の組織内にとどまる良性腫瘍と，無秩序で無制限な細胞の増殖によってその組織から浸み出し（浸潤），リンパ液や血液などを介して離れた組織に転移する悪性腫瘍がある。悪性腫瘍には上皮組織にできるがん（胃がん，肝臓がんなど），結合組織にできる肉腫（リンパ腫，骨肉腫など），白血病などがある。

がん原遺伝子 正常な細胞の増殖や分化に関する指令を細胞外から受容し，細胞内でその情報を伝達し，転写を促すまでの各過程にはたらくタンパク質の遺伝子。*ErbB*, *ras*, *fos* などの例が知られている。これらの遺伝子が異常にはたらくようになると，細胞増殖が抑制されずにがん化する。

がん抑制遺伝子 DNAが損傷した細胞に対して，①細胞周期を停止させる ②細胞死を誘導する ③DNAの修復 というはたらきをもつタンパク質の遺伝子。現在，ヒトでは40種類以上が知られている。代表的なものは *p53* であり，ヒトのがんの半数で，*p53* に何らかの突然変異があるといわれている。

遺伝子治療（gene therapy），テーラーメイド医療（tailor-made medicine），がん（cancer）

特集 生物学の最前線

3 ゲノム編集で品種づくりが変わる

[写真] マダイの飼育水槽

京都大学大学院　農学研究科　准教授
木下　政人（きのした　まさと）

ゲノム上の遺伝子を設計図として，生物は創られ，それぞれの生物の特徴を発揮している。これは，ゲノムを書き換えれば，それぞれの生物の特徴を変えることができるということである。2010年以降急速に発展したゲノム編集技術は，これまでの遺伝子改変技術を一変し，思うがままにあらゆる生物のゲノムを書き換えることを可能にした。ここでは，ゲノム編集技術の原理，マダイ養殖を例にゲノム編集技術の育種への貢献，今後の展望や問題点を概説する。

背景

ゲノム（ある生物の遺伝情報全体）は紫外線や天然物質，あるいは細胞分裂時の遺伝子の複製ミスなどにより，頻度は低いが自然に変化する（自然突然変異）。この自然突然変異は，生物の進化の原動力となっている。また，化学物質や放射線を使って人工的に突然変異を誘発することもできる（誘発突然変異）。

人類は，自然突然変異や誘発突然変異によって生まれた有用形質をもつ生物を選びだし，世代を重ねてその形質を固定（品種化）する選抜育種法により，農作物や畜産物を，より価値の高いものに改変してきた。これらは言い換えれば，ゲノム変異体の収集である。選抜育種では，ゲノムが変異する頻度は低く，ゲノムのどこに変異が入るかは規定できないため，有用な形質をもつ品種作製は偶然に頼り，かつ，長期間を要する。計画的に迅速に，品種作製を行う方法はないだろうか？

動植物での「ゲノムの書き換え」は，1980年初頭に開発された遺伝子導入技術により盛んに行われるようになった。この技術は，生物が本来もたない遺伝子をつけ加える，つまり，生物の設計図を書き換える画期的な技術として，基礎科学・産業界など広い分野で期待を集めた。しかし，いくつかの課題があった。その1つは，「宿主染色体への遺伝子の導入はランダムに起こる」ことである。そのため，予想外の影響が出ることがあった。

このような状況のため，「ゲノム上のねらった塩基配列（遺伝子など）を正確に改変する技術」が渇望されていた。そこに登場したのが，ゲノム編集技術（▶p.101）である。

ゲノム編集技術の進歩

ゲノム編集の特徴は，「あらゆる生物の，ゲノム上の任意の標的塩基配列を思うように書き換えることができる」点である。その根源的で最も重要なポイントは，標的となる塩基配列に正確に結合し，その場でDNAの二重らせんを切断する技術である。ゲノム編集技術は進展し続けており，従来の「ねらったゲノム上の位置を切断する」だけだはなく，「ねらった塩基を置換する」，「ねらった位置に遺伝子を挿入する」などさまざまな編集が可能となっている。

食用の生物へのゲノム編集技術の活用としては，「ねらったゲノム上の位置を切断し，遺伝子機能を改変する」方法，つまり外来遺伝子を組みこまない方法がおもに使われている。

ゲノム編集の方法（魚類の場合）

魚類のゲノム編集は，顕微注入法（マイクロインジェクション法）で行われる（図1）。この方法は，顕微鏡下で微細なガラス製の針を用い，ゲノム編集溶液（CRISPR/Cas9など）を受精直後の卵に直接注入する方法である。ゲノム編集溶液は，RNAあるいはタンパク質で構成されており，卵の発生に伴い分解され消失する。受精直後の卵膜は柔らかくガラス製の針が貫通するが，短時間（マダイの場合は10分程度）で硬化し針が刺さらなくなってしまう。そのため，精子と排卵された未受精卵を別々に採取し，人工授精と顕微注入を何度も繰り返しゲノム編集操作を行う。

■ マダイ受精卵への顕微注入（図1）

（左）顕微鏡

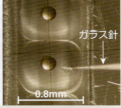
（右）顕微鏡の視野
ガラス針
0.8mm

マダイ育種への活用

魚類は農作物や畜産物のように「品種化」が進んでおらず，生産者や消費者のニーズに対応した品種がない。選抜育種を用いて養殖魚の優良品種を作製するのでは，不確定で長い時間を必要とする。そこで，ゲノム編集による迅速なマダイ品種作製に着手した。

標的としたのは，ミオスタチン遺伝子（*mstn*）である。ミオスタチンは，骨格筋細胞の増殖と成長を抑制する（図2）。自然突然変異によりこの遺伝子に変異が起こった牛は，肉づきのよい品種として市場に出ている。つ

■ ミオスタチンの機能（図2）

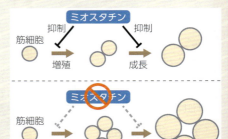

ミオスタチン遺伝子を破壊すると，筋細胞が増殖・成長し続けるため，肉付きのよいマダイができる。

■ *mstn* 破壊により筋肉量が増加したマダイ（図3）

■ ゲノム編集マダイの餌利用効率（図4）

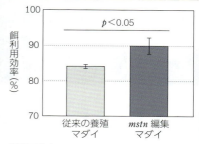

$$餌利用効率 = 100 \times \frac{試験終了時の体重 - 試験開始時の体重}{給餌量}$$

まり、マダイの *mstn* を破壊すれば、筋肉（可食部）の増えたマダイ品種ができると予測した。マダイ受精卵に顕微注入法により、*mstn* を標的とした CRISPR/Cas9 を導入した。これらの飼育を続け、ねらい通りにゲノムが編集された個体を PCR 解析により選び出し、親魚に成長させた。この親魚同士を交配し、相同染色体の両方にある *mstn* が破壊されたホモ接合体を得た。これらの個体は、これまでの養殖マダイと比べ、筋肉量が 1.2 倍以上に増加しており、体高および体幅が大きく丸みを帯びた外観となった（図3）。これらの特徴に加えて、餌利用効率（与えた餌に対して体重が増加する割合）が増加しており（図4）、少ない餌量で育つ、海を汚さない環境に優しいマダイとなっていることがわかった。

マダイの養殖では 50 年（約 10 世代）を費やし高成長・高耐病性系統を作製してきたが、ゲノム編集を用いると 2 年（1 世代）で目的の形質をもつマダイが作製できた。このように、ゲノム編集技術を用いることにより、目的の形質をもつ品種を計画的に短時間で作製可能であることが示された。

遺伝子導入技術との違い

遺伝子導入技術では「外来遺伝子」の導入を伴い、作製された生物は、遺伝子組換え生物（Genetically Modified Organism：GMO）とされる。一方、ゲノム編集技術による遺伝子破壊では、導入されたゲノム編集ツールは胚の発生中に分解され消失し、作製された個体では外来遺伝子の付加はなく、内在遺伝子の変異のみが残る。そのため、ゲノム編集技術による遺伝子破壊で得られた個体は、自然放射線や紫外線で引き起こされる自然突然変異、あるいは、化学薬剤で引き起こされる誘導突然変異との区別がつかない。

そのほかに以下のような違いがあげられる。遺伝子導入技術では、偶然に外来遺伝子が染色体に組みこまれるため、予期せぬ作用が現れる可能性がある。しかしながら、ゲノム編集技術では、改変する塩基配列が明確であるため、個体に現れる特徴が予測でき、また、再現性が保証され、その効果・影響の検証も正確に行える。つまり、遺伝子導入技術に比べ高度に制御されたシステムである。

養殖魚育種の展望と課題

今回紹介した *mstn* 破壊マダイは、筋肉量と餌利用効率が上昇しており、生産者にメリットがあるとともに環境にも優しい品種である。今後、栄養成分に富む魚やアレルギー物質を軽減した魚介類など消費者にメリットのある品種の開発も必要であろう。日本のように多くの魚種を食している国は世界中にみあたらない。この豊かな食生活を維持するために、ゲノム科学を活用し、さまざまな魚種で特徴を生かした養殖魚の作製が期待される。

ゲノム編集で作製された遺伝子破壊個体は、自然突然変異体あるいは誘発変異体と同等の原理で生まれてくるため区別がつかない。また、ゲノム編集により作製された変異は、自然突然変異でも生じる可能性がある。これらは、GMO として扱うべきなのか、そうでないのか。現在、この問題については慎重な検討がなされており、判断が待たれる。

ゲノム編集で作製された個体が GMO であるかどうかにかかわらず、養殖魚の管理や生態系への配慮は必須である。そのためには、陸上の閉鎖系での海産魚養殖技術の開発が必要だと考えられる。

また、ゲノム編集で作製される食用の生物は、どの遺伝子をどのように編集したかにより、特性が異なる。そのため、作製されたそれぞれの品種に対して個別に、その特性を評価することが重要である。

ゲノム編集の広がりと危惧

農産物でのゲノム編集技術の活用は始まっている。日本では「GABA（γ-アミノ酪酸）を多く含むトマト」、米国では「黒くならないマッシュルーム」、「オレイン酸を多く含む大豆」などがその代表である。また、毒のないジャガイモ、日もちのするトマト、病気に強いブタなどの研究も進められている。エネルギー産業の分野ではバイオ燃料をつくる藻の研究、医療分野ではエイズや筋ジストロフィーの治療に関する研究が進展している。

ゲノム編集を使えば、思いのままに生物を改変できる可能性がある。2018 年に中国の研究者が「ゲノム編集したヒトの赤ちゃんが誕生した」と発表した。この発表は「人はどこまで生き物を変えてもよいのか」という問題を「人は人を変えられる」という危惧に発展させた。

科学技術には、「益」と「害」の諸刃の剣となるものがある。ゲノム編集技術もその 1 つである。科学者だけでなく一般市民も含めて、科学的・倫理的にその使い方を考える必要がある。

キーワード
ゲノム編集，育種，ミオスタチン，CRISPR/Cas9，突然変異，遺伝子組換え

木下政人（きのした まさと）
京都大学大学院 農学研究科 准教授
滋賀県出身．
趣味はサッカー，生きものを育てること．
研究の理念は「生きものを見て，生きものから学ぶ」

1 生殖 − 遺伝子の受け渡し　生物基礎 生物

A 染色体と遺伝子座

染色体上の特定の遺伝子は，同じ生物種では同じ位置を占めている。このような染色体上で遺伝子が占める位置を**遺伝子座**という。

■染色体の構造と遺伝子座

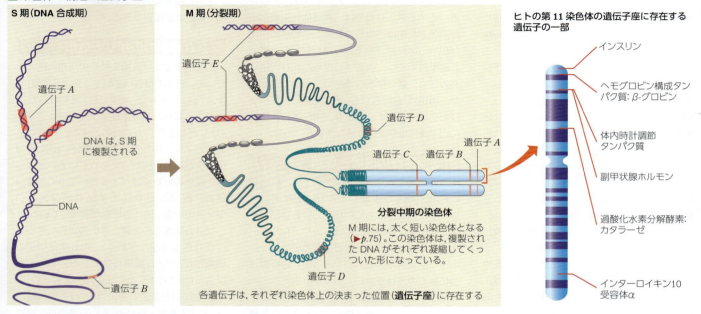

B 対立遺伝子

1つの遺伝子座に，異なる形質を現す遺伝子が複数存在する場合，異なる遺伝子それぞれを**対立遺伝子（アレル）**という。

■対立遺伝子
■遺伝子型と表現型

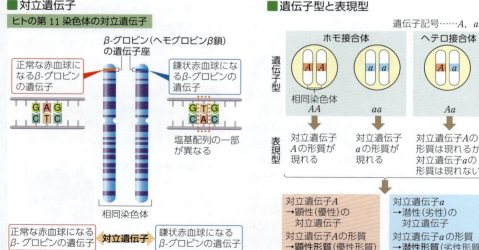

個体や配偶子がもつ遺伝子をアルファベットなどの記号で表したものを**遺伝子記号**という。このとき，対立遺伝子は A，a のように大文字と小文字で表すことが多い。

この遺伝子記号で表された遺伝子の組み合わせを**遺伝子型**といい，個体においてある遺伝子が現す形質を**表現型**という。

体細胞では，相同染色体が対になっているため，遺伝子型は，AA，Aa，aa などと表す。遺伝子型が AA や aa のように，対立遺伝子が同じ個体を**ホモ接合体**，Aa のように異なる個体を**ヘテロ接合体**という。

ヘテロ接合体のときに現れる形質を**顕性形質（優性形質）**といい，その形質を現す遺伝子の遺伝子記号は一般に大文字で表す。

ホモ接合体では現れるが，ヘテロ接合体では現れない形質を**潜性形質（劣性形質）**といい，遺伝子記号は一般に小文字で表す。

Keywords　遺伝子座(gene locus)，対立遺伝子(アレル)(allele)，遺伝子型(genotype)，表現型(phenotype)，ホモ接合体(homozygote)，ヘテロ接合体(heterozygote)

4-I 生殖と遺伝

C 無性生殖
からだの一部が分かれて，それが単独で新個体を形成する生殖法。親とまったく同じ遺伝子をもった子ができる。

■ 分裂
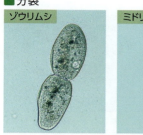

ゾウリムシ　ミドリムシ
母体がほぼ同大の2つの個体に分裂する。

■ 出芽

酵母　ヒドラ
芽のような膨らみが独立し，新個体となる。

■ 栄養生殖

オニユリのむかご　ジャガイモの塊茎
根・茎・葉などの栄養器官から新個体を形成する。

■ 無性生殖による遺伝子の受け渡し
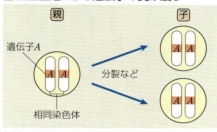
無性生殖では，親と子の遺伝子型は同じになる。

Zoom up 胞子生殖
母体の一部から多数の胞子を放出して増える方法を**胞子生殖**という。胞子生殖には，アオカビ・コウジカビなどのように，体細胞分裂によって生じる無性胞子（**栄養胞子**）で増えるものと，減数分裂（▶p.116）によって生じる胞子で増えるものがある。後者の胞子は**真正胞子**とよばれ，コケ植物やシダ植物などでつくられる。真正胞子から生じる子は，親の半分の遺伝子しか受けつがないため，親とは遺伝的に同一ではない。

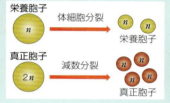

D 有性生殖
からだの一部に生殖細胞（**配偶子**）ができ，2つの配偶子の合体によってできた細胞から新個体ができる生殖法。親と異なる遺伝子の組み合わせをもつことになる。

■ 同形配偶子接合　同形・同大の配偶子が合体する。
クラミドモナス
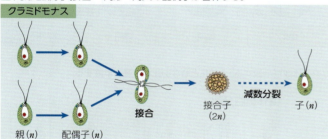

■ 異形配偶子接合　形や大きさが異なる配偶子が合体する。
アオサ
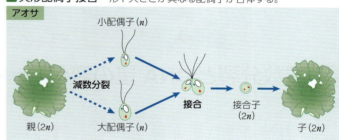

■ 受精　卵と精子（精細胞）が合体する。
ヒキガエル
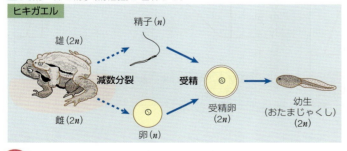

■ 有性生殖による遺伝子の受け渡し
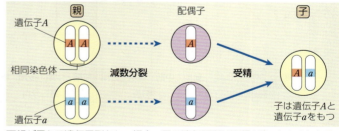
両親が異なる遺伝子型をもつ場合，子の遺伝子型は両親と違ったものになる。

Point 無性生殖と有性生殖の違い

	無性生殖	有性生殖
遺伝的特徴	新個体は親とまったく同じ遺伝情報をもち，親と同じ形質を受けつぐ。	新個体は両親の配偶子の組み合わせにより遺伝情報が親とは異なる，多様な形質をもった個体となる。
生殖効率	1個体で生殖可能なため効率がよい。	配偶子どうしの出会いと合体が必要なため効率が悪い。

生殖(reproduction)，無性生殖(asexual reproduction)，有性生殖(sexual reproduction)，配偶子(gamete)，接合(conjugation)

2 減数分裂(1) 生物基礎 生物

A 減数分裂の過程

植物の花粉四分子や胚のう細胞，動物の卵・精子などの生殖細胞が形成されるときの分裂を**減数分裂**という。減数分裂では，分裂後に染色体数が体細胞の半分になる。

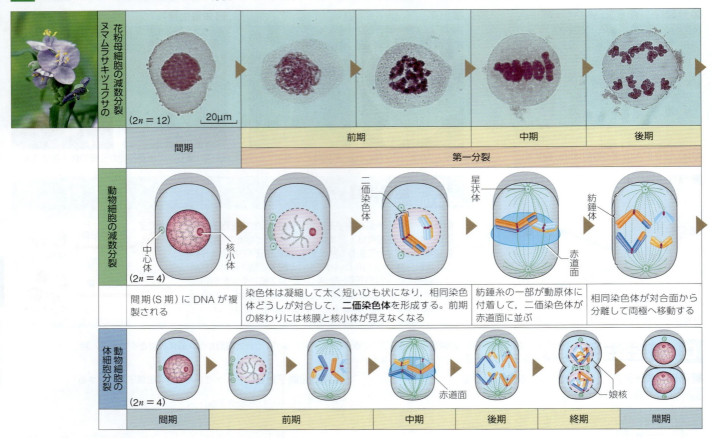

B 減数分裂とDNA量の変化

減数分裂により染色体数が半減する。それにともない，DNA量も半減する。

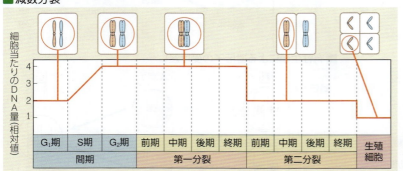
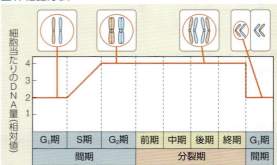

Point 体細胞分裂と減数分裂の比較

	分裂の過程	相同染色体の対合	生じる娘細胞の数	染色体数	分裂の起こる時期
体細胞分裂	母細胞 2n → 娘細胞 2n, 2n	対合しない	2個	変化しない ($2n \to 2n$, $n \to n$)	主に体細胞が増えるとき
減数分裂	母細胞 2n → n, n → 娘細胞 n, n, n, n	対合し，二価染色体を形成	4個	半減する ($2n \to n$)	生殖細胞をつくるとき

Keywords 減数分裂(meiosis), 対合(synapsis), 二価染色体(bivalent chromosome)

4-I 生殖と遺伝

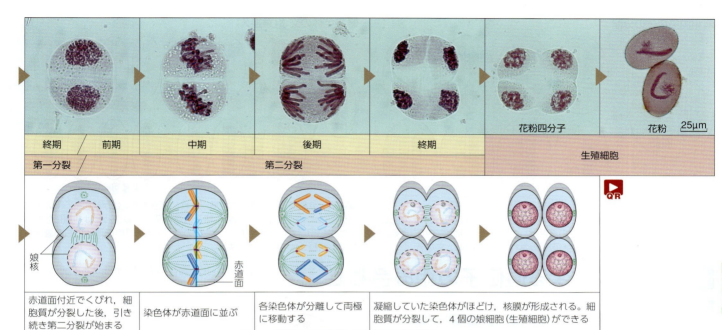

終期	前期	中期	後期	終期	花粉四分子	花粉 25μm
第一分裂		第二分裂			生殖細胞	

赤道面付近でくびれ，細胞質が分裂した後，引き続き第二分裂が始まる	染色体が赤道面に並ぶ	各染色体が分離して両極に移動する	凝縮していた染色体がほどけ，核膜が形成される。細胞質が分裂して，4個の娘細胞（生殖細胞）ができる

C 染色体の乗換え

減数分裂では，第一分裂前期に相同染色体が対合して**二価染色体**となる。このとき，染色体の一部が交換される**乗換え**が起こる場合がある。

■二価染色体とキアズマ

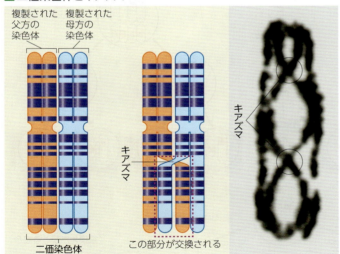

減数分裂第一分裂前期では，DNA が複製されてできた染色体がそれぞれ凝縮して太く短いひも状になる。そのとき，対となる相同染色体どうしが対合して，二価染色体が形成される。

二価染色体が形成されるとき，相同染色体の間で交さが起こり，染色体の一部が交換される（**染色体の乗換え**）。この交さが起こっている部分を**キアズマ**という。

Jump 遺伝子の組換え ▶ p.118

染色体の一部が交換される乗換えが起こった結果，連鎖している遺伝子の組み合わせの変化が起こる（**遺伝子の組換え**）。

Zoom up 染色体の接着にはたらくコヒーシン

染色体の接着にはコヒーシンとよばれるタンパク質がはたらいている。間期のS期に複製されてできた染色体どうしは，コヒーシンによって結合している。減数分裂第一分裂後期に相同染色体が分離するときには，複製された2本の染色体はコヒーシンによって接着したまま分離する。続いて，第二分裂後期になると，コヒーシンが分解され，2本の染色体がそれぞれ別の細胞に分かれて入る。

減数分裂第一分裂前期

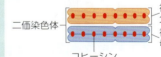

父方・母方の染色体はそれぞれ，コヒーシンというタンパク質で接着している

減数分裂第一分裂後期

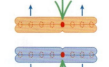

両極から伸びてきた紡錘糸が染色体の動原体に付着する。相同染色体は紡錘糸に引かれて分離し，両極へ移動する。動原体以外の部分のコヒーシンは分解される

減数分裂第二分裂後期

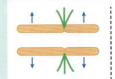

最後に動原体の部分のコヒーシンが分解され，複製された2本の染色体が分離する

花粉四分子（pollen tetrad），花粉（pollen），生殖細胞（germ cell），乗換え（crossing-over），キアズマ（chiasma）

3 減数分裂(2)　生物基礎 生物

A 配偶子の多様性
減数分裂によってできる配偶子は，2つのしくみによって，多様な染色体の組み合わせを生じる。その結果，遺伝子の組み合わせも多様になる。

■相同染色体の分配

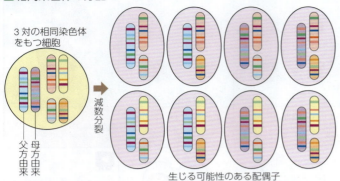

減数分裂では，n組ある相同染色体の各組は互いに独立して配偶子に分配される。染色体数が $2n=6$ の生物の場合は，$2^3=8$ 通りの配偶子ができる。$2n=46$ のヒトの場合には，2^{23} 通りの組み合わせができることになる。

■染色体の交さ（乗換え）

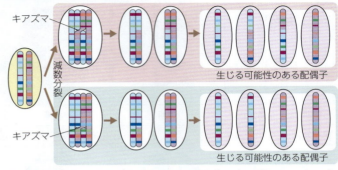

減数第一分裂時にはキアズマが形成され，染色体の交さが起こる。キアズマの位置によって，交換される染色体上の遺伝子の組み合わせは多様になる。また，実際には染色体数はもっと多いので，それぞれの配偶子のもつ遺伝子の組み合わせはさらに多様となる。

B 減数分裂による遺伝子の組み合わせ
2組の対立遺伝子に着目した場合，同じ染色体上にあるか，異なる染色体上にあるかの違いが配偶子への分配のされ方に影響する。

■遺伝子の独立と連鎖

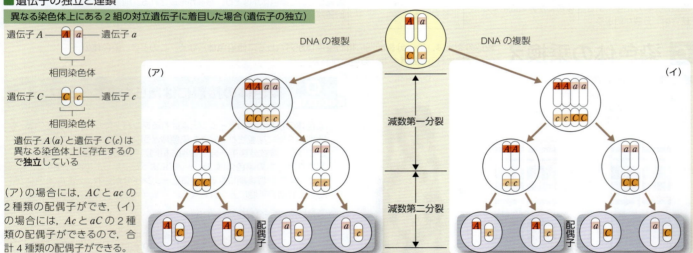

（ア）の場合には，AC と ac の2種類の配偶子ができ，（イ）の場合には，Ac と aC の2種類の配偶子ができるので，合計4種類の配偶子ができる。

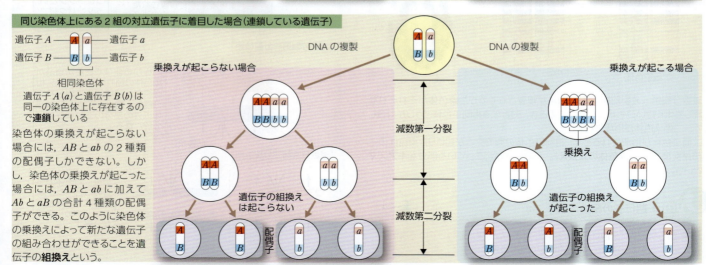

染色体の乗換えが起こらない場合には，AB と ab の2種類の配偶子しかできない。しかし，染色体の乗換えが起こった場合には，AB と ab に加えて Ab と aB の合計4種類の配偶子ができる。このように染色体の乗換えによって新たな遺伝子の組み合わせができることを遺伝子の**組換え**という。

Keywords 連鎖(linkage)，独立(independence)，組換え(recombination)

C 受精による遺伝子の組み合わせ

遺伝子の多様な組み合わせをもつ配偶子がつくられ，受精によってさらに多様な組み合わせの遺伝子をもつ個体ができる。

■ 組換えが起こらない場合と起こる場合の違いの一例

組換えが起こらない場合

遺伝子 A(a) と遺伝子 B(b) が連鎖している

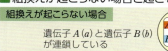

配偶子：AC / Ac / aC / ac

	ABC	ABc	abC	abc
ABC	AABBCC	AABBCc	AaBbCC	AaBbCc
ABc	AABBCc	AABBcc	AaBbCc	AaBbcc
abC	AaBbCC	AaBbCc	aabbCC	aabbCc
abc	AaBbCc	AaBbcc	aabbCc	aabbcc

受精によって，このような9通りの遺伝子の組み合わせができる。

AABBCC	AaBbCC	aabbCC
AABBCc	AaBbCc	aabbCc
AABBcc	AaBbcc	aabbcc

遺伝子の組換えが起こらない場合と起こる場合で，受精による遺伝子の組み合わせがこれだけ異なる。
実際には，同一の染色体上に多数の遺伝子が存在するため，組換えと受精による遺伝子の組み合わせは膨大な数となる。

組換えが起こる場合

遺伝子 A(a) と遺伝子 B(b) が連鎖している

配偶子：AB C / AB c / ab C / ab c ／ **組換えによってできた配偶子** Ab C / Ab c / aB C / aB c

	ABC	ABc	abC	abc	AbC	Abc	aBC	aBc
ABC	AABBCC	AABBCc	AaBbCC	AaBbCc	AABbCC	AABbCc	AaBBCC	AaBBCc
ABc	AABBCc	AABBcc	AaBbCc	AaBbcc	AABbCc	AABbcc	AaBBCc	AaBBcc
abC	AaBbCC	AaBbCc	aabbCC	aabbCc	AabbCC	AabbCc	aaBbCC	aaBbCc
abc	AaBbCc	AaBbcc	aabbCc	aabbcc	AabbCc	Aabbcc	aaBbCc	aaBbcc
AbC	AABbCC	AABbCc	AabbCC	AabbCc	AAbbCC	AAbbCc	AaBbCC	AaBbCc
Abc	AABbCc	AABbcc	AabbCc	Aabbcc	AAbbCc	AAbbcc	AaBbCc	AaBbcc
aBC	AaBBCC	AaBBCc	aaBbCC	aaBbCc	AaBbCC	AaBbCc	aaBBCC	aaBBCc
aBc	AaBBCc	AaBBcc	aaBbCc	aaBbcc	AaBbCc	AaBbcc	aaBBCc	aaBBcc

AABBCC	AABbCC	AAbbCC	AaBBCC	AaBbCC	AabbCC	aaBBCC	aaBbCC	aabbCC
AABBCc	AABbCc	AAbbCc	AaBBCc	AaBbCc	AabbCc	aaBBCc	aaBbCc	aabbCc
AABBcc	AABbcc	AAbbcc	AaBBcc	AaBbcc	Aabbcc	aaBBcc	aaBbcc	aabbcc

受精によって，このような27通りの遺伝子の組み合わせができる。

D 探究 減数分裂の観察

減数分裂の観察の材料としては，ヌマムラサキツユクサのやく（5月～夏ごろ），フタホシコオロギの精巣（1年中）などがある。

■ 花粉の観察　ヌマムラサキツユクサの花粉の観察

ヌマムラサキツユクサのつぼみは2～3mmの若いものを用いる。
① つぼみをカルノア液などに入れて固定した後，ピンセットでやくを取りだす。
② 取り出したやくをピンセットでつぶしてスライドガラスになすりつける。
③ 酢酸オルセイン液を1滴落として5分ほどおく。
④ カバーガラスをかけ，ろ紙ではさんで押しつぶし，顕微鏡で観察する。

■ 精子の観察　フタホシコオロギは1年を通して入手・観察できる。

  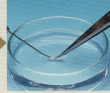   

体長1.7～2cmの雄（7齢）が観察しやすい。エーテルで麻酔しておく。
① 腹部の背側に切りこみを入れ，腹部の両側面を押し，精巣を押し出す。
② 水を入れたペトリ皿に精巣を移し，外側の膜を破って，房状の小胞を取り出す。
③ スライドガラスに小胞をのせ，酢酸オルセイン液を1滴落とす。
④ 5分ほどおいた後，カバーガラスをかけ，ろ紙ではさんで押しつぶす。

受精 (fertilization)

4 遺伝の基礎 生物基礎 生物

A 一遺伝子雑種

1対の対立形質に注目して交雑したときに得られる雑種を**一遺伝子雑種**という。一遺伝子雑種の研究から，遺伝の規則性が明らかになった。

■一遺伝子雑種の遺伝

■一遺伝子雑種の遺伝のしくみ

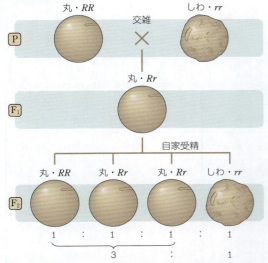

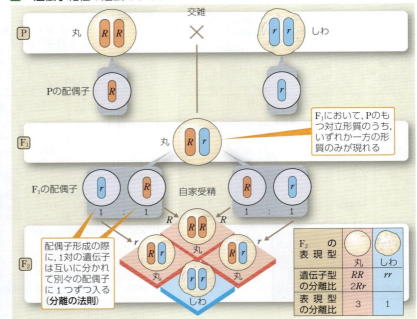

種子が丸形のエンドウ（RR）としわ形のエンドウ（rr）を交雑すると，F_1はすべて丸形の種子（Rr）が生じる。F_1の自家受精によってF_2をつくると，種子が丸形のものとしわ形のものが現れて，その表現型の分離比は，丸形：しわ形＝3：1となる。

Column メンデルと遺伝の法則

■**遺伝学の祖 メンデル** オーストリアのブリュン（現在はチェコのブルノ）の修道士だったメンデルは，1856年から8年間にわたって修道院の庭でエンドウの交雑実験を行い，その結果を1865年に口頭で，1866年には「植物雑種に関する実験」という論文の形で発表した。しかし，メンデルが発表した当時は，この論文の内容に注目する研究者がいなかったため，その価値が認められなかった。ド フリース，コレンス，チェルマクら3人がそれぞれ独自にメンデルが発見した遺伝の法則を再発見し，メンデルの研究成果が注目されるようになったのは，メンデルの死後16年，研究発表から35年もたった1900年になってからのことである。

■**交雑材料としてのエンドウ** メンデルは，交雑実験の材料としてエンドウを選んだ。
①はっきり区別できる対立形質をもっている。
②おしべとめしべが竜骨弁で包まれており，自然では自家受精で種子をつくるが，簡単な操作で雑種を得ることができる。
③自家受精を何代くり返しても，交雑しても，発芽可能な種子ができる。
④露地栽培，鉢植栽培ともに容易で，生育期間も比較的短い。

■**メンデルの交雑実験** メンデルは，エンドウの7対の対立形質について交雑実験を行った。

Pの形質（7対の対立形質）		種子の形	子葉の色	種皮の色	さやの形	さやの色	花のつき方	草丈
	顕性	丸形	黄色	有色	膨らみ	緑色	えき生	高い
	潜性	しわ形	緑色	無色	くびれ	黄色	頂生	低い
F_2での分離個体数	顕性	5474	6022	705	882	428	651	787
	潜性	1850	2001	224	299	152	207	277
F_2での分離比（顕：潜）		2.96：1	3.01：1	3.15：1	2.95：1	2.82：1	3.14：1	2.84：1

種子の形・子葉の色は交雑後にできた種子に結果が現れるが，その他の形質はその種子をまいて育てた個体に現れる。
えき生：葉のつけ根に花がつく，頂生：茎の先端に花がつく
※ Pは親，F_1，F_2はそれぞれ雑種第一代，雑種第二代を表す。

Point 遺伝学習のための用語

(1) **形質** からだの特徴や性質。遺伝する形質を**遺伝形質**という。
　① **対立形質** 種子が「丸形」，「しわ形」のように，互いに対をなす遺伝形質。
　② **顕性形質と潜性形質** 対立形質をもつ両親の子に一方の親の形質のみが現れた場合，現れた形質を顕性形質（優性形質），現れなかった形質を潜性形質（劣性形質）という。

(2) **遺伝子** 遺伝形質を決める因子。
　① **遺伝子記号** 個々の遺伝子を表す記号。一般に顕性形質の遺伝子はアルファベットの大文字で，潜性形質の遺伝子は小文字で示す。
　② **遺伝子型と表現型** 個体のもつ遺伝子の組み合わせを遺伝子記号で表したAA，Aaなどを遺伝子型といい，その結果現れる形質を表現型という。
　③ **ホモ接合体とヘテロ接合体** AAやaaのように同じ対立遺伝子を2つもつ場合をホモ接合体，Aaのように異なる対立遺伝子を1つずつもつ場合をヘテロ接合体という。

(3) **交配** 2個体の間で受精が行われて接合体ができることを**交配**といい，遺伝子型の異なる個体間での交配を特に**交雑**という。交雑の結果，**雑種**ができる。

(4) **純系** $AABB$のように，着目するすべての遺伝子座の遺伝子がホモ接合になった生物の系統を**純系**という。

(5) **自家受精** 同一個体内の雌雄の配偶子による受精。

Keywords 遺伝（heredity），遺伝子（gene），顕性の（dominant），潜性の（recessive），形質（character），雑種（hybrid），自家受精（self-fertilization）

B 二遺伝子雑種
2対の対立形質に注目して交雑したときに得られる雑種を**二遺伝子雑種**という。

■二遺伝子雑種の遺伝

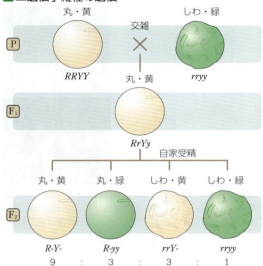

種子が丸形で子葉の色が黄色のエンドウ（RRYY）と、しわ形で緑色のエンドウ（rryy）を交雑すると、F_1 はすべて丸形・黄色となり、F_1 の自家受精でできる F_2 の表現型の分離比は、丸形・黄色：丸形・緑色：しわ形・黄色：しわ形・緑色＝9：3：3：1 となる。

種子の形の丸形を現す遺伝子をR、しわ形を現す遺伝子をr、子葉の色の黄色を現す遺伝子をY、緑色を現す遺伝子をyで示す。	F_2 の表現型	丸・黄 [RY]	丸・緑 [Ry]	しわ・黄 [rY]	しわ・緑 [ry]
	遺伝子型の分離比	1RRYY 2RRYy 2RrYY 4RrYy	1RRyy 2Rryy	1rrYY 2rrYy	1rryy
	表現型の分離比	9	3	3	1

■二遺伝子雑種の遺伝のしくみ

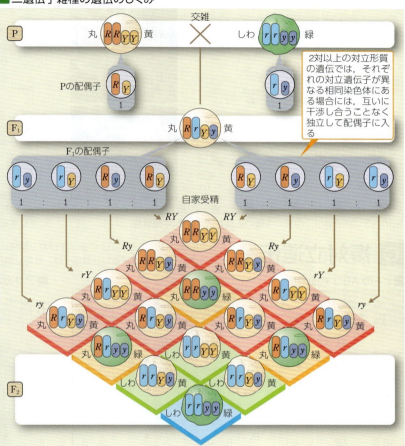

2対以上の対立形質の遺伝では、それぞれの対立遺伝子が異なる相同染色体にある場合には、互いに干渉し合うことなく独立して配偶子に入る

C 検定交雑
ある個体の遺伝子型を調べるために、その個体と潜性遺伝子のホモ接合体とを交雑させることを**検定交雑**という。

■一遺伝子雑種の検定交雑

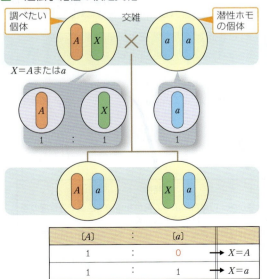

■二遺伝子雑種の検定交雑

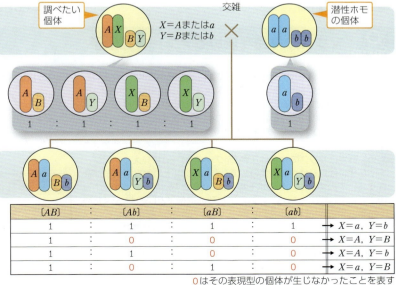

0はその表現型の個体が生じなかったことを表す

検定交雑（test cross）

5 いろいろな遺伝 [生物基礎][生物]

A 不完全顕性
対立遺伝子間の顕性・潜性の関係が不完全なため、ヘテロ接合体は中間の形質を現す。

■マルバアサガオの花の色

マルバアサガオの花の色を赤色にする対立遺伝子(R)と白色にする対立遺伝子(r)のヘテロ接合体は、両者の中間の形質を示す個体(**中間雑種**)となる。

B 致死遺伝子
致死となる対立遺伝子のホモ接合体は成体になる前に死ぬ。

■ハツカネズミの毛の色

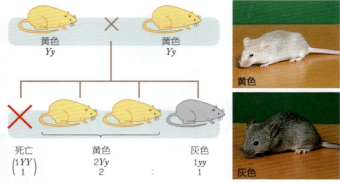

毛の色を黄色にする対立遺伝子(Y)は灰色にする対立遺伝子(y)に対して顕性だが、致死作用に関して潜性にはたらくため、ホモ接合体(YY)の個体は胎児期に死亡する。よって、生まれてくる黄色個体はすべてヘテロ接合体(Yy)である。

C 複対立遺伝子
1つの形質について、3つ以上の遺伝子が対立関係にあるとき、それらの遺伝子を**複対立遺伝子**という。
1つの遺伝子座に存在する対立遺伝子は、複対立遺伝子であることが一般的である。

■ヒトのABO式血液型

父母	表現型	A型		B型		AB型	O型
表現型	遺伝子型	AA	AO	BB	BO	AB	OO
A型	AA	A	A	AB	A, AB	A, AB	A
	AO	A	A, O	B, AB	A, B, AB, O	A, B, AB	A, O
B型	BB	AB	B, AB	B	B	B, AB	B
	BO	A, AB	A, B, AB, O	B	B, O	A, B, AB	B, O
AB型	AB	A, AB	A, B, AB	B, AB	A, B, AB	A, B	A, B
O型	OO	A	A, O	B	B, O	A, B	O

ヒトのABO式血液型の遺伝子は、A, B, O の3つが対立関係にある複対立遺伝子で、O は A, B いずれに対しても潜性で、A と B の間には顕性・潜性の関係がない(▶p.128)。

■アサガオの葉の形

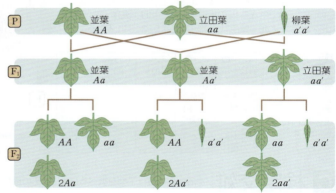

並葉：立田葉＝3：1　並葉：柳葉＝3：1　立田葉：柳葉＝3：1

葉の形に関する対立遺伝子には A, a, a' の3つがある。対立遺伝子 a' は A に対しても a に対しても潜性であり、対立遺伝子 a は A に対して潜性である。

Zoom up マウスの体色を決めるアグーチ遺伝子

マウス(ハツカネズミ)の体色は、メラニン色素の配色によって決まる。メラニン色素には黒色メラニン色素や黄色メラニン色素などがあり、チロシンから生合成される。マウスの体毛が伸びる際に毛の基部で、黒色メラニン色素の沈着から黄色メラニン色素の沈着に交代させるはたらきをしているのが**アグーチ遺伝子**(A)である。このはたらきにより、1本1本の毛に黒色メラニン色素と黄色メラニン色素が交互に沈着するため、野生のマウスの体色は灰色(アグーチカラー)に見える。アグーチ遺伝子には、潜性から顕性のものを含め50以上の対立遺伝子が存在する。その中でも、A^y のホモ接合体(A^yA^y)となったマウスは発生途中で死んでしまう。これは A^y 遺伝子が**致死遺伝子**としてはたらくためである。

なお、アグーチ遺伝子とは別の C 遺伝子は、メラニン色素をつくるのにはたらいており、cc では、毛と眼で色素ができないため、体色は白色(アルビノ)となる。つまり、アグーチ遺伝子のはたらきは、C 遺伝子の存在が条件となっている(**条件遺伝子**)。

マウスの毛の色と遺伝子型

$A^{vy}A^{vy}$　　AA　　aa　　cc
$A^{vy}A$
$A^{vy}a$　　　　Aa　(体色は灰色)
A^yA
A^ya

対立遺伝子	特徴
A^{vy}(顕性)	ホモ接合かヘテロ接合によって黄色から薄茶色までの程度の差があり、黄色が強いほど肥満になる。
A^y(顕性)	ホモ接合体は発生過程で致死になり、ヘテロ接合体は肥満で腫瘍ができやすい。
a(潜性)	ホモ接合体では色素の交互の沈着ができず、個々の毛が単色となり、体色は全体として黒くなる。

Keywords　不完全顕性(incomplete dominance), 致死遺伝子(lethal gene), 複対立遺伝子(multiple alleles)

D 遺伝子の相互作用

一見複雑そうにみえる遺伝現象も，そのほとんどは二遺伝子雑種の考え方を応用すると，容易に説明できる。

■ 補足遺伝子　スイートピーの花の色

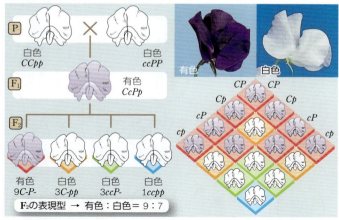

F_2の表現型 → 有色：白色＝9：7

Cは色素原をつくる遺伝子，Pは色素原を発色させる遺伝子。CとPが共存したときのみ花は有色になる。

■ 同義遺伝子　ナズナの果実の形

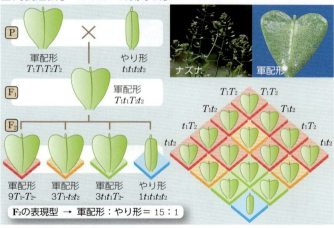

F_2の表現型 → 軍配形：やり形＝15：1

T_1とT_2は果実を軍配形にするという同じはたらきをする遺伝子で，単独でも共存しても表現型は軍配形になる（$t_1t_1t_2t_2$だけやり形）。

■ 被覆遺伝子　観賞用カボチャの果皮の色

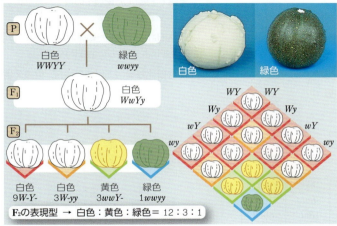

F_2の表現型 → 白色：黄色：緑色＝12：3：1

Yは果皮を黄色，yは緑色にする対立遺伝子だが，対立遺伝子Wがあると，いずれの遺伝子もはたらきが抑えられる。

■ 抑制遺伝子　カイコガのまゆの色

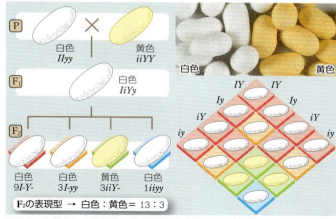

F_2の表現型 → 白色：黄色＝13：3

Yはまゆを黄色にする顕性の遺伝子だが，遺伝子Iがあると，Y遺伝子のはたらきは抑えられ白色になる。

■ 条件遺伝子　ハツカネズミの毛の色

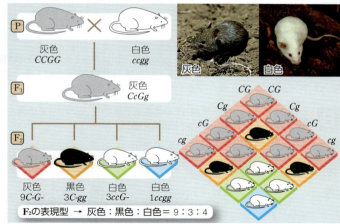

F_2の表現型 → 灰色：黒色：白色＝9：3：4

Cは単独で黒色の形質を現すが，遺伝子GはCの存在を条件として灰色の形質を出現させる。

Zoom up　ニワトリのとさかの形の遺伝

ニワトリのとさかの形は，2組の対立遺伝子によって1つの形質が決まる遺伝の一例である。P, Rはそれぞれマメ冠，バラ冠の遺伝子であり，両方の遺伝子が発現するとクルミ冠とよばれる形質になる。また，遺伝子型$pprr$のときは単冠となる。$P(p)$, $R(r)$の組み合わせによって表現型が4つあるため，F_2の分離比はそのまま9：3：3：1となる。
注　マメ冠，バラ冠の遺伝子の両方が発現した表現型を「クルミ冠」とよんでいるにすぎず，補足遺伝子などのように遺伝子が互いにはたらきあっているわけではない。

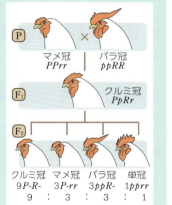

クルミ冠　マメ冠　バラ冠　単冠
9P-R-　3P-rr　3$pp$$R$-　1$pprr$
9　　：　3　　：　3　　：　1

補足遺伝子（complementary gene），抑制遺伝子（repressor gene），同義遺伝子（multiple genes）

6 独立と連鎖 （生物基礎／生物）

A 独立と連鎖・組換え

2つ以上の遺伝子が別々の染色体上に存在する場合を**独立**といい，同じ染色体上に2つ以上の遺伝子が存在し，ともに行動する場合を**連鎖**という。

■遺伝子の独立と連鎖，組換え

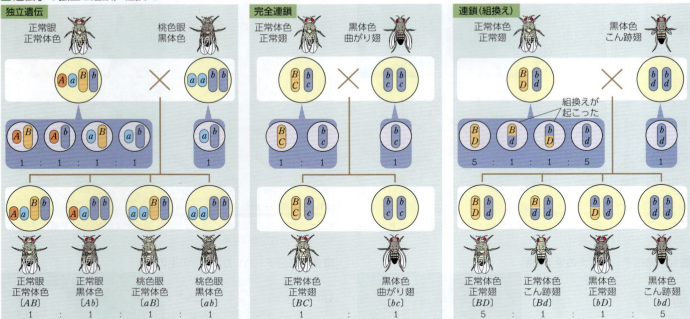

遺伝子 A と B (a と b) は独立，B と C (b と c) は完全連鎖であるため，子の表現型の分離比はそれぞれ，$[AB]:[Ab]:[aB]:[ab] = 1:1:1:1$，$[BC]:[bc] = 1:1$ となる。遺伝子 B と D (b と d) は連鎖しているが，組換えが起こっている。これらの交雑は検定交雑でもあるので，子の表現型の分離比は，親の潜性ホモではないほうの個体のつくる配偶子の遺伝子型の分離比を表している。

B 組換え価

連鎖している遺伝子群では，ふつう一定の割合で組換えが起こる。生じた配偶子のうち，組換えを起こした配偶子の割合を**組換え価**という。

■スイートピーの花の色と花粉の形の遺伝

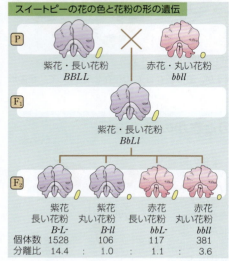

	紫花 長い花粉 B-L-	紫花 丸い花粉 B-ll	赤花 長い花粉 bbL-	赤花 丸い花粉 bbll
個体数	1528	106	117	381
分離比	14.4	1.0	1.1	3.6

実験結果※から，F_2 の分離比は，独立にも完全連鎖にも当てはまらないことがわかった。

〔理論的分離比〕
F_1 のつくる配偶子の分離比が，
$BL:Bl:bL:bl = 8:1:1:8$
であるとすれば，F_1 の自家受精によって生じた F_2 個体の表現型の理論的分離比は右表のようになる。

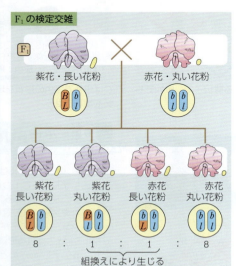

F_1 のつくる配偶子の遺伝子型の分離比は，
$BL:Bl:bL:bl = 8:1:1:8$ であることがわかる。

	8BL	1Bl	1bL	8bl
8BL	64BBLL	8BBLl	8BbLL	64BbLl
1Bl	8BBLl	1BBll	1BbLl	8Bbll
1bL	8BbLL	1BbLl	1bbLL	8bbLl
8bl	64BbLl	8Bbll	8bbLl	64bbll

■組換え価の求め方

組換えは，減数分裂で相同染色体が対合するときに起こる。その割合である組換え価は，着目する遺伝子間ごとに異なる。組換え価を求める式は定義のうえでは①であるが，配偶子の遺伝子型は視認できないので，実際には検定交雑の結果から②の式で求める。

組換え価(%)
$= \dfrac{\text{組換えを起こした配偶子の数}}{\text{配偶子の総数}} \times 100 \cdots ①$

$= \dfrac{\text{組換えによって生じた個体数}}{\text{検定交雑によって生じた全個体数}} \times 100 \cdots ②$

配偶子の分離比が $n:1:1:n$ の場合，組換え価は，
$0 < \dfrac{1+1}{n+1+1+n} \times 100 < 50(\%)$
$(n > 1)$

※この実験結果は，1905年にベーツソンとパネットにより行われたものをもとにしている。

Keywords 組換え価 (recombination value)

C 組換え価と遺伝子の距離

同じ染色体上にある2つの遺伝子座間で組換えが起こる確率，つまり組換え価は，染色体上の遺伝子の距離に比例する。

■ 遺伝子座の位置関係と組換え価

■ 染色体上の遺伝子の配列順序の決定（三点交雑）

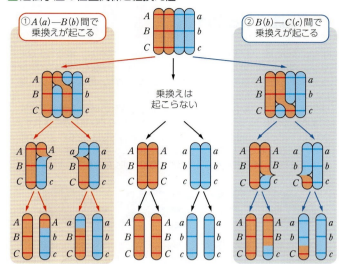
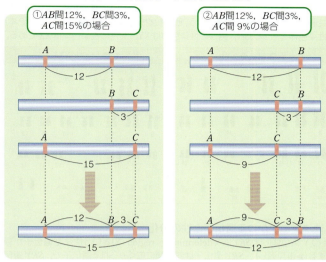

遺伝子 $A(a)-B(b)$ では，①のときのみ組換えが起こる。
遺伝子 $B(b)-C(c)$ では，②のときのみ組換えが起こる。
遺伝子 $A(a)-C(c)$ では，①のときも②のときも組換えが起こる。
遺伝子間の距離が長いほど，その間で組換えが起こる頻度が高くなり，組換え価は高くなる。

遺伝子座間の距離は組換え価に比例すると考えると，組換え価から染色体上の遺伝子の相対的な位置を知ることができる。同じ連鎖群（1つの染色体上に存在する遺伝子の集団）に属する3つの遺伝子 A，B，C を選び，そのうち2つの遺伝子（A と B，B と C，A と C）の間の組換え価を求めると，上の図のように染色体上の遺伝子の配列順序がわかる（**三点交雑**）。

D 連鎖地図

モーガンはキイロショウジョウバエのいろいろな突然変異体を用いて交雑実験をくり返し，求めた組換え価から，**染色体地図**を作成した。組換え価に基づいて作成した染色体地図を**連鎖地図**（**遺伝学的地図**）という。

■ キイロショウジョウバエの染色体地図（連鎖地図）

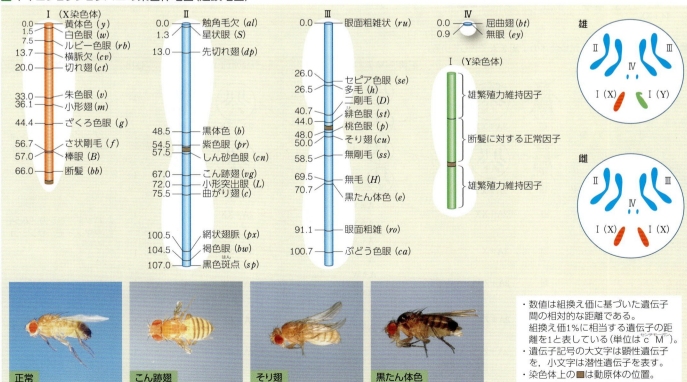

- 数値は組換え価に基づいた遺伝子間の相対的な距離である。組換え価1%に相当する遺伝子の距離を1と表している（単位はcM（センチモーガン））。
- 遺伝子記号の大文字は顕性遺伝子を，小文字は潜性遺伝子を表す。
- 染色体上の■は動原体の位置。

図中の数値が50をこえているのは，対合する染色体間で乗換えが2回以上起こることがあるからで，実際の組換え価が50％をこえることはない。

三点交雑（three-point cross），染色体地図（chromosome map），連鎖地図（linkage map）

7 性と遺伝 生物基礎/生物

A 性決定の様式
雌雄異体の生物では，雌雄で数や形が異なる性染色体がみられることが多い。

■ 性染色体
雌雄がある真核生物で，雌雄で形や数の異なる染色体を**性染色体**といい，雌雄で共通した染色体を**常染色体**という。ヒトは22対(44本)の常染色体と1対(2本)の性染色体をもっており，男性の性染色体はXY，女性の性染色体はXXである。

男性(44 + XY)	女性(44 + XX)

Column 性決定と環境

生物によっては，性の決定が染色体の種類や数と関係ない場合も少なくない。環形動物に近縁のボネリムシには性染色体がなく，プランクトン生活をする幼生が雌のからだに付着すると雄になり，付着できないと雌になって海底で固着生活を始める。
は虫類の中にも，染色体構成ではなく発生の特定の時期の温度で性決定するものがある。ミシシッピーワニでは33～34℃では雄しか生まれず，30℃以下だと雌しか生まれない。逆にアカウミガメでは32℃以上では雌のみ，28℃以下では雄のみとなる。また，カミツキガメのように28～30℃では雄に，それからずれるほど雌になりやすくなるものもある。

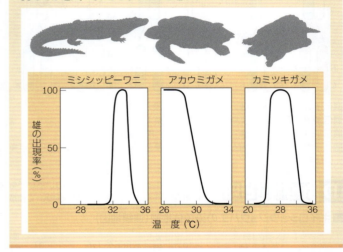

■ 性決定にかかわる遺伝子と性の分化
ヒトのY染色体には**SRY**(sex-determining region Y)という性決定遺伝子が存在する(▶後見返し)。*SRY*遺伝子は哺乳類に広くみられる遺伝子で，*SRY*遺伝子がはたらくと精巣が分化し，はたらかないと卵巣が分化する。個体の性が確立するまでには，性染色体の構成による遺伝的な性決定，遺伝子発現による生殖巣の分化，ホルモンによる性分化という3つの段階がある。

■ 性染色体と性決定 常染色体の1組をAで表している。

	型	親	配偶子(精子・卵)	受精卵(子)	性比	生物例
雄ヘテロ	XY型	雌 2A+XX / 雄 2A+XY	A+X / A+X / A+X / A+Y	2A+XX 雌 / 2A+XY 雄	1 : 1	ヒト，ウマ，ネズミ，グッピー，ショウジョウバエ，アサ，ヤナギ
雄ヘテロ	XO型	雌 2A+XX / 雄 2A+X	A+X / A+X / A+X / A	2A+XX 雌 / 2A+X 雄	1 : 1	バッタ，ホシカメムシ，ヤマノイモ，サンショウ
雌ヘテロ	ZW型	雌 2A+ZW / 雄 2A+ZZ	A+W / A+Z / A+Z / A+Z	2A+ZW 雌 / 2A+ZZ 雄	1 : 1	ニワトリ，カイコガ
雌ヘテロ	ZO型	雌 2A+Z / 雄 2A+ZZ	A / A+Z / A+Z / A+Z	2A+Z 雌 / 2A+ZZ 雄	1 : 1	ヒゲナガトビケラ，ミノガ

Keywords 常染色体(autosome)，性染色体(sex chromosome)，X染色体(X chromosome)，Y染色体(Y chromosome)，性決定(sex determination)

4-I 生殖と遺伝

B 性染色体と遺伝
性染色体には性決定にかかわる遺伝子だけでなく他の遺伝子も存在する。そのような遺伝子によって決まる形質は，性によって現れ方が異なってくる。

■伴性遺伝
両方の性でみられる形質に関する遺伝のうちで，性によって現れ方の異なる遺伝を伴性遺伝という。

赤眼（雌）

白眼（雄）

白眼（雌）

赤眼（雄）

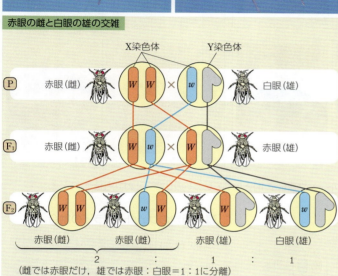
赤眼の雌と白眼の雄の交雑

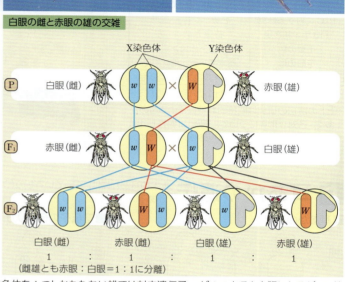
白眼の雌と赤眼の雄の交雑

キイロショウジョウバエの白眼の遺伝子（w）は，X染色体上にある遺伝子で，X染色体を1つしかもたない雄では対立遺伝子 w が1つあると白眼になるが，X染色体を2つもつ雌では，ww のときのみ白眼となり，Ww では赤眼になる。

■限性遺伝
一方の性にしか存在しない性染色体上に性決定以外に関係する遺伝子があると，その遺伝子によって生じる形質は限られた性の個体にしか現れない。

斑紋のない雌

斑紋のある雄

虎蚕（雌）

正常（雄）

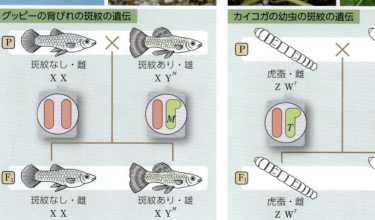
グッピーの背びれの斑紋の遺伝／カイコガの幼虫の斑紋の遺伝

グッピーの性決定は雄ヘテロのXY型である。背びれに大きな斑紋を発現させる遺伝子（M）はY染色体上にあり，斑紋は雄にしか現れない。

カイコガの性決定は雌ヘテロのZW型である。幼虫の斑紋を発現させる遺伝子（T）はW染色体上にあり，虎蚕は雌の幼虫にだけ現れる形質である。

伴性遺伝（sex-linked inheritance），限性遺伝（sex-limited inheritance）

Column ニワトリの伴性遺伝

ニワトリにはプリマスロックというさざ波模様の羽毛の品種がある。この羽毛をさざ波模様にする遺伝子はZ染色体上にあり，伴性遺伝する。ニワトリの性決定は雌ヘテロのZW型なので，雄はこの遺伝子を2つもち，雌は1つしかもたない。プリマスロックの雄をラングシャンという黒色の羽毛をもつ品種の雌と交雑すると，F_1 はすべてさざ波模様になり，F_1 どうしの交雑でできた F_2 の雄はすべてさざ波模様，雌はさざ波模様：黒色＝1：1となる。

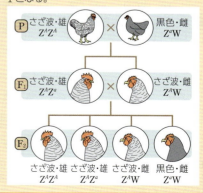

127

8 ヒトの遺伝 [生物基礎][生物]

A ヒトの遺伝形質

ヒトには，自由に交雑実験を行えない，一世代の期間が長いなど，遺伝の研究には適さない点が多いが，遺伝する形質として明らかになっているものもある。

形質	現れやすい※	現れにくい
頭のつむじ	右巻き	左巻き
まぶた	二重	一重
耳たぶの形	離れている（福耳）	ついている（平耳）
耳あか	湿っている（ウェット）	乾いている（ドライ）
巻き舌	できる	できない
PTCに対する味覚	苦み	無味
利き手・利き足	右	左
毛髪の色	黒色＞赤色＞淡色	
毛髪の形	巻き毛＞波状毛＞直毛	
虹彩の色	黒色＞茶色＞青色＞灰色	

PTC：フェニルチオカルバミド

※ヒトの遺伝の研究は間接的な推論によるものが多く，各対立形質について，明確に「顕性」，「潜性」と区別がつかないものもある。そのため，現れやすさで示している。

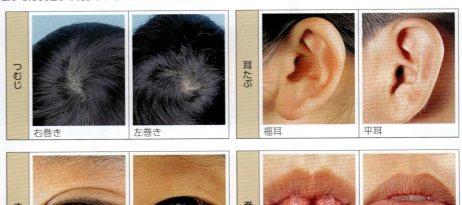

B 耳あかの遺伝

ヒトの耳あかには，湿っているもの（ウェット，対立遺伝子 W）と乾いているもの（ドライ，対立遺伝子 w）がある。

■耳あかの遺伝

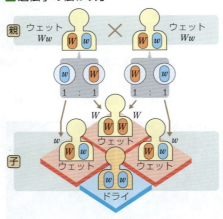

両親がウェットでも，いずれもヘテロ接合体であればドライの子も生まれる。

■遺伝子の伝わり方

■人種別のウェットとドライの割合

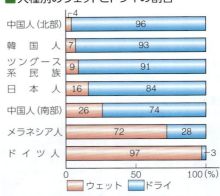

人種	ウェット	ドライ
中国人（北部）	4	96
韓国人	7	93
ツングース系民族	9	91
日本人	16	84
中国人（南部）	26	74
メラネシア人	72	28
ドイツ人	97	3

ウェットとドライの割合は人種による差が大きく，一般にアジアではドライが多い。

C 血液型の遺伝

ヒトの血液型には，ABO式のほかRh式やMN式などいろいろな種類があり，いずれの血液型でも遺伝子によって決まっている。

■ABO式血液型の遺伝

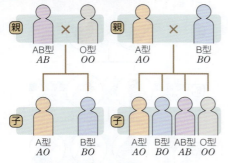

ABO式血液型の遺伝子は第9染色体にあり（▶後見返し），A，B，Oの3つの対立遺伝子からなる複対立遺伝子（▶p.122）の例である。

■人種別の A, B, O の対立遺伝子の割合

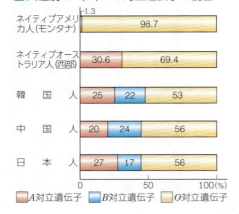

人種	A	B	O
ネイティブアメリカ人（モンタナ）	1.3		98.7
ネイティブオーストラリア人（西部）	30.6		69.4
韓国人	25	22	53
中国人	20	24	56
日本人	27	17	56

■A対立遺伝子　■B対立遺伝子　■O対立遺伝子

■Rh式血液型の遺伝

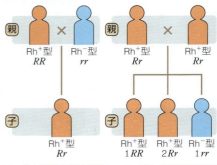

Rh式血液型の遺伝子は，メンデルの遺伝の法則に従って遺伝する。この遺伝子座は，第1染色体上にある（▶後見返し）。

Keywords 血液型 (blood group)

D 血友病の遺伝

血友病は血液が凝固しにくくなる遺伝性疾患である。血友病に関係する遺伝子はX染色体上にある。近世ヨーロッパでは，突然変異で血友病の遺伝子が現れ，各国の王家に遺伝していった。

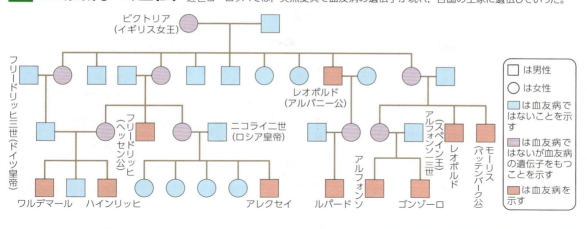

図は，19〜20世紀にかけてのイギリス，スペイン，ドイツ，ロシアの王家の家系図の一部とそこにみられる血友病の出現状況を示している。患者の祖先をたどると，すべてイギリスのビクトリア女王に集まるので，女王が血友病の保因者であったと考えられる。

□は男性
○は女性
■は血友病ではないことを示す
■は血友病ではないが血友病の遺伝子をもつことを示す
■は血友病を示す

Column お酒に強い人，弱い人

■ アルコール代謝と遺伝子

ヒトの体内に入ったアルコールは，ADH(アルコール脱水素酵素)によってアセトアルデヒドに変わり，ALDH(アルデヒド脱水素酵素)によって無害な酢酸に変えられる。ALDHのうちのALDH2(遺伝子座は第12染色体上にある▶後見返し)には活性型(遺伝子A)と不活性型(遺伝子a)があり，遺伝子型AAの人は活性型ALDH2によって速やかにアセトアルデヒドを分解できるため，お酒に強い体質となる。一方，遺伝子型Aa，aaの人は，アセトアルデヒドがうまく分解されないため，お酒に弱い体質や，非常に弱い体質となる。

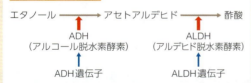

■ アルコールパッチテスト

消毒用の70%エタノールを小さく切ったガーゼに浸し，腕の内側のやわらかいところにテープで固定し，約7分後にガーゼをはがして，その後，10分後にはがしたところの皮膚の色を観察する。お酒に弱い人はアセトアルデヒドが蓄積して毛細血管が拡張するため，皮膚が赤くなる。

酒に強い体質の人

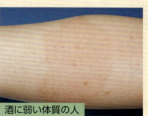
酒に弱い体質の人

Zoom up ヒトの色覚と遺伝子

ヒトは，網膜上にある3種類の錐体細胞(赤錐体細胞，緑錐体細胞，青錐体細胞)のはたらきによって色を見分けている(▶p.189)。これら3種類の錐体細胞には，それぞれオプシンとよばれる光受容体タンパク質がある。オプシンの遺伝子は，青オプシン遺伝子座が第7染色体上にあるのに対し，赤オプシン遺伝子座と緑オプシン遺伝子座はX染色体上の非常に近い位置にある(▶後見返し)。通常，X染色体上にある赤オプシン遺伝子は1つだけだが，緑オプシン遺伝子の数は人によって異なる。また，これらの遺伝子は最初(上流)の2つが発現する。

女性はX染色体を2本もつが，男性は1本しかもたないので，X染色体上にあるこれらの遺伝子については，男女で現れ方に違いが生じ，さまざまな色覚のタイプがみられる。例えば，X染色体で不等交叉※が起こると，一方の遺伝子をもたないX染色体(図(c))や発現できる遺伝子が1種類だけのX染色体(図(b))ができる場合がある。このようなX染色体を受けついだ場合，赤色と緑色が区別しにくくなることがある。また，遺伝子の組換えによって，赤オプシンと緑オプシンの融合遺伝子(ハイブリッド遺伝子)ができたり，その他の原因で色覚の変化が生み出されたりすることもある。このように，色覚のタイプは非常に多様である。

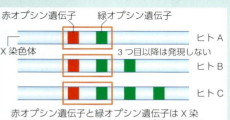
赤オプシン遺伝子と緑オプシン遺伝子はX染色体上に並んでおり，上流の2つが発現できる

配偶子形成におけるX染色体の不等交叉

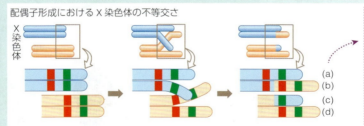

※染色体の乗換えの際に，もとと同じ染色体ができず多重になった部分と欠失した部分をもつ染色体が別々に生じる現象(▶p.269)。

血友病(hemophilia)，アルコール脱水素酵素(alcohol dehydrogenase)

9 動物の配偶子形成と受精

A 配偶子の形成

■ヒトの精子の形成過程　染色体数は2n＝4として模式的に示してある。

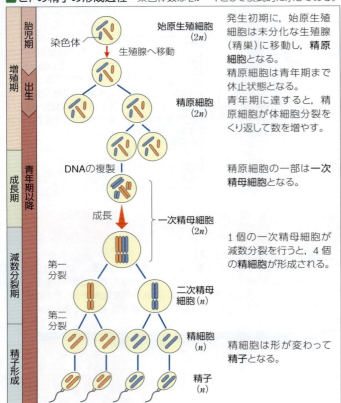

■ヒトの卵の形成過程　染色体数は2n＝4として模式的に示してある。

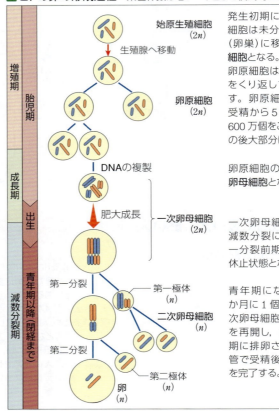

■精細胞から精子へ

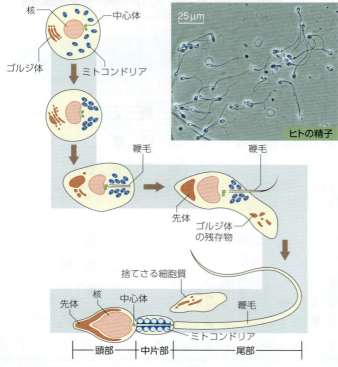

ヒトの精子

Zoom up　始原生殖細胞

ヒトでは，受精をしてから3週間ほどすると，下図の左上の図のような位置に，大形の始原生殖細胞が現れる。これらの細胞は，4週末から5週の初めごろアメーバ運動により発生中の生殖腺（生殖隆起）へと移動する。生殖隆起は精巣あるいは卵巣に分化していく。また，始原生殖細胞自体はやがて精原細胞あるいは卵原細胞へと分化する。このように，生殖細胞（配偶子）になる細胞は，発生のごく早い時期に決まる。

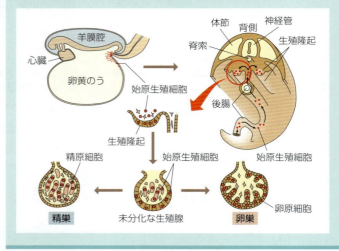

Keywords　始原生殖細胞（primordial germ cell），精原細胞（spermatogonium），精母細胞（spermatocyte），精細胞（spermatid），精子（sperm）

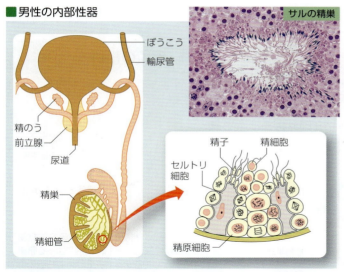
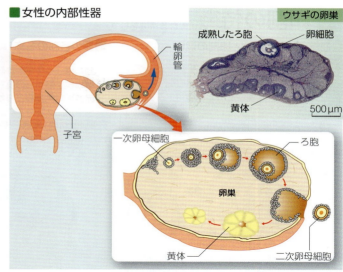

青年期に達すると，精巣内の精細管では，管内のいちばん外側に分布する精原細胞が分裂をくり返して，管の中心部に向かって精子が形成されていく。成年男子では，1日約7000万〜1億個の精子が形成される。

ヒトの卵巣の大きさは，直径約2〜3cmである。初め非常に多くの卵原細胞が形成されるが，ほとんどが途中から退化し，受精可能な卵になるのは両方の卵巣を合わせても400個くらいである。

B 受精

■ウニの受精

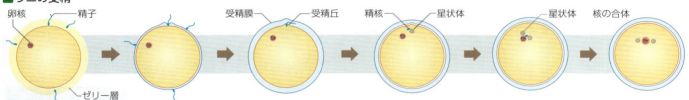

精子がゼリー層を抜けて卵内に進入し始めると，その部分から透明な膜が盛り上がり，1分程度で卵全体をおおって受精膜となる。卵内に進入した精子は，尾部を切り離し，頭部を180°回転させ，卵核に近づいていく。やがて，卵核と精核が合体し，複相($2n$)となり，受精を完了する。

■ウニの受精過程に見られる変化
精子が卵に到着して，精子の核と卵の核が出会うまでには，卵の表面でさまざまな変化が見られる。

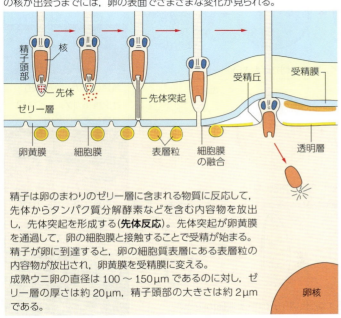

精子は卵のまわりのゼリー層に含まれる物質に反応して，先体からタンパク質分解酵素などを含む内容物を放出し，先体突起を形成する（**先体反応**）。先体突起が卵黄膜を通過して，卵の細胞膜と接触することで受精が始まる。
精子が卵に到達すると，卵の細胞質表層にある表層粒の内容物が放出され，卵黄膜を受精膜に変える。
成熟ウニ卵の直径は100〜150μmであるのに対し，ゼリー層の厚さは約20μm，精子頭部の大きさは約2μmである。

Zoom up 多精受精の防止

ウニやカエルなどでは受精の際，1個の卵に1個の精子が進入する（単精受精）。単精受精を行う生物では，2個以上の精子が卵に進入する（多精受精）と正常に発生できないため，これを防止するしくみがある。
通常，ウニ卵の細胞膜には内側が外側に対して負（−）となる電位差（膜電位）が見られる。しかし，精子が卵に結合すると，海水中のナトリウムイオン（Na^+）が卵内に流入し，内側の電位が正（＋）となる。これを受精電位といい，受精電位が発生している間は精子が卵に進入できず，多精受精が防がれている。
受精電位は受精後1〜3秒以内と非常に早く起こるが持続せず，一時的に多精受精を防止する。これに対し，受精膜の形成には数十秒から1分程度の時間を要するが，受精膜が形成されることでしっかりと多精受精を防ぐことができる。

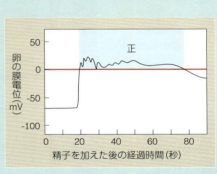

卵原細胞（oogonium），卵母細胞（oocyte），卵（egg），受精（fertilization），受精膜（fertilization membrane）

10 卵の種類と卵割の様式　生物基礎 生物

A 卵割の特徴

発生初期にみられる体細胞分裂を卵割という。卵割は細胞質の成長を伴わないなど，通常の体細胞分裂とは異なる特徴をもつ。

■通常の体細胞分裂と卵割の違い

娘細胞は成長してもとの大きさにもどる。

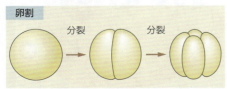

娘細胞（割球）は成長せず分裂を続けるため，小さくなる。卵細胞には分裂に必要な物質があらかじめ準備されているため，分裂速度が速い（G_1期とG_2期がないか，非常に短い）。また，同調分裂が行われる。

■卵の各部の名称

- 動物極　極体が生じるところ
- 植物極　動物極の反対側
- 赤道面　動物極と植物極とを結ぶ軸を中心で直角に2等分する面
- 動物（植物）半球　赤道面で仕切られた動物（植物）極側の半分

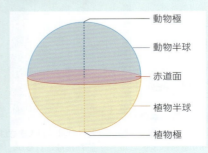

Zoom up 卵黄の蓄積

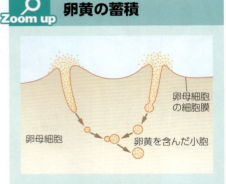

多くの昆虫や脊椎動物では，卵黄の前駆物質が肝臓などでつくられ，血液によって卵巣に運ばれ，卵細胞の飲作用によって細胞内に取りこまれる。

B 卵の種類と卵割の様式

動物の種類によって，卵の種類や卵割の様式に違いがみられる。

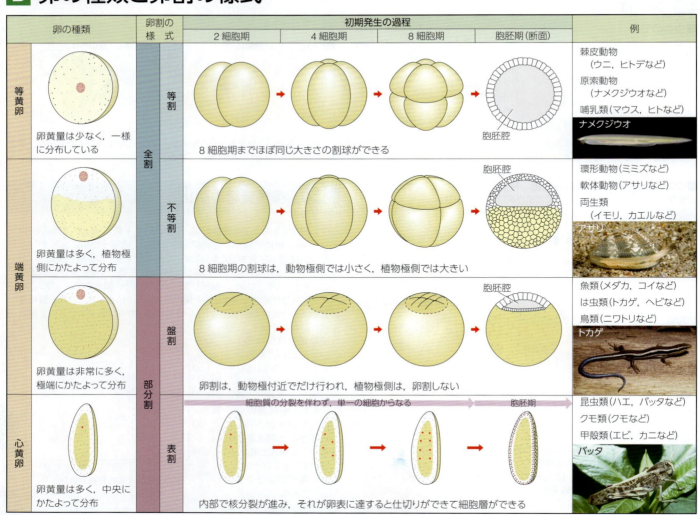

Keywords　卵割(cleavage)，割球(blastomere)，動物極(animal pole)，植物極(vegetal pole)

11 ウニとカエルの発生の観察

A ウニの発生の観察

ウニ類の生殖期は、種類によって異なっている（バフンウニは1～4月、ムラサキウニは6～7月、コシダカウニは7～9月、アカウニは11～12月）。

バフンウニ

①ウニを逆さにおき、口器をピンセットを使って取り除く。

② 0.5mol/LのKCl溶液を数滴入れる。

③雄の場合、生殖孔より白色の精子が放出される。

④乾いたペトリ皿に移して放精させる。

ムラサキウニ

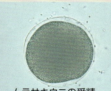
ムラサキウニの受精

③'雌の場合、生殖孔より黄色の粒状の卵が放出される。

④'KClを取り除くために海水で数回洗う。

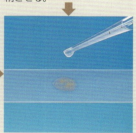
⑤スライドガラスに卵をのせ、海水で薄めた精子をかける。

コシダカウニ

コシダカウニの受精

ウニは、材料が手に入りやすいこと、一度にたくさんの卵が得られること、内部が透けて見えるので卵割のようすが観察しやすいこと、などから発生の観察材料としてよく用いられる。ウニの雌雄は外見からは見分けにくいが、バフンウニでは管足の色（雄は白色、雌は橙色）で見分けることができる。

ウニの発生速度の例（バフンウニ、単位　時間）

発生段階	15℃	発生段階	15℃
受精卵	0	桑実胚	5.5
2細胞期	1.5	胞胚	22.0
4細胞期	2.5	原腸胚	23.5
8細胞期	3.0	プルテウス幼生	約3日

⑥光学顕微鏡で観察する。

B カエルの発生の観察

アフリカツメガエル

アフリカツメガエルの幼生

アフリカツメガエルは、一生を水の中で過ごし、レバーなどを餌として飼育できるので、実験材料として確保しやすい。しかも、ホルモン注射をすることによって、いつでも産卵させることができるので、実験材料として適している。

①観察したい日の前日に、雄と雌の両方に生殖腺刺激ホルモンを注射する。

②雌雄を同じ産卵かごに入れておくと、夜から翌朝にかけて抱接し産卵する。

③スポイトで卵を小型のペトリ皿に取り分け、実体顕微鏡で観察する。

カエルの発生速度の例（アフリカツメガエル、単位　時間）

発生段階	18℃	20～24℃	発生段階	18℃	20～24℃
受精卵	0	0	後期胞胚	10.5	7
2細胞期	1.5	1.25	原腸胚	15	12.25
4細胞期	2.5	2	神経胚	30	20.25
8細胞期	3.5	2.25	鰓芽出現	43	26
前期胞胚	6	4	ふ化	約3日	約2日

12 ウニの発生　生物基礎 生物

A ウニの発生過程
ウニの卵は卵黄量の少ない等黄卵で，第三卵割までは等割をする。

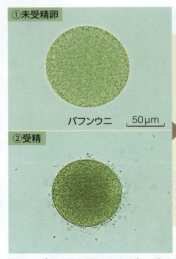

①未受精卵　バフンウニ　50μm

②受精
精子はゼリー層を通りぬけて卵に達する。

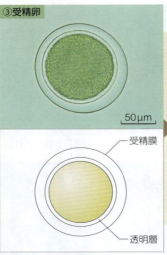

③受精卵　50μm
― 受精膜
― 透明層

精子侵入点から受精膜が形成される。受精膜はやがて卵全体をおおう。

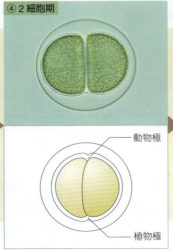

④2細胞期
― 動物極
― 植物極

動物極と植物極を結ぶ面で卵割が起こり，大きさの同じ2個の割球ができる。

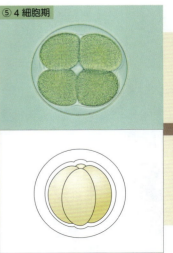

⑤4細胞期

再び，動物極と植物極を結ぶ面で卵割が起こる。大きさの同じ4個の割球ができる。

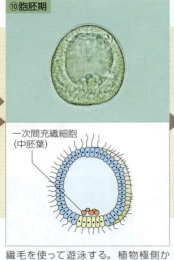

⑩胞胚期
― 一次間充織細胞（中胚葉）

繊毛を使って遊泳する。植物極側から，一次間充織細胞が胞胚腔内に離脱する。

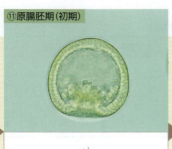

⑪原腸胚期（初期）
― 陥入

植物極側の細胞が陥入して原腸を形成する。

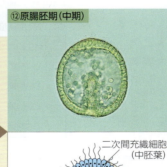

⑫原腸胚期（中期）
― 二次間充織細胞（中胚葉）
― 原腸
― 原口

陥入が進み，原腸が発達していく。一次間充織細胞に続き，二次間充織細胞が原腸の先端から離脱していく。

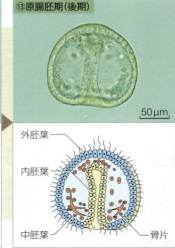

⑬原腸胚期（後期）　50μm
― 外胚葉
― 内胚葉
― 中胚葉
― 骨片

胚を形成する細胞は，外胚葉■，中胚葉■，内胚葉■に分化している。

⑱変態前　ウニ原基　200μm

プルテウス幼生のからだの一部にウニ原基が形成される。ここから成体の主要な器官を形成する。

⑲変態　ウニ原基

幼生のからだを押し開いて，ウニ原基のとげや管足が出てくる。腕は小さくなっていく。

⑳稚ウニ

成体のウニの特徴であるとげや管足が発達してくる。幼生のからだはなくなっていく。

㉑成体
管足　肛門　生殖腺
水管　　　　腸
神経　口

ウニの成体では口が下，肛門が上にある。管足を使って移動し，藻類を食べる。

Keywords　発生(development)，桑実胚(morula)，胞胚(blastula)，原腸胚(gastrula)，原口(blastopore)，陥入(invagination)，原腸(archenteron)

4-Ⅱ 発生

⑥ 8細胞期

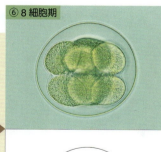

赤道面で卵割が起こり，大きさの同じ8個の割球ができる。

⑦ 16細胞期

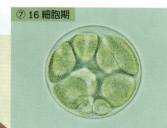

中割球
大割球　小割球

動物極側では卵割は縦に起こり，8個の中割球に，植物極側では横に起こり，4個ずつの大割球と小割球になる。

⑧ 桑実胚期

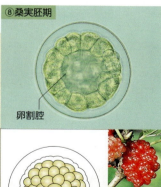

卵割腔
クワの実

クワ（桑）の実状の形になる。内部に卵割腔ができる。

⑨ 胞胚期

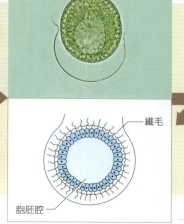

繊毛
胞胚腔

割球に繊毛が生える。胚は，受精膜を溶かして，泳ぎ出す（ふ化）。卵割腔は胞胚腔とよばれるようになる。

⑭ プリズム幼生期

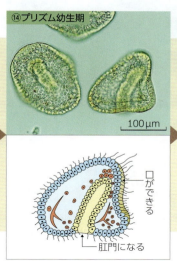

100μm

口ができる
肛門になる

原腸の先端が外胚葉に達して，ここに口が形成される。原口は肛門になる。

⑮ プルテウス幼生期（初期）

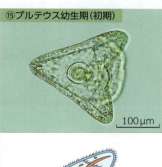
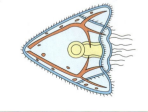

100μm

一次間充織細胞からできた骨片が発達し，腕を伸ばしていく。

⑯ プルテウス幼生期（4腕後期）

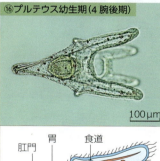
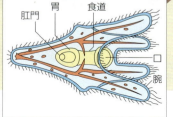

100μm

肛門　胃　食道
口　腕

骨片がさらに発達し，腕を伸ばしていく。

⑰ プルテウス幼生期（8腕期）

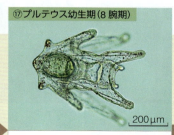
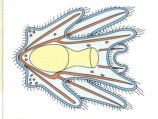

200μm

からだの正中面に対して左右相称的に腕を生じ，そのふちには長い繊毛の帯が発達する。

生殖・遺伝・発生

🔍 Zoom up　胞胚から原腸胚へ

ウニの卵割では，第四卵割で16細胞が形成され，大・中・小3種類の割球ができる(a)。その後，さらに卵割が起こって約500個の細胞からなる胞胚になる。それぞれの細胞は，受精卵の各領域に由来する細胞質を受けついでおり，大きさや性質が異なる（▶p.140）。胞胚について，将来外・中・内胚葉になる部分を青・赤・黄色で色分けしたのが(b)である。将来中胚葉を形成する赤色で示した部分では，隣の細胞としっかりと結びついていた細胞がその接着性を失って，形を変えて内部に入りこみ，移動性の一次間充織細胞となる。やがて陥入が起こって原腸が形成される。原腸先端部から遊離する二次間充織細胞は，仮足（糸状仮足）とよばれる細長い突起を出して胞胚壁の外胚葉に接触し，原腸をその方向に引っ張り上げて，原腸の伸長を助ける(c)。その後，一次間充織細胞からは骨片が形成され，二次間充織細胞は，色素細胞や筋肉などに分化する(d)。

(a) 16細胞期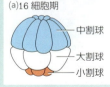
中割球
大割球
小割球

(b) 一次間充織形成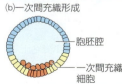
胞胚腔
一次間充織細胞

(c) 原腸形成
仮足

(d) 原腸胚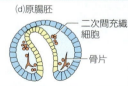
二次間充織細胞
骨片

幼生（larva）

13 カエルの発生 生物基礎 / 生物

A カエルの発生過程

カエルの卵は端黄卵であり，第二卵割までは等割をするが，第三卵割では不等割をする。

①受精卵
アフリカツメガエルの抱接
1mm
受精すると，卵は動物極が上を向くように回転する。

②2細胞期
動物極／植物極
動物極と植物極を結ぶ面で1回目の卵割が起こる。

③4細胞期
もう一度卵割が起こり，大きさの同じ4個の割球ができる。

④8細胞期
動物極—植物極の軸に直交する方向に卵割が起こる。

⑤16細胞期
動物極—植物極の軸に沿って卵割が起こる。

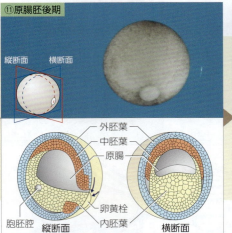
⑪原腸胚後期
縦断面／横断面
外胚葉／中胚葉／原腸／卵黄栓／胞胚腔／内胚葉
縦断面　横断面
胚は，外胚葉・中胚葉・内胚葉に分化する。原口で囲まれた部分に見える内胚葉の細胞を**卵黄栓**という。

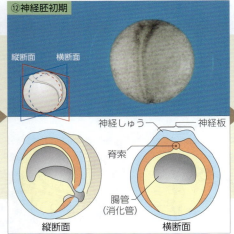
⑫神経胚初期
縦断面／横断面
神経しゅう／神経板／脊索／腸管（消化管）
縦断面　横断面
原口は小さくなっていき，背側に神経板が形成される。

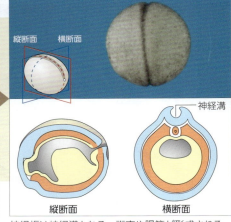
⑬神経胚中期
縦断面／横断面
神経溝
縦断面　横断面
神経板は神経溝となる。脊索や腸管が形成される。

⑯幼生（おたまじゃくし）
⑰後肢ができる
⑱前肢ができる
尾が短くなり成体となる

Column 原腸胚の模型をつくる

カエルの原腸胚は，内部を透かして見ることができないため，その構造を立体的に理解しにくい。小麦粘土で次のような原腸胚の模型をつくり，切断してみると構造を立体的に理解しやすくなる。

①黄色の小麦粘土で内胚葉の部分をつくる。

②赤色の粘土で中胚葉の部分をつくる。

③青色の粘土で卵黄栓以外の部分をおおう。これを2つつくる。

④釣り糸などを使い，背腹の軸（上）または頭尾の軸（下）で割る。

136　Keywords　卵割腔 (cleavage cavity)，胞胚腔 (blastocoel)，神経胚 (neurula)，神経板 (neural plate)，脊索 (notochord)

4-Ⅱ 発生

⑥ 32細胞期
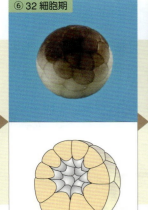
内部に卵割腔が発達。

⑦ 桑実胚期

卵割が進み、桑の実状の胚を形成。動物極側の卵割が速い。

⑧ 胞胚期

さらに卵割が進み、割球が小さくなる。

⑨ 原腸胚初期

原口(三日月状の切れこみ)から陥入が始まる。

⑩ 原腸胚中期
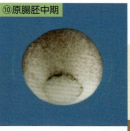
原口は馬てい形となり、内部に原腸が形成される。

⑭ 神経胚後期

神経溝は神経管となる。各胚葉の分化が進む。

⑮ 尾芽胚後期
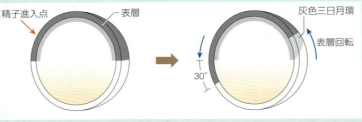
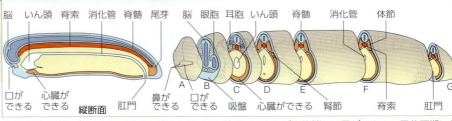
神経管ができあがると、胚は頭尾の方向に長くなり始める。からだの後端には尾ができる。尾芽胚期になると、各胚葉からの器官形成が進み、受精膜を破ってふ化する。

Zoom up 灰色三日月環

カエルの卵に精子が進入すると、精子進入点の反対側の赤道部に三日月状の模様(**灰色三日月環**)ができる。この部分に将来、原口が形成される。この模様の中心を通る縦の部分が将来の胚の正中面になるので、精子の進入によって、胚の背腹が決まることになる(▶ p.140)。

ヒキガエルの受精卵
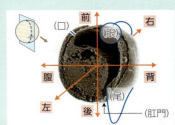

動物極側の表層面には黒色の色素(メラニン色素)が含まれている。

精子が進入すると、表層が約30°回転(**表層回転**)する。この運動により、植物極付近の表層部は精子進入点の反対側に移動する。精子進入点の反対側の赤道部では、色素粒を多く含む表層部が動物極側にずれるために、色素の薄い灰色三日月環が生じる。

ふつう、第一卵割は灰色三日月環を二分するように起こるので、2細胞期の右半球からは、からだの右半分ができる。

神経管(neural tube), 尾芽胚(tailbud), 灰色三日月環(gray crescent), 表層回転(cortical rotation)

14 胚葉の分化と器官の形成 生物基礎 / 生物

A 三胚葉から分化する細胞

発生過程では，外胚葉・中胚葉・内胚葉という3つの胚葉がつくられ，そこからからだを構成するさまざまな細胞がつくられる。

■ 各胚葉から分化するおもな細胞

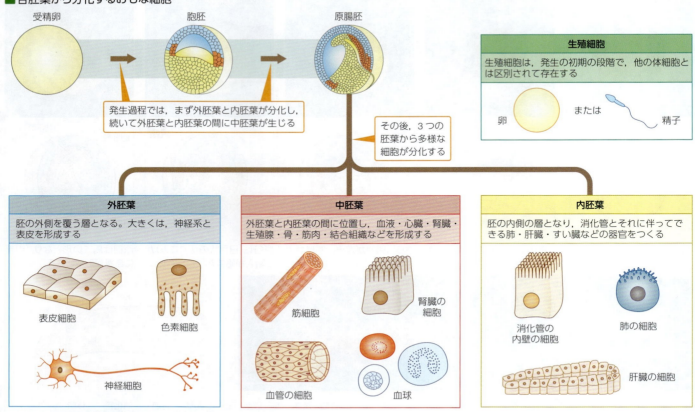

Zoom up センチュウの細胞系譜

Caenorhabditis elegans (C.elegans)は，土壌中にすんでいる体長約1mmのセンチュウ（線虫）で，通常，雌雄同体で精子と卵をつくり，自家受精によって増える。神経系・筋肉・生殖腺・消化管などをもっているが，からだを構成する細胞数は959個と非常に少なく，また，からだが透明なので，発生過程が観察しやすい。そのため，発生過程での細胞の分化がすべて追跡されていて，細胞系譜が完全にわかっている。

これを見ると，生物のからだの形成過程は，前もってプログラムされており，生物は，そのプログラムにそって，からだをつくっていくことがわかる。なお，発生過程では，細胞は分裂によって増えるだけでなく，死んでいくものもある（▶p.142 プログラムされた細胞死）。センチュウの発生過程では1090個の細胞ができ，そのうちの131個が死ぬ。

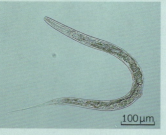

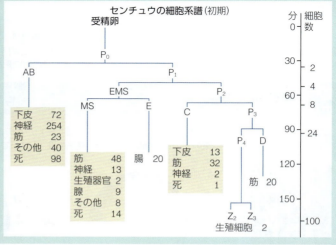

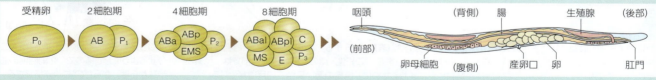

Keywords 分化(differentiation)，外胚葉(ectoderm)，中胚葉(mesoderm)，内胚葉(endoderm)，細胞系譜(cell lineage)

B 各胚葉から分化する器官
生物の種類が違っても，各器官の由来となる胚葉は同じである。

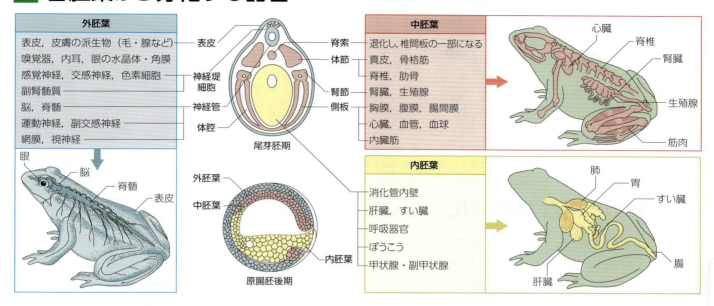

C 複数の胚葉からなる器官
多くの器官はいくつかの胚葉に由来する組織からできている。

■ 皮膚の形成　　　　　　　　　　　　　　　　　　　■ 消化管の形成

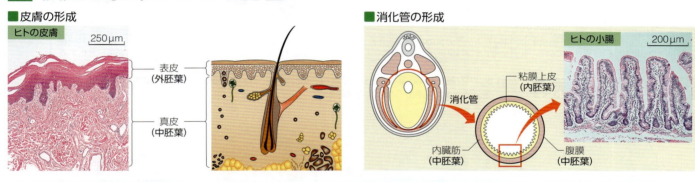

Zoom up　神経堤細胞—第4の胚葉

神経管の形成過程で，神経板の周辺の細胞が遊離してくる。これを**神経堤細胞（神経冠細胞）**という。神経堤細胞は脊椎動物だけがもつ組織で，移動性が高く胚内を決まった経路を通って移動し，いろいろな場所で多様な組織や細胞に分化する。このことから，神経堤は，脊椎動物が進化の過程で獲得した「第4の胚葉」ともいわれる。また，その分化能から，一種の幹細胞とみなすこともできる。

神経堤細胞からは，交感神経と感覚神経の神経細胞やグリア細胞の大部分，皮膚の色素細胞のほか，頭部では顔面の骨格や歯の象牙芽細胞などが分化する。

グリア細胞の一種であるシュワン細胞は末しょう神経系の軸索を取り巻いて髄鞘（▶p.193）を形成する。髄鞘の形成により，神経では伝導速度が格段に速くなる。

顎の骨は神経堤細胞に由来する。顎は進化の過程上，脊椎動物で初めて出現する構造で，食物を噛む能力を高めることに役立っている。また，歯は動物の種類によってさまざまな形状をしているが，これも神経堤細胞がかかわっていると考えられている。

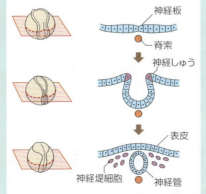
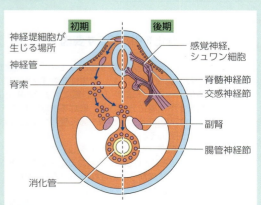

神経堤（neural crest）

15 カエルの発生と遺伝子発現 生物基礎 生物

A 精子の進入と背腹軸の決定

カエルでは，精子の進入によって背腹軸が決定する。精子の進入点は腹側，その反対側は背側の細胞に分化していく。

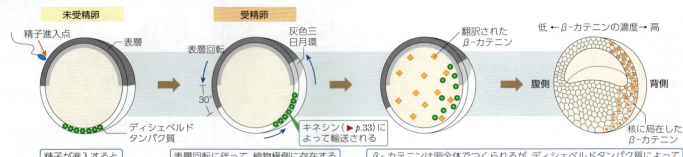

B 外胚葉と内胚葉の分化

内胚葉の分化には，卵の植物極側に蓄積している母性因子から合成されたVegTタンパク質がかかわる。VegTタンパク質をもたない細胞は外胚葉に分化する。

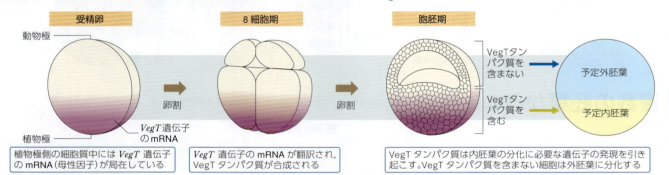

C 中胚葉の誘導

VegTタンパク質は，内胚葉への分化を引き起こすとともに，ノーダルタンパク質を合成することによって，予定外胚葉域の細胞から中胚葉を誘導する。

中胚葉は，予定内胚葉の細胞が，隣接する予定外胚葉域の細胞にはたらきかけることによってできる（**中胚葉誘導**）。中胚葉誘導を引き起こすのは，ノーダルタンパク質である

Point 細胞の分化を引き起こす要因

均質な細胞質をもつ母細胞が分裂すると，2つの同じ娘細胞ができる(a)。また，母細胞の細胞質が均一でなくても，含まれる物質が均等に分配されると，同じ娘細胞ができる(b)。一方，母細胞の細胞質に含まれる物質にかたより（極性）があると，その物質が不均等に分配され，異なる娘細胞ができることがある(c)。カエルの胚においてVegTタンパク質を多く受けついだ細胞が内胚葉に分化する現象などがその例である。
また，均質な細胞質をもつ母細胞が分裂しても，その一方の細胞のみが周囲の細胞から誘導を受けることによって，異なる娘細胞ができることもある(d)。カエルの胚において，内胚葉から分泌されるノーダルタンパク質を受容した細胞が中胚葉に分化する現象などがその例である。
(c)や(d)のような分裂が起こることによって，多様な細胞が生じる。

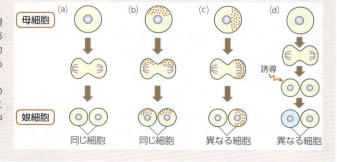

Keywords　母性因子(maternal factor)，中胚葉誘導(mesoderm induction)

D 形成体の誘導

ノーダルタンパク質のはたらきによって中胚葉が誘導される。低濃度のノーダルタンパク質は腹側の中胚葉を，高濃度のノーダルタンパク質は背側の中胚葉である形成体を誘導する。

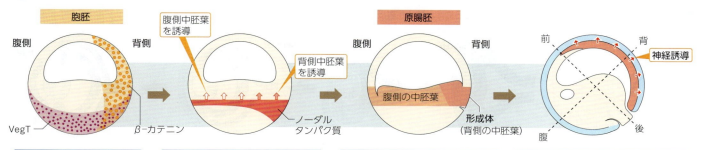

| 胞胚期に，β-カテニンは背側に局在し，VegT は植物極側に局在している | VegT と β-カテニンのはたらきによりノーダルの合成が促進される。背側ではより高濃度のノーダルが合成される | 低濃度のノーダルは腹側の中胚葉を，高濃度のノーダルは背側の中胚葉である形成体を誘導する | 形成体は，原腸陥入によって背側の外胚葉を裏打ちし，予定外胚葉を神経に分化させることにより胚軸構造をつくる |

E 神経誘導のしくみ

形成体が予定外胚葉にはたらきかけて神経に分化させる。

■ 神経誘導のしくみ

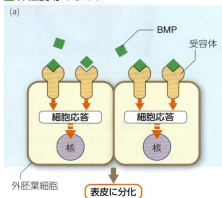

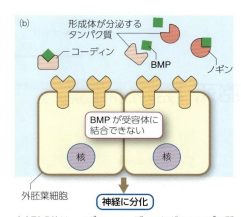

■ 形成体による背腹軸の形成

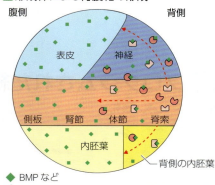

(a) 胞胚期には，胚全体で BMP※ が発現している。細胞表面には BMP 受容体があり，BMP が受容体と結合すると，その細胞では表皮への分化を引き起こす遺伝子発現が誘導される。

※ BMP（bone morphogenetic protein）は，骨形成因子として単離されたタンパク質である。

(b) 形成体は，ノギン，コーディンなどのタンパク質（神経誘導物質）を分泌する。神経誘導物質は，BMP に結合することで(a)のはたらきを阻害する。つまり，形成体による神経誘導とは，BMP による表皮の誘導の阻害である。

形成体に近い領域では，形成体から分泌されるノギン・コーディンなどによって BMP のはたらきが阻害されるため，背側の細胞が分化する。一方，形成体から離れた領域では，BMP のはたらきが阻害されず，腹側の細胞が分化する。

Point カエルの発生と遺伝子発現

動物の発生過程では，適切な場所で適切な遺伝子が発現することで，多様な細胞が分化していき，複雑なからだがつくられる。カエルの発生過程では，未受精卵に含まれる母性因子や，精子の進入をきっかけとした物質の局在によって，遺伝子発現が変化し，さまざまな組織が形成される。

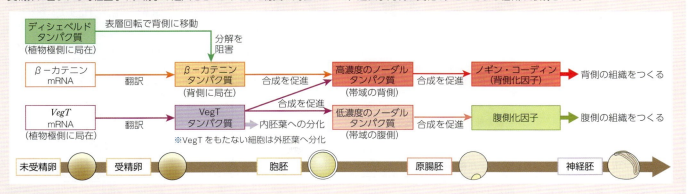

神経誘導 (neural induction)，ノギン (noggin)，コーディン (chordin)

16 発生のしくみ 生物基礎 生物

A 誘導の連鎖
誘導によって分化した部分がさらに別の部分を誘導するというように，誘導が連鎖的に行われることにより，器官が形成される。

■ **眼の形成** 眼杯が表皮から水晶体を誘導する。さらに，水晶体が表皮から角膜を誘導する。

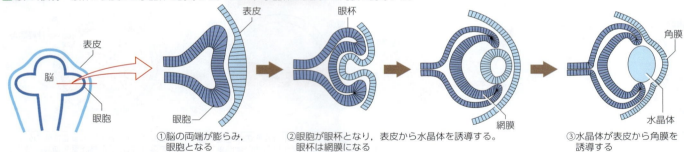

①脳の両端が膨らみ，眼胞となる
②眼胞が眼杯となり，表皮から水晶体を誘導する。眼杯は網膜になる
③水晶体が表皮から角膜を誘導する

■ **誘導の連鎖** 誘導の連鎖によって，眼をはじめ，個体の複雑な構造ができあがっていく。

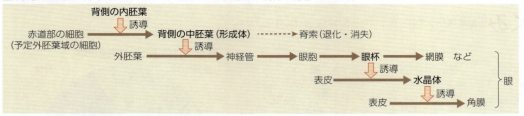

脊椎動物の発生中の眼

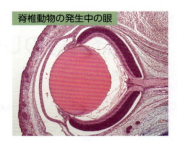

B プログラムされた細胞死
生物のからだで，決められた時期に決められた細胞が死んで失われていく現象をプログラムされた細胞死という。

■ **アポトーシスと壊死**

アポトーシスは，遺伝的にプログラムされており，細胞膜や細胞小器官は正常な形態を保ちながらDNAが断片化し，まわりの細胞に影響を与えることなく縮小・断片化して死んでいく細胞死である。

一方，外傷などによって引き起こされ，細胞内の物質を放出することによってまわりの細胞に害を与えながら死んでいくような細胞死を**壊死**という。

■ **プログラムされた細胞死による指の形成過程**

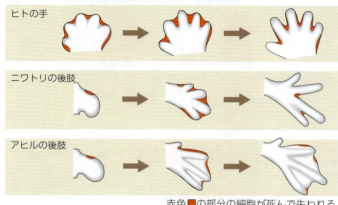

赤色■の部分の細胞が死んで失われる

アヒルなどの水鳥の後肢では，ヒトの手足に比べて細胞死の起こり方が少なく，指と指の間に細胞が残って水かきができる。

プログラムされた細胞死は，おたまじゃくしの尾が縮むときや，脳・心臓・骨格などの形成時にも見られる。正常な発生や生体機能の維持になくてはならないしくみであり，その多くはアポトーシスによって起こる。

Zoom up プログラムされた細胞死の経路

プログラムされた細胞死の経路の解明には，センチュウ（C.elegans ▶ p.138）が用いられてきた。センチュウの細胞死には，ced-4，ced-3遺伝子から合成されるCED-4，CED-3タンパク質が必要であり，細胞死が起こらない細胞では，これらの遺伝子のはたらきがced-9遺伝子によって阻害されていることがわかった。また，哺乳類でも，これと似た経路をもつことがわかった。

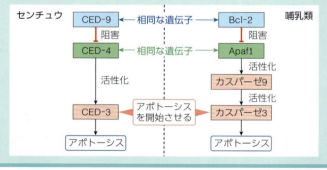

Keywords 誘導の連鎖(chain of inductions)，アポトーシス(apoptosis)，壊死(necrosis)

C 細胞接着分子の役割

生物のからだができていく過程では，同じ種類の細胞どうしが接着する。このとき，**カドヘリン**などの細胞接着分子が重要な役割をはたしている。

■ カドヘリンによる細胞の接着

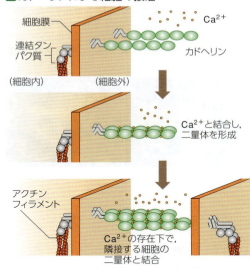

カドヘリンは，細胞膜を貫通するタンパク質であり，カルシウムイオンの存在下ではたらく。

■ 神経管形成の過程

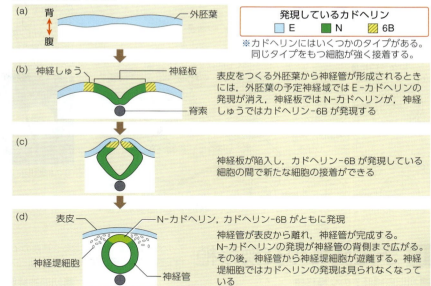

(b) 表皮をつくる外胚葉から神経管が形成されるときには，外胚葉の予定神経域ではE-カドヘリンの発現が消え，神経板ではN-カドヘリンが，神経しゅうではカドヘリン-6Bが発現する

(c) 神経板が陥入し，カドヘリン-6Bが発現している細胞の間で新たな細胞の接着ができる

(d) N-カドヘリン，カドヘリン-6Bがともに発現 神経管が表皮から離れ，神経管が完成する。N-カドヘリンの発現が神経管の背側まで広がる。その後，神経管から神経堤細胞が遊離する。神経堤細胞ではカドヘリンの発現は見られなくなっている

D モルフォゲンと形態形成

その濃度によって異なる発生の結果をもたらすような物質を，**モルフォゲン**という。BMPはモルフォゲンの1つである。

■ BMPの濃度と分化する中胚葉組織

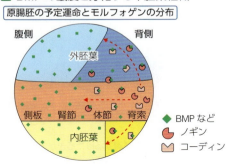
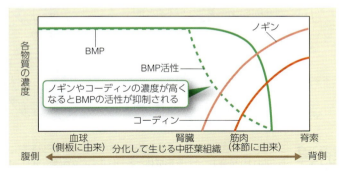

形成体でつくられるノギンやコーディンによってBMPのはたらきが阻害されることで，BMP活性の勾配ができる。
BMP活性の勾配に応じて異なる組織が分化する。

■ ニワトリの翼の形成

正常なニワトリの前肢(翼)には3本の指がある(第1，2，3指とよばれる)。どの指が形成されるかは，**極性中心(ZPA)**から分泌される物質の濃度によって決まると考えられている。

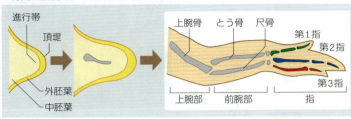
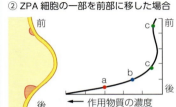
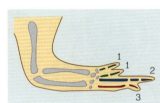

① 正常な場合
② ZPA細胞の一部を前部に移した場合
③ 多量のZPA細胞を前部に移した場合

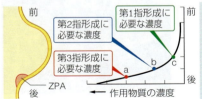
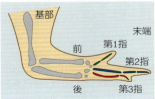
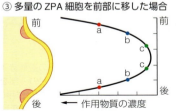
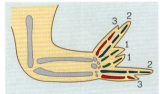

細胞接着分子(cell-adhesion molecule)，カドヘリン(cadherin)，モルフォゲン(morphogen)，形態形成(morphogenesis)

17 発生のしくみの研究の歴史　生物基礎 生物

A イモリ胚の分離実験
ドイツのシュペーマンは、2細胞期のイモリ胚を2つに分け、その後の発生のようすを調べた(1902年)。

イモリの卵の第一卵割は、卵割面が灰色三日月環(▶p.137)を通る場合と通らない場合がある。2細胞期に2つの割球を毛髪でしばって分割すると、前者の場合、それぞれの割球から完全な個体が生じる(b)。また、しばり方が不完全なときは、双頭の個体が生じる(b)。しかし、第一卵割面が灰色三日月環を通らない割球を分離すると、完全な個体は灰色三日月環を含む割球から発生した1つだけとなる(c)。

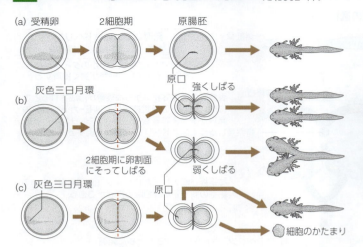

①2細胞期にしばる　②2匹の幼生となる

B 予定胚域の交換移植
シュペーマンは、色の異なる2種類のイモリの初期原腸胚と初期神経胚を用いた交換移植実験により、予定運命の決定時期について調べた(1921年)。

■初期原腸胚での交換移植　　■初期神経胚での交換移植

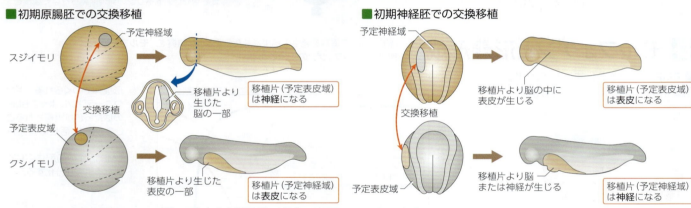

C 形成体と誘導
シュペーマンは、イモリの初期原腸胚の原口背唇部に、外胚葉にはたらきかけて神経管を誘導するはたらきがあることを見つけ(1924年)、それを形成体と名づけた。この発見により、1935年にノーベル生理学・医学賞を受賞した。

■形成体の移植による二次胚の誘導

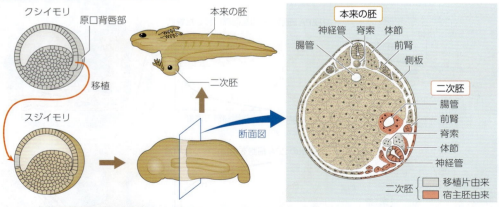

神経胚

二次胚の形成

イモリの初期原腸胚の原口背唇部を切り取って、別の初期原腸胚の腹側赤道部に移植すると、移植片を中心として二次胚が形成される。このとき、移植片は二次胚の脊索や体節などの一部を形づくるだけで、他の組織は宿主の胚に由来している。この原口背唇部のように、隣接する未分化な細胞群に作用して一定の組織に分化させるはたらきを誘導という。また、誘導により胚の軸構造を形成するはたらきをもつ胚域を形成体(オーガナイザー)という。

Keywords 移植(transplantation)，形成体(オーガナイザー)(organizer)，誘導(induction)，原口背唇部(dorsal blastopore lip)，二次胚(secondary embryo)

D 局所生体染色法と原基分布図

ドイツのフォークトは，胚のそれぞれの部分から将来何が分化するかを，**局所生体染色法**を用いて調べ，**原基分布図**を明らかにした。

■ 局所生体染色法

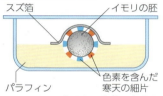
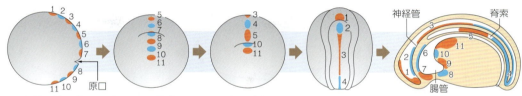

イモリの胚の表面を，生体に無害なナイル青や中性赤などの色素で部分的に染め分ける。

原口を通る線に沿って，1〜11の部分を染める。陥入が進むにつれて，5〜11の部分が表面から見えなくなり，中胚葉や内胚葉に分化していく。

背側に見えていた1〜4の部分に神経板が形成され，やがて，1〜3と4の一部は神経管に分化する。また，腹側から陥入した8〜11は腸管になる。

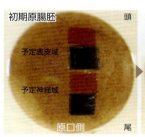

原腸胚期の進行に伴い，染色領域は頭尾軸方向に広がっている。予定表皮域は左右にも広がっている。

■ イモリの原基分布図（胞胚）

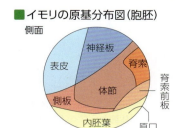
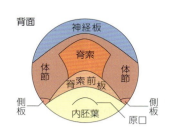

E 中胚葉誘導

発生過程における最初の誘導現象が胞胚期に見られることが，オランダのニューコープの次のような実験によって明らかになった（1969年）。

■ 中胚葉誘導の実験

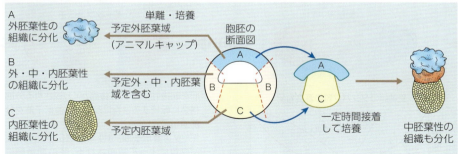

A 外胚葉性の組織に分化
B 外・中・内胚葉性の組織に分化
C 内胚葉性の組織に分化

領域Aと領域Cの組み合わせ培養では，外胚葉性組織と内胚葉性組織に加えて，単独培養では生じなかった中胚葉性組織も分化した。さらに後の実験で，中胚葉性組織はすべて領域Aに由来することがわかった。このように，予定内胚葉が予定外胚葉を中胚葉に分化させるはたらきを**中胚葉誘導**という。

■ 予定内胚葉の部位による誘導の違い

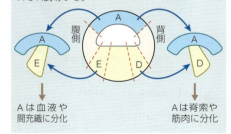

腹側領域（E）は血液・間充織などの腹側中胚葉を，背側領域（D）は脊索・筋肉などの背側中胚葉をそれぞれ誘導する。

F 核の全能性

イギリスのガードンは，アフリカツメガエルを用いた核移植実験により，分化した細胞の核にも全能性があることを示した（1962年）。ガードンは，iPS細胞を作製した山中伸弥とともに，2012年にノーベル生理学・医学賞を受賞した。

■ アフリカツメガエルの核移植実験

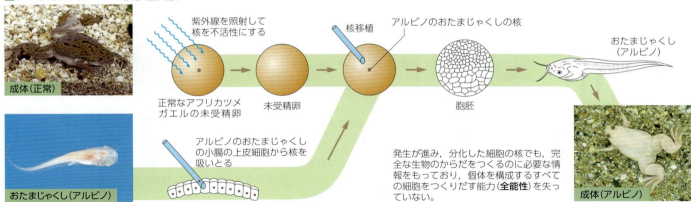

発生が進み，分化した細胞の核でも，完全な生物のからだをつくるのに必要な情報をもっており，個体を構成するすべての細胞をつくりだす能力（**全能性**）を失っていない。

局所生体染色（localized vital staining），原基分布図（予定運命図）（anlagen plan），全能性（totipotency）

18 形態形成とその調節 [生物基礎/生物]

A ショウジョウバエの発生のしくみ

発生の各段階ではさまざまな遺伝子がはたらいている。発生の過程で形態形成にはたらく遺伝子は，ショウジョウバエでよく調べられている。

■ 初期発生の過程

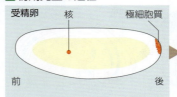

ショウジョウバエの卵は心黄卵（卵黄が中心部にかたよって分布する卵）であり，表割を行う。

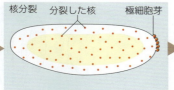

細胞質分裂が起こらず，核分裂だけが起こる。8回目までの核分裂は，約8分に1回起こる。

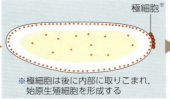

分裂した核の大半は表層部に移動する。9回目の核分裂が終わると，後端にある核が極細胞となる。

※極細胞は後に内部に取りこまれ，始原生殖細胞を形成する

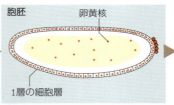

表層部の核は細胞膜で仕切られ，1層の細胞層となって卵黄を取り囲んだ胞胚となる。

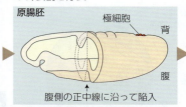

受精から約3時間で原腸陥入が起こる。陥入は腹側の正中線にそって起こり，原腸ができる。

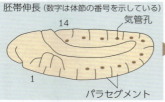

やがて14体節からなる胚のからだができる。胚は前後に伸長して，後方が背側に折り返す（胚帯伸長）。

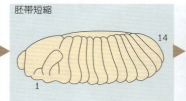

やがて胚は縮んでもどる（胚帯短縮）。25℃では，約1日で胚がふ化して一齢幼虫となる。

幼虫は脱皮をくり返して二齢幼虫から三齢幼虫となる。その後，3〜4日で蛹となり，さらに3〜4日後に羽化して成虫になる。

■ 体節構造の形成

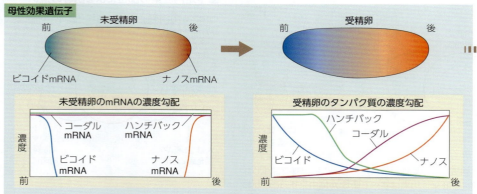

卵形成の過程で合成されたmRNAが卵に蓄積し，受精直後から機能する遺伝子を**母性効果遺伝子**といい，ビコイド遺伝子やナノス遺伝子，コーダル遺伝子，ハンチバック遺伝子などがある。
受精後，卵の前方に分布するビコイドmRNA，後方に分布するナノスmRNAが翻訳されてそれぞれのタンパク質がつくられるが，その過程で拡散が起こり濃度勾配が生じる。さらに，ビコイドタンパク質はコーダルmRNAの翻訳を，ナノスタンパク質はハンチバックmRNAの翻訳を抑制するため，これらのタンパク質にも濃度勾配が生じる。

胚を前後軸に沿って，体節がくり返される分節構造に転換する過程にかかわる遺伝子群を**分節遺伝子**という。
ギャップ遺伝子は，母性効果遺伝子発現タンパク質によって調節される。胚の前後軸に沿って約10種類のギャップ遺伝子が発現し，からだを大まかな領域に分ける。
ギャップ遺伝子に突然変異が生じると，突然変異が生じた部位に対応して，正常な幼虫のからだの一部が欠ける（ギャップが生じる）。

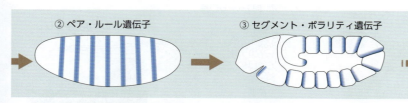

② ペア・ルール遺伝子
ペア・ルール遺伝子が7本の縞状に発現する。ペア・ルール遺伝子は，母性効果遺伝子発現タンパク質とギャップ遺伝子発現タンパク質によって調節される。ペア・ルール遺伝子の突然変異体では，1つおきの体節が欠損する。

③ セグメント・ポラリティ遺伝子
セグメント・ポラリティ遺伝子が各体節の特定の位置で14本の縞状に発現する。セグメント・ポラリティ遺伝子は，ペア・ルール遺伝子発現タンパク質によって調節される。突然変異体では，各体節の特定部分が欠け，代わりに残った部分の鏡像対称形が生じる。

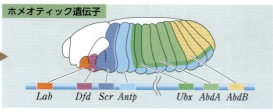

ホメオティック遺伝子
ギャップ遺伝子発現タンパク質とペア・ルール遺伝子発現タンパク質のはたらきによって，複数の**ホメオティック遺伝子**が発現する。それぞれの体節では，複数のホメオティック遺伝子の発現の組み合わせによって，触角ができる体節か，翅ができる体節か，などの性質が決まる。

Keywords 表割（superficial cleavage），母性効果遺伝子（maternal effect gene），ビコイド（bicoid），ナノス（nanos），分節遺伝子（segmentation gene）

B ホメオティック遺伝子

ショウジョウバエのホメオティック遺伝子と相同な遺伝子が哺乳類にもみられる。ホメオティック遺伝子に突然変異が起こり，からだの一部が別の部分に置きかわったものを**ホメオティック突然変異**という。

■ホメオティック遺伝子の共通性

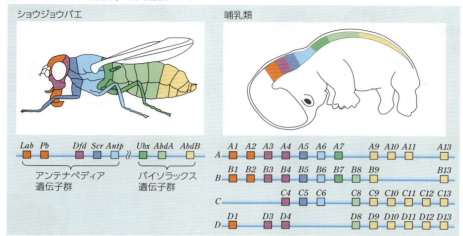

■ホメオボックスとホメオドメイン

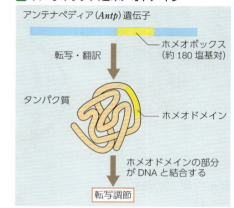

ショウジョウバエの形態形成を制御する遺伝子として発見されたホメオティック遺伝子は，第3染色体上に並んでおり，頭から尾の体軸で発現する順序と，染色体上の並び方の順序がほぼ一致している。また，哺乳類の体軸を決める遺伝子は，ショウジョウバエとほぼ相同で，しかもその染色体上における配列順序と類似性が高い。ショウジョウバエのホメオティック遺伝子に相同な遺伝子は，すべての真核生物で発見されており，**ホックス(Hox)遺伝子群**と総称される。

ホメオティック遺伝子は，それぞれおよそ180塩基対からなる相同性の高い塩基配列をもち，それらを**ホメオボックス**という。ホメオボックスが転写されてできるおよそ60個のアミノ酸から構成される部分を**ホメオドメイン**という。ホメオドメインをもつタンパク質は，ホメオドメインの部分でDNAと結合し，転写調節因子としてはたらく。

■ショウジョウバエのホメオティック突然変異体

体節構造の決定にかかわるホメオティック遺伝子が変化すると，触角の代わりにあしが形成されるアンテナペディアや，後胸が中胸にかわり，翅が4枚できるバイソラックスなどの突然変異体が生じる。

Point 体節構造の形成にはたらく遺伝子

ショウジョウバエの体節構造の形成では，下図のように，ある遺伝子の発現によりつくられたタンパク質が，ほかの遺伝子の転写調節因子としてはたらくことによって，最終的にホメオティック遺伝子が発現する。

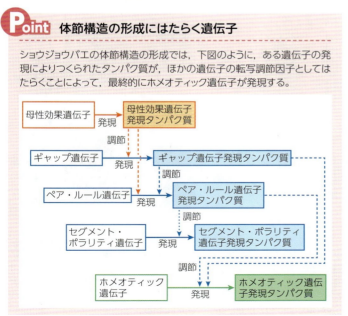

Zoom up 脊椎動物のホメオティック突然変異体

脊椎動物のHox遺伝子群も，ショウジョウバエと同様に，体節の領域ごとの性質を決めるはたらきをもつ。

脊椎動物の体節に由来する構造には脊椎骨がある。図は，マウスの前後軸に沿ったHox遺伝子の発現を示したものである。脊椎骨が前後軸に沿って，頸椎・胸椎・腰椎・仙椎・尾椎の順に形成されるのは，Hox遺伝子群のはたらきによる。

例えば，$Hoxa$-10遺伝子がはたらきを失った変異体（ノックアウト個体）では，本来腰椎が発生する場所に，胸骨に近い性質をもつ脊椎骨（肋骨をもつ脊椎骨）が発生する。

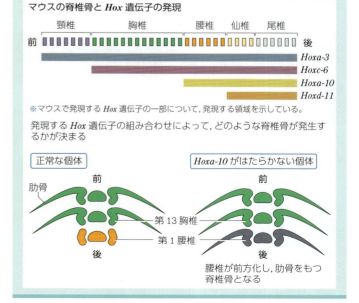

ホメオティック遺伝子(homeotic gene)，ホメオティック突然変異体(homeotic mutant)，ホックス(Hox)遺伝子群(Hox genes)

19 動物の再生 生物基礎 生物

A イモリの再生
失われたからだの一部を復元する現象を**再生**という。イモリは，細胞の脱分化と再分化によってからだを再生する。

■ イモリの水晶体の再生

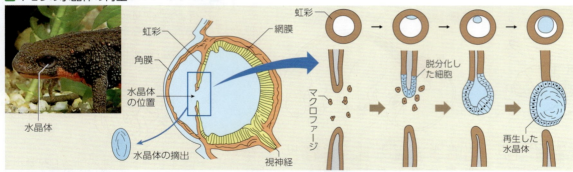

イモリの水晶体を取り除くと，虹彩に含まれていた色素が，マクロファージ（▶p.175）に取りこまれてなくなり，脱分化する。脱分化した細胞が分裂を行い，やがて水晶体が再生される。

■ イモリの肢の再生

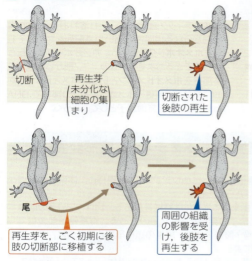

■ 再生芽の形成

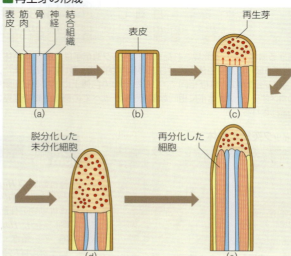

イモリの肢を切断すると，まず表皮が傷口をおおう(b)。やがて，筋肉や軟骨が脱分化をして，再生芽が形成され始める(c)。再生芽の細胞は盛んに増殖して数を増し，再生芽内に充満する(d)。その後，再生芽から新しい組織が再分化する(e)。

B プラナリアの再生
プラナリアは非常に高い再生能力をもつ。プラナリアのからだには，全能性をもつ幹細胞が存在し，この幹細胞が失われたからだの部分をつくりだす。

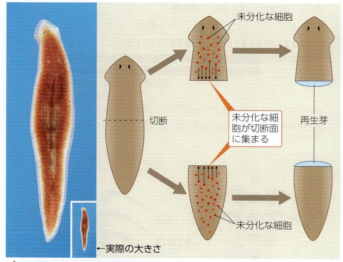

プラナリアを数個の断片に切断すると，切り口に再生芽が形成され，やがてすべての断片から完全な形のプラナリアができる。再生芽は，組織の中の未分化な細胞が切り口の部分に集まり，増殖したものである。

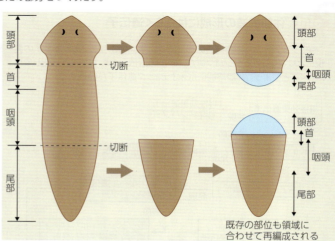

プラナリアの再生では，からだ全体に存在する幹細胞（▶p.152）が，頭部，首，咽頭，尾部など，それぞれの位置に応じた器官を形成する細胞に分化する。このとき，再生芽のみから失った組織を再生するのではなく，残った断片と再生芽から頭部，首，咽頭，尾部が再編成され，それが全体に成長して完全な形のプラナリアができると考えられている。

Keywords　再生(regeneration)，再生芽(regeneration blastema)，脱分化(dedifferentiation)

20 ニワトリの発生 [生物基礎][生物]

A ニワトリの発生過程
雌の体内で受精が行われた後，卵白，卵殻がつけ加わって産卵される。

■ 受精から産卵
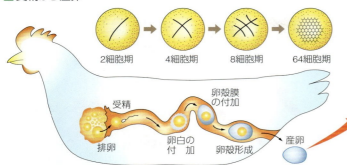

■ 胞胚形成
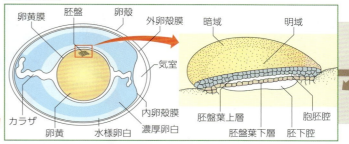

産卵されるときには胞胚期まで発生が進んでいる。

■ 原腸胚期
胚盤葉上層の細胞が原条から胞胚腔（卵割腔）に入り，中胚葉や内胚葉を形成する。
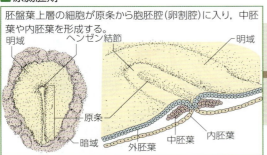

■ 神経胚期
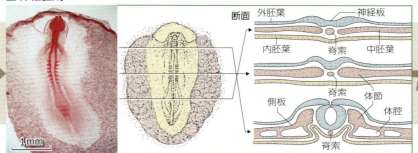

■ 胚膜の形成
陸上に産卵するは虫類や鳥類，胎生の哺乳類では胚膜が形成される。
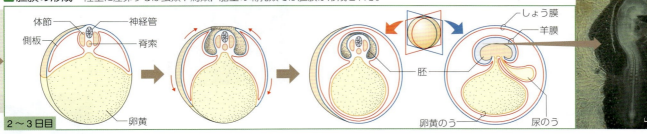
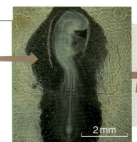

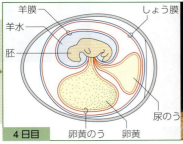

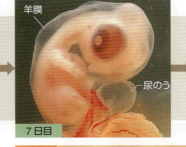
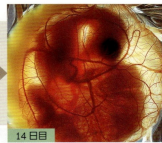

B 胚膜のはたらき

しょう膜	胚膜の中でいちばん外側に位置し，胚を保護する	外胚葉＋中胚葉
羊膜	内側に羊水を満たし，胚が発生できる環境をつくる	中胚葉＋外胚葉
尿のう	胚から出される老廃物を貯蔵する。後に，しょう膜と合わさってしょう尿膜を形成し，ガス交換を行う	中胚葉＋内胚葉
卵黄のう	卵黄を包む膜。多くの血管が分布し，栄養分を胚へ送る	中胚葉＋内胚葉

Column 有羊膜類のワンルームマンション

発生の途上で羊膜を生じる脊椎動物（は虫類・鳥類・哺乳類）を有羊膜類という。有羊膜類の胚はバス（羊膜）・トイレ（尿のう）・食事（卵黄のう）付きのワンルームマンションにいるようなものといえる。

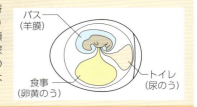

Keywords 胚膜（embryonic membrane），しょう膜（chorion），羊膜（amnion），尿のう（allantoic sac），卵黄のう（yolk sac）

21 ヒトの発生 生物基礎 / 生物

A ヒトの発生

輸卵管内で受精した受精卵は卵割をくり返しながら、受精後約5日目には胞胚(胚盤胞)となり、7日目ごろまでに子宮内壁に着床する。その後、胚の発生が進み、第8週目に入ると胎児とよばれる。

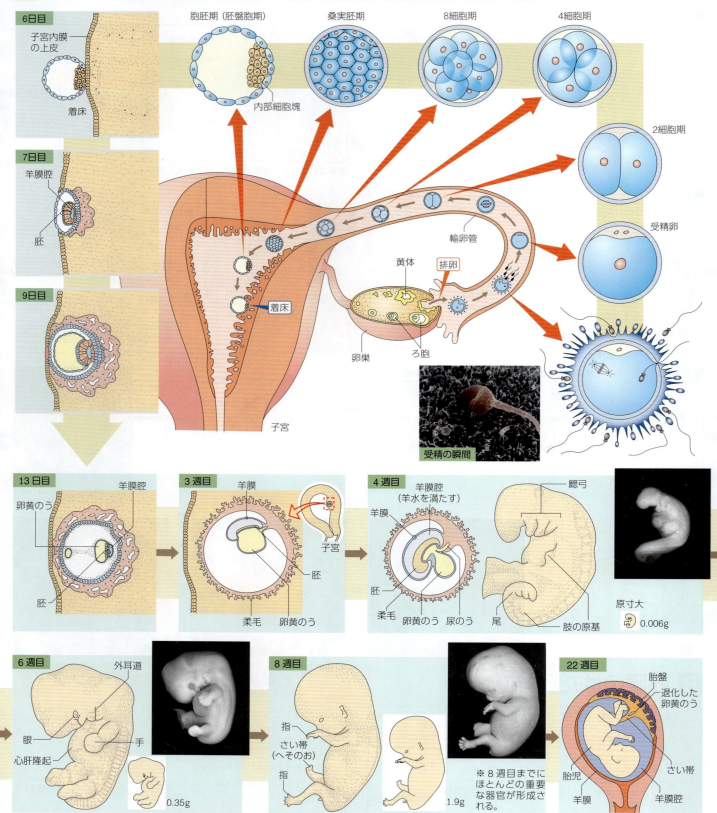

Keywords 排卵(ovulation), 着床(implantation), 子宮(uterus), 胚(embryo), 胎児(fetus)

B 胎盤の構造とはたらき

胎盤を通して、母体と胎児の間で物質のやりとりが行われる。

■胎盤の構造とはたらき

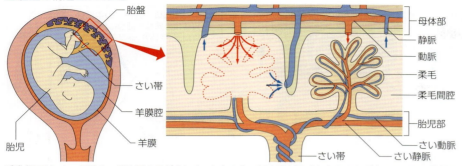

■胎盤における物質交換

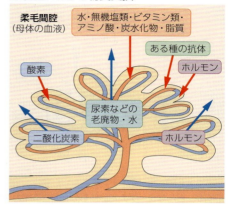

哺乳類では、しょう膜の一部と尿のうが合わさったものと、子宮壁が変化したものとが合わさって、胎盤を形成する。母体の動脈から柔毛間腔に流れ出た血液は、胎児の側から形成された柔毛内の血液との間で物質交換を行う。両者の血液は、それぞれの血管内を流れているので、混じり合うことはない。

Point 鳥類と哺乳類の胚膜の比較

	鳥類	哺乳類
ガス交換	しょう尿膜を介して行う	胎盤を介して行う
卵黄のう	栄養分を蓄えておく必要があるため、発達している	母体から栄養分をもらうため、発達しない
尿のう	老廃物を卵殻の外に排出できないため、発達する	胎盤を介して老廃物の排出を行うため、発達しない

（鳥類については▶p.149）

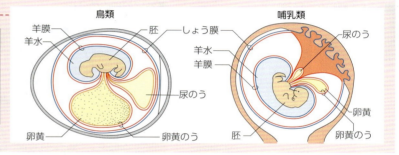

C 脳の発生

脳や脊髄などの中枢神経系は、神経管から分化する。

■ヒトの脳の発生

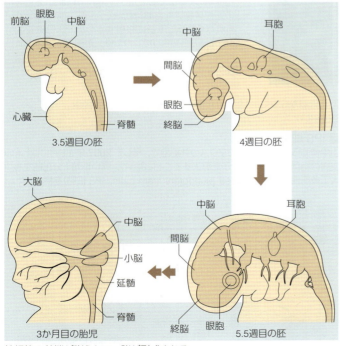

神経管の前端が膨らんで、脳が形成される。

Column 一卵性双生児と二卵性双生児

一卵性双生児は、1個の受精卵が、発生の早い時期に、何らかの理由で2つに分かれ、それぞれが発生を続けた結果生じたものである。両者は、まったく同じゲノムをもっており、非常によく似ている。

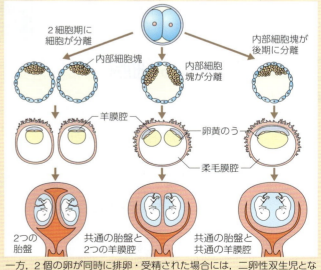

一方、2個の卵が同時に排卵・受精された場合には、二卵性双生児となる。遺伝的には、通常の兄弟姉妹と同じであり、同性のことも異性のこともある。

胎盤 (placenta)，一卵性双生児 (monozygotic twin(s))，二卵性双生児 (dizygotic twin(s))

22 幹細胞と細胞分化 生物基礎 生物

A 幹細胞と細胞分化

幹細胞は，何度でも分裂して自分と同じ細胞をつくり出すことができる自己複製能と，さまざまな細胞に分化することができる多分化能をもつ細胞である。

■ヒトの発生と細胞の分化能

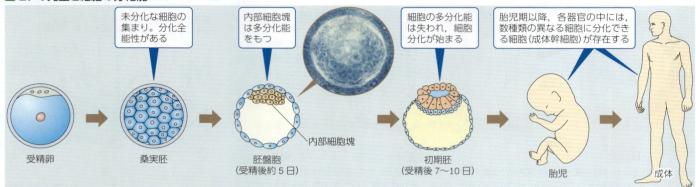

細胞が，どんなタイプの細胞にも分化できる能力を**全能性**（分化全能性）という。また，**多分化能**とは，多様な細胞に分化する能力のことであり，胚盤胞の内部細胞塊の細胞は，成体がもつすべての細胞に分化する能力をもっている（内部細胞塊の細胞は，胎盤の細胞などには分化できない）。

■成体幹細胞（体性幹細胞）

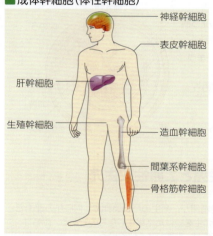

からだの中のさまざまな場所に存在し，まわりの状況に応じて細胞をつくる幹細胞を**成体幹胞（体性幹細胞）**という。それぞれその種類に応じて何種類かの細胞をつくり出す。

■神経幹細胞の分化

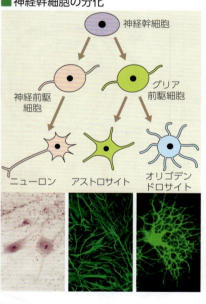

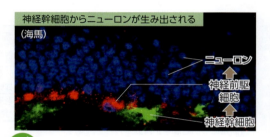

Jump 造血幹細胞 ▶p.168

造血幹細胞は，骨髄中にあってすべてのタイプの血液細胞（血球）をつくる。
白血病の治療法として知られる骨髄移植は，ドナーの造血幹細胞を含む骨髄液を，正常な血球がつくられなくなった患者に移植するもので，日本では1974年から始まった。今では，末梢血やさい帯血にも造血幹細胞が含まれることがわかり，こうした部分からの造血幹細胞移植も行われている。

B ES細胞とiPS細胞

ES細胞は，胚盤胞から取り出した細胞からつくられた多分化能をもつ細胞であり，iPS細胞は，体細胞からつくられた多分化能をもつ細胞である。

■ES細胞

1981年，イギリスのエバンスらはマウスの胚盤胞の内部細胞塊を培養し，多分化能をもつ胚性幹細胞（embryonic stem cells，ES細胞）を樹立した。1998年には，アメリカのトムソンらがヒトのES細胞を樹立した。

■iPS細胞

山中伸弥らは，2006年にマウスの体細胞で，そして2007年11月にはヒトの皮膚の細胞に4個の遺伝子を導入することによって，高い増殖・分化能をもつ人工多能性幹細胞（induced pluripotent stem cells，iPS細胞）を樹立した。

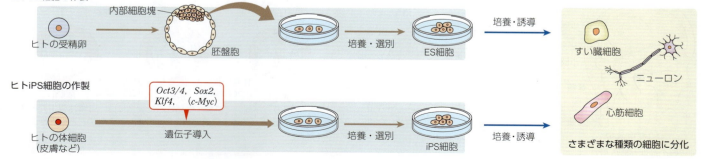

Keywords 幹細胞(stem cell)，多分化能(pluripotency)，ES細胞(胚性幹細胞)(embryonic stem cells)

C 幹細胞の応用

ES細胞やiPS細胞などの幹細胞は，さまざまな細胞に分化させることで，病気の治療に応用する再生医療の研究に利用されている。また，病態の解明や治療薬の開発にも役立てられている。

■ 幹細胞を用いた再生医療

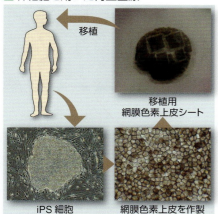

再生医療では，ほかに，iPS細胞から分化させた神経幹細胞の移植により，脊髄損傷後に神経機能を回復させる治療，iPS細胞から分化させた心筋細胞シートの移植による心臓病の治療などの研究も行われている。

網膜色素上皮シートの移植

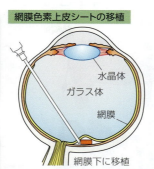

ヒトiPS細胞からつくった網膜色素上皮細胞を患者に移植する研究は，特定の病気ですでに臨床実験の段階にある。

■ 病態の解明や治療薬開発への応用

患者／正常 → iPS細胞 → ニューロン，すい臓細胞，小腸上皮細胞，血球，心筋細胞 → 病気になるしくみを解明／薬剤の毒性を検査

iPS細胞由来ニューロン

iPS細胞由来平滑筋細胞

Point ヒト幹細胞の比較

	ES細胞	iPS細胞	成体幹細胞
由来	胚から作製	体細胞から作製	体内に存在
組織や臓器の細胞への分化能	非常に大きい	非常に大きい	限定的
移植の適合性	HLA（▶p.182）が異なると拒絶反応	本人由来なら適合	本人由来なら適合
腫瘍への変化	危険性あり	危険性あり	危険性低い
倫理的問題	胚の破壊が必要	特になし	特になし

Zoom up 核移植ES細胞

核を除いた卵細胞に体細胞の核を入れて胚をつくり，その胚の内部の細胞を培養してできるES細胞を核移植ES細胞（ntES細胞，nuclear transfer embryonic stem cells）という。本人由来であれば拒絶反応を避けることができる。

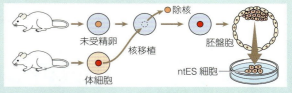

Column 山中ファクターはどのように見つかったか？

2012年，京都大学の山中伸弥教授は，iPS細胞樹立の功績によって，分化した細胞の核にも全能性があることを示したガードン教授（▶p.145）とともに，ノーベル生理学・医学賞を受賞した。2006年，山中教授は，2万個以上もあるといわれるマウスの遺伝子の中から，細胞を初期化するのに必要な4つの遺伝子 *Oct3/4, Sox2, Klf4, c-Myc* を見つけ出した（後に，*c-Myc* はなくても初期化が起こることがわかった）。その後，ヒトでもiPS細胞が作製された。

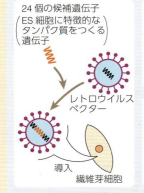
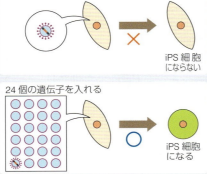
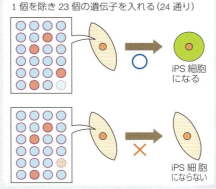
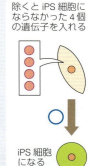

24個の遺伝子を組み合わせるのではなく，そのうちの1個の遺伝子を除いて実験を行うという方法を考えつかなければ，山中ファクターがこれほど早く発見されることはなかったであろう。柔軟な発想が大きな研究成果につながったといえよう。

iPS細胞（人工多能性幹細胞）(induced pluripotent stem cells), 再生医療(regenerative medicine)

23 生殖技術の発展と応用 生物基礎 生物

A バイオテクノロジーの畜産への利用

バイオテクノロジーとは，バイオロジー（生物学）とテクノロジー（技術）とを組み合わせてつくられた用語である。

■人工授精

優良な形質をもつ雄の精液を採集する → 使用時まで凍結保存する → 雌の性周期に合わせて，人工授精する

冷凍保存されている精子

人工授精

人工的に精子を雌の子宮内に注入して受精させることを人工授精という。現在では，乳牛や肉牛のほとんどがこの方法でつくられている。また，卵と精子を試験管内で受精させたり（試験管内授精），一定期間胚を試験管内で培養してから雌の体内にもどす方法が開発されている。

■胚分割による一卵性双生児の生産

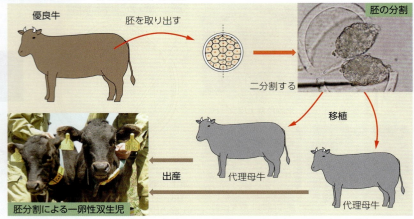
胚分割による一卵性双生児

受精後7～8日目に100個程度の細胞にまで分裂した胚を子宮から取り出し，微細なメスで二分割してこれを借り腹である牛（代理母牛）に移植することにより，一卵性双生児が生産できる。

■受精卵クローン（生まれた子どうしがクローン）

クローンとは「同じ遺伝形質をもつ生物集団」を意味する。家畜生産の分野では，受精卵クローンのウシが各国で数多く生まれている。

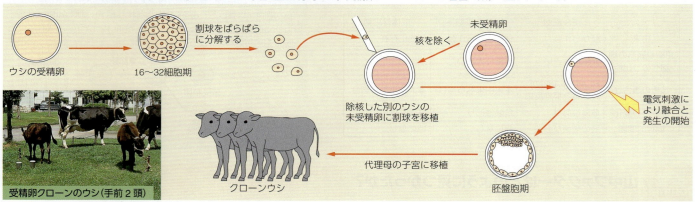
受精卵クローンのウシ（手前2頭）

■体細胞クローン（親と生まれた子がクローン）

1997年2月，イギリスのウィルマットらによる世界初の体細胞クローンヒツジ"ドリー"の誕生は世界中に大きな衝撃を与えた。ドリーが注目されたのは「成獣の体細胞を使ったクローン」だったからである。

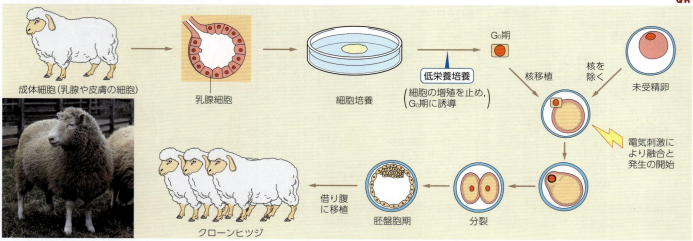

154　Keywords　バイオテクノロジー（biotechnology），人工授精（artificial insemination），クローン（clone）

4-Ⅱ 発生

B 三倍体の生物

染色体数が $3n$ の生物をつくることで，性成熟せずに大形化する魚や，種子のない植物などをつくることができる。

■三倍体の魚

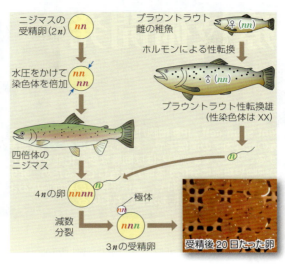

肉質がよくて育てやすいニジマスについて四倍体をつくり，ウイルス性の病気に強い性質をもつブラウントラウトをかけ合わせることで，両方の長所をもつ三倍体の雑種がつくられている。三倍体の雌は生殖能力がなく卵をつくらないため，その栄養分が成長にまわり，より短期間で大形化させることができる。味もよくなるといわれている。
ヤマメ，マガキなども三倍体がつくられている。

■種なしスイカ

植物でも三倍体のものは配偶子をつくれない不稔性となる場合が多い。これを利用して，二倍体（$2n$）と四倍体（$4n$）のスイカをかけ合わせた三倍体の種なしスイカをつくることができる（▶$p.91$）。

C キメラ

2つ以上の異なった遺伝子型の細胞，あるいは異なった種の細胞からつくられた1つの生物個体を**キメラ**という。

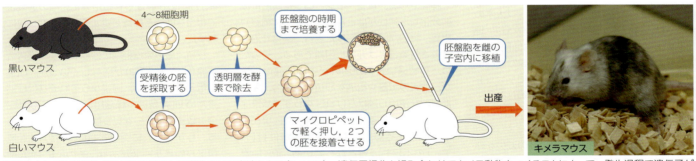

胚盤胞内にES細胞やiPS細胞を注入して発生させる方法もある（▶$p.102$）。遺伝子操作と組み合わせてキメラ動物をつくることによって，発生過程で遺伝子がどのようにはたらくかを研究したり，ヒトの遺伝的な病気がどのように現れるかを研究したりすることができる。

Column ヤマメがニジマスを産む

雄のニジマスの精原細胞を，三倍体にして不妊となったヤマメの雌や雄の稚魚に移植すると，成長してニジマスの卵や精子だけをつくるヤマメになる。こうしてつくられた雌雄のヤマメから卵と精子を取り出してかけ合わせると，次世代にはニジマスだけができてくる（下図）。
この技術を応用すると，将来はサバのような小形の魚に，マグロのような大形の魚の稚魚を産ませることも可能になるのではないかと期待されている。また，魚の精子は冷凍保存できるが，卵は卵黄を多く含むために体積が大きく，冷凍保存ができない。しかし，ニジマスの精原細胞は卵にも分化できることから，この技術を応用して，絶滅しそうな魚の精巣を凍結保存し，将来，精原細胞を取り出して異種の魚に移植して復活させるといった研究も行われている。

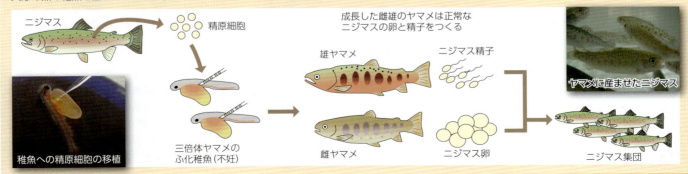

三倍体（triploid），キメラ（chimera）

特集 生物学の最前線

[写真] 培養中のiPS細胞

4 iPS細胞と新規医療技術開発

京都大学　iPS細胞研究所　基盤技術研究部門　教授

浅香　勲（あさか　いさお）

人工多能性幹細胞（induced pluripotent stem cell：iPS細胞）は，成体の体細胞等にES細胞で発現しているOct3/4，Sox2，Klf4等の転写因子の遺伝子や，それらの発現タンパク質あるいは低分子化合物等を組み合わせて導入することで，ES細胞とほぼ同等な多分化能を付与した新規な幹細胞である。生体内のほとんどの細胞や組織に分化する能力を有しているため，発生過程の基礎研究材料として有用なばかりでなく，再生医療の素材や，遺伝子疾患の発症過程および治療法研究への応用が期待され，その技術開発は近年社会的にも注目されている。

iPS細胞技術の医学への応用

　2012年12月10日，スウェーデンのストックホルムにて，京都大学iPS細胞研究所所長の山中伸弥教授が，ケンブリッジ大学のジョン・ガードン教授とともにノーベル生理学・医学賞を受賞した。受賞理由は「成熟し分化した細胞を，からだのさまざまな細胞になる可能性を秘めた未分化な状態にリセットしうることの発見」で，iPS細胞技術はそれまでヒトを対象とした細胞や組織，臓器の発生・分化研究がES細胞のみでしか行えなかった状態から，生命の萌芽である胚の滅失を伴わない方法でヒトの未分化細胞を研究現場にもたらした点で非常に画期的であり，現在では治療を含めた医学研究の材料として多方面で利用されている。

　iPS細胞の医療への応用分野は多岐にわたるが，下図に示すように2つの分野に大別されている。一方はiPS細胞由来の細胞や組織等を移植して疾患を治療する再生医療分野，もう一方はiPS細胞から作製した分化細胞の医薬品開発への応用である。それぞれの現状と課題について次項以降で詳述したい。

iPS細胞の再生医療応用

　神経や心臓，腎臓，眼球といった高度に機能分化し増殖性がほとんどなくなった細胞や組織，臓器が障害を受けた場合，薬物で治療修復させることは非常に困難である。そのため，移植医療技術が海外を中心に発達したが，他人の臓器や組織を移植した場合，免疫抑制剤を使用し続けなければならず，感染症にかかり易くなる恐れがある。また，現在では，増大する患者に対して臓器提供者（ドナー）の不足も問題となっている。iPS細胞は，直接疾患と関係のない皮膚や血液細胞などの体細胞からも作製でき，体内のほとんどの細胞に分化可能で，しかもほぼ無限に増殖できるため，再生医療の材料として多くの患者や医療従事者が期待を寄せている。

　すでに自家iPS細胞由来の網膜色素上皮細胞移植による加齢黄斑変性症治療の臨床研究が，理化学研究所の高橋政代プロジェクトリーダー（現客員主管研究員）らによって2014年より開始されており，移植した網膜色素上皮細胞は移植部に生着し，腫瘍形成など特段の異常も認められていないことが確認された。しかしながらこの臨床研究により，iPS細胞の作製から移植用分化組織の調製まで相当な時間と経費を要することも明らかになった。

　移植組織の免疫拒絶にはヒト主要組織適合抗原（HLA，▶p.182）が関与しているが，HLA遺伝子は複数あり，両親からそれぞれ受け継ぐためHLA型は多様な組み合わせになり完全一致するドナーを見つけることは困難である。しかしまれに両親ともに一方のHLA遺伝子が同じケースがあり，その子にHLA型が同じ組み合わせ（HLAホモ）が出現することがある（右ページ上図）。このHLAホモの組織は複数のレシピエントに移植可能であることから，iPS細胞作製の時間とコストを削減するためHLAホモのドナーより移植用iPS細胞のストックを構築するプロジェクトが進められ，2015年よりHLAホモドナー由来のiPS細胞が，国内のiPS細胞による再生医療を目指す研究者に配布されている。これらHLAホモの臨床用iPS細胞は，2018年より前述の加齢黄斑変性症治療の臨床研究に応用されたほか，2020年に開始されたiPS細胞由来の網膜シートによる，網膜色素変性症治療の臨床研究にも利用された。また同様にHLAホモ臨床用iPS細胞は，京都大学iPS細胞研究所の高橋淳教授らにより，ドパミン神経前駆細胞を誘導して脳内に移植するパーキンソン病治療の医師主導治験にも利用され，2020年までに4名のパーキンソン病患者の治験が実施されている。

■ iPS細胞技術の医療応用

一方で約75名のHLAホモドナー由来のiPS細胞で日本人の約80％の細胞治療が可能となるものの，残り約20％の患者の治療のためにはさらに多種類のHLAホモiPS細胞の樹立が必要となり相対的に治療コストが高くなる。前述したようにiPS細胞のHLAパターンがレシピエントのパターンと異なる場合，移植した細胞をヘルパーT細胞が異物として認識し，抗体が結合したりキラーT細胞により攻撃されたりして排除されることから，ゲノム編集技術（▶p.101）によりHLA分子をノックアウトして幹細胞を利用する方法が開発された。しかしHLAが完全に消失した細胞は，ナチュラルキラー細胞（NK細胞，▶p.175）によって非自己組織と認識され拒絶される。そこで2019年に京都大学iPS細胞研究所の堀田秋津講師，金子新教授らのグループは，ゲノム編集技術をさらに駆使し，HLA-A，Bと片方のHLA-Cをノックアウトすることで，抗体の結合やキラーT細胞およびNK細胞の攻撃を受けにくいヒトiPS細胞株を作製する方法を開発した。この方法の利用により，わずか7種類のiPS細胞株を作製することで日本人の95％以上がカバーできると試算され，より広範な患者にヒトiPS細胞を用いた細胞治療を提供できる可能性が高まった。（下図）。

iPS細胞の医薬品開発への応用

　ヒトの病気の治療薬を開発するためには，実際に病気になった組織や細胞を使用していろいろな薬物の治療効果を試すのが有効な方法であるが，患者のからだの中ではたらいている神経細胞や心筋細胞等は，手術でもしないかぎり体外へ取り出すことができない。したがって，従来は実験動物モデルを使用して新しい薬の開発を行っていたが，動物とヒトのからだでは薬が作用するレセプター（受容体）の構造が違っていたり，消化吸収，代謝機構が異なっていたりするため，本当にヒトで有効な薬を開発するためには長い時間と労力がかかっていた。しかし，iPS細胞技術を使えば，患者由来の未分化細胞が大量に得られる。この未分化細胞を，神経細胞なり心筋細胞なりに分化させ，いろいろな薬物の効果を測定すれば，薬効試験や毒性試験が効率的に進められるため，多くの製薬企業がiPS細胞技術の利用に注目している。

　2017年，京都大学再生医科学研究所の戸口田純也教授とiPS細胞研究所の池谷真准教授らは，進行性骨化性線維異形成症（FOP）の患者組織から樹立された疾患特異的iPS細胞を用いて，異所性骨化のメカニズムを明らかにし，骨化の進行を抑えるためにはラパマイシンという既存薬が有効である可能性を見出した。FOPは筋肉や腱，靭帯などの軟部組織の中に異所性骨とよばれる骨組織ができてしまう進行性の難病で，本邦内には約80名の患者がいると言われているが，同年より戸口田教授らによって前述のラパマイシンを用いたFOP治療の医師主導治験が開始された。本研究の成果は，すでに臨床で使用され，安全性や体内動態が臨床レベルで確認されている薬物の適用拡大により，時間とコストを削減して早く安く安全な薬を開発できる，既存薬再開発（ドラッグリポジショニング）に対してiPS細胞を用いた研究が有効であることを示した点でも画期的である。

iPS細胞の医療応用への今後の課題

　iPS細胞も含めた「再生医療等製品」の製造には確かな技術を有する培養作業者の確保が不可欠であるが，高度な培養技術を有する技術者は日本ではまだそれほど多くなく，臨床研究が進むにつれてiPS細胞も取り扱い可能な高度な技術を有する培養技術者の人材育成も重要な課題となってくる。

　また創薬研究分野においては，ゲノム編集技術を用いた疾患遺伝子の導入や修復を利用した，新しい薬物評価系の構築のほか，細胞レベルでのウィルス感染メカニズムの解析や，抗ウィルス薬の評価系構築への利用も検討されている。

　2007年にヒトiPS細胞の樹立が報告されておよそ15年が経過し，iPS細胞を用いた難病治療の臨床研究が進みつつある今日，iPS細胞治療の普及を目指し，多くの研究者がさまざまな課題に挑戦している。

■ HLAホモドナーの移植適合性

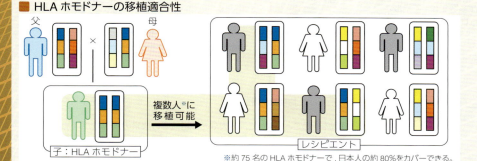

※約75名のHLAホモドナーで，日本人の約80％をカバーできる。

■ HLA分子の発現による移植細胞の拒絶反応の違い

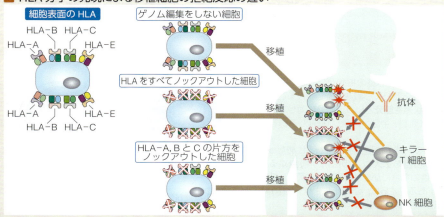

キーワード

iPS細胞，発生，分化，再生医療，創薬研究，疾患特異的iPS細胞

浅香　勲（あさか いさお）
京都大学　iPS細胞研究所
基盤技術研究部門　教授
東京都出身．
趣味は音楽鑑賞（ジャズ，ポップス）．
研究の理念は
「自分の目で確認しその裏側を考える」

第5編 体内環境の維持

第Ⅰ章 体内環境の維持
第Ⅱ章 免疫

食作用を行うマクロファージ

1 体内における情報伝達 生物基礎 生物

A 情報を伝達するしくみ
体内の情報を伝達するしくみには**神経系**と**内分泌系**がある。

■ 神経系と内分泌系による情報伝達

	神経系	内分泌系
情報伝達の方法	神経が特定の器官に直接つながり、信号を送る	血液中に分泌されたホルモンが、特定の器官に作用する
制御される器官	特定の神経が特定の器官に分布し制御する	多くの器官が同一のホルモンによって制御される場合あり
伝達の速さ	即応的	時間がかかる
持続時間	神経が信号を送っている間のみ（短時間）	血液中にホルモンが存在している間は持続

■ 体内における情報伝達の例

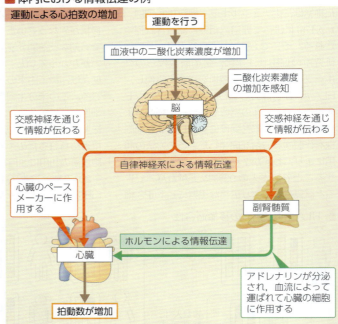

運動を行うことによって、筋肉などの組織での酸素の消費量が増加し、血液中の二酸化炭素濃度が上昇する。これを脳が感知することで、交感神経を通じて各器官に情報が送られる。
脳からの信号が交感神経を通じてペースメーカー（▶p.166）に伝えられたり、副腎髄質から分泌されるアドレナリン（▶p.160）が心臓の細胞に作用したりすることによって、心臓の拍動数が増加する。

Jump ヒトの神経系 ▶p.196

動物の神経系は、ニューロン（神経細胞、▶p.193）が多数集まって構成されており、ヒトの場合、神経系は下図のように分けられる。

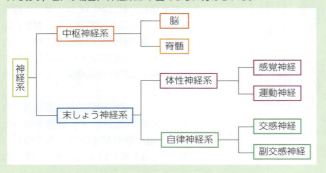

Column 脳死とは

通常、何らかの原因で脳全体の機能が停止すると、呼吸が止まり、心臓の拍動が停止して死に至る。ところが、脳全体の機能が停止しても人工呼吸器によってしばらく心臓を動かし続けることができる。このような脳全体の機能が停止して回復不可能な状態を**脳死**という。それに対して、大脳の機能は停止しているが、呼吸や心臓拍動に関する脳幹（間脳・中脳・延髄）が機能している状態を**植物状態**という。
臓器移植を行う場合には、法的に脳死状態を示す必要がある。法的な脳死判定を行うにあたっては、自発的な呼吸の停止、脳幹反射の消失など、複数の項目を2人以上の医師が検査する。1997年に成立した臓器移植法では、移植のための臓器提供の場合にかぎり脳死を人の死としているが、脳死を人の死とするかに関してはさまざまな議論がある。さらに、法改正により、2010年からは、本人の意思が不明でも家族の承諾があれば、臓器の移植が可能になった。

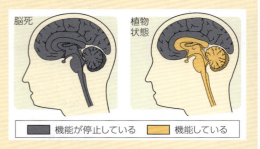

Keywords　神経系（nervous system），内分泌系（endocrine system），脳死（brain death）

2 自律神経系による調節 <small>生物基礎 生物</small>

A 自律神経系

自律神経系は**交感神経**と**副交感神経**からなり、大脳の直接の支配を受けない内臓や血管などのはたらきを調節している。

■自律神経系の分布

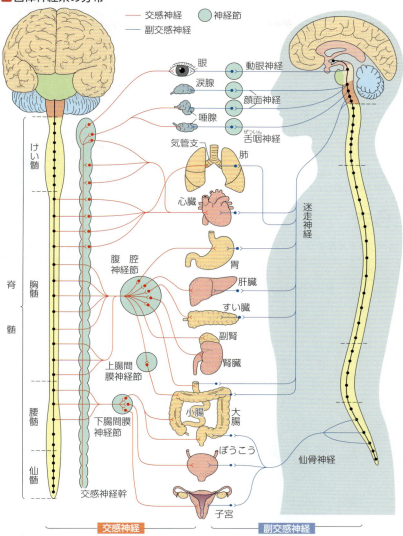

自律神経系の最高の中枢は間脳であり、交感神経は胸髄と腰髄から、副交感神経は中脳・延髄および仙髄から出て、各器官(組織)に拮抗(対抗)的に作用する。

■自律神経系のはたらき

交感神経末端からは主としてノルアドレナリンが、副交感神経末端からは主としてアセチルコリンが分泌されて、組織や器官に促進的または抑制的な刺激を与えている。

組織・器官		交感神経	副交感神経
眼	涙腺(分泌)	―	促進
	ひとみ(瞳孔)	拡大	縮小
皮膚	汗腺(発汗)	促進※	―
	立毛筋	収縮(鳥肌)	―
循環	心臓拍動	促進	抑制
	体表の血管	収縮	―
	血圧	上昇	低下
呼吸	呼吸運動	速く・浅く	遅く・深く
	気管・気管支	拡張	収縮
消化	唾腺(分泌)	促進(粘液性)	促進(酵素を含む)
	消化管の運動	抑制	促進
	消化液分泌	抑制	促進
ホルモン	すい臓	グルカゴン分泌	インスリン分泌
	副腎髄質	アドレナリン分泌	―
生殖	子宮	収縮	拡張
排尿	ぼうこう	弛緩	収縮(排尿促進)
	ぼうこう括約筋	収縮	弛緩(排尿促進)
排便	肛門括約筋	収縮	弛緩(排便促進)

※交感神経であるがアセチルコリンを分泌する(高体温時)。

■自律神経系への大脳の影響

自律神経系は、通常は大脳のはたらきと直接には関係しないが、おどろいたりして大脳が強く興奮すると、それが間脳を刺激するので、自律神経系も影響を受ける。

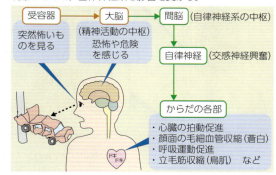

■心臓のかん流実験(レーウィ、1921年)

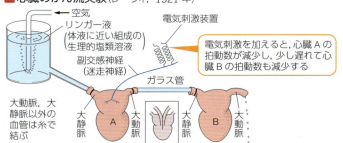

2匹のカエルの心臓を図のようにつなぎ、迷走神経(副交感神経)に電気刺激を加えると、心臓Aの拍動数が減少し、少し遅れて心臓Bの拍動数も減少する。このことから、迷走神経の末端から分泌された物質(神経伝達物質)がリンガー液によって心臓Aから心臓Bに送られ、心臓Bの拍動数が減少したと考えた。のちに、この物質はアセチルコリンであることが示された。

Point 自律神経のまとめ

自律神経系	交感神経	副交感神経
神経の起点	脊髄の胸髄・腰髄	中脳(動眼神経) 延髄(顔面神経・迷走神経) 脊髄の仙髄(仙骨神経)
ニューロンの特徴	中枢から出てすぐに、交感神経幹や神経節で、別の長いニューロンに乗りかえる	支配する器官の直前で、別の短いニューロンに乗りかえる
神経伝達物質	ノルアドレナリン	アセチルコリン
はたらき	主としてエネルギーを消費する方向、活発な行動・興奮や緊張したときにはたらく	主としてエネルギー蓄積・保持する方向、安静時、疲労回復時にはたらく

Keywords 自律神経系(autonomic nervous system)、交感神経(sympathetic nerve)、副交感神経(parasympathetic nerve)

3 ホルモンによる調節(1) 生物基礎 生物

A ホルモンの特徴

特定の器官から体液中に分泌され、別の組織や器官のはたらきを調節する物質を**ホルモン**という。

■ホルモンの特徴

① 内分泌腺でつくられ、直接体液(血液など)中に分泌される。
② ごく微量で調節作用を示す。
③ 作用は神経の伝達に比べると遅い。
④ 種が違っても、化学構造が似ており、同じようにはたらく(種特異性が低い)。
⑤ 特定の組織や器官の細胞(標的細胞)のみにはたらく。
⑥ ペプチドホルモン(糖タンパク質・ポリペプチド)、アミン・アミノ酸誘導体ホルモン(アミノ酸に由来する物質)、ステロイドホルモン(ステロイド核をもつ複合脂質)がある。

■ホルモンと標的細胞

Point 内分泌腺と外分泌腺

内分泌腺では分泌物(ホルモン)は毛細血管中に分泌されるのに対して、外分泌腺では分泌物は排出管を通って、体外に分泌される。

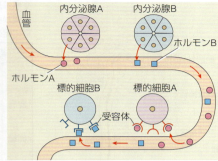

内分泌腺Aから放出されたホルモンAは、ホルモンAの受容体がある標的細胞Aだけに作用する。

B 内分泌腺とホルモンのはたらき

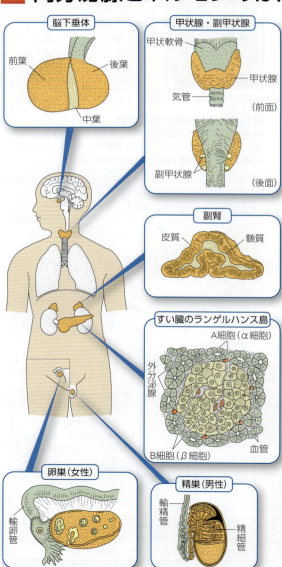

■ペプチドホルモン ■アミン・アミノ酸誘導体ホルモン ■ステロイドホルモン

内分泌腺		ホルモン	おもなはたらきなど
間脳	視床下部	放出ホルモン 放出抑制ホルモン	脳下垂体前葉ホルモンの分泌の調節
脳下垂体	前葉	成長ホルモン	全身の成長促進、タンパク質の合成促進、グリコーゲンの分解促進→血糖濃度上昇
		甲状腺刺激ホルモン	チロキシン(甲状腺ホルモン)の分泌促進
		副腎皮質刺激ホルモン	副腎皮質ホルモン(糖質コルチコイド)の分泌促進
		生殖腺刺激ホルモン ろ胞刺激ホルモン 黄体形成ホルモン	卵巣　ろ胞の発育促進 精巣　精巣の発育促進、精子の形成促進 卵巣　排卵促進、黄体形成の促進 精巣　雄性ホルモンの分泌促進
		プロラクチン (黄体刺激ホルモン)	乳腺の発達、黄体ホルモンの分泌促進
	中葉	黒色素胞刺激ホルモン (インテルメジン)	メラニン果粒の分散→体色黒化(両生類・魚類)、メラニン合成促進(哺乳類)
	後葉	バソプレシン (抗利尿ホルモン、 血圧上昇ホルモン)	腎臓での水の再吸収促進→尿量減少、血管の収縮→血圧上昇
		オキシトシン (子宮収縮ホルモン)	子宮平滑筋の収縮、乳汁分泌の促進
甲状腺		チロキシン	代謝の促進、脳の発達促進、両生類の変態促進、鳥類の換羽促進
		カルシトニン	血液中からCa^{2+}を骨に取りこみ→Ca^{2+}濃度低下
副甲状腺		パラトルモン	骨からCa^{2+}を血液中に溶出→Ca^{2+}濃度上昇
副腎	髄質	アドレナリン	グリコーゲンの分解促進→血糖濃度上昇、心臓拍動の促進→血圧上昇
	皮質	糖質コルチコイド	タンパク質からの糖の合成促進→血糖濃度上昇
		鉱質コルチコイド	腎臓でのNa^+の再吸収
すい臓のランゲルハンス島	B(β)細胞	インスリン	組織での糖消費促進、グリコーゲンの合成促進→血糖濃度低下
	A(α)細胞	グルカゴン	グリコーゲンの分解促進→血糖濃度上昇
生殖腺	卵巣	ろ胞ホルモン (エストロゲン)	雌の二次性徴の発現、子宮壁の肥厚
		黄体ホルモン (プロゲステロン)	妊娠の成立と維持、黄体形成ホルモンの分泌抑制(排卵抑制)
	精巣	雄性ホルモン (テストステロン)	雄の二次性徴の発現、精子形成促進

Keywords ホルモン(hormone)、標的細胞(target cell)、内分泌腺(endocrine gland)

C 視床下部と脳下垂体

間脳の**視床下部**は，自律神経系の中枢であるとともに，内分泌系の上位中枢でもある。
脳下垂体は，視床下部の支配を受けて，他の内分泌腺のホルモン分泌を調節する。

■ 視床下部と脳下垂体のはたらき

後葉のはたらき
視床下部の神経分泌細胞でつくられた後葉ホルモンを蓄え，必要に応じて血液中に分泌する。

前葉のはたらき
視床下部の神経分泌細胞でつくられた放出ホルモンや放出抑制ホルモンによって調節を受け，前葉ホルモンを分泌する。

※中葉への血管は省略してある。
ヒトでは，中葉は退化している

■ 神経分泌細胞

ホルモンを分泌する機能をもつニューロンを**神経分泌細胞**という。細胞体で合成したホルモンを軸索末端から分泌する。

脳下垂体
間脳視床下部の下にあり，小指の先程度の大きさである。

D ホルモン分泌の調節

ホルモンの分泌量は常に適量になるようにフィードバックによって調節されている。

■ チロキシン（甲状腺ホルモン）の分泌調節

チロキシンが過剰のとき
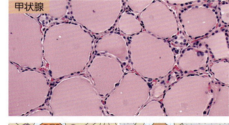
フィードバックによって甲状腺のはたらきが抑制され，チロキシンの分泌量は減少する。

チロキシンが不足のとき
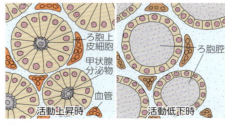
フィードバックによって甲状腺のはたらきが促進され，チロキシンの分泌量は増加する。

Point フィードバック

最終的につくられた物質やはたらきの効果がはじめにもどって作用することを**フィードバック**という。フィードバックには効果をより促進する正のフィードバックと効果を抑制する負のフィードバックがある。

Column ホルモンの発見

ベイリスとスターリング（ともにイギリス）は，イヌを用いた実験で，十二指腸につながる神経をすべて切断した状態で，胃酸に見立てた塩酸を十二指腸に注入すると，すい液が分泌されることを発見した。さらに，十二指腸の切片に塩酸を加えてすりつぶし，そのしぼり汁をイヌの血管に注射しても，すい液が分泌されることを見出した。これらのことから，十二指腸で胃酸を感知してつくられた物質が，血液によってすい臓に送られ，すい液の分泌を促すことがわかった。この物質が最初に発見されたホルモンであり，セクレチンと名づけられた。

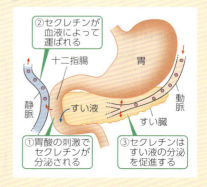

視床下部（hypothalamus），脳下垂体（hypophysis），標的器官（target organ），フィードバック（feedback）

4 ホルモンによる調節(2) 生物基礎 生物

A 血糖濃度の調節

血液に含まれるグルコースを**血糖**という。ヒトの血糖濃度は約0.1%に維持されている。この血糖濃度は，自律神経系とホルモンによって調節されている。

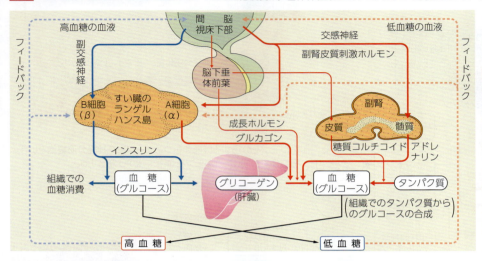

血糖濃度は，血液が間脳視床下部に流れこむことにより感知されて，自律神経やホルモンによって一定の値に調節される。すい臓では，自律神経の命令だけでなく，血糖濃度を直接感知する。

ランゲルハンス島

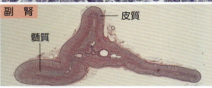

副腎

■食事後の血糖濃度とホルモンの分泌

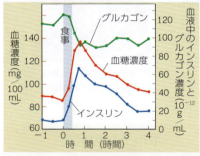

血糖濃度は，食事後は一時的に上昇するが，インスリン分泌量の増加とグルカゴン分泌量の減少により，正常値にもどる。

Zoom up インスリンが作用するしくみ

筋繊維(▶p.199)や脂肪細胞では，インスリン受容体にインスリンが結合すると，細胞質中の小胞内に蓄えられたグルコース輸送体が細胞膜上に移動し，細胞内へのグルコースの取りこみが促進される。
肝細胞ではグルコース輸送体の移動は起こらないが，インスリンが作用すると細胞内でのグルコースの利用が促進され，細胞内外のグルコースの濃度勾配にしたがって，細胞内にグルコースが取りこまれる。

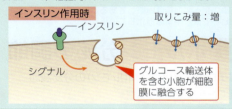

B 糖尿病

糖尿病になると，血液中のグルコース濃度が継続して高くなる。腎臓ではこし出されたグルコースを再吸収しきれなくなり，尿中に排出されることがある(▶p.171)。

■I型糖尿病とII型糖尿病

	I型糖尿病 (インスリン依存性糖尿病)	II型糖尿病 (インスリン非依存性糖尿病)
特徴	ランゲルハンス島のB細胞が自己免疫疾患(▶p.184)によって破壊され，インスリンの分泌量が低下することで，血糖濃度が下がらなくなる。若年で発症することが多い	I型以外の原因による糖尿病。インスリンは分泌されるが，標的細胞がインスリンを受け取ることができない等。40歳代以上での発症が多く，糖尿病患者の多くをII型が占める
治療法	定期的なインスリンの投与	運動や食事療法など

インスリン注射

■食後の血糖濃度とインスリン濃度の変化

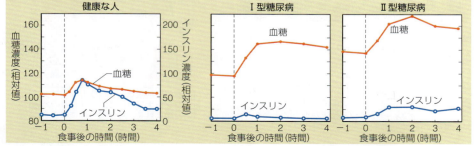

健康な人
食後に血糖濃度が上昇すると続けてインスリン濃度も上昇し，やがて血糖濃度は食事前と同程度まで下がる。

I型糖尿病
食後に血糖濃度が上昇してもインスリンがほとんど分泌されず，血糖濃度が下がらない。

II型糖尿病
インスリンの分泌量が低下したり，標的細胞がインスリンを受け取れなくなったりするため，食後に上昇した血糖濃度が下がらない。

Keywords 血糖(blood sugar)，インスリン(insulin)，グルカゴン(glucagon)，糖尿病(diabetes mellitus)

5-I 体内環境の維持

C 体温の調節

ヒトの体温は，外気温などが変化してもほぼ一定に保たれている。この体温調節も間脳視床下部を中枢として，自律神経系とホルモンによって調節されている。

■ 外界の温度が低いとき（低体温時）　　　　　　　　　　　　　■ 外界の温度が高いとき（高体温時）

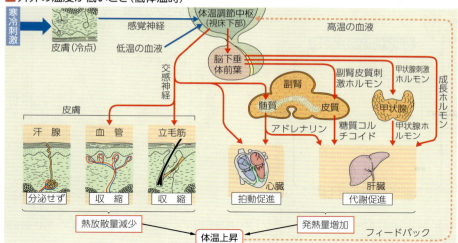
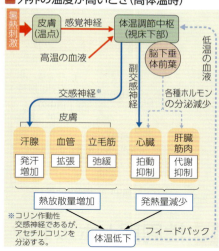

D 体液の塩分濃度と体液量の調節

ヒトの体液の塩分濃度や体液量は，おもに腎臓での水とNa^+の再吸収量がホルモンによって調節されることで，一定に保たれている。

■ 体液の塩分濃度の調節

体液の塩分濃度の変化は，間脳の視床下部の浸透圧受容器で感知され，脳下垂体後葉からのバソプレシン（抗利尿ホルモン）の分泌が調節される。それによって，集合管で再吸収される水分量と尿量が増減し，体液の塩分濃度が維持される。

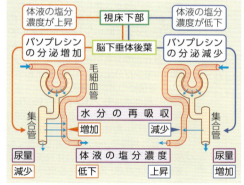

■ 体液量の調節

腎臓が体液量の減少を感知すると，副腎皮質が鉱質コルチコイドを分泌し，集合管でのNa^+の再吸収を促進する。その結果，毛細血管内の浸透圧が大きくなり，水も再吸収され，体液量が増加する。

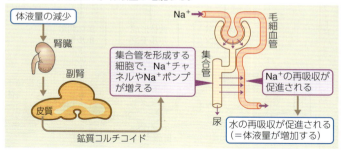

🔍 Zoom up　糖尿病によって引き起こされる症状

インスリンの分泌量の低下やインスリンを受容できなくなることによって糖尿病を発症すると，高血糖や代謝異常などのさまざまな影響が起こり，それらが重なって命にかかわるような重篤な症状が引き起こされることもある。

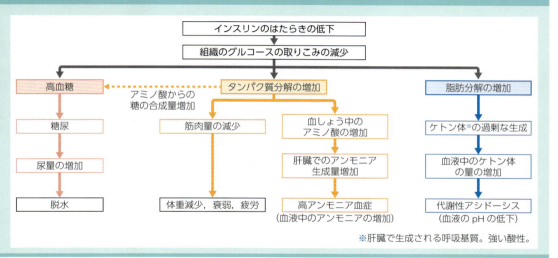

※肝臓で生成される呼吸基質。強い酸性。

体温 (body temperature)

163

5 ホルモンによる調節(3)

生物基礎 / 生物

A カルシウムイオン濃度の調節

血しょう中のCa²⁺濃度は甲状腺から分泌されるカルシトニンと副甲状腺から分泌されるパラトルモンによって調節される。

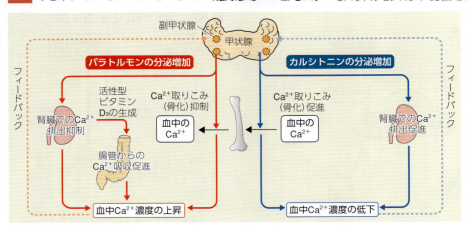

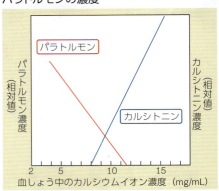

■血しょう中のCa²⁺濃度とカルシトニン，パラトルモンの濃度

B 性周期とホルモン

女性では，脳下垂体前葉からのろ胞刺激ホルモン・黄体形成ホルモン，卵巣からのろ胞ホルモン・黄体ホルモンの分泌量が，周期的に増減することにより，性周期が見られる。

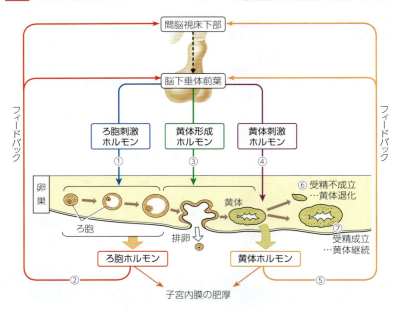

①視床下部からの放出ホルモンが，脳下垂体前葉からの**ろ胞刺激ホルモン**の分泌を促進する。ろ胞刺激ホルモンは卵巣内のろ胞を発達させる。

②発達したろ胞は**ろ胞ホルモン**を分泌する。ろ胞ホルモンのはたらきで子宮内膜が次第に厚くなる。また，ろ胞ホルモンは量が増すと視床下部と脳下垂体前葉にフィードバックして，ろ胞刺激ホルモンの分泌を抑制し，**黄体形成ホルモン**の分泌を促進する。

③黄体形成ホルモンは排卵を促し，排卵後のろ胞は黄体に変わる。

④脳下垂体前葉からの黄体刺激ホルモンによって，黄体からは**黄体ホルモン**が分泌される。黄体ホルモンは子宮内膜をさらに厚くし，受精卵の着床に備える。

⑤同時に黄体ホルモンはフィードバックして，ろ胞刺激ホルモンと黄体形成ホルモンの分泌を抑制し，次の排卵を抑える。

⑥受精不成立→黄体退化（黄体ホルモン減少）→子宮内膜はく離脱落（月経）。月経後，子宮はもとの状態にもどり次の周期が始まる。

⑦受精卵着床（妊娠成立）→黄体発達（黄体ホルモンの分泌維持）妊娠末期になると脳下垂体後葉からオキシトシンが分泌され，子宮筋が収縮し分べんが起こる。

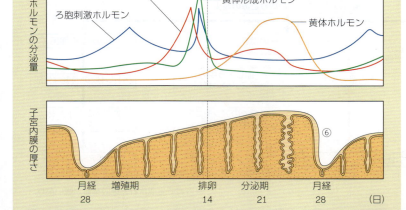

Column 排卵周期と基礎体温の変化

運動や食事などからだの活動を行っておらず，基礎代謝のみが行われているときの体温を基礎体温といい，睡眠をとって目覚めたときに測定する。

女性のからだで分泌される黄体ホルモンには体温を上昇させる作用があり，排卵に伴って黄体ホルモンが分泌されると基礎体温は上昇し，黄体ホルモンが減少して月経が開始すると基礎体温は下降する。このように，排卵周期に応じて女性の体温は高温期と低温期の二相性を示す。

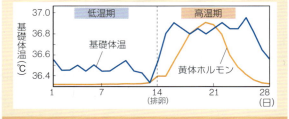

Keywords　カルシウム (calcium)，性周期 (sexual cycle)，基礎体温 (basal body temperature)

6 体内環境としての体液(1) 生物基礎 生物

A 体内環境と体外環境

からだが多数の細胞からなる動物では、体液が体内の組織や細胞を取り巻いて体内環境をつくる。体外環境の変化に対して、体内環境が一定に維持されている状態を**恒常性**(ホメオスタシス)という。

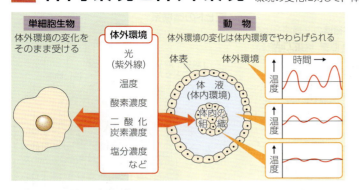

単細胞生物 体外環境の変化をそのまま受ける

体外環境: 光(紫外線), 温度, 酸素濃度, 二酸化炭素濃度, 塩分濃度 など

動物 体外環境の変化は体内環境でやわらげられる

■ 脊椎動物の体液

脊椎動物の体液は、血管を流れる**血液**、リンパ管を流れる**リンパ液**の液体成分、組織の細胞を取り巻く**組織液**に分けられる。毛細血管からしみ出た血しょうは組織液となり、その多くは毛細血管にもどるが、一部はリンパ管に入りリンパ液となる。

B 血液の組成

血液は、有形成分である**赤血球・白血球・血小板**と、液体成分である**血しょう**からなる。

■ ヒトの血液の組成
ヒトの血液の総量は、体重の約13分の1である。

成分		形	大きさ(直径)	数(血液 1mm³ 中)	生成器官	破壊器官	寿命	はたらき
有形成分(45%)	赤血球	円盤状 無核	7〜8μm	男 410万〜530万個 女 380万〜480万個	骨髄(胎児は肝臓・ひ臓)	肝臓 ひ臓	120日	ヘモグロビンによる酸素の運搬
	白血球	球形 有核	6〜20μm	4000〜9000個	骨髄(生成) ひ臓・リンパ節(増殖)	ひ臓	3〜21日	食作用による異物の捕食、抗体生産による免疫作用(▶p.175)
	血小板	不定形 無核	2〜3μm	20万〜40万個	骨髄	ひ臓	7〜10日	血液凝固作用(▶p.168)
液体成分(55%)	血しょう	水:約90% タンパク質(アルブミン、グロブリン、フィブリノーゲンなど):約7% 脂質、無機塩類、グルコース(血糖、▶p.162) などを含む						赤血球など有形成分の運搬。CO₂、栄養分、老廃物などの物質の運搬。抗原抗体反応の場

液体成分 / 有形成分

■ ヒトの血球

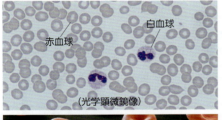

赤血球 / 白血球 (光学顕微鏡像)

赤血球 / 白血球 / 血小板 5μm

■ いろいろな動物の赤血球

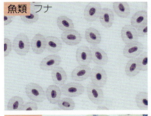
魚類 フナ

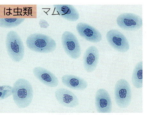
は虫類 マムシ

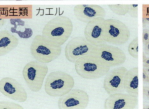
両生類 カエル

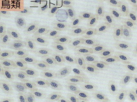
鳥類 ニワトリ

	赤血球の大きさ(μm)
ヒト	直径 7.0〜8.0
ニワトリ	7×11
カエル	15×25
フナ	9×13

赤血球は両生類から哺乳類へと進化するにしたがい、小形で数が多くなる。それによって赤血球の表面積が増え、より効率よく酸素を運搬、供給できる。
魚類は水中(大気中より酸素が少ない)で生活するため、小形で多数の赤血球をもつ。

Column 血液検査で調べる血しょうの成分

血液検査では血しょうに含まれる成分を調べている。血しょうにはタンパク質や脂質をはじめとするさまざまな物質が含まれており、その量によって健康状態を把握することができる。

AST(GOT) ALT(GPT)	酵素の一種。ALTの数値が高いと肝臓の疾患の疑いがある	HDLコレステロール	善玉コレステロールともよばれ、血管壁に付着したコレステロールを取りのぞく
γ-GTP	酵素の一種。数値が高いと肝機能の低下の疑いがある	LDLコレステロール	悪玉コレステロールともよばれ、血管壁に付着して動脈硬化の原因となる
クレアチニン	クレアチンの代謝産物。腎機能の指標となる	中性脂肪	過剰に摂取したエネルギーが脂肪として蓄積されたもの
尿酸	プリン体の代謝産物。血液中の尿酸濃度が高くなると、痛風などの原因となる	血糖	血液中のグルコース(▶p.162)

Keywords 恒常性(homeostasis), 赤血球(erythrocyte, red blood cell), 白血球(leukocyte, white blood cell), 血小板(thrombocyte)

7 体内環境としての体液(2) 生物基礎 生物

A 循環系

血液やリンパ液などの体液をからだ中に循環させて，物質の運搬を行う器官の集まりを**循環系**という。脊椎動物の循環系には**血管系**と**リンパ系**（▶p.174）がある。

■脊椎動物の血管系

脊椎動物では心臓は心室と心房に分かれ，両生類以上では血液の流れは肺循環・体循環の2経路となる。

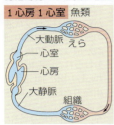

1心房1心室 魚類
心室からえらにいった血液はそのまま体循環する。

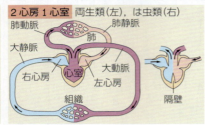

2心房1心室 両生類(左)、は虫類(右)
心室で肺からの動脈血とからだからの静脈血が混合。は虫類では，不完全な隔壁が混合を多少防ぐ。

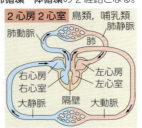

2心房2心室 鳥類，哺乳類
肺からの動脈血は静脈血と混ざらずに体循環する。

■ヒトの循環系

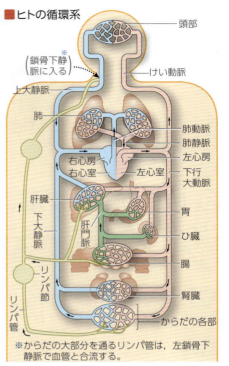

※からだの大部分を通るリンパ管は，左鎖骨下静脈で血管と合流する。

■血管の構造

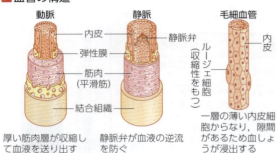

動脈：内皮／弾性膜／筋肉（平滑筋）／結合組織　厚い筋肉層が収縮して血液を送り出す
静脈：静脈弁　静脈弁が血液の逆流を防ぐ
毛細血管：内皮／ルージェ細胞（収縮性をもつ）　一層の薄い内皮細胞からなり、隙間があるため血しょうが浸出する

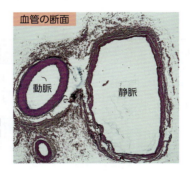

血管の断面　動脈／静脈

■ヒトの心臓の構造と拍動調節

ヒトの心臓はにぎりこぶし程度の大きさで，心筋からなる。

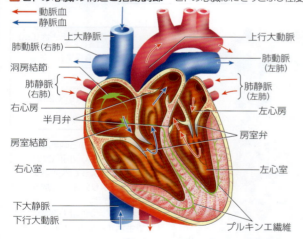

→動脈血
→静脈血

肺動脈(右肺)／上大静脈／上行大動脈／肺動脈(左肺)／洞房結節／肺静脈(右肺)／肺静脈(左肺)／右心房／半月弁／左心房／房室結節／房室弁／右心室／左心室／下大静脈／下行大動脈／プルキンエ繊維

心臓は自動的に拍動するしくみ（刺激伝導系）をもっていて，神経から切り離しても拍動を続ける。また，拍動数は自律神経（▶p.159）などによって調節されている。刺激伝導系において，洞房結節（洞結節ともいう）は，心臓全体の拍動をつくりだしているので，**ペースメーカー**とよばれる。

刺激伝導系
①洞房結節が興奮
→②心房が収縮
→③房室結節が興奮
→④心室が収縮

Column 人工ペースメーカー

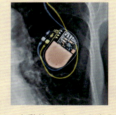

心臓の刺激伝導系が何らかの原因ではたらかなくなったときには，人工ペースメーカーを心臓につけて役目を代行させる治療が行われている。人工ペースメーカーは小型コンピューターを搭載し，呼吸運動などによって自動的にペースを変えることもできる。人工ペースメーカーは「最も成功している人工臓器」といわれている。

■開放血管系と閉鎖血管系

血管系には，毛細血管のない**開放血管系**と，毛細血管で動脈と静脈が結ばれた**閉鎖血管系**がある。

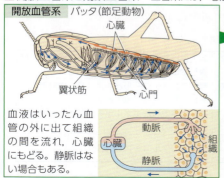

開放血管系　バッタ(節足動物)
心臓／翼状筋／心門
血液はいったん血管の外に出て組織の間を流れ，心臓にもどる。静脈はない場合もある。

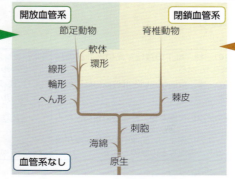

開放血管系：節足動物／軟体／線形／輪形／へん形
閉鎖血管系：脊椎動物／環形／棘皮／刺胞
血管系なし：海綿／原生

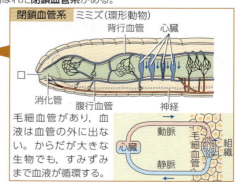

閉鎖血管系　ミミズ(環形動物)
背行血管／心臓／口／消化管／腹行血管／神経
毛細血管があり，血液は血管の外に出ない。からだが大きな生物でも，すみずみまで血液が循環する。

Keywords 循環系(circulatory system)，動脈(artery)，静脈(vein)，毛細血管(capillary)

B 酸素と二酸化炭素の運搬

酸素は，からだの中では呼吸色素によって組織まで運ばれる。脊椎動物では，赤血球中の**ヘモグロビン**(**Hb**)に結合して運ばれる。

■ 酸素の運搬

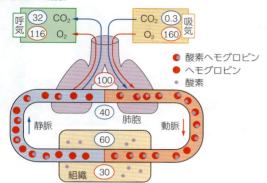

○内の数値はO_2分圧，○内の数値はCO_2分圧（単位はmmHg）

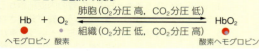

ヘモグロビンと酸素の反応
Hb + O_2 ⇌ 肺胞(O_2分圧 高，CO_2分圧 低) / 組織(O_2分圧 低，CO_2分圧 高) ⇌ HbO_2

■ 酸素解離曲線

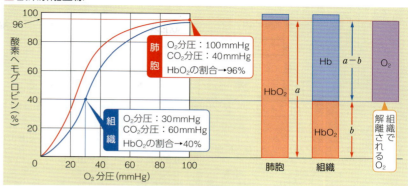

肺胞：O_2分圧：100mmHg，CO_2分圧：40mmHg，HbO_2の割合→96%
組織：O_2分圧：30mmHg，CO_2分圧：60mmHg，HbO_2の割合→40%

$$\text{酸素解離度} = \frac{a-b}{a} \times 100 = \frac{96-40}{96} \times 100 = 58(\%)$$

肺ではO_2が多く，CO_2が少ないので，ヘモグロビンは酸素と結合しやすい。組織ではO_2が少なく，CO_2が多いので，ヘモグロビンは酸素を解離しやすい。

気体の分圧
混合気体の示す圧力のうち，各成分気体による圧力を分圧といい，成分気体の体積比に比例する。

■ ヘモグロビン

ヘモグロビンは，4本のポリペプチド鎖（α鎖とβ鎖各2本）とヘムとよばれる色素成分とからなり，特有の立体構造をもつ。

酸素は，ヘムの中心にある鉄(Fe)原子に結合する。酸素が結合すると鮮紅色の酸素ヘモグロビンになり，酸素を離すと暗赤色のヘモグロビンにもどる。ヘモグロビン1分子は4つのヘムをもち，酸素4分子を運ぶことができる。

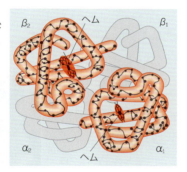

■ 酸素解離曲線と環境

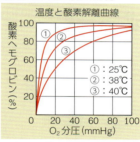

酸素ヘモグロビンは，温度が高いほど，酸素を解離しやすい。

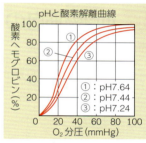

酸素ヘモグロビンは，pHが下がるほど，酸素を解離しやすい。

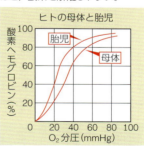

胎児のヘモグロビンのほうが，酸素と結合しやすいため，母体からO_2を受け取ることができる。

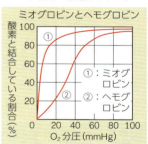

筋肉中のミオグロビンはO_2と結合しやすいため，O_2を蓄えることができる。

■ 呼吸色素

呼吸色素	含有金属	色	所在	動物例
ヘモグロビン	鉄(Fe)	赤	赤血球	脊椎動物全般
ミオグロビン	鉄(Fe)	赤	筋肉	
ヘモシアニン	銅(Cu)	青	血しょう	タコ・イカ・マイマイ（軟体動物）ザリガニ・カブトガニ（節足動物）
クロロクルオリン	鉄(Fe)	緑	血しょう	ケヤリムシ・ゴカイの一種（環形動物）

■ ヘムの分子構造

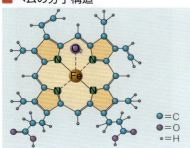

Zoom up 二酸化炭素の運搬

呼吸によって生じたCO_2は血しょう中に溶けこみ，赤血球に入って炭酸脱水酵素のはたらきで炭酸(H_2CO_3)になる。H_2CO_3はH^+とHCO_3^-に解離し，HCO_3^-は血しょう中に出て，肺に運ばれる。肺では逆の反応が起こり，CO_2は気体となって放出される。

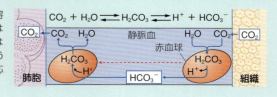

ヘモグロビン(hemoglobin)，呼吸色素(respiratory pigment)

8 体内環境としての体液(3) 生物基礎 生物

A 血液の凝固

外傷によって血管が損傷を受けたとき，血液の凝固によって，血液の流出や，傷口からの細菌などの侵入を防ぐ。

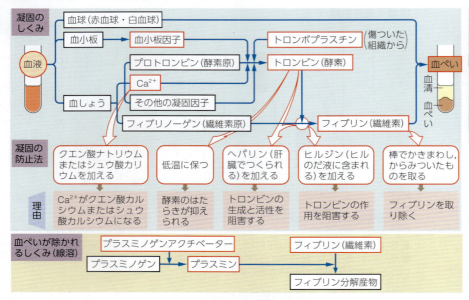

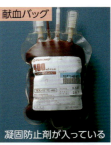

血管が傷つくと，その部位に血小板が集まり，血小板から放出される因子が血しょう中のCa^{2+}などと協同して作用し，血しょう中のプロトロンビンからトロンビンを生成する。トロンビンは，血しょう中のフィブリノーゲンをフィブリンにする。フィブリンが集まってできた繊維は血球を包みこみ，かたまり(血ぺい)を生じる。血管の傷が修復するとともに，血管の内皮細胞からプラスミノゲンアクチベーターという物質が分泌される。この物質のはたらきでプラスミンという酵素が生成されて，不要になった血ぺいのフィブリンが分解される。この現象を**線溶**(フィブリン溶解)という。

B 血液細胞の生成

すべての血球や血小板は骨髄に存在する**造血幹細胞**(血球芽細胞)から分化してできる。

■ ヒトの血液細胞の生成

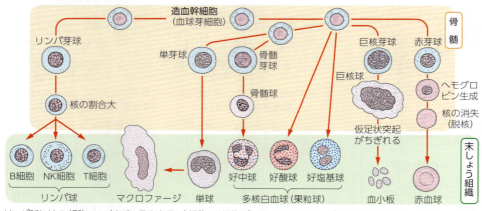
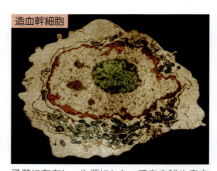

リンパ球にはB細胞・NK(ナチュラルキラー)細胞・T細胞があり，マクロファージとともに免疫に関係する(▶p.175)。

骨髄に存在し，生涯にわたって白血球や赤血球，血小板などあらゆる血液細胞をつくる。自己複製能と多分化能をあわせもち，細胞分裂によって増殖することも，多様な血液細胞に分化することもできる。

Zoom up　血液がつくられる場所—骨髄

胎児期の血液は肝臓やひ臓でつくられるが，出生後は**骨髄**で生成される。骨髄は骨の内部を埋める組織であり，類洞(拡張した毛細血管)と細網組織からなる。細網組織の間にはさまざまな分化段階の造血幹細胞が存在する。
白血球は類洞の外で成熟し，類洞の穴を通って進入する。赤血球も同様に，類洞の外で成熟・脱核してから，類洞に進入する。細網組織の間に存在する巨核球の仮足状突起(細胞質)がちぎれて血小板となり，類洞内に遊離する。

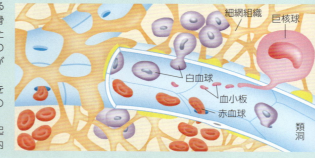
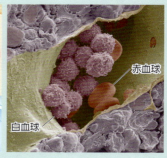

168　Keywords　血液凝固(blood coagulation)，線溶(fibrinolysis)，骨髄(bone marrow)，造血幹細胞(hematopoietic stem cell)

9 体液の恒常性（1）　生物基礎／生物

5-Ⅰ　体内環境の維持

A 肝臓の構造とはたらき

肝臓は人体で最大の臓器であり，健康な成人男性では約 1.0〜1.5kg の重量がある。500種類以上の化学反応が行われており，生体内の大化学工場である。

■肝臓の構造

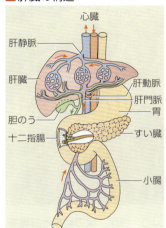

肝臓に入る血管
肝門脈 消化器官から出た毛細血管が合流した太い血管。栄養物質を多く含んだ血液が流れる。
肝動脈 心臓から直接送られてくる酸素を多く含んだ血液が流れる。

肝臓は手術で半分を切除しても，1か月足らずでもとの大きさに再生する。

肝臓は約50万個の肝小葉という角柱状の構造単位からなり，さらに肝小葉は約50万個の肝細胞からなる。

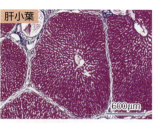

肝小葉

肝細胞

■肝臓のはたらき

血糖濃度の調節	血液中のグルコースを**グリコーゲン**として蓄える。グリコーゲンは必要に応じてグルコースに再分解されて，血液中の血糖として供給される（ホルモンによって調節される）
物質代謝	タンパク質の合成や分解。アミノ酸の分解を行う
尿素の合成	タンパク質やアミノ酸が分解されて生じた有害なアンモニアを，オルニチン回路（右図）で毒性の低い**尿素**に変える
解毒作用	アルコールのほか，食物や細菌のつくる有害な物質を酸化・還元・分解などの作用により無毒化する
血球成分の生成と赤血球の破壊	血液中（血しょう）に含まれるアルブミン・フィブリノーゲン・プロトロンビンやヘパリンなどを合成する。胎児期には赤血球を合成し，成体になると古くなった赤血球を破壊する
体温の保持	代謝が盛んで熱の発生量が多く，体温の保持にはたらく
胆汁の生成	肝細胞で生成される胆汁は，**胆のう**に蓄えられて十二指腸に分泌される。胆汁中の胆汁酸は脂肪の乳化にはたらく。解毒作用で生じた不要な物質や，ヘモグロビンの分解産物である**ビリルビン**は胆汁中に排出される
血液の貯蔵	心臓から出た血液の約4分の1が肝臓に流入するが，その流出量を調節することで血液循環量の調節を行う
ビタミンの貯蔵	小腸で吸収されたビタミン A，B_{12}，D を集めて貯蔵する

■肝臓での物質代謝

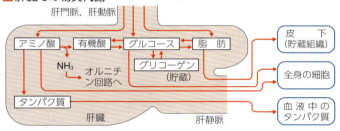

■オルニチン回路

アミノ酸が呼吸基質で使われたり，タンパク質が分解されるとき，アンモニアが生じる。哺乳類はこれを肝臓で尿素に変えて排出する。このときの反応経路を**オルニチン回路**という。

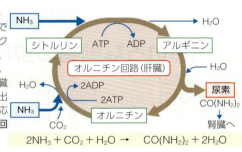

$2NH_3 + CO_2 + H_2O \rightarrow CO(NH_2)_2 + 2H_2O$

B 窒素排出物

タンパク質などが分解されて生じるアンモニアは有害であるため，ヒトでは肝臓で尿素に変えるが，他の動物でも生活環境に応じて尿素や尿酸につくり変えて排出している。

ヒトでは，アンモニアが血液中に 0.005% 含まれると昏睡状態におちいることがあるほど有害であるが，尿素は 4% でも害はない。
鳥類や昆虫類のように空を飛ぶものは，排出のための水がほとんど不要な尿酸に変えて捨てる。また，鳥類やは虫類の胚は殻のある卵の中で育つので，水に不溶な尿酸に変えておくと蓄えるのに都合がよい。

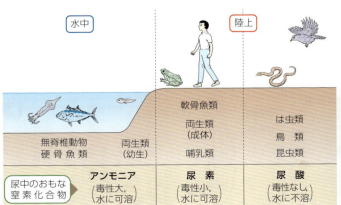

鳥のふん　尿酸の結晶

動物名	種類	生活場所	窒素排出物に対する割合(%)		
			アンモニア	尿素	尿酸
ヤリイカ	軟体動物	海水	67	1.7	2.1
フナ	硬骨魚類	淡水	73.3	9.9	―
カエル(幼生)	両生類	淡水	75	10	―
カエル(成体)	両生類	陸上	3.2	91.4	―
ニシキヘビ	は虫類	陸上	8.7	―	89
ニワトリ	鳥類	陸上	3.4	10	87
ヒト	哺乳類	陸上	4.8	86.9	0.65

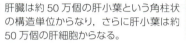

Keywords　肝臓(liver)，尿素(urea)，オルニチン回路(ornithine cycle)，尿酸(uric acid)

10 体液の恒常性(2) 生物基礎 生物

A 腎臓の構造とはたらき

腎臓は，体液の老廃物をこし取るはたらきをする排出器官で，血液のろ過装置であるとともに，体内の水分量の調節や体液濃度の調節にも重要なはたらきをしている。

■**ヒトの腎臓の構造** 腎小体(マルピーギ小体)と細尿管(腎細管)を合わせてネフロン(腎単位)といい，腎臓のはたらきの単位となる。

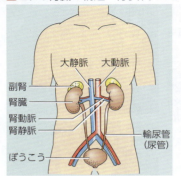

腎臓は，にぎりこぶし程度の大きさで，腹腔の背側の左右に1個ずつある。 ヒトでは1つの腎臓中に約100万個のネフロンがある。

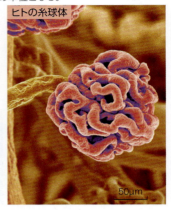

■**尿の生成** 腎小体で血液がろ過されて原尿ができ，細尿管で原尿から必要な成分が再吸収される。細尿管に残った液は，さらに集合管で水が再吸収され，尿となって排出される。

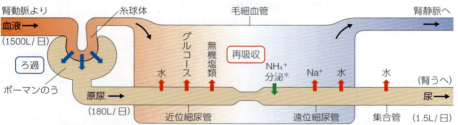

ろ過 血球などの有形成分やタンパク質などの高分子成分は，糸球体からボーマンのうへこし出されないが，水や血しょう中の低分子成分は，ほとんどボーマンのうにこし出される。

再吸収 有用なグルコース・水・無機塩類は，細尿管で再吸収されるが，尿素や SO_4^{2-} など不要なものは，あまり再吸収されないので濃縮される。 ※NH_4^+やK^+などはわずかだが細尿管に分泌される。

■**ヒトの血しょう，原尿，尿の組成と濃縮率**

成分	血しょう(%) A	原尿(%)	尿(%) B	濃縮率 B／A
水	90〜93	99	95	—
タンパク質	7.2	0	0	0
グルコース	0.1	0.1	0	0
尿素	0.03	0.03	2	67
尿酸	0.004	0.004	0.05	13
クレアチニン	0.001	0.001	0.075	75
Na^+	0.3	0.3	0.35	1
Cl^-	0.37	0.37	0.6	2
K^+	0.02	0.02	0.15	8
Ca^{2+}	0.008	0.008	0.015	2
NH_4^+	0.001	0.001	0.04	40
SO_4^{2-}	0.003	0.003	0.18	60

B いろいろな動物の排出器

ほぼすべての動物が排出器をもっているが，排出器の構造は動物の種類によって異なる。

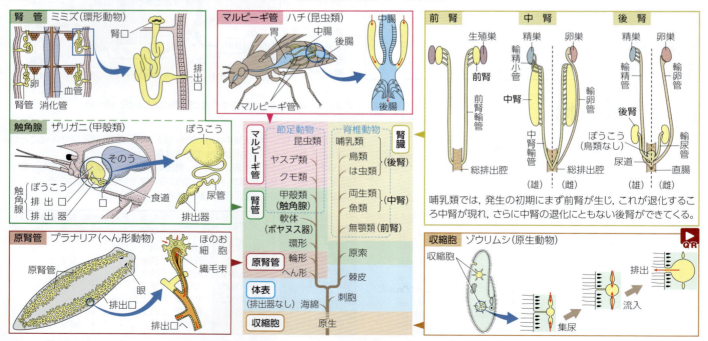

Keywords 腎臓(kidney)，ネフロン(nephron)，ぼうこう(bladder)，排出器〔官〕(excretory organ)

C 体液濃度の調節

水中で生活する生物の場合, 体液濃度と外液の濃度の差に応じて水分が入ってきたり, 失われたりする。脊椎動物は体液濃度を一定に保つしくみをもっている。

■ 体液の濃度

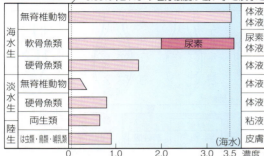

Column ウミガメの涙

産卵時, 陸に上がったウミガメが涙を流しているように見えるのは, 目頭の塩類腺という器官から海水の約2倍の塩分濃度の液体を分泌して体液濃度を調節しているからである。

■ カニの体液濃度調節
無脊椎動物の中にも, 調節のしくみをもつものがある。

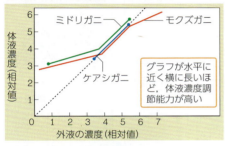

ケアシガニ 外洋にすむ

体液濃度調節のしくみが未発達であるため, 体液の濃度は外液の濃度とほぼ等しくなる。

ミドリガニ 河口付近にすむ

外液の濃度が低いときには, 塩類を積極的に取りこみ, 体液の濃度を一定に保つ。

モクズガニ 海と川を往来

体液濃度調節のしくみが発達し, 外液の濃度が変化しても, 体液の濃度はほぼ一定に保たれる。

■ 硬骨魚類の体液濃度の調節

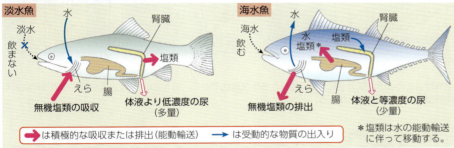

■ 海と川を往来する魚類の体液濃度調節

ウナギやサケ類は外液が淡水から海水に変わっても, 体液の濃度をほぼ一定に保つしくみをもつ。

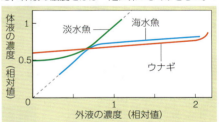

淡水中で飼育したウナギを海水中に移すと, 腎臓での水の再吸収が増し, 尿量が減る。また, えらの塩類細胞も発達して能動輸送で塩類を排出し, 海水魚的な調節作用をする。

えらの塩類細胞

ミトコンドリアが発達

淡水中　海水中

	体液の濃度	体表での水の移動	体液濃度の調節		
			環境水の取りこみ	えら	腎臓
淡水魚	体液>外液（淡水）	体内←体外	淡水を飲まない	不足する無機塩類を能動輸送で体内に取りこむ	水の再吸収を抑制し, 無機塩類の再吸収を促進。体液より低濃度の尿を多量に排出
海水魚	体液<外液（海水）	体内→体外	海水を飲み不足する水分を補う	過剰な無機塩類を塩類細胞から能動輸送で排出する	水の再吸収を促進。体液と等濃度の尿を少量排出

Zoom up 糖尿病で尿に糖が排出される理由

血しょう中のグルコースは原尿にこし出されたのち, 細尿管で再吸収される。グルコースの再吸収量は, 血しょうグルコース濃度に比例して増加するため, 健常者の尿にはグルコースは排出されない。しかし, グルコースの1分間当たりの再吸収量には限度があり, 血しょうグルコース濃度が200mg/100mLを超えたあたりから, 再吸収しきれないグルコースが尿に排出され始める。例えば, 血しょうグルコース濃度が400mg/100mLの糖尿病患者では, ろ過される500mg/分のグルコースのうち375mg/分しか再吸収できず, 1分間に125mgのグルコースが尿に排出されることになる。

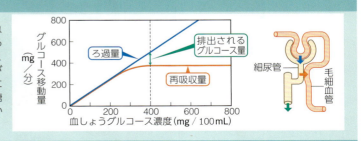

淡水魚(freshwater fish), 海水魚(saltwater fish), えら(gill)

11 呼吸器と消化器

A ヒトの呼吸器

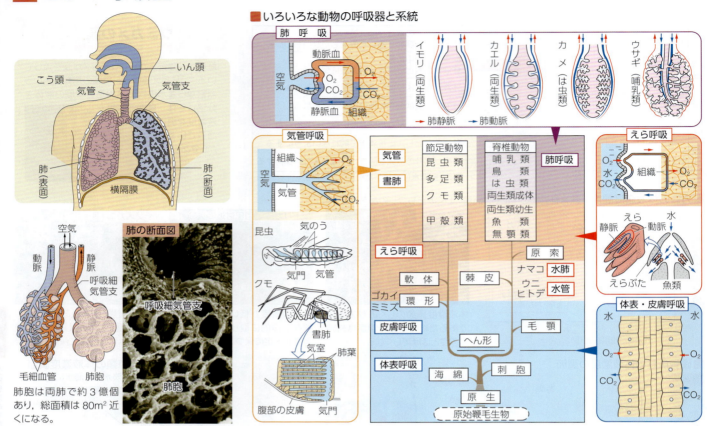

■ いろいろな動物の呼吸器と系統

肺胞は両肺で約3億個あり、総面積は80m²近くになる。

B ヒトの消化器

栄養分を細胞まで届けるために小さな分子に分解するはたらきが**消化**である。消化には、そしゃくや胃・腸の運動による機械的消化と消化酵素による化学的消化がある。

■ ヒトの消化管と消化腺

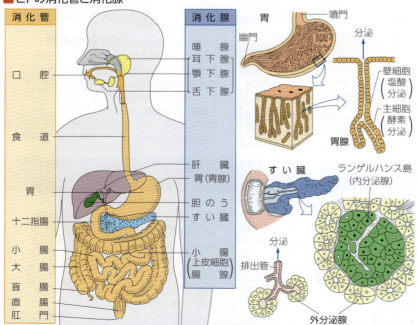

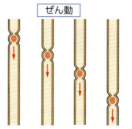

ぜん動：消化管壁の筋肉が次々にくびれて内容物を先へ送る運動。

分節運動：消化管壁の局所的な収縮で内容物をまぜる運動。

■ 誤飲を防ぐしくみ

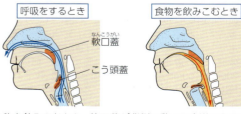

食物を飲みこむとき、軟口蓋が背側に動いて食道の入口を確保し、こう頭蓋が気道をふさいで気管への誤飲を防ぐ。

Keywords 呼吸器〔官〕(respiratory organ), 肺 (lung), 消化 (digestion), 食道 (esophagus), 胃 (stomach)

12 栄養分の吸収と同化　生物基礎 生物

5-Ⅰ 体内環境の維持

A 消化・吸収と同化

動物は，植物などが合成した有機物などを消化によって低分子に分解して吸収し，自らの組織を構成する体物質や呼吸の材料に用いる。

■生物を構成する物質の流れ

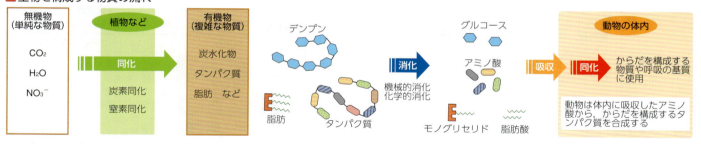

B 栄養分の吸収

食物中の高分子化合物は消化によって低分子化合物（単糖類・脂肪酸・モノグリセリド・アミノ酸）になり，おもに小腸壁から吸収される。

■小腸壁の構造

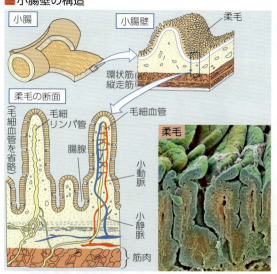

小腸の内側にはひだがあり，その表面に多数の柔毛（柔突起）がある。

■栄養分の吸収と運搬

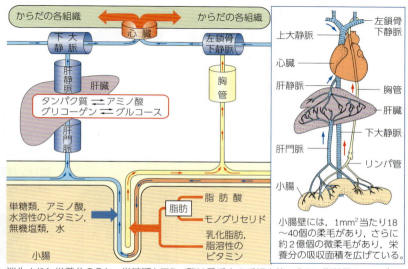

消化された栄養分のうち，単糖類とアミノ酸は柔毛内の毛細血管へ入り，脂肪酸とモノグリセリドは柔毛内で再び結合して脂肪粒になり，毛細リンパ管に入る。

小腸壁には，1mm² 当たり18～40個の柔毛があり，さらに約2億個の微柔毛があり，栄養分の吸収面積を広げている。

C 動物の窒素同化

動物は体内で無機窒素化合物からアミノ酸を合成することができない。動物は外界からアミノ酸を吸収し，自己の組織を構成するタンパク質を合成する。

■必須（不可欠）アミノ酸

20種のアミノ酸のうち，ヒトでは9種のアミノ酸が体内で十分な量を合成できないため，栄養分として吸収しなければならない。このようなアミノ酸を**必須アミノ酸**という。

ヒトの必須アミノ酸(9種)	非必須アミノ酸
バリン(Val)，ロイシン(Leu)，イソロイシン(Ile)，トレオニン(Thr)，ヒスチジン(His)，リシン(Lys)，メチオニン(Met)，フェニルアラニン(Phe)，トリプトファン(Trp)	グリシン(Gly)，アラニン(Ala)，セリン(Ser)，プロリン(Pro)，アスパラギン酸(Asp)，アスパラギン(Asn)，グルタミン酸(Glu)，グルタミン(Gln)，システイン(Cys)，アルギニン(Arg)，チロシン(Tyr)

■二次的な窒素同化

他の動物のタンパク質から自らのタンパク質を合成する。

Zoom up 非必須アミノ酸の生合成経路

動物は，体内で合成できない必須アミノ酸は食物から取りこむ必要があるが，非必須アミノ酸は，呼吸の経路である解糖系やクエン酸回路を構成する有機酸から合成できる。チロシンは別の経路でフェニルアラニン（必須アミノ酸）から合成される。

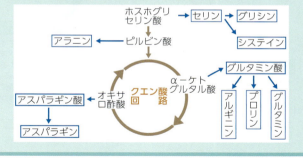

Keywords　小腸(small intestine)，吸収(absorption)，必須アミノ酸(essential amino acid)

13 免疫の概要　生物基礎／生物

A 免疫

免疫は、生物がもつ生体防御のしくみの1つである。免疫によって、さまざまな病原体や有害物質からからだが守られている。
免疫は大きく**自然免疫**と**適応免疫（獲得免疫）**に分けられる。

■免疫の種類

種類		おもなはたらき
自然免疫※	物理的・化学的防御	皮膚（角質層）や粘膜、分泌物（リゾチームやディフェンシンなど）による防御
	食作用	食細胞（好中球、マクロファージ、樹状細胞）による異物の取りこみと分解
適応免疫（獲得免疫）	体液性免疫	抗体による特異的な反応
	細胞性免疫	キラーT細胞による特異的な反応

※物理的・化学的防御は自然免疫に含めない場合もある。
NK細胞（ナチュラルキラー細胞）によるウイルス感染細胞やがん細胞への攻撃も自然免疫に区分される。

■免疫の3つの段階

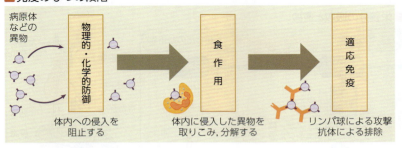

■さまざまな病原体

病気の原因になる細菌やウイルスなどを病原体という。真菌（カビのなかま）や寄生虫なども病原体として知られている。

病原体	感染により引き起こされる症状など
SARSコロナウイルス2	初期症状は発熱、寒気、咳、息切れ、呼吸苦、筋肉痛、関節痛、嘔吐など。重症化すると重い肺炎の症状が出る。味覚や嗅覚の異常も報告されている
ノロウイルス	経口で感染し、腸管で増殖する。嘔吐、下痢、腹痛、発熱などを引き起こす。食品からの感染のほか、感染者の糞便、嘔吐物からの感染もある
サルモネラ菌	経口で感染し、腸管で増殖する。下痢、嘔吐、発熱、吐き気、腹痛などを引き起こす。食中毒の代表的な原因菌である
結核菌	咳、痰、血痰、胸痛などの呼吸器関連の症状と、発熱、冷汗、だるさ、やせなどの全身症状。エイズ、マラリアと並ぶ「世界3大感染症」の1つである

B リンパ系

リンパ系は、免疫にかかわる器官や組織からなり、リンパ管とそれに付属する胸腺・ひ臓・リンパ節などで構成される。

■リンパ系の構造

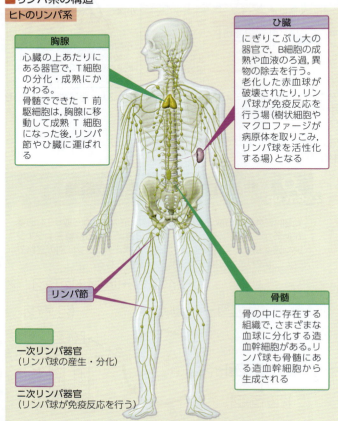

一次リンパ器官（リンパ球の産生・分化）
二次リンパ器官（リンパ球が免疫反応を行う）

■リンパ節

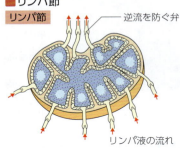

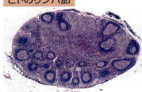

大きさ0.2～2cm、1g以下の小さな器官である。

リンパ節は、からだの各部に散在し、リンパ球の抗体生産やマクロファージの食作用で異物をこし取る。リンパ節では、免疫にかかわるリンパ球の増殖や分化が行われる。リンパ節で免疫反応が起こると、リンパ節が肥大化する。

■リンパ系の循環

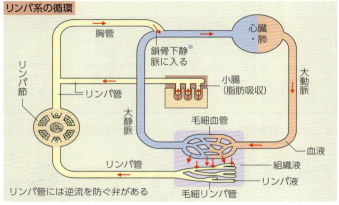

リンパ管には逆流を防ぐ弁がある

リンパ球は、血管→リンパ管→血管と循環する。
※からだの大部分を通るリンパ管は、左鎖骨下静脈で血管と合流する。

Keywords　生体防御(biophylaxis)、免疫(immunity)、リンパ系(lymph system)、リンパ節(lymph node)、胸腺(thymus)、骨髄(bone marrow)、ひ臓(spleen)

C 免疫にかかわる細胞

免疫のはたらきに大きくかかわる細胞は、いずれも白血球の一種である。これらの細胞は、骨髄の造血幹細胞から分化する。

■食細胞

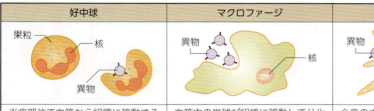

好中球	マクロファージ	樹状細胞
炎症部位で血管から組織に移動する 異物を食作用によって取りこみ、消化・分解する Toll（トル）様受容体（TLR：Toll-like receptor）で異物を認識する	血管内の単球が組織に移動して分化する 異物を食作用によって取りこみ、ヘルパーT細胞に抗原提示する Toll様受容体で異物を認識する	全身のさまざまな組織に広く分布 異物を食作用によって取りこみ、T細胞に抗原提示する。適応免疫の開始にはたらく Toll様受容体で異物を認識する

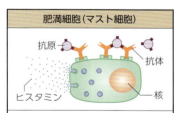

肥満細胞（マスト細胞）
粘膜や皮膚などに分布し、細胞表面に結合した抗体によって活性化するヒスタミンなどの化学物質を放出して炎症やアレルギーなどにかかわる

■リンパ球

T細胞			B細胞と形質細胞（抗体産生細胞）	NK細胞（ナチュラルキラー細胞）
キラーT細胞 感染細胞やがん細胞を直接攻撃する。表面にT細胞受容体（TCR：T cell receptor）をもつ	**ヘルパーT細胞** B細胞やキラーT細胞を活性化する。マクロファージなどの食作用を活性化する	**制御性T細胞** 過剰な免疫反応の抑制にはたらく。キラーT細胞などが正常な細胞を攻撃しないようにする	骨髄（Bone marrow）で分化。表面にB細胞受容体（BCR：B cell receptor）をもち、抗原を認識する 形質細胞（抗体産生細胞）に分化して抗体を産生する	感染細胞やがん細胞などの異常な細胞を認識し攻撃する 異常な細胞に共通の特徴を認識し、抗原非特異的にはたらく 抗原特異的な受容体をもたない

■免疫細胞の分化

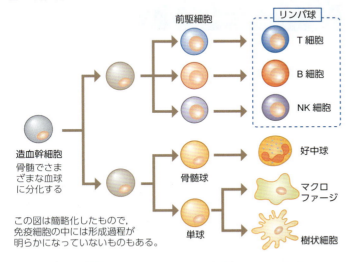

この図は簡略化したもので、免疫細胞の中には形成過程が明らかになっていないものもある。

■白血球の存在比（静脈中）

白血球の種類	割合
好中球	40～75%
好酸球	1～6%
好塩基球	1%未満
単球	2～10%
リンパ球	20～50%

白血球の中で最も数が多いのは好中球である。
好酸球や好塩基球は、寄生虫などの異物への攻撃やアレルギーに関係する白血球である。

🔍 Zoom up 腸管のリンパ組織

病原体の多くは口から侵入する。腸管にもリンパ組織が存在しており、腸粘膜ではT細胞やB細胞などのリンパ球が活発にはたらいている。とくに小腸には、消化管の中で最も多くリンパ組織が存在している。小腸の粘膜上皮下にはパイエル板というリンパ組織が点在し、パイエル板の上皮層にはM細胞という細胞がある。M細胞は腸管から病原体を取りこみ、内側で待機している樹状細胞に受け渡し、免疫反応が活性化する。

🔍 Zoom up NK細胞のはたらき

NK細胞（ナチュラルキラー細胞）は、正常な細胞と、ウイルスに感染した細胞やがん細胞を見分けて攻撃する。
NK細胞による攻撃は、異常な細胞に特有のタンパク質によって活性化され、正常な細胞のMHC抗原（▶p.179）によって抑制されると考えられている。NK細胞は細胞傷害性顆粒（タンパク質分解酵素であるグランザイムや、細胞膜に小孔を形成するパーフォリンなど）を細胞の外に分泌して、異常な細胞を攻撃して排除する。
NK細胞は抗原特異的な受容体をもっておらず、非特異的な免疫にはたらくリンパ球である。

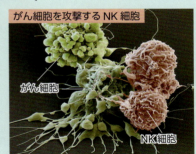

がん細胞を攻撃するNK細胞

食細胞（phagocyte），好中球（neutrophil），マクロファージ（macrophage），樹状細胞（dendritic cell），リンパ球（lymphocyte），形質細胞（plasma cell）

14 自然免疫 生物基礎 生物

A 物理的・化学的防御 基生

異物の多くは、皮膚や粘膜によって体内への侵入が物理的に阻止されている。また、からだの表面では、皮膚や粘膜からの分泌物などによって、病原体のはたらきが化学的に抑えられている。

■物理的・化学的防御

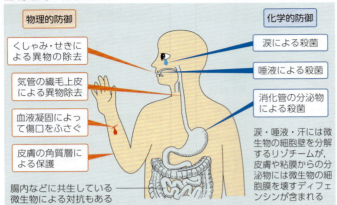

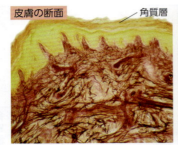

皮膚の表面には角質層がある。角質層は、ケラチンというタンパク質を多量に含んだ死細胞で、病原体などが体内に侵入するのを防いでいる(死細胞はウイルスに感染しない)。一方、鼻や口、消化管、気管などの内壁を構成する粘膜も外界と接している。粘膜は表面が粘液によっておおわれており、異物が体内に侵入するのを防ぐ役割を担っている。

B 食作用 基生

異物が物理的・化学的防御をこえて体内に侵入すると、食作用がはたらく。病原体などが侵入した部位では、食作用のはたらきに伴い、局所的な腫れ、発赤、発熱、痛みなどの**炎症**が起こる。

■食細胞による食作用のしくみ

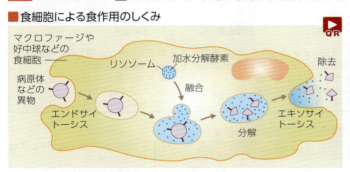

食細胞には、好中球、マクロファージ、樹状細胞(いずれも白血球の一種)などがある。異物を取りこんで死んだ好中球は、最終的にマクロファージの食作用によって分解される。

■食作用の過程と炎症

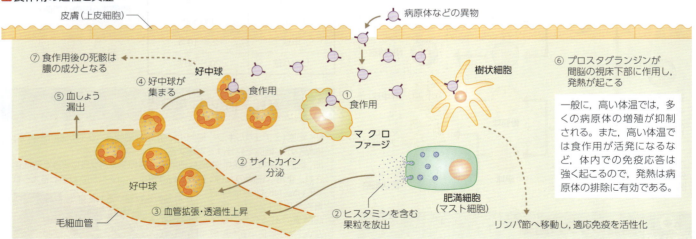

①傷口から病原体などの異物が侵入すると、マクロファージなどの食細胞が食作用によって異物を取りこみ分解する。
②病原体を取りこんだマクロファージが、サイトカイン(▶p.179)を分泌する。また、肥満細胞(マスト細胞)は、ヒスタミンを含む果粒を放出する。
③サイトカインやヒスタミンは血管を拡張し、血管壁の透過性を高める。
④好中球が血管壁を通り抜け、感染部位に大量に集まり食作用を行う。単球が組織に出てマクロファージに分化し食作用を行う。
⑤拡張した血管から血しょうが漏出することで、むくみや腫れ、痛みなどの症状が生じる。
⑥マクロファージが放出するサイトカインの作用でプロスタグランジン(強い生理活性作用をもつ脂質)が産生され、間脳の視床下部にはたらき、全身の熱生産を誘導し、体温を上昇させる(発熱)。
⑦炎症部位では、好中球が細菌を貪食して細胞死(アポトーシス)し、大量の好中球の死骸が膿の成分となる。

Keywords 自然免疫(innate immunity), 物理的防御(physical defense), 化学的防御(chemical defense), 皮膚(skin), 粘膜(membrana mucosa)

C 自然免疫における異物の認識

樹状細胞やマクロファージは，体内に侵入した病原体を認識し，自然免疫をはたらかせるとともに，適応免疫への橋渡しを担う。

■ 樹状細胞

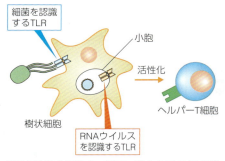

樹状細胞は食細胞の一種で，膜上のTLR（Toll様受容体）で異物を認識して取りこむ。サイトカインを分泌して食細胞を活性化したり，抗原提示を行って適応免疫にかかわるT細胞を活性化する。

■ さまざまなTLR（Toll様受容体）と認識する物質

※細菌の鞭毛を構成するタンパク質

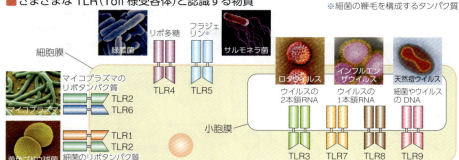

TLRは樹状細胞やマクロファージなどの細胞膜上もしくは小胞膜上に存在するタンパク質である。TLRには多くの種類が知られていて，図はヒトのそれぞれのTLRが存在する場所と認識する物質の種類を示したものである。TLRは二量体で機能し，細胞膜上に存在するTLRでは細胞外の領域，小胞膜上に存在するTLRでは小胞内部に突き出した領域で，病原体やその関連物質を認識する。

■ さまざまなTLRのはたらき

TLR4 おもにグラム陰性菌（細菌のグループの1つで大腸菌などを含む）を認識する

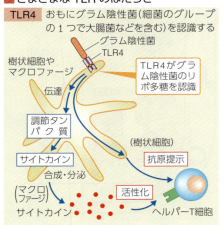

TLR5 おもに鞭毛をもつ細菌を認識する

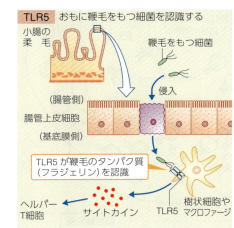

TLR9 おもにウイルスや細菌を認識する

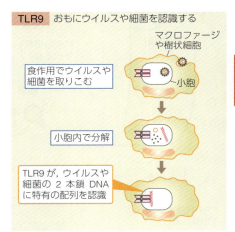

🔍 Zoom up 補体による防御

自然免疫の1つに，血しょう中に含まれる補体とよばれるタンパク質の一群による防御がある。補体による防御機構には次の2つの経路が見られる。

①細菌に感染すると，ある種の補体は複合体を形成し，細菌の細胞膜に挿入される。この補体の複合体が挿入されると，細胞膜に穴があき，その結果，細菌は溶解する。

②別の種類の補体は，一部が切り取られることで活性化し，細菌の表面に結合する。マクロファージは補体受容体をもっていて，補体と補体受容体が結合することで，食作用が促進される（オプソニン化）。

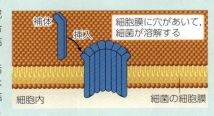

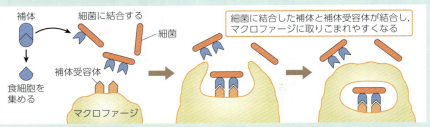

🔬 Pioneer 免疫学研究の最先端

審良静男教授は，現在見つかっている約10種類のTLRの機能の多くを解明した人物である。審良教授が初代拠点長をつとめた大阪大学免疫学フロンティア研究センター（IFReC）は，免疫系の全貌を明らかにすることを目的として設立された。審良教授に代表されるように免疫学は日本がリードしてきた領域であり，IFReCでは，世界トップレベルの研究が日々行われている。

http://www.ifrec.osaka-u.ac.jp
大阪大学免疫学フロンティア研究センター

食作用（phagocytosis），炎症（inflammation），TLR（Toll-like receptor），補体（complement）

15 適応免疫(1) 生物基礎 生物

A 適応免疫のしくみ

基生 自然免疫で処理しきれなかった異物に対する防御として**適応免疫(獲得免疫)**が機能し、しくみにより**細胞性免疫**と**体液性免疫**に分けられる。適応免疫の攻撃の対象となる異物を**抗原**という。

■**適応免疫** リンパ節では、抗原を提示している樹状細胞に多くのT細胞が接触し、その中で提示された抗原に適合したT細胞のみが活性化して増殖する。増殖したT細胞は、血液によって感染した組織に運ばれる。また、B細胞が分化した形質細胞によって産生された抗体も、同様に血液によって運ばれる。

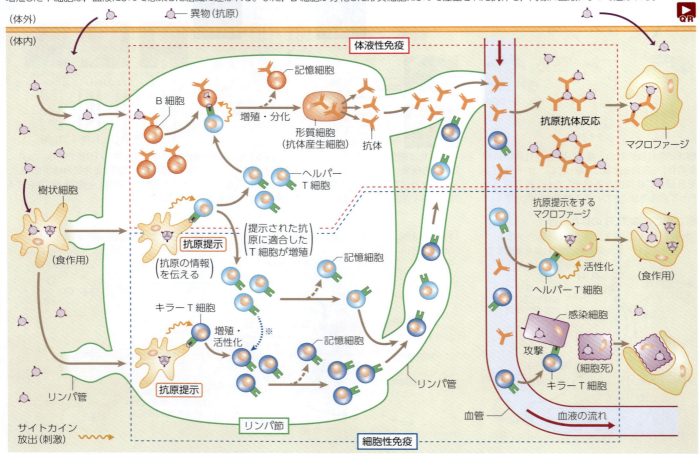

※キラーT細胞が活性化するには、同一の抗原を認識したヘルパーT細胞からのはたらきかけが必要となる場合もある。

Zoom up キラーT細胞による攻撃のしくみ

ウイルスに感染した細胞のMHC抗原をキラーT細胞の受容体(TCR, ▶p.179)が認識すると、キラーT細胞から細胞傷害性果粒が分泌される。細胞傷害性果粒の一種は、別の細胞傷害性果粒を感染細胞の細胞質内に導く。導かれた細胞傷害性果粒は、感染細胞内に入り、DNA分解酵素やBIDというミトコンドリアを破壊するタンパク質を活性化し、感染細胞を細胞死(アポトーシス)に誘導する。

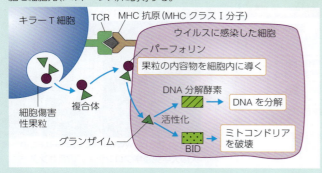

Column 免疫系の進化

進化につれて、特異的で複雑な適応免疫を備えていったと考えられる。

Keywords 適応免疫(adaptive immunity), 細胞性免疫(cell-mediated immunity), 体液性免疫(humoral immunity), 抗原(antigen)

B 抗原の提示

樹状細胞は，食作用によって取りこんだ抗原の一部を細胞表面に提示（**抗原提示**）する。提示された抗原に適合するT細胞が活性化することで，適応免疫が発動する。

■ **主要組織適合抗原（MHC抗原）と抗原提示** MHC抗原は細胞の表面に存在していて，自己と非自己を区別する標識の役割をもつ。樹状細胞などの抗原提示細胞は，MHC抗原の上に異物の断片をのせて提示する。T細胞はMHC抗原とその上にのせられた異物の断片を認識する。

樹状細胞による抗原提示

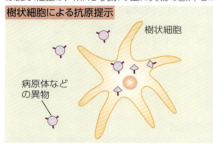

樹状細胞が病原体を取りこんで分解する。

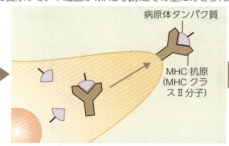

樹状細胞のMHC抗原に病原体タンパク質が結合し，細胞表面に移動する。

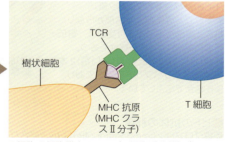

T細胞の細胞膜上のTCR（T細胞受容体）が，MHC抗原と病原体タンパク質の複合体を認識する。

ウイルス感染細胞の認識

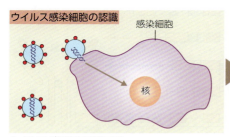

ウイルスが細胞に感染する。

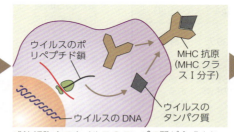

感染細胞内でウイルスのタンパク質が合成され，MHC抗原と結合し，細胞膜に移動する。

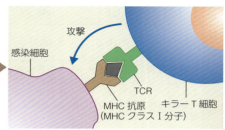

キラーT細胞はウイルスのタンパク質と結合したMHC抗原を認識し，感染細胞を攻撃する。

MHC抗原（MHC分子）は，その構造や機能の違いによって2つに分類される。
・MHCクラスI分子…ほとんどの細胞がもっている。キラーT細胞が認識する。
・MHCクラスII分子…抗原を提示する細胞（樹状細胞※，マクロファージ，B細胞）がもっている。ヘルパーT細胞が認識する。
※適応免疫の開始にはたらく樹状細胞は，クラスI分子・クラスII分子の両方を発現しており，キラーT細胞とヘルパーT細胞もどちらも活性化することができる。

Zoom up 免疫細胞と情報伝達物質

免疫反応の調節など，さまざまな細胞間相互作用に関与する生理活性物質を総称して**サイトカイン**という。
サイトカインは細胞間で情報（シグナル）を伝達する分子であり，標的細胞がもつサイトカインレセプターに結合して作用する。リンパ球や食細胞が産生するインターロイキンはサイトカインの一種で，白血球の分化・増殖に影響を与える。インターロイキン(IL)には番号がつけられており，例えば，IL-1（インターロイキン1）は，おもにマクロファージが産生し，ヘルパーT細胞を活性化する。IL-2は，おもにヘルパーT細胞が産生し，キラーT細胞を活性化する。IL-4は，おもにヘルパーT細胞が産生し，B細胞を刺激してある種の抗体の産生を促進するほか，肥満細胞（マスト細胞）の増殖を促進することから，アレルギー（▶p.184）にかかわっていると推測されている。また，サイトカインには，ウイルスの増殖を抑制するはたらきをもつインターフェロンなども含まれる。

■ **サイトカイン**
サイトカインにはさまざまな種類があり，その作用の標的となる細胞には，それぞれの受容体がある。

サイトカイン		分泌するおもな細胞	おもなはたらき
インターロイキン	IL-1	マクロファージ	T細胞活性化，体温上昇（発熱）
	IL-2	ヘルパーT細胞	キラーT細胞の活性化
	IL-4	ヘルパーT細胞	B細胞の増殖・分化，抗体の産生を促進 肥満細胞（マスト細胞）の増殖促進
	IL-6	マクロファージ	炎症反応の促進，体温上昇（発熱），肝細胞での補体を活性化するタンパク質の産生誘導
	IL-12	マクロファージ	NK細胞の活性化
インターフェロン	IFN-α	マクロファージ，樹状細胞	抗ウイルス作用，NK細胞の活性化
	IFN-γ	ヘルパーT細胞，キラーT細胞	マクロファージや好中球の殺菌作用を増強
腫瘍壊死因子	TNF-α	マクロファージ，樹状細胞	血管内皮の透過性上昇，内皮細胞の活性化
	TNF-β	ヘルパーT細胞	腫瘍細胞の細胞死を誘導
ケモカイン		マクロファージ	食細胞（好中球，単球）の誘引

抗原提示(antigen presentation)，MHC抗原(major histocompatibility complex)，TCR(T-cell receptor)，インターロイキン(interleukin)

16 適応免疫(2) 　生物基礎／生物

A 抗体(免疫グロブリン)

抗体はB細胞がつくる適応免疫ではたらく体液中のタンパク質である。抗体とB細胞表面にあるB細胞受容体は，**免疫グロブリン**からできている。

■免疫グロブリン

抗体やB細胞受容体(B cell receptor；BCR)を構成するタンパク質。
Y字形で，可変部と定常部からなり，抗原との結合部である可変部は，遺伝子の再編成によって多様性をもつ。
H鎖(長い鎖)2本とL鎖(短い鎖)2本の4本のポリペプチドでできており，S-S結合で結合している。

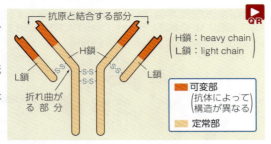

■抗体とBCR

1つのB細胞がつくる抗体と細胞膜上のB細胞受容体は可変部が同じ構造をしており，同一の抗原と結合する。

■ヒトの抗体の種類

免疫グロブリン(immunoglobulin)はIgと略され，5つのクラスに分けられるが，基本構造は共通である。分泌されて抗原に結合するものと，細胞膜に結合しB細胞受容体として機能するものがある。

名称	IgG	IgE	IgM	IgA	IgD
分子量	約15万	約19万	約95万	約39万	約17万
特徴	体液性免疫の中心としてはたらく。全体の70%を占める。	アレルギーの原因となる抗体。ヒスタミンの放出を促進。	一次応答において最初につくられる。凝集反応を促進。	母乳や涙などの外分泌液中の抗体。	B細胞表面に多く存在する。受容体として機能する。

■抗体の多様性と遺伝子の再編成

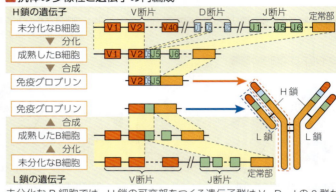

未分化なB細胞では，H鎖の可変部をつくる遺伝子群はV，D，Jの3群があり，成熟過程でそれらから1個ずつの遺伝子が選び出され，再構成される。また，L鎖の可変部をつくる遺伝子群にはV，Jの2群があり，同様に再構成されるため，再構成される遺伝子の組み合わせは膨大な数となる。

B 抗原抗体反応 　基生

体液性免疫において，抗原と抗体は特異的に結合する。この反応を**抗原抗体反応**という。

■抗原抗体反応

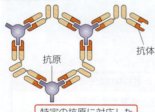

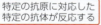

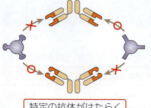

抗原の抗原決定基と抗体の抗原結合部には「かぎとかぎ穴」の関係があり，抗原と抗体が特異的に結合する。

■抗体がもつ作用

凝集	病原体の可動性の阻害や，病原体の増殖の抑制
中和	ウイルスの細胞との結合部位や毒素などに抗体が結合し，病原体の感染性や毒性を消失させる
オプソニン化	病原体に抗体が結合することで，食細胞による食作用を受けやすくなる

Column 抗原抗体反応を「見る」

抗原も抗体も小さい分子で肉眼で見ることはできない。しかし，ともに複数の結合部位をもつことが多いため，両者が出合ったとき，多数の抗原と抗体が互いに結びついて大きな抗原抗体複合体となって凝集し，肉眼で観察できるようになる。この凝集反応を利用して，抗原抗体反応を調べる方法がある(二重免疫拡散法)。

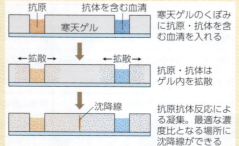

寒天ゲルのくぼみに抗原・抗体を含む血清を入れる

抗原・抗体はゲル内を拡散

抗原抗体反応による凝集。最適な濃度比となる場所に沈降線ができる

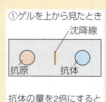
①ゲルを上から見たとき

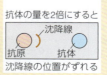
抗体の量を2倍にすると沈降線の位置がずれる

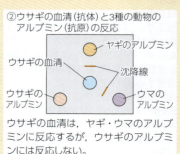
②ウサギの血清(抗体)と3種の動物のアルブミン(抗原)の反応

ウサギの血清は，ヤギ・ウマのアルブミンに反応するが，ウサギのアルブミンには反応しない。

Keywords: 抗体(antibody)，免疫グロブリン(immune globulin)，抗原抗体反応(antigen-antibody reaction)

C 免疫記憶

一度活性化された免疫細胞（B細胞やT細胞）の一部は，記憶細胞となって残るので，再び同じ抗原が侵入すると，短時間で強い反応が見られる。

■ 二次応答での抗体の産生（体液性免疫の場合）

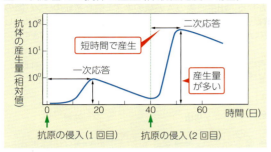

■ 皮膚移植の拒絶反応（細胞性免疫の場合）

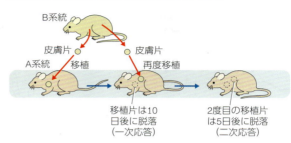

系統の異なるネズミの皮膚を移植すると，移植片は一時的に生着するが，やがて脱落する。これは免疫細胞（キラーT細胞など）の攻撃による。同じ系統からの移植片に対する2回目の免疫反応（二次応答）は，1回目（一次応答）より短時間で起こる。

Zoom up 抗体のクラススイッチと親和性成熟

■ 抗体のクラススイッチ

一次応答で最初に産生される抗体のクラスはIgMとIgDである。その後，定常部の遺伝子の組換えが起こり，IgG，IgA，IgEのいずれかが産生されるようになる（抗体のクラススイッチ）。抗体と結合する可変部（遺伝子の再構成を経たVDJ領域）は変わらないので，抗体の抗原特異性は変化しない。クラススイッチは，病原体の種類や感染部位により適した抗体をつくり，効率よく抗原を排除する意義があると考えられる。どのクラスにスイッチするかは，ヘルパーT細胞が出すサイトカインによって変わる。

■ 抗体の親和性成熟

B細胞が同じ抗原により複数回活性化されると，すでに遺伝子の再編成が終わったH鎖とL鎖の可変部の領域でランダムな突然変異が高い頻度で起こる。B細胞のうち，抗原との親和性がより高いBCRをもつB細胞が選択され，形質細胞へと分化する。このようなしくみによって，適応免疫の反応が進行するにつれて，抗原に対してより親和性の高い抗体が産生されるようになる。

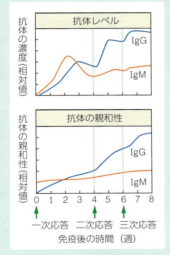

Column 抗体検査

ウイルスや細菌に感染すると，それに対する免疫がはたらき，特定の抗体が血しょう中に生成される。抗体検査キットなどを用いることにより，血液中に抗体（IgMやIgG，▶p.180）が存在するかどうかを確認し，感染の有無を調べることができる。
IgMは早期に生成されるため，現在その感染症にかかっているかを，IgGは長期間残るため，過去にその感染症にかかったことがあるかを知ることができる。血液中にIgG抗体があれば，一般的にその感染症には感染しない，もしくは感染しづらいとされる。
ただし，感染症の種類によっては，体内に抗体ができるまでに時間がかかるため，「現在そのウイルスに感染しているかどうか」の検査に用いることは難しいとされている。また，ウイルスに感染した場合だけでなく，ワクチン（▶p.185）を接種したことによって抗体ができた場合にも検出されることがある。

抗原Xに対する抗体検査の例

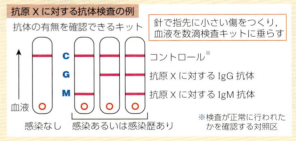

※検査が正常に行われたかを確認する対照区

Zoom up 免疫寛容とクローン選択

あるB細胞は特定の抗原と反応する抗体しかつくらないが，発生の段階で多種多様なB細胞が分化し，多様な抗原に対する準備ができている。B細胞が未熟なときに抗原と反応すると，そのB細胞は細胞死（アポトーシス）を起こす。胎児期や新生児期に出会う抗原は，自己成分だけであるので，これによって自己に対する反応性が除かれ，自己以外の異物（抗原）に対してのみ，免疫反応を示すようになる。このような状態を**免疫寛容**という。抗原が侵入するとその抗原と結合するB細胞だけが選択され（**クローン選択**），活性化し，形質細胞となり，抗体を産生する。
免疫寛容はT細胞でも見られる。T細胞が胸腺で成熟する過程で，自己成分（自己のMHC抗原）を強く認識しすぎるT細胞や，自己のMHC抗原を全く認識しないT細胞が除かれ，異物を認識する可能性のあるT細胞だけが成熟し，胸腺の外に出る。

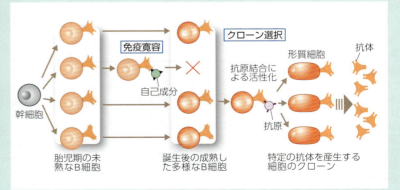

免疫記憶（immunological memory），記憶細胞（memory cell），一次応答（primary response），二次応答（secondary response），免疫寛容（immune tolerance）

17 自己と非自己の認識　生物基礎/生物

A 非自己の認識と拒絶反応 基生

■ **自己と非自己の識別と胸腺**　免疫系が自己と非自己を識別できるようになるには，T細胞が胸腺で成熟・分化する必要がある。胸腺をあらかじめ除去したA系統のネズミはT細胞が胸腺で成熟・分化できないため，B系統の皮膚を移植すると移植片は非自己と識別されずに生着する。

■ **自己と非自己の識別の成立時期**　ハツカネズミでは免疫細胞の分化に出生後約2週間かかる。出生直後のA系統のネズミにB系統のリンパ節の組織を注射し，成長した後，B系統の皮膚を移植すると移植片は生着する。しかし，さらに正常なA系統のリンパ節の組織を注射すると移植片は脱落する。

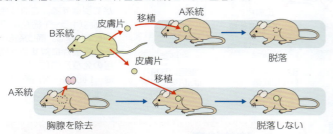
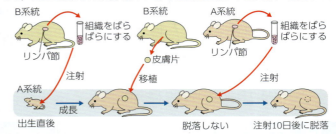

■ **臓器移植の拒絶反応のしくみ**

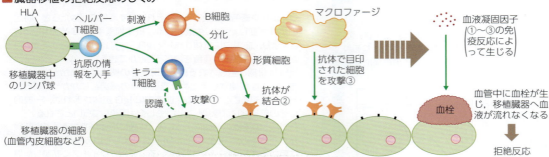

移植臓器の拒絶反応は，臓器の細胞表面にあるHLA（ヒト白血球型抗原）をリンパ球が識別して起こる免疫反応である。他人どうしでは，HLAが完全に一致することはまれであるが，なるべく一致する人を提供者（ドナー）として移植を行い，免疫抑制剤で拒絶反応を抑える。

■ **HLA（ヒト白血球型抗原）**

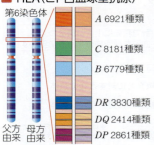

第6染色体
A 6921種類
C 8181種類
B 6779種類
DR 3830種類
DQ 2414種類
DP 2861種類
父方由来　母方由来

他人の臓器などを移植すると，通常は拒絶反応が起こる。これは，**主要組織適合抗原（MHC抗原）**が異なるためである。ヒトの主要組織適合抗原はHLAとよばれる。HLA遺伝子は複数の遺伝子によって構成されており，対立遺伝子の数が非常に多いため，遺伝子の組み合わせが他人と一致することはまれである。対立遺伝子の数は現在も新たに発見されて増加している（数字は2021年時点のもの）。

■ **骨髄移植（造血幹細胞移植）**

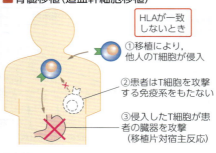

HLAが一致しないとき
①移植により，他人のT細胞が侵入
②患者はT細胞を攻撃する免疫系をもたない
③侵入したT細胞が患者の臓器を攻撃（移植片対宿主反応）

骨髄移植では，移植細胞が拒絶されないように，患者の骨髄細胞やリンパ球をあらかじめ取り除く。また，HLAが一致しなければ，移植された細胞に含まれていたT細胞が臓器を攻撃するため，完全に一致するドナーからの移植が望ましい。

■ **ABO式血液型**　赤血球表面の凝集原（抗原）A，Bと血しょう中の凝集素（抗体）α，βにより4つの型に分けられる。Aとα，Bとβが出会うと凝集が起こる。

血液型	A型	B型	AB型	O型
凝集原（赤血球の表面）	凝集原A／赤血球	凝集原B	B／A	なし
凝集素（血しょう中）	β	α	なし	α β

■ **Rh式血液型**　アカゲザルと同じRh因子（抗原）の有無によって分けられる。

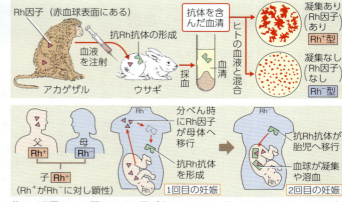

Rh因子（赤血球表面にある）
血液を注射
アカゲザル　ウサギ
抗Rh抗体の形成
抗体を含んだ血清
採血
ヒトの血清と混合
凝集あり（Rh因子あり）Rh⁺型
凝集なし（Rh因子なし）Rh⁻型

父Rh⁺　母Rh⁻
子Rh⁺（Rh⁺がRh⁻に対し顕性）
分べん時にRh因子が母体へ移行
抗Rh抗体を形成
1回目の妊娠
抗Rh抗体が胎児へ移行
血球が凝集や溶血
2回目の妊娠

父Rh⁺と母Rh⁻の間にRh⁺の子が生まれるとき，第1子は無事に生まれるが，第2子もRh⁺の場合には**血液型不適合**によって新生児溶血症が起こることがある。現在では，妊娠中や出産直後に母体に抗Rh抗体を注射して，母体に入った抗原を取り除き，母体に抗Rh抗体をつくらせない方法がとられている。

■ **ABO式血液型の判定**
抗A血清（凝集素αを含む）と抗B血清（凝集素βを含む）に調べる血液を加え，凝集反応の有無を調べる。

抗A血清（凝集素α）	+	−	+	−
抗B血清（凝集素β）	−	+	+	−
判定	A型	B型	AB型	O型

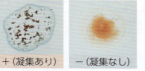

+（凝集あり）　−（凝集なし）

Keywords　臓器移植 (organ transplantation)，拒絶反応 (rejection)，骨髄移植 (bone marrow transplantation)

18 免疫と病気(1) 生物基礎 生物

A エイズ(AIDS)
基生 後天性免疫不全症候群(**A**cquired **I**mmune **D**eficiency **S**yndrome)。エイズの原因となるウイルス(HIV)は，免疫反応の中心をなすヘルパーT細胞を破壊するため，ほとんどの免疫反応が消失する。

■ HIVの構造

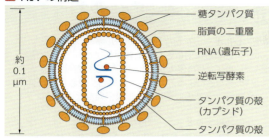

HIVとは**ヒト免疫不全ウイルス**(**H**uman **I**mmunodeficiency **V**irus)の略で，エイズを引き起こす。HIVの遺伝子はRNAで，逆転写酵素によってDNAを合成し増殖するレトロウイルスである。

■ 免疫機構の破壊
HIVによって破壊されるヘルパーT細胞は，体液性免疫と細胞性免疫の両方に関係している。ヘルパーT細胞が破壊されると免疫力が極端に低下する。

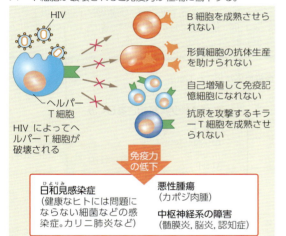

■ HIVの増殖(T細胞の破壊)

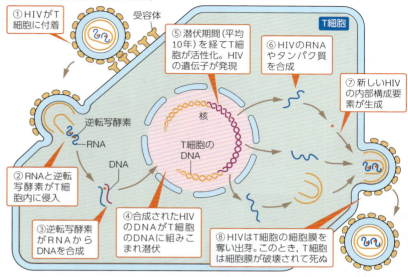

■ HIVの感染経路とエイズの治療法
HIVは，患者の血液，精液，母乳，膣分泌液に多く含まれており，注射器の使いまわし，輸血，性交渉，出産，授乳を通して感染することが多い。エイズの発症を抑えるためには，①〜③のはたらきをもつ薬品を生涯にわたって飲み続ける必要がある。

① ヘルパーT細胞へのHIVの感染を防ぐ
HIVがT細胞に感染するには，T細胞がもつ受容体と結合する必要がある

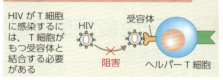

② HIVのRNAからの逆転写を阻害する

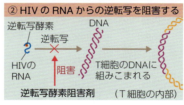

③ プロテアーゼ(タンパク質分解酵素)を阻害する

HIVがタンパク質を利用するためには，プロテアーゼ(タンパク質分解酵素)で切断される必要がある

Zoom up インフルエンザウイルス

インフルエンザウイルスはRNAを遺伝子としてもち，表面のタンパク質によって感染力の強さや毒性の強さ，感染する動物や部位が決まる。

インフルエンザウイルスの構造

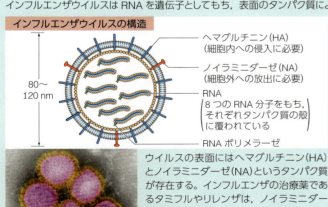

ウイルスの表面にはヘマグルチニン(HA)とノイラミニダーゼ(NA)というタンパク質が存在する。インフルエンザの治療薬であるタミフルやリレンザは，ノイラミニダーゼを強力に阻害し，ウイルスが細胞から出られないようにすることでウイルスの増殖を抑える。

新型インフルエンザが発生するしくみ

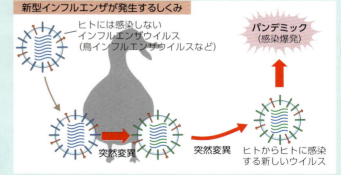

インフルエンザウイルスは遺伝子として1本鎖RNAをもつ。1本鎖RNAは，修復機構のある2本鎖DNAより突然変異しやすく，本来ヒトに感染しないウイルスが突然変異によってヒトへ感染するウイルスに変異する場合があると考えられている。

Keywords 後天性免疫不全症候群(Acquired Immune Deficiency Syndrome(=AIDS))，逆転写(reverse transcription)，日和見感染(opportunistic infection)

19 免疫と病気(2) 生物基礎/生物

A アレルギー

花粉症など、免疫が過敏に反応して不都合な症状が現れることを**アレルギー**といい、アレルギーを引き起こす抗原を**アレルゲン**という。

■**アレルギー** 即時型のアレルギーは、肥満細胞（マスト細胞）とよばれる特殊な細胞から分泌されるヒスタミンなどの物質によって引き起こされる。

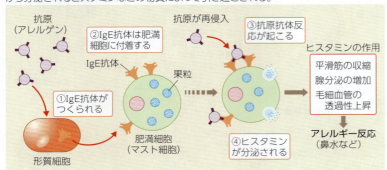

アレルゲンの2回目以降の侵入時に、血管の拡張や血管の透過性の上昇によって血圧の極端な低下が起こるなど、生命にかかわる重篤なアレルギー症状が現れることがある。このような症状を**アナフィラキシーショック**という。

Zoom up 即時型／遅延型アレルギー

即時型アレルギー…花粉症や食物アレルギー、喘息など。アレルゲン（抗原）に対してIgE抗体が産生されることで起こる。アレルゲンが再侵入すると、即時に反応が起こる。
- 例：ハチ毒などによるアレルギーの場合、急激な血圧低下や気管平滑筋の収縮による呼吸困難などのアナフィラキシーショックが起こり死亡することがあるため、このような過敏性を有することがわかっている患者には、アドレナリン自己注射薬を携帯させることが推奨されている。

遅延型アレルギー…ウルシや特定金属によるアレルギー、結核菌に対する免疫記憶の確認のためのツベルクリン反応など。アレルゲンと再接触後、免疫細胞間の情報伝達や細胞の活性化や増殖を伴うため、反応までに時間がかかる。
- 例：ツベルクリン反応は、抗原であるツベルクリン（結核菌の培養液をろ過・精製したもの）を接種し、結核菌（アレルゲン）に対する二次応答が完成しているかを確認するもので、接種後48時間で発赤の直径が10 mm以上であれば、結核菌に対する免疫ができている（陽性）と判定される。

B 自己免疫疾患

自己の正常な細胞や組織を抗原（自己抗原）として認識し、免疫反応が起こることによって引き起こされる病気を**自己免疫疾患**という。

■自己免疫疾患の例

病名	症状	疾患部位	自己抗原
全身性エリテマトーデス	全身の臓器に障害が生じるが、人によって部位が異なる	皮膚、関節、内臓	DNA、ヒストンなど
関節リウマチ	全身の関節に炎症を起こす	関節	関節の滑膜
多発性硬化症	神経組織の破壊とそのために起こる筋脱力、運動麻痺、感覚障害	脳、脊髄、視神経など	神経細胞（髄鞘）
重症筋無力症	筋力の低下	筋肉	おもにアセチルコリン受容体
I型糖尿病	インスリンが分泌されなくなり、血糖濃度が低下しない	すい臓	ランゲルハンス島B細胞
B型インスリン抵抗症	インスリンのはたらきを阻害、高血糖	筋肉、肝臓など	インスリン受容体
バセドウ病（グレーヴス病）	チロキシンの過剰分泌、甲状腺肥大、発汗、体重減少	甲状腺	甲状腺刺激ホルモン受容体
橋本病	甲状腺の慢性的な炎症、機能の低下	甲状腺	甲状腺ペルオキシダーゼなど

■バセドウ病が起こるしくみ

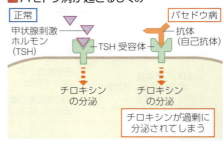

脳下垂体からの甲状腺刺激ホルモン（TSH、▶p.160）の受容体に自己抗体が結合して甲状腺を刺激し、チロキシンが産生される（甲状腺も肥大する）。負のフィードバックによりTSHは減少するが、チロキシンが分泌され続けるため、チロキシンの分泌が過剰となる。

Column がん免疫療法

からだの中でできるがん細胞は、通常、免疫によって排除されている。このしくみを利用して、がん細胞に対抗する医薬品が開発されている。

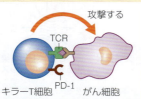
がん細胞の抗原をキラーT細胞が認識し、がん細胞を攻撃する

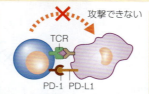
がん細胞にPD-L1が発現すると、キラーT細胞のPD-1と結合し、がん細胞への攻撃が抑制される

抗PD-1抗体がPD-1に結合することで、PD-1とPD-L1が結合できなくなり、抑制が解除されてがん細胞を攻撃する

PD-1は、T細胞応答を抑制もしくは停止させる抑制因子としてはたらき、免疫チェックポイント分子といわれている。この抑制のはたらきを阻害する薬剤があり、PD-1に対する抗体薬（ニボルマブ、商品名オプジーボ）は、一部のがんで大きな効果が認められている。**本庶佑**は、PD-1の発見で2018年にノーベル生理学・医学賞を受賞している。

Keywords　アレルギー（allergy）、アレルゲン（allergen）、アナフィラキシーショック（anaphylactic shock）、自己免疫疾患（auto immune disease）

C 免疫の応用
免疫反応を利用した病気の予防法(予防接種)や治療法(血清療法など)があり，広く用いられている。

■ワクチンと予防接種
毒性を弱めた病原体や毒素などをあらかじめ接種し，免疫記憶をつくらせて，病気の予防をする。このとき用いられる病原体や毒素などの抗原を**ワクチン**という。

例：インフルエンザ・はしか・結核(BCG)・狂犬病などの予防接種

予防接種のしくみ

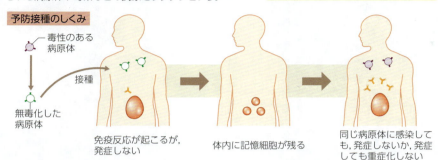

ワクチンを接種すると，接種後数日以内に，発熱や頭痛，接種部位の腫れ・痛みなどの炎症反応(副反応)が起こることがある。これは，ワクチンに対する免疫応答が起こっているためである。

■ワクチンの種類

種類	特徴	ワクチンの例
生ワクチン(弱毒化ワクチン)	生きている病原体の毒性や感染力を弱めてつくったワクチン。体内で病原体が増殖するため，接種後に軽い症状が出ることがある	麻疹(はしか)，流行性耳下腺炎(おたふくかぜ)，風疹，結核
不活化ワクチン	病原体に毒性や感染力をなくす処理をしたもの，もしくはその成分でつくったワクチン。体内で病原体が増殖することがないので免疫獲得には複数回の接種が必要	インフルエンザ，ポリオ，狂犬病，子宮頸がん
毒素類似物質(トキソイド)	細菌の持つ毒素を取り出し，毒性をなくし，抗原としての特徴だけを残したもの	ジフテリア，破傷風，百日咳

■血清療法
他の動物に病原体や毒素を注射して抗体をつくらせ(中和抗体)，その抗体が含まれた血清を患者に注入する。ヘビ毒や破傷風菌毒素など，すみやかに排除しないと生死にかかわるような場合に用いられる。

血清療法は，他の動物の血清を体内に注入するため，繰り返し投与するとその外来血清に対するアレルギー反応を起こしアナフィラキシーに陥ることがある。

例：ヘビ毒の除去，破傷風・ジフテリアなどの治療

Column 子宮頸(けい)がんワクチンの開発

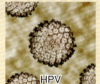

子宮頸がんは，女性の5大がんのうちの1つである。ドイツのツアハウゼンは，子宮頸がんはヒトパピローマウイルス(HPV)によって引き起こされると考え，1983～84年，子宮頸がん患者から2種類のHPVを発見した(この功績によりツアハウゼンは2008年にノーベル生理学・医学賞を受賞した)。
HPV発見の後に開発されたHPVワクチンの成分は，HPVのタンパク質の殻に似た構造をしており，接種により免疫記憶をつくらせることでHPVウイルスの感染率を大幅に引き下げる効果がある。

■モノクローナル抗体

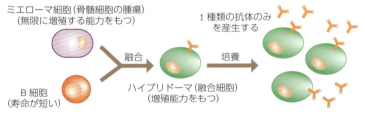

モノクローナル抗体とは1種類のB細胞から産生された，目的の抗原決定基(抗体が結合する場所)と結合する均一な抗体である。人工的に形質細胞を増殖させ，目的とする単一の抗体を大量に得て，がん細胞などの特定の抗原に結合する薬(免疫グロブリン製剤)などの分子標的薬として利用されている。
モノクローナル抗体は，細胞に微量に存在する物質の検出や局在性の研究，がんやウイルス感染症の診断・治療への応用が研究されている。

Zoom up DNAやRNAを利用したワクチン

COVID-19(新型コロナウイルス感染症)のおもなワクチンとして，ウイルスの外側にあるスパイクタンパク質のmRNAを投与する**mRNAワクチン**と，スパイクタンパク質のDNAをウイルスベクター(ヒトの細胞に感染し，自身の遺伝子を持ちこむ運び屋となるウイルス)に組みこんで投与する**ウイルスベクターワクチン**が用いられている。

mRNAワクチン 病原体の一部の成分(タンパク質)のmRNAを体内に投与し，細胞内で病原体の抗原となるタンパク質やペプチドをつくらせ，その抗原に対する免疫反応を引き起こし，免疫を確立する。

DNAワクチン 病原体の一部の成分のDNAを体内に投与し，細胞内で病原体の抗原となるタンパク質やペプチドをつくらせる。

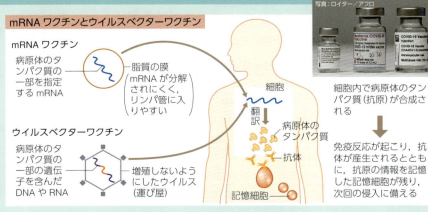

ワクチン(vaccine)，予防接種(vaccination)，血清療法(serotherapy)

特集 生物学の最前線

[写真]新型コロナウイルス（SARS-CoV-2）

5 人類を脅かすウイルス感染症

東京大学医科学研究所　感染症国際研究センター　ウイルス学分野　准教授
一戸　猛志
いちのへ　たけし

2000年代に入ってからSARSコロナウイルス，新型インフルエンザウイルス，MERSコロナウイルス，デングウイルス，エボラウイルス，ジカウイルスなどの，ウイルスを原因とした感染症（ウイルス感染症）の発生が続いている。また，2020年以降，新型コロナウイルス感染症が世界的に流行している。いま，改めて人類とウイルスのかかわりを考えるときがきているのではないだろうか。ここでは，ウイルス感染症の歴史や最新の新型コロナウイルス研究，そして，これからのウイルス学について，その展望を交えて概説する。

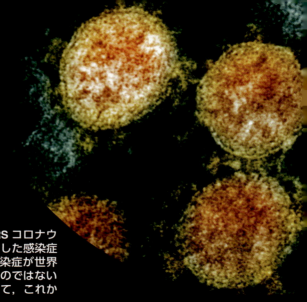

ウイルス感染症の歴史

人類はこれまで，さまざまなウイルスによる感染症と戦ってきた（表1）。天然痘とインフルエンザを例に，その歴史を振り返っておこう。

◆天然痘 — *smallpox*

天然痘ウイルスはヒトにのみ感染し，発症すると致死率は20〜50%であったとされる。感染経路は空気感染や飛沫感染，患者の皮膚病変への接触などで，発症すると全身に膿疱（膿がたまった小さな水ぶくれ）ができる。エジプトのミイラにも膿疱に似た痕跡が認められることから，ウイルスは紀元前からヒトの間で流行していたと考えられている。天然痘による死者数は，1520年には世界中で5600万人に達したとされる。

しかし，天然痘は人類が唯一，根絶に成功したヒトの感染症である。根絶には，イギリスの医学者であるエドワード・ジェンナー（1749〜1823）が開発した「天然痘ワクチン（種痘）」が重要な役割を果たした。ジェンナーは，ウシの乳搾りをする人がウシの病気である牛痘（ヒトにも感染するが軽度で済む）に感染すると天然痘に罹りにくくなることに着目し，種痘を開発した。種痘の実施は徐々に世界中に広まっていき，日本でも1955年に天然痘が根絶され，1980年にはWHO（世界保健機関）により天然痘根絶が宣言された。

◆インフルエンザ — *influenza*

20世紀，人類は3回のインフルエンザウイルスの世界的な流行（パンデミック）を経験している。その中でも，H1N1亜型のA型インフルエンザウイルスを原因とする「スペイン風邪」は，1918年から翌年にかけて3波にわたり世界中で流行を拡大させ，甚大な被害をもたらした。この間，世界の人口の約50%が感染し，世界中で2000万〜4000万人の死者が出たとされる。

2009年には，メキシコでH1N1亜型のインフルエンザウイルスを原因とする新型インフルエンザが発生し，急速に感染を拡大してパンデミックを引き起こした。このウイルスは，鳥のインフルエンザウイルスとヒトのインフルエンザウイルスが豚の体内で混ざって出現したと考えられており，現在も毎年，季節性のインフルエンザウイルスとして，ヒトの間で流行し続けている。

新型コロナウイルス感染症の流行

◆新型コロナウイルス感染症 — COVID-19

2019年12月，中国湖北省武漢市で，新型コロナウイルス（SARS-CoV-2）による感染症の最初の患者が報告された。このウイルスによる「新型コロナウイルス感染症（COVID-19）」は，瞬く間に流行を拡大させ，これまでに，感染者数が世界で2.1億人，死者数が454万人を超えた。SARS-CoV-2は，インフルエンザウイルスと異なり，感染してからの増殖スピードが遅く，症状が出るまでに1週間程度かかる。さらに，感染者の8割は無症状または軽症であり，通常の風邪の症状に加えて，嗅覚・味覚障害が起こる場合もある。また，高齢者や基礎疾患を有する者では，重症化のリスクが高いこともわかっている。

◆どのようなしくみで重症化するのか

SARS-CoV-2の表面にある突起状のスパイクタンパク質は，宿主細胞の表面にある受容体（アンギオテンシン転換酵素2，ACE2）と結合する。ウイルスが細胞表面に吸着したあと，宿主細胞の細胞膜にあるタンパク質分解酵素が，結合したスパイクタンパク質を適切な位置で切断することで，ウイルスの感染が成立する。細胞と融合したウイルスは，細胞内に自身のRNAを注入する。

インフルエンザウイルスがヒトの上気道（鼻と口から喉頭まで）の粘膜細胞（繊毛細胞）で増殖するのに対し，SARS-CoV-2はヒトの繊毛細胞だけでなく，肺の上皮細胞（Ⅱ型肺胞上皮細胞）でも増殖する。これは，SARS-CoV-2の受容体であるACE2が，上気道だけでなく下気道の肺胞上皮細胞にも発現して

■近年に見られたおもなウイルス感染症（表1）

エボラ出血熱	1976年に最初の流行。これまでに30回以上の集団感染が確認されている。
エイズ	後天性免疫不全症候群（▶p.183）。1981年に最初の患者を確認。
SARS	重症急性呼吸器症候群。2002年に発生。32の国・地域で700人以上が死亡。
MERS	中東呼吸器症候群。2012年に発生。中東諸国や欧州諸国へ感染が拡大。
ジカ熱	2007年に最初の流行。2015年に南アメリカ大陸で流行。蚊によって媒介される。
デング熱	2014年に日本で約70年ぶりに国内感染を確認。蚊によって媒介される。

＊世界的に流行した感染症として，ペストやコレラなどもあるが，これらは病原性細菌（ペスト菌やコレラ菌）による感染症であり，ウイルス感染症ではない。

■ SARS-CoV-2のヒト細胞への感染（図1）

SARS-CoV-2は、宿主細胞の表面にあるACE2という受容体に結合して体内に侵入する。ACE2は、上気道の繊毛細胞だけでなく、肺の上皮細胞（II型肺胞上皮細胞）や血管内皮細胞にも発現している。

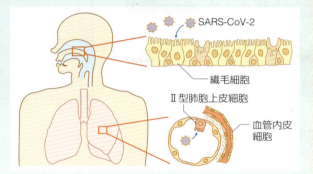

いるためであると考えられている（図1）。

また、肺で増殖したウイルスは、血管内皮細胞に発現するACE2を介して肺の毛細血管を破壊する。これによって炎症性のサイトカイン（▶p.179）が放出され、血管透過性が上昇し、肺胞の中が滲出液（組織や細胞からしみ出た液体）で満たされた状態となる。この状態が肺炎である。また、破壊された血管内皮細胞の周囲には、それを修復するための血小板やフィブリンが蓄積し、血管に微小血栓を生じさせる。これらがCOVID-19の重症患者でしばしば見られる、脳梗塞や川崎病（全身の血管に炎症が起こる病気）、多臓器不全などを引き起こしていると考えられている。

最新の研究によると、高齢者は若い人と比較してSARS-CoV-2に感染したときのインターフェロン（▶p.179）に対する応答が弱いため、上気道でのウイルスの増殖を食い止めることができず、その結果、上気道で増えたウイルスが下気道（肺）へ下っていくために肺炎が起こり、重症化につながっているのではないかと考えられている。また、重症者では、炎症性サイトカインが過剰に産生され、組織や臓器が損傷してしまうサイトカインストーム（▶巻頭特集②）が起こる場合もある。

◆ワクチン・治療薬開発の展望

世界でこれまでに承認された新型コロナウイルスワクチンには、日本でも使用されているmRNAワクチン（▶p.185）だけでなく、ウイルスベクターワクチンや、ウイルスを不活化した不活化ワクチンがある。日本では、大阪大学と企業が共同し、DNAワクチンの開発が進められている。また、ほかにも複数の日本企業でワクチンの臨床試験が進行している。国産ワクチンの種類は開発する企業によってさまざまなものがあり、mRNAワクチンや不活化ワクチンのほか、ウイルスの抗原タンパク質を精製して投与する遺伝子組換えタンパクワクチンなどがある。

COVID-19治療薬として日本国内で使用されているおもな薬剤には、もともとエボラ出血熱やインフルエンザに対する治療薬として開発された抗ウイルス薬（レムデシビル、ファビピラビルなど）に加えて、炎症を抑えるステロイド（デキサメタゾン）、炎症性サイトカインであるIL-6の作用を阻害して炎症を抑える抗IL-6受容体抗体（トシリズマブ）や、ウイルスに対する中和抗体（カシリビマブ、イムデビマブ）が使用されている。

人類はウイルスとどう向き合うか

◆ヒトゲノムに残るウイルス感染の記憶

ヒトゲノムは約30億の塩基対からなるが、タンパク質を指定する遺伝子はそのうち約1.5%だけである。一方、ヒトゲノム中にはレトロトランスポゾンと呼ばれる配列が約40%もある（図2）。この配列は、一度RNAに転写されたあと、逆転写酵素によりDNAに変換され、ゲノム上の別の領域に入りこむ。そのことから、「動く遺伝子」とも呼ばれる。レトロトランスポゾンは、ヒト免疫不全ウイルス（HIV）やヒトT細胞白血病ウイルス（HTLV）などのレトロウイルス（▶p.108）の遺伝子と非常に似た配列が多く、ヒトが太古に感染したレトロウイルスの痕跡がゲノムの一部と化したものであることがわかっている。

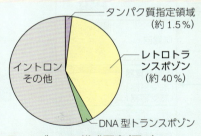

■ヒトゲノムの構成要素（図2）

おもしろいことに、RNAウイルスであるエボラウイルスの遺伝子の一部が、エボラウイルスの保有動物（ウイルスに感染するが病気を発症しない動物）と考えられているコウモリのゲノム中に認められることが報告されている。一方、エボラウイルスの感染によって病気を発症する霊長類や豚には、エボラウイルス様ゲノム配列が見つかっていないことがわかっている。このようなことから、我々は何千万年も昔から、特定のウイルスとの攻防の歴史をゲノムに記憶することにより、現在までにそのウイルスと共存する手段を獲得してきたのではないかと考えられている。

◆これからのウイルス学

ヒトとヒト以外の脊椎動物の両者に感染する病原体（ウイルスなど）が、動物からヒトへ、ヒトから動物へ伝播する感染症のことを人獣共通感染症という。インフルエンザやCOVID-19、SARS、MERS、狂犬病、エボラ出血熱、ジカ熱、デング熱などはすべて人獣共通感染症であり、これらを根絶することは極めて困難である。一方、天然痘ウイルスや麻疹ウイルスなどの、ヒトのみを宿主とするウイルスによる感染症は、ワクチンなどの普及などにより根絶することが可能である。

これまでのウイルス学では、「なぜウイルスがヒトで病気を引き起こすのか」「なぜインフルエンザウイルスやSARS-CoV-2が、高齢者や基礎疾患を有する者で重症化を引き起こすのか」など、ウイルスの病原性発現機構の解析が中心であった。上述した人獣共通感染症のように、根絶が困難であるウイルスも存在することから、今後はこれらの研究に加えて、ウイルスを病原体として捉えるだけではなく、ウイルスとの共存が人類の進化、ヒトや動物、自然界の恒常性の維持にどのように役立っているのかを解明する「次世代ウイルス学」の推進が必要であるといえる。

🔑 **キーワード**
ウイルス、感染症、サイトカイン、インターフェロン、ワクチン、人獣共通感染症

一戸 猛志（いちのへ たけし）
東京大学医科学研究所
感染症国際研究センター
ウイルス学分野 准教授
神奈川県出身。趣味は仕事。
研究の理念は
「先んずれば人を制す」

第6編 生物の環境応答

第Ⅰ章 動物の反応と行動
第Ⅱ章 植物の環境応答

小脳のニューロン

1 刺激の受容と感覚　生物基礎 生物

A 刺激から反応までの過程

脊椎動物などでは，刺激を受け取る**受容器**（感覚器）と，刺激に応じた反応を起こす**効果器**（作動体），その間の連絡にはたらく**神経系**が発達している。

■動物での刺激の受容から反応までの過程

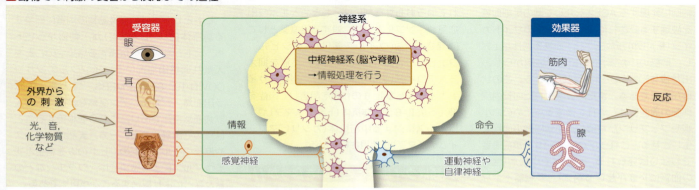

B 受容器と適刺激

受容器は，それぞれ受けとる刺激の種類が決まっている。受容器は刺激を受けとると興奮し，それが感覚神経によって中枢（大脳）に伝えられ，そこではじめて感覚が生じる。

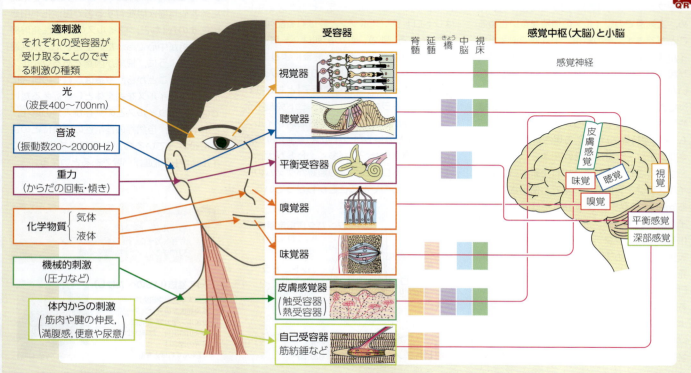

Keywords　受容器(receptor)，効果器(effector)，神経系(nervous system)，刺激(stimulus)，適刺激(adequate stimulus)

2 視覚器(1) 生物基礎 生物

A ヒトの視覚器

ヒトの眼は，カメラに似た構造をもっておりカメラ眼とよばれる。網膜には，錐体細胞と桿体細胞の2種類の光を受容する視細胞が分布している。

■ヒトの眼の構造

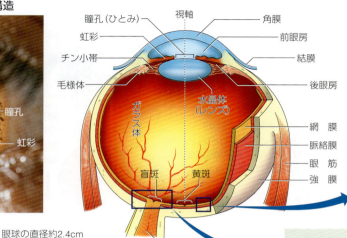
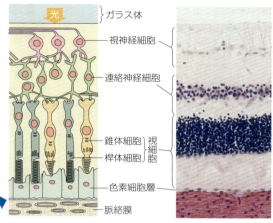

眼球の直径約2.4cm（右眼を上から見たところ）

網膜　視細胞と視神経が並んだ感覚上皮の膜。
脈絡膜　血管と色素が分布。光をさえぎり網膜の細胞に栄養を供給する。
強膜　眼球の最外壁で，丈夫な白い膜。
黄斑　直径約2mm。錐体細胞が多く，ここに結ばれる像の色・形をはっきり感じとる。
盲斑　視神経繊維の束が網膜を貫いている部分で，視細胞がないため光を感じない。
錐体細胞　外節部分が円錐状の視細胞。色の区別を担当。明所ではたらく。
桿体細胞　外節部分が棒状の視細胞。明暗を鋭敏に区別。暗所でもはたらく。

■視細胞の分布

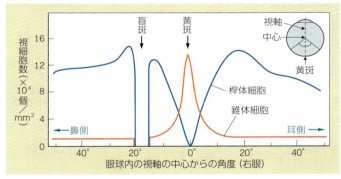

■色の識別

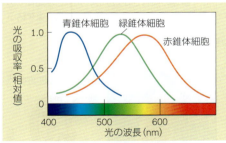

ヒトの網膜には青色（430nm付近），緑色（530nm付近），赤色（560nm付近）の光をよく吸収する3種類の錐体細胞がある。これらの錐体細胞が光を吸収して生じた電気的な信号が大脳に伝えられ，色覚が生じる

■盲斑の確認

①下図の+印が右眼の正面にくるように本をもつ。
②左眼を閉じて，右眼で+印を注視したまま，本を近づけたり遠ざけたりする。
③○印が見えなくなる位置（○印の像が盲斑上に結ばれる位置）を探す。

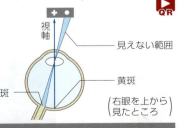

Zoom up　動物種による受容できる光の波長の違い

視覚器によって受容できる光の波長は，動物の種類によって異なる。ヒトではおよそ400〜700nmの波長の光を受容することができる。これを可視光線という。これに対して，ミツバチは下図に示した波長の光を4つの色に識別している。ミツバチをはじめ多くの昆虫の可視域は，ヒトよりも短波長側にずれており，赤色の光を受容できないが，紫外線を感受することができる。ヒトから見ると，モンシロチョウは雌雄とも白く，色だけでは区別しにくいが，雌は紫外線を反射し，雄は反射しない（下写真）。

Keywords 視覚(visual sense)，錐体細胞(cone cell)，桿体細胞(rod cell)，網膜(retina)，瞳孔(pupil)，水晶体(lens)，黄斑(macula)，盲斑(blind spot)

3 視覚器(2) 生物基礎 生物

A 明順応と暗順応

暗所から急に明所に出ると目がくらむが、すぐに見えるようになる現象を**明順応**、明所から暗所に入ると最初は何も見えないが、しばらくすると見えるようになる現象を**暗順応**という。

■ 桿体細胞の感光のしくみ

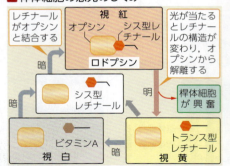

ロドプシンに光が当たると、ロドプシン中のレチナールの構造が変化し、この過程で桿体細胞が興奮する。ビタミンAが欠乏すると、ロドプシンが再生できなくなり、夜盲症(鳥目)となる。

■ 暗順応

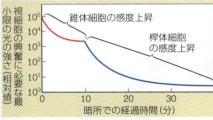

暗所に入ると、左図の➡の反応でロドプシンが増加し、視細胞の感度が上がる。桿体細胞の暗順応が完了するには30分程度かかる。

■ 明順応

明所に出ると、左図の➡の反応でロドプシンが分解されて減少し、桿体細胞の感度が下がる。おもに錐体細胞がはたらく。明順応は数分で完了する。

■ 明暗調節

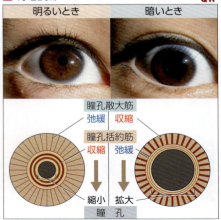

B 遠近調節

毛様筋の収縮・弛緩と水晶体自身の弾性によって水晶体の厚みを変え、遠近のピントを調節し網膜上に像を結ばせる。

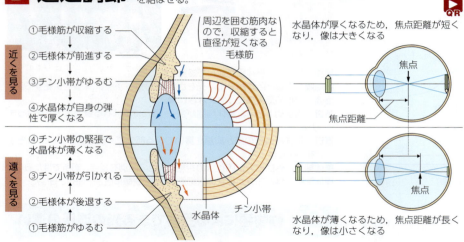

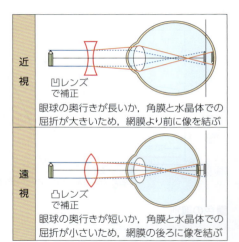

近視：凹レンズで補正　眼球の奥行きが長いか、角膜と水晶体での屈折が大きいため、網膜より前に像を結ぶ

遠視：凸レンズで補正　眼球の奥行きが短いか、角膜と水晶体での屈折が小さいため、網膜の後ろに像を結ぶ

C いろいろな視覚器

視覚器のしくみや構造は動物によって異なり、感じる光(波長や色感覚)も異なる。

眼点と感光点
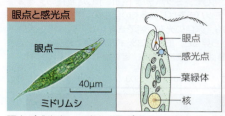
ミドリムシ
眼点が感光点への光をさえぎるので、光の方向がある程度識別できる。

視細胞
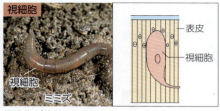
ミミズ
視細胞が体表に分布する。からだ全体で光の方向と強弱を識別できる。

杯状眼
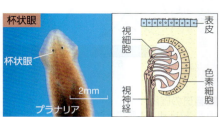
プラナリア
色素細胞の層が片側をおおい光をさえぎるので、光の方向と強弱を識別できる。

穴眼(ピンホール式杯状眼)
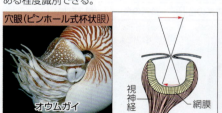
オウムガイ
小さな穴から入った光が網膜上に像を結ぶ。

カメラ眼
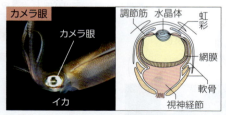
イカ
水晶体を前後させ、遠近調節を行う。盲斑がない。

複眼
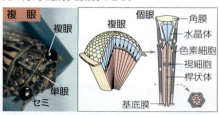
セミ
多数の個眼が集合して構成されている。

Keywords　ロドプシン(rhodopsin)，明順応(light adaptation)，暗順応(dark adaptation)，眼点(stigma)，視細胞(visual cell)，複眼(compound eye)

4 聴覚器・平衡受容器

生物基礎 / 生物

6-I 動物の反応と行動

A 聴覚器

音波による振動は，うずまき管の聴細胞が受容し，聴神経をへて大脳の聴覚中枢に伝えられ，聴覚を生じる。

■ 耳の構造

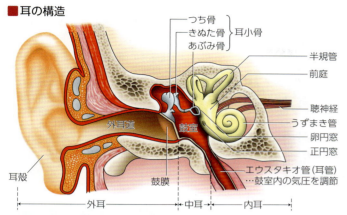

■ うずまき管の構造

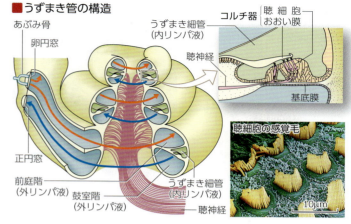

■ 聴覚のしくみ

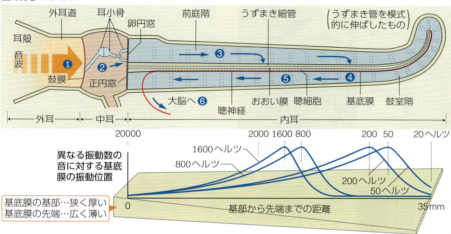

❶ 音波は耳殻で集められ外耳道に入り，鼓膜を振動させる。
❷ 鼓膜の振動は耳小骨で増幅されて，卵円窓に伝えられる。
❸ ❷の振動はうずまき管の外リンパ液の振動になる。
❹ 外リンパ液の振動は基底膜を上下に振動させる（振動数により振動する基底膜の範囲が異なる）。
❺ 基底膜が振動すると，基底膜上のコルチ器が振動し，おおい膜に接している聴細胞の感覚毛が刺激を受けて，聴細胞に興奮が生じる。
❻ 聴細胞の興奮は，聴神経をへて大脳の聴覚中枢に伝えられて，聴覚が生じる。

基底膜は先端ほど広く薄くなっているので，周波数の小さい低音で振動する。

B 平衡受容器

ヒトの内耳には，リンパ液の動きにより，からだの回転や加速度を感じる**半規管**や，平衡砂の動きにより，からだの傾きを感じる**前庭**がある。

■ 半規管と前庭

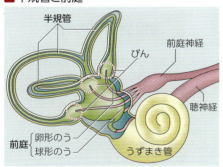

■ 回転の感覚（半規管）

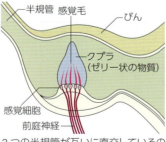

3つの半規管が互いに直交しているので，どの方向の回転も受容できる。

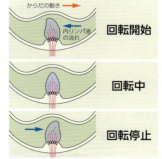

からだがある方向に回転すると，半規管内の内リンパ液は慣性により逆方向に流動してクプラが動かされ，感覚毛が曲がり，感覚細胞が興奮する。急に回転を止めても，リンパ液は回転していた方向に流れるので，目がまわる感覚が生じる。

■ 傾きの感覚（前庭）

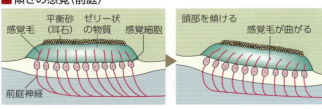

感覚毛をもつ感覚細胞の上にゼリー状の物質と平衡砂がのっている。からだが傾くと平衡砂が感覚毛を動かし，感覚細胞が興奮する。

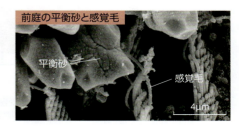
前庭の平衡砂と感覚毛

Keywords 聴覚(auditory sense)，うずまき管(cochlea)，コルチ器(organ of Corti)，平衡覚(static sense)，半規管(semicircular canal)，前庭(vestibule)

5 その他の受容器 [生物基礎][生物]

A その他の受容器

受容器には、視覚器や聴覚器・平衡受容器のほかに、化学刺激を受容する味覚器・嗅覚器や、皮膚感覚器・自己受容器などがある。

■味覚器
舌の味覚芽にある味細胞は、水に溶けた化学物質に反応する。現在では、舌のどの部位もすべての味覚に反応することがわかっている。

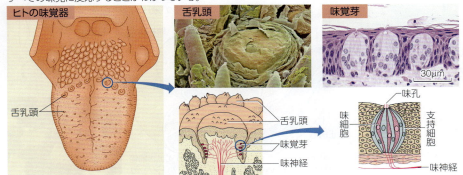

■嗅覚器
鼻腔の嗅上皮にある嗅細胞は、粘膜から分泌される粘液に溶けこむ化学物質に反応する。

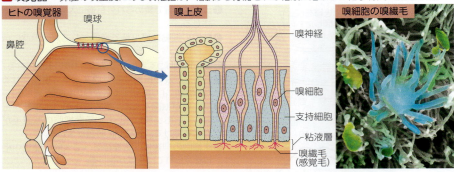

■皮膚感覚器（触受容器・熱受容器）
痛覚・触覚・圧覚・冷覚・温覚の刺激を受容する感覚点がある。

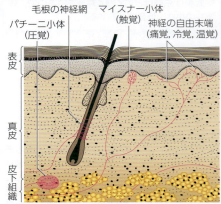
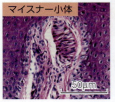
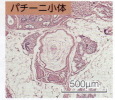

■感覚点の分布密度 （ヒトの皮膚1cm²当たり）

感覚点	ひたい	鼻	胸	腕
痛点	184	44	203	196
触点（圧点）	50	100	15	29
冷点	8	13	6	9
温点	0.6	1	0.4	0.3

■筋紡錘・腱紡錘（自己受容器）

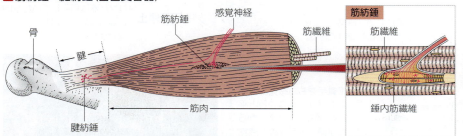

からだの中で起こる刺激を感じとる受容器を自己受容器という。筋紡錘や腱紡錘は、筋の伸長（緊張感）を感じとり、姿勢保持や運動に重要な役割を果たす。

Column うま味

以前は、味覚芽に関する味覚は、酸味・甘味・苦味・塩味の4種類とされていたが、現在では、第5の味覚、うま味の存在が明らかになっている。うま味の成分は、昆布に多く含まれるグルタミン酸や鰹節に多く含まれるイノシン酸などである。2000年には、味覚芽の中にグルタミン酸受容体が発見され、うま味が第5の味覚として認められることとなった。

Zoom up 嗅覚のしくみ

嗅覚は、嗅細胞がもつ嗅覚受容体ににおい分子が結合し、嗅細胞が興奮することで生じる。ヒトの場合、嗅覚受容体は約400種類存在する。また、におい分子には複数の受容体に結合するものがあり、その構造に応じて各受容体を興奮させる度合いが違うため、1万種類以上のにおい分子を識別できるといわれている。さらに、実際私たちが感じる「におい」は複数のにおい分子で構成されていて、多くの嗅覚受容体が興奮した複合的な感覚として捉えられる。

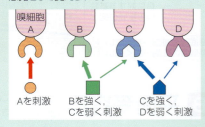

Column 温度受容体の発見

高温や低温などの情報は、温度受容体によって受容されている。例えば、TRPV1とよばれる温度受容体は、42℃以上の高温に反応して開くイオンチャネルで、痛みを伝えるニューロンに存在している。熱によってTRPV1が開くと、ニューロン内へNa^+やCa^{2+}が流入して興奮が発生し、その情報が脳へ送られて「熱い」という感覚が生じる。TRPV1は、もともとトウガラシの辛味成分であるカプサイシンの受容体として見つかったが、アメリカのデービッド ジュリアスは、「トウガラシを食べると熱いという感覚が生じるなら、TRPV1は熱にも反応しているのではないか。」と考え、実験を行い、それを証明した。この功績で、ジュリアスは、2021年にノーベル生理学・医学賞を受賞した。

Keywords 味覚(gustatory sense)，嗅覚(olfactory sense)，感覚点(sense spot)

6 ニューロンとその興奮(1)

生物基礎 / 生物

6-I 動物の反応と行動

A ニューロンの構造とはたらき

神経組織を構成する細胞を**ニューロン**（神経細胞）という。ニューロンは、細胞体・軸索・樹状突起からなる。

■ニューロンの構造

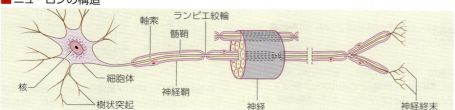
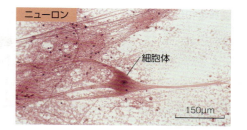

■ニューロンの構成

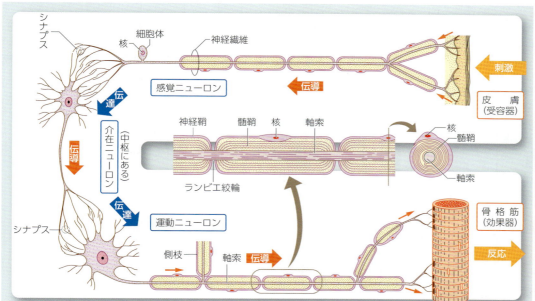

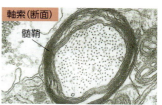

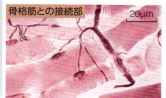

神経繊維の種類	特徴
有髄神経繊維	軸索が髄鞘に包まれている。ほとんどの脊椎動物に見られる。伝導速度大（跳躍伝導）
無髄神経繊維	軸索が髄鞘に包まれていない。無脊椎動物に見られる。哺乳類でも交感神経は無髄。伝導速度小

■有髄神経と無髄神経

有髄神経では、シュワン細胞（神経鞘細胞）が細胞膜を伸ばし、軸索に巻きついて髄鞘ができる。

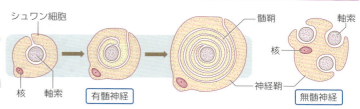

B 膜電位

細胞膜の内側と外側における電位差を**膜電位**といい、ニューロンが刺激を受けていないときの膜電位を**静止電位**という。

■膜電位

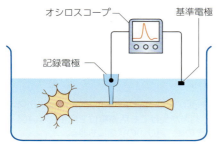

膜電位は、ニューロンを取り出して軸索内に微小な記録電極を挿入することで測定できる。

■静止電位

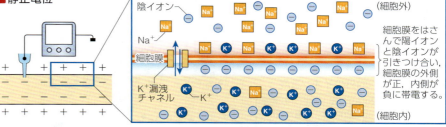

K^+が濃度勾配にしたがって細胞外に流出することで、細胞内は陰イオンがやや多くなり、電荷がわずかに負になると、K^+を細胞内に引きもどそうとする力がはたらく。このK^+が流出しようとする力とK^+を引き戻そうとする力が釣り合うと、見かけ上K^+の移動がなくなる。このとき、細胞膜をはさんで陽イオンと陰イオンが引きつけ合い、細胞膜の内外に電位差（静止電位）が生じている。

Keywords　ニューロン(neuron)，感覚神経(sensory nerve)，運動神経(motor nerve)，膜電位(membrane potential)

7 ニューロンとその興奮(2)

A 興奮の伝導

1つのニューロンにおいて，興奮は電気的変化となって軸索を伝導する。

■ **興奮の伝導のしくみ** ニューロンで起こる一連の電位の変化を，**活動電位**という。

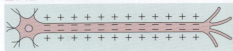

静止部 細胞膜の外側は正(+)，内側は負(-)に帯電している。

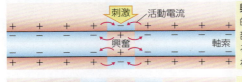

興奮部 刺激を受けると，細胞内外の電位が瞬間的に逆転する(**興奮**)。これにより，隣接する静止部との間に電位差ができ，電流(**活動電流**)が流れる。この電流が刺激となって，隣接部へ興奮が伝わる。

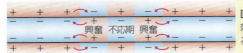

回復部 電位がもとにもどる。興奮した直後は，刺激に反応することのできない時期(不応期)となるので，興奮は外側に向かって伝わる。

■ **跳躍伝導(有髄神経)**

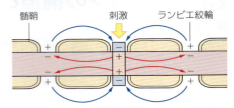

有髄神経では，髄鞘が絶縁体となり，活動電流はランビエ絞輪からランビエ絞輪へと流れ，興奮がとびとびに伝わる(**跳躍伝導**)ため，伝導速度が大きい。

ニューロンの軸索の途中を刺激すると，興奮はそこから両方向に伝わる。

■ **興奮と膜電位の変化**

①細胞内外の電位差の変化(細胞内に記録電極，細胞外に基準電極をおく)

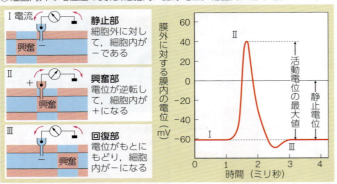

②細胞表面の電位差の変化(細胞表面に記録電極Aと基準電極B)

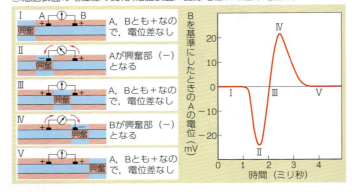

■ **膜電位の変化とイオンの移動**

ニューロンの細胞内外の電位変化はNa⁺(ナトリウムイオン)とK⁺(カリウムイオン)に対する膜の透過性に関係がある。

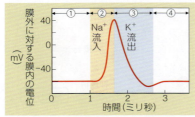

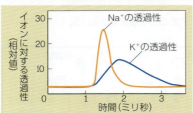

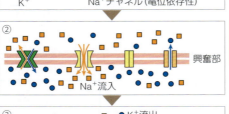

①静止時には，ナトリウムポンプ(▶p.31)がNa⁺を細胞外にくみ出し，K⁺を細胞内にくみ入れているため，細胞内はNa⁺が少なく，K⁺が多い。このとき，K⁺がK⁺漏洩チャネルを通って出ていき，膜外に対する膜内の電位は負になる(静止電位)。

②刺激を受けるとNa⁺チャネルが開いて，膜外のNa⁺が細胞内に急激に流入するので，膜内外の電位が逆転する(活動電位の発生)。

③Na⁺の流入よりやや遅れてK⁺チャネルが開いてK⁺が細胞外に流出するため，膜内の電位が急激に下降して負にもどる。

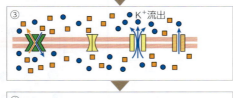

④興奮後しばらくはNa⁺チャネル，K⁺チャネルが不活性で，刺激を受けても活動電位を発生しない(不応期)。その後，再び①の状態にもどる。

■ **静止時の細胞内外のイオン濃度**

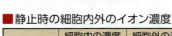

		細胞内の濃度(相対値)	細胞外の濃度(相対値)
イカ	Na⁺	50	440
	K⁺	400	20
ネコ	Na⁺	15	150
	K⁺	150	5.5

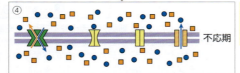

Keywords 興奮(excitation)，伝導(conduction)，活動電位(action potential)，静止電位(resting potential)，ナトリウムポンプ(sodium pump)

6-Ⅰ 動物の反応と行動

B 全か無かの法則

個々のニューロンでは，刺激によって興奮するかしないかの2通りしかない。これを**全か無かの法則**という。

■ 全か無かの法則

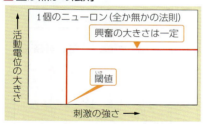

興奮は，刺激の大きさが一定値(**閾値**)より小さいと起こらず，それ以上では刺激の強さに関係なく同じ大きさの興奮が起こる。

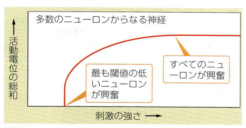

閾値はニューロンによって異なるため，座骨神経のような多数のニューロンからなる神経では，すべてのニューロンが興奮するまで，刺激の強さに応じて興奮が大きくなる。

■ 刺激の強さと興奮の頻度

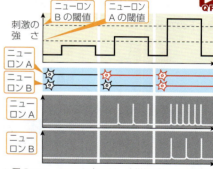

1個のニューロンの中では，刺激の強さは興奮の頻度に変えられる。

C 興奮の伝達

ニューロンとニューロン(または効果器)の連絡部を**シナプス**という。シナプスでは，軸索の末端はせまいすきまを隔てて次のニューロンと連絡しており，興奮は化学物質により一方向に伝達される。

■ シナプスの構造と伝達のしくみ

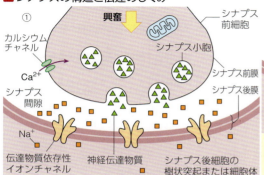

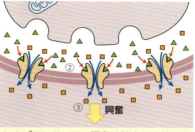

シナプスにおいて，興奮は軸索の末端から樹状突起または細胞体への一方向にしか伝達されない。

① 興奮がシナプス前細胞の軸索の末端まで伝わると，末端部の細胞膜にあるカルシウムチャネルが開き，Ca^{2+} が細胞内に流入する。その結果，Ca^{2+} 濃度が上昇することでシナプス小胞がシナプス前膜に融合し，**神経伝達物質**(運動神経と副交感神経では**アセチルコリン**，交感神経では**ノルアドレナリン**)がシナプス間隙に放出される。

② 興奮を受け取る側の細胞(シナプス後細胞)にある伝達物質依存性イオンチャネルに神経伝達物質が結合すると，イオンチャネルが開く。

③ 細胞内に Na^+ が流入すると細胞膜内外の電位が逆転し，活動電位(**シナプス後電位**)が起こることによって興奮が伝達される。

■ 興奮性シナプスと抑制性シナプス

1個のニューロンは多数のニューロンとシナプスを形成している。シナプスには，シナプス後のニューロンを興奮させるもの(興奮性シナプス)と，興奮の発生を抑制するもの(抑制性シナプス)がある。シナプス後のニューロンが興奮するためには，個々のシナプスで発生する電位の総和が閾値を超える必要がある。

・**興奮性シナプス** アセチルコリン，ノルアドレナリン，グルタミン酸などの神経伝達物質を受容すると，次のニューロンでは Na^+ が流入し，膜内の電位が上昇して活動電位が起こりやすくなる=**興奮性シナプス後電位(EPSP)**

・**抑制性シナプス** γ-アミノ酪酸(GABA)などの神経伝達物質を受容すると，次のニューロンでは Cl^- が流入し，膜内の電位が低下して活動電位が起こりにくくなる=**抑制性シナプス後電位(IPSP)**

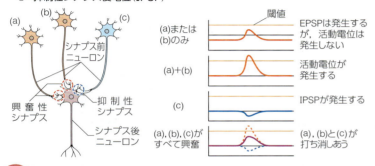

Column 神経伝達物質がかかわる病気

いくつかの病気は，ある種の神経伝達物質の分泌の過剰や不足，もしくは分泌のバランスがくずれることが原因で引き起こされることがわかっている。これらの病気の治療法としては神経伝達物質の量を正常にもどすことが考えられる。例えば，パーキンソン病の患者にドーパミンの前駆物質を投与し，ドーパミンの合成を促すと，多くの患者で症状の改善が見られる。ほかの病気に関しても，神経伝達物質の代謝を調整したり，シナプスにおける神経伝達物質の回収を阻害するなどの薬剤を投与することで症状が緩和されることがある。

神経伝達物質	分泌過剰の例	分泌不足の例
ドーパミン	統合失調症 (コカイン作用[※1])	パーキンソン病
セロトニン	そう病	うつ病
アセチルコリン	呼吸失調 (サリン作用[※2])	アルツハイマー病

[※1] コカインなどの麻薬を摂取するとドーパミンを回収することができなくなって，常にシナプス後ニューロンが興奮している状態になってしまい，一時的に強い快感がもたらされる。

[※2] 毒ガスであるサリンを摂取すると，アセチルコリンを分解することができなくなって分泌過剰と同じような状態になり，呼吸器の気管などの筋肉が収縮し続け，呼吸ができなくなる。

Point シナプス可塑性

シナプスにおける興奮の伝達効率は，そのシナプスが使われる頻度によって増強されたり減弱されたりすることがある。この現象を「**シナプス可塑性**」という。

全か無かの法則(all or none law)，閾値(threshold)，伝達(transmission)，神経伝達物質(neurotransmitter)，シナプス(synapse)

8 神経系の構造とはたらき (1) 生物基礎 生物

A 脊椎動物の神経系

■ヒトの神経系

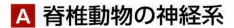

中枢神経系
- 脳 ニューロンが集まって
- 脊髄 形成されている

末しょう神経系
- 脳神経（12対） 視神経や副交感神経の迷走神経など
- 脊髄神経（31対） 交感神経や体性神経

いろいろな動物の神経系

複雑なからだをもつ動物ほど，脳などの中枢神経系が発達している。

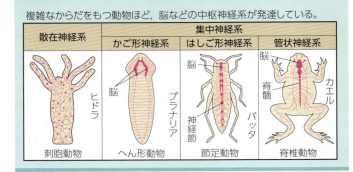

散在神経系	集中神経系		
	かご形神経系	はしご形神経系	管状神経系
ヒドラ	プラナリア	バッタ	カエル
刺胞動物	へん形動物	節足動物	脊椎動物

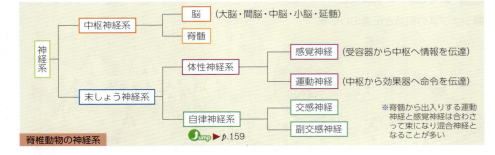

脊椎動物の神経系

神経系
- 中枢神経系
  - 脳（大脳・間脳・中脳・小脳・延髄）
  - 脊髄
- 末しょう神経系
  - 体性神経系
    - 感覚神経（受容器から中枢へ情報を伝達）
    - 運動神経（中枢から効果器へ命令を伝達）
  - 自律神経系
    - 交感神経
    - 副交感神経

※脊髄から出入りする運動神経と感覚神経は合わさって束になり混合神経となることが多い

Jump ▶ p.159

B 脳の構造

脊椎動物の脳は，**大脳・間脳・中脳・小脳・橋・延髄**からなる。間脳・中脳・橋・延髄を合わせて**脳幹**といい，生命維持に関係する中枢である。

■ヒトの脳の構造と各部のはたらき

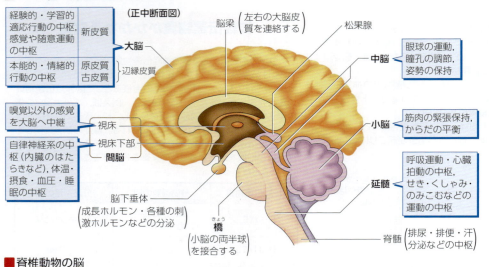

（正中断面図）

- 新皮質：経験的・学習的適応行動の中枢，感覚や随意運動の中枢
- 原皮質・古皮質（辺縁皮質）：本能的・情緒的行動の中枢
- 大脳
- 脳梁：左右の大脳皮質を連絡する
- 松果腺
- 視床：嗅覚以外の感覚を大脳へ中継
- 視床下部：自律神経系の中枢（内臓のはたらきなど），体温・摂食・血圧・睡眠の中枢
- 間脳
- 脳下垂体（成長ホルモン・各種の刺激ホルモンなどの分泌）
- 中脳：眼球の運動，瞳孔の調節，姿勢の保持
- 小脳：筋肉の緊張保持，からだの平衡
- 橋：小脳の両半球を接合する
- 延髄：呼吸運動・心臓拍動の中枢，せき・くしゃみ・のみこむなどの運動の中枢
- 脊髄：排尿・排便・汗分泌などの中枢

■ヒトの脳の横断面

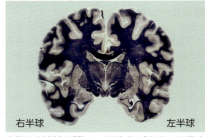

右半球　左半球

大脳の外側（皮質）は，細胞体が集中した灰白質であり，内側（髄質）は，軸索（神経繊維）が集中した白質である。

■大脳の構造

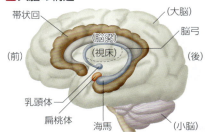

- 帯状回
- （大脳）
- （脳梁）
- （視床）
- 脳弓
- （前）　（後）
- 乳頭体
- 扁桃体
- 海馬
- （小脳）

大脳の表層（皮質）を大脳皮質といい，新皮質と辺縁皮質に分けられる。辺縁皮質の海馬，脳弓，乳頭体，帯状回は記憶に関係し，扁桃体は情動や自律神経のはたらきに関係する。

■脊椎動物の脳

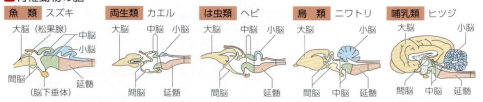

魚類 スズキ	両生類 カエル	は虫類 ヘビ	鳥類 ニワトリ	哺乳類 ヒツジ
中脳・小脳が発達（水中での姿勢保持に関係）。	中脳が発達。小脳は比較的小さい。	中脳が発達。小脳は比較的小さい。	小脳が発達（飛行中の平衡保持に関係）。	大脳（新皮質）が発達し，中脳などをおおう。

Keywords　中枢神経系 (central nervous system)，末しょう神経系 (peripheral nervous system)，脳 (brain)，脊髄 (spinal cord)

C 脳のはたらき

大脳の新皮質はヒトで特に発達しており，感覚・随意運動・精神活動などの中枢が分布する。

■ヒトの大脳皮質の分業

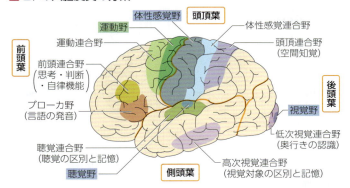

■ヒトの脳の断面とからだの各部との対応

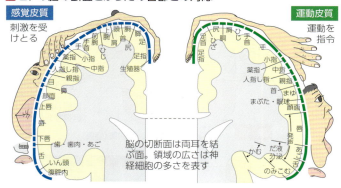

脳の切断面は両耳を結ぶ面。領域の広さは神経細胞の多さを表す

■脳内活動のようす

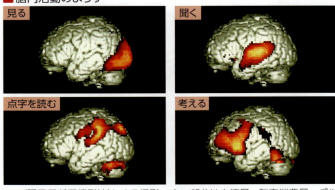

PET(陽電子断層撮影法)による撮影。赤い部分は血流量，酸素消費量，グルコースやアミノ酸の代謝などが多く，活性化している部位。

Jump 脳の発生 ▶ p.151

脊椎動物の中枢神経系は神経管に由来する。発生が進むにしたがって，神経管の前方が膨らんで前脳・中脳・後脳という3つの膨らみが形成される。大脳や間脳は前脳に由来し，小脳や延髄は後脳に由来する。神経管の後方は脊髄になる。

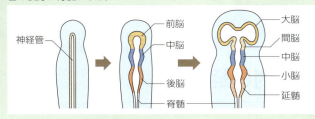

Zoom up 記憶と海馬

脊椎動物の記憶が形成されるしくみの1つに，**長期増強**がある。これは，シナプスで興奮の伝達が繰り返されるほど，そのシナプスでの伝達の効率がよくなるというもので，大脳辺縁系の**海馬**といわれる部分が関与している。海馬のシナプスでは神経伝達物質としてグルタミン酸が放出される。シナプス後ニューロンは2種類のグルタミン酸受容体をもち(受容体AとB)，受容体Aにグルタミン酸が結合するとNa^+が流入して興奮が伝達される(▶p.195)。最初は受容体Aのみがはたらくが，興奮の頻度が上がると受容体Bにもグルタミン酸が結合するようになる。グルタミン酸が結合した受容体BはNa^+だけでなく，Ca^{2+}も流入させる。流入したCa^{2+}は新たな受容体Aの出現を促進し，さらにシナプス前ニューロンにも影響を及ぼして，より多くのグルタミン酸の放出を促す。その結果，シナプスでの興奮の伝達の効率が上昇する。

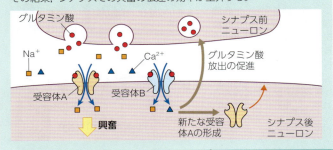

Column 「光で脳を知る」オプトジェネティクス

これまでの神経科学では，脳の活動の測定には電気刺激が用いられてきたが，調べたい細胞以外の細胞も刺激してしまうなど，特定の領域に対する細かな測定を行うことはできなかった。ところが，近年，従来の方法とはまったく異なる，光を用いた脳の研究方法が開発された。

ある微生物がもつロドプシン(▶p.190)は，光に反応して特定のイオンを透過させる性質をもつ。このロドプシンを構成するオプシン遺伝子を目的のニューロンに導入して発現させると，細胞内でオプシンとレチナールが結合し，光が当たるだけでそのニューロンが興奮するようになる。遺伝子の導入は目的のニューロンにのみ行うことができるため，電気刺激による研究よりもはるかに精密に特定のニューロンのはたらきを調べることが可能になった。

このような手法をoptics(光学)とgenetics(遺伝学)から「オプトジェネティクス(光遺伝学)」とよぶ。オプトジェネティクスの登場により，脳のはたらきの解明が飛躍的に進むことが期待されている。

大脳(cerebrum)，間脳(interbrain)，中脳(mid-brain)，小脳(cerebellum)，橋(pons)，延髄(medulla oblongata)

9 神経系の構造とはたらき（2） 生物基礎 生物

A 脊髄の構造とはたらき

脊髄は脳の延髄から続き，脳とともに中枢神経系を構成する。また，脳とからだの各部からの興奮の中継を行う。

■ 脊髄の構造

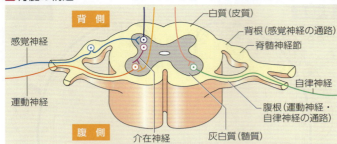

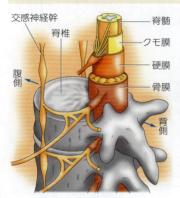

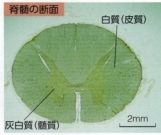

外側（皮質）は軸索が集中し白色（白質）で，内側（髄質）は細胞体が集中し灰白色（灰白質）である。この関係は大脳と逆の関係である。

■ 興奮の伝達経路

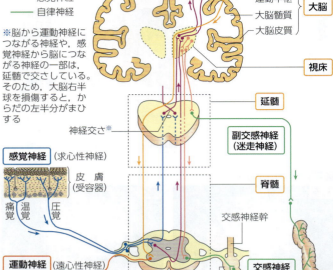

※脳から運動神経につながる神経や，感覚神経から脳につながる神経の一部は，延髄で交さしている。そのため，大脳右半球を損傷すると，からだの左半分がまひする

B 反射の経路

反射は大脳（意識）とは無関係に起こる。そのためすばやく反応できる。反射の中枢は大脳ではなく，脊髄や延髄，中脳などさまざまである。

反射の中枢	反射の例
脊髄	膝蓋腱反射・屈筋反射
延髄	だ液分泌・せき・くしゃみ
中脳	瞳孔反射・姿勢保持の反射

■ 反射弓
反射における興奮の伝達経路。

■ 膝蓋腱反射
① 刺激（腱を伸ばす）
② 筋紡錘
③ 感覚神経
④ 運動神経
⑤ 筋肉（筋収縮）

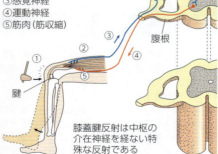

膝蓋腱反射は中枢の介在神経を経ない特殊な反射である

■ 屈筋反射
① 刺激（熱受容器）
② 感覚神経
③ 介在神経
④ 運動神経
⑤ 筋肉（筋収縮）

■ 姿勢保持の反射

頭部を上げる

頭部を下げる

姿勢を保つ反射の中枢は中脳にある。そのため，大脳を除去したカエルでもこの反射は見られるが，中脳を除去するとこの反射は消失する。

Zoom up 反射の連動

膝蓋腱反射では，筋紡錘で受容した刺激によって伸筋（関節を伸ばす筋肉）が収縮するが，実際の反応はそれだけでなく，ひざの裏側にある屈筋（関節を曲げる筋肉）が同時に弛緩して，ひざへの負担を軽減している。このように反射の場合も，受容器で受け取った刺激は中枢である脊髄で適切に処理されて，効果器に伝えられている。

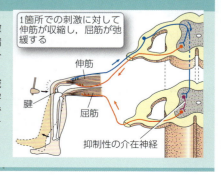

1箇所での刺激に対して伸筋が収縮し，屈筋が弛緩する

Keywords 白質（white matter），灰白質（grey matter），反射（reflex），反射弓（reflex arc）

10 筋肉の構造と収縮（1） 生物基礎 生物

6-Ⅰ 動物の反応と行動

A 筋肉の構造と種類

動物では，受容器で受けとられた刺激は神経系で処理され，効果器が刺激に応じた反応を起こす。この効果器の代表的なものが筋肉である。

■ 筋肉（横紋筋）の構造

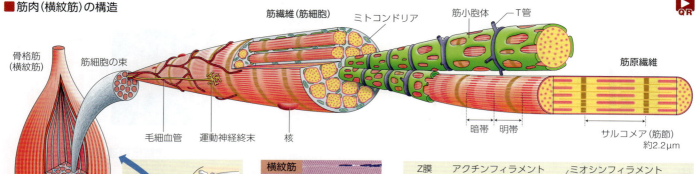

筋肉の種類			はたらき	特徴
横紋筋	随意筋	骨格筋	骨格を動かす	明暗の横しま（横紋）が見られる 多核の細胞（筋細胞）からなる 収縮は速く，力も強いが，疲労しやすい
	不随意筋	心筋（内臓筋）	心臓を構成	内臓筋であるが横紋筋である 単核で枝分かれのある細胞からなる 収縮（拍動）をくりかえしても疲労しにくい
平滑筋		内臓筋	内臓器官の壁を構成	紡錘形の単核の細胞からなる 収縮はゆるやかで，力は弱いが，疲労しにくい

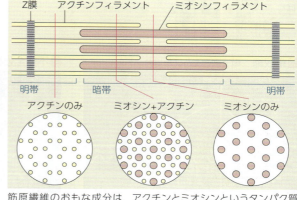

筋原繊維のおもな成分は，アクチンとミオシンというタンパク質で，繊維状のフィラメントを構成する。Z膜とZ膜の間をサルコメア（筋節）といい，筋原繊維の構造単位である。筋原繊維には，明帯と暗帯があり，明帯はアクチンフィラメントのみ，暗帯はミオシンフィラメントのみの部分と2つのフィラメントが重なった部分である。

B 筋収縮のしくみ

筋収縮は，ミオシンフィラメントの間にアクチンフィラメントが滑りこんで起こる（滑り説）。

■ 筋収縮のしくみ

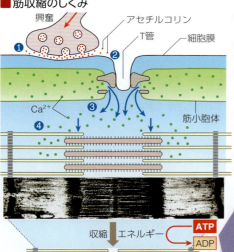

❶ 神経終末から神経伝達物質（▶ p.195）が放出され，筋細胞の細胞膜が興奮する。
❷ T管を介して興奮が筋小胞体に達する。
❸ 筋小胞体から Ca^{2+} が放出される。
❹ Ca^{2+} がトロポニンに結合すると，トロポミオシンの立体構造が変化して，ミオシン頭部がアクチンフィラメントに結合できるようになる。
❺ ミオシン頭部に ATP が結合する。
❻ ミオシン頭部（ATP分解酵素の作用をもつ）によって，ATP が分解されて，ミオシン頭部がもち上がる。
❼ ミオシン頭部がアクチンフィラメントに結合する。
❽ ミオシン頭部の構造が元にもどる。このとき，ミオシンがアクチンフィラメントをたぐり寄せて筋収縮が起こる。

■ ミオシンとアクチンの分子構造

2個のミオシン分子がコイル状に巻き，それがさらに束になってミオシンフィラメントを構成する。

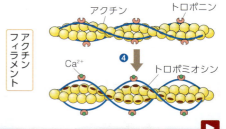

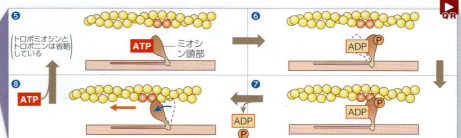

Keywords　筋肉（muscle），収縮（contraction），横紋筋（striated muscle），平滑筋（smooth muscle），アクチン（actin），ミオシン（myosin）

11 筋肉の構造と収縮(2) 生物基礎 生物

A 筋収縮の測定と記録

骨格筋の収縮はキモグラフやミオグラフなどを使って記録する。収縮は単収縮・不完全強縮・完全強縮に分けられる。

■筋収縮の記録

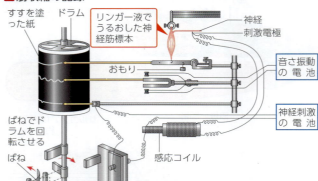

神経筋標本の収縮に応じて、てこが上下することによって、黒い紙に白い線をかく。時間は細い針をつけた音さの振動を刻みつけて測る。筋肉から出ている神経に刺激を与えると同時に、感応コイルで別のてこを動かして記録する。
筋肉に瞬間的に単一刺激を与えると、単収縮曲線が得られる（ドラムの回転が速いミオグラフで記録）。ドラムの回転を遅くする場合はキモグラフを使用する。

■神経筋標本
カエルのひ腹筋（ふくらはぎの筋肉）に座骨神経がついたもの。

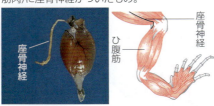

Point 興奮伝導速度の測定

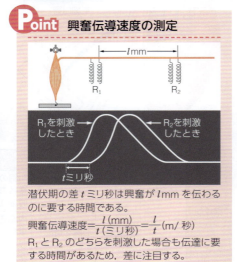

潜伏期の差 t ミリ秒は興奮が l mm を伝わるのに要する時間である。

興奮伝導速度 $= \dfrac{l(\text{mm})}{t(\text{ミリ秒})} = \dfrac{l}{t}(\text{m}/\text{秒})$

R_1 と R_2 のどちらを刺激した場合も伝達に要する時間があるため、差に注目する。

■単収縮 単一刺激を与えた場合

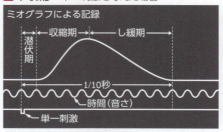

刺激の後、1/100 秒程度の潜伏期があり、その後、収縮期とし緩期がある。1 秒間数回程度の刺激ではこのような単収縮が見られる。

■不完全強縮と完全強縮

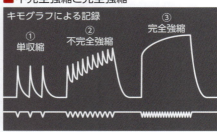

②は収縮が終わる前に次の刺激を与えた場合、③は 1 秒間に数十回以上の刺激を断続的に与えた場合。不完全強縮と完全強縮を合わせて強縮とよぶ。

B 筋収縮とエネルギーの供給

筋収縮のためのエネルギーは ATP である。筋肉中には ATP を供給するためのクレアチンリン酸という高エネルギー物質が存在する。

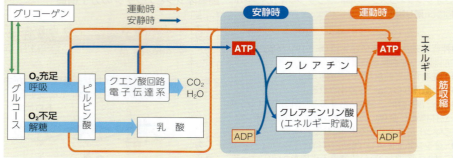

■運動時
筋細胞中の ATP だけでは筋収縮を維持できないので、クレアチンリン酸（クレアチン〜Ⓟ）の形で蓄えてあったエネルギーを用いて ATP が再生される（短時間の収縮）。運動が続くと、呼吸または解糖によって、グリコーゲンやグルコースを分解して ATP をつくる（継続的な収縮）。なお、運動が激しい場合は酸素が不足するため、解糖によって乳酸が筋肉中に蓄積する。

■安静時
クレアチンリン酸の形でエネルギーを蓄える。また、運動時に蓄積された乳酸の多くは肝臓に運ばれ ATP のエネルギーを用いてグリコーゲンに再合成される。

C 探究 グリセリン筋の実験

グリセリン筋では、膜構造が壊れて水溶性のタンパク質は失われているが、アクチンやミオシンなどの筋収縮に必要な構造は残っている。

①筋肉を 0 ℃の 50% グリセリン溶液に数日間浸す。この操作でグリセリン筋が得られる。

②グリセリン筋を柄付き針で糸状にほぐし、筋繊維の束にする。

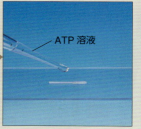

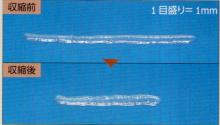

③ ATP 溶液を注ぐとグリセリン筋は収縮する。生体内での筋収縮には Ca^{2+} が必要であるが、グリセリン筋ではトロポミオシンがなくなっているので、ATP のみで収縮が起こる。

Keywords 単収縮(twitch)、強縮(tetanus)、乳酸(lactic acid)、クレアチンリン酸(creatine phosphate)

12 いろいろな効果器 生物基礎 生物

A 鞭毛と繊毛
一般に数の多いものを繊毛，数が少なく長いものを鞭毛とよぶが，どちらも同じ基本構造をもつ。

■ 鞭毛（ミドリムシ）

ミドリムシ／鞭毛

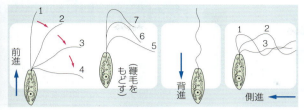
前進／（鞭毛をもどす）／背進／側進

■ 繊毛（ゾウリムシ）

ゾウリムシ／繊毛

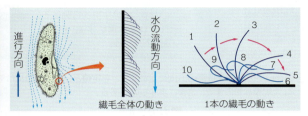
進行方向／水の流動方向／繊毛全体の動き／1本の繊毛の動き

Zoom up 鞭毛と繊毛の構造

真核生物の鞭毛と繊毛の構造は共通で，軸の周辺に9個の周辺双微小管と，中心に2本の中心微小管があり（▶p.28），9＋2構造とよばれる。

鞭毛の断面図

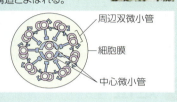
周辺双微小管／細胞膜／中心微小管

B その他の効果器
筋肉や鞭毛・繊毛以外に，運動に関係しない発光器官・発電器官などの効果器をもつものがいる。それらの効果器はその生物の生活と密接に関係している。

■ 発電器官

シビレエイ

発電器官は，横紋筋が変化した発電板が多数重なってできる。個々の発電板は，外側が＋，内側が－の膜電位である。興奮が伝わると，神経の分布する側の膜電位が逆転するため，電池が直列につながったようになり，高電圧を生じる。

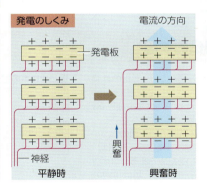
目／神経／発電板／発電柱／電流の方向／発電のしくみ／電流の方向／発電板／興奮／神経／平静時／興奮時

■ 発光器官　①ホタル

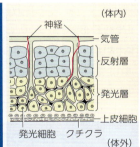
（体内）／神経／気管／反射層／発光層／上皮細胞／発光細胞　クチクラ／（体外）

②ウミホタル
海産の甲殻類。口の近くの発光腺から発光物質を分泌し，体外で発光する。

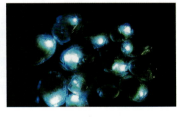

■ 発声器官

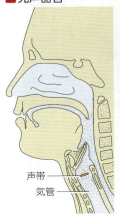
声帯／気管

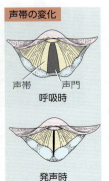
声帯の変化／声帯／声門／呼吸時／発声時

呼気が声帯を振動させると音声が出る。

■ 色素胞

メダカ

メダカの体色変化は，色素胞中の色素果粒の分散・凝集によって起こる。

体色が濃いとき

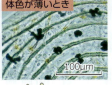
体色が薄いとき　100μm

色素果粒が分散する

色素果粒が凝集する

Jump モータータンパク質による色素果粒の輸送 ▶p.33

色素果粒の移動にはモータータンパク質が関与している。体色が濃くなるときには，色素果粒がモータータンパク質の一種であるキネシンによって運ばれることで分散する。反対に，色素果粒が凝集するときには，ダイニンによって色素果粒が運ばれる。

色素果粒／ダイニン／キネシン／凝集／分散／微小管

Keywords 鞭毛(flagella, 単：flagellum)，繊毛(cilia, 単：cilium)，色素胞(chromatophore)

13 動物の行動—生得的行動(1) 生物基礎/生物

A 動物の行動

動物は生まれながらにして、さまざまな行動をとるように規定されている。この生まれながらにもっている行動を**生得的行動**という。また、経験などによって行動が変化することを**学習**という。

生得的行動
生まれながらにもっていて、遺伝的にプログラムされている定型的な行動
- 定位（走性や渡りなど）
- かぎ刺激（信号刺激）による行動、一定の順序で連鎖して起こる行動（求愛行動など）
- 昆虫などのフェロモンによるコミュニケーション（情報伝達）
など

→ 新たな行動

学習
経験によって行動が変化する
- 慣れや鋭敏化
- 連合学習
  - 古典的条件づけ
  - オペラント条件づけ
- 社会的な学習
など

中枢神経の発達した動物ほど学習の能力が高く、複雑な行動が可能になる。

Zoom up 生得的行動は遺伝する

ミツバチの幼虫は細菌性の伝染病にかかって死ぬことがある。すると、はたらきバチ（雌、衛生型）は、①巣室のふたを開け、②死んだ幼虫を取りだして捨てる。非衛生型のハチはこの行動を行わない。この①、②の生得的行動はそれぞれ潜性遺伝子 u, r に支配されている。

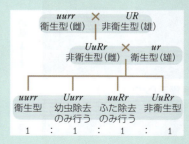

B 定位

動物が特定の刺激を手がかりに自分のからだの向きを特定の方向に定めることを**定位**という。定位には簡単な走性から、鳥類による渡りのような大規模なものまで、さまざまなものがある。

■ 走性

刺激に対して一定方向に移動する行動を**走性**という。刺激源に近づくものを正（＋）の走性、遠ざかるものを負（−）の走性という。

種類	刺激	正の走性を示す動物	負の走性を示す動物
光走性	光	ミドリムシ・ガ・魚類	プラナリア・ミミズ・ゴキブリ
化学走性	化学物質	ゾウリムシ（弱酸性）・カ（CO_2）	ゾウリムシ（食塩水）
重力走性	重力	ミミズ	ゾウリムシ・マイマイ
流れ走性	水流	メダカ・アメンボ	サケ・マス（成長期）
電気走性	電気	ミミズ・ヒトデ（陽極に進む）	ゾウリムシ（陰極に進む）

■ ガの光走性

ガは光源からある角度を保って飛ぶため、月の光（平行光線）には近づかず、電球の光（放射状）には近づいていく。

Column コオロギの音波走性と行動の遺伝的要因

コオロギの雌は、同種の雄が出す前翅をすりあわせる摩擦音（歌）に対して正の音波走性を示す。雌は雄の歌に誘引され、交尾が行われる。
A, Bの2種類のコオロギ（A種：*Teleogryllus oceanicus*, B種：*Teleogryllus commodus*）の雄の歌は、下図の(a), (b)に示すように互いに明らかに異なっている。A種とB種の種間雑種の雄の歌はA種とB種の中間的なものになるが、下図の(c), (d)に示すように、交配に使った親コオロギの雌雄の組み合わせによって異なる。これは、雄が出す歌が、X染色体にある遺伝子群によって制御されているためである。コオロギの雌はX染色体を2本もち（XX）、雄は1本しかもたない（XO）ので、雄は母親のX染色体だけを受け継ぐことになり、母親がA種かB種かによって異なることになる。

雌コオロギの雄コオロギの歌に対する好み

		歌を聴く雌	
		(A母×B父)雌	(B母×A父)雌
歌を出す雄	(A母×B父)雄	97	50
	(B母×A父)雄	40	125

コオロギの歌
チャープ / シラブル / 10ミリ秒

雑種コオロギの歌 500ミリ秒
- (a) A種の雄
- (b) B種の雄
- (c) A種の母とB種の父をもつ雄
- (d) B種の母とA種の父をもつ雄

コオロギの歌は、前翅を1こすりして生じるシラブルからなり、シラブルの集合したものがチャープになる。チャープの並び方やチャープを構成するシラブルの数は、種によって異なる。

雑種の雌がどちらの雑種の雄の歌を好むのかについて試験を行ったところ、上表のように、自分と同じ種の両親の組み合わせで生まれた雄の歌をより好むことが明らかになった。このことから、生得的行動は雑種にも遺伝することがわかる。
コオロギの歌の発信と受容において、雄における歌の産生にかかわる神経構造と、雌における歌の受容にかかわる神経構造は、遺伝的に共役し、それぞれの遺伝子群がそろって子に受け渡されるようになっている。

コオロギ

Keywords 生得的行動（innate behavior）, 定位（orientation）, 走性（taxis）

6-Ⅰ 動物の反応と行動

C 定位のしくみ

■ **聴覚による定位** 夜行性であるメンフクロウは, 視覚が役に立たない暗闇でも聴覚によって獲物の位置を知り, 正確に定位できる。

メンフクロウの左右の耳はそれぞれ違う高さについている。

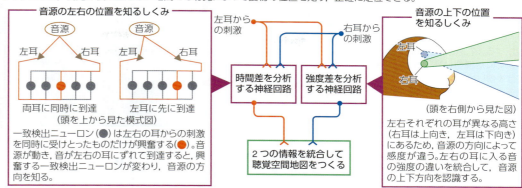

■ **こだま(反響)による定位** コウモリは超音波の鳴き声(パルス)を発して, 反響してくるこだま(エコー)を分析することで, 標的(えさとなる昆虫など)を定位する。

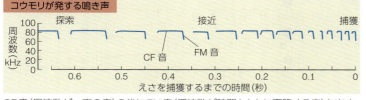

CF音(周波数が一定の音)の後にFM音(周波数が時間とともに下降する音)を出す。

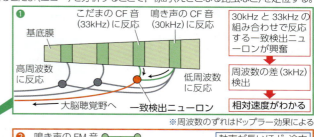

キクガシラコウモリ

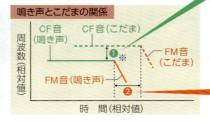

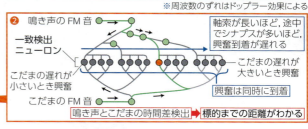

■ **鳥類の渡り** 渡りを行う鳥は, 太陽の位置を基準にして方向を決める**太陽コンパス**と生物に備わっている時間を計るしくみ(**生物時計**)によって, 長距離でも正確に移動することができる。

ホシムクドリ

渡り鳥のホシムクドリは, 渡りの時期になると, 晴れた日に一定の方向を向いて羽ばたく「渡りの興奮」を示す。

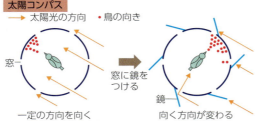

鏡を使って太陽光の方向を90°変えると, 向く方向もその角度だけずれることから, 太陽の位置を基準にして渡りの方向を定めていることがわかる。

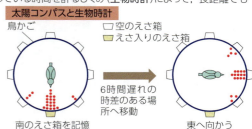

太陽の位置の時間変化は, 生物時計で補正される。上図の鳥の実験は, 生物時計に対して, 太陽の動きが6時間(90°)遅れているために起こったと考えられる。

🔍 Zoom up ボボリンクの磁気受容による定位

ボボリンクは, 秋になると北アメリカから越冬地である南アメリカ北部へと移動する渡り鳥である。この鳥は, おもに太陽の出ていない夜間に移動しており, 星座(星コンパス)と, 地球の磁場(磁気コンパス)を定位に利用している。
くちばしに鉄の沈着物(磁鉄)が存在しており, これが磁気感知にはたらき, 三叉神経のうちの眼神経を伝わって脳に情報が伝えられていると考えられている。眼神経は, 地球の全磁場の0.5%以下のわずかな磁場変化にも敏感に反応する。

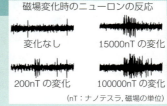

ボボリンク

太陽コンパス(solar compass), 生物時計(biological clock), 鳥の渡り(bird migration)

203

14 動物の行動―生得的行動（2）　生物基礎 生物

A かぎ刺激と行動の連鎖

動物に特定の行動を引き起こす刺激を**かぎ刺激（信号刺激）**という。また，かぎ刺激の連鎖によって起こる一連の行動は遺伝的にプログラム化されたものである。

■イトヨの攻撃行動

トゲウオの一種のイトヨの雄は繁殖期に縄張りをつくり，侵入してきた他の雄を攻撃する。右図のように姿のよく似た模型（A）に対しては攻撃しないが，下半分を赤く塗った模型（B）に対しては攻撃を繰り返す。（かぎ刺激＝腹部の赤い色）

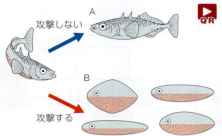

■セグロカモメのつつき行動

ひなは親鳥のくちばしの赤い斑点をつついてえさをねだる。（かぎ刺激＝くちばしの赤い斑点）

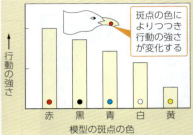

斑点の色によりつつき行動の強さが変化する

■イトヨの産卵行動に見られる行動の連鎖

イトヨの雄は，繁殖期になると川の中に巣をつくり雌を巣に誘導して産卵させる。この行動では，卵で膨らんだ雌の腹部が最初のかぎ刺激となり，求愛行動が起こる。これが，次の行動のかぎ刺激となり，連鎖的に産卵行動が起こる。

雄が雌を巣に誘導

雄が雌の尾部をつつく

雄			雌
		① 姿を現す	成熟した雌
① ジグザグダンスをする	←	② ダンスに応じる	
② 巣に誘導する	←	③ ついていく	
③ 巣の入口を示す	←	④ 巣に入る	
④ 雌の尾の基部を口先でつつく	←	⑤ 卵を産む	
⑤ 巣に入って卵に精子をかける			

■ヒキガエルの捕食行動

ヒキガエルは，虫などの獲物を見つけると，次のような行動をとる。
①獲物の方向に向き直る
②両眼で獲物をとらえる
③舌を伸ばして獲物をからめ取る
④獲物を飲みこむ
⑤前あしで口をぬぐう

③～⑤は連鎖的に起こる行動で，途中で獲物を取り上げても続く。

ヒキガエルの捕食反応とかぎ刺激を調べる実験

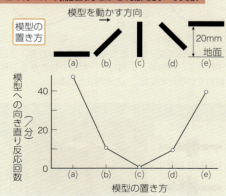

物体の広がり具合と動きの方向が，獲物と判断するかぎ刺激になっている。(c)の模型の場合は，背を向けて敵（ヘビなど）から逃げる逃避行動を示す。

■中枢パターン発生器

歩行や飛翔などの動物のリズミカルな運動は，中枢神経系に存在する神経回路（中枢パターン発生器）でつくられる。

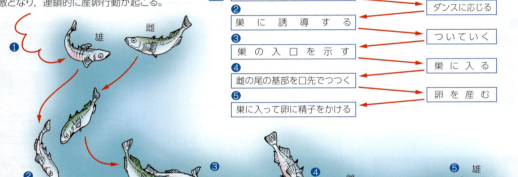

バッタは前翅と後翅を交互に動かして飛ぶ。中枢パターン発生器は，翅を打ち上げる筋肉と打ち下ろす筋肉を収縮させる運動ニューロンに周期的に興奮を起こしており，これにより筋肉はリズミカルに収縮し，バッタは安定したパターンではばたく。

中枢パターン発生器によって大まかなはばたきのパターンが決定され，自己受容器や外界からの情報によって飛翔姿勢の乱れなどが調整されている。

Keywords　かぎ刺激（key stimulus）

6・I 動物の反応と行動

B コミュニケーション

生物はさまざまな方法で個体どうしがコミュニケーションをとっている。フェロモンを用いるような単純なコミュニケーションは生得的な行動であるが、学習によって複雑なコミュニケーションをとるようになる場合もある。

■フェロモンによる情報伝達
体外に分泌される、同種個体間の情報伝達物質をフェロモンという。

①カイコガの性フェロモン

雄の触角／触角(性フェロモンを感受)

雌の分泌腺／分泌腺

雌の腹部から分泌される性フェロモンを感受した雄は、婚礼ダンス(翅をはげしくはばたき、フェロモンを引き寄せる運動)をおどりながら雌に近づき交尾する。

②ミツバチの女王物質

女王バチ

女王バチは口から女王物質を分泌し、それを摂取したはたらきバチは、卵巣の発達が抑えられる。

③ゴキブリの集合フェロモン
集団の形成と維持にはたらく。

ふんに集合フェロモンが含まれる

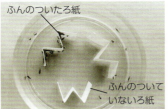
ふんのついたろ紙／ふんのついていないろ紙

④アリの道しるベフェロモン
他の個体へ食物のある場所を知らせる。

道しるべフェロモン／食物

フェロモンをたどるアリ

■ミツバチのダンス
えさ場(蜜源)をみつけて巣に帰ったはたらきバチは、垂直な巣板の面上でなかまにえさ場の位置を知らせるダンスをおどる。

円形ダンス えさ場が近いとき行う

なかまのハチ※

8の字ダンス えさ場が遠いとき行う

腹部を振りながら直進する
なかまのハチ※

①ダンスの速さとえさ場の距離

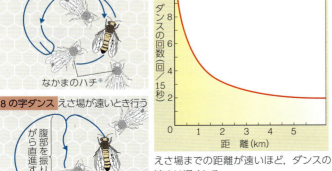
ダンスの回数(回/15秒)／距離(km)

えさ場までの距離が遠いほど、ダンスの速さは遅くなる。

※なかまのハチは触角で触れながら、おどり手の後を追ってえさ場の方向や距離を知る。

②ダンスとえさ場の方向
8の字ダンスの直進する方向と重力の反対の向きとのなす角が、巣から見た太陽の方向とえさ場の方向とのなす角に等しい。

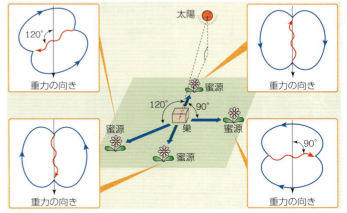
太陽／120°／蜜源／巣／重力の向き／90°

Zoom up 生物時計と概日リズム

モモンガの活動開始時刻は、自然の明暗周期のもとでは、暗期の始まりと一致する。また、暗黒中において観察しても、ほぼ24時間に近いリズムになる。このように、光や温度の変化のない恒常条件のもとでも、おおむね1日を周期としているリズムを**概日リズム(サーカディアンリズム)**という。これは生物の体内に時間をはかる生物時計(体内時計)があるために起こる。

ヒトにも、おおむね1日を周期とした概日リズムがある。近年、睡眠と目覚めのリズムが昼夜のサイクルから大幅にずれる概日リズム睡眠障害が増えているが、症状が軽い場合は、朝、太陽の光を浴びることで生物時計を補正することができる。海外旅行のときの時差ぼけも、生物時計と明暗の周期とのずれによるものである。

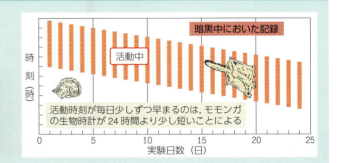
暗黒中においた記録／活動中／時刻(時)／実験日数(日)

活動時刻が毎日少しずつ早まるのは、モモンガの生物時計が24時間より少し短いことによる

フェロモン(pheromone),概日リズム(circadian rhythm)

15 動物の行動-学習と記憶 　生物基礎／生物

A 学習
生まれてからの経験によって行動が変化したり，新たな行動を習得することを**学習**という。

■ アメフラシのえら引っこめ反射

アメフラシの水管を刺激すると，えらと水管を外とう膜の中に引っこめる（えら引っこめ反射）。えら引っこめ反射には，次のような，慣れ，脱慣れ，鋭敏化といった現象が見られる。

慣れ　水管を繰り返し刺激すると，やがて水管を刺激してもえらを引っこめなくなる。
脱慣れ　慣れが形成された後，尾に強い刺激を与えると慣れが解除され，えら引っこめ反射が再び見られるようになる。
鋭敏化　尾により強い刺激を与えた後，水管を刺激すると小さな刺激でも大きなえら引っこめ反射が見られるようになる。

■ 慣れと鋭敏化の神経回路

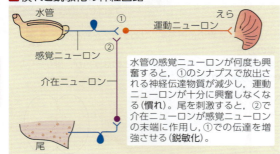

水管の感覚ニューロンが何度も興奮すると，①のシナプスで放出される神経伝達物質が減少し，運動ニューロンが十分に興奮しなくなる（慣れ）。尾を刺激すると，②で介在ニューロンが感覚ニューロンの末端に作用し，①での伝達を増強させる（鋭敏化）。

■ 慣れと鋭敏化のしくみ

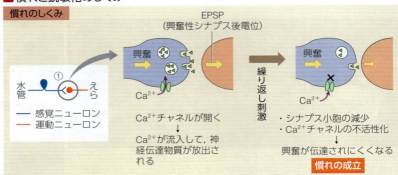

慣れは，①で感覚ニューロンのシナプス小胞の減少や，Ca^{2+}チャネルの不活性化により，放出される神経伝達物質の量が減少することで引き起こされる。

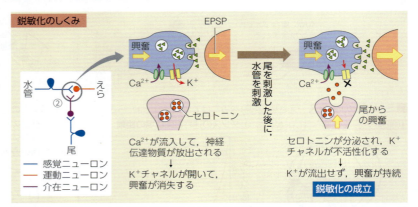

鋭敏化は，介在ニューロンから分泌されるセロトニンが感覚ニューロンの末端に作用し，感覚ニューロンが興奮する時間が長くなることによって起こる。脱慣れも同様のしくみで起こる。

Zoom up 短期記憶と長期記憶

アメフラシの鋭敏化は，尾を1回刺激した場合には数分間しか持続しない。これを**短期記憶**という。一方，尾への刺激を4～5回繰り返すと，鋭敏化は数日間持続することが知られており，これを**長期記憶**という。このように持続時間の異なる記憶は，下図のようなしくみで形成される。

❶ 尾に与えられた刺激によって介在ニューロンが活性化し，セロトニンを分泌

❷ セロトニンは水管の感覚ニューロン末端の受容体に作用し，一時的に環状AMP (cAMP)の濃度を上昇

❸ プロテインキナーゼ(PKA)が活性化

❹ PKAのはたらきによって，K^+チャネルが閉じたままになり活動電位が持続。これにより活動電位発生時に流入するCa^{2+}が多くなる

❺ Ca^{2+}の流入の増加によって，シナプス小胞からより多くの神経伝達物質が分泌される

❻ えらを引っこめる運動ニューロンが活性化する

鋭敏化が起こる（**短期記憶の形成**）

尾に与えられた反復的刺激によって❶～❸が継続的に起こる

❹ 長時間のPKA活性化によって，マップキナーゼ(MAPK)も活性化し，PKAとMAPKが核内へ移行

❺ 転写調節因子であるcAMP応答配列結合タンパク質(CREB)が活性化（リン酸化）

❻ CREBによって一群の遺伝子の転写が活性化。新しいシナプスが形成

鋭敏化が起こる（**長期記憶の形成**）

タンパク質合成を阻害すると，短期記憶は形成されるが，遺伝子発現が関与する長期記憶が形成されない

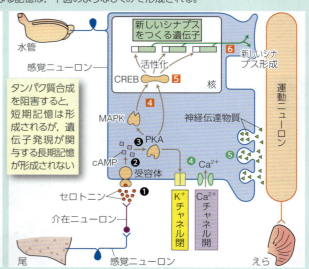

Keywords　学習(learning)，慣れ(habituation)，鋭敏化(sensitization)

6-I 動物の反応と行動

B 連合学習

2つの異なる出来事(異なる刺激と刺激,刺激と反応)を結びつけて学習することを**連合学習**という。連合学習には古典的条件づけとオペラント条件づけがある。

■古典的条件づけ
無関係な刺激(条件刺激)だけで特定の生得的な反射が起こるように,2つを結びつけて学習すること。

パブロフの実験

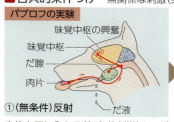
①(無条件)反射
肉片を口に入れる(無条件刺激)と,だ液の分泌とともに,味覚が生じる。

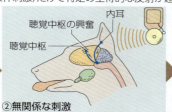
②無関係な刺激
ベルの音だけを聞かせると,聴覚が生じるが,だ液は分泌されない。

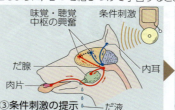
③条件刺激の提示
肉片を与えるとき,ベルの音を聞かせること(条件刺激)を繰り返す。

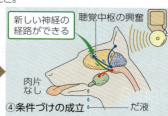
④条件づけの成立
ベルの音を聞かせるだけでだ液が分泌されるようになる。

■オペラント条件づけ
試行錯誤を重ねることで自発的に獲得する行動と,その結果生じる報酬や罰などを結びつけて強化学習すること。

①スキナーの実験

左側のレバーを押すとえさが出てくる。ネズミは最初,偶然にレバーを押して,えさを得る(報酬)。しだいに,レバーを押すという行動と報酬が結びついて,レバーを押す頻度が上がる。

②ネズミの迷路学習

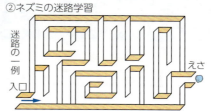

ネズミが迷う回数は,回を追うごとに減っていく。出口にえさをおいたり,誤った場合に電気ショック(罰)を与えると学習効果は向上する。

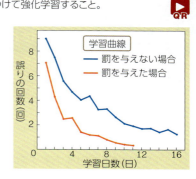

C 社会的な学習
チンパンジーなどのある程度知能が発達した動物の群れでは,他の個体の行動を観察(注視)することによって問題を解決する方法を学習する,社会的な学習が見られる。

■チンパンジーの道具の使用

シロアリを釣る行動

石を使う行動

チンパンジーが木の枝を使ってシロアリを釣る行動や,石を使って種子や実を割る行動は,他の個体に観察されることによって群れの中に広がる。

Column 昆虫の学習能力

①のような実験装置を用いて,最初にくぐった穴と同じ色の穴をくぐると報酬が得られるようにミツバチを訓練した。次に,②のような白黒のしま模様が穴に描かれた実験装置で,このミツバチがどう動くかを調べた。すると,色に違いがないにもかかわらず,ミツバチは最初にくぐった穴と同じ模様の穴をくぐることがわかった。この実験によって,ミツバチは色,模様そのものだけではなく,「2つの物事が同じ(もしくは違う)」ということを根拠にした識別ができることが明らかになった。

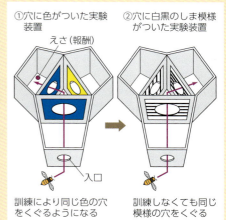
①穴に色がついた実験装置　②穴に白黒のしま模様がついた実験装置
訓練により同じ色の穴をくぐるようになる　訓練しなくても同じ模様の穴をくぐる

Zoom up 特定の時期に成立する学習

生後の一定の期間に,外界からの刺激を受けて特定の行動が形成されることを**刷込み(インプリンティング)**といい,オーストリアのローレンツによって発見された。ガチョウ・アヒル・ニワトリなどのひなは,ふ化後まもなく初めて見た動くものを「親」と認識してついて歩く。ひなが初めて見たものを親とみなして後を追う行動は生得的な行動であるが,何を親として認識するかは学習によって決まる。刷込みは,いったん成立すると変更されにくい。

ローレンツの後を追うアヒルのひな

連合学習(associative learning),条件づけ(conditioning),試行錯誤(trial and error),刷込み(imprinting)

特集 生物学の最前線

6 昆虫で紐解く感覚と脳と行動のしくみ

東京大学　先端科学技術研究センター　教授
神﨑　亮平（かんざき　りょうへい）

[写真] 繭から出たカイコガ

昆虫は4億年の進化を経て，生物界を構成する生物種の50%以上を占め，地球上のあらゆる環境下に生息する。昆虫は10万〜100万個のニューロン（神経細胞）からなる脳の処理により，哺乳動物に比するほどに複雑で巧緻な行動様式を獲得した。生物が進化で獲得した適応的な行動発現のしくみ（知能）を解明するうえで，昆虫は優れたモデルであり，遺伝子工学，神経科学，情報科学，ロボット工学などさまざまなアプローチで研究が展開されている。ここでは，感覚と脳と行動がどのように研究され利用されるかを，昆虫の匂い源探索を例に紹介する。

感覚器と小規模な脳が生む優れた知能

昆虫の行動は単純といわれるが，実際には，反射や生得的行動，情動行動，学習行動から社会行動に至る行動を発現する。時々刻々と変化する環境下で適切に行動するためには，環境情報を受容し，処理して行動を起こす神経系が重要な役割を果たす。昆虫は優れた感覚器を有するだけでなく，1000億個ものニューロンからなるヒトの脳に比べ，そのわずか100万分の1程度の脳による信号処理で巧みな行動を発現する。

異分野融合による昆虫科学の展開

昆虫の感覚器や脳のしくみは，分子，ニューロン，神経回路，行動と異なるレベルから，分子遺伝学，電気生理学，生化学，組織学，行動学などにより分析されてきた。そして，感覚から行動発現に至る全過程のデータが網羅的に蓄積され，それらのデータの統合から神経回路モデルが提案され，コンピュータシミュレーションやロボットによる評価や検証が行われてきた。昆虫では，このような分析と統合という総合的な研究が，異分野融合のアプローチにより展開されている。

昆虫の優れた能力の中でも，かすかな匂いをかぎ分けて匂い源を探索する能力は群を抜く。匂い源探索は，人類が生み出した科学技術では未だに解決されない難問である。この謎が，昆虫が進化で獲得したしくみの解明から解かれようとしている。ここでは，昆虫の匂い源探索行動のしくみと，それを搭載した匂い源探索ロボットを紹介しよう。

昆虫の匂い源探索行動

ファーブルの『昆虫記』には，雄のオオクジャクガが籠（かご）に入れた雌の匂い（フェロモン）に魅了され，数kmもの道のりを飛来する様子が描かれている。この匂い源探索のしくみは，ファーブル以来未解決の難問だったが，カイコガ（*Bombyx mori*）のフェロモン源定位行動から解決の糸口がみつかった。

雄のカイコガは，雌のフェロモンを感知すると，まず反射的に前方に直進歩行し，匂いがなくなると左右に次第に回転角が大きくなるジグザグターン，そして回転歩行からなるプログラム化された歩行パターンを発現する（図1A）。匂いは空中に不連続なかたまりとなって分布し，分布状態を時々刻々と変える（図1B）。カイコガはこのフェロモンのかたまりを検出するたびにこの歩行パターンをリセットし，はじめからそのパターンを繰り返す。匂い源に近づくほどかたまりの密度は高くなるので，直進歩行が繰り返され，匂い源に向かってまっすぐに進む。一方，匂い源から離れるほどかたまりの密度は低くなり，ジグザグターンや回転歩行が組み合わさった複雑な軌跡を描く。

カイコガは複雑に変化する匂いの分布状態に依存して，歩行パターンのセットとリセットを繰り返すことで匂い源への定位に成功していたのである。

昆虫の能力をロボットで調べる

カイコガの匂い源探索の能力を移動ロボットを使って詳しく調べてみた。このロボットは，空気圧で浮上するボールを前後左右に回転させると，ボールの動きと同じ方向に動くように設計されている。そこで，背中を固定した雄カイコガをこのボール上に載せ，歩行できるようにした。カイコガが操縦するロボットであることから，「昆虫操縦型ロボット」とよんでいる（図2）。このロボットをフェロモンが流れる環境に置くと，カイコガと同様に直進，ジグザグ，回転からなるパターンを繰り返して，正確にフェロモン源に定位した。

さらにカイコガの適応能力を調べるために，カイコガにとって想定外の動きをするようにロボットを操作した。カイコガがその異常を検出し，ロボットの動きを適切に補正しながらフェロモン源に定位できるかを確かめた。そのような能力は，昆虫の脳による信号処理に起因することから，昆虫の脳の機能を知るうえでも重要となる。

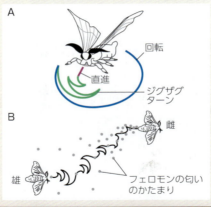

■ カイコガの匂い源探索（図1）
(A) フェロモンにより引き起こされる雄のプログラム化された歩行パターン。直線，ジグザグターン，回転からなる。
(B) 匂いの空中での分布にしたがってこの歩行パターンを繰り返し，雌を探索する。

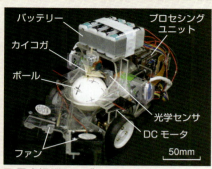

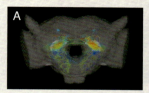

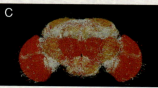

昆虫操縦型ロボット（図2）

ここでは，カイコガがまっすぐ歩いてもロボットは左右に動くように操作した。結果は，驚くべきことに，視覚情報を使って瞬時に異常な動きを補正し，ロボットを適切にフェロモン源に向かわせたのだ。カイコガは自分の身体（ここではロボット）が脳からの命令通りに動いていない場合，脳からの命令（行動指令信号）を変え，ロボットが正しく動くように補正したわけだ。

昆虫の脳内の神経回路を調べる方法

カイコガのこのような能力は，わずか数ミリの脳に潜んでいる（図3A）。昆虫の脳のしくみを明らかにするためには，脳をつくるニューロンの形やはたらきを計測しなければならない。そこで，先端が0.1μm程度の細いガラス微小電極をつくり，ニューロンに刺入して神経活動を計測した。さらに，電極に入れた蛍光色素を細胞内に注入して染色することで，ニューロンの詳細な3次元構造を観察した（図3B）。

昆虫の脳を再現する

昆虫の脳を構成する10万～100万個のニューロンの3次元構造と機能の網羅的なデータベース化が進められている。ジグソーパズルのピースを使ってパズルを完成させるように，3次元構造を反映した精緻な神経回路モデルが構築されつつある（図4）。

精緻な神経回路モデルをリアルタイムでシミュレーションするには，スーパーコンピュータ（スパコン）の計算速度が必要となる。これまで「京」というスパコンが使用されてきたが，2021年からはその後継機で「京」の100倍程度の性能をもつ，現在世界最速の「富岳」が使用されている※。スパコン上で精緻な神経回路を構成し，シミュレーションを行う「NEURON_K+」というプラットフォームが開発された。

「NEURON_K+」を「京」で実行することによって，1万個程度のニューロンからなる神経回路であればリアルタイムでシミュレーションできるようになった。図4A，Bはカイコガの匂い源探索にかかわる神経回路の一部をモデル化して，「京」でシミュレーションしたものである。さらに，「富岳」を使うことで，10万～100万個からなる昆虫の脳全体のリアルタイムシミュレーションの実行が現実味を帯びてきた。

ショウジョウバエでは，遺伝子工学の技術により，脳をつくるほぼすべてのニューロンが特定され，データベース化されている。そのデータの一部を使い脳を再構築したのが図4Cである。このような脳全域にわたる大規模シミュレーションの達成に向けた研究が急ピッチで進められている。より複雑なヒトの脳の理解はその延長線上にあるといえるだろう。

特定の匂いに反応する触角をつくる

昆虫は特定の匂いを高感度に検出する鼻を持つ。昆虫の鼻は触角で，触角にある匂いに反応する神経細胞（嗅細胞）には，特定の匂いと結合して反応するタンパク質（嗅覚受容体）がある。嗅覚受容体には複数あり，受容体の種類により反応する匂いが異なる。遺伝子工学技術により，特定の嗅覚受容体を嗅細胞に発現させ，所望の匂いに反応する触角を作出できるのだ。

触角と脳モデルを搭載した匂い源探索ロボット

これまでの工学的手法だけでは実現しなかった匂い源探索ロボットが，昆虫の匂い源探索のしくみを実装することで実現されつつある。

図5は，カイコガの触角を匂いセンサとして搭載した小型ドローンである。このドローンに，昆虫の匂い源探索の神経回路モデルをはじめさまざまなアルゴリズムを実装することで，効率よく匂い源を探索するロボットの研究が進められている。

生物が進化により獲得した能力（知能）には，自然と協調した思いもよらない解決法が潜んでいる。生物（昆虫）から学ぶべきことはまだまだたくさんある。

カイコガの脳内の神経回路モデルとそのシミュレーション（図4）
(A) ニューロンから再構築したカイコガの脳内神経回路モデルの例。
(B) (A)を「京」でシミュレーションしたようす。神経活動の大きさは色で表示している。
(C) ショウジョウバエのデータベース（FlyCircuit）から取得したニューロンの形態データから再構築した脳。

カイコガの触角を匂いセンサとして搭載したドローン（図5）
（写真提供：神﨑研究室　照月大悟ら）

※ 2021年6月28日付世界Top500ランキング

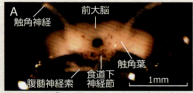

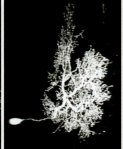

カイコガの脳とニューロン（図3）
(A) 正面から見た脳。
(B) 脳をつくるニューロンの3次元画像。フェロモンの信号処理に関与する1つのニューロンを異なる方向から見た像。

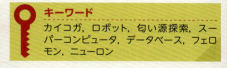

キーワード
カイコガ，ロボット，匂い源探索，スーパーコンピュータ，データベース，フェロモン，ニューロン

神﨑亮平
（かんざき　りょうへい）

東京大学
先端科学技術研究センター　教授
和歌山県出身。趣味は散策。
研究の理念は「自然と協調する科学」

16 植物の生活と環境応答　生物基礎 生物

A 植物における刺激の受容から反応まで

植物は環境の変化を受容体で感知する。その後，植物ホルモンを介して情報が伝達され，最終的にさまざまな反応が起こる。

B 植物の反応

運動は植物の反応の1つで，植物の運動には屈性や傾性がある。すべての屈性と一部の傾性は，植物体の成長速度の差によって起こる運動である（成長運動）。

■屈性
刺激源に対して決まった方向に屈曲する性質。刺激源に近づく方向に屈曲する場合を正（＋）の屈性，遠ざかる方向に屈曲する場合を負（－）の屈性という。

種類	刺激	例
光屈性	光	＋：茎，イネ科植物の幼葉鞘 －：根
重力屈性	重力	＋：根，ナンキンマメの果柄 －：茎，イネ科植物の幼葉鞘
接触屈性	接触	＋：巻きひげ
化学屈性	化学物質	＋：花粉管（胚珠からの分泌物），根（薄い陰イオン）
水分屈性	水	＋：根

接触屈性（キュウリ）　巻きひげ

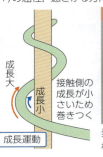
成長大／成長小　接触側の成長が小さいため巻きつく　成長運動

重力屈性　トウモロコシ（暗黒中）　根　根

発芽したトウモロコシをどの向きにおいても，根は地面，芽は地面と反対の方向に伸びる。

■傾性
刺激のくる方向とは無関係に運動を起こす性質。

種類	刺激	例
光傾性	光	タンポポ・マツバギクの花の開閉（昼→開，夜→閉）
温度傾性	温度	チューリップ・クロッカスの花の開閉（高温→開，低温→閉）
接触傾性	接触	オジギソウの葉柄の運動，モウセンゴケ（食虫植物）の捕虫葉の粘液を分泌する触毛の運動
化学傾性	化学物質	モウセンゴケの捕虫葉中心部の触毛が化学物質の刺激を受けて周縁の触毛が屈曲

接触傾性　オジギソウ　葉柄　小葉　さわる　垂れる

葉枕（小葉・葉柄のつけ根にある）　接触刺激　膨圧が減少（垂れる）　膨圧運動

膨圧が大きいときの植物細胞

膨圧が小さいときの植物細胞

温度傾性　チューリップ　低温／高温

C 環境要因の受容

光は植物にとって最も重要な環境要因の1つである。植物は**光受容体**を用いて光環境の変化を感知する。

■植物の光受容体と吸収する光の波長

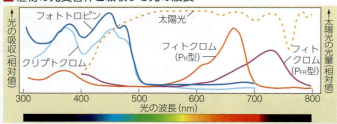

■フィトクロムが作用するしくみ

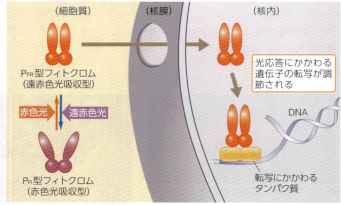

■植物の光受容体の種類とはたらき

	フィトクロム	フォトトロピン	クリプトクロム
吸収光	赤色（遠赤色）	青色	青色，紫外線
存在場所	細胞質（核内に移動する）	膜（細胞膜など）	核
機能	遺伝子の転写調節	酵素の活性化	遺伝子の転写調節
はたらき	発芽・花芽形成・胚軸の伸長抑制	光屈性・気孔開口・葉緑体の移動	花芽形成・胚軸の伸長抑制

フィトクロムは赤色光の照射によりP_{FR}型（遠赤色光吸収型）に，遠赤色光の照射によりP_R型（赤色光吸収型）に変化する。また，長時間の暗条件ではP_R型に変化する。P_R型フィトクロムは細胞質に局在するが，P_{FR}型に変化すると核内に移動して，光応答にかかわる遺伝子の転写を調節する。

Keywords　屈性（tropism），傾性（nasty），光受容体（photoreceptor），フィトクロム（phytochrome）

D 環境応答と植物ホルモン

植物のからだの中での情報の伝達には、さまざまな**植物ホルモン**がはたらいている。植物ホルモンは、細胞にはたらきかけて細胞の成長や生理的なはたらきを調節する。

種類	代表的な物質と化学構造	おもな生成部位や分布	おもなはたらき
オーキシン	インドール酢酸(IAA)(他に合成物でナフタレン酢酸, 2,4-Dなど)	活動中の芽・幼葉鞘の先端部で合成	伸長成長の促進と抑制(屈性に関係)(2,4-Dによる広葉の雑草の枯死・除草) 頂芽優勢 落葉落果の防止 細胞分裂の促進(組織培養でカルス誘導) 発根促進 果実の肥大成長促進 離層形成の抑制
ジベレリン	ジベレリン A_3	植物の全組織、特に未成熟の種子や発達中の果実	わい性植物※の成長促進 伸長成長促進 子房の発育促進(種なしブドウの単為結実の誘導) 種子や芽の休眠打破(種子内のアミラーゼの合成を促進) 長日植物の花芽分化促進
サイトカイニン	カイネチン(他にゼアチンなど)	根で合成、全組織に分布	細胞分裂の促進(組織培養でカルス誘導、オーキシンとともに細胞の分化を決定) 側芽の成長促進 葉の老化防止
エチレン	エチレン(気体)	果実の成熟時に合成	果実の成熟(後熟)促進 器官の脱落(離層の発達)促進(落葉・落果の促進) 細胞の伸長抑制 重力屈性の消失 開花の調節
アブシシン酸	アブシシン酸	葉・茎・種子・果実などに存在	器官の脱落 休眠の誘導 種子・球根・頂芽の発芽抑制 細胞の伸長抑制(根の重力屈性) 気孔の閉鎖
ブラシノステロイド	ブラシノライド	多くの組織に分布	茎の伸長成長 葉の成長(展開促進) 細胞分裂の促進 木部形成の促進 発芽の促進 各種ストレスに対する耐性
ジャスモン酸	ジャスモン酸	動物による食害を受けた葉で合成	動物の食害ストレスに応答してタンパク質分解酵素の阻害物質の合成を誘導(昆虫などの消化酵素を阻害) 病原体の感染に抵抗性を示す 離層の形成促進 葉の老化促進
サリチル酸	サリチル酸	病原体に感染した葉で合成	病原体の感染に抵抗性を示す
ストリゴラクトン	5-デオキシストリゴール	根で合成され、地上部へ移動	種子の発芽の促進 側芽の成長抑制 植物の根に共生する菌の活性化
システミン	システミン 18個のアミノ酸からなるポリペプチド	動物による食害を受けた葉で合成	ジャスモン酸の合成を誘導

※その植物の標準の大きさの半分以下で発育が停止した小型の植物。

■ 植物ホルモンの移動

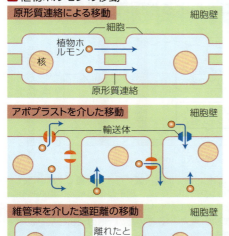

Zoom up 細胞壁と物質の移動

植物細胞は、細胞壁を貫く原形質連絡によって細胞質どうしがつながっている(▶p.29)。このように、細胞内が1つにつながった構造を**シンプラスト**という。また、細胞膜の外側の細胞壁も、植物全体でつながっていて、これを**アポプラスト**という。細胞壁は、セルロース繊維が多糖類によって架橋された隙間の多い構造をしており、全透性を示す。そのため、アポプラスト内は植物ホルモンなどの物質が自由に移動することができる。

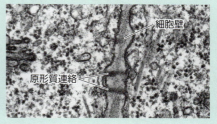

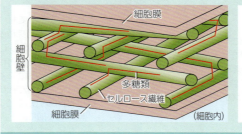

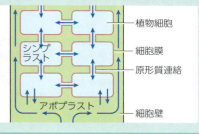

植物ホルモン(plant hormone, phytohormone)、シンプラスト(symplast)、アポプラスト(apoplast)

17 発芽の調節 〈生物基礎／生物〉

A 種子の休眠

植物の種子は、適当な温度、水、酸素がそろっても発芽しないことがある。このような状態を種子の**休眠**という。休眠は、季節変動など環境の変化への植物の適応である。

■ 種子の休眠と発芽

種子は、種皮が水や気体を通過させにくいことや、**アブシシン酸**とよばれる植物ホルモンが発芽を抑制していることなどから、休眠をする。種子には、発芽に光が必要なもの（光発芽種子）や低温・高温にさらすことが必要なものもある。

■ アブシシン酸による発芽の抑制

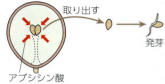

果実に含まれるアブシシン酸によって果実中の種子は発芽しない。果実から種子を取り出すと発芽するものもある。

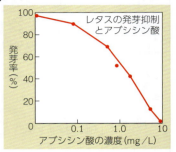

B 種子の発芽

発芽に適した環境になると、種子の休眠は解除されて発芽する。種子によっては、発芽に光を必要とするものもある。種子の発芽は、植物ホルモンの一種である**ジベレリン**によって促される。

■ 光発芽種子と暗発芽種子

光発芽種子	暗発芽種子
レタス, シロイヌナズナ, タバコ, ミソハギ, イチジク, ミツバ, シソ, セロリ, ゴボウ	ネギ, カボチャ, スイカ, タマネギ, ケイトウ

光発芽種子は吸水後、光に反応する。光の照射時間は短くてよいが、温度に依存する。暗発芽種子は光がない方がよく発芽する種子である。

■ 光の種類と光発芽種子の発芽

レタスの種子は赤色光を当てると発芽するが青色光では発芽しない。

■ 赤色光・遠赤色光と光発芽種子の発芽

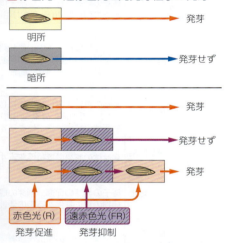

フィトクロムが赤色光によってP_{FR}型となり、発芽を促進する。

Point 発芽とフィトクロム

光発芽種子では、赤色光を吸収し、P_{FR}型フィトクロムができるとジベレリンが活性型になり発芽が促進される。

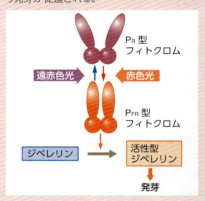

■ ジベレリンによる発芽の促進

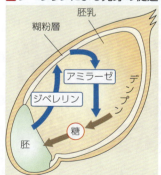

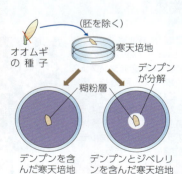

オオムギの発芽の際には、胚から出たジベレリンが**糊粉層**にはたらき、糊粉層からアミラーゼが分泌される。アミラーゼは胚乳中のデンプンを糖に分解し、胚に呼吸の基質を供給する。

上図のように、水に浸したオオムギの種子の糊粉層を寒天培地上におき、24時間後にヨウ素デンプン反応を見ると、ジベレリンを含んだ培地の糊粉層でのみ、デンプンが分解されている。

🔍 Zoom up フィトクロムによる光環境の識別

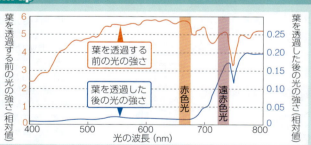

種子が発芽しても、他の植物の陰では光合成を行えず生育できないことがある。光発芽種子はフィトクロムによって、種子が他の植物の陰にあるかどうかを識別している。一般的に、植物の葉は赤色光(R)をよく吸収し、遠赤色光(FR)はあまり吸収しない。そのため、他の植物の陰では、遠赤色光の強さに対する赤色光の強さ(R/FR比)が低下する。例えば、日なたでのR/FR比は約1.19であるのに対して、ツタの葉の陰でのR/FR比は約0.13である。R/FR比は、芽ばえが種子に含まれる栄養分を使い切る前に、光合成を行えるようになるかどうかの指標になる。

Keywords 休眠(dormancy), 発芽(germination), 光発芽種子(photoblastic seed), 糊粉層(aleuron(e) layer)

18 成長の調節(1) 生物基礎 生物

6-Ⅱ 植物の環境応答

A 植物の成長とオーキシン

オーキシンは植物の成長を促進する植物ホルモンであり,植物が合成する天然のオーキシンは**インドール酢酸(IAA)**という物質である。

■オーキシンのはたらき

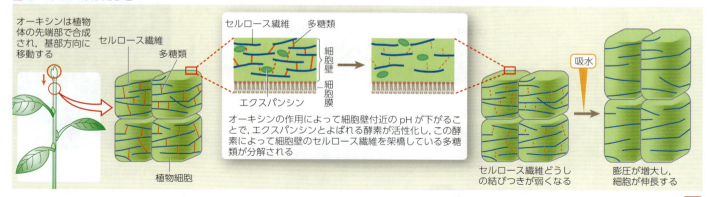

オーキシンは植物体の先端部で合成され,基部方向に移動する

オーキシンの作用によって細胞壁付近のpHが下がることで,エクスパンシンとよばれる酵素が活性化し,この酵素によって細胞壁のセルロース繊維を架橋している多糖類が分解される

セルロース繊維どうしの結びつきが弱くなる

膨圧が増大し,細胞が伸長する

■オーキシンの極性移動

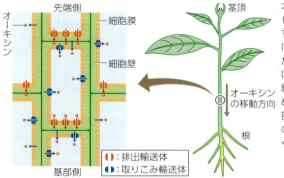

オーキシンは,茎頂(先端側)から根端(基部側)へと方向性(極性)をもって移動する。細胞膜には,オーキシンの輸送にはたらく取りこみ輸送体や排出輸送体があり,オーキシンを細胞外へ排出するはたらきをもつ排出輸送体は,茎では細胞の基部側に局在している。このため,オーキシンは,茎の先端側から基部へ向かって極性移動する(オーキシンの取りこみは,取りこみ輸送体だけでなく,拡散によっても起こる)。

■幼葉鞘の先端部を用いた実験

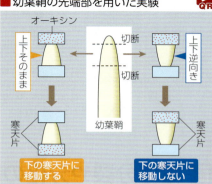

■マカラスムギの幼葉鞘

幼葉鞘は,マカラスムギなどの単子葉植物の種子から最初に出てくるもので,第一葉(子葉以外で最初に出てくる葉)を包んだ筒状の鞘である。

■光屈性とオーキシン

マカラスムギの幼葉鞘に光を当てると,光の来る方向に先端部が屈曲する。

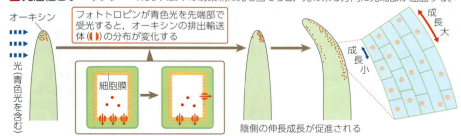

フォトトロピンが青色光を先端部で受光すると,オーキシンの排出輸送体(●)の分布が変化する

陰側の伸長成長が促進される

■オーキシンに対する器官の感受性

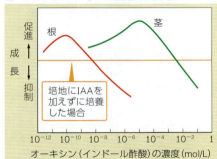

茎・根には,成長を促進するオーキシンの最適濃度があり,その値は異なる。グラフは各部を切り取り,オーキシンを含む培地で培養した結果。

オーキシンと重力屈性 (暗黒中)

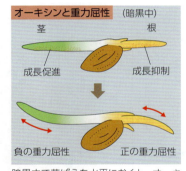

暗黒中で芽ばえを水平におくと,オーキシンが下側に移動することにより,茎は負の重力屈性,根は正の重力屈性を示す。

■根の重力屈性のしくみ

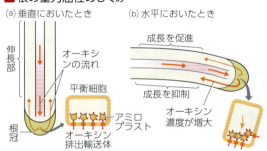

根冠には重力を感知する平衡細胞が存在する。水平におかれた根では,平衡細胞に含まれるアミロプラストが重力方向に移動する。これによりオーキシンの排出輸送体の分布が変化し,より多くのオーキシンが下側に移動するようになる。

Keywords オーキシン(auxin),極性移動(polar transport),光屈性(phototropism),重力屈性(gravitropism)

213

19 成長の調節 (2) 生物基礎 生物

A 成長の調節と植物ホルモン

■**成長する方向の調節**　細胞壁のセルロース繊維が横方向に配列していると、細胞は縦方向に伸長成長し、セルロース繊維が縦方向に配列していると、細胞は横方向に肥大成長する。セルロース繊維の方向は、微小管の方向によって決まる。

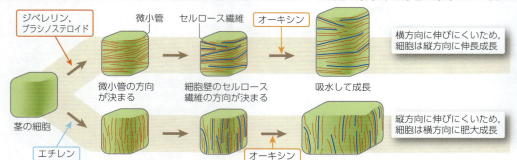

■ ジベレリンによる成長の調節

ジベレリンは、茎の伸長を促進し、わい性植物を正常な丈に成長させる。

■**芽ばえに対するブラシノステロイドの作用**

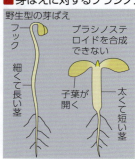

通常、暗所で芽ばえを生育させると、茎が細く長く成長する。それに対して、ブラシノステロイドを合成できない突然変異体は、暗所でも茎が太く短くなる。

Pioneer　ジベレリンの作用機構を解析

植物の成長を調節する植物ホルモンの作用機構の解析は、農業的、環境的にも重要である。2008年、箱嶋敏雄教授の研究室ではX線結晶構造解析という手法によって、世界で初めてジベレリンとジベレリン受容体、さらにジベレリンによって発現が促進される遺伝子の転写を調節するタンパク質が結合しているようすを解析することに成功した。この研究により、ジベレリン分子をもとに植物の成長に有用な物質を設計することが容易になると考えられ、農業開発への応用も期待されている。

奈良先端科学技術大学院大学研究推進機構　蛋白質工学研究室（箱嶋敏雄研究室）

B 細胞分裂や分化の調節
植物ホルモンの一種であるサイトカイニンは、細胞分裂や分化を促進するはたらきをもつ。

■**細胞分裂・分化の促進**

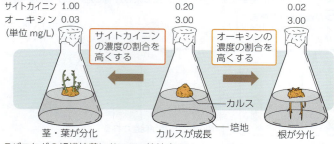

タバコなどの組織培養において、培地中のサイトカイニンとオーキシンの濃度比を変えると、カルス（未分化な細胞塊）からの再分化のようすが変化する。

■**葉の老化の防止**

葉をサイトカイニン水溶液と水にそれぞれ浮かべると、サイトカイニン処理した葉のほうが緑色のままで老化が遅い。これは、タンパク質の合成が維持されるためである。

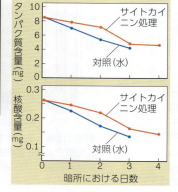

Zoom up 植物の成長と光形態形成

土中の種子は、地上に出る際に鉤状のフックを形成することで、茎頂分裂組織が土に触れて傷つくのを防いでいる。フックが地上部に出て光が当たると、フィトクロムやクリプトクロムが光を検知し、芽ばえの伸長が抑制される。さらに、エチレンの生成が抑制されてフックが開いて、子葉が展開する。例えば、インゲンマメを暗所で生育させると、芽ばえの伸長が抑制されず、フックが形成されて黄色のまま細長く成長する。このような生育様式は黄化といい、「もやし」の状態である。このように、光によって植物の成長や分化が影響を受けて、形態が変化する現象を**光形態形成**とよぶ。光によって幼葉鞘が屈曲する反応（▶p.213）なども、光形態形成の一種である。

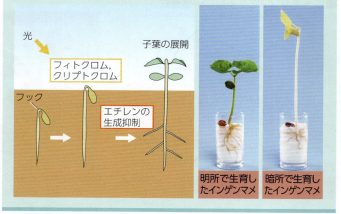

Keywords ジベレリン(gibberellin), ブラシノステロイド(brassinosteroid), サイトカイニン(cytokinin), カルス(callus), 光形態形成(photomorphogenesis)

20 植物ホルモンの探究 生物基礎／生物

6-Ⅱ 植物の環境応答

A 探究 オーキシン濃度の検定

いろいろな濃度のオーキシン(インドール酢酸)によって、マカラスムギの幼葉鞘の成長のようすがどのように異なるかを調べる。

■ 実験の手順

①マカラスムギの種子を十分に吸水させ、暗所※で発芽させて、幼葉鞘が3～4cmになるまで成長させる。
※光屈性による屈曲を防ぐため。

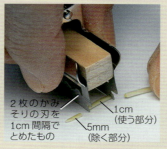

②幼葉鞘の先端から5mmを切り除き※、そこから1cmを切りとる。
※先端でつくられるオーキシンの影響をなくすため。

③2%スクロース溶液をつくり、溶液Aとする。次に微量のエタノールにインドール酢酸を0.1g溶かし、溶液Aを加えて100mLとして$1×10^{-1}$%のインドール酢酸溶液Bをつくる。
さらに、溶液Bを溶液Aで1/10希釈し、溶液C($1×10^{-2}$%)とする。これを繰り返して各濃度のインドール酢酸溶液(B～G)をつくる。

④ペトリ皿に各濃度のインドール酢酸溶液を入れ、幼葉鞘を数本ずつつけて、暗所※に一昼夜おく。
※光による幼葉鞘内のオーキシンのかたよりを避けるため。

■ 結果・考察の一例 （測定結果は環境条件やマカラスムギの種子の状態などによっても異なる。）

①測定結果

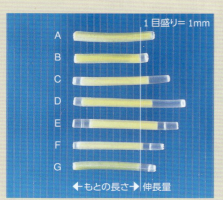

1目盛り=1mm
もとの長さ←→伸長量

溶液	インドール酢酸の濃度	伸長量の平均値
A	0%	2.2mm
B	$1×10^{-1}$	1.5
C	$1×10^{-2}$	4.7
D	$1×10^{-3}$	6.9
E	$1×10^{-4}$	5.8
F	$1×10^{-5}$	3.4
G	$1×10^{-6}$	2.3

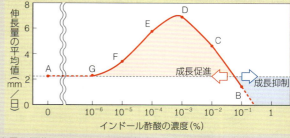

②考察　この実験では、幼葉鞘の伸長を最も促進するインドール酢酸(オーキシン)の濃度はD：$1×10^{-3}$%あたりである。また、B：$1×10^{-1}$%では、濃度が高すぎるため成長が抑制されている。

■ 生物検定法

上の測定結果のグラフから、未知の濃度のインドール酢酸溶液を用いても、幼葉鞘の伸長量よりその濃度を推定することができる。このように生物の生命活動をもとにして、物質の量を測る方法を生物検定法という。右のアベナ屈曲試験法も生物検定法の1つである。

■ アベナ屈曲試験法

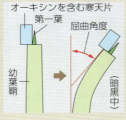

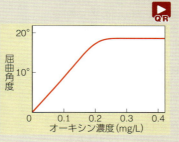

暗所で発芽したマカラスムギ(属名アベナ)の幼葉鞘の先端部を左図のように切りとり、オーキシンを含む寒天片を不均一にのせると、のせた側の成長が促進されて屈曲する。屈曲角度は低濃度ではオーキシン濃度に比例するので、屈曲角度よりオーキシン濃度を推定できる。

Zoom up 植物ホルモンと細胞内の伝達経路

植物ホルモンは特定の遺伝子の発現を制御することで、植物にさまざまな生理作用をもたらす。植物ホルモンの種類によって、受容体が存在する場所や、細胞内での伝達経路、作用のしかたは大きく異なる。

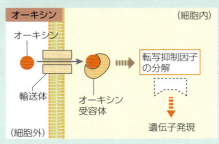
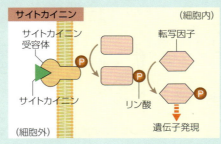
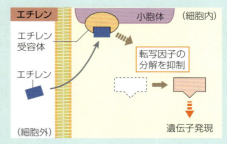

Keywords　生物検定法(bioassay)

21 植物の器官分化と組織 [生物基礎 / 生物]

A 植物の器官分化

■頂端分裂組織

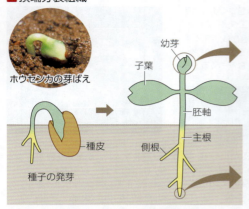

植物体は，茎と根の先端部に**頂端分裂組織**をもつ（▶p.44）。茎の先端にあるのが**茎頂分裂組織**，根の先端にあるのが**根端分裂組織**である。茎頂分裂組織からは，茎と葉，さらに花も分化する。

L1層は表皮に，L2層，L3層は内部組織になる。
中央帯 始原細胞からなる。
周辺帯 盛んに細胞分裂を行う分裂細胞からなる。
髄状帯 茎の髄や維管束などを形成する。形成中心とよばれる領域の細胞はほとんど細胞分裂を行わない。
根冠始原細胞群 それぞれの組織をつくる始原細胞からなる。
静止中心 ほとんど分裂を行わない細胞。始原細胞の分化を抑制し，始原細胞としての機能を保持する。

静止中心，および各組織の始原細胞群と周辺の分裂細胞を含めた部分が根端分裂組織である。

■植物体の構成

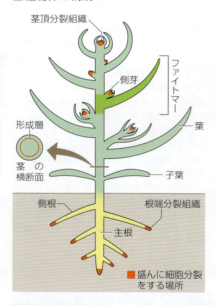

茎頂分裂組織では，その周辺部で葉の原基がつくられる。茎頂分裂組織が自身のつくった若い葉に囲まれたものを**芽**という。

葉の原基は成長してやがて葉になり，それとともに茎も成長する。1つの茎頂分裂組織に由来する茎と葉は**シュート**とよばれる。また，1枚の葉，芽，葉と葉の間の茎（節間）をまとめた単位を**ファイトマー**という。植物体は，基本単位であるファイトマーが繰り返し積み重なることによってできていく。

新しい茎頂分裂組織は，葉のつけ根と茎にはさまれた部分が盛り上がってできる（側芽）。側芽が成長すると枝となる。

Zoom up 分裂組織を維持するしくみ

茎頂分裂組織では，幹細胞（始原細胞）として機能する細胞の数が一定の数になるように調節されている。この調節には，形成中心で発現し，幹細胞の分化の抑制と分裂の促進にはたらく *WUS* 遺伝子と，*WUS* 遺伝子の発現を抑制する *CLV* 遺伝子が関わっている。*CLV* 遺伝子には，形成中心で発現する *CLV1* 遺伝子と中央帯で発現する *CLV3* 遺伝子がある。

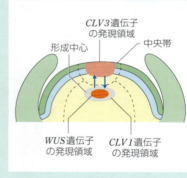

WUS 遺伝子が発現
（分裂を促進，分化を抑制）
↓
中央帯で幹細胞数が増加
↓
CLV3 遺伝子の転写が促進
↓
CLV3 タンパク質と *CLV1* タンパク質が結合し *WUS* 遺伝子の発現を抑制
（分裂を抑制，分化を促進）
↓
中央帯で幹細胞数が減少
↓
CLV3 遺伝子の転写が抑制

B 側芽の成長の調節

植物は側芽の不必要な成長を抑制し，頂芽を優先的に成長させること（**頂芽優勢**）で，より多くの光を受光することができる。側芽の成長は，茎の頂芽でつくられるオーキシンによって抑制される。

■頂芽優勢

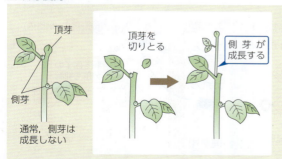

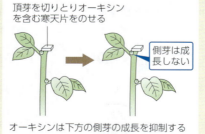

オーキシンは下方の側芽の成長を抑制する

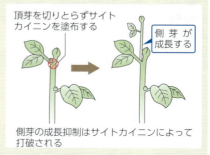

側芽の成長抑制はサイトカイニンによって打破される

216　Keywords　茎頂分裂組織（shoot apical meristem），根端分裂組織（root apical meristem），頂芽優勢（apical dominance）

22 花芽形成の調節(1) 生物基礎 生物

A 花芽形成の光周性

植物の花芽の形成などは、昼と夜の長短によって影響を受ける。このような性質を**光周性**という。

■花芽形成の光周性による3つの型

種類	長日植物	短日植物	中性植物
特徴	1日の暗期が一定時間(限界暗期)以下になると花芽を形成。春～初夏が開花期	1日の暗期が一定時間(限界暗期)以上になると花芽を形成。夏～秋が開花期	日長と関係なく花芽を形成。四季咲きの植物に多い
植物例	アブラナ,キャベツ,ダイコン,コムギ,アヤメ,ヒメジョオン,ホウレンソウ	アサガオ,コスモス,イネ,キク,オナモミ,ダイズ,アサ,ダリア	ナス,ワタ,トマト,セイヨウタンポポ,ハコベ,エンドウ,トウモロコシ,キュウリ

ヒメジョオン / アサガオ / トマト

■花芽の形成

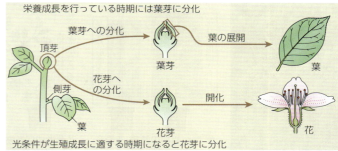

光条件が生殖成長に適する時期になると花芽に分化

頂芽や側芽は葉にも花にも分化することができる。花芽の分化には、光条件、特に暗期の長さが関係する。

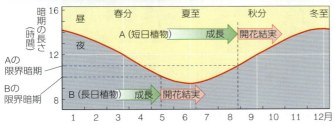

花芽形成が起こる、長日植物では最長の、短日植物では最短の暗期の長さを**限界暗期**という。限界暗期の長さは植物の種類によって異なる。

■光中断と花芽形成

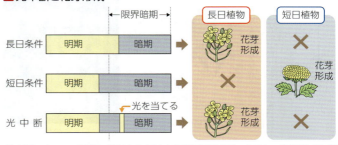

光中断によって、暗期の連続した長さを限界暗期以下にすると、花芽形成に影響がでる。花芽形成には連続した暗期の長さが重要であることがわかる。

■1日の暗期と開花までの日数

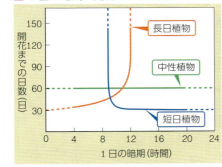

キクの電照栽培
晩夏から夜間照明で暗期を短くして(長日処理)開花を遅らせ、冬に出荷する。

Point 植物の限界暗期

花芽形成は、昼と夜の長さの対比ではなく、限界暗期より暗期が長いか短いかによって決まり、限界暗期はそれぞれの植物によって異なる。

種類		植物例	限界暗期(時間)
長日植物	限界暗期より短い暗期で花芽形成	ダイコン	13～14
		ホウレンソウ	10～11
短日植物	限界暗期より長い暗期で花芽形成	アサガオ	8～9
		オナモミ	8.5～9

■光中断実験とフィトクロム

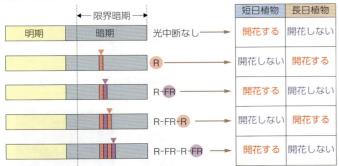

赤色光(R,波長660nm付近)の後に遠赤色光(FR,波長730nm付近)を照射すると赤色光照射の効果は打ち消される。花芽形成は最後に当てた光に影響される。

Column 光周性と緯度の関係

低緯度に比べて高緯度の地域では、光周性をもち、日長(夜の長さ)を手がかりにして花芽形成を行う植物の割合が多い。これはなぜだろう。
高緯度地域の夏は短く、そこに生息する植物には、初夏～初秋の短い特定の時期に花を咲かせて種子をつくらなければならないものがある。そのような植物にとっては、花粉を運ぶ昆虫が活動する時期や、同種の他個体が開花する時期に合わせて花芽形成を行うことが重要である。植物の成長には個体差があり、また温度には季節外れの暖かさなど年によって違いがある。そのため、これらを手がかりに花芽形成を行うと、花芽形成に適さない時期に花芽を形成してしまう個体が現れる。それに対して、日長は年によって変化しないので、日長を手がかりに花芽を形成すれば、その地域の同種の個体が特定の時期に一斉に花芽形成を行うことになり、効率よく繁殖することができる。

Keywords 花芽形成(flower-bud formation), 光周性(photoperiodism), 光中断(light break)

23 花芽形成の調節(2)

A 花芽形成のしくみ

光周性を示す植物は，葉のフィトクロムで光(暗期)を受容し，花芽形成促進物質(フロリゲン)をつくり，花芽を形成する。現在では，フロリゲンはタンパク質であることが明らかになっている。

■花芽形成と物質の移動(短日植物オナモミを用いた実験)

■ は短日処理(人為的に暗期を限界暗期より長くした短日条件にする)

オナモミ

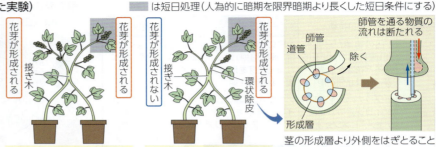

葉で光(暗期の情報)を受容する。／花芽形成促進物質は葉でつくられて移動する。／花芽形成促進物質は師管を通って移動する。／茎の形成層より外側をはぎとることを環状除皮といい，道管を残して師管だけが除かれる。

■短日植物におけるフロリゲンのはたらき

緑色に見えるのがGFPと結合したHd3aタンパク質

イネではHd3aタンパク質がフロリゲンとしてはたらく。

■長日植物におけるフロリゲンのはたらき

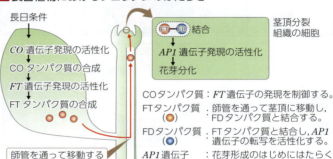

- COタンパク質：FT遺伝子の発現を制御する。
- FTタンパク質（○）：師管を通って茎頂に移動し，FDタンパク質と結合する。
- FDタンパク質（●）：FTタンパク質と結合し，AP1遺伝子の転写を活性化する。
- AP1遺伝子：花芽形成のはじめにはたらく遺伝子。

シロイヌナズナではFTタンパク質がフロリゲンとしてはたらく。

B 花芽形成と温度

植物の中には花芽の形成に低温を経験することが必要なものがある。これは日長条件が春と似ている秋に開花してしまうのを避けるためである。

■花芽を分化する暗期の長さと温度

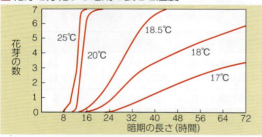

アサガオ(短日植物)の芽ばえに花芽形成に十分な暗期を1回与える。このとき，温度によって花芽形成に必要な暗期の長さは変わる。

■春化処理

低温により花芽形成などが促進されることを**春化**(バーナリゼーション)という。

秋まきコムギを春にまくと成長するが開花結実しない。しかし，春にまいても発芽種子を約4℃の低温下に一定期間おく(春化処理)と，開花結実する。

■春化処理と開花までの日数

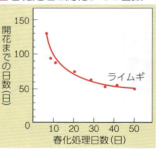

Column 二次代謝産物とアレロパシー

■二次代謝産物

植物の生命維持に直接必要な代謝産物を「一次代謝産物」というのに対し，それぞれの植物に固有に存在し，生命維持に直接関係しない物質を「二次代謝産物」という。二次代謝産物の生理的意義については，よくわかっていないものが多いが，近年，一部の二次代謝産物は，他の植物との情報伝達や昆虫などに対する防御にはたらいていることが明らかになってきている。

- アルカロイド…動物(特に哺乳類)に対して毒性を示すものが多い。ニコチン，カフェイン，コカイン，エフェドリンなど
- フラボノイド…動物の誘引，紫外線に対する防御など。フラボン，アントシアニン，カテキン，ルチンなど
- イソプレノイド(テルペノイド)…殺虫・捕食忌避効果を示すものがある。植物油，樹脂，天然ゴムなど

■アレロパシー

ある種の植物は，成長阻害物質を産生して分泌することで，周囲の他個体の生育を阻害していると考えられている。これをアレロパシー(他感作用)といい，二次代謝産物が関与しているものがある。土中に分泌される物質のほか，エチレンやテルペノイドなどのように揮発性の物質もある。

ヒガンバナ アレロパシーをもつ植物の例

Keywords 春化〔処理〕(vernalization)，アレロパシー(allelopathy)

6-Ⅱ 植物の環境応答

C 花芽の分化と遺伝子発現

茎頂に移動したフロリゲンは，花芽の分化に関係する一群の遺伝子の発現を誘導する。それらの遺伝子のつくるタンパク質の組み合わせによって，花のどの部分が形成されるかが決まる。

■シロイヌナズナの花の形成（ABCモデル）

シロイヌナズナの花の形成には，3種類の調節遺伝子（Aクラス，Bクラス，Cクラス）がつくるタンパク質（調節タンパク質）が関与しており，いずれかの遺伝子が突然変異を起こすと，花の構造が正常につくられなくなる。このような調節遺伝子をホメオティック遺伝子という（▶ *p*.147）。

	野生型	Aクラス遺伝子欠損型	Bクラス遺伝子欠損型	Cクラス遺伝子欠損型
領域 ↓ はたらく遺伝子 ↓ 形成される構造	領域①｜領域②｜領域③｜領域④ 　　　　B A　　　　　C ↓　↓　↓　↓ がく片｜花弁｜おしべ｜めしべ 茎頂分裂組織の領域①〜④で遺伝子が発現し，異なる構造が形成される	領域①｜領域②｜領域③｜領域④ 　　　　B 　　　　C ↓　↓　↓　↓ めしべ｜おしべ｜おしべ｜めしべ AのかわりにCが発現。がく片と花弁を欠いた花ができる	領域①｜領域②｜領域③｜領域④ A　　　　　C ↓　↓　↓　↓ がく片｜がく片｜めしべ｜めしべ 花弁とおしべを欠いた花ができる	領域①｜領域②｜領域③｜領域④ 　　　　B 　　　　A ↓　↓　↓　↓ がく片｜花弁｜花弁｜がく片 CのかわりにAが発現。めしべとおしべを欠いた花ができる

上から見た花の構造および野生型および各変異体の花（図）

Zoom up 花の形成

被子植物の花は，外側から，がく片，花弁，おしべ，めしべの4つの構造で構成されている。上に示したシロイヌナズナの花の形成において，A，B，Cのすべてのクラスの遺伝子がはたらかないときには，これら4つの構造は生じず，葉が生じる。

植物体が成長するときには，分裂組織は葉を形成している。植物体が十分に成長し，日長などの情報を受け取って花を形成するスイッチが入ると，分裂組織は花を形成する状態へと分化する。花は，葉が特殊化してできた生殖器官と考えられている。

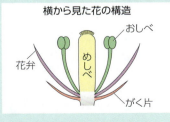
横から見た花の構造

Column モデル植物としてのシロイヌナズナ

シロイヌナズナ（学名 *Arabidopsis thaliana*）は，植物研究の材料として用いられてきた代表的なモデル植物である。種子をまいてから花が咲くまでの期間が1か月程度と短い，多くの種子をつける，小さくて実験室でも育てやすいなど，実験材料として優れた特徴をもっている。また，ゲノムサイズは1億2000万塩基対と小さく，2000年には植物で初めて全塩基配列が明らかにされた。突然変異による多様な形質をもつ植物が得られており，広く研究材料として用いられている。この植物については，以下のようなウェブサイトから情報を得ることができる。

＊ https://integbio.jp/dbcatalog/
　　　　（Integbio データベースカタログ）
＊ https://epd.brc.riken.jp/
　　　　（理化学研究所バイオリソースセンター）

シロイヌナズナ

がく（calyx），がく片（sepal），花弁（petal），おしべ（stamen），めしべ（pistil）

24 環境の変化に対する応答 生物基礎 / 生物

A 水分の調節

植物体内の水分子は互いにつながっており，根から吸収された水は気孔などから蒸散した水に引かれるように，道管を通って葉まで運ばれる。また，道管内を移動する水とともに，根から吸収した無機塩類も輸送される。

■ 植物体内の水の流れ

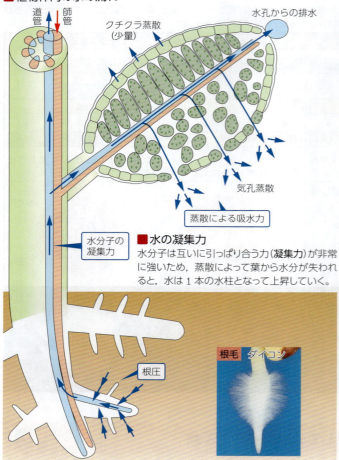

■ 根からの吸水（根圧の発生）

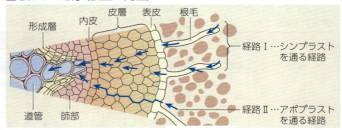

経路Ⅰ（シンプラストを通る，▶ p.211） 土の吸水力より根の表皮細胞の吸水力が大きければ，土の中の水は細胞の中に吸収される。根の内部に入るほど細胞の吸水力は大きいため，水は内部に移動して道管に達する。この水分の移動により水を押し上げる力（**根圧**）が生じる。

経路Ⅱ（アポプラストを通る，▶ p.211） 細胞壁は水を通すので，水は細胞壁や細胞間隙を通って移動することができる。しかし，内皮の細胞壁には，水を通しにくい部分があるため，細胞壁や細胞間隙を通ってきた水も，内皮の細胞内を通って道管に入る。

■ 乾燥に対する応答

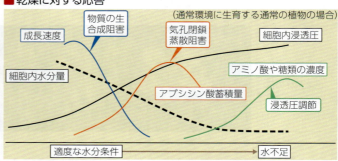

水不足になると，植物は，アブシシン酸のはたらきで気孔を閉鎖したり，エチレンのはたらきで葉を離脱させたりすることで，蒸散によって水分が消失して枯死することを防ぐ。

■ 気孔の開閉

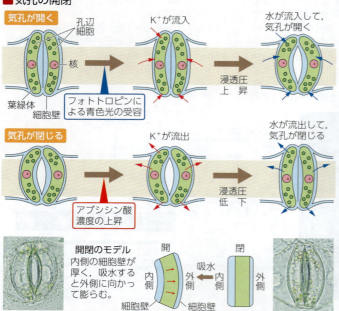

🔍Zoom up 気孔の開閉メカニズム

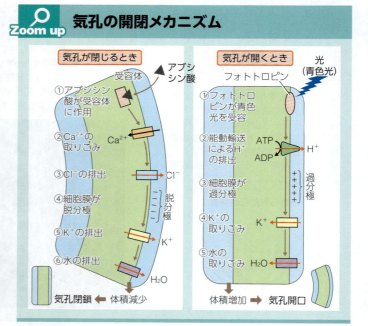

Keywords　蒸散 (transpiration)，吸水 (water absorption)，気孔 (stoma)，孔辺細胞 (guard cell)，アブシシン酸 (abscisic acid)

B 病害や傷害に対する応答

病原体に感染した植物では，感染部位だけでなく植物体全体で抵抗性を示す応答が起こる。葉などが昆虫などの植物食性動物によって傷を受けると，植物体内で傷害応答が起こる。

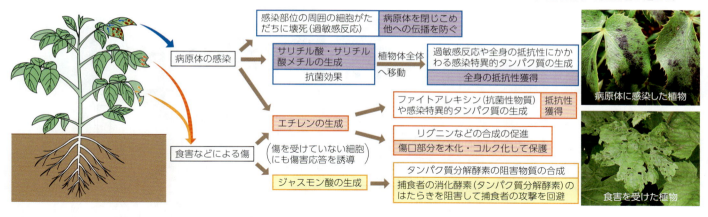

■ジャスモン酸による食害に対する防御
食害を受けるとジャスモン酸が合成され，昆虫の消化酵素のはたらきを阻害する物質が合成される。

食害を受けるとシステミンが合成される。システミンが細胞膜上の受容体に結合するとリパーゼによって細胞膜中の脂質が切り出されてリノレン酸ができ，リノレン酸からジャスモン酸が合成される。

■サリチル酸による病原体に対する防御
サリチル酸は病原体に対する抗菌作用や抵抗性の獲得に関与する。

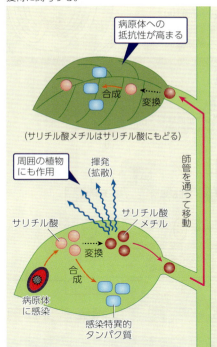

■低温に対する応答（凍結防止）

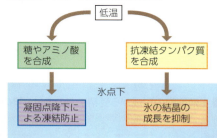

凍結が起こらなくても，低温によって細胞膜の流動性が低下すると，細胞機能に障害が出る。そのような場合，植物では，細胞膜に含まれる脂質の性質が変化して，流動性が維持される。

- 病原体に感染すると，病斑部の周囲の細胞で細胞死が起こって，病原体の拡大を防ぐ（過敏感反応）
- 病原体に感染すると，病斑部では抗菌効果をもつサリチル酸が急激に増加する（局部獲得抵抗性）
- サリチル酸は，過敏感反応や病原体抵抗性に関与する感染特異的タンパク質の合成を誘導する
- サリチル酸はサリチル酸メチルに変換され，植物体全体に広がり，病原体抵抗性が高まる（全身獲得抵抗性）
- 揮発性のサリチル酸メチルは，空気を介して他の植物の抵抗性も誘導する

■ジャスモン酸の作用

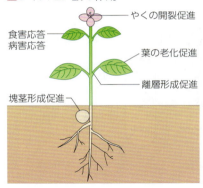

ジャスモン酸はジャスミンの花の香りの成分である。ジャスモン酸がかかわる生理作用は，多岐にわたる。

Zoom up　ファイトアレキシン

微生物などの病原体に対する防御機構として，サリチル酸のほかに，ファイトアレキシンが関与する経路も知られている。ファイトアレキシンは強い抗菌作用をもつ物質で，植物が病原体に感染すると急激に合成されて濃度が上昇し，感染部位周囲に蓄積する。健康食品の成分として有名なイソフラボンも，マメ科植物においてファイトアレキシンとしてはたらく物質である。

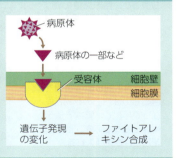

ジャスモン酸(jasmonic acid)，サリチル酸(salicylic acid)

25 植物の配偶子形成と受精

生物基礎 / 生物

A 被子植物の生殖細胞の形成から受精まで

被子植物では，やくの中で花粉が形成され，胚珠の中で胚のうが形成される。

■ 精細胞と卵細胞の形成

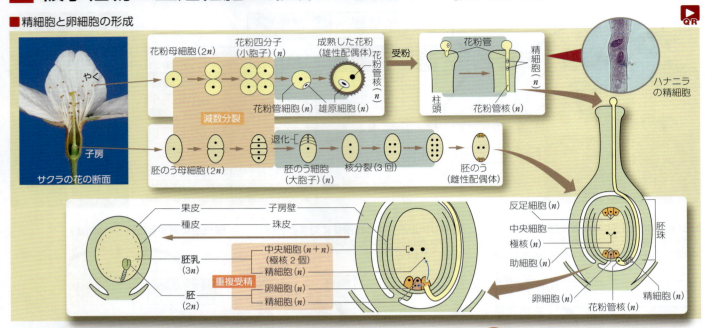

■ 生殖細胞の形成から受精までのDNA量の変化

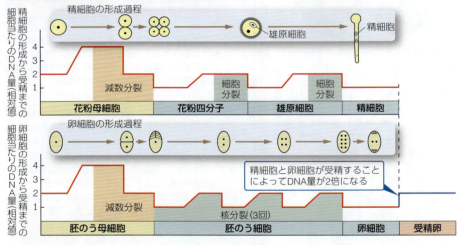

Point 重複受精

被子植物では，上の図のような様式で受精が行われ，これを，**重複受精**という。
精細胞と卵細胞が受精したものは胚となるが，精細胞と中央細胞とが融合してできる胚乳（$3n$）は，胚が育つときの栄養分となり，やがてはなくなってしまう。
また，裸子植物では重複受精は起こらない。

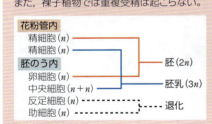

Zoom up 自家不和合性

植物には自家受精するものもあるが，自家受精を避けるしくみ（**自家不和合性**）をもつものがある。
自家不和合性にかかわる遺伝子（S遺伝子）には複数の対立遺伝子が存在しており，自身と同じ遺伝情報を含むものは自己の花粉と見なして拒絶し，異なる遺伝情報をもつものを，他者の花粉として受け入れる。

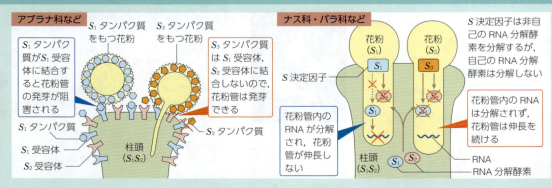

Keywords 被子植物（angiosperms），花粉管（pollen tube），極核（polar nucleus），重複受精（double fertilization），自家不和合性（selfincompatibility）

6-II 植物の環境応答

 花粉管誘引のしくみ

めしべの柱頭についた花粉は，胚珠に向かって花粉管を伸ばし，胚珠に到達すると，花粉管の中の精細胞が胚のうにある卵細胞と受精する。花粉管が迷うことなく胚のうに到達するしくみ，花粉管誘引にかかわる物質が，名古屋大学の東山哲也教授のグループによって解明された。

■ 誘引にかかわる助細胞

園芸品種として身近にみられるトレニアという植物は，胚のうが胚珠から飛び出して一部むき出しになっているという特徴をもっている。一般的な植物とは異なるこの特徴に着目した東山教授らは，トレニアを材料として花粉管誘引のしくみを調べる実験を行った。

彼らは，花粉管を胚のうへと導くのが，胚のうのどの部分なのかを調べるため，レーザーで，卵細胞・2個の助細胞・中央細胞のうちの1～2細胞を破壊し，誘引頻度を調べた。

胚のうの状態	各細胞の存在 (+…存在, −…破壊)				誘引頻度
	卵細胞	中央細胞	助細胞	
完全	+	+	+	+	98%
1細胞破壊	−	+	+	+	94%
	+	−	+	+	100%
	+	+	−	+	71%
2細胞破壊	−	−	+	+	93%
	−	+	−	+	61%
	+	−	−	+	71%
	+	+	−	−	0%

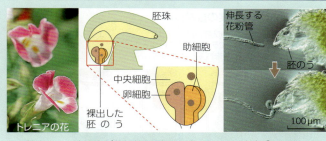

この結果より，助細胞が花粉管誘引に関係していると結論づけられた。この結果を発表した論文は，2001年に科学雑誌「Science」に掲載され，その表紙には，花粉管が胚のうに入りこむ瞬間を撮影した写真が掲載された。

■ 誘引物質

助細胞が花粉管誘引にかかわっていることが明らかになった後，東山教授らは，助細胞から分泌されていると考えられる花粉管を誘引する物質を調べる研究を行った。

彼らは，顕微鏡下の操作で25個の助細胞を取り出し，どのような遺伝子が発現しているかを調べた。その結果，システインに富む2種類の分泌性の低分子量タンパク質が強く発現していることがわかったため，これらのタンパク質を用いて以下のような実験を行った。

Ⅰ：これらの物質が花粉管を誘引するはたらきがあることを調べる実験

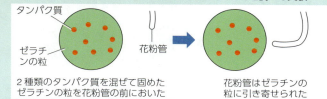

Ⅱ：これらの物質がないと花粉管を誘引できないことを調べる実験

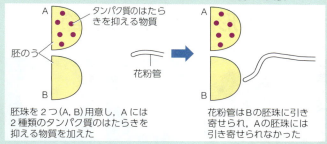

この結果より，助細胞でつくられるこれらのタンパク質が花粉管誘引物質であると結論づけられた。彼らは，これらのタンパク質をルアー1，ルアー2（LURE，つりに使用する疑似餌の意味）と名づけた。なお，この結果は，2009年に科学雑誌「Nature」に掲載されたが，このとき，関連写真が再び表紙を飾ることとなった。

B 裸子植物の生殖細胞の形成から受精まで

卵細胞や精細胞の形成は，被子植物と同様に起こるが，種子が形成されるだけで，果実はできない。

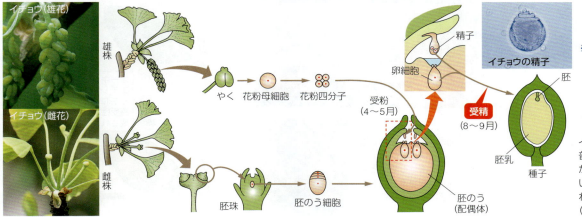

※イチョウとソテツでは精子ができるが，ほとんどの裸子植物では精細胞を形成する。

イチョウは1個の胚のうに普通2個の造卵器をもつが，1個の胚しかつくらない。胚乳は受精前につくられるので，核相はnである（重複受精は起こらない）。

助細胞(synergid)，胚珠(ovule)，胚のう(embryosac)，裸子植物(gymnosperms)

223

26 胚や種子の形成と果実の成熟 生物基礎 生物

A 胚発生
受精を終えた卵細胞は，子房内の胚珠の中で成長して胚を形成する。胚珠は種子に，子房は果実になる。

■ナズナの胚発生

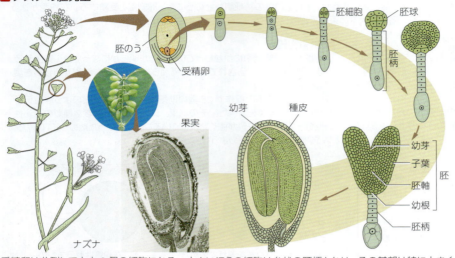

受精卵は分裂して大小2個の細胞になる。大きいほうの細胞は糸状の胚柄となり，その基部は特に大きくなって胚珠の組織にくいこみ，胚を支える。一方，小さいほうの細胞は分裂を繰り返して子葉・幼芽・胚軸・幼根に分化する。種子が完成すると，一般に種子中の水分が減少し，休眠状態に入る。

■有胚乳種子と無胚乳種子

有胚乳種子 胚乳をもつ種子。胚乳に栄養分をたくわえている。例：カキ・トウゴマ

無胚乳種子 胚乳が分解・吸収されてなくなっている種子。多くの場合には子葉に栄養分をたくわえている。例：エンドウ・クリ

B 果実の形成と成熟の調節
果実の形成はオーキシンやジベレリンによって促進され，形成された果実の成熟にはエチレンが関与する。

■ジベレリンによる子房の発育促進

自然状態では，受粉により種子ができて子房が発達する。ジベレリン処理（開花の前後，計2回）すると，受粉しなくても子房が肥大して種なしブドウができる（**単為結実**）。

■エチレンによる果実の成熟促進

①未成熟の青いバナナ（対照実験） ②成熟したリンゴ（エチレンを出す）と未成熟のバナナ ③エチレンガスを入れる

未成熟のバナナは，いずれも①より速く熟す

C 落葉の調節
植物の落葉や落果は，その付け根に離層という細胞層がつくられることによって起こる。離層の形成はエチレンによって促進される。また，葉の老化にはアブシシン酸も関与する。

■葉柄の離層

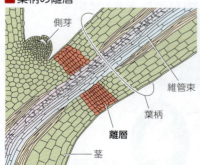

のちに葉が離れる部分（離層）には小さな細胞が配列している。この部分の細胞間の接着が弱まることで葉が脱落する。葉柄が離れた切り口にはコルク層が形成され，微生物の侵入や水分の消失が抑制される。

■エチレンによる落葉の促進

葉のついた植物と熟したリンゴを同じ容器に入れて密封すると，リンゴから出るエチレンによって離層とよばれる細胞層が形成され，植物の落葉が促進される。

■オーキシンによる落葉の抑制

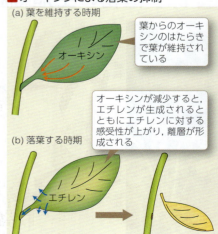

(a) 葉を維持する時期 — 葉からのオーキシンのはたらきで葉が維持されている

(b) 落葉する時期 — オーキシンが減少すると，エチレンが生成されるとともにエチレンに対する感受性が上がり，離層が形成される

Keywords 離層(abscission zone)，エチレン(ethylene)

27 組織培養と細胞融合　生物基礎 生物

A 組織培養の利用
細胞融合や組織培養の技術を利用して，新しい性質をもつ植物をつくったり，有用な物質を大量に生産したりすることが可能である。

■スチュワードの実験
スチュワードは，植物ホルモンを与えて組織の一部を培養することで，もとの植物体と同じ植物体を得た（1958年）。

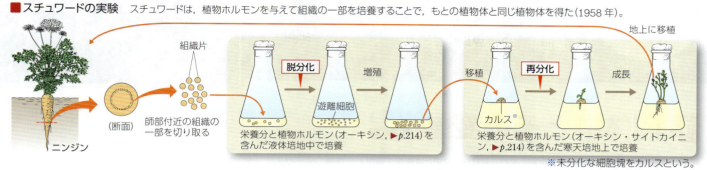

■茎頂培養　ウイルスフリー植物をつくる。

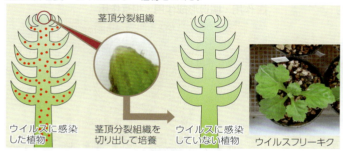

ウイルスに汚染されていない茎頂分裂組織を切り出して培養することにより，ウイルスフリー（ウイルスに感染していない）植物をつくり出すことができる。

■胚培養　種間雑種や属間雑種をつくる。図は属間雑種の例。 ※属(▶p.274)

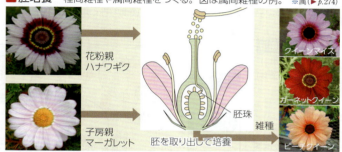

異種の植物間で交配を行うと，受精はするが，胚が途中で生育を停止してしまい正常な種子ができない。そこで，胚を取り出して培養し，雑種をつくる。

■やく培養　純系の植物をつくる。

おしべのやくを培養することにより，半数体(n)の植物をつくる。得られた半数体植物の染色体を倍加すると，純系の植物が得られるため，新品種を早期につくり出すことができる。

■カルスの培養　有用物質を大量生産する。

有用物質を含む組織を大量に培養することにより，有用物質を大量に生産することができる。

B 細胞融合
異種の細胞を融合させることで雑種細胞をつくることができる。

■植物細胞の融合

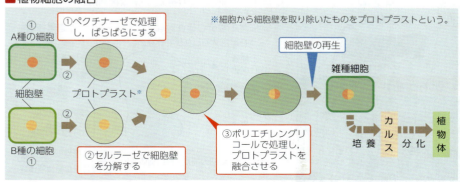

2種の植物の細胞を取り出して融合することにより，交配不可能だった種間で雑種植物をつくることができる。

■オレンジとカラタチの細胞融合

細胞融合によってつくられたオレタチは，オレンジとカラタチの両方の形質を受け継いでいる。

Keywords　組織培養（tissue culture），細胞融合（cell fusion）

第7編 生態と環境

第Ⅰ章 個体群と生物群集
第Ⅱ章 生物群集の遷移と分布
第Ⅲ章 生態系と生物多様性

インパラの群れ

1 個体群とその変動 〔生物基礎〕〔生物〕

A 生物と環境
生物とそれを取り巻く環境とは**作用・環境形成作用**の関係で結びつき，**生態系**とよばれるまとまりをなす。

■**生態系** ある一定地域内の生物群集とそれを取り巻く非生物的環境とのまとまり

■**作用・環境形成作用・相互作用**

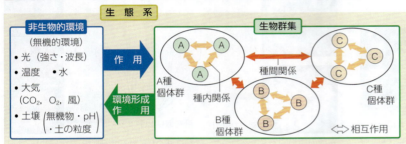
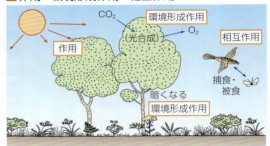

B 個体群の成長と密度効果
単位生活空間当たりの個体数を**個体群密度**という。個体群密度によって増殖率や死亡率，個体の体重，形態などが変化することを**密度効果**という。

■**個体群の成長曲線** ゾウリムシの個体群

■**アズキゾウムシの個体群密度と発育各期の死亡率**

アズキゾウムシはアズキの表面に卵を産み，ふ化した幼虫はアズキを食べて成長する。

■ トノサマバッタの相変異
個体群密度の変化により個体の形態や生理などが著しく変化することを**相変異**という。

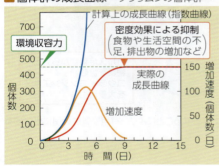

孤独相　後あしが長い　　群生相　前胸背が平ら

		孤独相	群生相
形態	体色	緑色・褐色	黒色
	前胸背	膨らんでいる	平ら
	前ばね	短い	長い
	後あし	長い	短い
卵	産卵数	多い	少ない
	大きさ	小さい	大きい
行動	集合性	なし	あり
	行進行動	起こさない	起こしやすい
	成虫の飛翔	夜間	昼間

バッタの群飛（飛蝗）

Point 個体数の推定—標識再捕法

池にすむフナの個体数などは，次のような**標識再捕法**によって推定することができる。

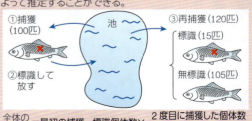

全体の個体数 ＝ 最初の捕獲・標識個体数 × (2度目に捕獲した個体数 / 再捕獲された標識個体数)

$$= 100 \times \frac{120}{15} = 800（匹）$$

Keywords 生態系(ecosystem), 個体群(population), 個体群密度(population density), 密度効果(density effect), 相変異(phase polymorphism)

C 植物の種内競争

生活上の要求が等しい種内では、資源をめぐる**競争**が起こる。植物の場合、種内競争がはげしくなると、1個体当たりの大きさが小さくなって、最終的な収量はほぼ一定になる(**最終収量一定の法則**)。

■ ダイズの個体群密度と個体質量の関係(密度効果)

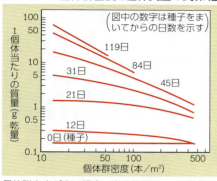

個体群密度が高い場合、密度効果によって各個体の成長が悪くなり、1個体当たりの質量は小さくなる。

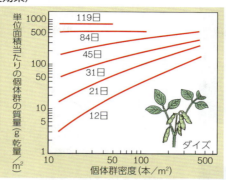

個体群密度に応じて1個体当たりの質量は変化するが、収量(単位面積当たりの質量)は最終的にはどの密度でもほぼ一定(800g 乾量/m²)となる。

■ 最終収量一定の法則

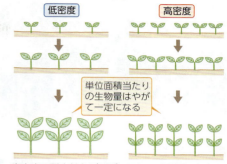

高密度で種内競争がはげしいと、1個体当たりの大きさが小さくなって、最終的な収量は一定になる。
※競争が起こると、枯死するものが出て同じ密度になることもある(**自己間引き**)。

D 生命表と生存曲線

同時期に出生したある種の個体の生存数が時間の経過につれてどのように変化するかを示した表を**生命表**という。生命表の生存数をグラフ化したものを**生存曲線**という。

■ アメリカシロヒトリの生命表

発育段階	はじめの生存数	期間内の死亡数	期間内の死亡率(%)
卵	4287	134	3.1
ふ化幼虫	4153	746	18.0
一齢幼虫	3407	1197	35.1
二齢幼虫	2210	333	15.1
三齢幼虫	1877	463	24.7
四齢幼虫	1414	1373	97.1
七齢幼虫	41	29	70.7
前蛹	12	3	25.0
さなぎ	9	2	22.2
羽化成虫	7	7	100.0

■ アメリカシロヒトリの生存曲線と死亡要因

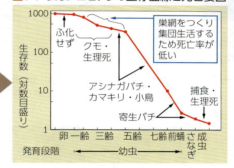

■ 生存曲線の3つの型

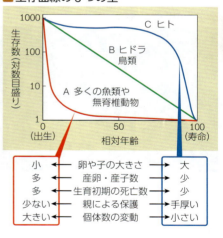

Point 生存曲線と対数目盛り

生存曲線の縦軸は対数目盛りを用いることが多い。算術目盛り(ふつうの目盛り)での直線のグラフ(右図右)は死亡数が一定であることを示すが、対数目盛りでの直線のグラフ(右図左)は死亡率が一定であることを示す。

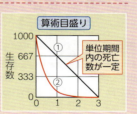

E 年齢ピラミッド

個体群における各齢階級ごとの個体数の分布を**齢構成**といい、それを雌雄別に積み重ねたグラフを**年齢ピラミッド**という。

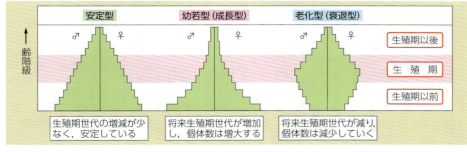

種内競争(intraspecific competition)、生命表(life table)、生存曲線(survival curve)、齢構成(age composition)、年齢ピラミッド(age pyramid)

2 個体群内の相互作用(1) 生物基礎 生物

A 群れ

同種個体が集まり統一的な行動をとる動物の集合状態を**群れ**という。集まることで生殖機会の増加，食物の獲得機会の増加，捕食者からの防衛などの利点がある。

■食物の獲得のための協調

群れで狩りを行うことで大きな獲物も捕らえることができる。

■生活に費やすエネルギーの節約

葉の裏で眠るシロヘラコウモリ
コウモリは集合密着して眠る。体温保持のためと考えられる。

マガンの群れ
渡り鳥は他の個体がつくる空気の渦を利用して，飛ぶためのエネルギーを節約できる。

■捕食されるリスクの軽減

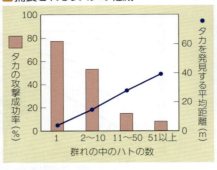

群れの中の1羽のハトがタカを見つけて飛び立つと他のハトも一斉に飛び立ち，タカはハトを捕らえづらくなる。

群れが大きくなると，群れ全体の警戒時間が増すため遠くのタカでも見つけられるようになり，タカの攻撃成功率は低くなる。

■群れることの利益と不利益

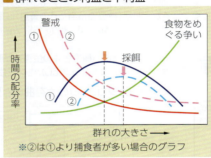

※②は①より捕食者が多い場合のグラフ

各個体の採餌の時間が最大となる群れの大きさが理想的といえる。群れが大きくなると，捕食者を警戒する1個体当たりの時間が少なくてすむが，個体間の食物をめぐる争いが増す。

捕食者(▶p.231)が増すと，警戒に要する時間のグラフは上にずれ，最適な群れの大きさ(矢印)は大きくなる

B 縄張り（テリトリー）

動物が食物や配偶者を確保するため，同種の他個体や群れを寄せつけずに占有する一定の空間を**縄張り**という。動物の行動により採食縄張り，配偶縄張り，営巣縄張りなどとよばれることもある。

■アユの縄張り行動

成長したアユは石に付着している藻類を食べ，食物確保のため縄張りをもつ。友づりは侵入者を追い払おうとする習性を利用したものである。

■アユの縄張り

瀬には縄張りアユが見られ，淵には川底にたまる藻類を食べる群れアユが見られる。

■生息密度と縄張り

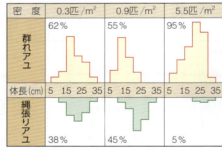

生息密度が高くなると，侵入してくる個体が増えるため縄張りを維持するのが困難になり，縄張りアユの比率が減る。

■ホオジロの雄の縄張り行動

ホオジロは繁殖のために縄張りをもつ。縄張り内ではテリトリーソング（縄張りを宣言するさえずり）を歌い，縄張りに侵入するものに対しては闘争を挑む。

■縄張りの利益とコスト

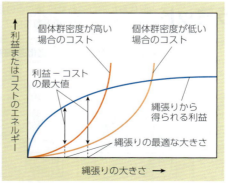

縄張りは得られる利益と維持のためのコスト（エネルギー消費や闘争の危険など）の関係によって成立する。利益は縄張りが大きいほど増加するがやがて上限に達するのに対し，縄張りが大きくなると侵入する他個体が増してコストが増大するため，縄張りの大きさはある範囲におさまることになる。

Keywords 相互作用(interaction)，群れ(flock, group)，縄張り(territory)，利益(benefit)，コスト(cost)

C 社会の構造と分業

生物の群れには個体間のさまざまな行動が見られる。**共同繁殖**や**順位制**といった社会の構造の中には、**ヘルパー**などの役割をもった個体が見られる。

■ 共同繁殖とヘルパー

動物の群れでは、子が親以外の個体から世話を受ける場合があり、これを**共同繁殖**という。また、繁殖中の個体の手助けをする個体を**ヘルパー**という。

ライオンの群れ

ライオンは血縁関係のある雌の集団(プライド)をつくり、血縁関係のない雄を1頭~数頭迎え入れる。ほぼ同一の時期に子を産んだ雌が、他個体の子に対しても授乳を行う。このように、繁殖中の個体がそれぞれ協力しあう。

アフリカゾウの群れ

アフリカゾウは雌の個体を中心とする群れをつくり、群れの中で生まれた子を共同で育てる。群れは、子とその母親、祖母といった個体で構成される。

バンの成鳥とヘルパー / 成鳥 / 雛の世話をする若鳥(ヘルパー)

多くの鳥類は一夫一婦制であるが、成鳥が巣に3羽以上おり、雛の世話をしている場合がある。両親以外の成鳥はヘルパーで、ヘルパーはつがいの子であることが多い。

フロリダヤブカケス

フロリダヤブカケスのヘルパーには、次のような行動が知られている。
- ヘルパーが巣内の雛に食物を与えることによって、雛の摂食率が上がる。
- つがいだけでいるよりも、捕食者(ヘビなど)を見つけやすくなる。捕食者をみつけたヘルパーは、仲間に警告したり、巣内の雛を守ったりする。

フロリダヤブカケスの巣では、ヘルパーがいると、巣立つ雛の数、巣立ち後に生き残る雛の数が多い。

	ヘルパーなし	ヘルパーあり
1つがいにつき巣立った雛の数	1.1 羽	2.1 羽
巣立ち後3か月間生き残った雛の数	0.5 羽	1.3 羽

Column: ヘルパーになることの利益

血縁関係のある個体の群れにおいては、ある個体がヘルパーとして自身の弟や妹の世話をすることで、その個体自身も利益を受けている場合がある。ヘルパーが世話をすることによって弟や妹(血縁個体)の死亡率が下がると、血縁個体の繁殖成功率が上がる。その結果、ヘルパー自身の包括適応度(▶ p.230)が増大すると考えられる(下図)。

また、ヘルパーが非血縁個体の世話にかかわることもある。この場合も、条件のよい生活環境にすむことでヘルパー自身の生存率が高くなる、縄張りを継承しやすくなるなどの利益が得られると考えられる。

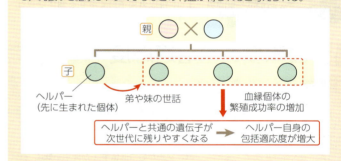

■ 順位制

群れを構成する個体間に優劣の順位ができ、それによって秩序が保たれる現象を**順位制**という。順位が確定すると個体間の関係が安定し、無用な争いが避けられる。

服従のポーズ / 上位 / 下位

イヌでは下位の個体はあお向けになって、上位の個体に対し腹を見せる。

ゴリラの群れ

ゴリラはシルバーバックという成熟した雄を中心に群れをつくる。シルバーバックは、群れ内の争いの仲裁や、他の群れからの防衛などを行う。

順位の高い個体は多くの交配相手を得ることができる場合もある。例えば、順位の高い雄の個体が、雌の個体で構成された群れに優先的に所属することができたり、その群れにやってきた別の雄の個体を追い払ったりする。

Zoom up: 個体群内の相互作用と個体の分布

個体群内の個体の分布の様式は、個体間の相互作用によってさまざまである。

例えば、群れをつくる動物などでは、個体群内の特定の場所に巣がつくられるなどして、個体がかたまって分布する**集中分布**が見られることがある。また、縄張りをつくる動物などでは、個体間の資源をめぐる競争の結果として、**一様分布**が見られることがある。一方、風で種子が飛ばされる植物などでは、個体の分布が風向きなどの非生物的環境によって決まることがあり、その場合には**ランダム分布**となる。

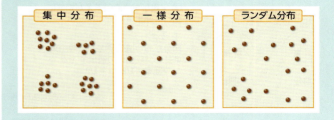

集中分布 / 一様分布 / ランダム分布

共同繁殖(communal breeding)、ヘルパー(helper)、順位制(dominance hierarchy)

3 個体群内の相互作用(2)

A 社会性昆虫

集団生活する昆虫の中で，分業が進んで形態的にも分化が見られるものがある。このような昆虫を**社会性昆虫**といい，ハキリアリやミツバチ，アブラムシなどがそれにあたる。

■ハキリアリの社会

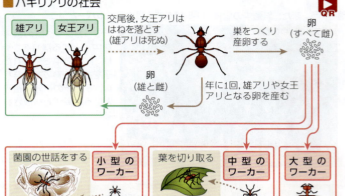

社会性昆虫の特徴
1. 集団内の個体に世代の重複が見られる
2. 生殖の分業があり，もっぱら生殖を行う個体と，採食・防衛・育児などを担当する不妊の個体が存在する
3. 両親以外に子育てをする個体が存在する

■ミツバチの社会

女王バチと雄バチからなる生殖カーストと，はたらきバチからなる非生殖カーストで社会が構成され，ワーカーであるはたらきバチは，すべて不妊の雌である。

Column 社会性昆虫のような哺乳類

東アフリカに生息するハダカデバネズミは，地中に長大なトンネルを掘り，アリやミツバチに似た集団生活をする。生殖を行うもの(生殖カースト)は1匹の女王とわずかの雄で，残りは雌雄ともワーカー(労働カースト)となる。

B 血縁度と包括適応度

2つの個体が遺伝的にどの程度近縁であるかを示す尺度である**血縁度**は，その2つの個体が共通の祖先に由来する特定の対立遺伝子をともにもつ確率で表される。

二倍体生物の兄弟姉妹間の血縁度

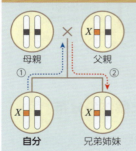

A. 遺伝子 X が父親由来の場合
① 自分がもつ遺伝子 X が父親由来である確率＝**1/2**
② 父親がもつ遺伝子 X が兄弟姉妹に伝わる確率＝**1/2**
①，②より，
自分がもつ遺伝子 X が父親由来で，兄弟姉妹も父親由来の遺伝子 X をもつ確率＝**1/2×1/2＝1/4**

B. 遺伝子 X が母親由来の場合
雄も雌も二倍体の生物では，母親についても父親と同じように考えればよい。
したがって，
自分がもつ遺伝子 X が母親由来で，兄弟姉妹も母親由来の遺伝子 X をもつ確率＝**1/2×1/2＝1/4**

以上より，兄弟姉妹間の血縁度＝**1/4＋1/4＝1/2**

二倍体生物では親と子の間では血縁度は 1/2 となり，両親を共有する兄弟姉妹間でも 1/2 となる。自分自身あるいはクローン個体との血縁度は 1 である。

利他行動…自分を犠牲にして巣を守ったり，はたらきバチが姉妹の世話をするなど，他個体の生存を助ける行動。
適応度…1個体が残す繁殖可能な子の数。その個体が環境にどの程度適応しているかを示す尺度である。
包括適応度…自分の子孫をどれだけ残せるかに加え，遺伝子を共有する血縁者を通して残される，自己と共通の遺伝子をもつ子の数を含めた適応度。自分の遺伝子と共通する遺伝子をどれだけ残せるかを示す尺度である。

雄が一倍体の生物(ミツバチなど)の姉妹間での血縁度

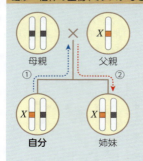

A. 遺伝子 X が父親由来の場合
① 自分がもつ遺伝子 X が父親由来である確率＝**1/2**
② 父親がもつ遺伝子 X が姉妹に伝わる確率＝**1**
①，②より，
自分がもつ遺伝子 X が父親由来で，姉妹も父親由来の遺伝子 X をもつ確率＝**1/2×1＝1/2**

B. 遺伝子 X が母親由来の場合
① 自分がもつ遺伝子 X が母親由来である確率＝**1/2**
② 母親がもつ遺伝子 X が姉妹に伝わる確率＝**1/2**
①，②より，
自分がもつ遺伝子 X が母親由来で，姉妹も母親由来の遺伝子 X をもつ確率＝**1/2×1/2＝1/4**

以上より，姉妹間の血縁度＝**1/2＋1/4＝3/4**

※図は，自分がもつ遺伝子 X が父親由来である場合を示す。

ミツバチのはたらきバチが姉妹の世話をする理由
ミツバチでは，雌であるはたらきバチが女王を助けて姉妹を増やす。はたらきバチは，自身が繁殖して娘(母娘間の血縁度＝1/2)をもつより，自身と同じ遺伝子をもつ姉妹(姉妹間の血縁度＝3/4)を多く残したほうが包括適応度が増大する。社会性昆虫の行動の発達には，このような包括適応度の違いがかかわっていると考えられる。

Keywords　社会性昆虫(social insect)，血縁度(degree of relatedness)，利他行動(altruistic behavior)，適応度(fitness)，包括適応度(inclusive fitness)

4 異種個体群間の相互作用(1)

A 捕食と被食

動物は食べなければ生きていけない。食う(**捕食する**)ほうの生物を**捕食者**,食われる(**被食される**)ほうの生物を**被食者**という。捕食者と被食者の関係を**被食者―捕食者相互関係**という。

■ゾウリムシと捕食者の培養実験

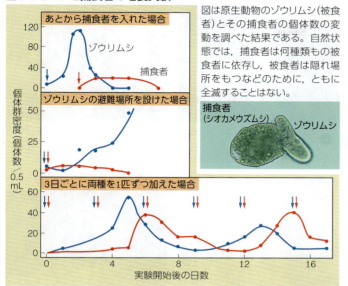

図は原生動物のゾウリムシ(被食者)とその捕食者の個体数の変動を調べた結果である。自然状態では,捕食者は何種類もの被食者に依存し,被食者は隠れ場所をもつなどのために,ともに全滅することはない。

■オオヤマネコとカンジキウサギの個体群の変動

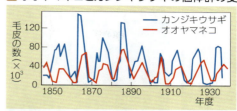

図はオオヤマネコとカンジキウサギの毛皮の取引の数をまとめた結果である。捕食者と被食者の個体群は周期的に変動する。このとき,捕食者の個体数の変動は被食者の変動より後にずれる。

捕食者と被食者の理論的モデル

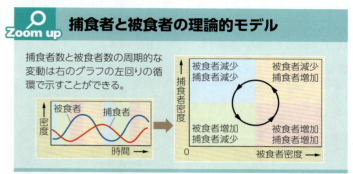

捕食者数と被食者数の周期的な変動は右のグラフの左回りの循環で示すことができる。

B 競争(種間競争)

生活様式や生活要求が似ている異種個体群間では,食物や生活場所をめぐって**競争(種間競争)**が起こる。競争の結果,一方の種が絶滅することがある(**競争的排除**)。

■ゾウリムシとヒメゾウリムシの培養実験

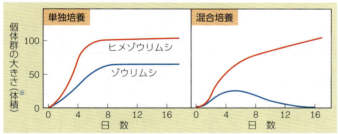

※1個体当たりの体積が異なる(ヒメゾウリムシはゾウリムシの約0.4倍)ため体積で比較

生活様式の似ているふつうのゾウリムシと,やや小形のヒメゾウリムシの2種類を同じ容器内で培養すると,食物となる細菌を奪いあった結果,ヒメゾウリムシが競争に勝って増殖し,ふつうのゾウリムシは全滅する。

■つる植物とオギの光をめぐる競争

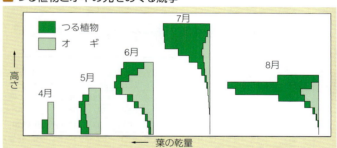

ヤブガラシ,ヘクソカズラ,ツルマメのようなつる植物は,細い茎でも他の植物の茎にからみつくことで多くの葉を支えることができる。ススキやオギのような背の高い植物もつる植物におおわれると成長がおとろえる。

C すみわけと食い分け

生活様式(生態的地位▶p.232)が似ている個体群は,生息場所や食物を違えることで競争を避け共存している。生息場所を違えることを**すみわけ**,食物を違えることを**食い分け**という。

■川の魚類のすみわけ

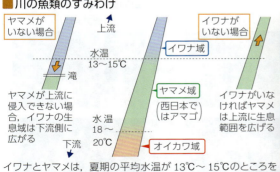

イワナとヤマメは,夏期の平均水温が13℃~15℃のところを境にすみわける。上流からイワナ域,ヤマメ域,その下流にウグイ・オイカワ域,コイ域が区別でき,瀬・淵などにすみわけることによって食物の種類が変わり食い分けが起こることもある。

■ヒメウとカワウの食い分け

ヒメウとカワウは,同じ場所で食物をとるが,前者は浅いところでイカナゴ,ニシンなどを,後者は底にいるヒラメやエビなどを食べ,食い分けしている。

Keywords 捕食(predation),被食(prey),捕食者(predator),被食者(prey),種間競争(interspecific competition),競争的排除(competitive exclusion)

5 異種個体群間の相互作用(2)　生物基礎 生物

A 個体群間の相互作用

種の異なる生物の間には，被食者ー捕食者相互関係や競争のほかに**相利共生**や**片利共生**，**寄生**や**片害作用**・**中立**などがある。

■ **相利共生**　2種が共存することで互いに利益を与えあう。　　■ **片利共生**　一方だけが利益を得る。　■ **中立**　互いに影響がない。

アリとアブラムシ
アリはアブラムシ(アリマキ)が腹部後端から出す分泌物をなめるために集まり，アブラムシを天敵から保護する。

サルオガセ(地衣類)
地衣類(▶p.282)は菌類と藻類の共生体で，菌類はすみかを与え，藻類は栄養分を与える。

コバンザメ
コバンザメはサメやウミガメなどに付着して外敵から身を守る上，採食や移動の労力の低減等の利益を受ける。

キリンとシマウマ
樹木の葉を食べるキリンと草を食べるシマウマでは，同じ地域にすんでいても利害関係にない。

■ **寄生**　寄生者は宿主の体内や体表で生活し宿主に害を与える。　■ **片害作用**　分泌物が他の生物に不利にはたらく。

ヤドリギ
ヤドリギは広葉樹の枝に寄生する常緑樹で，自らも光合成を行うので**半寄生**ともいう。

寄生バチ
コマユバチのまゆ(さなぎが入っている)
コマユバチはガなどの幼虫(宿主)の体内に産卵し，ふ化した幼虫は宿主のからだを食べて成長する。

セイタカアワダチソウ
根から他の植物の成長を抑制する物質を分泌する。これを**アレロパシー**(他感作用▶p.218)という。

抗生物質
細菌が生育
ペニシリンを含んだろ紙
細菌が生育していない
アオカビの菌糸の周辺では細菌が生育できないことから，**抗生物質**(ペニシリン)が発見された。

Point 相互作用(種間関係)のまとめ

(+:利益，－:害，0:利害なし)

種間関係		利害関係		例など
捕食ー被食関係		＋(捕食者)	－(被食者)	植物と植物食性動物，植物食性動物と動物食性動物　＊寄生も一種の捕食ー被食関係といえる
競争		－(優位者)	－(劣位者)	ソバとヤエナリ，ヒメウとカワウ　＊生活様式が似た種間ではすみわけや食い分けが起こることもある
共生	相利共生	＋(共生者)	＋(共生者)	アリとアブラムシ，マメ科植物と根粒菌，虫媒花と昆虫，ウメノキゴケ(地衣類＝菌類と藻類の共生体)
共生	片利共生	＋(共生者)	0(宿主)	コバンザメと大形魚類，カクレウオとナマコ　＊ナマコに害を与える(＝寄生)種もいるといわれている
寄生		＋(寄生者)	－(宿主)	カ・ヤドリギ(外部寄生)，カイチュウ・コマユバチ(内部寄生)
中立		0(独立)	0(独立)	サバンナのキリンとシマウマ(外敵をみつけやすい利点はある)，昆虫食の鳥と草食の哺乳類
片害作用		0(妨害者)	－(被害者)	アオカビのペニシリン・放線菌のストレプトマイシン(抗生物質)

B 生態的地位(ニッチ)

生物が属する生態系や生物群集における栄養段階や食性・生活場所などを総合して**生態的地位(ニッチ)**という。

■ 2種類のチョウの生態的地位の違い

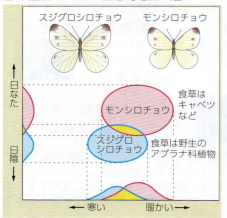

モンシロチョウとスジグロシロチョウは同じ地域に生息しているが，微妙な生活のしかたの違いがある(異なる生態的地位をもつ)。食草の種類の違いのほかにも，すむ場所の温度条件と日当たりについてみると，いずれも2種類のチョウは互いに重なっているが，両要因を総合すると重なりは少ないことがわかる。

■ 大形植物食性動物を捕食する生態的同位種の例

異なる地域で同じ生態的地位を占める生物を**生態的同位種**という。

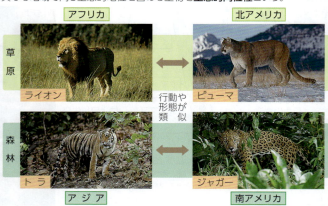

Keywords　共生(symbiosis, association)，相利共生(mutualism)，片利共生(commensalism)，寄生(parasitism)，生態的地位((ecological) niche)

C 多様な種の共存

生物群集では多様な種が共存している。これは、生態的地位（ニッチ）の分割によって可能となっている。また、捕食者の影響やかく乱によって生態的地位をずらさずに共存するしくみもある。

■ 基本ニッチと実現ニッチ

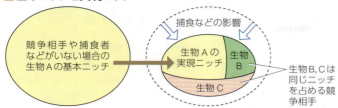

その生物種の生活に影響する競争や捕食などがない場合、その種の生活範囲は、より広いニッチを占める。この最大のニッチを**基本ニッチ**という。しかし、生物種の周りには競争相手や捕食者がいるので、その種の生活範囲は、より狭いニッチに制限される。これを**実現ニッチ**という。

■ 形質置換
競争によってニッチが分割されると、新たな資源状況に対する適応として形態的な変化が起こることがあり、この形質変化を**形質置換**という。

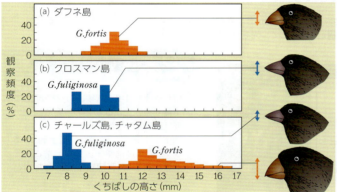

異なる島のダーウィンフィンチのくちばしの高さそれぞれ単独で生息している場合（(a)ダフネ島、(b)クロスマン島）は高さが似通っているが、(c)チャールズ島やチャタム島など両種が共存している場合、くちばしの高さに差が見られる。食物をめぐる種間競争の結果、くちばしの形質が変化し、食物を分けることで共存が可能になったと考えられる。

■ 間接効果
捕食と被食や競争などの個体群間の相互作用の程度は、直接関係する生物以外の生物の影響（**間接効果**）によっても変化する。

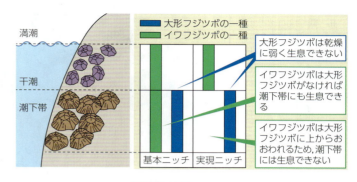
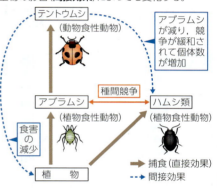

■ 捕食者による生物の共存

捕食者がいない場合は生態的地位が似た2種は競争に強い種が生き残り、他方の種はいなくなる（種間競争による競争的排除）。両方に共通の捕食者がいると競争に強い種の極端な増加が妨げられ、競争が抑制される（▶ p.247）。

■ かく乱による生物の共存

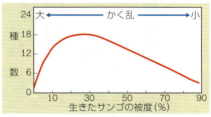

かく乱の大きな場所では生きたサンゴが減り、小さな場所では競争に強い種が大きく被度を占め、種数が減る。

台風や洪水、噴火などのかく乱は、生物に大きな影響を与える。かく乱は競争に強い種が弱い種を排除することを妨げるが、捕食と異なり、どの種にも等しく死亡の可能性が生じるため、中規模のかく乱が生物群集内の共存種数を増やす（▶ p.247）。極相林でのギャップ形成もその1つである（▶ p.237）。

🔍 Zoom up ニッチの分割と共存

資源（食物など）の利用のしかたを、その利用頻度で示したグラフを**資源利用曲線**という。
ニッチが重なっているA、Bの2種がいると、資源を巡って競争が起こる。資源の利用のしかたが似ていると、競争的排除が起こり、一方が絶滅することがある（①）。一方、資源の利用のしかたが異なると、共存することができる（②）。すみわけや食い分けがこれに当たる。
このように、ニッチが共通する複数の種がいる場合は、資源の利用（ニッチ）を分割することによって、多数の種が共存可能となる（③）。

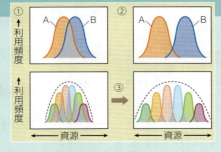

📖 Column 生態的ギルド

同じニッチを占める生物のグループをギルドという。同じギルドに属する生物どうしでは種間競争が起こる。ギルドは注目した環境資源によって規定される（餌ギルドや生息場所ギルドなど）。
ギルドが生物群集の基本的な構造であるという考え方もあり、地域が違っても同じようなギルドでは、生物種は異なるが種数や被食者数と捕食者数の割合など、共通点が見られる。

生態的同位種（ecological equivalent）、基本ニッチ（fundamental niche）、実現ニッチ（realized niche）、形質置換（character displacement）

6 植生の多様性 生物基礎/生物

A 植生

ある地域に生育する植物全体をまとめて**植生**という。植生は気温や降水量などの要因に影響される。植生には、外観の特徴である**相観**によって分類する方法と、植生を構成する**優占種**や**標徴種**によって分類する方法がある。

■相観

相観	バイオーム
森林	熱帯多雨林
	雨緑樹林
	照葉樹林
	硬葉樹林
	夏緑樹林
	針葉樹林
草原	サバンナ
	ステップ
荒原	砂漠
	ツンドラ

各バイオームの分布と特徴は、p.238〜239を参照。

■植生図(現存植生図)

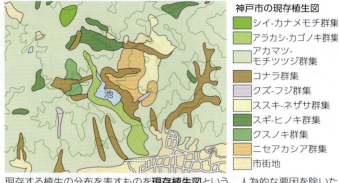

神戸市の現存植生図
- シイ-カナメモチ群集
- アラカシ-カゴノキ群集
- アカマツ-モチツツジ群集
- コナラ群集
- クズ-フジ群集
- ススキ-ネザサ群集
- スギ-ヒノキ群集
- クスノキ群集
- ニセアカシア群集
- 市街地

現存する植生の分布を表すものを**現存植生図**という。人為的な要因を除いた場合に生じると推定される植生の分布図を**潜在植生図**という。

Point 植生の分類

相観 その植生の外観的な特徴。

バイオーム その地域の植生とそこに生息する動物を含めた生物のまとまり。

優占種 その植生の中で最も被度・頻度・高さが高い植物。

標徴種 その植生にあって、他の植生には見られない植物。その植生を特徴づける植物。

B 森林の階層構造

森林の最上部を林冠といい、地表付近を林床という。発達した森林の内部では、明るさや湿度などの鉛直方向の変化が大きく、**階層構造**が発達して、光を有効に利用している。

■森林の階層構造

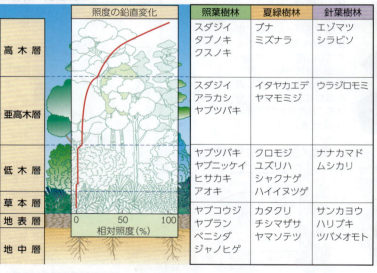

	照葉樹林	夏緑樹林	針葉樹林
高木層	スダジイ タブノキ クスノキ	ブナ ミズナラ	エゾマツ シラビソ
亜高木層	スダジイ アラカシ ヤブツバキ	イタヤカエデ ヤマモミジ	ウラジロモミ
低木層	ヤブツバキ ヤブニッケイ ヒサカキ アオキ	クロモジ ユズリハ シャクナゲ ハイイヌツゲ	ナナカマド ムシカリ
草本層	ヤブコウジ ヤブラン ベニシダ ジャノヒゲ	カタクリ チシマザサ ヤマソテツ	サンカヨウ ハリブキ ツバメオモト

アオキ

カタクリ

Zoom up 土壌の構造

植物は土壌中の水や栄養分を吸収して生育する。土壌は植物の生育や植生の成り立ちに影響を与える。
地中には腐植に富む層(腐植土層)があり、この層は落葉・落枝が分解されてできた有機物(腐植)と、風化した岩石が混じった層である。

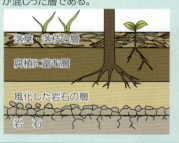

C 生活形

生活様式や生育環境を反映した植物の形態を**生活形**という。

■ラウンケルの生活形

ラウンケルは冬や乾季の**休眠芽**の位置によって植物を分類した。

● 冬・乾季に残る部分
● 休眠芽の位置

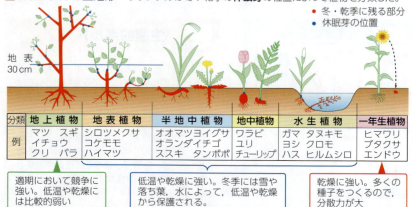

分類	地上植物	地表植物	半地中植物	地中植物	水生植物	一年生植物
例	マツ スギ イチョウ クリ バラ	シロツメクサ コケモモ ハイマツ	オオマツヨイグサ オランダイチゴ ススキ タンポポ	ワラビ ユリ チューリップ	ガマ ヨシ ハス タヌキモ クロモ ヒルムシロ	ヒマワリ ブタクサ エンドウ

適期において競争に強い。低温や乾燥には比較的弱い。

低温や乾燥に強い。冬季には雪や落ち葉、水によって、低温や乾燥から保護される。

乾燥に強い。多くの種子をつくるので、分散力が大

■生活形スペクトル

ある地域の植物の生活形の割合を示したもの。その地域の環境要因を反映する。図中の数字は種数の割合(%)。

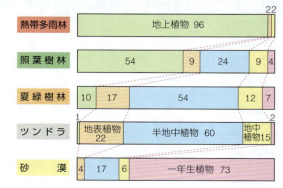

- 熱帯多雨林: 地上植物 96 | 22
- 照葉樹林: 54 | 9 | 24 | 9 | 4
- 夏緑樹林: 10 | 17 | 54 | 12 | 7
- ツンドラ: 地表植物 22 | 半地中植物 60 | 地中植物 15
- 砂漠: 4 | 17 | 6 | 一年生植物 73

Keywords: 植生(vegetation), 相観(physiognomy), 階層構造(stratification), 高木層(canopy layer), 低木層(understory layer), 草本層(herbaceous layer)

D 植生の調査法

一定面積の区画を設けて，その中の植物の種類とそれぞれの被度や頻度を調査する方法を**区画法**（または**方形枠法**，**コドラート法**）という。

①生えている植物種を調べる。
②方形枠を設定（下の例では一辺10cmの区画を10個設定）

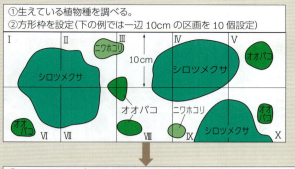

一般に，校庭などでは一辺が10cm〜1m，森林では10mの調査区を設ける。

③I〜Xの方形枠ごとに，被度を測定し，表に記入する

被度階級: 被度+ $\frac{1}{100}$未満, 被度1 $\frac{1}{100}$〜$\frac{1}{10}$, 被度2 $\frac{1}{10}$〜$\frac{1}{4}$, 被度3 $\frac{1}{4}$〜$\frac{1}{2}$, 被度4 $\frac{1}{2}$〜$\frac{3}{4}$, 被度5 $\frac{3}{4}$以上

④各植物の**頻度**（調査枠数に対する出現枠数の割合）と**高さ**を求める。高さは葉の最も高いところを測定する　※ここでは高さを含まない方法で優占度を求める

種類	I	II	III	IV	V	VI	VII	VIII	IX	X	平均被度	被度%	頻度%	優占度
シロツメクサ	3	3	2	5	2	3	3	2	3	3	2.9	100	100	100
オオバコ	−	1	1	−	2	2	1	2	−	2	1.1	38	70	54
ニワホコリ	−	2	1	−	−	−	−	1	2	−	0.6	21	40	31

⑤被度と頻度（,高さ）の最高値を100%として，被度%と頻度%（,高さ%）を求める。

⑥各植物の被度%と頻度%（,高さ%）の平均を求める。この値が**優占度**で，優占度が最大となる種が**優占種**である。この植生はシロツメクサ群集である

E 植物群集の生産構造

ある地域に生育している何種類もの植物の個体群をまとめて**植物群集**という。植物群集の垂直的な構造を，光合成による物質生産の面からとらえたものを**生産構造**という。

■**生産構造図**　植物群集内の相対照度とともに，同化器官（葉）と非同化器官（根，茎，花）に分けて，その重さ（質量）の垂直分布を図示したものを**生産構造図**といい，**層別刈取法**を用いて作成する。

アカザ

ミゾソバ

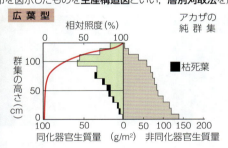

広葉型　アカザの純群集

広い葉が，ほぼ水平に配列。同化器官（葉）が上部に集中する。群集内部では光は急激に弱くなる。
例）アカザ，オナモミ，ミゾソバ

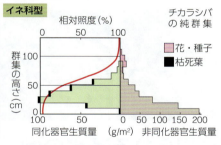

イネ科型　チカラシバの純群集

細い葉が斜めに配列。群集内部まで光がよく届く。非同化器官の割合が低く，光合成の効率が高い。
例）チカラシバ，オオムギ，ススキ，チガヤ

チカラシバ / オオムギ

■**生産構造と種間競争**

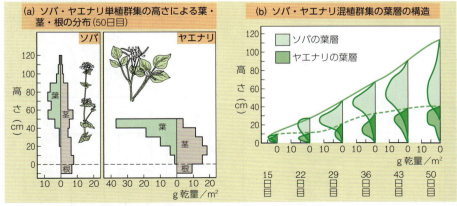

(a) ソバ・ヤエナリ単植群集の高さによる葉・茎・根の分布（50日目）
(b) ソバ・ヤエナリ混植群集の葉層の構造

ソバとヤエナリの混植では，ヤエナリは丈の高いソバの陰で十分な光を得られないので，単植の場合と比べて収量が激減する。

■**層別刈取法**

地面から一定の高さ（10cm）ごとにそろえて植物体を刈り取り，同化器官と非同化器官に分けて生体重量を測定する。

生活形（life form），優占種（dominant species），植物群集（plant association），区画法（quadrat method），生産構造（productive structure）

7 植生の遷移 生物基礎 生物

A 遷移の過程

溶岩が固まってできた土地など，植物の種子や土壌のない状態から始まる**遷移**（相観や種組成の移り変わり）を**一次遷移**という。乾性遷移と湿性遷移があり，火山活動の溶岩流などによってできた裸地から始まる遷移を**乾性遷移**という。

■一次遷移（乾性遷移）のモデル過程

遷移の早い段階に侵入する植物の環境形成作用によって非生物的環境が変化し，それまで生育できなかった植物が侵入し遷移が起こる。

荒原	草原	低木林	先駆樹種の多い森林	（移行期）	極相樹種の多い森林
乾燥に強いコケ植物・地衣類などが生える。	土壌の形成が進み，多年生草本などの**先駆植物**（パイオニア植物）が侵入して草原となる。	草原の中に**先駆樹種**（おもに陽樹▶p.68）が侵入し，やがて低木林となる。	高木となる先駆樹種が成長して森林となる。地上付近が暗くなる。土壌の腐植質が多くなる。	先駆樹種の幼木は育たなくなるが，**極相樹種**（おもに陰樹▶p.68）の幼木が育ち，樹種の交代が進む。	先駆樹種が枯れて，極相樹種を中心とした森林（**極相林**）になる。
キゴケ・ハナゴケ・チズゴケ（地衣類）スナゴケ（コケ植物）	ヨモギ・イタドリ・ススキ・チガヤ（草本）	ダケカンバ・ミヤマハンノキ（亜寒帯）ヤシャブシ・ウツギ・アカメガシワ（暖温帯）	ダケカンバ・カラマツ（亜寒帯）シラカンバ（冷温帯）アカマツ・クロマツ（暖温帯）	シラビソ・コメツガ（亜寒帯）ブナ（冷温帯）シイ類・カシ類・タブノキ（暖温帯）

チズゴケ

ヨモギ

イタドリ

チガヤ

ヤシャブシ

アカマツ

B 伊豆大島に見られる遷移の例

伊豆大島では，過去の火山噴火の記録がわかるので，現在の植生から遷移の過程を推定できる。

■伊豆大島の植生図

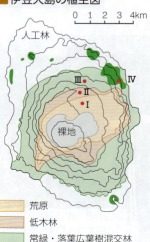

凡例：人工林／荒原／低木林／常緑・落葉広葉樹混交林／常緑広葉樹（照葉樹）林

■伊豆大島の植生構成表

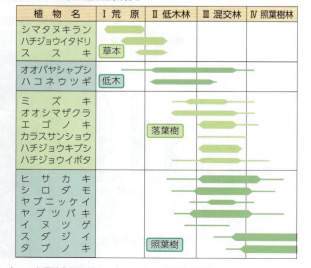

■植生の遷移と土壌の発達

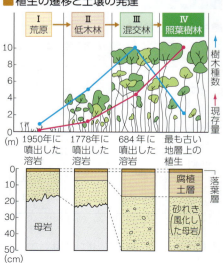

Keywords 遷移（succession），一次遷移（primary succession），乾性遷移（xerarch succession），先駆植物（pioneer plants），先駆樹種（pioneer tree）

C 湿性遷移

湖沼などが湿原を経て陸地化していく過程を**湿性遷移**という。草原が形成された後は，乾性遷移と同じ過程を経て極相林になる。

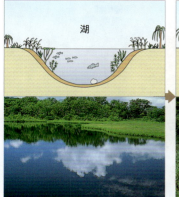
湖沼は富栄養化し土砂や植物の枯死体がたい積し，しだいに浅くなる。

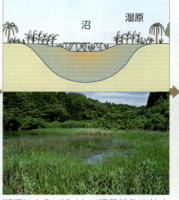
湖沼はさらに浅くなり浮葉植物や抽水植物などが繁茂する。

やがて湖沼は周辺部から陸地化し湿原を経て草原となる。

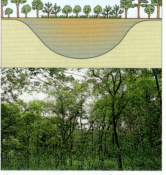
草原の周囲から低木林ができ始め乾性遷移と同じ過程を経ていく。

D 二次遷移

森林の伐採や山火事などで植生が破壊された場所から始まる遷移を**二次遷移**という。二次遷移は土壌や埋土種子があるために，一次遷移より進行が速い。

■二次遷移と土中の種子数の変化

放棄（居住地）	森林伐採	山火事
ブタクサ群集 303	初期相 (0.6) 74	初期相 (0.8) 18
ヒメジョオン群集 705	ベニバナボロギク群集 (1.6) 103	ベニバナボロギク群集 (1.6) 43
チガヤ群集 101	ベニバナボロギク群集 (5.3) 190	マルバハギ群集 (6.9) 134
クロマツ群集（若齢）46	アカマツ群集 (75) 374	アカマツ群集 (46) 260
アカマツ-クロマツ群集（老齢）245	シイ群集（極相林）100	

＊シイ群集（極相林）を100とした埋土種子の数。（ ）内は経過年数

山火事は埋土種子や種子を供給する植物も焼くため最少の種子数から始まる。種子散布力にまさるアカマツ林の埋土種子数は極相林より多い。

Zoom up 先駆植物と極相樹種

	先駆植物	極相樹種
種子	小さく風で分散（分散力大）	大きい（分散力小）
土壌	乾燥した栄養分の少ない土壌にも適応	腐植質に富む土壌が必要
成長	速い	遅い
植物体	小形で寿命が短い	大形になり寿命は長い
耐陰性	低い（一般に陽生植物）	高い（一般に陰生植物）
例	ススキ・イタドリ	シイ類・カシ類・ブナ

E 極相林での遷移（ギャップ更新）

高木の枯死や転倒によって林冠に穴（**ギャップ**）があくと，その部分で二次遷移が始まる。つまり極相林も固定的ではなく，部分的な遷移を繰り返している。

■熱帯多雨林に見られるギャップ

林冠に穴（ギャップ）があくと，それまで生育が抑えられていた陽樹の幼木や種子などが急速に成長し始める。

■ギャップの形成と森林の更新

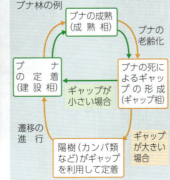

Point 遷移のしくみ

植物は，光や水・栄養分などをめぐって種間競争を繰り返している。生物の侵入に伴って環境が変化し，種間競争の結果，植生の遷移が起こる。

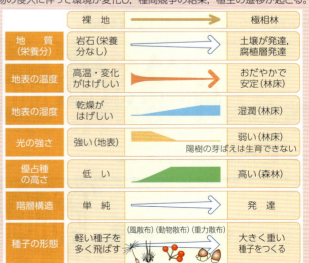

極相樹種（climax species），極相林（climax forest），湿性遷移（hydrarch succession），二次遷移（secondary succession），ギャップ（gap）

8 バイオームの種類と分布 　生物基礎／生物

A 気候とバイオーム

その地域の植生とそこに生息する動物などを含めた生物のまとまりを**バイオーム**という。バイオームは主として生育地の気温と降水量によって決まる。

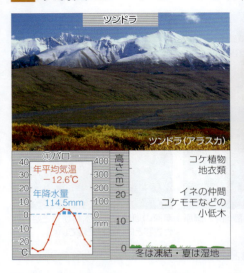
ツンドラ（アラスカ）
①バロー　年平均気温 −12.6℃　年降水量 114.5mm
コケ植物・地衣類
イネの仲間、コケモモなどの小低木
冬は凍結・夏は湿地

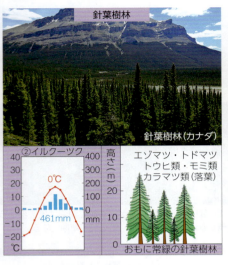
針葉樹林（カナダ）
②イルクーツク　0℃　461mm
エゾマツ・トドマツ
トウヒ類・モミ類
カラマツ類（落葉）
おもに常緑の針葉樹林

ブナ林（栃木県）
③青森　9.7℃　1360mm
ブナ・ミズナラ
カエデ類
冬に落葉（夏に緑）

■気温・降水量とバイオームの種類
各バイオームの境界は明確でなく、連続的に変化する。

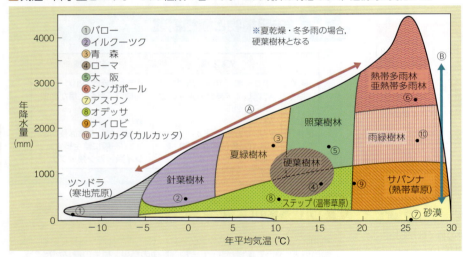

①バロー　②イルクーツク　③青森　④ローマ　⑤大阪　⑥シンガポール　⑦アスワン　⑧オデッサ　⑨ナイロビ　⑩コルカタ（カルカッタ）

※夏乾燥・冬多雨の場合、硬葉樹林となる。

■各バイオームとそこに生息する動物

バイオーム	おもな動物
熱帯多雨林	オランウータン、ジャガー
照葉樹林※	ホンドタヌキ、ホンドギツネ、イタチ
夏緑樹林※	ニホンジカ、カモシカ、ツキノワグマ
針葉樹林	ヘラジカ、ヒグマ、シベリアトラ
サバンナ	シマウマ、ライオン、チーター、ヌー、キリン、ハイエナ
ステップ	コヨーテ、プレーリードッグ、バイソン、バッタ類
砂漠	ヒトコブラクダ、トビネズミ、フェネック、ヘビ類、トカゲ類、サソリ類
ツンドラ	トナカイ、ジャコウウシ、ホッキョクグマ、ホッキョクギツネ

※日本では、照葉樹林と夏緑樹林に生息する動物は両方に共通していることも多い。

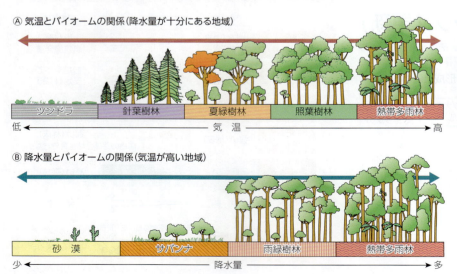
Ⓐ 気温とバイオームの関係（降水量が十分にある地域）
ツンドラ — 針葉樹林 — 夏緑樹林 — 照葉樹林 — 熱帯多雨林
低 ← 気温 → 高

Ⓑ 降水量とバイオームの関係（気温が高い地域）
砂漠 — サバンナ — 雨緑樹林 — 熱帯多雨林
少 ← 降水量 → 多

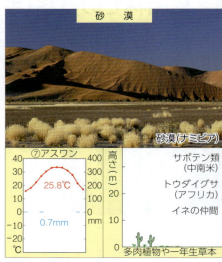
砂漠（ナミビア）
⑦アスワン　25.8℃　0.7mm
サボテン類（中南米）
トウダイグサ（アフリカ）
イネの仲間
多肉植物や一年生草本

Keywords　バイオーム (biome)、ツンドラ (tundra)、針葉樹林 (coniferous forest)、夏緑樹林 (summer-green forest)、硬葉樹林 (chaparral)、砂漠 (desert)

7-Ⅱ 生物群集の遷移と分布

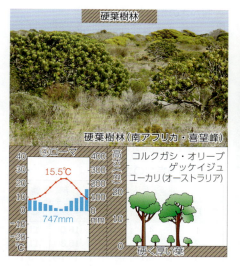
硬葉樹林（南アフリカ・喜望峰）
④ローマ 15.5℃ 747mm
コルクガシ・オリーブ
ゲッケイジュ
ユーカリ（オーストラリア）
硬く厚い葉

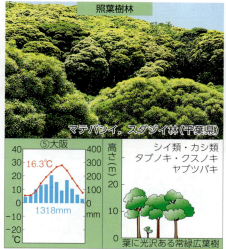
照葉樹林
マテバシイ・スダジイ林（千葉県）
⑤大阪 16.3℃ 1318mm
シイ類・カシ類
タブノキ・クスノキ
ヤブツバキ
葉に光沢ある常緑広葉樹

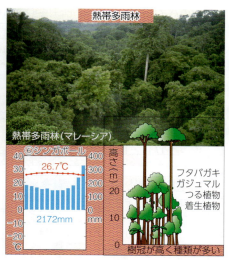
熱帯多雨林
熱帯多雨林（マレーシア）
⑥シンガポール 26.7℃ 2172mm
フタバガキ
ガジュマル
つる植物
着生植物
樹冠が高く種類が多い

■世界のバイオームの分布

バイオームの種類	気候の特徴
熱帯多雨林● 亜熱帯多雨林●	一年中高温多雨 亜熱帯では冬少雨
雨緑樹林▼	乾季と雨季がある
照葉樹林●	夏高温多雨，冬寒冷少雨
硬葉樹林●	地中海性気候 夏少雨，冬多雨
夏緑樹林▼	夏温暖，冬寒冷多雨
針葉樹林●▼	夏低温，冬寒冷
サバンナ，低木林	一年中高温，夏に降雨あり
ステップ	夏乾燥，冬寒冷
砂漠	夏高温，雨量は微量
ツンドラ，高山植生	夏でも寒冷

●は常緑樹林，▼は落葉樹林

①バロー ②イルクーツク ③青森 ④ローマ ⑤大阪 ⑥シンガポール ⑦アスワン ⑧オデッサ ⑨ナイロビ ⑩コルカタ

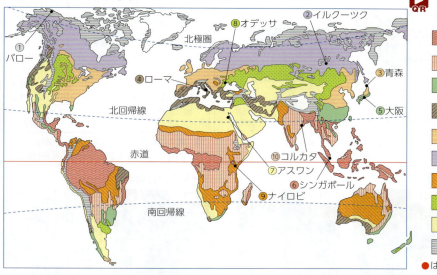
ステップ
ステップ（モンゴル）
⑧オデッサ 10.1℃ 462mm
イネの仲間
温帯の半乾燥地の植生

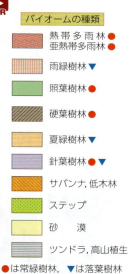
サバンナ
サバンナ（ケニア）
⑨ナイロビ 19.0℃ 738mm
イネの仲間
アカシアの仲間
低木が点在

雨緑樹林
チーク林（インド） 乾季
⑩コルカタ 26.9℃ 1730mm
チーク類
タケ類
乾季に落葉（雨季に緑）

照葉樹林（常緑広葉樹林, evergreen broad-leaved forest），熱帯多雨林（tropical rain forest），ステップ（steppe），サバンナ（savannah），雨緑樹林（rain-green forest） 239

9 植生の水平分布と垂直分布 生物基礎 生物

A 日本のバイオームの分布

日本列島は南北に約2000kmにわたって広がり，年平均降水量は1000mm以上で森林が生育するのに十分な降水量であるため，おもにバイオームは気温に応じて変化する。

■ 日本のバイオーム　緯度の変化に対応する分布を**水平分布**，標高の変化に対応する分布を**垂直分布**という。

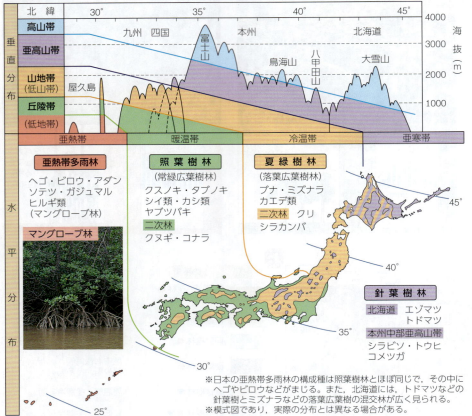

■ 暖かさの指数（WI）

暖かさの指数	バイオーム
240 以上	熱帯多雨林
180～240	亜熱帯多雨林
85～180	照葉樹林
45～85	夏緑樹林
15～45	針葉樹林
0～15	ツンドラ・高山草原

平均気温が5℃以上の月の平均気温から5℃を引いた値を1年間積算したもの。

■ 暖かさの指数の求め方

月	札幌 平均気温	5を引く	那覇 平均気温	5を引く
1	-4.6	—	16.0	11.0
2	-4.0	—	16.3	11.3
3	-0.1	—	18.1	13.1
4	6.4	1.4	21.1	16.1
5	12.0	7.0	23.8	18.8
6	16.1	11.1	26.2	21.2
7	20.2	15.2	28.3	23.3
8	21.7	16.7	28.1	23.1
9	17.2	12.2	27.2	22.2
10	10.8	5.8	24.5	19.5
11	4.3	—	21.4	16.4
12	-1.4	—	18.0	13.0
年平均気温	8.2		22.4	
暖かさの指数		69.4		209.0

札幌　暖かさの指数は 69.4 → 夏緑樹林
那覇　暖かさの指数は 209.0 → 亜熱帯多雨林

※日本の亜熱帯多雨林の構成種は照葉樹林とほぼ同じで、その中にヘゴやビロウなどがまじる。また、北海道には、トドマツなどの針葉樹とミズナラなどの落葉広葉樹の混交林が広く見られる。
※模式図であり、実際の分布とは異なる場合がある。

■ 夏緑樹林の植物

夏緑樹の葉
冬期に落葉する。黄葉や紅葉となるものが多い

春に素早く葉を展開させ秋には落葉するので長持ちしないが生産効率がよい、比較的薄い葉が多い

ブナ

ミズナラ

クリ（ヤマグリ）

■ 針葉樹林の植物

エゾマツ　　トドマツ

■ 照葉樹林の植物

照葉樹の葉
冬にも葉を落とさないため、夏緑樹に比べて厚くじょうぶなものが多い

濃い緑色

表面にクチクラ層が発達し、光沢がある

スダジイ

クスノキ

タブノキ

■ 亜熱帯多雨林の植物

ヘゴ

ビロウ

Keywords　水平分布（horizontal distribution），垂直分布（vertical distribution）

B 本州中部の垂直分布

高度が100m増すと，気温は0.5～0.6℃程度下がるため，標高に対応してバイオームも変化する。

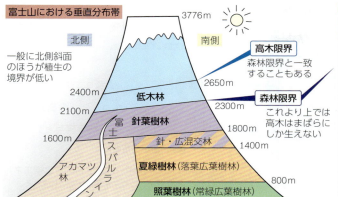

■ 本州中部の垂直分布

標高	垂直区分	気候帯	特徴	植物例
3000m 2500m	高山帯	寒帯	高山草原(お花畑)になったり，低木が育つ	コマクサ・コケモモ ハイマツ
1700m	亜高山帯	亜寒帯	針葉樹林が多く，ダケカンバなどの夏緑樹が混在する	コメツガ・トウヒ シラビソ・ダケカンバ
700m	山地帯 (低山帯)	冷温帯	夏緑樹林が多い	ブナ・ミズナラ クヌギ・シラカンバ カエデ類
0m	丘陵帯 (低地帯)	暖温帯	照葉樹林が多い	シイ類・クスノキ カシ類・ヤブツバキ

高山帯:
 ハイマツ
 コケモモ
 コマクサ
 キバナシャクナゲ

山地帯:
 シラカンバ
 イロハカエデ

亜高山帯:
 コメツガ
 トウヒ
 オオシラビソ
 ダケカンバ

丘陵帯:
 アラカシ
 ヤブツバキ

C 水辺・水中の植物の垂直分布

水中では光が水に吸収されるため植物にはあまり有利な環境ではないが，からだを支える構造が不要な点は有利で，多くの植物が水面との距離に応じた階層構造をつくる。

■ 湖沼の植物の垂直分布

 ヒツジグサ(浮葉植物)
 タヌキモ(浮水植物)

下段: ガマ(抽水植物)　ヒシ(浮葉植物)

■ 海辺の植物と藻類の垂直分布

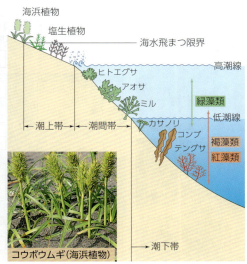

コウボウムギ(海浜植物)

森林限界(forest limit)，高木限界(tree limit)，高山帯(alpine zone)，亜高山帯(subalpine zone)，山地帯(montane zone)，丘陵帯(hilly zone)

10 生態系の構造 [生物基礎] [生物]

A 生態系の構成 [基生]

生態系を構成する生物は、大きく**生産者**・**消費者**に分けられる。また、菌類や細菌など、分解の過程にかかわる生物は**分解者**とよばれる。

■ 生物群集と非生物的環境

■ 物質の循環とエネルギーの流れ

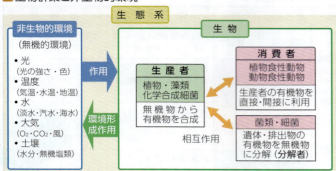

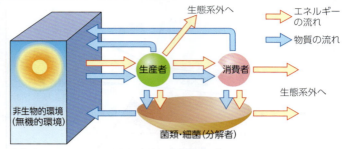

光合成によって取りこまれた太陽の光エネルギーは、生物間を化学エネルギーとして移動し、最終的には熱エネルギーとして生態系外へ放出される。

B 食物連鎖と食物網 [基生]

捕食者と被食者の「食う-食われる」という一連のつながりを**食物連鎖**という。捕食者はふつう何種類かの生物を捕食しているので、食物連鎖は複雑にからみあい、**食物網**を形成する。

■ 陸上生態系の食物網　森林の例

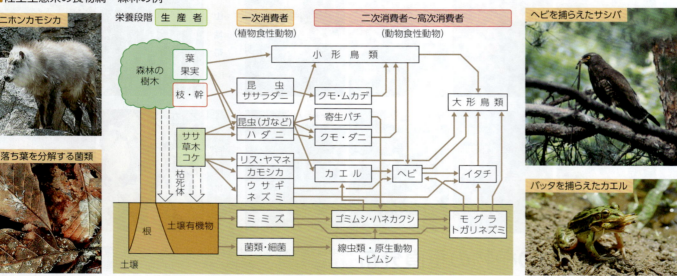

生物の遺体などから始まる食物連鎖は**腐食連鎖**とよばれ、生態系内の物質循環で大きな割合を占める。

■ 湖沼生態系の食物網　湖の例

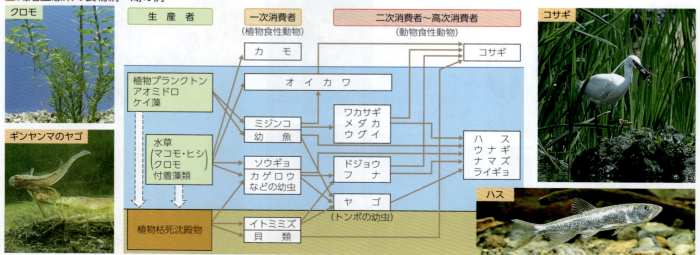

242　♀Keywords　生産者(producer), 消費者(consumer), 分解者(decomposer), 食物連鎖(food chain), 食物網(food web), 生物量(biomass)

C 海洋の生態系

海洋では植物プランクトンを起点とする食物網が形成され，海洋の**生物量**（バイオマス）は河川や海底からの栄養塩類の供給が豊富な**大陸棚**と**湧昇**（ゆうしょう）**域**に集中している。

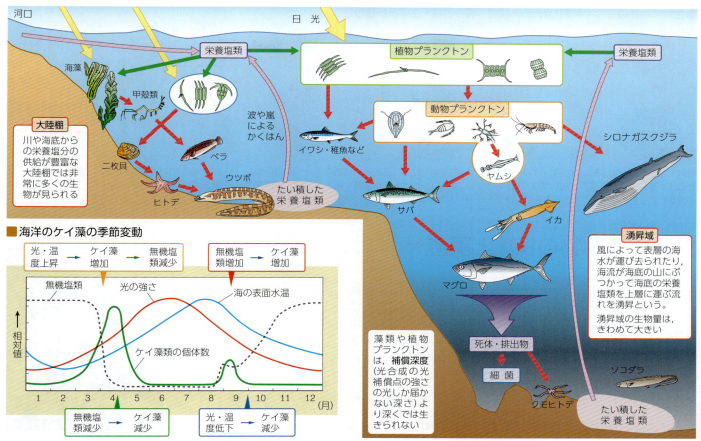

D 生態ピラミッド

個体数，生物量，生産力を栄養段階ごとに帯状に表し積み重ねたものを**生態ピラミッド**という。一般に栄養段階が上がるにつれて個体数，生物量，生産力は減少する。

■ 個体数ピラミッド

北米の草原生態系

三次消費者	🐦	740
二次消費者	🕷	0.88×10^8
一次消費者	🦋	1.75×10^8
生産者		$14.43 \times 10^8 / km^2$

一般に捕食者のほうが被食者よりも大形であるため，栄養段階が上がるごとに個体数は減少する。

■ 生物量ピラミッド

フロリダのシルバースプリングス

三次消費者		1500	分解者
二次消費者		11000	5000
一次消費者		37000	
生産者		809000 kg/km²	

ある瞬間に一定の面積内に存在する生物体の総量を生物量（現存量）という。

■ 生産力ピラミッド

ヒトの組織の増加		8.4
牛肉		1.2×10^2
ムラサキウマゴヤシ		1.5×10^3
太陽エネルギー		$6.7 \times 10^6 \, kJ/(m^2 \cdot 年)$

エネルギーの利用効率は，普通10％程度

生産力とは，一定の面積内で獲得されるエネルギーの一定時間当たりの量をいう。

🔍 Zoom up 生態ピラミッドの逆転

■ 個体数ピラミッドの逆転

寄生などの場合には個体数ピラミッドが逆転することがある。この場合でも生物量ピラミッドや生産力ピラミッドは逆転することはない。

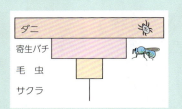

■ 生物量ピラミッドの逆転

海洋のプランクトンでは，植物プランクトンは1世代の時間が短く，短期間に成長しては消費者に捕食されたり死滅したりするため，一時的に植物プランクトンと動物プランクトンの生物量が逆転することがある。

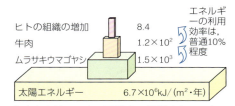

植物プランクトン（phytoplankton），動物プランクトン（zooplankton），栄養段階（trophic level），生態ピラミッド（ecological pyramid）

11 生態系と生物多様性 　生物基礎／生物

A 生物多様性の段階

生物が多様であることを**生物多様性**という。生物多様性は，遺伝子・種・生態系の 3 つのレベルで捉えることができる。

■ 生物多様性の 3 つの段階（遺伝的多様性・種多様性・生態系多様性）

遺伝的多様性: 種内での遺伝的変異（遺伝子の違い）の大きさなどを意味する。遺伝的多様性が高い個体群は，環境の変化などに対応して生存できる確率が高い。

種多様性: ある地域における生物の種数の多さや系統的な広がりの大きさなどを意味する。例えば，熱帯多雨林では種多様性が高く，砂漠や極地では低い。

生態系多様性: 食物連鎖や食物網の複雑さ，物質やエネルギー循環の複雑さ・多様さを意味する。生態系多様性は，人間活動が加わることにより単純化しやすい。

B 探究 土壌動物の採集と調査　基生

土壌中にはさまざまな小動物が生息している。これらを採集し，その種類を調べることで，土壌の生物多様性の指標を得ることができる。

■ 土壌の採集
複数の地点の結果を比較する場合など，定量的な調査を行うため，採集する土壌の量は一定量に決めておいたほうがよい。容積のわかっている缶などを用いると，決まった量を採集することができる。

■ 簡便な採集方法（ハンドソーティング法）
採集した土壌をプラスチックバットや紙の上に広げ，ルーペで見ながら柄付き針やピンセットを使って少しずつほぐし小動物をさがす。ヒメミミズ，トビムシなど比較的大形の土壌動物の採取に用いる。

■ ツルグレン装置を用いる方法
採集した土壌に白熱電球の光を約 24 時間照射して，電球による熱や乾燥を避けて下方に移動する土壌動物を採取する。ヒメミミズ，ダニ類，トビムシ類，ナガコムシなどが採取できる。ツルグレン装置で一度に処理する土壌の量は 100 mL 前後にするとよい。採集した土壌の量が多い場合，複数回にわけるなどする。

ツルグレン装置：スタンド・白熱電球，ざる，ろうと，三脚，採集ケース

■ 土壌動物を用いた生物多様性の評価

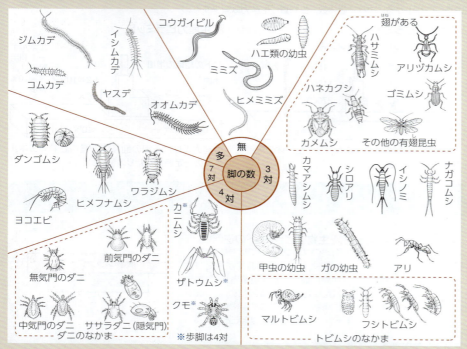

Aグループ（5点）	ザトウムシ　オオムカデ　陸貝　ヤスデ　ジムカデ　アリヅカムシ　コムカデ　ヨコエビ　イシノミ　ヒメフナムシ		Cグループ（1点）	トビムシ　ダニ　クモ　ダンゴムシ　ハエ類の幼虫　ヒメミミズ　アリ　ハネカクシ
Bグループ（3点）	カニムシ　ミミズ　ナガコムシ　アザミウマ　イシムカデ	シロアリ　ハサミムシ　ガの幼虫　ワラジムシ　ゴミムシ		ゾウムシ　甲虫の幼虫　カメムシ　甲虫の成虫

（青木 1995 より）

採集した土壌動物を左図などを用いて大まかに分類する。個体数にかかわらず，見つけた生物 1 種類ごとに上表の点数をカウントする。点数が高いほど見つかった生物の種類が多く，その土壌の生物多様性は高いといえる。

Keywords: 生物多様性（biodiversity），遺伝的多様性（genetic diversity），種多様性（species diversity），生態系多様性（ecosystem diversity）

12 生態系の物質生産

A 生態系の物質生産

生態系の種類や年齢によって現存量や生産量、あるいはそれらの比率が異なってくる。

■世界の純生産量の分布

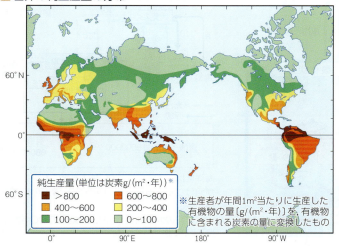

純生産量（単位は炭素g/(m²・年)）
- >800
- 600～800
- 400～600
- 200～400
- 100～200
- 0～100

※生産者が年間1m²当たりに生産した有機物の量〔g/(m²・年)〕を、有機物に含まれる炭素の量に変換したもの

熱帯には、年間1m²当たり1200炭素g以上の純生産量となる場所もある。これは、年間1ha当たり25t以上の有機物を、純生産量として生産しているのに相当する。一方で、砂漠や極地には純生産量がほぼ0となる場所もある。なお、海洋生態系の物質生産は、おもに植物プランクトンや海藻類などによって行われる。一般に、海洋生態系の純生産量は、陸上生態系よりも小さい。

■おもな生態系の現存量と純生産量

生態系		面積 (10^6km²)	現存量 平均値 (kg/m²)	現存量 世界全体 (10^{12}kg)	純生産量 平均値 (kg/(m²・年))	純生産量 世界全体 (10^{12}kg/年)
陸地	森林	41.6	28.6	1191.1	1.74	72.4
	草原	45.4	5.0	226.7	1.07	48.7
	荒原	33.3	0.8	26.7	0.27	8.9
	農耕地	13.5	0.7	8.9	0.67	9.1
	合計	149.3※	9.7	1453.4	0.93	139.1
海洋		360.7	0.01	2.2	0.28	100.0
地球全体		510.0	2.9	1455.6	0.47	239.1

現存量の大部分は陸地にあり、その純生産量は地球全体の半分以上である。
※陸地の合計面積は、表中に示した主要な生態系以外の面積（$15.5×10^6$km²）を含む。

Zoom up 物質生産を決める要因

すべての生命活動は太陽の光エネルギーに依存する。水と栄養分が十分な場所では、生産量は入射した光エネルギーの量で決まる（そのため緯度によって生産量が異なる）。しかし、砂漠などの乾燥した土地では、太陽光は豊富に入射するが十分な水がなく、水の量が生産量を決める。また、海洋では大部分で栄養塩類が不足しており、生産量は栄養塩類が豊富な大陸棚や湧昇域などで大きくなる。

■森林の年齢と総生産量・純生産量・呼吸量の変化

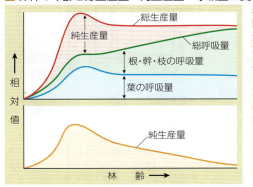

森林の成長に伴い総生産量、純生産量ともに増加する。高齢林になると総生産量はほぼ一定になるが、総呼吸量が増加していくため、純生産量はやがて減少していく。

■森林の種類と年齢による生産量の違い

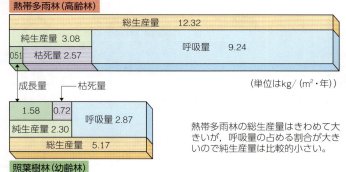

熱帯多雨林（高齢林）
- 総生産量 12.32
- 純生産量 3.08
- 枯死量 2.57
- 0.51
- 呼吸量 9.24

（単位はkg/(m²・年)）

照葉樹林（幼齢林）
- 成長量 1.58
- 枯死量 0.72
- 呼吸量 2.87
- 純生産量 2.30
- 総生産量 5.17

熱帯多雨林の総生産量はきわめて大きいが、呼吸量の占める割合が大きいので純生産量は比較的小さい。

B 生態系の物質収支

生産力ピラミッド（▶p.243）は次のような要素からなっている。各要素の大きさによって、**エネルギー効率**が決まってくる。

■生産者と消費者の物質収支

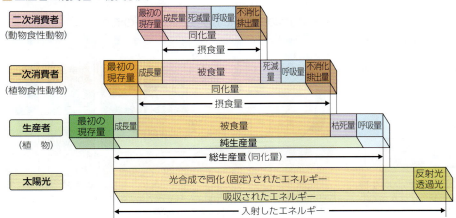

■湖沼におけるエネルギー収支の一例

	太陽エネルギー	生産者	一次消費者	二次消費者
同化量	497360※	465.7	61.9	13.0
呼吸量	—	97.9	18.4	7.5
被食量	—	64.0	13.8	0
死滅量	—	9.6	1.3	0
成長量	—	294.1	29.3	5.4
不消化排出量	—	—	2.1	0.8
エネルギー効率	—	0.1%	13%	21%

※入射光のエネルギー　　（単位 J/(cm²・年)）

$$エネルギー効率 = \frac{その段階の同化量}{1つ前の段階の同化量} × 100 (\%)$$

エネルギー効率は生産者で0.1～5%、消費者で10～20%程度。栄養段階が上がるほど大きい。

Keywords　総生産量(gross production)、純生産量(net production)、物質生産(dry matter production)、エネルギー効率(energy efficiency)

13 物質の循環とエネルギーの流れ　生物基礎／生物

A 炭素の循環

大気中や海水中の**二酸化炭素**(CO_2)は炭酸同化の材料として植物などの生産者に取りこまれ，有機物となり食物連鎖の経路をたどる。分解者を含む各栄養段階で，呼吸によって有機物は分解され CO_2 にもどる。

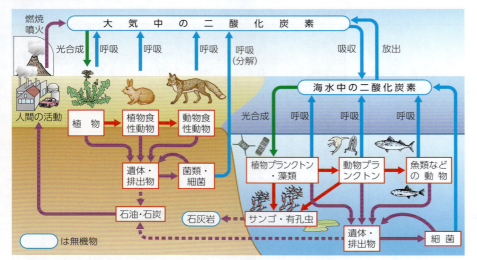

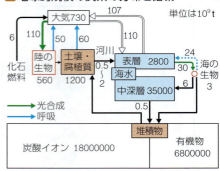

■ 地球的規模の炭素の分布と循環　単位は 10^9 t

海洋には，大気中の CO_2 をはるかに上回る CO_2 が溶けこんでおり，大気中の CO_2 濃度の増減を緩和している。
化石燃料の大量使用により，大気中の CO_2 量（濃度）は年々増加している。

B 窒素の循環

窒素(N)はタンパク質など有機窒素化合物の構成元素である。N_2 は大気の約80%を占め，窒素固定細菌や工業的窒素固定により NH_4^+ などの形で生態系に取りこまれる。

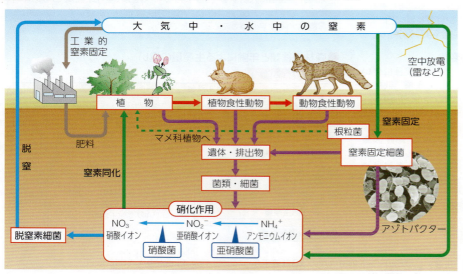

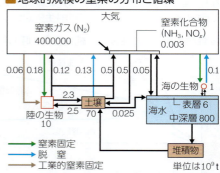

■ 地球的規模の窒素の分布と循環

植物は硝酸イオンなどの無機窒素化合物をアミノ酸などの有機窒素化合物に変える（窒素同化）。有機物中の窒素は食物連鎖の経路をたどる。
各栄養段階で排出物・遺体・枯死体となったものは分解者によってアンモニウムイオンとなり，硝化菌によって硝酸イオンなどに変えられる。

C エネルギーの流れ

生態系内に入ってきた太陽の光エネルギーは，生産者から消費者，分解者を経て一方向に移動し，それぞれの生物の呼吸によって熱エネルギーの形で放出される。

■ 生態系内を通り抜けるエネルギーの流れ

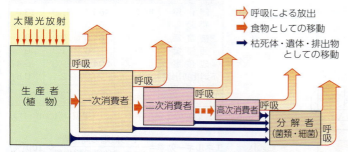

非生物的環境から生態系に取りこまれた物質は非生物的環境にもどり，生態系の中で循環する。しかしエネルギーの流れは一方向で最終的にはすべて生態系外に放出される。

■ 夏緑樹林の生態系におけるエネルギーの流れ

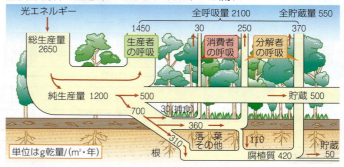

取りこまれたエネルギーは最終的にはすべて生態系外に放出される。しかし，成長途上の森林では，一部が貯蔵され成長に使われる。

Keywords　炭素循環(carbon cycle)，窒素循環(nitrogen cycle)，エネルギーの流れ(energy flow)

14 生態系のバランス 生物基礎 生物

A 生態系のバランス

基生 生態系ではさまざまな**かく乱**が起こる。生態系は多様な生物、大気、水、土壌などが密接に関係しあいながらバランスを保っている。

■ 生態系のバランス

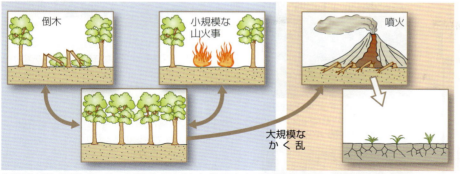

生態系は常に変動している。生態系にはもとにもどろうとする**復元力（レジリエンス）**がある。復元力をこえる大規模なかく乱が起こると、もとの状態にはもどらず別の生態系になり、そこで新たにバランスが保たれる。

Point かく乱の規模と生物多様性

生態系がかく乱されると、その生態系における生物多様性もその影響を受ける。

大規模なかく乱が起こる場合	生態系が破壊され、かく乱に強い種だけが残るため、生物多様性が失われる
中規模のかく乱が起こる場合	複数の種が共存することができ、生物多様性が高くなる（**中規模かく乱説**）
かく乱がほとんど起こらない場合	種間競争に強い種だけが存在するようになるため、生物多様性が低くなる

■ 沿岸生態系における食物網とそのバランス（アラスカ（アリューシャン列島）沿岸の食物網）

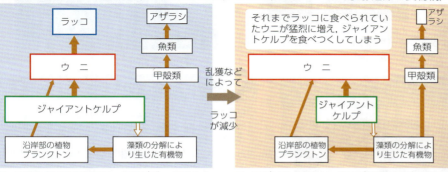

ラッコの生息する海域では、ウニがジャイアントケルプを食べ、ラッコがウニを食べる。生物の増減は一定の範囲内にあり、バランスが保たれている。

ラッコがいなくなると、ウニが繁殖してジャイアントケルプを食べ荒らし、ケルプが消滅する。その結果、そこに生息する魚類やアザラシも減少する。

ラッコ

ウニ

ジャイアントケルプ

■ 岩礁潮間帯における食物網とそのバランス（ペインの実験）

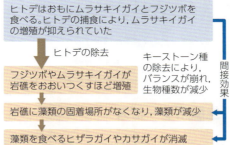

ヒトデはおもにムラサキイガイとフジツボを食べる。ヒトデの捕食により、ムラサキイガイの増殖が抑えられていた

↓ ヒトデの除去

フジツボやムラサキイガイが岩礁をおおいつくすほど増殖

↓

岩礁に藻類の固着場所がなくなり、藻類が減少

↓

藻類を食べるヒザラガイやカサガイが消滅

キーストーン種の除去により、バランスが崩れ、生物種数が減少 ｝間接効果

Point キーストーン種とアンブレラ種

キーストーン種 生態系内の食物網の上位にあり他の生物の生活に大きな影響を与える生物種（例：アラスカのラッコや岩礁潮間帯のヒトデなど）

アンブレラ種 その種の保全がその地域に生息する他の多くの種を保全することになる生物種。上位の捕食者であるアンブレラ種が生育できる環境を保全すれば、同じ傘の下の多くの種を保護することになる。

Column キーストーン種の存在による行動の変化

上位の捕食者であるキーストーン種は、他の生物を捕食することによって個体数の増減に影響を及ぼし、キーストーン種に捕食される生物が捕食する生物の生存にも間接的に影響を及ぼす。しかし、キーストーン種の存在は、下位の栄養段階の生物を直接捕食することによって個体数に影響を及ぼすだけでなく、それらの生物の行動を変化させることによっても、下位の生物の個体数に影響することが知られている。
例えば、アメリカのイエローストーン国立公園では、キーストーン種であるオオカミの個体数の増加によって、被食者であるアカシカはオオカミに見つかりやすいえさ場を避けるようになり、アカシカが訪れなくなった場所の植生が回復した。

オオカミ

アカシカ

Keywords 生態系のバランス（balance in an ecosystem）、かく乱（disturbance）、キーストーン種（keystone species）、間接効果（indirect effect）

15 生態系と人間生活(1) 生物基礎 生物

A 生物多様性の低下 基生

熱帯雨林の破壊や，乱獲，密猟などによって，多くの生物が絶滅の危機に瀕している。また，種の絶滅によって，医薬品・農作物の品種改良などに利用できる遺伝子資源を失うことにもなる。

■ 生物多様性の喪失や生物の絶滅を引き起こす要因

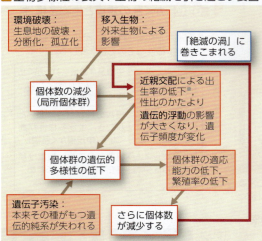

個体数が少なくなると，個体群の遺伝的多様性が低下する。するとさらに個体数が減少し，「絶滅の渦」に巻きこまれてしまう。
※近親交配が続くと，生存に不利な形質が出やすくなる（近交弱勢）

アマミノクロウサギ
アマミノクロウサギ（絶滅危惧種）は奄美大島に移入されたマングースに捕食され個体数が減少。

チーター
チーターは過去に個体数が激減，精子異常（70％），幼獣の死亡率大，伝染病の感染率増加。

Column 里山・干潟の保全

里山は，適度な伐採など人手が入ることによって，夏緑樹や昆虫類など豊かな生物多様性が維持される生態系である。しかし，伐採が行われなくなり雑木林が放置されると，照葉樹が生育して林床を暗くし，生物多様性が失われてしまう。
干潟は，貝類や水鳥など多くの生物が生息する生態系で，水質浄化としてのはたらきももつ。しかし，開発によって干潟の多くが失われ，その生物多様性も低下している。
近年では，このような里山や干潟の重要性が見直され，保全への取り組みが進められている。

干潟

Zoom up 絶滅危惧種

絶滅のおそれのある生物(動植物)を**絶滅危惧種**という。それらをリストアップしたものを**レッドリスト**といい，レッドリストを掲載した本を**レッドデータブック**という。環境省のレッドリストでは，絶滅の危険性の高さによるカテゴリー分けがなされている。

- 環境省のレッドリスト(2020年)
  絶滅（すでに絶滅した）…ニホンオオカミなど
  野生絶滅（飼育・栽培下でのみ存在）…クニマスなど
  絶滅危惧Ⅰ類（絶滅寸前）ⅠA類…イリオモテヤマネコ，
  　　　　　　　　　　　　　　　　コウノトリ，トキなど
  　　　　　　　　　　　　　ⅠB類…イヌワシなど
  　　　　　　　　Ⅱ類（絶滅の危険増大）…タンチョウなど
  準絶滅危惧（個体数の減少など絶滅危惧種になる可能性あり）…トウキョウダルマガエルなど

トキ

イリオモテヤマネコ

Pioneer 野生動物研究の重要性

京都大学野生動物研究センターでは，地球社会の調和ある共存に貢献することを目的として，野生動物に関する研究や教育を行っている。
おもに絶滅の危惧される野生動物を対象とした基礎研究や，人間とそれ以外の生命の共生のための国際的研究を推進している。また，地域の動物園や水族館等と協力して研究を行い，人間を含めた自然のあり方についての深い理解を次世代に伝えることを目指している（写真は京都市動物園でのマンドリルを対象とした研究のようす）。

京都大学 野生動物研究センター

Point アリー効果と絶滅

多くの場合，密度効果とは，個体群密度が高くなるほど個体の増殖率が下がってしまう「負の密度効果」を指す。しかし，ある値より個体群密度が低くなると，交配の機会の減少などにより，密度が下がるほど増殖率が低下し，個体群が絶滅してしまうことが知られている。このような，個体群密度が低い状態で生じる「正の密度効果」を**アリー効果**という。生物を保全するためには，アリー効果がはたらかない密度に個体群をとどめておくように対策を取る必要がある。

Column 生態系サービス

生態系から受ける多くの利益を**生態系サービス**という。生態系サービスは人間や他の生物にとって生きるために必要であるだけでなく，文化や精神的な豊かさも与えてくれる。生態系サービスは，物質循環と生物多様性によって支えられており，持続的に生態系サービスを受けるためには，生態系を保全する必要がある。

生態系サービス

①供給サービス	②調整サービス	③文化的サービス
有用な資源の供給	安全な生活の維持	豊かな文化を育てる
食料，燃料，木材，繊維，薬品，水など 人間の生活に必要な資源の供給	気候の調節，災害の制御，病気の制御，水の浄化など環境の調整・制御	精神的充足，美的な楽しみ，社会制度の基盤，レクリエーションの機会

④基盤サービス
生態系を支える基盤，①～③を支えるもの
光合成による酸素の生成，土壌の形成，栄養の循環，水の循環など

Keywords 絶滅危惧種(endangered species)，絶滅(extinction)，アリー効果(Allee's effect)，生態系サービス(ecosystem services)

B 外来生物の移入

人間の活動によって本来の生息場所から別の場所に移されて定着した生物を**外来生物**という。外来生物の中には，増殖してその地域の生態系のバランスをくずしてしまうものもいる。

■ 外来生物の影響

外来生物が引き起こす問題には次のようなものがある。

捕食	その場所に生息する在来の動物，植物を捕食する	オオクチバス，ブルーギル，アライグマなど
競合	同じような食物や生息環境をもっている在来の生物から，それらを奪い，駆逐する	タイワンリス，ホテイアオイ，オオタナゴなど
交雑	近縁の種同士で交配が起こり，雑種が生じる（遺伝子の汚染）。種としての純血が失われる懸念がある	タイワンザル，タイリクバラタナゴなど
感染	それまでその場所に存在しなかった他の地域の病気や寄生性の生物を持ちこむ	オオブタクサ，カ，ネズミ類など

■ 日本から移動した生物

侵略的外来生物	特徴・影響
コイ	汚染に強く雑食性で，低温にもよく耐える。大きく育つので天敵が少ない。移入された北アメリカでは食用にされず，爆発的に個体数を増やしている
クズ	マメ科の多年草のつる植物で，土壌浸食を食い止める植物として北米に移入。アメリカ南部で繁殖。成長が早く，他の植物をおおい隠し枯らしてしまう
ワカメ	停泊中の船のバラスト水に混入し，ニュージーランド，オーストラリア，ヨーロッパに移動。移入先で繁殖し在来種の海藻を駆逐してしまう

■ 侵略的外来生物

外来生物の中で，地域の生態系に影響を与え，生物多様性を脅かすおそれのあるものを，特に**侵略的外来生物**という。

侵略的外来生物	原産国	特徴・影響	
フイリマングース	東アジアから西アジア	哺乳類。沖縄や奄美大島へネズミ類やハブ駆除のために移入された。沖縄では天然記念物のヤンバルクイナなど，特別天然記念物のアマミノクロウサギなどの捕食が危惧されている	ヤンバルクイナ
グリーンアノール	アメリカ合衆国南東部	は虫類。ペットとして持ちこまれたものが野生化。小笠原諸島固有種であるオガサワラシジミやトンボ類を捕食し一部の島で絶滅させた	オガサワラシジミ
オオクチバス	北アメリカ	魚類。魚釣りの対象や食用として移入された淡水魚。移入された湖沼ではホンモロコなどの在来魚が捕食され，その種数や個体数が減少し，生物相や生物群集が大きな影響を受ける	ホンモロコ
ムラサキイガイ	ヨーロッパ	二枚貝。バラスト水（船舶の底荷）への混入や船体への付着により侵入。カキ，アコヤガイ，フジツボなど在来の沿岸生物や水産資源に影響あり。在来種との交雑により，遺伝子かく乱が起こる	カキ
ボタンウキクサ	アフリカ	浮遊性の水草。観賞用に持ちこまれたものが湖沼で野生化。水面をおおいつくし，光を遮ることで水生植物の生存を脅かしたり，トチカガミなどの在来種と競合し駆逐したりする	トチカガミ

これらは「特定外来生物による生態系等に係る被害の防止に関する法律（**外来生物法**）」により，生態系，人類の生命・身体，農林水産業へ被害を及ぼすもの，または及ぼすおそれがある「**特定外来生物**」に指定され，野に放つことだけでなく，飼育や栽培，輸入などの取り扱いが原則禁止されている（ただし，ムラサキイガイは指定されていない。）

Point 生物多様性条約

「生物の多様性に関する条約（生物多様性条約）」は，1992年にブラジルで開かれた地球サミットが契機となって誕生した国際条約で，おもに生物多様性の保全や持続可能な利用を目的としている。2003年には遺伝子組換え生物を対象とした「カルタヘナ議定書」も発効されたが，最大の生物資源利用国の米国はまだ批准していない。
また，2010年には，名古屋で「生物多様性条約第10回締約国会議（COP10）」が開催された（COP：Conference of the Parties）。この会議では，「遺伝資源へのアクセスと利益配分（ABS）に関する名古屋議定書」が採択された。

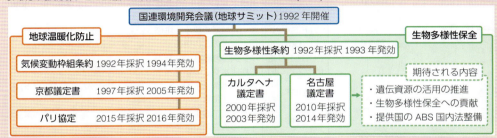

生物多様性条約COP10のようす

これらの条約や議定書には，途上国と先進国の間での対立がある。「名古屋議定書」では，生物資源を利用している先進国が，生物資源を提供している途上国に利益を配分することが定められており，途上国が現在だけでなく過去にさかのぼって利益の配分を求めると，先進国にとっては大きな経済的影響がある。また，配分された利益の用途が生物多様性の保全には限定されていないなどの課題がある。名古屋議定書は2014年に50か国以上の批准により発効し，日本は2017年に批准した。これら生物多様性条約に関する議定書には多くの課題があるが，人間活動による環境破壊や種の絶滅をどのように食い止め，人類と自然の共存の形を模索するのかについて，多くの国が参加し，活発な議論が行われたことには大きな意味がある。

外来生物（alien species），特定外来生物（invasive alien species）

16 生態系と人間生活(2) 生物基礎/生物

A 湖沼の富栄養化

河川などに有機物が流入しても，希釈や，微生物による無機物への分解によって，河川や湖沼は浄化される（**自然浄化**）。しかし，有機物の量が自然浄化の能力をこえると，生物の異常発生や死滅などが起こる。

■ 富栄養化と微生物の異常発生

赤潮：沿岸部や内海が富栄養化し植物プランクトンの渦鞭毛藻類が異常発生したもの。酸素不足やえらがつまるなど魚介類に害を与える。

アオコ（青粉）：生活排水などの流入で湖沼が富栄養化し，ミクロキスティス（シアノバクテリアの一種）が異常発生したもの。水の華（はな）ともいう。

■ 富栄養化と酸素の濃度

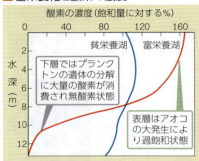

下層ではプランクトンの遺体の分解に大量の酸素が消費され無酸素状態

表層はアオコの大発生により過飽和状態

■ 富栄養湖と貧栄養湖

	富栄養湖	貧栄養湖
透明度	小	大
pH	アルカリ性に傾きやすい	中性付近
栄養塩類	多	少
溶存酸素	深層部で欠乏	飽和に近い
動物プランクトン・魚類	豊富	貧弱
底生生物	種類は少ない	種類が多い

■ 自然浄化のしくみ

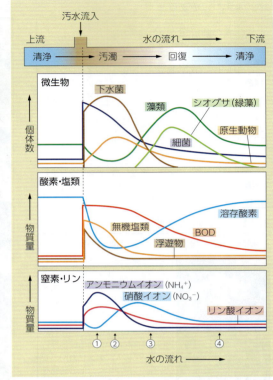

① 有機物の増加により細菌が増加し，呼吸により酸素を消費するため溶存酸素量は少なくなる。
② 細菌を捕食する原生動物が増加し，細菌は減少する。硝化菌のはたらきで NH_4^+ は NO_3^- となる。
③ 無機塩類の増加によりケイ藻や緑藻が増加し，光合成によって酸素が放出され，溶存酸素量が増す。
④ 無機塩類の減少とともに藻類も減少し，もとのきれいな河川にもどる。

■ 水質汚染の指標
複数の指標を総合して水質を判定する。

略称		指標の内容
DO	溶存酸素量	水中に溶けている酸素量
BOD	生物化学的酸素要求量	水中の有機物が細菌の呼吸によって分解されたとき消費される酸素量。高いほど水はきたない
COD	化学的酸素要求量	水中の有機物を化学的に分解するときに必要な酸素量。高いほど水はきたない。BODの代わりに簡易的に測定される
pH	水素イオン指数	酸性やアルカリ性の程度を示す。7が中性，0に近いほど酸性が強く，14に近いほどアルカリ性が強い。富栄養湖ではアルカリ性に傾く

B 生物濃縮

特定の物質が生物体内に取りこまれて蓄積し，食物連鎖の過程を通して濃縮を重ねていく現象を**生物濃縮**という。生態系に有害物質を放出すると，低濃度でも危険である。

■ DDTの生物濃縮

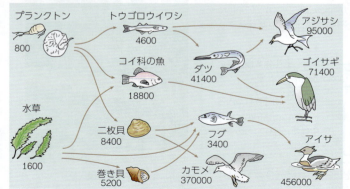

アメリカのロングアイランド付近の調査によるもの。数字は，水中のDDT濃度を1としたときの生体中の濃度。水中のDDT濃度は0.00005ppmで，1m³当たりわずか0.05mgであるが，高次消費者ではその数十万倍にもなる。

■ 生物濃縮で問題となった物質の例

物質名	発生源	症状など
水銀(Hg)	有機水銀(メチル水銀)を含んだ工場排水	中枢神経疾患(水俣病，第二水俣病)
カドミウム(Cd)	亜鉛精錬所の排水・排煙電池などのごみ焼却	腎障害，カルシウムの欠乏による骨の異常(イタイイタイ病)
PCB(ポリ塩化ビフェニル)	インク，絶縁油などに使用。工場排水やごみ処理水	皮膚・肝臓障害，四肢脱力
DDT	有機塩素系殺虫剤 農薬 衛生害虫の駆除	毒性や内分泌かく乱物質(※)の疑い
BHC	有機塩素系殺虫剤 イネの害虫の駆除	イネ，さらに母乳などに高濃度に濃縮
放射性核種	核爆発後の放射性降下物 放射性廃棄物	がん，造血障害，免疫障害 体内で有害な放射線を出し続ける

これらはいずれも安定な(分解されにくい)物質で細胞質のタンパク質や体脂肪に溶けやすく，排出されにくいため体内に蓄積されていく。このため栄養段階が上がるごとに生物濃縮が進んでいく。

※内分泌かく乱物質は，ホルモンのように作用したり，他のホルモンの作用を阻害する化学物質で，**環境ホルモン**ともいわれる。ほかにダイオキシンなどがある。

Keywords　富栄養化(eutrophication)，赤潮(red tide)，生物濃縮(biological accumulation)

7-Ⅲ 生態系と生物多様性

C 探究 化学的な水質検査 基生

化学的な水質検査にはさまざまな方法があるが、簡易水質検査キットを用いると、さまざまな指標を数分程度で簡易的に測定することができる。

■ 簡易水質検査キットで測ることができるおもな水質の指標

指標	COD（化学的酸素要求量）	リン酸態リン	アンモニア態窒素	亜硝酸態窒素
性質	水中の有機物を酸化する際に消費される酸化剤の量を酸素の量に換算した指標。湖沼、海域の有機汚濁を測る代表的な指標。	リン酸イオン（PO_4^{3-}）として水中に存在するリンで、生活排水や肥料などに由来する。藻類などの生育に必須だが、過剰量は富栄養化の原因となる。	アンモニウムイオン（NH_4^+）やアンモニア（NH_3）として水中に存在する窒素。生活排水などの流入点の近くで高い数値を示す。	亜硝酸イオン（NO_2^-）として水中に存在する窒素。アンモニウム態窒素が変化してできる。生活排水などの流入点の近くで高い数値を示す。
数値の目安	川の上流で1〜2mg/L、下流で2〜10mg/L程度	有機態リンを合わせた総リン量が0.02mg/L超で富栄養化の目安	きれいな水では0.2mg/L未満	通常は0.02mg/L以下

化学的な水質検査の結果は、川の水の量によっても大きな影響を受ける。

■ 簡易水質検査キットの使い方

①検査を行いたい水をチューブで吸い上げる。よく振りまぜてチューブの中の試薬と反応させる。

②キットで指定された時間が経過してから、付属の標準色表と比較する。色の変化から、その指標のおおよその値を知ることができる。

D 探究 指標生物を用いた水質調査 基生

水質汚染の度合いを調べるのに、そこにすむ生物の種構成から判断することができる。

■ 調査対象生物と水質環境の関係

水質階級Ⅰ きれいな水		水質階級Ⅱ 少しきたない水	
1. アミカ		10. イシマキガイ ○	
2. ウズムシ(在来種)		11. オオシマトビケラ	
3. カワゲラ		12. カワニナ	
4. サワガニ		13. ゲンジボタル	
5. ナガレトビケラ		14. コオニヤンマ	
6. ヒラタカゲロウ		15. コガタシマトビケラ	
7. ブユ		16. スジエビ	
8. ヘビトンボ		17. ヒラタドロムシ	
9. ヤマトビケラ		18. ヤマトシジミ ○	

水質階級Ⅲ きたない水		水質階級Ⅳ 大変きたない水	
19. イソコツブムシ ○		26. アメリカザリガニ	
20. タイコウチ		27. エラミミズ	
21. タニシ		28. サカマキガイ	
22. ニホンドロソコエビ ○		29. セスジユスリカ	
23. ヒル		30. チョウバエ	
24. ミズカマキリ			
25. ミズムシ			

注）○は汽水域の生物である。

■ 水質指標となる水生生物

きれいな水　　　　　　　　　　　　たいへんきたない水
サワガニ　　カワニナ　　サカマキガイ

Ⅰ：ブユ（腹部末端で岩などに付着）、カワゲラ（脚の爪は2本）、ヒラタカゲロウ（カゲロウ類は足の爪が1本）
Ⅰ・Ⅱ：ヘビトンボ（腹部に突起）、トビケラ類（はねがない）
Ⅲ：ミズムシ（ワラジムシに似る）

■ 調査の例とその水質判断

A地点で採取された生物

◎	4. サワガニ	2
◎	5. ナガレトビケラ	12
◎	6. ヒラタカゲロウ	2
◎	8. ヘビトンボ	6
◎	9. ヤマトビケラ	8
◎	12. カワニナ	26
◎	14. コオニヤンマ	3
◎	24. ミズカマキリ	1
	コヤマトンボ	2
	カワトンボ	2
	コシボソヤンマ	1
	カワムツ*	60
	ヨシノボリ*	6
	ドンコ*	2
	イモリ	1

*は魚類
◎は調査対象となる指標生物

→ Ⅰ〜Ⅳの水質階級について、それぞれ見つかった指標生物1種類につき1（数が多かった2種は2）として合計を求め、値の最も大きい階級をとる。

採取された指標生物
Ⅰ…4, **5**, 6, 8, 9
Ⅱ…**12**, 14
Ⅲ…24　Ⅳ…なし
※太字は数が多い2種

各階級の指標生物の点数
Ⅰ…1×4+2=6
Ⅱ…1+2=3
Ⅲ…1　Ⅳ…0

A地点の水質階級…Ⅰ

指標生物		A地点	B地点	C地点
Ⅰ	4	○		
	5	●		
	6	○ }6		
	8	○		
	9	○		
Ⅱ	12	● }3	● }4	
	14	○	○	
	17		○	
Ⅲ	23			●
	24	○ }1	○ }2	● }4
	25		○	●
Ⅳ	27			●
	28			● }2
	29			○
判定		Ⅰ	Ⅱ	Ⅲ

○は出現した生物、●は数が多い2種

調査の際には、生物の種類と採取した数だけでなく、調査した年月日・天候・水温・川幅および場所（岸か中央か）・水深・流速（cm/秒）・川底の状態（砂か石か。石の大きさなど）も調べて記録しておく。

■ 化学的な水質検査との比較の例
指標生物の調査と平行して水質を検査した結果

測定地点	生物的水質階級	COD	アンモニア態窒素	リン酸態リン
A地点	Ⅰ	4.1	0.16	0.17
B地点	Ⅱ	9.5	0.27	0.52
C地点	Ⅲ	20.0	0.61	0.95

生物的水質階級は比較的長い時間についての総合的な水質を反映するのに対し、化学的な水質検査は検査時の水質を表す。

17 生態系と人間生活(3)　生物基礎 生物

A 地球の環境地図
人間の活動や気象の変化により森林の減少や砂漠化，大気・水の汚染が進んでおり，さらにそれらによる生態系への影響が懸念されている。

■森林の破壊・砂漠化

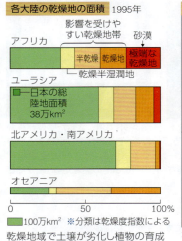

各大陸の乾燥地の面積　1995年
影響を受けやすい乾燥地帯／砂漠
半乾燥／乾燥地／極端な乾燥地
乾燥半湿潤地
アフリカ／ユーラシア／日本の総陸地面積 38万km²／北アメリカ・南アメリカ／オセアニア
0　50　100%
■100万km²　※分類は乾燥度指数による

乾燥地域で土壌が劣化し植物の育成に適さなくなる現象を**砂漠化**という。

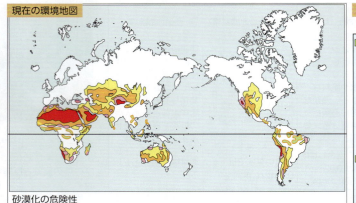

現在の環境地図

砂漠化の危険性：中程度／非常に高い／高い／極度に乾燥した地域（砂漠）／熱帯林の減少が激しい地域

森林面積の増減　2000〜2010年／2010〜2020年
世界計／アジア／アフリカ／ヨーロッパ／北アメリカ中央アメリカ／南アメリカ／オセアニア
4000　2000　0　2000（千ha/年）　減少←→増加

砂漠化以外に，核実験や原子力発電所の事故などによって起こる**放射性物質**による汚染も問題となっている。

アジア・ヨーロッパの増加は大規模な植林によるものである。

B 森林の減少と砂漠化
熱帯林では毎年，九州と四国をあわせたくらいの面積の森林が失われている。また，現在全陸地面積の約41％にあたる土地が砂漠化の影響を受けている。

■砂漠化のおもな原因

不適切なかんがいによる塩害

風食・水食／風・水による砂の流入／過放牧／砂漠化／不適切なかんがいによる塩害／樹木の伐採・焼畑農業

乾燥地では水が急速に蒸発するため，まかれた水は地中深くにしみこまず，逆に地下水を吸い上げる。水に含まれていた塩分は上層の土壌に濃縮される。

■森林の減少のおもな原因

過度な焼畑による熱帯多雨林の破壊

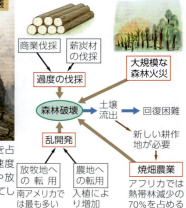
商業伐採／薪炭材の伐採／過度の伐採／大規模な森林火災／森林破壊→土壌流出→回復困難／乱開発／新しい耕作地が必要／放牧地への転用／農地への転用／焼畑農業
南アメリカでは最も多い／入植により増加／アフリカでは熱帯林減少の70%を占める

焼畑は熱帯林の減少原因の45%を占める。熱帯林では有機物の分解速度が速いため土壌が少なく，農地や放牧地にすると急速に養分が流失してしまう。

C オゾン層の破壊
成層圏にある**オゾン層**は，生物にとって有害な紫外線を吸収する重要な役割を果たしているが，工業的に生産された物質（フロン）によりオゾン層のオゾンが破壊されてきた。

■オゾンホールの出現
灰色部分がオゾンホール。

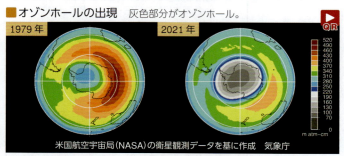
1979年　2021年
米国航空宇宙局(NASA)の衛星観測データを基に作成　気象庁

南極（北極）上空で急激にオゾンが減少するオゾンホールは，南半球（北半球）が春になると超低温の雲に閉じこめられていた塩素原子が解放されて生じる。

■フロンとオゾン層破壊

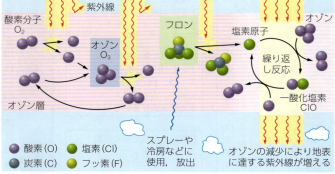
紫外線／酸素分子 O₂／フロン／オゾン O₃／塩素原子／繰り返し反応／オゾン／一酸化塩素 ClO／オゾン層／酸素(O)／塩素(Cl)／炭素(C)／フッ素(F)／スプレーや冷房などに使用，放出／オゾンの減少により地表に達する紫外線が増える

オゾン層ではオゾンと酸素分子が合成と分解を繰り返しており，その際に有害な紫外線が吸収されている。フロンは化学的に安定な物質だが，上空で強い紫外線によって分解され，このとき生じる塩素原子は1原子でもオゾンを次々と破壊していく。

Keywords　砂漠化(desertification)，オゾン層(ozone layer)，オゾンホール(ozone hole)

7-Ⅲ　生態系と生物多様性

D 地球温暖化

大気中における**温室効果**のある気体（**温室効果ガス**）の増加によって**地球温暖化**が心配されている。化石燃料の使用によって放出される二酸化炭素が温室効果ガスの代表である。

■ 地球の年平均気温の変化

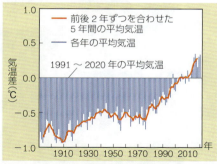

1991～2020年の平均気温を平年値として，世界の年平均地上気温と平年値との差を示す。

■ 大気中の二酸化炭素濃度の変化

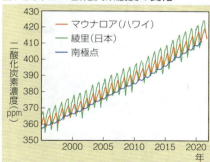

各グラフは植物の光合成速度の季節的な変動により，ジグザグになる。

■ 温暖化の原因となる物質（温室効果ガス）

物質名	おもな発生源	地球温暖化係数（GWP※）	寄与度（％）
二酸化炭素	化石燃料の燃焼 森林の伐採	1	60
フロン類	スプレー，冷媒 半導体の洗浄	1300～9000	14
メタン	水田，家畜 し尿処理場	28	20
一酸化二窒素	化石燃料の燃焼 窒素肥料の使用	265	6

※ GWPは二酸化炭素の温室効果の度合いを1としたときの各物質の温室効果の度合い。寄与度は現在の地球上の温室効果ガス全体の中で占める割合

Point　パリ協定

気候変動問題への対策として，これまで，世界各国が温室効果ガスの排出量削減等の取り組みを進めてきた。
2015年にパリで開かれたCOP21において，2020年以降の気候変動問題への取り組みに関する「**パリ協定**」が採択された。これは，1997年に日本で採択された「京都議定書」の後継となる条約で，産業革命前に比べ世界の平均気温の上昇を2℃を十分に下回る水準に抑制し，1.5℃未満に抑えるよう努力するという長期目標を定め，各国が自国の目標を定め実施するものである。
パリ協定の採択後，2020年からの本格運用に向けたルール策定のために国際会議がくり返し行われた。現在では，温室効果ガスの排出を全体としてかぎりなくゼロに近づけるため，「脱炭素社会」を目指す取り組みが日本国内でも進められている。

E 窒素酸化物などによる影響

化石燃料の燃焼などで放出された窒素酸化物や硫黄酸化物などが原因物質となり，**酸性雨**や**光化学スモッグ**などが生じる。

■ 酸性雨と光化学スモッグが発生するしくみ

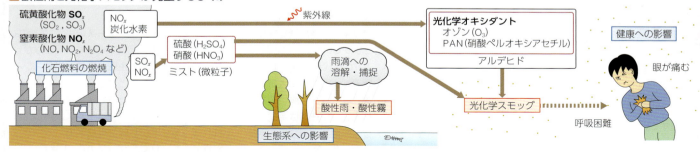

F 窒素酸化物の測定

ザルツマン試薬は，窒素酸化物の一種であるNO₂と反応して赤紫色に発色する。NO₂の量に応じて色が濃くなるため，大気中のNO₂の濃度を測定することができる。

サンプル管の内側にろ紙を巻きつけ，50％トリエタノールアミンを0.3mL滴下する。

ガソリン車・ディーゼル車の排気ガスと教室内の空気をポリエチレンの袋に集める。

サンプル管を袋に入れる（20～30分）。

サンプル管にザルツマン試薬を5mL入れ，10分間発色させる。

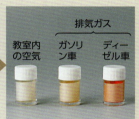
試薬の発色を観察する。比色計があれば，反応液の吸光度（530nm）を測定する。

トリエタノールアミンはNO₂捕集用の試薬。ザルツマン試薬はNO₂と反応して赤紫色のアゾ色素ができる。この色素の濃度はNO₂量に比例する。同じ器具を用いて離れた場所の空気中のNO₂を検出することもできる。サンプル管のふたをしておき，測定場所でふたを開けて逆さまにして24時間設置する。

地球温暖化（global warming），温室効果（greenhouse effect），酸性雨（acid rain），光化学スモッグ（photochemical smog）

特集 **生物学の最前線**

7 外来生物の影響とその現状

[写真] アライグマ　原産地は北米。ペットとして輸入されたものが定着。

国立環境研究所　生物多様性領域　生態リスク評価・対策研究室　室長
五箇　公一（ごか　こういち）

　侵略的外来生物（侵入種）は，在来生物に対して捕食，競合，交雑，病原生物の持ちこみなどさまざまな影響をもたらし，在来生物集団の衰退を引き起こすとともに，人間社会に対しても農業被害や健康被害など深刻な影響を及ぼす。人間活動のグローバル化は侵入種の分布拡大を加速し，地球規模で生物相の均質化が進行しようとしている。それぞれの地域に生息する生物集団の固有性は，長きに渡る生物進化の歴史産物であり，侵入種の拡大は，生物の地域固有性を破壊し，生態系機能を麻痺させる，まさに人間社会の持続性にかかる環境問題である。

生物多様性を脅かす侵略的外来生物

　「外来生物（Alien species）」とは，人の手によって本来の生息地から，異なる生息地に移送された生物のことをいう。人為的要因によらず，気流や海流にのって移動する昆虫やエチゼンクラゲ，あるいは自力で海や大陸を渡る鳥類などは外来生物にあてはまらない。また，外来生物は外国産の生物種というイメージが強いが，国内の特定地域に生息する生物を，国内の別の場所に移送させた場合も外来生物の定義にあてはまる（例えば，沖縄の生物を北海道に移動させた場合などである）。

　多くの外来生物は移送先の環境になじめず，定着できないが，一部には新天地の環境に対応し，本来の生息地よりも繁栄して，在来の生物相や生態系に悪影響を及ぼすものが存在する。こうした外来生物を「**侵略的外来生物**（Invasive alien species，IAS）」とよぶ。現在，侵略的外来生物による生物多様性の減少は世界的な環境問題とされている。国際自然保護連合（IUCN）は，侵略的外来生物を「生息地の破壊・悪化」および「乱獲」に並ぶ，野生生物の三大絶滅要因の1つと位置づけている。

日本における侵略的外来生物の歴史

　日本だけでもこれまでに2000種以上の生物が外来生物として記録されている。古いものは江戸時代以前にまでその侵入年代は遡るが，現在，生態系や人間社会に対して悪影響をもたらしているとされる外来生物の多くは明治時代の開国以降に持ちこまれたものとされる。日本がグローバル化を迎えたことで，海外からの物流と人流が急増し，それにともなって遠い国の外来生物の持ちこみも増えた。

　例えば，北米原産のオオクチバス（ブラックバスともよばれる）は，1925年に食用目的で導入されたものが，戦後，スポーツフィッシングの流行で，日本各地の湖沼に放流されて分布が広がり，在来魚類の新たな天敵と化した。

　東南アジア原産のフイリマングースは1910年に沖縄島に，その後，1979年に奄美大島にハブ退治目的で導入されたが，昼行性のマングースは夜行性のハブと野外で出会うことはほとんどなく，代わりにヤンバルクイナやアマミノクロウサギ等の希少種を捕食していることが問題となっている。

　アライグマは，1970年代に放映されたアニメーションの影響でペットとして大量に輸入されたが，飼いきれなくなった飼い主たちが野外に逃がしてしまい，現在では全国レベルで野生化が拡大し，各地で深刻な生態系被害や農業被害をもたらしている。

なぜ外来生物ははびこるのか？

　外来生物は，1）在来種を捕食するという影響，2）在来種と食物や住処をめぐって競合するという影響，3）在来種と交尾して，在来種の繁殖を阻害したり，雑種をつくりだしたりするという影響，さらには，4）外来の寄生生物を持ちこんで在来種に対して病害をもたらすという影響など，在来種との間にさまざまな生物間相互作用をもたらすことで，最終的に在来種の存続を脅かす。

　では，これら外来生物は原産地でも優占種となっているのかといえば，実はほとんどの種がひっそりと少数で生息している。例えば，フイリマングースは，原産地の南アジアでは，より大形な肉食哺乳類や鳥類などの天敵が存在し，その個体数が制限されている。また食物となる小形動物のほうも，その捕食からの回避行動を身につけており，簡単には食べられない。つまり，フイリマングースも生態ピラミッドの中で適正な個体数が維持されている。これは生態系を構成する生物種どうしが長きにわたる共進化の歴史を経て，互いに個体数のバランスがとれる関係を築いているからである。

　しかし，フイリマングースのような俊敏な肉食動物が進化の歴史に一種も登場しなかった沖縄・奄美の島の生態系では，当然，フイリマングースの天敵となる種は存在せず，また食物となる小動物たちも，捕食回避の術を知らないため，フイリマングースが持ちこまれれば，あっという間に生態系のバランスが崩れて，フイリマングースの「一人勝ち」となる。外来生物が蔓延するメカニズムは，人為移送によって生態系共進化の歴史を崩壊させることにある。皮肉なことにフイリマングースは，原産地では，生息環境の悪化に伴い希少種になりつつある。

■ **フイリマングース**　インド〜東南アジアに生息する哺乳類。昆虫類や小形動物を食べる。特定外来生物で，沖縄本島・奄美大島に分布。防除対策が進み，個体数は減少しつつある。

■ヒアリのCG模式図（筆者描画）
体長は3〜5mm。スーパーコロニーとよばれる多女王性の巣を形成する。攻撃性が強く、お尻に強力な毒針をもつ。2017年に日本でもコンテナ船による持ちこみが確認された。現在、国内での定着を警戒してモニタリングが継続されている。特定外来生物。

■カエルツボカビの世界的分布拡大プロセスの推定
DNA分析の結果から、日本ではイモリのなかまをはじめ、固有種が古くからカエルツボカビ菌を保菌していたと考えられている。食用として輸入されたウシガエルが、日本国内での養殖過程で菌に感染し、それが日本から輸出されたことで、世界中に菌が持ちこまれた可能性がある。さらに、1980年代以降の熱帯林開発やエコツーリズムの隆盛により、さまざまな国や地域の人間が熱帯林の奥深くに立ち入る機会が増え、菌が熱帯林にも持ちこまれ、隔絶された環境で進化してきたために免疫をもたない多くの固有両生類の間で、カエルツボカビ菌が一気に蔓延したと推定されている。

止まらない外来生物の侵入

国内外を問わず、外来生物の対策が進められているが、外来生物の種数も個体数も決して減ることはなく、現在も増え続けている。なぜ、外来生物は生みだされ、増え続けるのか？その背景には、人間の経済活動が深くかかわっている。

例えば、極めて刺傷毒性の高い南米原産のヒアリ（上図左）は、21世紀に入ってから急速に環太平洋諸国に分布を拡大している。アジア経済のグローバル化の進行とともに、太平洋における海運輸送も活発となり、1930年代からすでにヒアリが定着して分布拡大している北米からアジア地域へのヒアリの持ちこみ量が増えたと考えられる。日本は資源輸入大国ゆえ、外来アリ類のような非意図的な外来生物の侵入リスクは特段高くなる。実際に南米原産のアルゼンチンアリやオーストラリア原産のセアカゴケグモ、中国南部原産のツマアカスズメバチなど、ここ数年で急速に侵入地域が拡大している。

一方で、日本では外国産生物をペットや観賞用として意図的に輸入するという傾向にも衰えが見えない。1年間に輸入される「生きた動物の個体数」は、輸入統計で把握されているだけでも億単位に上り、特に1990年代まで3億匹レベルだった輸入数は、2000年代に入ってから10億匹近くまで跳ね上がり、その数は今も増加を続けている。この増加には、WTO（世界貿易機構）などの国際的な枠組みに基づく貿易の自由化拡大が大きく影響している。

目に見えない侵略者—カエルツボカビ

侵略的外来生物の中には目に見えない微生物も存在する。例えば、現在世界中で両生類の感染症であるカエルツボカビ症が蔓延していることが大きな問題となっている。2006年12月に日本国内に輸入された南米原産のペット用カエルからカエルツボカビ（▶p.282）が発見され、日本でも感染が広がるのではないかと心配された。

ところが、国立環境研究所が中心となって日本全国の野生両生類の感染状況を調査した結果、日本にはもともとカエルツボカビ菌が存在し、DNA分析の結果から日本国内のカエルツボカビ菌の多様性は世界と比べて非常に高いことが明らかとなり、実は、カエルツボカビ菌の起源は日本を含むアジアにある可能性が高いことが示された。日本からの両生類の移送に加え、森林開発やエコツーリズム（自然環境や歴史文化など、地域固有の魅力を理解することを目的とした観光）の発達などにより、人間が世界の森林へ侵入する機会が増えたことで、森林に生息する両生類の間で、この未知の菌が蔓延したのではないかと考えられている（上図右）。これも菌—両生類間の共進化の歴史を人間がかく乱したことによって生じた問題である。

外来生物に対する今後の対策

日本では2005年に「外来生物法※」が施行され、有害な外来生物に対して法的な規制がかかるようになった。法律で規制対象とされるマングースやアライグマ、オオクチバス等の国内に定着している野生個体群については防除事業が進められ、徐々にではあるが、個体群抑制や地域根絶に成功する事例も増えつつある。しかし、一度分布を拡大してしまった外来生物を駆除するには膨大な時間とコストを要する。今後、これ以上の外来生物の侵入を防ぐためにも、水際検疫の強化および早期発見・早期防除の体制を整えていくことが重要である。また、生物多様性保全を目的とした外来生物管理の重要性を広く国民に理解してもらうために、教育や普及啓発を進めていく必要がある。これらの対策を進めるうえでの基盤となる科学的知見の蓄積と発信もまた研究者の責務となる。

※「特定外来生物による生態系等に係る被害の防止に関する法律（外来生物法）」では、特に日本の生態系や人間の生活に重大な影響をもたらす恐れがある侵入種が「特定外来生物」に指定され、無許可での輸入や販売、飼育を禁止している。

キーワード
外来生物、侵略的外来生物、カエルツボカビ症、特定外来生物

五箇公一（ごか こういち）

国立環境研究所　生物多様性領域
生態リスク評価・対策研究室　室長
富山県出身。
趣味はコンピューターグラフィックス。
研究の理念は
「努力と経験とセレンディピティ」

第8編 生物の進化と系統

第Ⅰ章 生命の起源と進化
第Ⅱ章 生物の多様性と系統

アンモナイトの化石

1 生命の起源 [生物基礎][生物]

A 有機物の起源

原始生物の誕生の前には，生体を構成するさまざまな化学物質の形成が無生物的に起こる必要がある。このような化学物質の組織化の過程を**化学進化**という。

■原始地球のようす(想像図)　　■ミラーの実験(1953年)

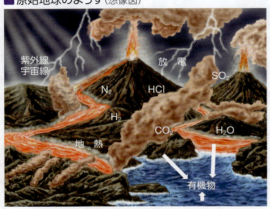
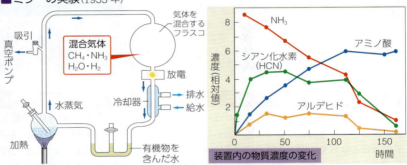

原始地球を想定した装置でアミノ酸などの有機物が生成された。現在では，ミラーらの想定とは異なり，原始大気は CO_2 や N_2 が主成分であるといわれているが，これらの気体からも同様に有機物が生成された。一方，原始地球の有機物が宇宙空間に由来したとする説も有力である。

B 生命の誕生

生体物質の誕生の後，代謝能力・自己複製能力・自己境界性の獲得を経て，最初の原始生物が誕生した。

■海底の熱水噴出孔　　■高分子有機物(生体物質)の生成　　■自己境界性と代謝能力の獲得

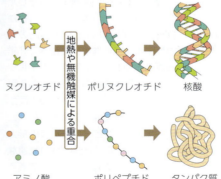
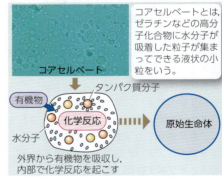

海底の熱水噴出孔の周辺は，高温・高圧で，無生物的な有機物生産も盛んで，原始生物誕生の場として注目されている。

コアセルベートとは，ゼラチンなどの高分子化合物に水分子が吸着した粒子が集まってできる液状の小粒をいう。

コアセルベートは原始生物誕生のモデルの1つで，簡単な代謝を行うものもある。

Point 化学進化と生命の誕生

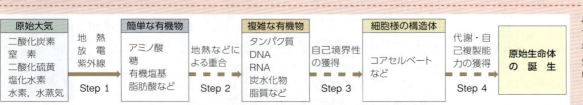

4つのステップを経て約40億年前に最初の原始生物が誕生したと考えられている。

Keywords　起源(origin)，化学進化(chemical evolution)，熱水噴出孔(hydrothermal vent)，コアセルベート(coacervate)

細胞膜の起源といん石

マーチソンいん石

地上に落下するいん石や宇宙空間を漂う氷塵あるいは小惑星などの中には，アミノ酸や糖のほか，水中で膜構造をつくる物質もみつかっている。

初期の生物化石

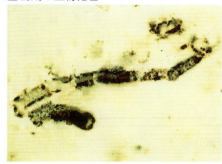

オーストラリアにある約35億年前の地層からみつかった顕微鏡レベルの化石（微化石）で，原核生物の一種と考えられている。

Zoom up　RNAワールドからDNAワールドへ

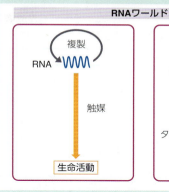
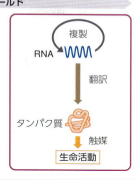
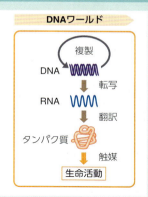

ウイルスにはRNAを遺伝子としてもっているものが多い。また，化学反応を触媒するRNAも発見されている。このようなことから，DNAができる以前に，RNAが遺伝子や酵素として代謝と自己複製の両方にはたらく世界（**RNAワールド**）があったのではないかと考えられている。その後，RNAより安定な物質であるDNAが遺伝情報を担うようになり，代謝もより多機能なタンパク質が担う今のような世界（**DNAワールド**）ができたと考えられる。

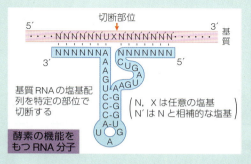

基質RNAの塩基配列を特定の部位で切断する

（N, XはNとCUGA意の塩基　N'はNと相補的な塩基）

酵素の機能をもつRNA分子

Column　自然発生説とその否定

生物の発生について，アリストテレスの時代（古代ギリシャ）には，生物の一部は無生物的に発生すると考えられてきた。このような考え方は自然発生説といい，後のパスツールの実験によって完全に否定された。

自然発生説

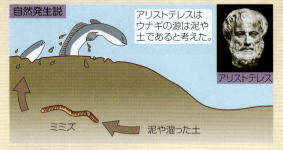

アリストテレスはウナギの源は泥や土であると考えた。

レディの実験

処理実験　　対照実験

レディは腐った肉片からウジ（ハエの幼虫）が自然発生しないことを証明した。

スパランツァーニの実験

①加熱滅菌したのち，フラスコの口を融かして密封する。
②微生物は発生しない。

肉汁

スパランツァーニは微生物の自然発生を否定したが，「密閉したことで空気が変質して自然発生しなかっただけだ」と反論された。

パスツールの実験

①フラスコの首を熱してS字状に曲げる。
②煮沸して殺菌する。
③そのまま放置すると，微生物は発生しない。

酵母のしぼり汁と糖

空気は通るが微生物は途中の水滴に吸着される

先端を細長く伸ばしたフラスコを使って，微生物の自然発生説を実験的に否定した。

RNAワールド（RNA world），DNAワールド（DNA world），自然発生（spontaneous generation）

2 細胞の進化 生物基礎 生物

A 原始生物の進化

地球上に誕生した原始生物は，地球環境の変化に伴って，さまざまな形質を獲得していった。このような生物の形や機能あるいは遺伝情報の不可逆的な変化を**進化**という。

■ 原始生命の進化と大気の変化　最初の生物が独立栄養生物であったとの説もある。

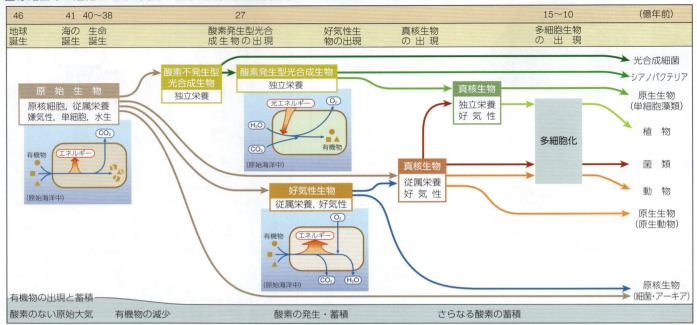

■ ストロマトライト

現生のシアノバクテリアがつくるストロマトライト

原始生物がつくったストロマトライトの断面

■ しま状鉄鉱層

ストロマトライトはある種のシアノバクテリアがつくるしま状の岩石で，酸化した鉄を含むものが多い。いわゆるしま状鉄鉱層は，シアノバクテリアが放出した酸素が水中に溶けている鉄を酸化して沈殿したものである。

B 細胞進化の2つの仮説

先カンブリア時代に起きた原核生物から真核生物への進化の過程には，**共生説**（細胞内共生説）と**膜進化説**という2つの仮説がある。

■ 共生説（細胞内共生説）

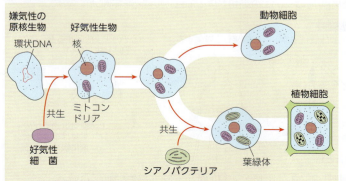

原核生物の細胞内共生によって，真核生物の細胞小器官ができたとする説。

■ 膜進化説

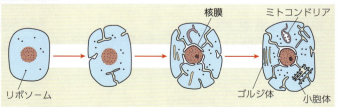

原核生物の細胞膜が細胞内に陥入し，重要なDNAを保護したり，酸素を生じるチラコイドなどを他の部分から分離するように包みこんで，それが細胞小器官になったとする説。

独自のDNAをもつミトコンドリアや葉緑体についてはそれぞれ好気性細菌やシアノバクテリアが共生したとする共生説が有力である。

Keywords　進化(evolution)，ストロマトライト(stromatolite)，共生説(symbiotic theory)，細胞内共生(endosymbiosis)

3 生物の変遷(1) 生物基礎 生物

8-I 生命の起源と進化

A 化石
古い時代の生物や生物の生活の痕跡が、長い年月の間に生物・物理・化学的変化を受けて固い岩石状になったものを**化石**という。化石からは、生物の変遷について多くの情報が得られる。

■化石のでき方

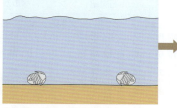
海底等に沈んだ生物の遺体の上に、土砂などがたい積する。

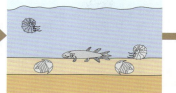
時間の経過に伴い、遺体は化石化していく。

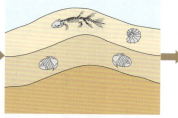
海底の地層は地殻変動により隆起する。

地表面の侵食によって、化石が地表に露出することもある。

■示準化石と示相化石

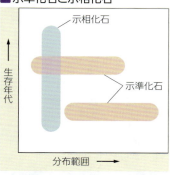

示準化石
生存年代が短いが、分布範囲が広く、産出個体数も多い生物は、産出する地層がある特定の年代に形成されたことを推定させ、示準化石とよばれる。

示相化石
生存年代が長いが、分布範囲が特定の環境にかぎられている生物は、産出する地層がある特定の環境下で形成されたことを推定させ、示相化石とよばれる。

■絶対年代の測定

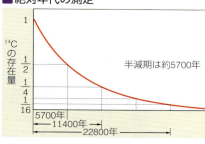

化石の正確な年代測定には放射性同位体を用いる。例えば、化石中の放射性同位体 ^{14}C は放射線を出しながら一定の速さで安定な元素である ^{14}N に変わる。^{14}C の半数が ^{14}N に変わるのに要する時間(半減期)は約5700年である。生物の死によって炭素の出入りが停止するため、化石の ^{14}C 量を測定することで、死亡した時期がわかる。古い時代の化石の年代測定には、半減期がさらに長い ^{40}K や ^{238}U などが用いられる。

■地質時代と代表的な示準化石
地球上で最古の岩石が形成されてから現代までを**地質時代**という。

代	先カンブリア時代	古生代					中生代			新生代		
地質時代 紀		カンブリア紀	オルドビス紀	シルル紀	デボン紀	石炭紀	ペルム紀	三畳紀(トリアス紀)	ジュラ紀	白亜紀	古第三紀	新第三紀	第四紀
年数(億年前)		5.4	4.9	4.4	4.2	3.6	3.0	2.5	2.0	1.4	0.66	0.026

古生代

三葉虫 / フズリナ

中生代

アンモナイト

トリゴニア(三角貝)

新生代

ビカリア / 貨幣石

■示相化石

クサリサンゴ
温暖で、外洋に面した浅い海に分布していた。

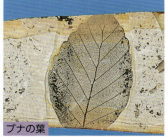
ブナの葉
ある程度以上の降水量があり、比較的涼しい気候の温帯地域に分布していた。

Point 生きている化石
過去に栄えた生物の子孫が、当時に近い形態で生き残っているもの。生物の類縁関係を考える上で重要である。

カブトガニ

ラチメリア(シーラカンス類)
デボン紀から白亜紀に出現した総鰭類。両生類への移行型の形質をもつ。

Keywords 化石(fossil)、示準化石(index fossil)、示相化石(facies fossil)、地質時代(geological time)

4 生物の変遷(2) 生物基礎 生物

A 地質時代と生物の変遷

先カンブリア時代は小形でかたい外骨格をもたない生物だけの世界であったが、古生代以降生物が爆発的に多様化し、陸上への進出などを経て、やがて人類の出現を迎えた。

	先カンブリア時代					古生代					
						カンブリア紀	オルドビス紀	シルル紀	デボン紀	石炭紀	ペルム紀
(億年前)	46	41	40	27	15〜10	6.5 5.4	4.9	4.4	4.2	3.6	3.0
	地球誕生	最初の生命の出現	酸素発生型光合成生物の出現	好気性生物の出現	真核生物の出現／多細胞生物の出現	無殻無脊椎動物の繁栄（三葉虫・腕足類）の出現／エディアカラ生物群	外骨格をもつ無脊椎動物の出現／バージェス動物群／チェンジャン動物群／最初の脊索動物の出現	三葉虫・フデイシの繁栄	最古の陸上植物の出現	あごのある魚類の出現／クックソニアの出現／サンゴの繁栄	昆虫類の出現／アンモナイトの出現／大形シダ植物の出現／魚類・腕足類の繁栄	両生類の出現／裸子植物の出現／シダ種子類の繁栄／シダ植物の大森林／フデイシ類絶滅	両生類の繁栄／昆虫類の発達／シダ種子類の繁栄／シダ植物の大森林	三葉虫・フズリナの絶滅／シダ植物の衰退／は虫類・昆虫類の多様化
		海と陸の形成	有機物の蓄積	有機物の消費	酸素の発生	酸素の増加	最初の超大陸	全球凍結		上空でのオゾン層の形成			超大陸パンゲアの形成	
繁栄した生物		藻類の時代						シダ植物の時代				
						無脊椎動物の時代		魚類の時代		両生類の時代	
気温の傾向		温暖／寒冷										

■先カンブリア時代の生物

エディアカラ生物群／クラゲ類／スプリギナ

南オーストラリアのエディアカラをはじめ、いくつかの先カンブリア時代末期の地層でみつかった化石群。骨格や殻などのかたい組織をもたず、この時点では硬い口器をもつ捕食性の生物がいなかったものと推測されている。これらの生物は、藻類や地衣類のなかまではないかという説もある。

■古生代（カンブリア紀）の生物

アノマロカリス／ハルキゲニア／シダズーン／ハイコウイクチス／チェンジャン(澄江)動物群

中国雲南省の化石群（カンブリア紀前期）。この動物群やカナダ西部のバージェス動物群（カンブリア紀中期）などから、この時期に動物が爆発的に多様化したこと（**カンブリア紀の大爆発**）がわかる。かたい殻や外骨格をもつ動物が見られ、捕食性動物の出現に対応した結果であるといわれている。ハイコウイクチスは初期の脊椎動物とも考えられている。

■地球大気の酸素濃度の変化

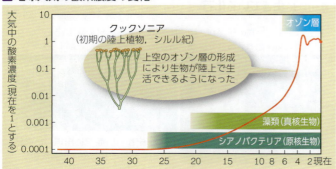

クックソニア（初期の陸上植物、シルル紀）
上空のオゾン層の形成により生物が陸上で生活できるようになった
藻類（真核生物）／シアノバクテリア（原核生物）

■植物の陸上への進出

緑藻類／コケ植物／シダ植物／種子植物
維管束の発達／受精の陸上化
水中／湿地／陸上

コケ植物…体表のクチクラ層，胞子形成により陸上へ適応
シダ植物…維管束の形成で乾燥に耐えうるからだを獲得
種子植物…外界の水を必要としない受精様式と乾燥に耐えうる種子の形成

Keywords　先カンブリア時代(Precambrian era)，古生代(Paleozoic era)，エディアカラ生物群(Ediacara fauna)

中生代			新生代		
三畳紀(トリアス紀)	ジュラ紀	白亜紀	古第三紀	新第三紀	第四紀
2.5	2.0	1.4	0.66	0.23	0.026　　現在▶
は虫類の多様化と繁栄／シダ種子類の絶滅	原始哺乳類の出現／裸子植物(針葉樹)の繁栄／大形は虫類(恐竜類など)の繁栄／アンモナイトの繁栄	真獣類の出現／シソチョウの出現／鳥類の出現／被子植物の出現／裸子植物の繁栄／恐竜類・アンモナイト類の繁栄	大形は虫類の多様化／哺乳類の多様化／アンモナイトの絶滅	霊長類の出現と多様化／類人猿の出現／木本性被子植物の繁栄／昆虫類の多様化	人類の出現／草原の発達／単子葉類の繁栄／マンモスの絶滅／ホモ・サピエンスの出現／昆虫類の繁栄／文明の誕生／人口の急増と急激な種の絶滅
大規模な気候変動	超大陸の分裂と移動		小惑星の衝突／気候の多様化		氷期と間氷期の繰り返し／ヒトによる環境の改変

　　　　　　　裸子植物の時代　　　　　　　｜　　　被子植物の時代
　　　　　　　　は虫類の時代　　　　　　　｜　　　哺乳類の時代

■ 中生代の生物

(図は代表的な生物を示したもので，同じ時期・同じ場所に生息していたとはかぎらない)

陸上では裸子植物の森林と恐竜をはじめとする大形は虫類が多様化し，繁栄した。海洋では頭足類(タコやイカのなかま)のアンモナイトの多様化が進んだ。しかし，中生代末期には，いずれもその数を減らし，白亜紀末期には大形は虫類とアンモナイト類が絶滅した。

■ 新生代の生物

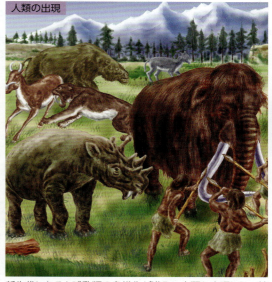

新生代になると哺乳類の多様化が進み，人類も出現した。被子植物が繁栄し，その中で単子葉類が分布を広げ，草原が増えていった。

ギンゴイテス／イチョウに近縁

古トンボ類

トリケラトプス

メタセコイア／古第三紀に栄えた

マンモスの歯

中生代(Mesozoic era)，新生代(Cenozoic era)

5 生物の変遷(3) 生物基礎 生物

A 脊椎動物の陸上への進出

原索動物と共通の祖先から約5億年前に分岐した最初の脊椎動物は水中生活であったが，約4億年前の古生代デボン紀には陸生脊椎動物が出現した。

陸上進出の過程

ダイニクチス(魚類) / ユーステノプテロン(両生類的魚類) / イクチオステガ(魚類的両生類)

ひれからあしへの変化：ひれに骨格をもたない → ひれに骨格をもち，はうことが可能になった → あしをもち，からだを支え，歩くことができるようになった

	硬骨魚類	両生類	は虫類	鳥類	哺乳類
生活	水中生活	水中生活(幼生) / 陸上生活(成体)	陸上生活		
呼吸	えら呼吸	えら呼吸(幼生) / 皮膚，肺呼吸(成体)	肺呼吸		
初期発生	卵生(小形)	卵生	卵生(大形で丈夫な殻に包まれている)		胎生
	(卵黄のう以外の)胚膜なし		胚膜あり		
	体外受精		体内受精		
体表の状態	うろこ／骨質／表皮／真皮	粘膜(ぬれている)／ケラチン	角質化した厚いうろこ	羽毛	毛
	変温動物			恒温動物	
排出	アンモニア(水に可溶。毒性は大)	アンモニア(幼生) / 尿素(成体)	尿酸(水に不溶。毒性はなし)		尿素(水に可溶。毒性は小)

B 地球環境の変遷

長い地球の歴史の中では，酸素濃度の変化などの環境変化のほかにも，陸と海の分布の変化や気候環境の大変動もあり，その結果，生物の絶滅や多様化などに大きな影響を与えた。

■陸と海の分布の変化－大陸移動－

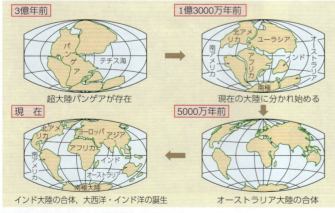

3億年前：超大陸パンゲアが存在（パンゲア／テチス海）
1億3000万年前：現在の大陸に分かれ始める（北アメリカ／ユーラシア／南アメリカ／アフリカ／インド／オーストラリア／南極）
5000万年前：オーストラリア大陸の合体
現在：インド大陸の合体，大西洋・インド洋の誕生（北アメリカ／ヨーロッパ／アジア／アフリカ／南アメリカ／インド／オーストラリア／南極大陸）

ウェゲナーは，大西洋をはさむ大陸の海岸線の類似性から，かつて1つの大陸だったものがいくつかに分かれて現在の分布になったという**大陸移動説**を提唱(1912年)。今日では，地球の歴史上，大陸は何度かの離合集散を繰り返したと考えられている。

Column 恐竜の絶滅

今から約6600万年前，それまで栄えていた恐竜類やアンモナイト類など多くの生物が，突然のように絶滅した。これは，地球の歴史上最も新しく起きた大量絶滅である。この原因について，直径10kmもの小惑星が地球に衝突したとする説が有力である。小惑星の落下速度は時速約7万km，マグニチュード11以上の地震が起き，その後数年間は大規模な気候変動が起こったと考えられている。世界の多くの地域の6600万年前頃の地層に，小惑星に多く，地表ではまれなイリジウムが多量にみつかっており，メキシコのユカタン半島北西部の地中から，約6600万年前に生じた直径170～180km，深さ15～25kmの巨大クレーターも発見されている。

■環境変動と生物の大量絶滅

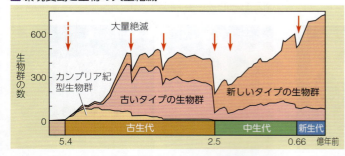

大量絶滅／カンブリア紀型生物群／古いタイプの生物群／新しいタイプの生物群／古生代／中生代／新生代／5.4／2.5／0.66億年前／生物群の数

化石生物の研究から，古生代以降少なくとも5回は，当時生きていた生物の大量絶滅が起こっていることが知られている。その原因として，小惑星の衝突や大規模な気候変動などが推測されるが，詳しいことはわかっていない。

小惑星の衝突

Keywords 脊椎動物(vertebrates)，大陸移動説(theory of continental drift)，絶滅(extinction)，恐竜(dinosaurs)

C 哺乳類の出現と多様化

哺乳類は中生代初期に出現し，新生代になって急速に多様化した。哺乳類は現代でも繁栄しているが，中には絶滅してしまった種も少なくない。

■哺乳類の出現と多様化

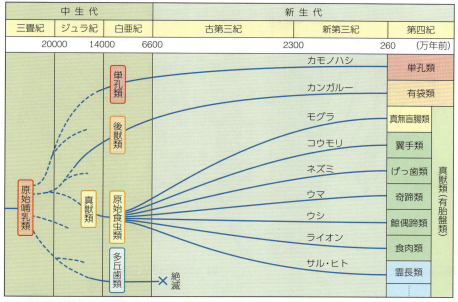

中生代三畳紀に羊膜類（▶p.285）の一種である単弓類から出現した哺乳類の先祖は，は虫類全盛の中生代を通して，多くが小形・夜行性で，形態的な変化も少なかった。しかし，この間に，感覚の鋭敏化とそれにともなう脳の発達，歯の多様化，胎盤の獲得が見られた。

■初期の哺乳類－エオゾストロドン－

三畳紀後期の原始哺乳類で体長約10cm。夜行性で昆虫食，おそらく卵生と推測されている。

■絶滅した哺乳類の化石

ゴンフォテリウム

新生代新第三紀中新世に生息していた原始的なゾウのなかま（長鼻類）。日本を含む世界中に広まったが，新第三紀鮮新世に絶滅した。

D 霊長類とその進化

新生代の初頭に起きた哺乳類の多様化の中で樹上生活に適応した霊長類が出現し，その種分化の過程で人類が現れた。

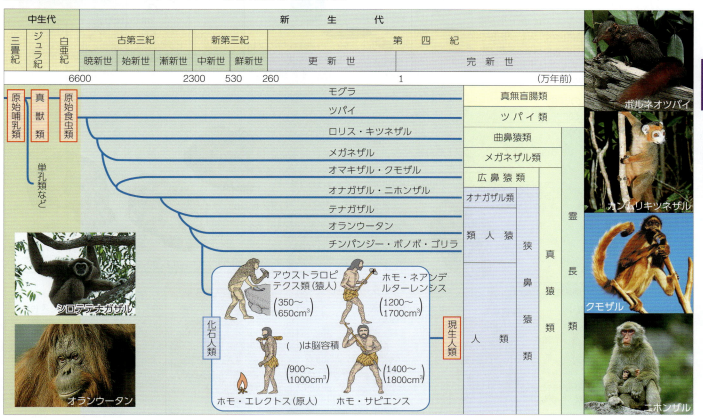

哺乳類（mammals），霊長類（primate(s)），類人猿（ape）

6 ヒトの出現 生物基礎 生物

A ヒトの特徴

ヒトには，樹上生活に適応して発達した霊長類に共通の特徴がいくつかある。また，ヒトに近縁な霊長類である類人猿とヒトの形態を比較すると，ヒトという種固有の特徴が見えてくる。

■樹上生活への適応から得た形質

拇指対向性

親指が他の指と向かい合う拇指対向性があり，ものをつかめる

ヒト：平らな平爪をもつ
キツネ：かぎ爪をもつ，ものをつかめない

両眼視（立体視）

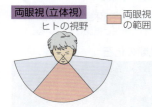

ヒトの視野／両眼視の範囲／ウマの視野

■ヒトと類人猿の比較

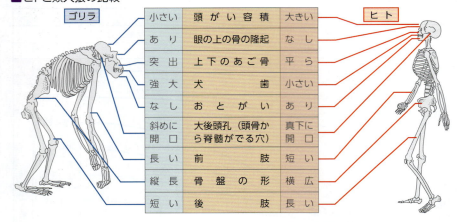

ゴリラ		ヒト
小さい	頭がい容積	大きい
あり	眼の上の骨の隆起	なし
突出	上下のあご骨	平ら
強大	犬歯	小さい
なし	おとがい	あり
斜めに開口	大後頭孔（頭骨から脊髄がでる穴）	真下に開口
長い	前肢	短い
縦長	骨盤の形	横広
短い	後肢	長い

B 人類の進化

およそ700万年前にアフリカの森林で誕生した人類は，**直立二足歩行**による大脳の大型化・前肢の歩行からの解放によって急速に進化した。

■上顎の歯列

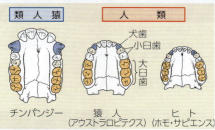

類人猿／人類
犬歯／小臼歯／大臼歯
チンパンジー／猿人（アウストラロピテクス）／ヒト（ホモ・サピエンス）

チンパンジーなどの類人猿に比べ，火を使用して調理することでやわらかいものを食べるヒトでは犬歯が小型化している。ヒトの臼歯は平たく，食物をすりつぶすのに適した構造をしている。

■脳の容量と身長の変化

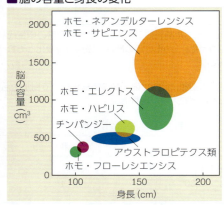

■人類の出現と拡散

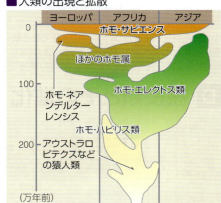

■猿人から現生人類への進化

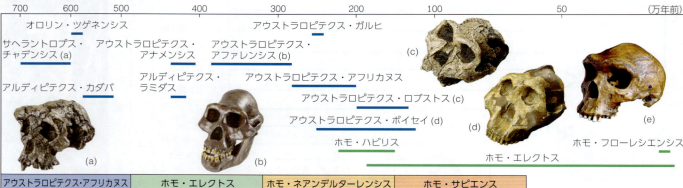

オロリン・ツゲネンシス
サヘラントロプス・チャデンシス (a)
アルディピテクス・カダバ
アウストラロピテクス・アナメンシス
アルディピテクス・ラミダス
アウストラロピテクス・アファレンシス (b)
アウストラロピテクス・ガルヒ
アウストラロピテクス・アフリカヌス
アウストラロピテクス・ロブストス (c)
アウストラロピテクス・ボイセイ (d)
ホモ・ハビリス
ホモ・フローレシエンシス
ホモ・エレクトス
ホモ・ハイデルベルゲンシス (e)
ホモ・ネアンデルターレンシス
ホモ・サピエンス

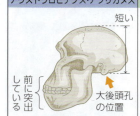
アウストラロピテクス・アフリカヌス
短い／前に突出している／大後頭孔の位置

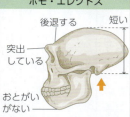
ホモ・エレクトス
後退する／突出している／短い／おとがいがない

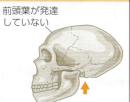
ホモ・ネアンデルターレンシス
前頭葉が発達していない

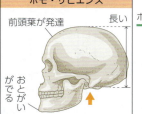
ホモ・サピエンス
前頭葉が発達／長い／おとがいがでる

Keywords　拇指対向性 (thumb opposability)，頭骨 (cranial bones)，直立二足歩行 (bipedalism)，ホモ・サピエンス (Homo sapiens)

7 進化の証拠 生物基礎 生物

A 化石からみた進化

年代順に連続的に出土する化石や、2種類の現生生物の系統をつなぐ中間的な形質をもつ化石は生物の進化をたどる手がかりになる。

■化石から見たウマの進化　年代順に連続的に出土する化石

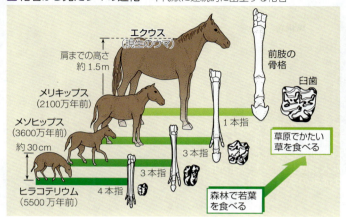

■シダ種子類（ソテツシダ）　中間的な形質をもつ化石

シダ種子類はシダ植物に似た葉をもつ一方で、裸子植物であるソテツに似た種子をつけるため、裸子植物がシダ植物から進化した証拠とされている。古生代デボン紀に出現し石炭紀に繁栄したが、古生代末には絶滅した。

B 現生生物からわかる生物の進化

現生生物の形態を比較すると、過去の形態を類推できたり、進化に伴う類縁関係を知ることができる。

■相同器官と相似器官

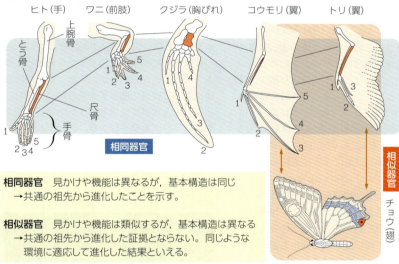

相同器官　見かけや機能は異なるが、基本構造は同じ
→共通の祖先から進化したことを示す。

相似器官　見かけや機能は類似するが、基本構造は異なる
→共通の祖先から進化した証拠とならない。同じような環境に適応して進化した結果といえる。

■痕跡器官
現在は使われておらず、痕跡だけが残っている器官を痕跡器官といい、祖先生物のなごりと考えられる。

■分布からわかる生物の進化

原始的な哺乳類である有袋類は中生代に現れ、世界各地に分布を広げたが、真獣類（有胎盤類）との生存競争に負け、ほぼ絶滅した。しかし、真獣類出現の前に他の大陸から離れたオーストラリア大陸では、有袋類は絶滅をまぬがれ、さまざまな環境に適応して、多くの種に分化した（**適応放散**）。現存の有袋類の形態は、他の大陸の真獣類とよく似ている。これは系統の異なる生物でも同じような環境に適応すると、類似した形質に進化していく現象で、**収れん**とよばれる。

Keywords　相同（homology）、相似（analogy）、痕跡器官（vestigial organ）、適応放散（adaptive radiation）、収れん（convergence）

特集 生物学の最前線

8 人類の起源と拡散

国立科学博物館 館長
篠田 謙一(しのだ けんいち)

[写真]
ネアンデルタール人の復元像
(所蔵:国立科学博物館)

「私たちはどこから来たのか」という問いは,古くから人々の心を捉えてきた。中世までの社会では哲学や宗教がその答えを用意したが,19世紀の半ばに登場したダーウィンの進化論は,その解答が生物学の研究によって導かれることを明らかにした。現在では化石の研究によって人類とチンパンジーの共通祖先が分かれたとされる700万年前からのおおまかな人類進化のシナリオが描かれるようになっているが,近年爆発的に発達したヒトのDNA研究は従来の学説を覆し,さらに詳細な人類進化のシナリオを提示するようになっている。

人類の起源を探るこころみ

「進化論」が出版される3年前にあたる1856年にドイツのデュッセルドルフ郊外で,現生人類(ホモ・サピエンス)とは異なる人類の化石が発見された。後にホモ・ネアンデルターレンシスとよばれることになるこの化石の発見とダーウィンの進化論は,私たちの祖先を知る鍵が地層に埋まっていることを教えることになった。以来160年以上にわたって,研究者は世界の各地で人類の進化を示す化石の発見と分析の努力を重ねている。

一方,20世紀の後半になると,生物の多様性の源であるDNAの配列を解読できるようになった。長い年月のうちに生物のもつ遺伝子DNAは突然変異を起こして,さまざまな種に分化する。したがって,それぞれの生物がもつDNAの配列を調べて互いに比較すれば,生物間の近縁関係や進化の道筋を知ることができる。この方法は人類集団や人類を含む分類群である霊長類にも応用され,その進化や拡散について新しい発見をもたらすことになった。特に2010年以降になると,大量のゲノムデータを取得できる次世代シークエンサが化石のゲノム解析に用いられるようになり,人類の起源と拡散の研究は飛躍的に発展することになった。

ホモ・サピエンスの起源

私たちホモ・サピエンスはアフリカで誕生したと考えられている。しかし,アフリカで生まれ世界に拡散した人類は私たちだけではない。最古のものとしては180万年ほど前の原人とよばれる段階の人類化石が黒海に面したジョージア(グルジア)のドマニシから発見されている。30年ほど前までは,これらの人類が世界の各地で進化し,ホモ・サピエンスになったという考えが定説だった。

しかしホモ・サピエンスのDNA研究が進むと,サハラ以南のアフリカ人の遺伝的な多様性が他の地域集団に比べるときわめて高いことがわかってきた。各地の原人が現生人類に進化したとするとこのような状況にはならず,そこから今日では,ホモ・サピエンスは世界各地の原人から進化したのではなく,15～20万年ほど前にサハラ以南のアフリカで誕生し,6万年前以降に世界に展開していったと考えられるようになっている。

現生人類の起源が従来説よりもはるかに新しいことが明らかとなったことで,世界各地の集団の間に見られる肌の色などの見た目の違いは,700万年に及ぶ人類進化の道のりの中で考えれば,ごく短期間で形成されたことが明らかになった。私たちはすべてアフリカ人の子孫であり,人種的な偏見を生んできた集団の外見の違いは人類史の最後の段階で付け加わったものだという認識は,人類学研究が明らかにした重要な成果である。

私たちと共存した人類

古代の人骨では,現代人のようにDNAが完全な形で残っているわけではないが,技術の進歩によって,現在では全ゲノムの情報を解読することができるようになっている。現時点でもっとも古い人類のゲノムは,スペインの洞窟から発見された43万年前の化石から得られている。ホモ・ネアンデルターレンシスは,90年代の終わりにミトコンドリアDNAの一部配列が解読され,2014年には,核DNAの配列情報が現代人と同じ精度で読み取られている。その結果,40万年前から4万年ほど前まで生存していた彼らは,私たちホモ・サピエンスの直接の祖先ではなく,60万年ほど前に両者の共通祖先から分岐した親戚であることが判明した。また,私たちは交雑によって彼らの遺伝子を受け継いでおり,アフリカ人以外では誰でも1～3%程度のホモ・ネアンデルターレンシスのゲノムを持っていることも明らかになった。彼らは私たちとの競争に負けて絶滅したのではなく,祖先の一部となったのである。彼らから受け取った

■ホモ・フロレシエンシスの復元像

(所蔵:国立科学博物館)

ゲノムの中には生存に有利にはたらくものもある。

現在地球上に存在する人類はホモ・サピエンスただ一種である。しかし，4万年ほどさかのぼると，地球上には私たち以外の人類もいた。2003年にはインドネシアのフローレス島で，新種の人類が発見されている。ホモ・フロレシエンシスと名づけられたこの人類は，アジアの原人の子孫であると考えられているが，少なくとも5万年ほど前まで生存していたと推定されているので，彼らもまたホモ・サピエンスと同時代に生息していた人類ということになる。さらに2008年にロシアのアルタイ地方のデニソワ洞窟で発見された化石は，DNA分析の結果ホモ・ネアンデルターレンシスと近縁の人類で，80万年ほど前にホモ・サピエンスとの共通祖先と分岐したことがわかっている。このデニソワ人は，今のところDNA情報しかない唯一の人類となっている。

化石の証拠は，年代をさかのぼると，地球上にはさまざまな人類が同時に生存していたことを教えている。私たちはホモ・サピエンスが唯一の人類であると考えがちだが，地球上にただ一種の人類が存在するようになったのはわずか数万年ほど前のことで，人類700万年の歴史から見ればごく最近のことである。

出アフリカと世界拡散

現代人のDNAの多様性の研究から，人類の出アフリカはおよそ6万年前のことだと予想されている。これはサハラ以南のアフリカ人以外の全世界の人類の共通祖先が生存した時期を推定すると，この時代になることを根拠としているが，このことはまた，ホモ・サピエンスが誕生してから10万年近くもアフリカに留まっていたことを示している。実際は何度かの出アフリカもあったことがイスラエルなどで発見されている化石によって証明されているが，彼らは現在の私たちにDNAを伝えていないこともわかっている。

アフリカ人以外の遺伝的な多様性の研究から，出アフリカをなし遂げた集団は，せいぜい数千人程度だったと考えられている。この事実は同時に人類史上最大の冒険だった出アフリカが非常な困難を伴ったものだったことを示している。

アフリカを最初に旅立った私たちの祖先は，今の私たちと同じ知力と体力を備えていた。このことは世界中の文化や文明は同じ能

■ ホモ・サピエンスの拡散の模式図

力を持った人びとによってつくられたということを示している。文化の違いは，その後の歴史的な展開や，環境に対する適応に仕方，そして祖先たちの選択によって生まれたのであって，能力の差によるものではない。

世界各地の集団のミトコンドリアDNAとY染色体DNAの系統解析から，現在では人類の拡散に関する大まかなシナリオが描かれている。それによれば最初の出アフリカを成し遂げた集団が取った初期の拡散ルートは，東に向かって海岸線に沿ったものであったと想像されている。考古学的な証拠から現生人類はおよそ5万年前にはオーストラリア大陸に到達したことがわかっているので，移動は比較的速いスピードで行われたことになる。日本列島を含む東アジアには4～5万年前に到達し，2万年前以降には南北アメリカ大陸に進入した。こうして1万年前には，人類が居住可能な地域への進出はほぼ完了した。しかし，それでもニュージーランドやハワイといった太平洋の島々への進出は果たせなかった。それを成し遂げたのは，今から6000年ほど前，中国南部か台湾から農耕をもって南下した集団であったことが，考古学や言語学そしてゲノム研究からわかっている。現在のポリネシア人の祖先である彼らは，3000年以上前にメラネシアから広大な南太平洋に進出し，点在する島々を征服した。彼らがハワイやニュージーランドに到達するのは今から1000年ほど前のことで，これをもって人類の最初の世界拡散の旅は終了したことになる。

1万年よりも新しい時代に世界の各地で農耕が始まり，農耕民が拡散した。ヨーロッパでは農耕民が定着した後に，5千年ほど前から東方からの牧畜民の侵入が始まり，ヨーロッパ人の遺伝的な構成を大きく変えてしまったことも古人骨のゲノム研究からわかっている。

分子生物学と人類史研究

20世紀後半から爆発的に発展したDNA研究は，これまで化石や古人骨の形態学的な研究に頼ってきた人類史の研究に新たな視点と知見をもたらしている。地域集団の核DNAに関する比較研究は，人類の環境に対する適応が想像以上にダイナミックなものである可能性を明らかにしつつある。古代人のゲノムを解読することが可能になったことで，特に研究の進んでいるヨーロッパでは，これまで知ることのできなかったさまざまな事実が明らかになっている。ホモ・サピエンスは環境に合わせて急速にそのゲノムを変化させていたらしく，ヨーロッパ人の肌の色が白くなったのは，8千年よりも新しい時代で，洞窟壁画で有名なクロマニヨン人は浅黒い肌と青い目を持っていたこともわかった。

ヒトのDNA研究は，今後人類史の詳細なシナリオを描くと共に「私たちはなにものなのか」という問いにも新たな答えを提供するようになるはずだ。このことは，科学には技術に応用され，産業を変革していくためにはたらくという役割とは別の，人類の知にも重要な貢献するものだということを教えている。

キーワード
ホモ・サピエンス，ホモ・ネアンデルターレンシス，出アフリカ

篠田謙一（しのだ けんいち）
国立科学博物館 館長
静岡県出身。
趣味はサッカー。
研究の理念は
「現場を見て考える」

8 進化のしくみ(1)

A 進化のしくみ

長い時間をかけて生物が変化していく現象が**進化**だが，それは突然変異で生じた遺伝的変異が，自然選択や遺伝的浮動によって定着することによって起こると考えられている。

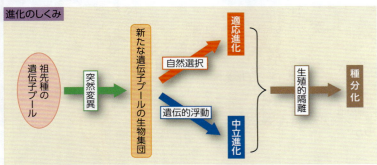

種の形成に至らないような進化を**小進化**といい，新しい種が形成されるレベル以上の進化を**大進化**という。

Column 進化説に対する反論

キリスト教を信仰する人が多い国や地域では，神による万物の創造が信じられていたため，生物が変化していく進化説を受け入れ難い人も多かった。1809年，フランスのラマルクが進化説を提唱した際には，同じフランスの生物学者であるキュビエは，神の創造による「天変地異説」を提唱した。彼の説では，地質時代ごとの生物化石の違いは，天変地異が起こり生物が死滅するたびに神によって新たな生物が創造されるためであるとした。当時は，ラマルクの説よりもキュビエの説のほうが強く支持された。

B 遺伝子プールと遺伝子頻度

生物種が進化するためには，突然変異によって生じた遺伝的変異が集団内に広がる必要がある。集団遺伝学では，集団全体の遺伝的構成を重視する。

■**遺伝子プール** 生物集団の全個体がもつ遺伝子の総体を**遺伝子プール**という。

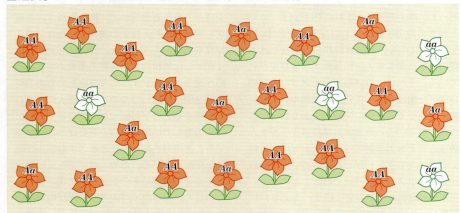

左の生物集団は1組の対立遺伝子 A と a をもち，A は顕性，a は潜性の遺伝子である。
この生物集団には，顕性形質の個体が21，潜性形質の個体が4あり，顕性形質の個体のうち14はホモ接合体(AA)で，7はヘテロ接合体(Aa)である。
この集団の中の遺伝子の割合は，
$$A : a = 14 \times 2 + 7 \times 1 : 7 \times 1 + 4 \times 2$$
$$= 35 : 15 = 7 : 3$$
になる。
このような生物集団における遺伝子の構成が**遺伝子プール**であり，集団における対立遺伝子の割合を**遺伝子頻度**という。この集団の遺伝子頻度は A が0.7，a が0.3である。生物集団における遺伝子プールの変化，つまり遺伝子頻度の変化を進化と捉えることができる。

Column 進化説の歴史

19世紀はじめ，フランスのラマルクは，よく使う器官は発達するが，あまり使わない器官は退化すると考え，この形質が代々積み重ねられて進化が起こると提唱した(**用不用説**)。しかし，今日では，用不用などの経験などによって生後獲得した形質(獲得形質)は遺伝しないことがわかっており，この考え方は否定されている。

19世紀半ばになると，イギリスのダーウィンが新たな進化説を提唱した。彼の説は，さまざまな変異をもつ個体のなかで，生育環境に適したものだけが生き残り，その繰り返しで進化が起こるというものである(**自然選択説**)。ダーウィンのいう変異は，(突然変異の発見以前であったため)遺伝しないものも含んでいた。このような問題点はあるものの，ダーウィンの考えた自然選択は今日の進化の考え方にも大きく反映されている。

用不用説

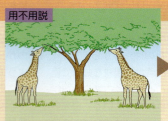
キリンの祖先は，木の葉を食べるために，首や足を伸ばしていた。

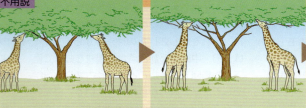
木の葉に届くように，首や足が伸びてきた。

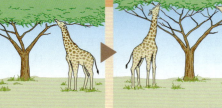
この獲得された形質が代々積み重ねられ，現在のキリンに進化した。

自然選択説

キリンの祖先では，木の葉に届く個体が生存に有利。

木の高いところの葉に届く個体ほど生き残り，子孫を残した。

この選択が代々積み重ねられ，現在のキリンに進化した。

Keywords 進化(evolution)，小進化(microevolution)，大進化(macroevolution)，遺伝子プール(gene pool)，遺伝子頻度(gene frequency)

C 突然変異

変異には，環境の違いによって生じる環境変異と，遺伝子の違いによって生じる**遺伝的変異**がある。DNAの塩基配列に起こる変化を**突然変異**といい，突然変異による遺伝的変異が進化のきっかけとなる。

■ 突然変異の発見（1901年）

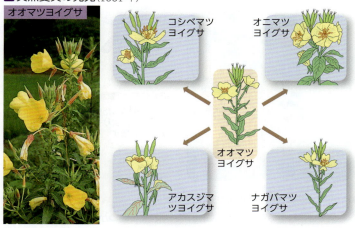

■ さまざまな突然変異

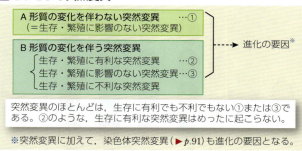

突然変異のほとんどは，生存に有利でも不利でもない①または③である。②のような，生存に有利な突然変異はめったに起こらない。

※突然変異に加えて，染色体突然変異（▶p.91）も進化の要因となる。

ド フリースはオオマツヨイグサの遺伝の研究の過程で，遺伝性のある変異が突然に現れることを発見し，この現象を突然変異と名づけた。

Jump 突然変異の原因 ▶p.88

DNAは比較的安定な物質であるが，放射線や化学物質の影響を受けたり，複製時のミスによって，塩基配列が変化し，**突然変異**が起こることがある。突然変異が生殖細胞で起こった場合，その変化は次代にも受け継がれる。

D 遺伝子の重複と進化

突然変異によって，染色体上の遺伝子が重複することがある。この遺伝子の重複が，進化のきっかけとなることがある。

■ 染色体の不均等な乗換えと遺伝子の重複

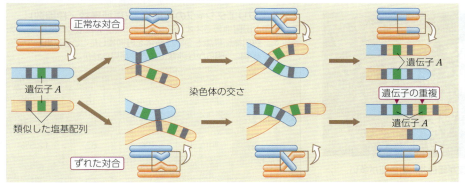

減数分裂の第一分裂前期に，相同染色体どうしが対合して交さが起こると，染色体の乗換えが起こる（▶p.117）。このとき，類似した塩基配列が染色体上に複数並んでいると，相同染色体どうしがずれて対合し，不均等な乗換えが起こることがある。その結果，遺伝子Aが重複した染色体が生じるが，その染色体を含む配偶子を受け継いだ個体は生存できることが多い。一方，遺伝子Aを欠いた染色体は，ほかの遺伝子の一部も欠くため，その染色体を含む配偶子を受け継いだ個体はふつう生存できない。

■ 遺伝子の重複と進化

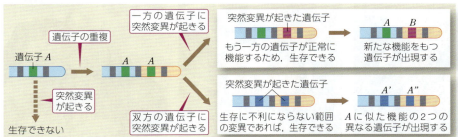

遺伝子の機能が変化するような突然変異は，生存に不利なものも少なくない。しかし，遺伝子が重複すると，一方の遺伝子に突然変異が起きてはたらきが変化しても，他方の遺伝子が正常に機能しているため生存できることが多い。また，生存に不利にならない範囲で双方の遺伝子に突然変異が起きて，もとの遺伝子とは異なる2つの新たな遺伝子が出現する可能性もある。

遺伝的変異(genetic variation)，突然変異(mutation)，遺伝子重複(gene duplication)

Zoom up 視物質の進化

ヒトには，光の波長によって感度の異なる3種類の錐体細胞（赤，緑，青；▶p.189）があり，それぞれ異なる視物質（オプシン）をもっている。視物質はヒト以外の脊椎動物にも複数見られ，それらは進化の過程で，祖先物質から遺伝子の重複と突然変異によって形成されたと考えられている。

ヒトの緑の視物質は，赤の視物質の遺伝子が重複することで形成されたと考えられている。2つの遺伝子は分岐からの時間が短く，X染色体上に隣接して存在する。

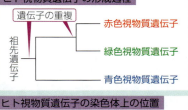

9 進化のしくみ(2) 生物基礎 生物

A 自然選択
環境に適応した個体ほど多くの子孫を残すため、その個体がもっている形質が集団内に蓄積する傾向がある。環境への適応度の違いが進化の方向を決める。

■自然選択と生存競争

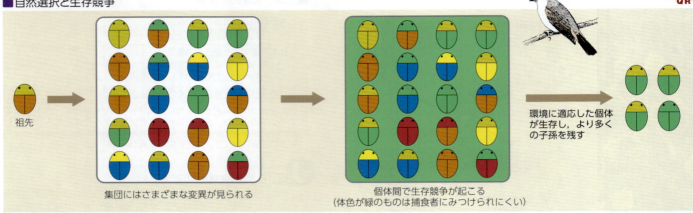

生物は通常複数の子をつくり、生じた子にはさまざまな変異が見られる。しかし、長い時間で見ると生物の数が急激に増加することはめったにない。これは、同種個体間で激しい生存競争が起こっているためである。その結果、生息環境に適応した個体のほうが生き残り、子孫を残す可能性が高くなる。

図では、緑色の背景(環境)において、捕食者に見つかりにくい形質である緑色の体色をもった個体が、ほかの個体に比べ生存に有利である。このような自然選択の繰り返しが進化の方向を決める要因となっている。

B 適応
生物が環境に対して、形態的、生理的あるいは行動的に有利な形質を備えていることを**適応**しているという。

■オオシモフリエダシャクの工業暗化

田園地帯
樹皮が灰白色で、明色型が多い

工業地帯
樹皮が暗色で、暗色型が多い

オオシモフリエダシャクの再捕獲率(再捕獲数／標識数)
工業地帯と田園地帯でオオシモフリエダシャクを採取し、標識をつけて放す。数日後に標識をつけた個体を再捕獲したところ、表現型ごとの再捕獲率に、明らかな地域による差が見られた。

	表現型	標識数	再捕獲数	再捕獲率
工業地帯 バーミンガム	明色型	64	16	25.0%
	暗色型	154	82	53.2%
田園地帯 ドルセー	明色型	496	62	12.5%
	暗色型	473	30	6.3%

イギリスの田園地帯では、樹皮は地衣類におおわれているために灰白色で、オオシモフリエダシャク(ガの一種)はその保護色にあたる明色型ばかりだった。1848年に暗色型(突然変異体)が発見された。工業地帯では地衣類が大気汚染で枯れて、樹皮の色は暗色となり、19世紀末には工業地帯のオオシモフリエダシャクは99%の個体が黒い樹皮に対して保護色となる暗色型になった。

突然変異で暗色型のガが出現し、これが工業地帯で捕食者にみつかりにくいという自然選択によって、分布を広げたと考えられる。オオシモフリエダシャクの工業暗化は突然変異と自然選択による進化を実証したものといえる。工業地帯の個体群と田園地帯の個体群の間に隔離が起これば、種分化に至る可能性もある(▶p.273)。

■警告色・保護色と擬態
生物は周囲の非生物的環境だけでなく、周囲に生息するほかの生物に対しても適応する。

A-① カバマダラ(有毒)

A-② スジグロカバマダラ(有毒)

B メスアカムラサキ(無毒)

C コノハムシ

ミューラー型擬態(A-①と②):有害・有毒な近縁種どうしが互いに似ること。有害・有毒な生物や、味が悪い生物は、鮮やかで目立つ色彩(警告色)をしていることが多く、これを捕食者に学習させ、捕食されないようにしている。こうした種どうしは互いに似た色彩をもつことで、捕食者に対する警告の効果を高めている。

ベイツ型擬態(A-①②とB):無毒な生物が捕食者から逃れるために、有毒な生物の警告色と似た色彩をもつこと。

隠ぺい擬態:周囲の葉や木の枝などと似た色彩や形態をもつこと。捕食者から見つかりにくくなる。色彩だけが似る場合は保護色という。

270 Keywords 自然選択(natural selection), 適応(adaptation), 工業暗化(industrial melanism)

C 共進化
相互に作用し合って生活する2種間で起こる進化を**共進化**という。

■ 共進化の例

イチジクの花粉をつけたコバチがイチジクの中に進入する。	イチジクの受粉が起こる。コバチはイチジクの中に産卵する。	コバチがイチジクの中でふ化する。	コバチはイチジクの種子を食べて成長し、交尾する。	羽化した雌のみがからだに花粉をつけてイチジクの外に出る。

イチジク属の植物 / イチジクコバチ

イチジクの花は花のうとよばれる袋の内側にできる。イチジクの受粉にはイチジクコバチという昆虫が必要であり、これらは相利共生(▶p.232)の関係にある。この共生関係には1種対1種の対応が見られる。これは2種が密接に影響し合って、互いに適応して同じような分岐をたどって進化した結果であると考えられる。

Column 古生代の共進化

約5億4千万年前に三葉虫などの硬い殻をもつ動物が多数出現し始めた。これに続いて、アノマロカリスなどの動物食性動物の出現により、被食者の動物が殻をもつようになり、これが動物食性動物の口器の硬化を促し、さらに被食者の動物の体表の硬化を促すという相互適応によって、急激に硬い殻をもつ動物が多様化していったとの説がある。これも、捕食者と被食者の間に起きた共進化の一例である。

アノマロカリス

D 性選択
異性をめぐる種内競争を通じて起こる進化を**性選択**という。

■ クジャクの雄

クジャクの雄(奥)と雌(手前)

クジャクの雄は、全身が派手な色彩で、非常に華やかな尾羽をもつ。このような形質は、外敵に見つかりやすく、一見生存に不利なものに見える。しかし、クジャクの雌は派手な色彩や華やかな尾羽をもつ雄を好むため、そのような雄は繁殖の機会が多くなり、結果的に多くの子を残すことができるといわれている。

クジャクの雄の中では、雌に好まれるような形質をもつ競争が続き、派手な色彩で華やかな尾羽をもつように進化した結果、今日のようなクジャクが生じたと考えられている。

■ コクホウジャクの性選択

コクホウジャクの雄

コクホウジャクの雌

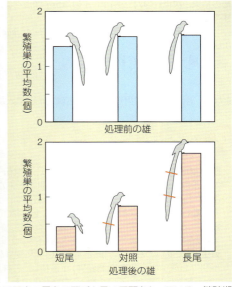

アフリカにすむコクホウジャクの雄は、サバンナで目立つ黒色の羽毛と長い尾羽をもっている。繁殖期に縄張りをつくっている雄は平均1～1.5個体の雌と繁殖巣をつくる。この雄の尾羽を切り短尾にしたもの、切った尾羽をもとにもどしたもの(対照)、切った尾羽を2羽分つないだもの(長尾)について、繁殖巣の数を調べたところ、本来のものより尾羽が長い「長尾」が最も多くの雌と繁殖していた。

共進化(coevolution), 性選択(sexual selection)

10 進化のしくみ(3) 生物基礎 生物

A 遺伝的浮動

世代をこえて遺伝子が受け継がれる際に，自然選択とは無関係に，偶然によって**遺伝子頻度**が変化することがある。

■遺伝的浮動

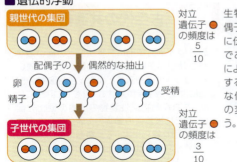

生物の集団では多数の配偶子がつくられるが，次代に伝えられるのはその一部である。その結果，偶然によって遺伝子頻度が変化することがある。このような偶然による遺伝子頻度の変化を**遺伝的浮動**という。

■びん首効果

大量の碁石を入れたびんから少数の碁石を取り出すと，取り出した碁石の割合はもとの碁石の割合と一致しないことが多い。集団が小さくなると，遺伝的浮動によって，まったくの偶然で遺伝子頻度が変化する可能性が大きい。

B ハーディ・ワインベルグの法則

生物の集団内の遺伝子頻度に関する集団遺伝学の法則の1つに**ハーディ・ワインベルグの法則**がある。

■ハーディ・ワインベルグの法則

個体群内の各遺伝子の割合（遺伝子頻度）は，いくつかの条件を満たす集団では安定だが，そのいずれかを欠くと変化する。

①個体数が十分にある。
②移出や移入が起こらない。
③突然変異が起こらない。
④自然選択が起こらない。
⑤自由に交配が起こる。

→ この条件下では，個体群内の遺伝子頻度は世代をこえて一定に保たれる。
→ **ハーディ・ワインベルグの法則**

【ハーディ・ワインベルグの法則の説明】
親世代の対立遺伝子 A の遺伝子頻度を p，対立遺伝子 a の遺伝子頻度を q とする（$p+q=1$）と，次世代の遺伝子型の分離比は，

$$AA : Aa : aa = p^2 : 2pq : q^2$$

となる。これは，

$$(pA + qa)^2 = p^2AA + 2pqAa + q^2aa$$

の式，あるいは右のような表から求めることができる。

	pA	qa
pA	p^2AA	$pqAa$
qa	$pqAa$	q^2aa

その結果，次世代の対立遺伝子 A の遺伝子頻度を p'，a の遺伝子頻度を q' とすると，

$p^2AA → p^2A$，p^2，$2×pqAa → 2×(pqA, pqa)$，$q^2aa → q^2a$，q^2

より，

$$p' : q' = 2p^2 + 2pq : 2pq + 2q^2$$
$$= 2p(p+q) : 2q(p+q) \quad \cdots p+q=1 \text{のため}$$
$$= p : q$$

となり，遺伝子頻度は世代をこえても変わらないことがわかる。

[親世代] 赤花の対立遺伝子 A の遺伝子頻度 $p=0.7$
白花の対立遺伝子 a の遺伝子頻度 $q=0.3$ とする。
親がつくる配偶子の遺伝子型の分離比は，$A:a = 0.7:0.3$ となる。

		精細胞	
		A ($p=0.7$)	a ($q=0.3$)
卵	A ($p=0.7$)	AA ($p^2=0.49$)	Aa ($pq=0.21$)
	a ($q=0.3$)	Aa ($pq=0.21$)	aa ($q^2=0.09$)

[子の遺伝子型とその頻度]
$AA \cdots 0.49 (p^2)$
$Aa \cdots 0.42 (2pq)$
$aa \cdots 0.09 (q^2)$

[子の遺伝子頻度]
$p' : q' = 0.49×2 + 0.21×2 : 0.21×2 + 0.09×2$
$= 1.4 : 0.6$
$= 0.7 : 0.3$ ……**遺伝子頻度は不変**
（この状態を遺伝的平衡にあるという）

ハーディ・ワインベルグの法則が成り立たない生物集団では，遺伝子頻度の変化が起き，進化が起こる。

Point 中立進化

DNA の研究が進んだ結果，塩基配列のうち，遺伝子としてはたらいているものの割合は低く，多くの塩基配列は意味のないものであることがわかった。さらに，アミノ酸配列の置換を伴う DNA の変化においても，多くの場合は生存に影響せず，自然選択を受けない。例えば，ショウジョウバエでは，集団に広がる突然変異のうち，およそ半数が個体の生存競争に影響を与えないという報告もある。**木村資生**は，このような自然選択を受けない突然変異（生存に有利でも不利でもない中立的な突然変異）が蓄積し，これが遺伝的浮動によって集団内に広がっていくという中立進化の考え方を提唱した（中立説，1968 年）。
現在では，中立進化は自然選択とともに進化を説明するうえでの大きな柱の 1 つになっている。

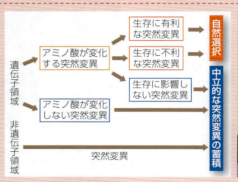

木村資生

Keywords 遺伝的浮動(genetic drift)，びん首効果(bottleneck effect)，ハーディ・ワインベルグの法則(Hardy-Weinberg's law)，中立説(neutral theory)

C 隔離と種分化

進化によって新しい種ができたり，1つの種が複数の種に分かれたりすることを**種分化**という。種分化は**隔離**によって引き起こされると考えられている。

■ **さまざまな隔離**　生物集団の隔離はさまざまな原因によって起こる。

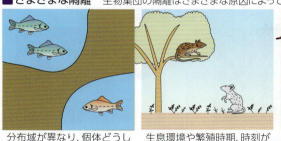

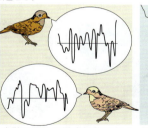
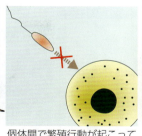

| 分布域が異なり，個体どうしが出会わない | 生息環境や繁殖時期，時刻が異なり，生殖が起こらない | 生殖のための儀式行動に違いがあり，生殖が起こらない | 個体間で繁殖行動が起こっても配偶子の受精が起こらない | 生じた子が生存しない，もしくは生殖能力がない |

ある集団が隔離されると，それぞれの集団の遺伝子プールは分断される。突然変異・自然選択・遺伝的浮動によって遺伝子頻度が変化すると，それぞれの集団が交配できない，もしくは交配しても生殖能力のある子ができない状態になることがある。これを**生殖的隔離**といい，生殖的隔離が成立した状態が種分化である。

■ **異所的種分化**　隔離によって生じる新たな種の間に地理的な分布の違いが見られる場合，これを異所的種分化という。

| 広い環境に，ある種(種a)の生物の集団が生息していた。集団内では，遺伝子の交流が行われている。 | 海面の上昇などで集団が地理的に隔離され交配できなくなり，遺伝子プールが分断された。島AとBで異なる突然変異が起こった。 | 突然変異によって生じた変異が，自然選択や遺伝的浮動によって，それぞれの遺伝子プールに広がり，種全体が変化した。 |

■ **同所的種分化**

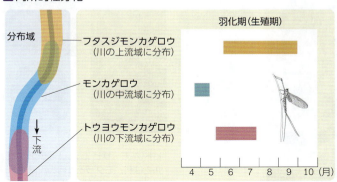

生殖期のずれや生殖器官の変化などにより交配できなくなる生殖的隔離が起こる。フタスジモンカゲロウとモンカゲロウおよびモンカゲロウとトウヨウモンカゲロウは分布域は重なっているが，羽化期(生殖期)が異なり，交配は起こらない。

■ **側所的種分化**

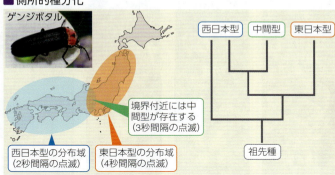

隣接する同種の生物集団の中で，それぞれ別々の変異が蓄積し，やがて別の種へと分化することがある。ゲンジボタルでは交尾のための明滅パターンが4秒間隔の東日本型と2秒間隔の西日本型が見られる(ただし，2つのタイプの中間型にも生殖能力があるため，完全な種分化は起こっていない)。

■ **倍数化による種分化**　染色体の数が変化する倍数化などによって，短期間で新しい種が誕生することがある。このような現象は植物でよく見られる。

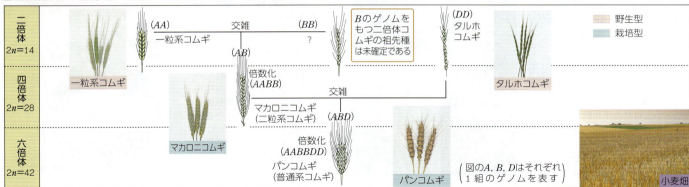

隔離(isolation)，種分化(speciation)，生殖的隔離(reproductive isolation)，倍数化(polyploidization)

⓫ 生物の系統と分類法　生物基礎 生物

A 分類の基本単位—種

生物を，共通性に基づいてグループ分けすることを**分類**といい，同じグループに分けられた生物の集まりを**分類群**という。分類の基本単位は**種**である。

■形態と生殖

生物は古典的には形態的特徴によって区分されていた（形態種＝リンネ種）。今日ではその生殖可能性を重視して区分するようになってきた（生物学的種）。したがって，ロバとウマはラバに生殖能力がないため別の種と考え，ブタとイノシシはイノブタに生殖能力があるため1つの種と考えられている。

B 分類の体系

生物の分類の基本単位は種であるが，すでに知られているだけで種の数は約190万以上にものぼるため，種の上にいくつかの種をまとめて1つの仲間とした属や科・目・綱・門・界・ドメインなどの段階が設けられている。

同一の祖先に由来するすべての子孫からなる生物群を**単系統群**という。科や属などの生物群は，基本的には単系統群である。
また，必要に応じて，各階層の間に「亜」をつけた階層や，「上」，「下」をつけた階層を設ける場合もある。

Keywords 分類(classification), 分類群(taxon), 種(species), 単系統群(monophyletic group)

C 生物の命名法

生物の名前(呼び名)は，国や地方によって大きく異なる。生物の名前を混同しないように，世界共通の生物の種の名前(**学名**)が，一定の規則にしたがってつけられている。

■リンネ

1758年に発表された「自然の体系 第10版」で，当時知られていた生物を体系づけた上で，生物種の命名法(**二名法**)を提唱した。

■二名法

リンネはそれまで不統一だった種の命名法を，一定の規則に従って2つの単語で表す二名法に統一した。

<和名>	<属名>	<種小名>	命名者
セイヨウミツバチ	*Apis* (ミツバチ属)	*mellifera* (蜂蜜を運ぶ)	Linné
イ ネ	*Oryza* (イネ属)	*sativa* (栽培された)	Linné

学名

* 学名には，ラテン語あるいはラテン語化した言葉を用いる。
* 学名は，属名(名詞形)と種小名(形容詞形)の二名で表し，属名の先頭は大文字とする。
* 種小名のあとに命名者名を書き加えることもある。なお，標準的な日本名を**和名**(標準和名)という。

Column 生物の名前

1つの生物にも，世界中でさまざまな名前がつけられており，生物を体系的に分類する際の障害になる。

D 生物の系統と分類体系

生物の進化の過程にもとづく類縁関係を系統といい，生物の系統を図に表すと，樹木が枝分かれしていくように描ける。これを**系統樹**という。

■過去に考えられた分類の例

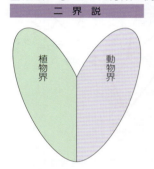

二界説 — 細胞壁の有無などで，生物を動物界と植物界の2界に分ける。

三界説 — 単細胞生物を原生生物として3界に分ける。

四界説 — 光合成能力の有無で植物界と菌界に分離し，4界に分ける。

五界説 — 核膜の有無で原生生物界と原核生物界に分離し，5界に分ける。

古くから行われてきた分類法は，生物を大きく動物と植物の2つの界に分ける二界説であった。20世紀後半になると，単細胞真核生物や原核生物の研究が進み，ホイッタカーやマーグリスなどが提唱した五界説が支持を集めた。しかし，タンパク質やDNAの解析などが進んだ結果，この考えにも問題点が多いことが明らかになっている。

■五界説による分類

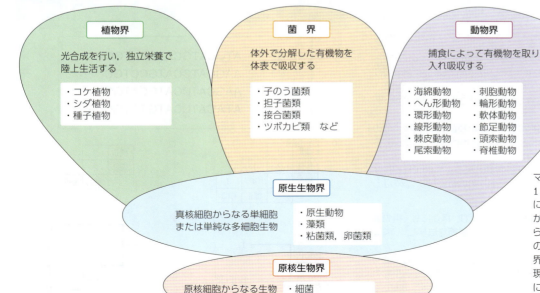

マーグリスらの五界説では，原核生物は1つの界(原核生物界あるいはモネラ界)に分類される。真核生物のうち，からだが単細胞の生物や，多細胞であってもからだの構造が単純な藻類などは，組織の分化の程度などを指標に，原生生物界としてまとめられた。
現在では，原核生物の多様性が明らかになり，また，真核生物の多様性はその後に生じたものとして考える3ドメイン説が提唱されている(▶ *p.277*)。

二名法(binomial nomenclature)，系統(lineage)，系統樹(phylogenetic tree)，五界説(Five-Kingdom System)

12 分子情報に基づいた生物の系統

A 分子進化と分子系統樹

生物間でDNAの塩基配列やタンパク質のアミノ酸配列などの変化が蓄積することを**分子進化**といい、分子進化をもとに作成された系統樹を**分子系統樹**という。

■ヘモグロビンα鎖の分子進化
機能に重要なアミノ酸配列ほど、よく保存されている。

```
           陸生脊椎動物間での相同部位
ヒト    …AQVKGHGKKVA…ALSDLHAHKLR…
ウマ    …AQVKAHGKKVG…NLSDLHAHKLR…
ハト    …SQVKAHGKKVA…KLSDLHAQKLR…
カエル  …KQISAHGKKVV…KLSDLHAYDLR…
マグロ  …GPVKAHGKKVM…DLSELHAFKMR…
サメ    …PSIKAHGAKVV…KLATFHGSELK…
```

ヘムとの結合部位 / A, Q, Vなどのアルファベットはアミノ酸の種類を表す。Hはヒスチジン

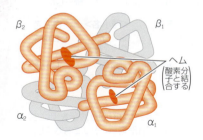

■タンパク質を構成するアミノ酸の変化速度

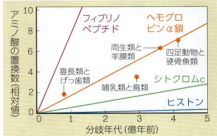

タンパク質の種類によってアミノ酸の変化速度が異なる。機能を失うことが個体にとって致命的なタンパク質(重要なタンパク質)ほど、変化速度が遅い。

■ヘモグロビンの類似度と分子時計

カンブリア紀	オルドビス紀	シルル紀	デボン紀	石炭紀	ペルム紀	三畳紀	ジュラ紀	白亜紀	新生代
5.4	4.9	4.4	4.2	3.6	3.0	2.5	2.0	1.4	0.66 0 (億年前)

ヘモグロビンα鎖を比べたときのアミノ酸配列の違い

コイ — イヌ 67 / コイ — ヒト 65 / イヌ — ウシ 28 / ウシ — ヒト 68 / イヌ — ヒト 17 / ウシ — コイ 23

ヘモグロビンα鎖のアミノ酸配列の違いは、ヒトとコイでは68あり、ヒトとコイの祖先が分岐したのは4億年前といわれている。この値を使うと、アミノ酸配列の変化数から生物が分岐したおおよその時間を推定できる。このような、分子進化における塩基配列やアミノ酸配列の変化の速度は、遺伝子やタンパク質ごとに総じて一定となる。この変化の一定性を**分子時計**という。

■シトクロムcの類似度から見た生物の進化と系統

	①ヒト	②サル	③イヌ	④ニワトリ	⑤カエル	⑥マグロ	⑦酵母
①ヒト							
②サル	1						
③イヌ	11	10					
④ニワトリ	13	12	10				
⑤カエル	18	17	12	11			
⑥マグロ	21	21	18	17	15		
⑦酵母	44	44	44	44	46	45	
	①	②	③	④	⑤	⑥	⑦

シトクロムcは電子伝達系(▶p.55)にかかわり、すべての真核生物がもつタンパク質である。表の数字はシトクロムcのアミノ酸配列の違いで、2種間で、変化している数が多いほど、早い時期に分かれたと考えることができる。

Zoom up 分子系統樹の作製

分子系統樹の作製方法にはいくつかあるが、ここではその一例を紹介する。

① ある4種の生物のDNAの塩基配列の一部を比較したら、⑦のようだったとする。⑦の中から、1つの種でも塩基配列が違っているところを探す(この場合5箇所ある)。

② 塩基配列が違っているところについて、4種の相互の相違する数を調べ、④のような比較表をつくる。

③ ④の比較表から、他の3種と最も相違箇所が多い種Ⅳが最も早くに他の種と分岐した種と考える(種Ⅳと他種との相違の平均は3.3で、次いで多いのは種Ⅰと他種との相違の平均2.7)。

④ 続いて、種Ⅰ・Ⅱ・Ⅲだけの相違点数の比較表をつくる。種Ⅱ・Ⅲは相違が1箇所しかなく最も新しく分岐したと考えられ、その結果から、⑨のような分子系統樹をつくることができる。

このような分子系統樹の描き方は**距離行列法**とよばれ、ほかにも、祖先種からの変異数が最も少なくなる分岐図をつくっていく**最節約法**など、いくつかの手法が知られている。
1つのタンパク質のアミノ酸配列やDNAの一領域の塩基配列だけで正しい系統樹が描けるとは限らない。実際には、他の分子データや化石生物の研究、形質の比較など、さまざまな手法で得られた情報をもとに、より正しい系統樹がつくられている。

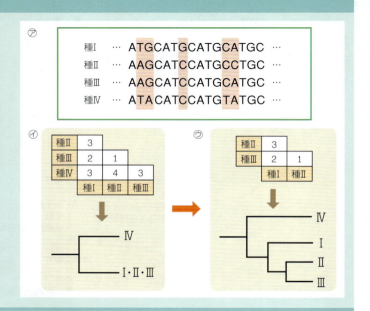

Keywords 分子進化(molecular evolution), 分子系統樹(molecular phylogenetic tree), 分子時計(molecular clock)

B 分子情報に基づいた系統

近年，DNAやタンパク質の研究が進み，これらの分子レベルの情報から，生物の系統を明らかにする研究が急速に進展してきた。

■ 3ドメイン説

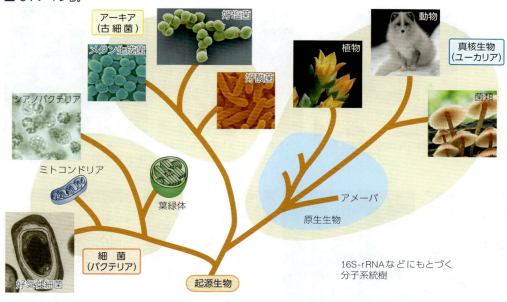

16S-rRNAなどにもとづく分子系統樹

細胞レベルや分子レベルでの研究の発展により，これまで単純とされてきた原核生物や原生生物にきわめて高い多様性があることがわかってきた。

ウーズらは，リボソームを構成するある種のRNAの塩基配列などの研究から分子系統樹を描くと，原核生物が2つの系統に分かれること，真核生物の系統はそのうちの一方の系統に近いことを明らかにし，すべての生物を「界」より上の3つのドメイン（超界）に分ける**3ドメイン説**を提唱した。これによると，原核生物は**細菌**（バクテリア）と**アーキア**（古細菌）のドメインに分類され，**真核生物**（ユーカリア）のドメインはアーキアにより近縁であるとされる。また，真核生物のミトコンドリアと葉緑体にある独自のリボソームのRNAは，細菌のそれに近いことがわかり，共生説（▶p.258）を裏付ける結果にもなっている。

■ スーパーグループ

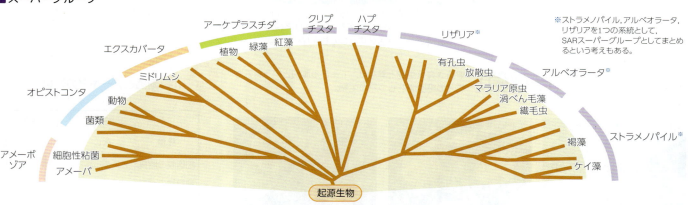

※ストラメノパイル，アルベオラータ，リザリアを1つの系統として，SARスーパーグループとしてまとめるという考えもある。

細胞・分子レベルでの研究成果から，真核生物の多様性も極めて高いことがわかり，真核生物をいくつかの大きな系統に分けようとする**スーパーグループ**の考え方が提唱されるようになってきた。スーパーグループは複数の説が提唱されており，図はアドルら（2012，2019）の研究をもとにつくられた一例である。現在も，真核生物の系統関係については日々研究が進められており，より正確で新たな説が提唱される可能性がある。

Column 遺伝子の水平伝播

親から子への遺伝情報の移動だけでなく，個体間や異なる系統間の遺伝情報の移動も確認されており，このような水平方向の遺伝情報の移動を，**遺伝子の水平伝播**という。系統を越えての遺伝子の水平伝播は，特に原核生物の進化に影響を与えている。細胞内共生におけるミトコンドリアや葉緑体の誕生は，遺伝子の水平伝播の代表例ではあるが，それ以外にもいくつもの水平伝播が示唆されている。一部のシロアリに見られるセルラーゼ生成能の獲得が，ある種のスピロヘータ（細菌）からの遺伝子の水平伝播であることがわかっているほか，動物間ではアフリカにすむある種のマダニに脊椎動物にしかない血圧降下ホルモンの遺伝子が水平伝播していることも知られている。

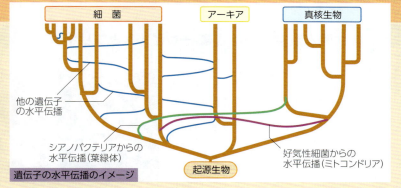

遺伝子の水平伝播のイメージ

3ドメイン説（3 domain theory），スーパーグループ（supergroup）

13 細菌とアーキア

A 細菌（バクテリア）
ペプチドグリカンという成分からなる細胞壁をもつ原核生物。真正細菌ともいう。細胞膜はエステル脂質からなる。

■原核生物の構造

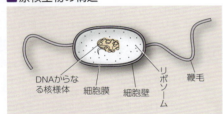

原核生物は細胞膜や細胞壁の組成、リボソームの構造の違いなどから大きく細菌（バクテリア）とアーキア（古細菌）の2つのドメインに分けられる。

■いろいろな細菌

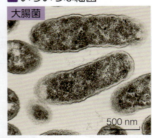

大腸菌：恒温動物の腸管内に常在する。

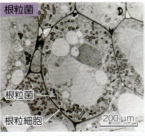

根粒菌：マメ科植物と共生して窒素固定を行う。

乳酸菌：酸素がない条件下で乳酸発酵（▶p.58）を行う細菌の総称。

■炭素同化を行う細菌

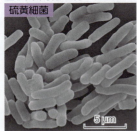

硫黄細菌

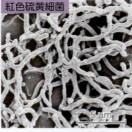

紅色硫黄細菌

硫黄細菌は硫化水素や硫黄の酸化で生じたエネルギーで炭素同化を行う化学合成細菌の一種。紅色硫黄細菌はバクテリオクロロフィルをもち、酸素の生じない光合成を行う光合成細菌。

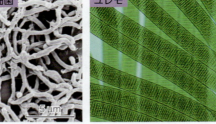

ユレモ／ネンジュモ

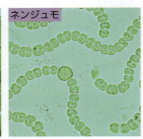

シアノバクテリアの構造

細菌の中で、細胞内にチラコイド構造をもち、クロロフィルなどのはたらきで酸素発生型光合成を行うものをシアノバクテリア（藍色細菌）という。単細胞だが、ユレモやネンジュモのように群体で生活をするものも少なくない。

B アーキア（古細菌）
細菌や真核生物と異なり、エーテル脂質という特殊な成分の細胞膜をもつ原核生物。

■いろいろなアーキア

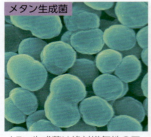

メタン生成菌

超好熱菌

高度好塩菌

メタン生成菌は絶対嫌気性のアーキアで、代謝によってメタンガスを発生する。超好熱菌は生育の最適温度が80℃を超えるアーキア。高度好塩菌は10%以上の濃度の食塩水で生存するアーキア。このような極限環境で生息するものが多いと考えられてきたが、身近な環境で見られる種も多いことがわかっている。

Point 細菌とアーキアの違い

	細菌	アーキア
核膜	なし	なし
細胞膜の脂質	エステル脂質	エーテル脂質
細胞壁のペプチドグリカン	あり	なし
ヒストン	なし	あり

アーキアはヒストンをもつことや、スプライシング（▶p.86）が起こることなど、真核生物と共通する性質をもつ。

Zoom up 生物と無生物のはざま －ウイルスとプリオン

ウイルスは、ほかの細胞に寄生して増殖できるが、自らは代謝系も増殖系ももたない。DNAをもつDNAウイルスとRNAをもつRNAウイルスがあり、多くのものが感染症の原因となる。

プリオンはタンパク質の一種だが、異常型プリオンは哺乳類の脳内などで正常型プリオンを異常型プリオンに変えることで増殖し、BSEやヒトのクロイツフェルト・ヤコブ病などのプリオン病を引き起こす。

DNAウイルス：ヒトパピローマウイルス

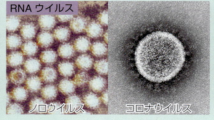

RNAウイルス：ノロウイルス／コロナウイルス

プリオンの分子モデル

Keywords 原核生物（prokaryote）、細菌（bacteria）、シアノバクテリア（cyanobacteria）、アーキア（archaea）

14 真核生物ー原生生物

A 原生動物

単細胞あるいはからだのつくりが単純な多細胞の真核生物を**原生生物**という。アメーバやゾウリムシなどの，運動性があり，細胞壁をもたない原生生物をまとめて原生動物とよぶことがある。

アメーバ類	繊毛虫類	鞭毛虫類	胞子虫類	ミドリムシ類
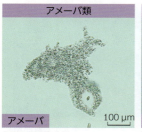 アメーバ 100 μm	ゾウリムシ 100 μm	トリパノソーマ	マラリア病原虫	 ミドリムシ 40 μm
仮足で運動する。	繊毛で運動する。	鞭毛で運動する。	寄生性。	クロロフィル a と b をもち，細胞壁がない。藻類に含めることもある。

B 藻類
独立栄養生物で，単細胞生物と多細胞生物の両方を含む。

単細胞藻類 一生を単細胞ですごす。

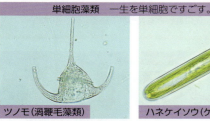

ツノモ（渦鞭毛藻類）	ハネケイソウ（ケイ藻類） 50 μm
クロロフィル a と c をもち，セルロースの殻をもつ。	クロロフィル a と c をもち，ケイ酸質の殻をもつ。

Column 多細胞生物への進化

多細胞生物の起源については，次の2通りの考え方がある。単細胞生物→細胞群体→多細胞生物と進化したという細胞群体起源説と，単細胞生物→多核細胞生物→多細胞生物と進化したとする多核細胞起源説である。緑藻類の生活は前者を，変形菌類の生活は後者を支持する例といえる。

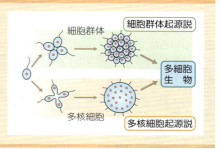

紅藻類 クロロフィル a をもつ。　　　　　　　　　　　　　**褐藻類** クロロフィル a と c をもつ。

テングサ	アサクサノリ	ヒジキ	マコンブ	ワカメ

緑藻類 クロロフィル a と b をもつ。一生を単細胞で生活するものから，細胞群体を形成するもの，多細胞生活をするものまである。

クラミドモナス 20 μm	ユードリナ 10 μm	ボルボックス 150 μm	ミル	アオサ
	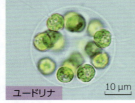	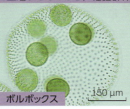		
一生単細胞生活を送る。	複数の細胞が集まって細胞群体を形成する。		多核の巨大な単細胞からなる。	多細胞生活を送る。

C 粘菌類と卵菌類
菌類（カビ）に似た外見をもつ原生生物で，多細胞体や多核細胞体を形成する。

粘菌類 従属栄養生物で胞子で増える。

細胞性粘菌類	変形菌類
 キイロタマホコリカビ	 ムラサキホコリ

胞子が発芽するとアメーバ状細胞となり，単細胞生活を送る。細胞性粘菌類では，その後，細胞が集まって集合体となり，さらに移動能力のある移動体を形成し，やがてそれが子実体を形成して胞子をつくる。一方，変形菌類では核分裂により多核の細胞からなる変形体となり，子実体をつくる。

卵菌類

ミズカビ

単核または多核で，菌類の菌糸体に似ている。細胞壁にはセルロースを含む。

Keywords 真核生物（eukaryote），原生生物（protista），原生動物（protozoans），藻類（algae），粘菌類（slime molds）

15 真核生物－植物　生物基礎／生物

A　コケ植物

真核生物のうち，多細胞性で光合成を行う陸生生物を植物という。植物のうち維管束をもたないものを**コケ植物**という。

■コケ植物の生活環

生物の一生を生殖を中心に環状に表したものを**生活環**といい，植物の分類に重要である。

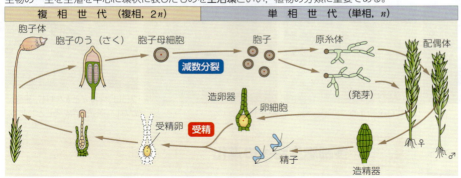

スギゴケ（マゴケ類）の生活環を示す。コケ植物の生活の主体は単相(n)の配偶体。

Column　植物の祖先

シャジクモ類は多細胞で維管束を欠く有節植物で，緑藻類に近縁の原生生物に分類される。雌性生殖器官はコケ植物の造卵器に類似する。シャジクモ類は，細胞分裂の際に細胞板ができること，精子の鞭毛基部の構造が植物と同じであることなどから，植物の祖先に近いと考えられている。

■いろいろなコケ植物　苔類，蘚類，ツノゴケ類に分けられる。

B　シダ植物

コケ植物を除く植物は維管束をもつので，**維管束植物**と総称される。維管束植物のうち，おもに胞子で増え，配偶体（前葉体）が独立生活を営むものを**シダ植物**という。

■シダ植物の生活環

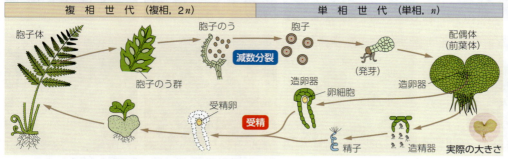

イヌワラビ（シダ類）の生活環を示す。木部には仮道管がある。

Point　生活環で使う用語

核相　染色体のセットで表される細胞の染色体構成。
胞子体　胞子をつくって生殖を行うからだ。核相は$2n$（複相）。
配偶体　配偶子をつくって生殖を行うからだ。核相はn（単相）。
世代交代　生活環の中で，異なる生殖法が交互に現れること。
核相交代　生活環の中で，核相の異なる世代が交互に現れること。

■いろいろなシダ植物　小葉類ともよばれるヒカゲノカズラ類とそれ以外のさまざまなシダのなかまがある。

茎に緑色の小葉を生じる。　根も葉ももたない。　関節のある中空の茎をもち，葉はあまり発達しない。　大葉とよばれる種子植物と相同の葉をもつ。

Keywords　コケ植物(bryophytes)，胞子(spore)，シダ植物(pteridophytes)，前葉体(prothallium)，維管束植物(vascular plants)

C 種子植物－裸子植物

種子で増える維管束植物は**種子植物**と総称され，胚珠が子房で包まれない種子植物を**裸子植物**という。木部には仮道管がある（グネツム類では道管も発達する）。

■いろいろな裸子植物

ソテツ類 — ソテツ

イチョウ類 — イチョウ

ソテツ・イチョウ類は受精の際に精子を生じる。

グネツム類 — キソウテンガイ（ウェルウィッチア）

砂漠植物で球果をもつ。

球果類（マツ類） — ハイマツ

スギやマツなど裸子植物の多くが属し，大きな球果（松かさ）をもつ。

D 種子植物－被子植物

種子植物のうち，胚珠が子房で包まれるものを**被子植物**という。木部には仮道管のほかに道管もある。

■被子植物の生活環

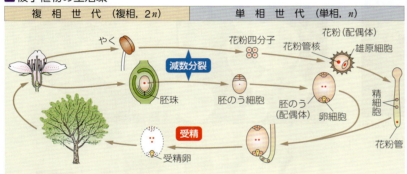

ヤマザクラの生活環を示す。

Point 胞子体と配偶体の比較

コケ植物では，核相 n の配偶体が発達している。シダ植物や種子植物では，核相 $2n$ の胞子体が発達している。

	胞子体（$2n$）	配偶体（n）
コケ植物（スギゴケ）	胞子のう 約5mm	雌株　雄株 約4cm
シダ植物（イヌワラビ）	約50cm	前葉体 約5mm
被子植物（ヤマザクラ）	約5m	胚のう 約1mm／花粉 約40μm

■いろいろな被子植物

被子植物は子葉が1枚の単子葉類と子葉が2枚の双子葉類に大別される。

単子葉類

コチョウラン　ヤマユリ　トウモロコシ

子葉は1枚，維管束は散在し，形成層がない。

双子葉類（合弁花類）

アサガオ

ツツジ

タンポポ

双子葉類（離弁花類）

ヤマザクラ

エンドウ

スイレン

子葉は2枚，維管束は環状に配列し，形成層がある（肥大成長する）。便宜的に1つの花の花弁が互いに合着する合弁花類と，分離する離弁花類に分けられる。

種子植物（spermatophytes, seed plants），裸子植物（gymnosperms），被子植物（angiosperms）

16 真核生物―菌類 生物基礎 生物

A 菌類

真核生物のうち，多細胞性で胞子生殖を行う（一部単細胞のものもある）。従属栄養で体外消化によって栄養分を吸収する。細胞壁の組成は植物とは異なり，主成分はキチン質である。

■ 子のう菌類

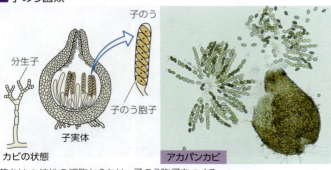

カビの状態 　アカパンカビ

菌糸は2核性の細胞からなり，子のう胞子をつくる。

■ 担子菌類

マツタケ

菌糸は2核性の細胞からなり，担子胞子をつくる。「きのこ」とよばれる子実体を形成する種が多い。

■ ツボカビ類

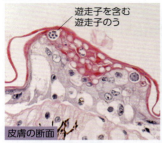 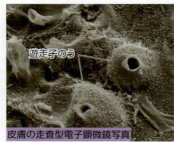

皮膚の断面　　皮膚の走査型電子顕微鏡写真

比較的単純な構造のものが多く，鞭毛のある遊走子を生じる。カエルツボカビは両生類に感染し，感染すると皮膚に遊走子を含む遊走子のうができる。写真はカエルツボカビに感染したカエルの皮膚。

Zoom up 酵母

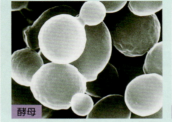 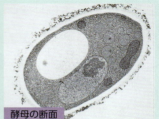

酵母　酵母の断面

酵母のはたらきを利用してつくられる発酵食品

酵母は一生を単細胞で過ごすことから，原核生物の細菌と間違えられやすいが，菌類に含まれる真核生物である。酵母とは，一生を単細胞で過ごす菌類の総称で，生物の種名ではない。パンコウボ，ビールコウボなど多くの種類があり，パンや酒類といった私たちの生活に身近な発酵食品などの製造には欠かすことができない。酵母は分類学上も1つの生物群ではなく，その多くは子のう菌類に属すものの，担子菌類に属すものもある。

■ 接合菌類

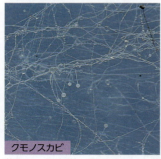

クモノスカビ

菌糸は，細胞間に隔壁のない多核体。

■ その他の菌類

アオカビ　50μm

有性生殖が未観察のため分類困難な菌類を不完全菌類とよぶ。多くは子のう菌類と担子菌類に含まれるものと考えられる。

Zoom up 地衣類

ウメノキゴケ・リトマスゴケなど，名前だけ聞くとコケ植物と間違えそうなものに地衣類がある。古くは地衣植物として約20000種ほど記載されていたが，菌類と緑藻類あるいは菌類とシアノバクテリアが共生体を形成したもので，1つの生物とはいいがたい。菌類の発達した菌糸でほかの生物が付着できないような環境に定着し，緑藻類・シアノバクテリアの光合成によって両者の生存に必要な物質やエネルギーを得ている相利共生の一例である。現在では，地衣類を構成する菌類の系統群に合わせていくつかの菌類に分類して扱うこともあるが，異なる考え方も多い。

ウメノキゴケ　サルオガセ

地衣類の構造　単細胞緑藻類／菌類の菌糸／単細胞緑藻類の細胞を菌糸が取り巻いている状態

Keywords　菌類(fungi)，菌糸(mycelium)，子のう菌類(ascomycota)，担子菌類(basidiomycetes)，接合菌類(zygomycetes)，地衣類(lichens)

17 真核生物—動物(1) 生物基礎 生物

A 動物の分類
真核生物のうち，多細胞性で，おもに摂食によって栄養分をとる従属栄養生物を動物とよぶ。動物には比較的単純な構造のものから，複雑な構造をもつものまであり，おもに発生過程や形態によって分類される。

■胚葉の分化

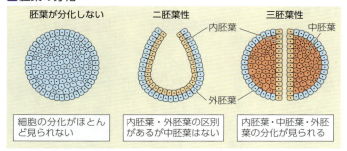

動物は胚葉の分化の程度によって大別される。

■体腔の有無と種類

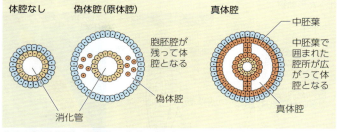

体内の腔所(体腔：消化管は体内の腔所とはみなさない)の有無やそれをおおう細胞層が何であるかは，動物の分類上重要である。

■原口と体軸

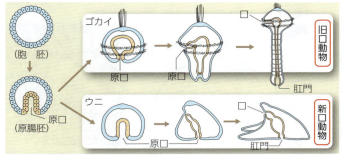

三胚葉性動物は，発生の初期に生じる原口の位置に口ができる旧口動物と，原口の位置に肛門ができる新口動物に分けられる。

■体腔のでき方

■幼生形態とその類似性

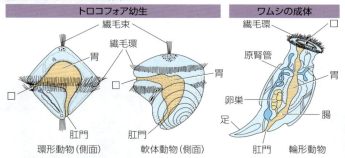

ゴカイなどの環形動物と二枚貝・巻貝などの軟体動物の幼生は，いずれも**トロコフォア**とよばれ，ワムシなどの輪形動物の成体と類似した形態を示す。環形動物と軟体動物は共通の先祖をもち，それは現在の輪形動物に近いものであると考えられる。

■脊索と脊椎

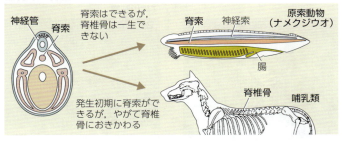

B 無胚葉・二胚葉性の動物
動物のうち，胚葉の分化がなく，からだの構造が単純なものに海綿動物がある。また，刺胞動物などには，外胚葉と内胚葉の区別はあるが，中胚葉が形成されない。

■無胚葉の動物(胚葉が分化しない)
①海綿動物

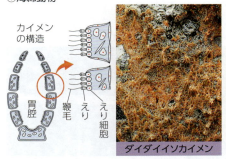

左右がなく，組織・器官の分化もない。骨片をもつ，えり細胞があるなど若干の細胞分化が見られる。

■二胚葉性の動物
外胚葉・内胚葉の２つの胚葉性の器官からなる。口と肛門の区別がなく，分裂や出芽などで増える。

②刺胞動物

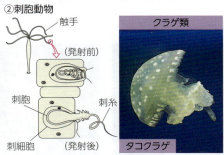

刺細胞とよばれる特殊な細胞をもち，プランクトンや小動物を捕食する。イソギンチャク・サンゴもこの仲間。

③有櫛動物

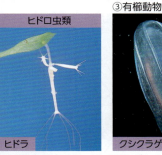

刺胞がなく，８列のくし板を使って泳ぐ。

Keywords 胚葉(germ layer)，海綿動物(sponges)，刺胞動物(cnidarians)，有櫛動物(ctenophores)

283

18 真核生物-動物(2) 生物基礎 生物

A 旧口動物

内・中・外胚葉の区別がある三胚葉性の動物のうち，原口が成体の口になる動物を**旧口動物**という。旧口動物は**冠輪動物**と**脱皮動物**に大別することができる。

■冠輪動物
へん形動物・輪形動物・環形動物・軟体動物を含む系統群で，多くは発生の過程でトロコフォア幼生を経る。

①へん形動物
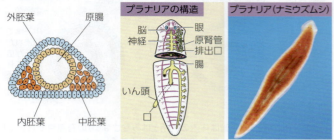

からだはへん平で体腔はない。消化管は肛門を欠く。排出器(原腎管)にほのお細胞という特殊な細胞がある。冠輪動物に属さない単純な旧口動物とする説もある。

②輪形動物
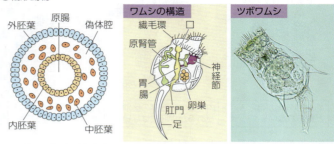

からだは円筒形で偽体腔をもつ。消化管には口と肛門が備わる。多くが淡水産の動物プランクトン。

③環形動物
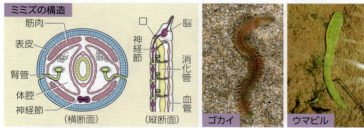

からだは円筒形で，多数の体節からなる。循環系は閉鎖血管系で，各体節に1対の神経節のあるはしご形神経系をもつ。

④軟体動物
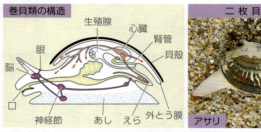

からだは柔らかく，外とう膜に包まれる。貝殻をもつものが多い。循環系は開放血管系(イカ・タコなどの頭足類は閉鎖血管系)。

■脱皮動物
脱皮をすることで成長する。節足動物と線形動物が含まれる。

①節足動物
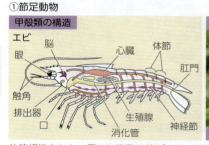

体節構造をもち，足にも複数の節がある。循環系は開放血管系。各体節に1対ずつ神経節のあるはしご形神経系をもち，頭部の神経節は左右が融合して脳を形成している。すべての生物の中で最も種の数が多い。

②線形動物

偽体腔をもつ。からだの構造が単純化しており，体節構造をもたない。からだはクチクラでおおわれている。

B 新口動物

三胚葉性で，原口またはその近くに肛門ができ，口は原口の反対側に新しくできる動物を**新口動物**という。脊索をつくらない**棘皮動物**などと，一生のどの時期かに脊索をつくる**脊索動物**がある。

■脊索のできない新口動物

①棘皮動物
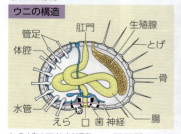

からだは五放射相称で，石灰質の骨片をもつ。水管系が発達し，呼吸や排出などに関与している。

②毛顎動物
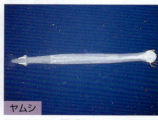

口のまわりに顎毛をもつ。分子系統上，旧口動物に分類することもある。

Keywords へん形動物(flatworms)，環形動物(annelids)，軟体動物(molluscs)，棘皮動物(echinoderms)，毛顎動物(chaetognaths)

C 脊索動物-脊椎動物以外

新口動物で，一生のどの時期かに脊索ができるものを**脊索動物**という。脊索動物のうち，脊索をもつが，脊椎骨ができないものを**原索動物**とよぶことがある。

■頭索動物
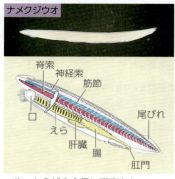
ナメクジウオ
一生，からだの全長に脊索をもつ。

■尾索動物

マボヤ
一生のうち少なくとも一時期（幼生期）に尾部に脊索をもつ。

🔍Zoom up いろいろな動物たち

高校で学習しない動物（門）には，ユニークな形や生活様式のものが少なくない。

平板動物 海底の石の表面などにすむ体長 0.5mm 程度のセンモウヒラムシは，平盤状で軟体質。背腹2層の細胞層の間は中空で遊離性の細胞が存在するが，器官の分化は見られない。近年二胚葉性であることがわかってきたが，類縁関係は不明。

センモウヒラムシ

緩歩動物 陸地や海藻の間などに見られる体長1mm以下のクマムシは4対の短い足をもつ。乾燥するとからだを丸めて仮死状態となるが，湿らせると蘇生する。また，150℃や－200℃の条件下に数分放置しても死なない。節足動物に近縁とされるが類縁関係は明確でない。

クマムシ

D 脊索動物-脊椎動物

脊索動物のうち，脊椎骨ができるものを**脊椎動物**という。脊索はふつう発生初期にのみ見られ，脊椎骨がこれにおきかわる。循環系は閉鎖血管系。神経管由来の管状神経系をもち，その前方は脳，後方は脊髄に分化している。

■水生脊椎動物　軟骨魚類と硬骨魚類を合わせて魚類とよぶこともある。

無顎類(円口類)	軟骨魚類	硬骨魚類
 スナヤツメ	 メジロザメ	 カワツ　キンブナ　マダイ 
あごの骨がなく，口は吸盤状。浮き袋もない。	骨格のほとんどが軟骨でできている。浮き袋はない。	脊椎骨などほとんどの骨は硬骨で，浮き袋がある。硬質のうろこをもつ。

■陸生脊椎動物　四肢をもつ脊椎動物で，**四足類**ともいう。初期発生が水中で起こる両生類と，一生を原則として陸上ですごす羊膜類に分けられる。

羊膜類：成体は四肢をもち，乾燥に耐える皮膚あるいはその付属器をもつ。胚には羊膜などの胚膜があり，乾燥に耐えるため，一生を陸上ですごすことができる。

両生類	は虫類	鳥類	哺乳類
タゴガエル	サキシマキノボリトカゲ	ペンギン	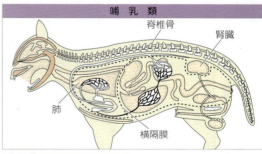
アカハライモリ	アオウミガメ	キジ	カモノハシ　クロサイ

成体は四肢をもち，体表から粘液を分泌して乾燥から身を守る。体外受精で胚は胚膜をもたず，水中で発生する。

角質のうろこまたは甲羅でおおわれる。卵生または卵胎生で，体内受精。

体表には羽毛が発達し，前肢は翼となる。体内受精で卵生。恒温動物。

体表には毛が密生する。卵生の単孔類（カモノハシなど），胎生だが胎盤が不完全な有袋類（カンガルーなど），胎盤の発達する真獣類（有胎盤類）に分けられる。

脊索動物(chordates)，原索動物(protochordates)，脊椎動物(vertebrates)

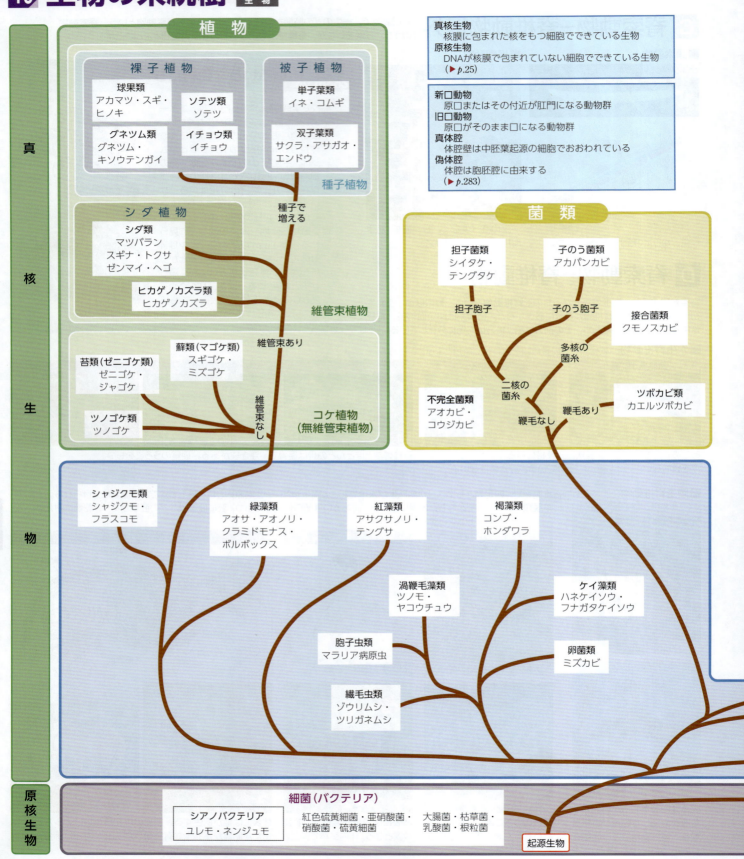

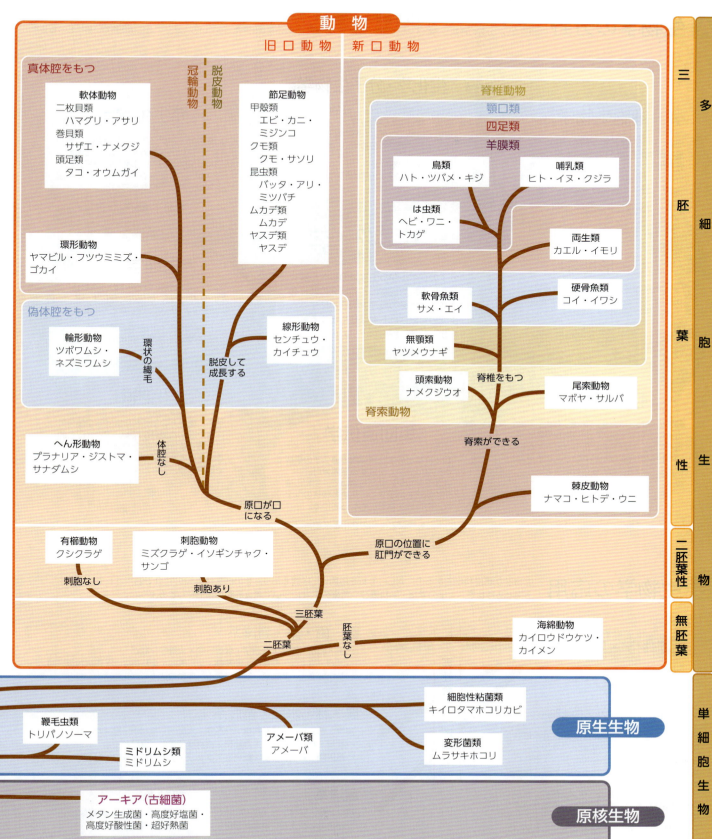

1 生物学の世界

A 生物学の分野

生物学（・生命科学）は，生物や生命現象を研究する学問で，おもに下図のような分野がある。
※ただし，分野の種類や名称は一例であり，いずれの分野も複数の領域にまたがっている。また，ここに示されていないものもある。

細胞生物学
細胞を研究対象とする学問分野。電子顕微鏡を用いた形態学的な解析から，分子生物学や生化学の手法を駆使した解析まで，細胞レベルの代謝や生理，発生，免疫など多くの生命現象を研究する。
▶第1編　細胞と分子

生化学・分子生物学
生命現象を物質レベル，分子レベルで研究・解明する学問分野。遺伝子組換えやゲノム解析などの手法は，他の分野でも多く用いられている。
▶第2編　代謝
▶第3編　遺伝情報の発現

発生生物学
個体の発生を研究する学問分野。生殖や再生，進化的な要素を含むこともある。古くは発生の過程が形態的に研究されていたが，現在では遺伝子のレベルで発生を理解するようになっている。
▶第4編　生殖・遺伝・発生

生 物 学

分子のレベルから生態系のレベルまで，おもに実験や観察による探究の過程を通じて，生命の真理を明らかにする。研究の対象はヒトをはじめとする動物，植物，菌類，細菌など，幅広い。

Biology

形態学
生物のからだや組織・器官の構造について研究する学問分野。解剖学や組織学など，医学に関係する領域も多い。
▶第1編　第Ⅱ章
　　細胞と個体の成り立ち

生理学
個体の生理的機能や環境への応答を研究する学問分野。研究の対象によって，動物生理学や植物生理学などがある。
▶第5編　体内環境の維持
▶第6編　生物の環境応答

動物行動学
動物の行動を研究する学問分野。古くは鳥類や昆虫の行動観察から始まり，現在では，神経系のはたらきと行動を関連づけた研究も行われている。ヒトを対象とした人間行動学などもある。
▶第6編　第Ⅰ章
　　動物の反応と行動

集団遺伝学
個体群などの生物集団内の遺伝子の構成や頻度について研究する学問分野。数理モデルや統計学も用いて，生物の進化や系統を解明する。生物多様性の保全などの理論的基盤にもなっている。
▶第8編　生物の進化と系統

生態学
生物と環境との関係を研究する学問分野。行動や進化と関係が深く，両者を総合的に理解する行動生態学や進化生態学がある。社会とも結びついており，種の保存や環境保全，エネルギー問題なども扱う。
▶第7編　生態と環境

B 生物学の応用

生物学が基礎科学であるのに対し，それを応用した学問もあり，その成果は実際の社会で活用されている。
上図とあわせて，大学の学部・学科選びや将来の職業について考える際の参考にしてみよう。

生物学・生命科学

工学との融合

実社会への応用

バイオテクノロジー
生物学の知識と工学を融合して，実社会に有用な物質や技術を生産・開発する学問分野。biology（生物学）と technology（技術）を合わせた用語で，生物工学ともいう。さらに遺伝子工学や発生工学などに細分化される。遺伝子組換えや細胞融合，ゲノム解析，タンパク質工学などの技術が発達し，進展がめざましい。その一方で，生命倫理や生態系に与える影響など，新しい技術に伴う課題も多い。

医・歯・薬・看護系
医学・歯学・薬学・看護学・保健科学・栄養学　など
→医師・看護師・保健師・助産師・歯科医師・歯科衛生士・臨床検査技師
　救急救命士・薬剤師・管理栄養士・理学療法士・作業療法士　など

農・林・水産・畜産系
農学・農芸化学・森林科学・林産学・水産学・畜産学・獣医学　など
→農業・林業・水産業・畜産業・農林業技術者・食品加工業
　獣医師・動物看護師・動物園スタッフ・水族館スタッフ　など

環境系
環境科学・環境工学　など
→環境分析技術者・環境計量士
　ビオトープ管理士　など

教育系
教育学，教員養成課程など
→教諭・養護教諭
　サイエンスコミュニケーター　など

2 生物学の歴史

A 生物学史

表中の国名の略記号は以下の通り
(米)アメリカ　(英)イギリス　(伊)イタリア　(印)インド　(豪)オーストラリア　(オ)オーストリア　(蘭)オランダ　(ギ)ギリシア　(ス)スイス
(スウ)スウェーデン　(西)スペイン　(デ)デンマーク　(独)ドイツ　(日)日　本　(ハ)ハンガリー　(仏)フランス　(ベ)ベルギー　(露)ロシア

年代		人名と業績
	前4世紀	ヒポクラテス(ギ)　まじないを排し，合理的な医術を始めた。
		アリストテレス(ギ)　動物の分類・観察を行い，生物学の最初の体系化を行った。生物学の創始，動物学の祖。
		テオフラストス(ギ)　植物の分類・観察を行った。植物学の祖。
	2世紀	ガレノス(ギ)　古代医学の体系化。近世に至るまでの医学の権威。循環系について誤った考えをもつ。
	15世紀	レオナルド ダ ヴィンチ(伊)　人体解剖や化石の研究を行った。
16世紀	1543	ベサリウス(ベ)　『人体の構造』を著し，ガレノスの誤りを指摘し，解剖学を一新。
	1590ごろ	ヤンセン父子(蘭)　はじめて顕微鏡を製作。
17世紀	1628	ハーベイ(英)　血液の循環を実験的に証明。〔1651：『動物発生論』を著し，後成説を提唱〕
	1648	ファン ヘルモント(ベ)　植物の成長の実験を行い，成長の原因は水であると結論(死後出版された著書に記載)。
	1661	マルピーギ(伊)　カエルの肺で，毛細血管内の血液循環を発見。
	1665	フック(英)　『ミクログラフィア』を著し，細胞(cell)の発見と命名。〔1660：弾性力に関するフックの法則〕
	1668	レディ(伊)　ウジの自然発生を否定する実験を行った。
	1674	レーウェンフック(蘭)　原生動物を発見。〔1676：細菌を発見。1677：ヒトの精子を発見〕
	1694	カメラリウス(独)　植物にも雌雄があり，花が生殖器官であることを発見。
18世紀	1735	リンネ(スウ)　『自然の体系』を著し，近代分類学を創始。〔1758：『自然の体系 第10版』で二名法を確立〕
	1749	ビュフォン(仏)　『博物誌』を著して，生物進化を示唆した。
	1759	ウォルフ(独)　『発生論』を著し，後成説を主張。近代発生学を創始。
	1765	スパランツァーニ(伊)　自然発生説を否定。〔1780：イヌの人工受精。1783：胃液の消化作用についての実験〕
	1772	プリーストリー(英)　植物体から酸素が発生することを確認。
	1777	ラボアジェ(仏)　呼吸が燃焼と同じ現象であることを発見。
	1779	インゲンホウス(蘭)　光合成を研究し，植物の緑色部が光を受けたとき，酸素を発生することを発見。
	1780	ガルバーニ(伊)　カエルの筋肉の実験で，動物電気を発見。
	1789	ジュシュー(仏)　種子植物の分類を行い，現在も使われている多くの科を定義した。

年代		人名と業績
18世紀	1790	ゲーテ(独)　『植物の変態』を著し，植物の器官はすべて原始的な1つの器官から変化(変態)して生じたと考えた。
	1796	ジェンナー(英)　種痘法を発見。
19世紀	1804	ソシュール(ス)　光合成に二酸化炭素が利用されることを発見。
	1805	キュビエ(仏)　比較解剖学を確立。〔1812：天変地異説を唱えた〕
	1809	ラマルク(仏)　『動物哲学』を著し，用不用説を唱えた。
	1827	ド カンドル(ス)　植物の新しい分類体系をつくった。
	1828	フォン ベーア(独)　ヒトの卵を発見。
	1831	ブラウン(英)　細胞の核を発見。
	1838	シュライデン(独)　植物体について，細胞説を唱えた。
	1839	シュワン(独)　動物体について，細胞説を唱えた。〔1837：発酵や腐敗の原因は微生物であると主張〕
	1840	リービッヒ(独)　『植物化学』を著し，植物が無機栄養で育つことを発見。〔1842：『動物化学』を著し，有機化学を動物生理と結合した〕
	1850	ヘルムホルツ(独)　神経の興奮伝導速度を測定。〔1852：色覚の三原色説を唱えた〕
	1855	ベルナール(仏)　肝臓がグリコーゲンをつくることを発見。〔1865：『実験医学序説』を著し，生物学の実験的研究の方法論を記述〕
	1858	フィルヒョー(独)　『細胞病理学』を著し，細胞は細胞分裂によって生じることを解明。
	1859	ダーウィン(英)　世界周航(1831～36)のときの知見などから，『種の起源』を著し，自然選択説を唱えて進化説を確立。〔1880：植物の屈性の実験〕
	1860	パスツール(仏)　発酵の研究。〔1861：微生物の自然発生説を実験的に否定。1885：狂犬病ワクチンを完成〕
	1863	ハクスリ(英)　人間の起源と進化についての説を唱えた。
	1865	メンデル(オ)　遺伝の因子を発見。
	1869	ミーシャー(ス)　ヒトの白血球の核からヌクレイン(核酸)を発見。
	1876	コッホ(独)　炭疽病の病原菌を発見。伝染病の原因を解明。〔1882：結核菌を発見。1883：コレラ菌を発見〕
	1883	メチニコフ(露)　白血球による細菌などの食作用を発見。
	1887	パブロフ(露)　イヌの胃液分泌の研究開始。胃液分泌神経(迷走神経)の存在を証明。〔1903：条件反射の研究〕
	1888	ルー(独)　カエル卵の2細胞期の一方の割球を焼き殺す実験。実験発生学の創始。
	1889	北里柴三郎(日)　破傷風菌の純粋培養に成功。〔1894：ペスト菌を発見〕
	1891	ドリーシュ(独)　ウニ卵の割球分離の実験(調節卵)。

289

年代	人名と業績
1892	ワイスマン（独）　生殖質説を唱え，獲得形質の遺伝を否定。
1896	平瀬作五郎（日）　イチョウの精子を発見。
1896	池野成一郎（日）　ソテツの精子を発見。
1897	ブフナー（独）　チマーゼを抽出。細胞なき発酵に成功。
1898	志賀潔（日）　赤痢菌を発見。
1899	カハール（西）　ニューロンを確認。
1899	ロイブ（米）　ウニ卵を用い，人為的に単為発生に成功。
1900	ド フリース（蘭），コレンス（独），チェルマク（オ）　それぞれ独立にメンデルの功績を再発見し，メンデルの法則と名づけた。
1901	ド フリース（蘭）　突然変異説を唱えた。
1901	ラントシュタイナー（オ）　ABO 式血液型を発見。
1901	高峰譲吉（日）　アドレナリンの抽出に成功。
1902	ベイリス（英），スターリング（英）　セクレチンを発見。〔1905：セクレチンのような物質をホルモンと名づけた〕
1903	ヨハンセン（デ）　純系説を唱えた。
1903	サットン（米）　染色体の行動とメンデルの遺伝の法則を結びつけた染色体説を唱えた。
1905	ブラックマン（英）　光合成が明反応と暗反応からなることを推論。
1907	ラウンケル（デ）　植物の生活形を分類。
1910	鈴木梅太郎（日）　脚気の原因を研究し，オリザニン（ビタミン B₁）を発見。
1910	ボイセン イェンセン（デ）　マカラスムギの幼葉鞘で光屈性の実験。〔1918：現存量のピラミッドを考案。1935：根の重力屈性の実験〕
1912	カレル（仏）　ニワトリの心臓の細胞を用いて，組織培養法を確立。
1912	フンク（英）　オリザニンをビタミンとよんだ。
1916	クレメンツ（米）　『植物の遷移』を著し，遷移説を体系化。
1919	パール（ハ）　植物体内にもつ成長促進物質が光屈性の原因であることを証明。
1921	レーウィ（独）　交感神経と迷走神経の末端から分泌される化学物質の存在を解明。
1924	シュペーマン（独）　イモリの胚の移植実験で，形成体を発見。
1924	ワールブルク（独）　阻害剤を利用した呼吸の研究により呼吸酵素を発見。〔1926：血液ガス検圧計を改良し，ワールブルク検圧計を考案〕
1925	マイヤーホフ（独）　解糖の経路を解明。
1926	モーガン（米）　キイロショウジョウバエの遺伝の研究で，遺伝子説を確立。〔1895：カエル卵が調節卵であることを確認〕
1926	黒沢英一（日）　イネのばか苗病の原因物質としてジベレリンを発見。
1927	マラー（米）　X線を用いて，人為的に突然変異体をつくった。

年代	人名と業績
1927	エルトン（英）　食物連鎖を研究し，動物生態学を確立。
1928	ウェント（蘭）　オーキシンを発見。
1928	グリフィス（英）　肺炎球菌の形質転換の前駆的研究。
1929	フォークト（独）　局所生体染色法によりイモリの原基分布図（予定運命図）をつくった。
1929	フレミング（英）　ペニシリンを発見。
1929	ローマン（独）　ATP（アデノシン三リン酸）を発見。
1930	木原均（日）　各生物の生活機能の調和を保つのに欠かせない染色体の１組をゲノムとし，ゲノム間の相同性を判定するゲノム分析の方法を確立。
1932	キャノン（米）　『からだの知恵』を著し，恒常性の概念を唱えた。
1932	ルスカ（独）　電子顕微鏡をはじめて製作。
1934	ケーグル（独）　オーキシンを抽出。
1935	スタンリー（米）　タバコモザイクウイルスの結晶化に成功。
1935	タンスレー（英）　生態系の概念を唱えた。
1936	オパーリン（露）　『生命の起源』を著し，生命の起源の道すじを唱えた。
1937	クレブス（英）　クエン酸回路の研究。
1938	藪田貞治郎（日）　ジベレリンを精製し，結晶化に成功。
1939	ヒル（英）　光合成の最初の反応は水の分解であり，この分解によって水素を受けとった物質と酸素が生じることを解明。
1942	セント ジェルジ（ハ）　筋収縮のしくみを生化学的に研究。
1944	エイブリー（米）ら　肺炎球菌の形質転換によって，DNA が遺伝子であることを証明。
1944	ワクスマン（米）　ストレプトマイシンを発見。
1945	ビードル（米），テイタム（米）　アカパンカビの研究により，一遺伝子一酵素説を提唱。
1949	今西錦司（日）　空間的すみわけの理論を確立。
1951	ティンバーゲン（蘭）　本能行動の研究。
1952	ハーシー（米），チェイス（米）　T₂ ファージの大腸菌内での増殖によって，DNA が遺伝子であることを証明。
1953	ホジキン（英）　神経興奮について，Na⁺とK⁺の出入りを研究。
1953	ワトソン（米），クリック（英）　DNA の化学構造を解明し，DNA の分子構造模型を発表。
1953	ミラー（米）　原始地球におけるアミノ酸生成の研究。
1954	ハクスリ（英）　筋収縮の滑り説を提唱。
1955	サンガー（英）　インスリンのアミノ酸配列を解明。
1955	デューブ（ベ）　リソソームを発見。
1956	コーンバーグ（米）　DNA の人工合成に成功。
1957	カルビン（米），ベンソン（米）　放射性同位体を使って，光合成の暗反応の過程（カルビン回路）を解明。
1958	メセルソン（米），スタール（米）　DNA の半保存的複製を証明。
1958	スチュワード（米）　ニンジンのカルスを再分化させ，新個体をつくることに成功。
1960	ペルーツ（英）　ヘモグロビンの立体的な構造を解明。

年代	人名と業績
1961	ジャコブ（仏），モノー（仏）　遺伝形質発現を調節するしくみに関する説（オペロン説）を唱えた。
1962	モスコーナ（米）　動物組織細胞の組織再構築の実験。
1962	カーソン（米）　『沈黙の春』を著し，農薬禍を警告。
1962	下村脩（日）　緑色蛍光タンパク質（GFP）を発見。
1965	ニーレンバーグ（米），コラナ（印，米）　遺伝情報のトリプレット暗号の解読に成功。
1966	岡崎令治（日）　岡崎フラグメントを発見。
1967	マーグリス（米）　細胞内共生説を唱えた。
1968	木村資生（日）　遺伝子の中立説を唱えた。
1973	フリッシュ（オ），ローレンツ（オ），ティンバーゲン（蘭）　動物の行動解析の体系化により，ノーベル生理学・医学賞を受賞。
1973	コーエン（米）　基本的な遺伝子操作技術を確立。
1977	利根川進（日）　抗体をつくる遺伝子の構造を解明。
1978	ボイヤー（米）　遺伝子組換えにより，大腸菌によるインスリン合成に成功。
1978	エドワーズ（英），ステプトー（英）　ヒトの体外受精に成功。

年代	人名と業績
1979	大村智（日）　エバーメクチンの殺虫活性を発見。
1981	エバンス（英）　ES 細胞の樹立に成功。
1983	キャリー マリス（米）　PCR 法の発明。
1983	モンタニエ（仏），バレシヌシ（仏）　エイズのウイルス（HIV）の単離に成功。
1983	ツアハウゼン（独）　ヒトパピローマウイルス（HPV）を発見。
1992	ピーター アグレ（米）　アクアポリンを発見。
1993	大隅良典（日）　酵母におけるオートファジー関連遺伝子の発見。
1997	ウィルマット（英）ら　分化したヒツジの体細胞を用いて，クローンヒツジの作製に成功。
1998	ファイアー（米），メロー（米）　RNA 干渉を発見。
2006	山中伸弥（日）　iPS 細胞（人工多能性幹細胞）の作製に成功。

B ノーベル生理学・医学賞

ノーベル生理学・医学賞は「生理学および医学の分野で最も重要な発見を行った」人物に与えられる。下表には最近の受賞一覧をまとめている。表以前についても調べてみよう。

受賞年	人名と業績
2000	カールソン（スウ），グリーンガード（米），カンデル（米）　神経系における情報伝達に関する発見。
2001	ハートウェル（米），ハント（英），ナース（英）　細胞周期の主要な制御因子の発見。
2002	ブレナー（英），ホロビッツ（米），サルストン（英）　器官発生と，プログラムされた細胞死の遺伝制御に関する発見。
2003	ラウターバー（米），マンスフィールド（英）　磁気共鳴映像法（MRI）の原理発見，高速映像化の開発。
2004	アクセル（米），バック（米）　匂いの受容体遺伝子の発見，嗅覚感覚の分子メカニズムの解明。
2005	マーシャル（豪），ウォーレン（豪）　胃炎や胃・十二指腸潰瘍の要因となるヘリコバクター・ピロリの発見。
2006	ファイアー（米），メロー（米）　RNA 干渉（2 本鎖 RNA による遺伝子の抑制）の発見。
2007	カペッキ（米），エバンス（英），スミシーズ（米）　胚性幹細胞（ES 細胞）を使用した，ノックアウトマウスの作製方法の発見。
2008	ツアハウゼン（独）　子宮頸がんの原因がヒトパピローマウイルス（HPV）であることを明らかにした。
	バレシヌシ（仏），モンタニエ（仏）　エイズを引き起こすヒト免疫不全ウイルス（HIV）の発見。
2009	ブラックバーン（米），グライダー（米），ショスタク（米）　染色体を保護するテロメアとテロメラーゼ酵素のしくみの発見。
2010	エドワーズ（英）　体外受精技術の確立。
2011	ボイトラー（米），ホフマン（仏）　自然免疫の活性化に関する発見。
	スタインマン（カナダ）　適応免疫（獲得免疫）における樹状細胞のはたらきの解明。
2012	ガードン（英），山中伸弥（日）　分化した細胞に全能性があることを発見（ガードン）。iPS 細胞（人工多能性幹細胞）の作製（山中）。
2013	ロスマン（米），シェックマン（米），スドフ（米）　細胞における物質輸送のシステムの解明。
2014	オキーフ（米），モーザー夫妻（ノルウェー）　空間を把握するメカニズムの解明。
2015	キャンベル（米），大村智（日）　寄生虫による感染症に対する新しい治療物質（エバーメクチン）の発見。
	ト（中国）　マラリアに対する新しい治療薬（アーテミシニン）の発見。
2016	大隅良典（日）　オートファジーのメカニズムの発見。
2017	ホール（米），ロスバシュ（米），ヤング（米）　概日リズム（サーカディアンリズム）を制御する分子メカニズムの発見。
2018	アリソン（米），本庶佑（日）　免疫のはたらきを抑える物質の発見（免疫でがん細胞を攻撃する新しいがん治療法の発見）。
2019	ケーリン（米），ラトクリフ（英），セメンザ（米）　酸素濃度が低い環境下でも細胞が恒常的にはたらくしくみの発見。
2020	オルター（米），ホートン（英），ライス（米）　C 型肝炎ウイルスの発見。
2021	ジュリアス（米），パタプティアン（米）　温度受容体と触覚受容体の発見。

3 生物の種類と比較

A 原核生物
原核細胞よりなる。
単細胞あるいは群体で生活する。

分類	からだのつくり	生活		光合成色素	生物例
細菌 （バクテリア）	単細胞で，分裂で増殖する 繊維状の鞭毛で運動する （鞭毛をもたないものもある） 細胞膜はエステル脂質	従属栄養		なし	大腸菌，乳酸菌，肺炎球菌
		独立栄養	化学合成	なし	亜硝酸菌，硝酸菌，硫黄細菌
			光合成	バクテリオクロロフィル	緑色硫黄細菌，紅色硫黄細菌
				クロロフィル a，フィコシアニン，フィコエリトリン，カロテン	シアノバクテリア：ネンジュモ，ユレモ
アーキア（古細菌）	細胞膜はエーテル脂質	おもに従属栄養		なし	メタン生成菌，超好熱菌，高度好塩菌

B 原生生物
真核細胞で，単細胞生物あるいは単純な構造の多細胞生物。
（※多系統で，現状は便宜上の分類に過ぎない。）

	分類	からだのつくり		生活	光合成色素		鞭毛	生物例
原生動物	アメーバ類	発達した細胞小器官をもつ	仮足で運動	従属栄養	なし		なし	アメーバ
	繊毛虫類		繊毛で運動					ゾウリムシ
	鞭毛虫類		鞭毛で運動				尾形	トリパノソーマ
	胞子虫類		寄生性				なし	マラリア病原虫
藻類	ミドリムシ類	鞭毛で運動する		独立栄養 光合成	クロロフィル $a + b$	カロテン，キサントフィル	片羽形	ミドリムシ，トックリヒゲムシ
	渦鞭毛藻類	セルロースの殻をもつ			クロロフィル $a + c$		片羽形＋両羽形	ツノモ，ヤコウチュウ
	ケイ藻類	ケイ酸質の殻をもつ					尾形＋両羽形	ハネケイソウ，フナガタケイソウ
	紅藻類	単細胞・多細胞で生活			クロロフィル a，カロテン，キサントフィル，フィコシアニン，フィコエリトリン		なし	アサクサノリ，テングサ，フノリ，トサカノリ，カワモズク
	褐藻類	多細胞で生活			クロロフィル $a + c$，キサントフィル（フコキサンチンが多い），カロテン		尾形＋両羽形	コンブ，ワカメ，ヒジキ，モズク，ホンダワラ，ウミウチワ
	緑藻類	単細胞・群体・多細胞で生活			クロロフィル $a + b$，カロテン，キサントフィル		尾形	クラミドモナス，アオサ
	シャジクモ類	単細胞・多細胞で生活						シャジクモ，フラスコモ

	分類	からだのつくり		生殖	栄養	生物例
粘菌類	変形菌類	アメーバ状で単細胞生活の時期，アメーバ状細胞が多核細胞あるいは多数の細胞の集合体となる時期，子実体を形成する時期をもつ	変形体は多核の細胞体	胞子生殖，分裂，接合	従属栄養 捕食・吸収	ムラサキホコリ，ケホコリ
	細胞性粘菌類		集合体は多細胞性			タマホコリカビ，アクラシス
	卵菌類	単核または多核。細胞壁にセルロースを含む		胞子生殖，接合	従属栄養，吸収	ミズカビ

C 植物
真核細胞，多細胞生物で，光合成を行う独立栄養。基本的には陸上生活をする。
多細胞藻類のすべて，あるいは一部を植物に分類する考え方もある。

	分類	からだのつくり			光合成色素	その他		生物例
	コケ植物	維管束なし	葉状体または茎葉体・仮根	胞子で増える	クロロフィル a クロロフィル b カロテン キサントフィル	本体は配偶体 胞子体は配偶体に寄生		苔類：ゼニゴケ，ジャゴケ 蘚類：スギゴケ，ミズゴケ ツノゴケ類：ツノゴケ
維管束植物	シダ植物	維管束あり	根・茎・葉の区別あり			本体は胞子体 配偶体は胞子体から独立		ヒカゲノカズラ，マツバラン，スギナ，トクサ，ワラビ，ゼンマイ
	種子植物：裸子植物			種子で増える		本体は胞子体 配偶体は胞子体に寄生	胚珠はむき出し	ソテツ，イチョウ 球果類：アカマツ，スギ，ヒノキ
	種子植物：被子植物						胚珠は子房に包まれる	双子葉類：スミレ，バラ，ヤナギ 単子葉類：イネ，ヤシ，ラン

D 菌類
真核細胞で，多くは多細胞生物。多核の細胞からなるものが多い。従属栄養で，体外消化によって栄養を吸収する。粘菌類を菌類に含む考え方もある。接合様式や減数分裂が未発見のため，正確な分類ができない種（コウジカビ，アオカビなど）は不完全菌類という。

分類	からだのつくり	生殖	栄養	生物例
接合菌類	からだは菌糸でできている	菌糸は細胞間に細胞壁の隔壁がない多核体 接合・胞子	従属栄養 寄生・腐生による吸収	クモノスカビ，ケカビ
子のう菌類		菌糸は隔壁があり多細胞 接合 子のう胞子・分生子		アカパンカビ，チャワンタケ，酵母※
担子菌類		接合 担子胞子・分生子		マツタケ，シイタケ，キクラゲ，エノキタケ，サビキン
ツボカビ類	単細胞から発達した菌糸体まである。鞭毛をもつ胞子を生じる	受精・遊走子		カエルツボカビ，フクロカビ

※単細胞の菌類の総称。ほとんどが子のう菌類だが，担子菌類に属すものも知られている。

E 動物

真核細胞で多細胞生物。従属栄養で，摂食によって栄養分を吸収する。おもに発生過程の比較などによって分類される（近年は DNA の塩基配列の比較による分類も行われている）。

分類	形態	循環系	神経系	呼吸	排出器	その他	生物例
海綿動物	胚葉分化なし／組織や器官の分化なし	なし	なし	体表		えり細胞や骨片をもつ	クロイソカイメン, ムラサキカイメン, カイロウドウケツ
刺胞動物	二胚葉（内＋外）／体腔なし／口と肛門の区別なし おもに分裂・出芽で増殖	なし	散在神経系	体表		刺胞細胞をもつ	ミズクラゲ, イソギンチャク, サンゴ, ヒドラ
有櫛動物						くし板をもつ	クシクラゲ
へん形動物	三胚葉性（内＋中＋外）／偽体腔／旧口動物（原口が口になる）端細胞幹／口と肛門の区別がある／からだはへん平 口と肛門の区別なし	なし	かご形神経系	体表	原腎管	原腎管にほのお細胞	プラナリア（ナミウズムシ）, サナダムシ, コウガイビル
輪形動物	からだは袋形		神経節をもつ		冠輪動物	多くは淡水産	ツボワムシ, ネズミワムシ, ヒルガタワムシ
環形動物	真体腔／からだは円筒形 体節構造をもつ	閉鎖血管系	はしご形神経系	えら	腎管	頭と胴の区別がある	ミミズ, イトミミズ, ゴカイ, ケヤリムシ, ヒル
軟体動物	からだは筋肉質 外とう膜をもつ 殻をもつものが多い	開放血管系※	神経節が発達	えら	腎管	冠輪動物／頭・胴・足の区別がある	二枚貝類：ハマグリ, シジミ／腹足類：サザエ, タニシ／頭足類：タコ, イカ
線形動物	偽体腔／からだは円筒形	なし	神経節をもつ	体表	側線管	脱皮動物／陸上や水中で生活するもの, 寄生性のものなど	センチュウ, カイチュウ, ギョウチュウ, ハリガネムシ
節足動物	真体腔／キチン質の外骨格をもち, 体節構造。足にも節がある	開放血管系	はしご形神経系	えら	腎管	脱皮動物／頭・胴・足の区別がある	甲殻類：ミジンコ, エビ, カニ
				気管	マルピーギ管	陸上生活	ムカデ類：オオムカデ, ゲジ／クモ類：ジョロウグモ, ダニ／昆虫類：バッタ, カブトムシ
毛顎動物	口のまわりに顎毛がある	なし	放射状神経系	体表		海産で浮遊生活	オオヤムシ
棘皮動物	新口動物（原口が肛門になる）／放射相称 骨片・とげあり	水管系		水管系		海産で底生生活	ウミユリ, ウミシダ, ナマコ, ウニ, ヒトデ
頭索動物	真体腔／新口動物（原口が肛門になる）原腸体腔幹／一生のどの時期かに脊索をもつ／脊椎骨なし	閉鎖血管系	管状神経系	えら	腎管	脳と脊髄の分化なし	ナメクジウオ
尾索動物		開放血管系					ホヤ, ウミタル
脊索動物（脊椎動物）	脊椎骨をもつ	閉鎖血管系	管状神経系	えら（水生）	腎臓	変温・羊膜なし／あごの骨なし	無顎類：ヤツメウナギ
						変温・羊膜なし／脊椎は軟骨	軟骨魚類：サメ, エイ
						変温・羊膜なし／脊椎は硬骨・体表はうろこ	硬骨魚類：コイ, サンマ
						変温・羊膜なし／体表は裸出	両生類：カエル, イモリ
				肺（陸上生活）		変温・羊膜あり／体表はうろこ	は虫類：トカゲ, ヘビ, カメ
						恒温・羊膜あり／体表は羽毛	鳥類：スズメ, ニワトリ
						恒温・羊膜あり／体表は毛	哺乳類：ライオン, ヒト

※頭足類は閉鎖血管系

F 非生物段階

細胞を形成しない。生体高分子あるいはその複合体よりなる。寄生性。

分類	成分	増え方	大きさ	例
ウイルス	核酸（DNA または RNA）およびタンパク質（脂質の膜をもつものもある）	ほかの細胞に寄生して増殖する	電子顕微鏡レベル	DNA ウイルス：T_2 ファージ, 肝炎ウイルス／RNA ウイルス：ヒト免疫不全ウイルス（HIV）
プリオン	異常な折りたたみ構造をもつタンパク質 核酸（DNA・RNA）は含まない	接触した正常なタンパク質をプリオンに変える	高分子化合物レベル	スクレイピー病原体（ヒツジ）, BSE 病原体（ウシ）／クロイツフェルト・ヤコブ病病原体（ヒト）

4 生物学習のための化学

A 元素とその周期表

■元素
物質を構成する最も基礎的な成分で、化学的にはそれ以上分解できない基本成分を**元素**という。元素は約120種類が知られている。そのうち炭素・酸素・窒素・水素が、生体に多く含まれている（▶p.20）。元素の種類を示す記号を**元素記号**という。

> 例　水素：H，炭素：C，酸素：O

■元素の周期表
元素の周期表とは、元素を原子番号の順に並べ、性質のよく似た元素が縦の列に並ぶようにした表である。周期表の横の行を周期、縦の列を族とよぶ。

族\周期	1	2	3	4	5	6	7	8	9	10	11	12	13	14	15	16	17	18
1	₁H 水素 1.008																	₂He ヘリウム 4.003
2	₃Li リチウム 6.941	₄Be ベリリウム 9.012											₅B ホウ素 10.81	₆C 炭素 12.01	₇N 窒素 14.01	₈O 酸素 16.00	₉F フッ素 19.00	₁₀Ne ネオン 20.18
3	₁₁Na ナトリウム 22.99	₁₂Mg マグネシウム 24.31											₁₃Al アルミニウム 26.98	₁₄Si ケイ素 28.09	₁₅P リン 30.97	₁₆S 硫黄 32.07	₁₇Cl 塩素 35.45	₁₈Ar アルゴン 39.95
4	₁₉K カリウム 39.10	₂₀Ca カルシウム 40.08	₂₁Sc スカンジウム 44.96	₂₂Ti チタン 47.87	₂₃V バナジウム 50.94	₂₄Cr クロム 52.00	₂₅Mn マンガン 54.94	₂₆Fe 鉄 55.85	₂₇Co コバルト 58.93	₂₈Ni ニッケル 58.69	₂₉Cu 銅 63.55	₃₀Zn 亜鉛 65.38	₃₁Ga ガリウム 69.72	₃₂Ge ゲルマニウム 72.63	₃₃As ヒ素 74.92	₃₄Se セレン 78.97	₃₅Br 臭素 79.90	₃₆Kr クリプトン 83.80
5	₃₇Rb ルビジウム 85.47	₃₈Sr ストロンチウム 87.62	₃₉Y イットリウム 88.91	₄₀Zr ジルコニウム 91.22	₄₁Nb ニオブ 92.91	₄₂Mo モリブデン 95.96	₄₃Tc テクネチウム (99)	₄₄Ru ルテニウム 101.1	₄₅Rh ロジウム 102.9	₄₆Pd パラジウム 106.4	₄₇Ag 銀 107.9	₄₈Cd カドミウム 112.4	₄₉In インジウム 114.8	₅₀Sn スズ 118.7	₅₁Sb アンチモン 121.8	₅₂Te テルル 127.6	₅₃I ヨウ素 126.9	₅₄Xe キセノン 131.3
6	₅₅Cs セシウム 132.9	₅₆Ba バリウム 137.3	57～71 ランタノイド	₇₂Hf ハフニウム 178.5	₇₃Ta タンタル 180.9	₇₄W タングステン 183.8	₇₅Re レニウム 186.2	₇₆Os オスミウム 190.2	₇₇Ir イリジウム 192.2	₇₈Pt 白金 195.1	₇₉Au 金 197.0	₈₀Hg 水銀 200.6	₈₁Tl タリウム 204.4	₈₂Pb 鉛 207.2	₈₃Bi ビスマス 209.0	₈₄Po ポロニウム (210)	₈₅At アスタチン (210)	₈₆Rn ラドン (222)
7	₈₇Fr フランシウム (223)	₈₈Ra ラジウム (226)	89～103 アクチノイド	₁₀₄Rf ラザホージウム (267)*	₁₀₅Db ドブニウム (268)*	₁₀₆Sg シーボーギウム (271)*	₁₀₇Bh ボーリウム (272)*	₁₀₈Hs ハッシウム (277)*	₁₀₉Mt マイトネリウム (276)*	₁₁₀Ds ダームスタチウム (281)*	₁₁₁Rg レントゲニウム (280)*	₁₁₂Cn コペルニシウム (285)*	₁₁₃Nh ニホニウム (284)*	₁₁₄Fl フレロビウム (289)*	₁₁₅Mc モスコビウム (288)*	₁₁₆Lv リバモリウム (293)*	₁₁₇Ts テネシン (293)*	₁₁₈Og オガネソン (294)*

（　）の値はその元素に安定同位体がないため、同位体の質量数の一例を示す。※をつけた元素は人工的につくられたもので、天然には存在しない。₁₀₄Rf以降の元素についてくわしいことはわかっていない。

凡例：非金属元素／金属元素／単体の常温での状態（固体・液体・気体）／原子番号・元素記号・元素名・原子量

B 原子の構造と原子量

■原子とその構造
物質を構成する基本粒子を**原子**という。原子は、化学的な方法ではそれ以上分割できない。原子の半径はきわめて小さく、例えば水素原子では 0.05 mm である。
原子は、原子核とそのまわりをまわる**電子**とからできている。原子核は**陽子**と**中性子**からなるが、原子核に含まれている陽子の数は元素によって決まっていて、この数を**原子番号**という。陽子は1単位の正の電気（1＋で表す）をもち、中性子は電気をもたない。電子は1単位の負の電気（1－で表す）をもっており、原子は陽子と同数の電子をもつので、原子は全体として電気的に中性である。

■原子の質量数
陽子と中性子の質量はほぼ等しいが、電子の質量はこれらの約1840分の1であるので、原子の質量はその原子核だけの質量とみなしてよい。原子核内の陽子と中性子の数の和を**質量数**という。

■同位体（アイソトープ）
同じ元素の原子（陽子の数が等しい）であっても、中性子の数が違うために質量数が異なるものがある。これを互いに**同位体（アイソトープ）**という。同位体は質量数は異なるが、化学的性質は同じである。また、同位体の中で放射能をもつものを、**放射性同位体（ラジオアイソトープ）**という。

■原子量
原子の質量はきわめて小さいので、原子の質量を比べるときには、質量数12の炭素原子（¹²₆C）の質量を12と定めた相対質量を用いる。元素を構成する同位体の存在比に基づく相対質量の平均値を、その元素の**原子量**という。

■原子からなる物質
鉄・カリウムなどの金属はそれぞれの原子が、また、ダイヤモンドは炭素原子が規則正しく配列してできている。

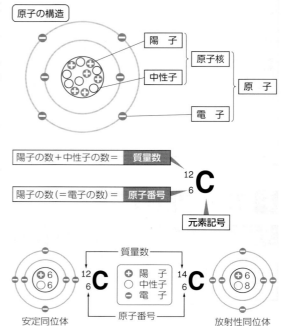

巻末資料

C 分子と分子量

分子は，その物質固有の化学的性質をもつ最小の粒子で，ふつう2個以上の原子からできている。1つの分子内の各元素の原子量の総和を**分子量**といい，分子の相対質量を示している。分子を構成する原子の種類と各原子の数を示した式を**分子式**という。

※原子量は H＝1，C＝12，O＝16

分子量＝分子を構成する元素の原子量の総和

例　H_2O の分子量
　＝1(水素の原子量)×2＋16(酸素の原子量)×1
　＝2＋16＝18

物　質	分子式	分子量を求める計算	分子量	1mol 当たりの質量
酸　素	O_2	$16×2＝32$	32	32g
水	H_2O	$1×2＋16×1＝18$	18	18g
二酸化炭素	CO_2	$12×1＋16×2＝44$	44	44g
エタノール	C_2H_6O	$12×2＋1×6＋16×1＝46$	46	46g
グルコース	$C_6H_{12}O_6$	$12×6＋1×12＋16×6＝180$	180	180g

元素の原子量や分子量に g をつけた質量の中には，$6.02×10^{23}$ 個(アボガドロ数)の原子や分子が含まれる。このアボガドロ数個の粒子の集団を **1 モル**(記号 mol)といい，mol 単位で表した物質の量を**物質量**という。また，1mol の気体が占める体積は，気体の種類に関係なく，0℃，1 気圧($1.013×10^5$Pa) で 22.4L である。

D イオン

電気的に中性の原子，または，2 個以上の原子が結合した原子団が，1～数個の電子を失ったり得たりして，電気を帯びたものを**イオン**という。
①**陽イオン**　電子($-$)を失って正($+$)の電気を帯びたもの。　②**陰イオン**　電子($-$)を得て，負($-$)の電気を帯びたもの。

例　水素イオン：H^+　　　ナトリウムイオン：Na^+
　　カリウムイオン：K^+　　カルシウムイオン：Ca^{2+}

例　塩化物イオン：Cl^-　　　水酸化物イオン：OH^-
　　硝酸イオン：NO_3^-　　　炭酸イオン：CO_3^{2-}

E 構造式と示性式

分子内の原子どうしの結合状態を示した式を**構造式**という。また，構造式を略式化し，分子内の官能基(化合物に特有な性質を与える原子団。-OH など)を示した式を**示性式**という。有機化合物は，示性式で示すことが多い。

物質名	酸素	水	二酸化炭素	アンモニア	エタノール	グルコース	アラニン(アミノ酸の一種)
分子式	O_2	H_2O	CO_2	NH_3	C_2H_6O	$C_6H_{12}O_6$	$C_3H_7NO_2$
構造式	O＝O	H-O-H	O＝C＝O	H-N-H	H-C-C-O-H	(環状構造)	H₂N-CH-COOH
示性式	－	－	－	－	C_2H_5OH	－	NH_2CHCH_3COOH
立体構造	酸素	水	二酸化炭素	アンモニア	エタノール		アラニン

F 溶液の濃度

■質量パーセント濃度(%)
溶液に溶けている溶質の質量を百分率(%)で表した濃度。

$$質量パーセント濃度(\%)＝\frac{溶質の質量(g)}{溶液の質量(g)}×100$$

※溶液の質量＝溶質の質量＋溶媒(溶質を溶かす液)の質量

例　水 90g にスクロース 10g を溶かしたスクロース水溶液
$$質量パーセント濃度：\frac{10g}{10g＋90g}×100＝10\%$$

■モル濃度(mol/L)
溶液 1L 中に溶けている溶質の量を，物質量(mol)で表した濃度。

$$モル濃度(mol/L)＝\frac{溶質の物質量(mol)}{溶液の体積(L)}$$

例　スクロース 0.1mol を水に溶かして全量を 0.2L にした溶液
$$モル濃度：\frac{0.1mol}{0.2L}＝0.5mol/L$$

295

G 酸・塩基・塩とpH

■酸・塩基・塩

①酸
水に溶けるとイオンに分かれ（電離し），水素イオン（H^+）を生じる物質を**酸**という。酸の水溶液はすっぱい味で，青色リトマス紙を赤変させる。これは，酸が生じるH^+の性質で，**酸性**という。
二酸化炭素（CO_2）は水に溶けると，
$$CO_2 + H_2O \rightarrow H^+ + HCO_3^-$$
の反応によりH^+を生じるので，酸のはたらきをする。

> 例　硝酸：$HNO_3 \rightarrow H^+ + NO_3^-$

②塩基
水に溶けると電離して，水酸化物イオン（OH^-）を生じる物質を**塩基**という。塩基の水溶液は赤色リトマス紙を青変させる。これは，塩基が生じるOH^-の性質で，**塩基性**（または**アルカリ性**）という。
アンモニア（NH_3）は水に溶けると，
$$NH_3 + H_2O \rightarrow NH_4^+ + OH^-$$
の反応によりOH^-を生じるので，塩基と考えてよい。

> 例　水酸化カリウム：$KOH \rightarrow K^+ + OH^-$

③塩
酸と塩基の水溶液を混ぜると，
$$H^+（酸から）+ OH^-（塩基から）\rightarrow H_2O$$
の反応が起こり，酸の性質も塩基の性質もうち消される。これを**中和**といい，このとき生成されるのが**塩**である。無機物の塩が**無機塩類**である。

> 例　$HNO_3 + KOH \rightarrow KNO_3 + H_2O$
> （酸）　（塩基）　（塩）

■pH（水素イオン指数）

液体の純粋な水は，水素イオンH^+と水酸化物イオンOH^-にわずかに電離している。水素イオンのモル濃度$[H^+]$と水酸化物イオンのモル濃度$[OH^-]$はともに，
$$[H^+] = [OH^-] = 10^{-7} \text{mol/L}$$
である。純粋な水に，酸または塩基が溶けると，$[H^+]$，$[OH^-]$のどちらかが増すが，その積$[H^+]\times[OH^-]$の値は，純粋な水の場合と同じである。この値Kwを，**水のイオン積**という。
$$Kw = [H^+][OH^-] = 1.0 \times 10^{-14} (\text{mol/L})^2$$
また，この$[H^+]$を下の式に代入して得られる値を**pH**（水素イオン指数）といい，酸性・塩基性を表す指標として用いられる。
$$pH = \log \frac{1}{[H^+]} = -\log [H^+]$$
すなわち，$[H^+]$が1×10^{-n}mol/Lのとき，nがこの水溶液のpHとなる。

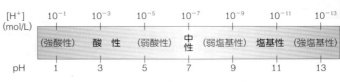

酸性　$[H^+] > 10^{-7}$mol/L　→　pH < 7
中性　$[H^+] = 10^{-7}$mol/L　→　pH = 7
塩基性　$[H^+] < 10^{-7}$mol/L　→　pH > 7

H 化学反応

■化学反応式
ある物質が別の物質に変化することを**化学反応**といい，これを化学式で表したものを**化学反応式**という。
化学反応式では，左辺に反応物の化学式，右辺に生成物の化学式を書き，係数をつけて両辺の各原子の数を等しくする。

■化学反応式が示す量的な関係

	例1　窒素と水素からアンモニアができる場合			例2　光合成で二酸化炭素と水からグルコースができる場合（生体内での反応例）				
反応式	N_2 +	$3H_2$ →	$2NH_3$	$6CO_2$ +	$12H_2O$ →	$C_6H_{12}O_6$ +	$6H_2O$ +	$6O_2$
物質名（分子量）	窒素 (28)	水素 (2)	アンモニア (17)	二酸化炭素 (44)	水 (18)	グルコース (180)	水 (18)	酸素 (32)
物質量の関係	1mol	3mol	2mol	6mol	12mol	1mol	6mol	6mol
質量の関係	28g +	3×2g =	2×17g	6×44g +	12×18g =	180g +	6×18g +	6×32g
体積の関係（0℃，1気圧）	22.4L	3×22.4L	2×22.4L	6×22.4L	—	—	—	6×22.4L

■加水分解反応
水による分解反応を**加水分解**という。消化における炭水化物・タンパク質・脂肪の加水分解は重要で，これらは消化酵素（加水分解酵素）によって行われる。ATPがADPに分解される反応も，加水分解反応である。

> 例　$ATP + H_2O \rightarrow ADP + H_3PO_4$
> 　　　　　　　　　　　　（リン酸）
> タンパク質 + $H_2O \rightarrow$ アミノ酸

■酸化還元反応

①酸化と還元の定義
次のような場合を酸化，還元という。

	酸化	還元
酸素との反応	物質が酸素と結合	物質が酸素を失う
水素との反応	物質が水素を失う	物質が水素と結合
電子との関係	物質が電子を失う	物質が電子と結合

生体内では，水素を失ったり，水素と結合したりする酸化，還元の反応が多い。

②酸化還元反応
一方の物質が酸化されるとき，他方の物質は還元される。このように酸化と還元は同時に起こるので，この反応は酸化還元反応といわれる。

> 例　　┌─還元された─┐
> 　　　$CuO + H_2 \rightarrow Cu + H_2O$
> 　　　└──酸化された──┘

索引 用語・人物名

索 引／用語・人物名

太文字のページ数：最初に参照すべきページ。

A

ABC モデル	219
ABO 式血液型	110,122,**128**,182
ADP	46
ATP	**46**,200
ATP アーゼ	51
ATP 合成酵素	56

B

BCR	180
BHC	250
BMP	**141**,143
BOD	250
B 細胞	168,175,**178**,181,185

C

C₃ 植物	66
C₄ 植物	66
cAMP	37
CAM 植物	67
Cas9 タンパク質	101
cDNA	108
cDNA ライブラリ	107
COD	**250**,251
CRISPR-Cas9	101

D

DDT	250
DNA	20,26,**74**,76,77,78,79,80,83,96
DNA アーゼ	51
DNA 型鑑定	107
DNA 合成期	82
DNA 合成準備期	82
DNA ヘリカーゼ	79
DNA ポリメラーゼ	79,**80**
DNA マイクロアレイ	109
DNA リガーゼ	**51**,100
DNA ワクチン	185
DNA ワールド	257
DO	250

E

ES 細胞	152

F

FAD	53

G

G₁ 期	**82**,116
G₂ 期	**82**,116
GFP	108
G タンパク質共役型受容体	37

H

Hb	167
HLA	182
H 鎖	180

I

IAA	211,**213**
iPS 細胞	**152**,156

K

Km 値	49

L

L 鎖	180

M

MHC 抗原	**179**,182
miRNA	95
mRNA	84,**85**

---

mRNA ワクチン	185
M 期	82

N

NAD	53
NADH	53
NADP	53
NK 細胞	175

P

PCB	250
PCR 法	104
pH	17,250,**296**

R

Rf 値	61
Rh 式血液型	**128**,182
RNA	20,74,**85**
RNAi	**95**,102
RNA アーゼ	51
RNA 干渉	95
RNA シーケンシング解析	109
RNA ポリメラーゼ	84
RNA リガーゼ	51
RNA ワールド	257
rRNA	85
RT-PCR 法	104

S

SEM	10
siRNA	95
SNP	110
SRY 遺伝子	126
S-S 結合	23
S 期	**82**,116

T

TCR	178,**179**
TEM	10
TLR	177
Toll 様受容体	177
tRNA	84,**85**
TRPV1	192
T 細胞	168,175,**179**

V

VegT 遺伝子	140
VegT タンパク質	140

X

XO 型	126
XY 型	126
X 染色体の不活性化	96

Z

ZO 型	126
ZPA	143
ZW 型	126
Z 膜	199

あ

アウストラロピテクス・アフリカヌス	264
アウストラロピテクス類	263,**264**
アオコ	250
青白選択	101
赤潮	250
亜寒帯	240,**241**
アーキア	277,**278**,287
アクアポリン	30,**31**,32
アグーチ遺伝子	122
アクチン	23,39,**199**
アクチンフィラメント	

	28,30,199
亜高山帯	240,**241**
亜高木層	234
アスパラギン	22
アスパラギン酸	22
アセチル CoA	**55**,57
アセチルコリン	**159**,195,199
暖かさの指数	240
アデニン	74
アデノシン	46
アデノシン三リン酸	46
アデノシン二リン酸	46
アドレナリン	158,**160**,162,163
アナフィラキシーショック	184
アニマルキャップ	145
亜熱帯多雨林	240
アーノルド	63
アブシシン酸	211,**220**
あぶみ骨	191
アベナ屈曲試験法	215
アポ酵素	53
アポトーシス	142
アポプラスト	**211**,220
アミノ基	22
アミノ基転移反応	57
アミノ酸	20,**22**,173
アミラーゼ	51
アミロース	21
アミロプラスト	**27**,213
アミロペクチン	21
アーム	12
アメーバ運動	32
アメーバ類	**279**,287
アラニン	22
アラビノースオペロン	93
アリー効果	248
アリストテレス	**62**,257
アルカプトン尿症	90
アルギニン	22
アルコール脱水素酵素	129
アルコール発酵	**58**,59
アルビノ	**88**,90,145
α - ケトグルタル酸	57
αヘリックス構造	23
アルブミン	165
アレル	114
アレルギー	184
アレルゲン	184
アレロパシー	**218**,232
アロステリック効果	52
アロステリック酵素	52
アロステリック部位	52
暗順応	190
暗帯	199
アンチコドン	84,**85**
アンチセンス鎖	84
アンテナペディア突然変異体	147
アントシアン	**27**,35
暗反応	69
アンブレラ種	247
アンモニア	**169**,262

い

硫黄酸化物	253
イオン	295
イオンチャネル型受容体	37
異化	46

鋳型鎖	**78**,84
維管束系	44
維管束鞘植物	66
維管束植物	**280**,281,286
閾値	195
生きている化石	259
異形配偶子接合	115
移植	144
異所的種分化	273
位相差顕微鏡	11
イソロイシン	22
一遺伝子一酵素説	90
一遺伝子雑種	120
一塩基多型	110
一次応答	181
一次間充織細胞	134
一次構造	22
一次精母細胞	130
一次遷移	236
一次卵母細胞	130
イチョウ類	**281**,286
一卵性双生児	151
遺伝暗号	87
遺伝学的地図	125
遺伝形質	120
遺伝子	120
遺伝子型	**114**,120
遺伝子記号	**114**,120
遺伝子座	114
遺伝子重複	94,**269**
遺伝子治療	111
遺伝子導入	**100**,102
遺伝子の組換え	100
遺伝子頻度	**268**,272
遺伝子プール	**268**,273
遺伝情報	74
遺伝子ライブラリ	107
遺伝的多型	110
遺伝的多様性	244
遺伝的浮動	248,268,**272**
インゲンホウス	62
陰樹	68,**236**
インスリン	22,23,86,100,160,**162**,163
陰生植物	68
インターフェロン	**179**,187
インターロイキン	179
インテルメジン	160
インドール酢酸	211,**213**
イントロン	86
陰葉	68

う

ウィルキンス	74
ウイルス	**19**,77,187,278
ウイルスベクターワクチン	185
ウェゲナー	262
渦鞭毛藻類	**279**,286
うずまき管	191
うずまき細管	191
ウラシル	74
雨緑樹林	239
ウレアーゼ	51
運動神経	196
運動ニューロン	193
運搬体タンパク質	30

え

永久プレパラート	12

エイズ	183
鋭敏化	206
エイブリー	76
栄養生殖	115
栄養胞子	115
エウスタキオ管	191
エキソサイトーシス	32
エキソン	86
液胞	25,**27**
液胞膜	27
エクスパンシン	213
壊死	142
エストロゲン	160
エタノール	58
エチレン	211,214,215,**224**
エディアカラ生物群	260
エネルギー効率	245
エピジェネティック制御	**96**,97
エマーソン	63
塩基対	75
エンゲルマン	60
円口類	285
炎症	176
猿人	263
延髄	159,188,**196**,197
遠赤色光	217
エンドサイトーシス	32

お

黄体	**150**,164
黄体形成ホルモン	160,**164**
黄体刺激ホルモン	160,**164**
黄体ホルモン	160,161,**164**
黄斑	189
横紋筋	43,**199**
おおい膜	191
岡崎フラグメント	79
岡崎令治	79
オーガナイザー	144
オキサロ酢酸	66
オキシダーゼ	51
オキシトシン	160,161,**164**
オーキシン	210,**213**,214,215,216,224
雄ヘテロ	126
オゾン層	252
オゾンホール	252
オートファジー	36
オプシン	190
オプソニン化	180
オペラント条件づけ	207
オペレーター	**92**,93
オペロン	**92**,93
オルセイン	26
オルドビス紀	260
オルニチン回路	169
温室効果	253
温度傾性	210

か

科	274
界	274
介在ニューロン	193
外耳	191
開始コドン	87
概日リズム	205
外耳道	191
階層構造	234
ガイド RNA	101
解糖	58

巻末資料・索引

297

解糖系	30,**54**,173
外とう膜	284
カイネチン	211
海馬	197
外胚葉	134,136,138,**139**
灰白質	198
外分泌腺	160
開放血管系	166
外膜	54
海綿状組織	44
海綿動物	**283**,287
外来生物	**249**,254
化学屈性	210
化学傾性	210
化学合成	70
化学合成細菌	70
化学進化	256
花芽形成	**217**,218
かぎ刺激	204
核	19,**24**,26
核移植実験	98,**145**
顎下腺	172
拡散	30
核酸	20,21,**74**
学習	206
核小体	**24**,25,26
核相	280
核相交代	280
獲得免疫	174,**178**
核分裂	82
がく片	219
核膜	**24**,25,26
角膜	142,**189**
核膜孔	**24**,25,26
学名	275
隔離	273
かご形神経系	196
加水分解酵素	26
カースト	230
化石	259
カタラーゼ	51
顎口類	287
活性化エネルギー	48
活性酸素	89
活性部位	**48**,52
褐藻類	279,286
活動電位	**194**,195
活動電流	194
滑面小胞体	26
仮道管	44,**45**
カドヘリン	29,**143**
ガードン	145
過敏感反応	221
花粉	119,**222**,281
花粉管	**222**,223,281
花粉管核	**222**,281
花粉管細胞	222
花粉四分子	**222**,223,281
花粉母細胞	**222**,223
可変部	180
カーボニックアンヒドラーゼ	51
鎌状赤血球貧血症	88
カーミン	26
ガラクトース	21
ガラス体	189
夏緑樹林	234,**238**,240
カルシトニン	160,**164**
カルス	211,**214**,225
カルビン	63
カルビン回路	65
カルボキシ基	22
カロテノイド	27,**60**

カロテン	60
がん	111
感覚神経	**188**,196
感覚ニューロン	193
感覚毛	191
間期	**82**,83,116
環境形成作用	**226**,242
環境ホルモン	250
環形動物	**284**,287
がん原遺伝子	111
感光点	190
幹細胞	148,**152**
肝細胞	169
環状 AMP	37
環状除皮	218
管状神経系	196
肝静脈	169
肝小葉	169
乾性遷移	236
間接効果	233
汗腺	159,**163**
完全強縮	200
感染症	187
肝臓	**169**,172
寒帯	241
桿体細胞	**189**,190
眼点	190
肝動脈	169
陥入	134
間脳	159,160,**196**,197
眼杯	142
カンブリア紀	260
カンブリア紀の大爆発	260
眼胞	142
緩歩動物	285
がん免疫療法	184
顔面神経	159
肝門脈	169
がん抑制遺伝子	111
冠輪動物	**284**,287

き

キアズマ	117
記憶細胞	**178**,181
機械組織	44
器官	41
器官系	41,**43**
気管呼吸	172
気孔	220
キサントフィル	60
キサントプロテイン反応	16
基質	48
基質特異性	48
基質レベルのリン酸化	55
キーストーン種	247
寄生	232
擬態	270
偽体腔	**283**,286,287
基底膜	191
きぬた骨	191
キネシン	**33**,140
基本組織系	44
基本転写因子	94
基本ニッチ	233
木村資生	272
キメラ	155
キモグラフ	200
キモトリプシン	51
逆位	91
逆転写	108
逆転写酵素	**108**,183
ギャップ	237
ギャップ遺伝子	146

ギャップ結合	29
嗅覚器	188,**192**
球果類	**281**,286
旧口動物	283,**284**,286,287
嗅細胞	192
吸収スペクトル	61
嗅上皮	192
嗅神経	192
吸水力	34
嗅繊毛	192
休眠芽	234
丘陵帯	**240**,241
橋	188,**196**
凝集	180
凝集原	182
凝集素	182
凝集力	220
強縮	200
共進化	271
胸髄	159
共生説	**258**,277
胸腺	**174**,182
競争	227,**231**
競争的阻害	52
競争的排除	231
鏡筒	10,**12**
共同繁殖	229
狭鼻猿類	263
強膜	189
共役輸送体	31
極核	222
局所個体群	248
局所生体染色法	145
極性	140
極性移動	213
極性中心	143
極相樹種	236
極相林	236
棘皮動物	**284**,287
拒絶反応	181,**182**
魚類	285
キラー T 細胞	175,**178**,179
筋原繊維	199
近交弱勢	248
筋細胞	199
菌糸	282
筋収縮	**199**,200
筋小胞体	199
筋節	199
筋繊維	199
筋組織	42,**43**
緊張状態	34
筋肉	**199**,200
筋紡錘	192
菌類	282

く

グアニン	74
食い分け	231
クエン酸回路	**54**,173
区画法	235
クチクラ	44
クチクラ蒸散	220
屈筋反射	198
屈性	210
グネツム類	281
組換え	117,**118**,124
組換え DNA	100
組換え価	124
クモ膜	198
クモ類	**284**,287
クラススイッチ	181
グラナ	**27**,60

グリコーゲン	**21**,169
グリシン	22
クリステ	**27**,54
グリセリン	21
グリセリン筋	200
クリック	74
クリップ	12
グリフィス	76
クリプトクロム	**210**,214
グルカゴン	**160**,162
グルコース	21,169,173
グルコース効果	93
グルタミン	**22**,71
グルタミン酸	**22**,57,71
クレアチンリン酸	200
クレチン症	90
クローニング	106
クローニングベクター	106
グロブリン	165
クロマチン	24,25,26,**75**,95
クロレラ	63
クロロフィル	27,**60**,279
クロロフィル a	60
クロロフィル b	60
クロロフィル c	60
クローン	154
クローン選択	181
群生相	226
群体	40

け

蛍光顕微鏡	11
蛍光タンパク質	108
警告色	270
形質	120
形質細胞	175,**178**
形質置換	233
形質転換	76
けい髄	159
傾性	210
形成層	**44**,220
形成体	141,**144**
形態形成	143
茎頂培養	225
茎頂分裂組織	**44**,216
系統樹	275
血圧上昇ホルモン	160
血液	165
血液型	182
血液型不適合	182
血液の凝固	168
血縁度	230
穴眼	190
血管系	166
血球芽細胞	168
結合組織	42
欠失	91
血しょう	165
血小板	**165**,168
血清療法	185
血糖濃度	162
結膜	189
血友病	129
ゲノム	110
ゲノム DNA ライブラリ	107
ゲノムインプリンティング	96
ゲノムの刷込み	96
ゲノムプロジェクト	106
ゲノム編集	**101**,112
ケラチン	**23**,176
限界暗期	217
限界原形質分離	34

原核細胞	18,**25**
原核生物	25,278,286,287
原基分布図	145
原形質復帰	**34**,35
原形質分離	**34**,35
原形質流動	32,**33**
原形質連絡	27,**29**,211
原口	134,137,283
原口背唇部	144
原索動物	285
原子	294
原人	263
原腎管	170
減数分裂	115,**116**
顕性	114
限性遺伝	127
顕性形質	**114**,120
原生生物	**279**,287
原生動物	279
元素	294
現存植生図	234
現存量	245
原体腔	283
原腸	**134**,137
原腸胚	**134**,137,146,149
検定交雑	121
限定要因	69
原尿	170
原皮質	196
腱紡錘	192

こ

コアセルベート	256
綱	274
高エネルギーリン酸結合	46
好塩基球	168
光化学系 I	64
光化学系 II	64
光化学スモッグ	253
効果器	**188**,201
光学顕微鏡	10,**12**
甲殻類	287
交換移植	144
交感神経	159,162,163,196
交感神経幹	198
交感神経節	198
後眼房	189
後期	116
好気性細菌	277
工業暗化	270
光源	12
抗原	178
荒原	**234**,236
抗原抗体反応	178,**180**
抗原提示	178,**179**
光合成	64
光合成細菌	70
光合成色素	27,**60**
光合成速度	68
硬骨魚類	**285**,287
虹彩	189
交雑	120
好酸球	168
高山帯	**240**,241
鉱質コルチコイド	**160**,163
光周性	217
恒常性	165
甲状腺	160
甲状腺刺激ホルモン	**160**,161,163,184
甲状腺ホルモン	163
後腎	170
抗生物質	232

索引／用語・人物名

酵素	48
構造遺伝子	92
紅藻類	**279**,286
酵素 - 基質複合体	48
酵素共役型受容体	37
高速シーケンサー	109
抗体	178,**180**
抗体検査	181
抗体産生細胞	175,**178**
好中球	168,175,**176**
高張液	34
後天性免疫不全症候群	183
交配	120
興奮	194
興奮性シナプス	195
合弁花類	281
孔辺細胞	**44**,220
高木限界	241
高木層	234
硬膜	198
広葉型	235
硬葉樹林	239
抗利尿ホルモン	160
光リン酸化	56,**65**
五界説	275
個眼	190
呼吸	54
呼吸器	172
呼吸基質	57
呼吸商	57
呼吸速度	68
呼吸量	245
コケ植物	260,**280**,281,286
古細菌	277,**278**,287
鼓室	191
鼓室階	191
枯死量	245
古生代	260
個体	41
個体群	226
個体群密度	226
古第三紀	261
個体数ピラミッド	243
コーダル	146
骨格筋	43,**199**
骨髄	165,**168**,174
骨髄移植	182
骨片	134
骨膜	198
固定結合	29
コーディン	**141**,143
古典的条件づけ	207
孤独相	226
コドラート法	235
コドン	84,**85**
コネクソン	29
古皮質	196
コヒーシン	117
鼓膜	191
駒込ピペット	17
コラーゲン	23
コラナ	87
ゴルジ小胞	26
ゴルジ体	24,25,**26**
ゴルジのう	26
コルチ器	191
コレンス	76
根圧	220
痕跡器官	265
根端分裂組織	**44**,216
昆虫類	**284**,287
根毛	**45**,220

さ

再吸収	**170**,171
細菌	277,**278**,286
最終収量一定の法則	227
再生	148
再生芽	148
最適 pH	49
最適温度	49
サイトカイニン	**211**,214,215,216
サイトカイン	176,**179**,187
サイトゾル	24,25,**30**
細尿管	170
細胞	**18**,24
細胞液	27
細胞間結合	29
細胞群体	**40**,279
細胞群体起源説	279
細胞系譜	138
細胞呼吸	54
細胞骨格	28
細胞質	24
細胞質基質	24,25,**30**
細胞質分裂	**82**,83
細胞質流動	32,**33**
細胞周期	81,**82**
細胞性粘菌類	41,**279**,286
細胞性免疫	174,**178**
細胞説	19
細胞接着分子	143
細胞体	193
細胞内共生	258
細胞内消化	26
細胞分画法	26
細胞分裂	29
細胞壁	25,**27**
細胞膜	**24**,25,211
サーカディアンリズム	205
酢酸オルセイン	15
酢酸カーミン	15
さく状組織	44
ザックス	62
雑種	120
サットン	76
砂漠	238
砂漠化	252
サバンナ	239
サフラニン	15
サムナー	49
作用	**226**,242
作用スペクトル	61
サリチル酸	**211**,221
サリチル酸メチル	221
サルコメア	199
三界説	275
酸化還元酵素	**53**,56
酸化還元反応	**53**,56
酸化的リン酸化	55
サンガー法	106
酸化マンガン(IV)	50
散在神経系	196
三次構造	23
三畳紀	261
酸性雨	253
酸素解離曲線	167
酸素解離度	167
酸素ヘモグロビン	167
山地帯	**240**,241
三点交雑	125
3ドメイン説	277
三倍体	155
三胚葉性	283

し

シアノバクテリア	258,277,**278**,286
耳殻	191
視覚器	188,**189**
自家受精	120
耳下腺	172
師管	**44**,45,220
耳管	191
色覚	129
色素果粒	33,**201**
色素細胞層	189
色素体	27
色素胞	201
子宮	150
子宮収縮ホルモン	160
糸球体	170
軸索	193
シグナルの伝達	37
シグナルペプチド	86
刺激伝導系	166
始原生殖細胞	130
自己受容器	192
自己間引き	227
自己免疫疾患	184
視細胞	**189**,190
刺細胞	283
視軸	189
支持細胞	192
脂質	20,**21**
子実体	282
示準化石	259
視床	188,**198**
視床下部	**160**,161,162,163,164
耳小骨	191
自食作用	36
視神経細胞	189
システイン	22
システミン	**211**,221
雌性配偶体	222
耳石	191
自然浄化	250
自然選択	268,**270**
自然選択説	268
自然発生説	257
自然免疫	174,**176**,177
示相化石	259
四足類	**285**,287
シダ種子類	265
シダ植物	260,**280**,281,286
シダ類	**280**,286
膝蓋腱反射	198
失活	**23**,49
実現ニッチ	233
湿性遷移	237
実体顕微鏡	11
シトクロム	276
シトシン	74
シナプス	193,**195**
シナプス可塑性	195
シナプス間隙	195
シナプス後電位	195
シナプス小胞	195
子のう	282
子のう菌類	**282**,286
子のう胞子	282
師部	**44**,45,220
師部柔組織	44
師部繊維	**44**,45
ジベレリン	**211**,214,224
脂肪	**20**,21,57

子房	222
脂肪酸	**21**,57,173
刺胞動物	**283**,287
子房壁	222
しぼり	12
しま状鉄鉱層	258
死滅量	245
社会性昆虫	230
シャジクモ類	286
ジャスモン酸	**211**,221
シャペロン	23
シャルガフ	75
ジャンク DNA	110
種	274
終期	116
集合管	170
終止コドン	87
収縮量	170
従属栄養生物	47
柔組織	44
集中神経系	196
柔突起	173
重複	91
重複受精	222
柔毛	150,**173**
重力屈性	**210**,213
収れん	265
種間関係	232
種間競争	**231**,235
宿主	232
種子	216,223,**224**
種子植物	260,**281**,286
樹状細胞	175,**176**,177,179
樹状突起	193
種小名	275
受精	115,**131**
受精膜	131
受精卵	**134**,146
受精卵クローン	154
種多様性	244
出芽	115
シュート	216
受動輸送	30
種内競争	227
種皮	216,**224**
珠皮	222
受粉	**222**,223
種分化	268,**273**
シュペーマン	144
受容器	188
主要組織適合抗原	**179**,182
受容体	37
シュライデン	19
ジュラ紀	261
シュワン	19
シュワン細胞	193
順位制	229
循環系	166
純系	120
純生産量	245
子葉	216,**224**
消化	172
消化器	172
硝化作用	70
松果腺	196
条件遺伝子	123
条件刺激	207
蒸散	220
常染色体	126
小腸	**172**,173
小脳	**196**,197
消費者	242

上皮組織	42
小胞子	222
小胞体	24,25,**26**
小胞体ストレス応答	36
情報伝達物質	37
小胞輸送	32
しょう膜	149
照葉樹林	234,**239**,240
食細胞	175,**176**
食作用	32,174,**176**
触受容器	188,**192**
植生	234
触媒	48
植物極	132
植物群集	235
植物細胞	25
植物状態	158
植物半球	132
植物プランクトン	243
植物ホルモン	211
食物網	242
食物連鎖	242
助細胞	**222**,223
触角腺	170
ショットガン法	106
自律神経系	**159**,196
シルル紀	260
腎う	170
心黄卵	132
進化	258,**268**
真核細胞	18,**25**
真核生物	**25**,277,286
進化説	268
腎管	170
心筋	43,**199**
神経	193
神経管	137,**139**,197
神経冠細胞	139
神経幹細胞	152
神経筋標本	200
神経系	158,188,**196**,198
神経溝	136
神経交さ	198
神経細胞	193
神経しゅう	136
神経終末	193
神経鞘	193
神経組織	42,**43**
神経堤細胞	139
神経伝達物質	195
神経胚	**136**,149
神経板	136
神経誘導	141
信号刺激	204
人工受精	154
人工多能性幹細胞	152
新口動物	283,**284**,286,287
腎細管	170
人獣共通感染症	187
真獣類	263,265,**285**
腎小体	170
腎静脈	170
新生代	261
真正胞子	115
腎節	**137**,139
心臓	166
腎臓	170
真体腔	283,**286**,287
新第三紀	261
腎単位	170
浸透圧	34
腎動脈	170

真皮	**42**,139
新皮質	196
シンプラスト	**211**,220
針葉樹林	234,**238**,240
侵略的外来生物	249
森林	234
森林限界	241

す

随意筋	43,**199**
髄質	198
髄鞘	193
水晶体	142,148,**189**,190
すい臓	172
水素結合	**23**,74
錐体細胞	**189**,190
垂直分布	**240**,241
水分屈性	210
水平伝播	277
水平分布	240
スクラーゼ	51
スクリーニング	101
スクロース	21
スタール	78
スダンⅢ	15
ステージ	10,**12**
ステップ	239
ステロイドホルモン	96,**160**
ストリゴラクトン	211
ストロマ	**27**,60,64
ストロマトライト	258
スーパーグループ	277
スパランツァーニ	257
スプライシング	**84**,86
滑り説	199
すみわけ	231
刷込み	207

せ

正円窓	191
生活環	**280**,281
生活形	234
制御性T細胞	175
性決定	126
性決定遺伝子	126
制限酵素	100
精原細胞	130
精細胞	**130**,222
生産構造	235
生産者	242
生産力ピラミッド	243
精子	119,**130**,223
静止電位	193
性周期	164
星状体	82,**83**
生殖細胞	117,**138**
生殖腺	160
生殖腺刺激ホルモン	160,161
生殖的隔離	268,**273**
性染色体	126
性選択	271
精巣	**131**,160
生存曲線	227
成体幹細胞	152
生態系	**226**,242
生態系サービス	248
生態系多様性	244
生態的地位	232
生態的同位種	232
生態ピラミッド	243
生体防御	174
生体膜	**27**,30
成長運動	210
成長ホルモン	**160**,161,162
成長量	245
生得的行動	202
生物群集	226
生物多様性	**244**,248
生物時計	**203**,205
生物濃縮	250
生物量	243
生物量ピラミッド	243
生命表	227
生理食塩水	34
生理的塩類溶液	34
セカンドメッセンジャー	37
脊索	136,**137**,139,283
脊索動物	**284**,285,287
赤色光	217
脊髄	159,188,196,**198**
脊髄神経	196
石炭紀	260
脊椎	**198**,283
脊椎動物	**285**,287
赤道面	132
セグメント・ポラリティ遺伝子	146
セクレチン	161
世代交代	280
舌咽神経	159
舌下腺	172
接眼ミクロメーター	14
接眼レンズ	10,**12**
赤血球	**165**,168
接合	115
接合菌類	**282**,286
接触屈性	210
接触傾性	210
摂食量	245
節足動物	**284**,287
接着結合	29
舌乳頭	192
絶滅危惧種	248
ゼニゴケ類	286
セネビエ	62
セリン	22
セルラーゼ	51
セルロース	27
セルロース繊維	**211**,213
セロトニン	195
遷移	236
全割	132
全か無かの法則	195
先カンブリア時代	260
前期	116
先駆樹種	236
先駆植物	236
線形動物	**284**,287
仙骨神経	159
潜在植生図	234
染色	15
染色体	24,26,**75**
染色体地図	125
染色体突然変異	91
前腎	170
仙髄	159
センス鎖	84
潜性	114
潜性形質	**114**,120
先天反応	131
選択的スプライシング	86
選択的透過性	30
選択マーカー	101
前庭	191
前庭階	191
前庭神経	191
全透膜	34
セントラルドグマ	84
前脳	197
全能性	148
繊毛	135,**201**
繊毛虫類	**279**,286
線溶	168
前葉体	**280**,281
蘚類	**280**,286

そ

相観	234
臓器移植	182
総鰭類	259
造血幹細胞	152,**168**,175
草原	**234**,236
相互作用	242
走査型電子顕微鏡	10
相似器官	265
桑実胚	**135**,137,150
双子葉類	45,**281**,286
走性	202
造精器	280
総生産量	245
相同器官	265
相同染色体	75
層別刈取法	235
相変異	226
相補性	75
草本層	234
造卵器	280
相利共生	232
藻類	279
阻害タンパク質	141
阻害物質	52
属	274
側芽	216
側板	**137**,139
属名	275
組織	41
組織液	165
組織系	44
組織培養	225
ソシュール	62
ソテツ類	**281**,286
粗動ねじ	12
粗面小胞体	26

た

第一分裂	116
体液性免疫	174,**178**
ダイオキシン	250
大後頭孔	264
体細胞クローン	154
体細胞分裂	81,**82**,116,132
代謝	46
体循環	166
大静脈	166
胎生	285
体性幹細胞	152
体性神経系	196
体節	**137**,139
大動脈	166
体内環境	165
体内時計	205
第二分裂	117
ダイニン	23,**33**
大脳	**196**,197
大脳皮質	197
胎盤	151
対物ミクロメーター	14
対物レンズ	10,**12**
大胞子	222
太陽コンパス	203
第四紀	261
大陸移動説	262
対立遺伝子	114
対立形質	120
苔類	**280**,286
ダウン症	91
多核細胞起源説	279
多核白血球	168
他感作用	**218**,232
多型	110
多細胞生物	41
多精受精	131
唾腺	159,**172**
唾腺染色体	99
脱アミノ反応	57
脱室	246
脱慣れ	206
脱皮動物	**284**,287
脱分化	148
多糖類	**20**,21,213
種なしスイカ	91
種なしブドウ	224
多分化能	152
ターミネーター	100
単為結実	224
端黄卵	132
暖温帯	**240**,241
胆管	169
短期記憶	206
単球	168
単系統群	274
単孔類	263,**285**
胆細管	169
単細胞生物	40
炭酸同化	64
担子器	282
担子菌類	**282**,286
短日条件	217
短日植物	217
担子胞子	282
胆汁	169
単収縮	200
単純拡散	30
単子葉類	45,**281**,286
炭水化物	**20**,21
淡水魚	171
単精受精	131
炭素同化	64
担体	30
単糖類	**20**,21
胆のう	**169**,172
タンパク質	20,21,**22**,57,76

ち

地衣類	232,**282**
チェイス	76,**77**
チェルマク	76
チェンジャン動物群	260
地球温暖化	253
致死遺伝子	122
地質時代	259
地中層	234
窒素固定	**71**,246
窒素固定細菌	**71**,246
窒素酸化物	253
窒素同化	**71**,246
地表層	234
チマーゼ	49,**53**
チミン	74
着床	150
チャネル	30
中央細胞	222
中間径フィラメント	28
中間雑種	122
中期	116
中規模かく乱説	247
中耳	191
中腎	170
中心小体	**27**,83
中心体	24,**27**,83
中枢神経系	188,**196**
中性植物	217
中生代	261
柱頭	222
中脳	159,188,**196**,197,198
中胚葉	134,136,**138**,139,283
中胚葉誘導	**140**,145
中立	232
中立進化	272
中立説	272
中和	180
チューブリン	28
聴覚器	188,**191**
頂芽優勢	216
腸管	**164**,175
長期記憶	206
長期増強	197
聴細胞	191
長日条件	217
長日植物	217
聴神経	191
調節遺伝子	**92**,97
調節タンパク質	**92**,94
調節ねじ	10,**12**
頂端分裂組織	**44**,216
跳躍伝導	194
鳥類	**285**,287
直立二足歩行	264
貯蔵デンプン	67
チラコイド	**27**,60,64
地理的隔離	273
チロキシン	**160**,161,184
チロシン	22
チン小帯	**189**,190

つ

ツアハウゼン	185
つち骨	191
ツノゴケ類	**280**,286
ツボカビ類	**282**,286
ツンドラ	238

て

定位	202
ディシェベルタンパク質	140
定常部	180
定数群体	40
テイタム	90
低張液	34
低木層	234
低木林	236
デオキシリボース	21,**74**
デカルボキシラーゼ	51
適応	270
適応度	230
適応放散	265
適応免疫	174,**178**
適刺激	188
デスモソーム	29
デヒドロゲナーゼ	51
デボン紀	260
テーラーメイド医療	111
テロメア	80

テロメラーゼ	80
転移RNA	85
電気泳動法	105
転座	91
電子	294
電子伝達系	54
電子てんびん	17
転写	**84**,94
転写調節因子	**92**,94
転写調節領域	**92**,94
転写複合体	94
伝達	195
伝導	194
デンプン	21
転流	67
伝令RNA	85

と
同位体	294
等黄卵	132
同化	**46**,173
透過型電子顕微鏡	10
等割	132
同化デンプン	67
同化量	245
道管	44,**45**,220
動眼神経	159
同義遺伝子	123
同形配偶子接合	115
動原体	83
瞳孔	**189**,190
瞳孔括約筋	190
瞳孔散大筋	190
頭索動物	**285**,287
糖脂質	21
糖質コルチコイド	**160**,161,162
同所的種分化	273
透析	53
頭足類	287
等張液	34
糖尿病	**162**,171
動物極	132
動物半球	132
動物プランクトン	243
洞房結節	166
トクサ類	**280**,286
独立	118,**124**
独立栄養生物	47
突然変異	88,**269**
ドーパミン	195
ド フリース	76,**269**
トポイソメラーゼ	80
ドメイン	274
ドメイン(タンパク質)	23
トランスアミナーゼ	51
トランスジェニック植物	102
トランスジェニック生物	102
トランスジェニック動物	102
トランスポゾン	89
トリアス紀	261
トリプシン	51
トリプトファン	22
トリプトファンオペロン	93
トリプレット	84
トレオニン	22
トロコフォア	283
トロコフォア幼生	284
トロポニン	199
トロポミオシン	199
トロンビン	168
トロンボプラスチン	168

な
内耳	191
内臓筋	**43**,199
内胚葉	134,136,**138**,139
内皮	**45**,220
内部細胞塊	150
内分泌系	158
内分泌腺	160
内膜	54
ナチュラルキラー細胞	175
ナトリウムポンプ	**31**,194
ナノス	146
ナフタレン酢酸	211
慣れ	206
縄張り	228
軟骨魚類	**285**,287
軟体動物	**284**,287

に
二遺伝子雑種	121
二界説	275
二価染色体	117
二酸化炭素	**246**,253
二次応答	181
二次間充織細胞	134
二次構造	23
二次精母細胞	130
二次遷移	237
二次胚	144
二重らせん構造	74
二次卵母細胞	130
ニッチ	232
二糖類	21
二胚葉性	283
二枚貝類	287
二名法	275
乳酸	58
乳酸発酵	**58**,59
ニューコープ	145
ニューロン	43,**193**,195
尿	170
尿管	170
尿酸	**169**,262
尿素	**169**,170,262
尿のう	**149**,150
2, 4-D	211
二卵性双生児	151
ニーレンバーグ	87
ニンヒドリン反応	16

ぬ
ヌクレオソーム	75
ヌクレオチド	20,21,**74**
ヌクレオチド鎖	74

ね
熱受容器	188,**192**
熱水噴出孔	256
熱帯多雨林	239
ネフロン	170
粘菌類	279
粘膜	176
年齢ピラミッド	227

の
脳	**196**,197
脳下垂体	160,161,196
脳下垂体後葉	**161**,163
脳下垂体前葉	160,**161**,164
脳幹	196
脳死	158
脳神経	196
能動輸送	31
濃度勾配	30
脳梁	196
ノギン	**141**,143
ノーダルタンパク質	140
ノックアウト動物	102
乗換え	**117**,118
ノルアドレナリン	**159**,195

は
胚	150,222,223,224
肺	172
灰色三日月環	**137**,140
バイオエタノール	59
バイオテクノロジー	154
バイオマス	243
バイオーム	234,**238**
バイオリアクター	59
配偶子	**115**,130,222
配偶体	**223**,280,281
肺呼吸	172
背根	198
胚軸	216,**224**
胚珠	**222**,223,224,281
肺循環	166
杯状眼	190
肺静脈	166
倍数化	273
胚性幹細胞	152
バイソラックス突然変異体	147
肺動脈	166
胚	**222**,223,224
胚のう	**222**,223,224
胚のう細胞	**222**,223,281
胚のう母細胞	222
胚培養	225
背腹軸	140
胚柄	224
肺胞	172
胚膜	149
培養顕微鏡	11
排卵	150
ハウスキーピング遺伝子	97
白亜紀	261
白質	198
白色体	27
薄層クロマトグラフィー	61
バクテリア	277,**278**,286
バクテリオクロロフィル	60,**70**
ハーシー	76,**77**
バージェス動物群	260
はしご形神経系	196
パスツール	49,257
パスツール効果	58
バセドウ病	184
バソプレシン	**160**,161,163
は虫類	**285**,287
白化個体	88
白血球	**165**,168,175
発現	84
発現ベクター	106
発酵	58
発声器官	201
ハーディ・ワインベルグの法則	272
ハーバース管	42
パフ	98
パラトルモン	**160**,164
バリン	22
盤割	132
半規管	191
半寄生	232
伴細胞	44
反射	198
反射弓	198
反射鏡	12
伴性遺伝	127
反足細胞	222
ハンチバック	146
パンデミック	183
半透膜	34
半保存的複製	78

ひ
ビウレット反応	16
ヒカゲノカズラ類	**280**,286
尾芽胚	137
光屈性	**210**,213
光傾性	210
光形態形成	214
光呼吸	**65**,66
光受容体	210
光阻害	64
光中断	217
光補償点	68
非競争的阻害	52
ビコイド	146
尾索動物	**285**,287
被子植物	222,**281**,286
皮質	198
微柔毛	173
微小管	**28**,29
被食者	231
被食者-捕食者相互関係	231
被食量	245
ヒスタミン	**176**,184
ヒスチジン	22
ヒストン	23,**75**,96
非生物的環境	**226**,242
皮層	**45**,220
ひ臓	165,**174**
必須アミノ酸	173
微動ねじ	12
ヒトゲノム	110
ひとみ	159,**189**
ヒト免疫不全ウイルス	183
ビードル	90
皮膚	176
皮膚感覚器	188,**192**
被覆遺伝子	123
皮膚呼吸	172
肥満細胞	**175**,176,184
表割	132
表現型	**114**,120
標識再捕法	226
表層	137
表層回転	**137**,140
表層粒	131
標的の器官	161
標的細胞	37,**160**
表皮	42,**45**,139,142,220
表皮系	44
表皮細胞	44
日和見感染	183
ヒル	63
ヒルジン	168
ピルビン酸	**54**,58
ピロニン	15
瓶型細胞	137
びん首効果	272
頻度	235

ふ
ファイトアレキシン	221
ファイトマー	216
フィコエリトリン	60
フィコシアニン	60
フィコビリン	60
フィトクロム	**210,214,217**
フィードバック	161
フィードバック阻害	52
フィードバック調節	52
フィブリン	168
フィルヒョー	19
フェニルアラニン	22
フェニルケトン尿症	90
フェーリング反応	16
フェロモン	**205**,208
フォークト	145
フォトトロピン	**210**,213,220
フォールディング	23
不完全強縮	200
不完全菌類	**282**,286
不完全顕性	122
複眼	190
復元力	247
副交感神経	**159**,162,163,196
副甲状腺	**160**,164
副腎	**160**,162,163
副腎皮質刺激ホルモン	160,161,162,163
複製起点	100
複相世代	**280**,281
複対立遺伝子	122
フコキサンチン	60
不消化排出量	245
不随意筋	43,**199**
フック	19
物質収支	245
物理的・化学的防御	174,**176**
不等割	132
腐敗	59
ブフナー	49
部分割	132
プライマー	**79**,104
プライマーゼ	79
ブラウン	19
ブラシノステロイド	**211**,214
プラスミド	83,**100**
プラスミノゲン	168
ブラックマン	63
プリオン	278
プリーストリー	62
フルクトース	21
ブルー・ホワイトセレクション	101
プレパラート	12
フレームシフト	88
プログラムされた細胞死	142
プロゲステロン	160
プロスタグランジン	176
プロテアソーム	36
プロトプラスト	225
プロトロンビン	168
プロモーター	**92,93**,100
プロラクチン	160,161
フロリゲン	218
プロリン	22
フロン	252
分化	97
分解者	242
分解能	19
分画遠心法	26
分化した組織	44
分化全能性	152
分子系統樹	276
分子進化	276
分生子	282
分節運動	172
分離の法則	120

分類	274			
分類群	274			
分裂	115			
分裂期	82			
分裂準備期	82			
分裂組織	44			

へ

分類 274
分類群 274
分裂 115
分裂期 82
分裂準備期 82
分裂組織 44

へ
ペア・ルール遺伝子 146
平滑筋 **43**,199
平衡砂 191
平衡細胞 213
平衡受容器 188
閉鎖血管系 166
ベイツ型擬態 270
平板動物 285
ペイン 247
ベクター 100
ペクチナーゼ 51
ペクチン 27
ペースメーカー 166
β-カテニン 140
β-カロテン 60
β酸化 57
βシート構造 23
ベーツソン **76**,124
ヘテロクロマチン 95
ヘテロ接合体 **114**,120
ペーパークロマトグラフィー 61
ヘパリン 168
ペプシン 51
ペプチダーゼ 51
ペプチド 22
ペプチド結合 22
ペプチドホルモン 96,**160**
ヘミデスモソーム 29
ヘム 167
ヘモグロビン 23,88,165,**167**,276
ヘモシアニン 167
ヘルパー 229
ヘルパーT細胞 175,177,**178**,183
ペルム紀 260
ヘルモント 62
変異 88
片害作用 232
変形菌類 279,286
へん形動物 284,287
偏光顕微鏡 11
変性 **23**,49
ヘンゼン結節 149
ベンソン 63
変態 134
鞭毛 **33**,201
鞭毛虫類 279,287
鞭毛モーター 33
片利共生 232

ほ
ボアヴァン 76
ホイッタカー 275
膨圧 34
包括適応度 229,**230**
方形枠法 235
胞子 280
胞子生殖 115
胞子体 **280**,281
胞子虫類 279,287
胞子のう **280**,281
胞子のう群 280
胞子母細胞 280
放射線 89

放出ホルモン **160**,161,164
放出抑制ホルモン **160**,161
紡錘体 82
胞胚 **135**,137,146,149,150
胞胚腔 136
包膜 60
補欠分子族 53
補酵素 53
母細胞 82
拇指対向性 264
補助因子 53
補償深度 243
捕食者 231
母性因子 140
母性効果遺伝子 146
補定遺伝子 123
補体 177
ホックス(Hox)遺伝子群 147
哺乳類 263,**285**,287
ボーマンのう 170
ホメオスタシス 165
ホメオティック遺伝子 **147**,219
ホメオティック突然変異体 147
ホメオドメイン 147
ホメオボックス 147
ホモ・エレクトス **263**,264
ホモ・サピエンス **263**,264,267
ホモジェナイザー 26
ホモ接合体 **114**,120
ホモ・ネアンデルターレンシス **263**,264,267
ホモ・フローレシエンシス 264
ポリペプチド 22
ホルモン 96,158,**160**
ホルモンレセプター 23
本庶佑 184
ポンプ 31
翻訳 **84**,95

ま
マイクロサテライト多型 110
マイクロマニピュレーター 11
マーカー遺伝子 101
巻貝類 **284**,287
膜進化説 258
膜タンパク質 30
膜電位 193
マーグリス 275
マクロファージ 168,175,**176**
マゴケ類 286
マスト細胞 175,**184**
マーチソンいん石 257
末しょう神経系 196
マツバラン類 **280**,286
マトリックス **27**,54
マルターゼ 51
マルチクローニングサイト 100
マルトース 21
マルピーギ管 170
マルピーギ小体 170

み
ミオグラフ 200
ミオグロビン **23**,167
ミオシン 23,**32**,39,199
ミオシンフィラメント 199
ミカエリス定数 49
味覚芽 192
味覚器 188,**192**
見かけの光合成速度 68
ミクロメーター 14
味孔 192

味細胞 192
未受精卵 134
味神経 192
水 20
水チャネル 31
密着結合 29
密度効果 226,227
密度勾配遠心法 26
ミトコンドリア 24,25,**27**,54
ミドリムシ類 **279**,286
脈絡膜 189
ミューラー型擬態 270
ミラー 256

む
無顎類 **285**,287
ムカデ類 287
無機塩類 20
無機的環境 226
無髄神経 193
無髄神経繊維 193
娘細胞 82
無性生殖 115
無胚乳種子 224
群れ 228

め
芽 216
明順応 190
迷走神経 159
明帯 199
明反応 69
雌ヘテロ 126
メセルソン 78
メタゲノム解析 109
メタン 253
メチオニン 22
メチルグリーン 15
メチレンブルー 15,**56**
免疫 174
免疫寛容 181
免疫記憶 181
免疫グロブリン 23,**180**
メンデル 76,**120**

も
毛顎動物 **284**,287
毛細血管 165
毛細リンパ管 173
盲斑 189
網膜 142,**189**
毛様体 189,**190**
モーガン 76
目 274
木部 44,**45**
木部柔組織 44,**45**
木部繊維 44
モータータンパク質 **32**,39,201
モノグリセリド 173
モノクローナル抗体 185
モルフォゲン 143
門 274

や
焼畑 252
やく **223**,281
薬剤耐性遺伝子 100
やく培養 225
ヤスデ類 287
ヤヌスグリーン 15
山中ファクター 153

ゆ
有機物 20

雄原細胞 **222**,281
湧昇域 243
有色体 27
有髄神経 **193**,194
有髄神経繊維 193
優性 114
優性形質 114
有性生殖 115
雄性配偶体 222
雄性ホルモン **160**,161
有櫛動物 **283**,287
優占種 **234**,235
優占度 235
有胎盤類 263,**265**,285
有袋類 263,**265**,285
誘導の連鎖 142
ユーカリア 277
ユークロマチン 95
輸送タンパク質 30
輸尿管 170
ユビキチン 36
ユビキチン・プロテアソーム系 36

よ
幼芽 216,224
幼根 224
陽樹 **68**,236
羊水 149
腰髄 159
幼生 **135**,136
陽生植物 68
ヨウ素デンプン反応 **16**,62
葉肉細胞 66
用不用説 268
羊膜 **149**,150
羊膜腔 150
羊膜類 **285**,287
陽葉 68
幼葉鞘 213
葉緑体 25,**27**,60,64
抑制遺伝子 123
抑制性シナプス 195
四次構造 23
予定運命 144
ヨードホルム反応 16
四界説 275

ら
ライブラリ 107
ラギング鎖 79
酪酸発酵 59
ラクターゼ 51
ラクトース 21
ラクトースオペロン 93
裸子植物 223,**281**,286
ラマルク 268
卵 130
卵円窓 191
卵黄栓 136
卵黄のう 150
卵黄膜 131
卵割 132
卵菌類 **279**,286
ランゲルハンス島 **160**,162
卵原細胞 222
卵細胞 **222**,223
卵生 262
卵巣 130,**150**,160
ランビエ絞輪 193

り
リアルタイムPCR法 104

リシン 22
リソソーム 24,**26**,36
利他行動 230
立体構造 22
立毛筋 159,**163**
リーディング鎖 79
リパーゼ 51
リプレッサー **92**,93
離弁花類 281
リボース **21**,74
リボソーム 24,25,**26**,84,85
リボソームRNA 85
流動モザイクモデル 30
両眼視 264
両生類 **285**,287
緑藻類 **279**,286
リンガー液 159
林冠 **234**,237
輪形動物 **284**,287
リン酸 **21**,74
リン脂質 20,**21**,30
林床 **234**,237
リンネ 275
リンパ液 165
リンパ管 174
リンパ球 168,**175**
リンパ系 166,**174**
リンパ節 166,**174**

る
類人猿 263
涙腺 159
類洞 168,**169**
ルシフェラーゼ 47
ルシフェリン 47
ルテイン 60
ルビスコ 65
ルーベン 63

れ
冷温帯 240,**241**
齢構成 227
霊長類 263
レーウェンフック 19
レセプター 37
劣性 114
劣性形質 114
レッドデータブック 248
レッドリスト 248
レディ 257
レトロウイルス **108**,183
レボルバー 10,**12**
連合学習 207
連鎖 118,**124**
連鎖地図 125
レンズ 189
連絡結合 29
連絡神経細胞 189

ろ
ロイシン 22
ろ過 170
ろ胞 150,**164**
ろ胞腔 161
ろ胞刺激ホルモン 160,**164**
ろ胞上皮細胞 161
ろ胞ホルモン 160,161,**164**

わ
わい性植物 211,**214**
ワクチン **185**,187
ワトソン 74
和名 275

索引　生物名

索　引／生物名

便宜上，ウイルス名は生物名索引で掲載。

H
HIV	183

S
SARS コロナウイルス 2	174

T
T_2 ファージ	77
T_4 ファージ	77

あ
アイサ	250
アオウミガメ	285
アオカビ	282,286
アオキ	234
アオサ	115,241,279,286
アオノリ	286
アオミドロ	35,242
アカゲザル	182
アカザ	235
アカハライモリ	285
アカパンカビ	90,282,286
アカマツ	236,237,286
アカムシ	99
アカメガシワ	236
アグロバクテリウム	100,102
アサ	217
アサガオ	217,281,286
アサクサノリ	279,286
アザラシ	247
アサリ	284,287
アジサシ	250
亜硝酸菌	70,246,286
アゾトバクター	71,246
アダン	240
アデノウイルス	100
アナベナ	71
アノマロカリス	260,271
アブラナ	217
アブラムシ	230,232,233
アフリカツメガエル	136,145
アマミノクロウサギ	248,249
アメーバ	24,279,287
アメリカシロヒトリ	227
アヤコガイ	249
アヤメ	217
アユ	228
アライグマ	249,254
アラカシ	234,241
アリ	232,287
アリクイ	265
アンモナイト	259

い
硫黄細菌	70,278,286
イカ	178,190,243
イクチオステガ	262
イソギンチャク	287
イタチ	238,242
イタドリ	236
イタヤカエデ	234
イチジク	212,271
イチジクコバチ	271
イチョウ	234,281,286
イトミミズ	242
イヌ	229,287
イヌワシ	248
イヌワラビ	280
イネ	217,286
イノシシ	274

（2列目）
イノブタ	274
イモリ	144,148,287
イリオモテヤマネコ	248
イワシ	243,287
イワナ	231
インフルエンザウイルス	183

う
ウェルウィッチア	281
ウキクサ	241
ウグイ	242
ウサギ	242
ウシ	263
ウツギ	236
ウツボ	243
ウナギ	242
ウニ	133,134,178,247,284,287
ウマ	263,274
ウマビル	284
ウミホタル	47,201
ウメノキゴケ	282
ウラジロモミ	234

え
エイ	287
エオゾストロドン	263
エクウス	265
エゾマツ	234,238,240
エビ	284,287
エビモ	241
エンドウ	120,121,217,234,281,286

お
オイカワ	231,242
オウムガイ	190,287
オオカナダモ	33,35
オオカミ	265
オオクチバス	249
オオシモフリエダシャク	270
オオシラビソ	241
オオタナゴ	249
オオバコ	235
オオプタクサ	249
オオベンケイソウ	67
オオマツヨイグサ	234,269
オオムギ	235
オオヤマネコ	231
オガサワラシジミ	249
オジギソウ	210
オナガザル	263
オナモミ	217,235
オニユリ	115
オマキザル	263
オランウータン	238,263
オランダイチゴ	234
オリーブ	239
オワンクラゲ	108

か
カ	249
カイコガ	123,127,208
カイチュウ	287
カイメン	287
カイロウドウケツ	287
カエデ	238,240,241
カエル	133,136,140,165,242,287
カエルツボカビ	282,286

（3列目）
カキ	249
カゲロウ	242
カサガイ	247
カサノリ	24,40,241
カシ	236,240,241
ガジュマル	239,240
カタクリ	234
カタツムリ	178
カニ	287
カバマダラ	270
カブトガニ	178,259
貨幣石	259
カボチャ	212
ガマ	234,241
カメノテ	247
カモ	242
カモシカ	238,242
カモノハシ	263,285
カモメ	250
カラマツ	236,238
カワウ	231
カワニナ	251
カワムツ	285
カンガルー	263
カンジキウサギ	231
カンムリキツネザル	263

き
キアゲハ	284
キイロショウジョウバエ	90,98,99,125,127
キイロタマホコリカビ	41,279,287
キク	217
キゴケ	236
キジ	285,287
キソウテンガイ	281,286
キツネザル	263
キバナシャクナゲ	241
キャベツ	217
キュウリ	210,217
キリン	232,238
ギンゴイテス	261
キンブナ	285

く
クサリサンゴ	259
クシイモリ	144
クシクラゲ	283,287
クジャク	271
クジラ	287
クズ	249
クスノキ	234,239,240,241
クックソニア	260
グッピー	127
クニマス	248
クヌギ	240,241
グネツム	286
クマムシ	285
クモ	242,287
クモザル	263
クモノスカビ	282,286
クモヒトデ	243,284
クラミドモナス	40,115,279,286
クリ	234,240
グリーンアノール	249
クロサイ	285
クロストリジウム	71

（4列目）
クロマツ	236,237
クロモ	234,241,242
クロモジ	234

け
ケアシガニ	171
ケイ藻	242,243
ケイトウ	212
結核菌	40,174
ゲッケイジュ	239
ゲンジボタル	273

こ
コイ	249,287
ゴイサギ	250
コウジカビ	286
紅色硫黄細菌	71,278,286
紅色非硫黄細菌	70
高度好塩菌	278,287
高度好酸性菌	287
コウノトリ	248
酵母	40,58,59,115,282
コウボウムギ	241
コウモリ	203,228,263
ゴカイ	283,284,287
コガネグモ	284
コクホウジャク	271
コケ	242
コケモモ	234,241
コサギ	242
コスモス	217
枯草菌	286
コチョウラン	281
コノハムシ	270
コハマギク	91
コバンザメ	232
ゴボウ	212
コマクサ	241
コマユバチ	232
ゴミムシ	242
コムギ	217,286
コメツガ	236,240,241
ゴリラ	263,264
コルクガシ	239
コレラ菌	40
コロナウイルス	104,278
コンブ	241,286
ゴンフォテリウム	263
根粒菌	71,246,278,286

さ
サカマキガイ	251
サキシマノボリトカゲ	285
サクラ	286
ササ	242
サザエ	287
ササラダニ	242
サシバ	242
サソリ	287
サナダムシ	287
サバ	243
サメ	287
ザリガニ	170
サル	263
サルオガセ	232,282
サルバ	287
サルモネラ菌	174
サワガニ	251
三角貝	259
サンカヨウ	234

（5列目）
サンゴ	287
三葉虫	259

し
シイ	236,237,240,241
シイタケ	286
シオギク	91
ジストマ	287
シソ	212
シダズーン	260
シビレエイ	201
シベリアトラ	238
シマウマ	232,238
シマカンギク	91
ジャイアントケルプ	247
ジャガー	232,238
ジャガイモ	115
シャクナゲ	234
ジャコウウシ	238
ジャゴケ	286
シャジクモ	280,286
ジャノヒゲ	234
硝化菌	70
硝酸菌	70,246,286
ショウジョウバエ	146
シーラカンス	259
シラカンバ	236,240,241
シラビソ	234,236,240,241
シロイヌナズナ	212,219
シロツメクサ	234,235
シロテテナガザル	263
シロナガスクジラ	243

す
スイカ	212
スイートピー	123,124
スイレン	281
スギ	184,234,286
スギゴケ	280,286
スギナ	280,286
スジイモリ	144
スジグロカバマダラ	270
スジグロシロチョウ	232
ススキ	234,235,236
スダジイ	234,240
スナゴケ	236
スナヤツメ	285
スプリギナ	260

せ
セイタカアワダチソウ	232
セイヨウタンポポ	217
セスジユスリカ	99
ゼニゴケ	280,286
セロリ	212
センダイウイルス	100
センチュウ	138,142,284,287
ゼンマイ	286
センモウヒラムシ	285

そ
ソウギョ	242
ゾウリムシ	40,115,170,202,231,279,286
ソコダラ	243
ソテツ	240,281,286
ソバ	235

た
ダイコン	217

巻末資料・索引

303

ダイズ	217,227
ダイダイイソカイメン	283
大腸菌	18,40,100,278,286
ダイニクチス	262
タイリクバラタナゴ	249
タイワンザル	249
タイワンリス	249
タカ	228
ダケカンバ	236,241
タコ	287
タゴガエル	285
タコクラゲ	283
ダツ	250
ダニ	242
タヌキモ	234,241
タバコ	212,214
タブノキ	234,236,239,240
タマネギ	18,35,81,82,212
ダリア	217
タルホコムギ	273
タンチョウ	248
タンポポ	210,234,281

ち
チガヤ	235,236,237
チカラシバ	235
チーク	239
チシマザサ	234
チズゴケ	236
チーター	238,248
チューブワーム	70
チューリップ	234
超好熱菌	278,287
チンパンジー	263,264

つ
ツキノワグマ	238
ツツジ	281
ツノゴケ	280,286
ツノモ	279,286
ツパイ	263
ツバキ	18,66
ツバメ	287
ツバメオモト	234
ツボワムシ	284,287
ツリガネムシ	286

て
ティラノサウルス	261
テナガザル	263
デンキナマズ	46
テングサ	241,279,286
テングタケ	286

と
トウキョウダルマガエル	248
トウゴマ	57
トウゴロウイワシ	250
トウダイグサ	238
トウヒ	238,240,241
トウモロコシ	57,66,102,210,217,281
トウヨウモンカゲロウ	273
トカゲ	287
トガリネズミ	242
トキ	248
トクサ	280,286
ドジョウ	242
トチカガミ	249
トドマツ	238,240
トナカイ	238
トノサマバッタ	226
トビネズミ	238
トベラ	68
トマト	217
トラ	232
トリケラトプス	261
トリゴニア	259
トリパノソーマ	279,287

な
ナス	217
ナズナ	123
ナタマメ	49
ナナカマド	234
ナマコ	287
ナマズ	242
ナメクジ	287
ナメクジウオ	283,285,287

に
ニジマス	155
ニホンオオカミ	248
ニホンカモシカ	242
ニホンザル	263
ニホンジカ	238
乳酸菌	58,59,278,286
ニワトリ	123,127,143,149,165
ニワホコリ	235

ぬ
ヌー	228
ヌマムラサキツユクサ	116,119

ね
ネギ	212
ネズミ	242,263
ネズミワムシ	287
ネンジュモ	18,70,71,278,286

の
ノジギク	91
ノロウイルス	174,278

は
ハイイヌツゲ	234
ハイエナ	238
肺炎球菌	76
ハイコウイクチス	260
バイソン	238
パイナップル	67
ハイマツ	234,241,281
ハオリムシ	70
バクテリオファージ	77
ハコベ	217
ハス（植物）	234
ハス（魚類）	242
ハダカデバネズミ	230
ハダニ	242
ハチ	170
ハツカネズミ	122,123
バッタ	166,287
ハト	228,287
ハナゴケ	236
ハネカクシ	242
ハネケイソウ	279,286
ハマギク	91
ハマグリ	287
バラ	234
ハリブキ	234
ハルキゲニア	260
パンコムギ	273

ひ
ヒカゲノカズラ	280,286
ビカリア	259
ヒキガエル	115
ヒグマ	238
ヒサカキ	234
ヒザラガイ	247
ヒシ	241,242
ヒジキ	279
ヒツジグサ	241
ヒト	110,128,150,152,287
ヒトエグサ	241
ヒトコブラクダ	238
ヒトデ	243,247,287
ヒトパピローマウイルス	185,278
ヒドラ	115,283
ヒノキ	286
ヒマワリ	234
ヒメウ	231
ヒメジョオン	217,237
ヒメゾウリムシ	231
ピューマ	232
ヒラコテリウム	265
ヒルギ	240
ヒルムシロ	234
ビロウ	240

ふ
フイリマングース	249
フグ	250
フクロアリクイ	265
フクロオオカミ	265
フクロモグラ	265
フクロモモンガ	265
フジツボ	247,249
フズリナ	259
ブタ	274
ブタクサ	234,237
フタスジモンカゲロウ	273
フタバガキ	239
フツウミミズ	287
プテラノドン	261
フナ	165,242
ブナ	234,236,238,240,241,259
フナガタケイソウ	286
フラスコモ	286
プラナリア	148,170,190,284,287
ブルーギル	249
プレーリードッグ	238
フロリダヤブカケス	229

へ
ヘゴ	240,286
ベニシダ	234
ベニバナボロギク	237
ヘビ	178,242,287
ベラ	243
ヘラジカ	238
ペンギン	285

ほ
放線菌	71
ホウレンソウ	217
ホオジロ	228
ホタル	47,201
ボタンウキクサ	249
ホッキョクギツネ	238
ホッキョクグマ	238
ホテイアオイ	241,249
ホヤ	178
ボルネオツパイ	263
ボルボックス	279,286
ホンダワラ	286
ホンドタヌキ	238
ホンモロコ	249

ま
マウス	102,122,155
マカラスムギ	213,215
マカロニコムギ	273
マガン	228
マグロ	243
マコモ	242
マコンブ	279
マダイ	285
マツ	234
マツタケ	282
マツバラン	280,286
マナマコ	284
マボヤ	285,287
マムシ	165
マラリア病原虫	279,286
マルバアサガオ	122
マルバハギ	237
マンモス	261

み
ミクロキスティス	40
ミジンコ	242,287
ミズカビ	279,286
ミズクラゲ	287
ミズゴケ	286
ミズナラ	234,238,240,241
ミゾソバ	235
ミソハギ	212
ミツバ	212
ミツバチ	230,287
ミドリガニ	171
ミドリムシ	40,115,190,202,279,287
ミミズ	166,170,190,242,284
ミヤマハンノキ	236
ミル	241,279

む
ムカデ	242,287
ムササビ	265
ムシカリ	234
ムラサキイガイ	247,249
ムラサキツユクサ	33,35
ムラサキホコリ	279,287

め
メガネザル	263
メジロザメ	285
メスアカムラサキ	270
メソヒップス	265
メダカ	242
メタセコイア	261
メタン生成菌	277,278,287
メリキップス	265

も
モクズガニ	171
モグラ	242,263,265
モミ	238
モンカゲロウ	273
モンシロチョウ	232

や
ヤエナリ	235
ヤゴ	242
ヤコウチュウ	286
ヤシャブシ	236
ヤスデ	287
ヤツメウナギ	287
ヤドリギ	232
ヤブコウジ	234
ヤブツバキ	234,239,240,241
ヤブニッケイ	234
ヤブラン	234
ヤマザクラ	281
ヤマソテツ	234
ヤマネ	242
ヤマビル	287
ヤマメ	155,231
ヤマモミジ	234
ヤマユリ	281
ヤムシ	243,286
ヤンバルクイナ	249

ゆ
ユキノシタ	35
ユーステノプテロン	262
ユスリカ	99
ユズリハ	234
ユードリナ	279
ユリ	234
ユレモ	40,278,286

よ
ヨシ	234,241
ヨモギ	236

ら
ライオン	232,238,263
ライギョ	242
酪酸菌	59
ラチメリア	259
落花生	57
ラッコ	247
ラバ	274

り
リカオン	228
リス	242
リトマスゴケ	282
リュウノウギク	91
緑色硫黄細菌	71

れ
レイシガイ	247
レタス	212

ろ
ロバ	274
ロリス	263

わ
ワカサギ	242
ワカメ	249,279
ワタ	217
ワニ	287
ワムシ	283,284
ワラビ	234

ISBN978-4-410-28167-9

フォトサイエンス
生物図録

初 版		新課程	
第 1 刷	2000年 2月 1日 発行	第 1 刷	2021年 11月 1日 発行
第14刷	2003年 2月 1日 発行	第 2 刷	2022年 2月 1日 発行
新制版			
第 1 刷	2003年 2月 1日 発行		
第19刷	2006年 5月 1日 発行		
改訂版			
第 1 刷	2007年 2月 1日 発行		
第22刷	2011年 5月 1日 発行		
新制版			
第 1 刷	2011年 11月 1日 発行		
第 8 刷	2013年 4月 1日 発行		
改訂版			
第 1 刷	2013年 11月 1日 発行		
第16刷	2016年 5月 1日 発行		
三訂版			
第 1 刷	2016年 11月 1日 発行		
第14刷	2021年 4月 1日 発行		

■監修
嶋田正和　　産業技術総合研究所／東京大学名誉教授
坂井建雄　　順天堂大学特任教授
園池公毅　　早稲田大学教授
田村実　　　京都大学教授
中野賢太郎　筑波大学教授
成川礼　　　東京都立大学准教授
湯本貴和　　京都大学教授
和田洋　　　筑波大学教授

■編集協力者
繁戸克彦　　兵庫県立神戸高等学校主幹教諭
田中秀二　　京都府立洛北高等学校・洛北高等学校附属中学校教諭
中井一郎　　追手門学院大手前中学校・高等学校教諭
中垣篤志　　神戸大学附属中等教育学校教諭
鍋田修身　　東京大学大学総合教育研究センター研究支援員
宮田幸一良　灘高等学校教諭
矢嶋正博　　元京都市立紫野高等学校教諭

■写真・資料提供（敬称略，五十音順）
青森県産業技術センター りんご研究所　赤根敦　浅香勲　アーテファクトリー　アフロ
amanaimages　有泉高史　安藤敏夫　飯野晃啓（鳥取大学医学部）　石井象二郎
一戸猛志　植田勝巳　宇根有美　大阪大学免疫学フロンティア研究センター　小川順
オスカープロモーション　小畑秀一　果樹試験場 安芸津支場　家畜改良センター
学研　勝本哲央　神﨑亮平　気象庁※　木下政人　共同通信社　京都科学標本（株）
京都大学 iPS 細胞研究所　京都大学野生動物研究センター　協和発酵キリン株式会社
久保田洋　桑原知子　結核研究所　郷通子　五箇公一　小林弘
コーベット・フォトエージェンシー　佐渡トキ保護センター
サナテックシード株式会社　時事通信フォト　静岡県農林技術研究所　篠田謙一
島津理化　島本功　清水清　清水芳孝　砂川徹　高野和敬
ディーエヌエーバンク・リテイル
東京工業大学 科学技術創成研究院 細胞制御工学研究センター 大隅研究室
永井健治　中川繭　長野県水産試験場　難波啓一　ニコンソリューションズ
仁田坂英二　ニッポンジーン　日本電子株式会社　日本微生物クリニック
農研機構食品研究部門　農研機構生物機能利用研究部門　農研機構畜産研究部門
バイオサイエンスデータベースセンター　箱嶋敏雄　東山哲也　久堀徹　PPS 通信社
福島県農林業総合試験場　福原達人　富士フイルム和光純薬　本間義治　溝口史郎
村上聡　明治製菓　森雅司　（株）ヤクルト本社
山田重人（京都大学 先天異常標本解析センター）　山田英智　吉崎悟朗
理化学研究所 環境資源科学研究センター　理化学研究所 生命機能科学研究センター
理化学研究所 バイオリソースセンター
理化学研究所 ライフサイエンス技術基盤研究センター　渡辺昌和　数研出版写真部
※ NASA のデータを元にして気象庁が作成
p.61「光合成色素の吸収スペクトル」日本光合成学会「光合成色素のスペクトルデータ」小林正美
p.263「エオゾストロドン」のイラスト 菊谷詩子 小学館の図鑑 NEO『大むかしの生物』より

■表紙デザイン
株式会社クラップス

■本文デザイン
株式会社ウエイド

■イラスト
木下真一郎

■表紙写真
daj/amanaimages
caiaimage/amanaimages
Ichiro Kozu/a.collectionRF/amanaimages
Sebastian Condrea/gettyimages
Science Source/PPS 通信社
Alamy/PPS 通信社

数研出版のデジタル版教科書・教材
数研出版の教科書や参考書をパソコンやタブレットで！
動画やアニメーションによる解説で，理解が深まります。
ラインナップや購入方法など詳しくは，弊社 HP まで→

編　者　数研出版編集部
発行者　星野泰也
発行所　**数研出版株式会社**
　〒101-0052　東京都千代田区神田小川町 2 丁目 3 番地 3
　　　　〔振替〕00140-4-118431
　〒604-0861　京都市中京区烏丸通竹屋町上る大倉町 205 番地
　　　　〔電話〕代表　（075）231-0161
ホームページ　https://www.chart.co.jp
印刷所　岩岡印刷株式会社

本書の一部または全部を許可なく複写・複製すること，および本書の解説書，問題集ならびにこれに類するものを無断で作成することを禁じます。
乱丁本・落丁本はお取り替えいたします。

211202

ヒトの染色体と遺伝子座

ヒトゲノムの全塩基配列を調べ，どこにどのような遺伝子があるかをつきとめる国際プロジェクト「ヒトゲノム計画」によって，ほぼすべての塩基配列が解読された。その成果をもとにヒトの22本の常染色体と性染色体（X，Y染色体）に存在する遺伝子の位置を示したものが，このヒトゲノムマップである。それぞれの遺伝子については，本書の関連する頁を遺伝子名の後ろに記した。

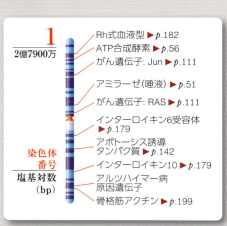

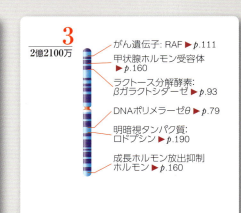
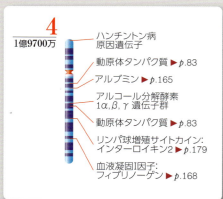
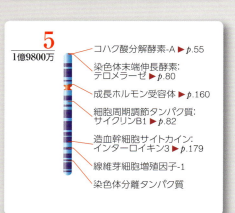
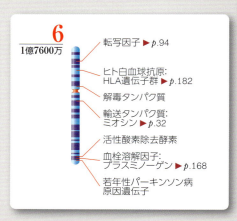
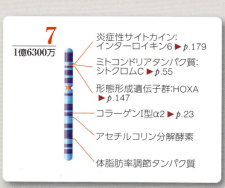
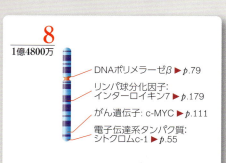
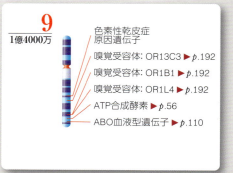